2024 산림기능사 필기

정용민 저

예문사

머 리 말 PREFACE

산림은 우리에게 꼭 필요한 목재를 제공하며, 토사유출로 인한 붕괴를 방지하여 인명과 재산을 보호해 줍니다. 또한, 산업화 및 공업화로 인해 발생하는 대기오염을 정화시켜 주고, 휴식 및 심신단련을 위한 장소를 제공하는 등 산림이 사회에 미치는 순기능과 중요성에 대해서는 아무리 강조해도 지나치지 않습니다.

특히나, 환경오염이 날로 심해지고, 자원과 환경에 대한 중요성이 대두되는 오늘날에는 산림에 대한 보호와 개발이 막중한 과제로 떠오르고 있습니다. 따라서, 국가에서 요구하는 자격을 갖춘 사람이 임야를 관리하게 함으로써 산림의 종합적인 개발을 도모하기 위해 자격제도가 제정되었으며, 앞으로 그 수요는 더 증가할 것으로 예상됩니다.

이에 본 저자는 이러한 사회의 흐름에 맞춰 그동안 수험생들을 대상으로 강의한 내용을 바탕으로 산림 및 산림과 관련된 업무를 수행할 전문가 자격시험인 산림기능사 수험서를 집필하게 되었습니다.

이 책의 특징은 다음과 같습니다.

❶ 2003~2023년도 기출문제를 바탕으로 포인트 핵심이론 정리
❷ 출제 빈도를 분석하여 중요도 표시
❸ 이론 순서에 따라 단원별 적중예상문제 구성
❹ 과년도 기출문제 · CBT 기출복원문제 수록
❺ 이해를 돕기 위하여 산림과 관련된 용어의 순화 용어 목록 수록

본 교재는 산림기능사를 처음 접하는 수험생들도 쉽게 이해할 수 있도록 생소한 단어에는 설명을 추가하였으며, 이론 중간 중간에는 그림을 삽입하여 이해를 도왔습니다. 또한, CBT 시험에도 대비할 수 있도록 복원문제를 수록하여 본서로 준비하는 모든 수험생들이 단기간에 합격할 수 있도록 구성하였습니다.

끝으로, 이 책이 완성되기까지 도와주신 모든 분들과 가족들에게 감사의 마음을 전하며, 산림기능사 필기시험을 준비하는 모든 분들의 합격을 기원합니다.

저자 정 용 민

CBT 온라인 모의고사 이용안내

- 인터넷에서 [예문사]를 검색하여 홈페이지에 접속합니다.
- PC, 휴대폰, 태블릿 등을 이용해 사용이 가능합니다.

STEP 1 회원가입 하기

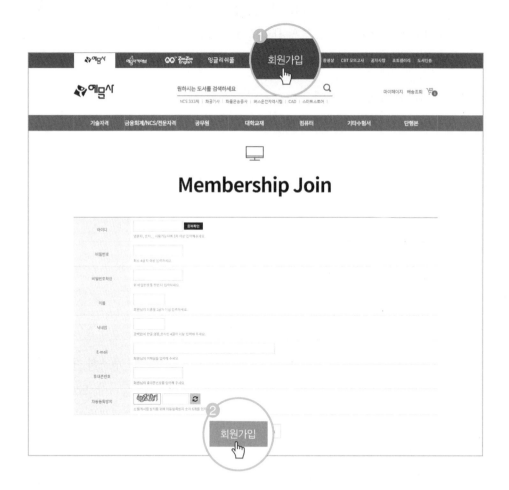

1. 메인 화면 상단의 [회원가입] 버튼을 누르면 가입 화면으로 이동합니다.
2. 입력을 완료하고 아래의 [회원가입] 버튼을 누르면 **인증절차 없이 바로 가입**이 됩니다.

STEP 2 〉 시리얼 번호 확인 및 등록

시리얼번호			
D555	1120	9B0W	39YV

1. 로그인 후 메인 화면 상단의 [CBT 모의고사]를 누른 다음 **수강할 강좌를 선택**합니다.
2. 시리얼 등록 안내 팝업창이 뜨면 [확인]을 누른 뒤 **시리얼 번호를 입력**합니다.

STEP 3 〉 등록 후 사용하기

1. 시리얼 번호 입력 후 [마이페이지]를 클릭합니다.
2. 등록된 CBT 모의고사는 [모의고사]에서 확인할 수 있습니다.

출제기준 INFORMATION

• 직무분야 : 농림어업	• 중직무분야 : 임업	• 자격종목 : 산림기능사	• 적용기간 : 2024.1.1.~2024.12.31.	
• 직무내용 : 산림과 관련한 기술이론 지식을 가지고 조림 및 숲가꾸기, 산림보호, 임업기계 등 산림생산에 관한 업무수행				
• 필기검정방법 : 객관식		• 문제수 : 60	• 시험시간 : 1시간	

필기과목명	문제수	주요항목	세부항목	세세항목
조림 및 육림 기술, 산림보호, 임업기계일반	60	1. 조림 및 숲 가꾸기	1. 종자생산	1. 개화결실과 종자생산 2. 종자 채취, 탈종, 정선, 저장 3. 종자의 발아촉진 4. 종자의 품질검사 5. 채종원 및 채종림
			2. 묘목 생산	1. 묘포 관리 및 실생묘, 용기묘의 양성 2. 무성번식에 의한 묘목의 양성 3. 묘목의 품질
			3. 묘목 식재	1. 조림수종의 선정 2. 굴취와 포장 3. 운반과 가식 4. 식재
			4. 숲 가꾸기	1. 천연림 가꾸기 2. 인공림 가꾸기
			5. 산림 갱신	1. 천연림갱신과 인공조림 2. 작업종의 분류
		2. 산림보호	1. 일반피해	1. 인위적인 피해 2. 기상에 의한 피해 3. 동ㆍ식물에 의한 피해 4. 대기오염에 의한 피해 5. 산불피해 6. 기타 피해
			2. 수목병	1. 수목병의 원인 2. 수목병의 발생과 진단 3. 수목병의 종류 4. 수목병의 방제법
			3. 산림해충	1. 산림해충의 발생원인 2. 산림해충의 발생예찰 3. 산림해충의 종류 4. 산림해충의 방제법
			4. 농약	1. 농약의 종류 2. 농약의 사용 및 안전관리

필기과목명	문제수	주요항목	세부항목	세세항목
조림 및 육림 기술, 산림보호, 임업기계일반	60	3. 임업기계	1. 임업기계 · 장비의 종류 및 용도	1. 조림 및 숲 가꾸기 기계 · 장비 2. 수확 기계 · 장비 3. 산림토목 기계 · 장비
			2. 내연기관	1. 엔진의 작동원리 2. 엔진의 주요부분 3. 엔진의 종류별 특성
			3. 연료	1. 연료의 종류와 특성 2. 연료의 소모량과 배합기준 3. 윤활유의 종류 및 특성
			4. 임업기계 · 장비 사용법	1. 체인톱 2. 예불기 3. 소형 윈치 4. 트랙터 5. 기타
			5. 임업기계 · 장비의 유지관리	1. 작업도구의 적합성 2. 정비 및 일상점검
			6. 산림작업 및 안전	1. 산림작업 안전수칙 2. 안전사고 예방 및 응급처치 3. 인체와 작업자세 4. 작업관리

이 책의 특징 FEATURE

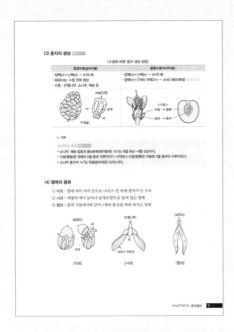

1. 길고 장황한 이론 대신 간결하게 정리한 이론만 실어 한눈에 볼 수 있도록 하였습니다. 필요한 부분만 따로 뽑아서 정리할 필요 없이 바로 학습할 수 있습니다.

2. 꼭 이해하고 알아야 할 부분에는 별색 표시와 중요도 표시를 하였습니다. 별색 표시와 중요도 표시가 되어 있는 부분은 시험보기 전까지 반복하여 점검하세요.

3. 이론의 개념을 정리하고 문제에 적용할 수 있도록 단원별 적중예상문제를 수록하였습니다. 이론을 기반으로 응용된 문제를 풀어봄으로써 실제 시험 유형을 확인할 수 있도록 하였습니다.

4. 과년도 기출문제 및 CBT 기출복원문제를 부록으로 수록하였습니다. 지금까지 공부한 이론과 문제에 대한 총 마무리와 마지막 점검용으로 지금까지 실제로 출제되었던 문제들을 풀어볼 수 있도록 하였습니다. 단순히 문제만 푸는 것이 아니라 출제경향을 익히는 것도 잊지 마세요!

5. 산림과 관련된 용어들을 순화하여 표로 정리하였습니다. 헷갈리고 어려운 용어들은 부록 2를 이용하여 바로 바로 쉽게 이해하세요.

이 책의 차례 CONTENTS

이 책의 차례 CONTENTS

PART

01

조림 및 숲 가꾸기

01장 산림일반

SECTION 01 산림일반

1 산림의 정의

나무가 모여서 숲을 이루는 공간이라는 전통적인 개념에서 크고 작은 나무와 초본류의 여러 식물들이 공존하고 토양생태계를 포함한 "생태적 공간"이라는 좀 더 넓은 개념을 포함한다.

2 산림대

(1) 산림대의 정의

① 모든 수목은 자기의 특성에 맞는 환경조건에서 완전한 생장과 번식을 하게 된다.
② 식물은 기온변화에 따라 수평적, 수직적으로 달라지며 거대한 띠를 형성하는데 이것을 "산림대" 또는 "산림식물대"라고 한다.

(2) 수평적 산림대

우리나라의 수평적 산림대는 남쪽부터 난대림, 온대 남부림, 온대 중부림, 온대 북부림, (아)한대림이 존재한다.

산림대	위도	연평균 기온	수종
한대림 (상록 침엽수)	평안남북도, 함경남북도의 고원 및 고산지대	5℃ 미만	가문비나무, 분비나무, 잎갈나무, 잣나무, 전나무, 종비나무, 주목나무, 소나무류
온대림 (낙엽 활엽수)	한반도 전역, 북한	5~14℃	참나무류, 느티나무, 소나무, 물박달나무, 박달나무, 곰솔, 잣나무, 전나무
난대림 (상록 활엽수)	남해안과 제주도, 울릉도	14℃ 이상	붉가시나무, 호랑가시, 동백나무, 구질잣밤나무, 생달나무, 가시나무, 아왜나무, 녹나무, 돈나무, 감탕나무, 사철나무, 식나무, 해송, 삼나무, 편백나무

(3) 수직적 산림대

산림대를 해발고도에 따른 온도 변화에 대응하여 수직적으로 구분한 것이다.

구분	한라산	지리산	백두산
한대림	1,500m 이상	1,300m 이상	700m 이상
온대림	600~1,500m	1,300m 이하	700m 이하
난대림	600m 이하	–	–

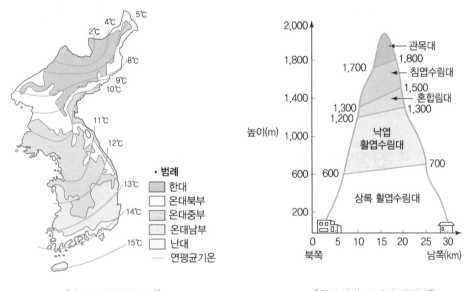

[우리나라의 산림대]　　　　　　[한라산의 수직적 산림대]

🍃 TIP

온량지수와 한량지수
- 온량지수 : 월평균기온이 5℃ 이상인 달에 대해 월평균기온과 5℃와의 차를 1년 동안 합한 값

난대림 : 온량지수 110 이상	냉대림 : 온량지수 15~55
온대 남부림 : 온량지수 100~110	한대림 : 온량지수 0~15
온대 중부림 : 온량지수 85~100	열대림 혹은 아열대림 : 온량지수 180 이상
온대 북부림 : 온량지수 55~85	

- 한량지수 : 월평균기온이 5℃ 이하인 달에 대해 5℃를 감한 수치를 1년 동안 합한 값

기출

다음에 제시된 월별 평균기온자료에 의한 온량지수는 얼마인가?

월	1	2	3	4	5	6	7	8	9	10	11	12
평균온도 (℃)	−3.4	−1.1	4.5	11.8	17.4	21.5	24.6	25.4	20.6	14.3	6.6	−0.4

① 81.8℃　　　　　　　　　　② 102.2℃
③ 182.2℃　　　　　　　　　④ 200.2℃

풀이 $6.8 + 12.4 + 16.5 + 19.6 + 20.4 + 15.6 + 9.3 + 1.6 = 102.2℃$

답 ②

SECTION 02 산림의 분류

1 순림과 혼효림

(1) 순림

① 산림을 구성하는 수종의 수에 따라 분류하는 것으로서 한 수종으로 구성된 것을 순림이라 한다.

② 순림의 장점

　　㉠ 경제적 가치가 높은 수종으로 임분을 형성할 수 있다.

　　㉡ 산림경영 및 갱신작업이 효율적이며 경제적으로 실행할 수 있다.

　　㉢ 벌기령이 비슷하여 개벌작업으로 갱신이 진행되므로 혼효림보다 경제적이다.

　　㉣ 한 가지 수종이 집단 분포하고 있어서 혼효림보다 경관이 아름다울 수 있다.

(2) 혼효림

① 산림 내 두 가지 이상의 수종이 혼생하고 있는 것으로 혼효림이라 한다.

② 혼효림의 장점

　　㉠ 심근성과 천근성 수종이 혼생할 때 바람에 의한 피해를 줄일 수 있다.

　　㉡ 유기물의 분해가 빨라져 무기양료의 순환이 더 잘 된다.

　　㉢ 활엽수의 경우 수관이 넓게 분포하여 비효율적이나, 침엽수와 함께 자랄 시 토양의 공간 이용이 효율적이다.

　　㉣ 침엽수는 산불에 약하지만, 대부분의 활엽수는 침엽수에 비해 산불에 강하므로 혼효림으로 구성된 산림은 산불에 강하다.

2 동령림과 이령림

(1) 동령림

① 같은 연령을 가지고 있는 산림을 말하지만 실제로 임분 내 같은 연령을 가지기는 불가능하므로 평균임령이 20% 이내일 때 동령림으로 볼 수 있다.

② 동령림의 장점

    ㉠ 조림, 치수, 육림작업, 축적조사, 수확 등이 간단하다.

    ㉡ 생산되는 원목의 질이 우량하고 규격이 고르다.

    ㉢ 이령림에 비해 갱신이 짧은 시간 내에 이루어진다.

(2) 이령림

① 수령(樹齡)의 차이가 많이 나는 나무로 이루어진 산림이다.

② 이령림의 장점

    ㉠ 지속적인 수입이 가능하며 소규모 임업경영에 적용할 수 있다.

    ㉡ 택벌작업으로 성숙목을 벌채하므로 개벌작업에 비하여 산림의 순환시기가 빠르다.

    ㉢ 시장여건에 따라 탄력적으로 벌채할 수 있다.

    ㉣ 이령림은 모수에 의한 천연갱신이 이루어지며, 모수가 치수를 보호함에 따라 동령림에 비해 피해가 적다.

(3) 동령림과 이령림의 차이 중요 ★★☆

구분	동령림	이령림
임관	균일하고 얇은 임관층	불규칙하고 두터운 임관층
풍해	약함	강함
소경목	피압됨	무육작업을 통해 미래목으로 생장
갱신	짧은 기간 내에 이루어짐	윤벌기 전체에 걸쳐 이루어짐
지력	임지가 노출되어 불리함	모수에 의히여 지력이 보호됨
입지정비	원하지 않는 수종정비가 쉬움	수종정비가 어려움
위험성	산불 및 각종 피해요소에 위험	산불 및 병해충의 위험이 적음
임상유기물	개벌작업으로 인하여 한 번에 많은 임상유기물을 얻을 수 있음	택벌작업으로 지속적으로 얻을 수 있음

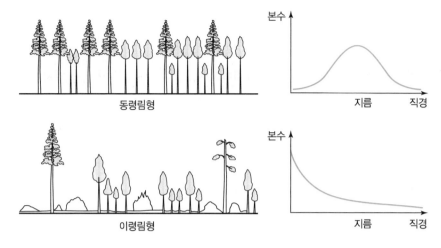

[동령림과 이령림의 직경급별 본수분포]

동령림과 이령림의 차이점에 대한 설명 중에서 동령림의 특징에 해당되는 것은?

① 풍해가 매우 적다.
② 갱신이 짧은 시간 내에 이루어진다.
③ 임상유기물이 지속적으로 축적된다.
④ 동령림 내 작은 나무들이 장차 유용임목으로 된다.

답 ②

02 장 종자생산

SECTION 01 개화결실과 종자생산

1 개화결실

(1) 개화현상

영양생장의 어린시기를 지난 개체에 꽃의 기본인 화아가 생성되고 이것이 성숙한 조직으로 발달하여 꽃을 피우고 수분과 수정이 되는 현상이다.

(2) 식물의 성

구분	내용
양성화	• 꽃 안에 암수를 모두 갖추고 있는 꽃을 말한다.(70%) • 대부분의 종자식물의 꽃들이 양성화이다.(벚나무, 목련, 진달래 등)
단성화	꽃 안에 암수 중 한쪽만을 갖고 있는 꽃을 말한다.(소나무, 잣나무, 전나무, 은행나무, 오리나무 등)
자웅동주 (암수한그루)	한 식물에 암수꽃이 같이 존재하는 것을 말한다.(소나무, 해송(곰솔), 밤나무, 자작나무, 상수리나무 등)
자웅이주 (암수딴그루)	서로 다른 식물에 암수꽃이 존재하는 것을 말한다.(은행, 소철, 버드나무 등)

(3) 번식방법

구분	내용
무성번식 (영양번식)	종자가 아닌 영양체로 번식하는 것을 말한다.(분주(포기나누기), 삽목(꺾꽂이), 취목(휘묻이), 구근, 접목번식 등)
유성번식 (종자번식)	암수 수정에 의해서 종자가 생기는 것을 말한다.

(1) 꽃의 구조와 종자 및 열매의 관계

꽃의 구조	열매의 구조	꽃의 구조	종자의 구조
씨방(자방)	열매(과실)	주피	종피(씨껍질)
밑씨(배주)	종자	주심	내종피(대부분 퇴화)

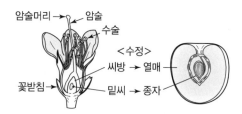

[꽃과 열매 내부 구조]

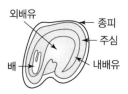

[비트 종자 내부 구조]

(2) 종자의 구조

구조	특징
배주(밑씨)	암술의 씨방 안에 있던 배주(밑씨)가 종자로 되는 기관이다.
종피(씨껍질)	배주를 싸고 있던 주피가 변해서 이루어진 것이다.
배(씨눈)	난핵과 정핵이 수정에 의해 이루어지며, 떡잎이 될 부분과 줄기와 뿌리(유근)가 될 부분으로 나뉜다.
배유(배젖)	• 극핵 두 개와 정핵 하나가 합쳐져 배젖이 만들어진다.(활엽수종) • 배유(배젖)는 배에 필요한 양분을 공급한다. • 양분의 유무에 따라 배유종자와 무배유종자로 구분한다.
배유종자	• 배와 배유의 두 부분으로 나뉘며, 배유에는 양분이 저장되고, 배에는 잎 · 생장점 · 줄기 · 뿌리 등의 어린 조직이 형성된다. • 배유는 배에 필요한 양분을 공급한다.
무배유종자	자엽(떡잎)에 양분이 축적되어 있으며 배만 있고 배유는 없다.(밤나무, 호두나무, 자작나무)

※ 종자 및 열매는 안쪽부터 배(씨눈) – 배유(배젖) – 주심(내종피) – 주피(씨껍질) – 과피(씨방벽)의 순으로 구성되어 있다.

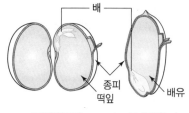

a. 무배유종자   b. 유배유종자

[무배유종자와 유배유종자의 구조]

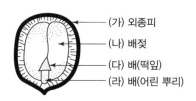

(가) 외종피
(나) 배젖
(다) 배(떡잎)
(라) 배(어린 뿌리)

[참나무류 종자 내부 구조도]

(3) 종자의 생성 중요 ★☆☆

〈수정에 따른 종자 생성 방법〉

침엽수종(겉씨식물)	활엽수종(속씨식물)
• 정핵(n)＋난핵(n) → 2n의 배 • 배유(n)는 수정 전에 형성 • 수종 : 은행나무, 소나무, 해송 등	• 정핵(n)＋난핵(n) → 2n의 배 • 정핵(n)＋2개의 극핵(2n) → 3n의 배유(배젖)(중복수정)

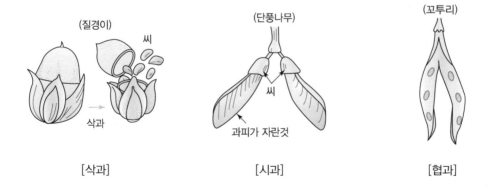

비늘(인편)
날개
씨
구과(솔)

<수정>
씨방 → 열매
밑씨 → 종자

🌿 TIP

소나무의 특징 중요 ★★☆
• 소나무, 해송 암꽃의 꽃눈분화(화아분화) 시기는 8월 하순~9월 상순이다.
• 수분(受粉)은 첫해의 5월 중에 이루어지기 시작하나 수정(受精)은 이듬해 5월 중부터 이루어진다.
• 소나무 종자의 1m²당 파종량(부피)은 0.05L이다.

(4) 열매의 종류

① 삭과 : 열매 속이 여러 칸으로 나뉘고 칸 속에 종자가 든 구조
② 시과 : 씨방의 벽이 늘어나 날개모양으로 달려 있는 열매
③ 협과 : 콩과 식물에서와 같이 2개의 봉선을 따라 터지는 열매

(질경이)
씨
삭과
[삭과]

(단풍나무)
씨
과피가 자란것
[시과]

(꼬투리)
[협과]

(5) 종자의 산지

① 종자의 산지와 조림지 사이의 입지조건이 비슷해야 하며 기후나 토양조건이 다를 경우 종자의 발아 및 묘목의 활착이 불량해지며 병해충에 대한 저항력도 약해진다.

② "종자의 산지"는 종자의 원산지이며 "종자의 출처"는 종자를 채취한 곳이다.

　예 경기도에서 얻은 리기다소나무의 종자로 전남 여수에 조림한 경우
- 종자산지 : 미국
- 종자출처 : 경기도

SECTION 02 **종자의 채취 및 조제(건조, 탈종, 정선, 저장)**

1 채취시기 및 방법

(1) 채취시기

① 종자의 성숙 정도는 종자의 발아 및 저장력에 영향을 미친다. 따라서 적기 채취 시기는 종자질의 관리측면에서 대단히 중요하다.

② 반드시 성숙한 종자를 채취해야하며 침엽수의 경우 구과가 떨어지면 채집이 힘들기 때문에 시기를 놓치지 않도록 한다.

③ 종자의 성숙 정도

　㉠ 유숙기 : 종피는 녹색, 종자 내부는 아직 유상인 과정이다.

　㉡ 황숙기 : 종피는 황색 내지 갈색, 종자의 내용이 충만하게 응고되어 이때부터 수확을 할 수 있다.

　㉢ 과숙기 : 과도한 건조로 발아력이 저하된다.

④ 종자의 성숙기 판정

　㉠ 구과의 단단함이 약간 풀렸을 때

　㉡ 함수량이 감소되었을 때

　㉢ 색깔이 약간 퇴색되었을 때

⑤ 종자 채취 시 모수의 특성

　성장이 빠를 것, 재질이 우량할 것, 결실량이 많을 것

⑥ 주요 수종의 종자 성숙기(채취시기) 중요 ★★☆

월	수종
5	버드나무류, 미루나무, 양버들, 황철나무, 사시나무
6	떡느릅나무, 시무나무, 비술나무, 벚나무
7	회양목, 벚나무
8	스트로브잣나무, 향나무, 섬잣나무, 귀룽나무, 노간주나무
9	소나무, 주목나무, 낙엽송, 구상나무, 분비나무, 종비나무, 가문비나무, 향나무
10	소나무, 잣나무, 낙엽송, 리기다소나무, 해송, 구상나무, 삼나무, 편백나무, 전나무
11	동백나무, 회화나무

기출

이듬해 춘기까지 저장하기 어려운 수종으로 종자의 발아력이 상실되지 않도록 7월에 채종하면 즉시 파종해야 되는 수종은?

① 버드나무　　　　　　　② 벚나무
③ 회양목　　　　　　　　④ 잣나무

풀이 여름에 성숙하는 사시나무, 회양목 등의 종자는 여름을 지나는 동안 발아력을 상실하기 때문에 채취하여 바로 파종해야 한다.

답 ③

(2) 채취방법 중요 ★★☆

① 원칙적으로 나무에 올라가서 구과나 열매를 손으로 따도록 한다.
② 가능하면 나무에 상처를 주지 않도록 채취한다.
③ 가지 채로 끊어서 채취하는 방법은 나무에 상처를 주기 때문에 삼간다.
④ 형질이 좋은 나무는 지하고가 높고 위쪽의 가지가 가늘며 열매와 구과가 가지의 끝에 붙어 있는 경우가 많으므로 종자 채취가 어렵다.
⑤ 종자 채취 시 모수의 성장이 빠르고, 재질이 우량하며 결실량이 많은 모수에서 종자를 채취한다.
⑥ 지하고가 낮고 구과가 많이 달리는 나무는 종자의 형질이 불량하기 때문에 채취하지 않는다.
⑦ 우량종자의 채취방법으로는 광택이나 윤기가 나며 오래되지 않은 것, 알이 알차고 완숙한 것이 좋다.

2 종자의 조제

- 채취한 열매나 구과에서 우량종자를 얻어내는 과정이다.
- 조제과정 : 건조 → 탈종 → 정선

(1) 종자의 건조법

① 구과나 열매는 함수율이 높아서 채집 즉시 가능한 빨리 건조시킨다.

② 활엽수종의 밤, 도토리 등 열매를 채집한 뒤 이황화탄소(CS_2)로 살충처리하면 밤바구미 등의 피해를 막을 수 있다.

③ 침엽수종의 구과를 너무 일찍 채집하였을 때는 그늘에서 1주일 정도 건조시킨 이후에 햇빛에 건조시킨다.

④ 종자의 건조방법 및 적용수종 중요 ★☆☆

종류	건조방법
양광(햇볕) 건조법	• 햇볕이 잘 드는 곳에 구과를 멍석 위에 펴 널고, 2~3회씩 뒤집어 건조시키는 방법이다. • 구과의 인편이 벌어지면 그 안의 종자가 60~70% 탈종될 때까지 건조시킨다. • 회양목은 과피가 터지면서 종자가 날아갈 경우를 대비해 좁은 망으로 덮어 준다. • 적용수종 : 소나무류, 해송, 낙엽송, 전나무, 회양목 등
반음(음지) 건조법	• 햇볕에 약한 종자를 통풍이 잘 되는 옥내 또는 음지에 얇게 펴서 건조하는 방법이다. • 적용수종 : 밤나무, 오리나무류, 포플러류, 편백나무, 참나무류 등
인공 건조법	• 건조기를 이용하여 건조시키는 방법으로 종자의 양이 많을 때 사용한다. • 보통 25℃에서 시작하여 40℃까지 유지하며 50℃ 이상이 되어서는 안된다.

(2) 종자의 탈종법

① 건조작업이 끝난 구과에서 종자를 빼내는 작업으로 종자의 형태와 특성에 따라 탈종방법이 다르다.

② 종자의 탈종방법 및 적용수종 중요 ★☆☆

종류	탈종방법
건조봉타법	건조 후 막대기로 가볍게 두드려 씨를 빼는 방법이다.(아까시나무, 박태기나무, 오리나무 등)
부숙마찰법	부숙시킨 후 모래를 섞어서 마찰하여 과피를 분리하는 방법이다.(은행나무, 주목나무, 비자나무, 벚나무, 가래나무 등)
도정법	두껍고 딱딱한 종자를 정미기에 넣어 깎아내 외곽(납질)을 제거하는 방법이다.(옻나무)
구도법	종자를 절구에 넣어 공이로 약하게 찧어 종자를 분리시키는 방법이다.(옻나무, 아까시나무 등)

※ 침엽수는 구과를 건조시켜야만 종자를 탈종할 수 있다.

(3) 종자의 정선법

① 협잡물인 쭉정이, 나무껍질, 나뭇잎, 모래 등을 제거하여 좋은 종자를 얻는 방법이다.

② 종자의 정선방법 및 적용수종 `중요 ★★☆`

방법	내용 및 적용수종
풍선법	• 키, 선풍기의 바람을 이용하여 종자에 섞여 있는 종자 날개, 잡물, 쭉정이 등 협잡물을 제거하는 방법이다.(소나무류, 가문비나무류, 낙엽송류, 자작나무) • 전나무, 삼나무, 밤나무에는 효과가 낮다.
입선법	눈으로 보고 손으로 종자를 골라내는 방법이다.(밤나무, 가래나무, 호두나무(대립종자 선별에 적합)
사선법	종자보다 크거나 작은 체를 이용하여 종자를 정선하는 방법이다.
액체선법	수선법 : 물에 20~30시간 침수시켜 가라앉은 종자를 취하는 방법이다.(잣나무, 향나무, 주목나무, 도토리 등 대립종자에 적용)

③ 정선종자의 수득률(수율) `중요 ★★☆`

㉠ 채취한 열매 중에서 정선을 통해 얻은 종자의 비율이다.

㉡ 대립종자일수록 수율이 크고, 소립종자일수록 수율이 작다.

㉢ 주요 수종의 종자 수율

수종	수득률	수종	수득률
호두나무	52.0	잣나무	12.5
가래나무	50.9	향나무	12.4
은행나무	28.5	편백나무	11.4
자작나무	24.0	가문비나무	2.1
박달나무	23.3	소나무	2.7
전나무	19.2	해송	2.4

(4) 종자의 저장법

① 보습저장법 `중요 ★★★`

종자가 발아력을 상실하지 않도록 일정한 습도를 유지한 채로 저장하는 방법으로 노천매장법, 보호저장법, 냉습적법 등이 있다.

구분	내용
노천매장법	• 가을에 채집한 종자를 깊이 50~100cm로 구덩이를 파고 모래와 함께 혼합하여 햇빛이 잘 들고 배수가 양호한 노지에 묻어두는 방법이다. • 겨울에는 눈이나 빗물이 그대로 스며들 수 있는 장소가 적당하다. • 저장과 동시에 발아를 촉진시키는 방법이다.

구분	내용
보호저장법 (건사저장법)	• 종자를 파종하기 전에 마른 모래 : 종자＝2 : 1의 비율로 섞어 종자가 건조하지 않도록 실내 또는 창고 등에 보관하는 방법이다.(건조하면 발아력 상실) • 함수량이 많은 전분종자를 추운 겨울 동안 동결 및 부패하지 않도록 저장한다. • 적용수종 : 은행나무, 밤나무, 도토리나무, 굴참나무 등
냉습적법	• 상토와 모래를 2 : 1 비율로 배합하여 혼합상토를 만든 후 혼합상토와 종자를 다시 1 : 1 비율 로 혼합하여 3~5℃의 냉장고에 저장한다. • 종자의 발아촉진을 위한 후숙에 중점을 둔 저장방법이다. • 용기 안에 보습재료인 이끼, 토탄 등과 종자를 섞어서 보관한다. • 종자의 함수율은 20~25%를 유지해야 한다.

〈종자의 노천매장 시기에 따른 분류〉 중요 ★★☆

매장시기	적용수종
종자 채취 직후 (정선 후 곧 매장)	느티나무, 잣나무, 들메나무, 단풍나무, 벚나무류, 섬잣나무, 백송, 호두나무, 백 합나무, 은행나무, 목련, 회양목, 가래나무 등
토양 동결 전 (늦어도 11월 말까지 매장)	벽오동나무, 팽나무, 물푸레나무, 신나무, 피나무, 층층나무, 옻나무 등
토양 동결이 풀린 후 (파종 한달 전 매장)	소나무, 해송, 낙엽송, 가문비나무, 전나무, 측백나무, 리기다소나무, 뱅크스소나 무, 삼나무, 편백나무, 무궁화 등

기출

종자 저장 시 정선 후 곧바로 노천매장을 해야 하는 수종으로만 짝지어진 것은?

① 층층나무, 전나무

② 삼나무, 편백나무

③ 소나무, 해송

④ 느티나무, 잣나무

답 ④

② 건조저장법

종자를 건조한 상태로 저장하는 방법으로, 상온, 저온저장법이 있으며 소나무, 해송, 리기다소
나무, 삼나무, 편백나무 등 침엽수종의 소립종자에 적용한다.

구분	내용
상온(실온) 저장법	• 종자를 건조시켜 용기에 담아 0~10℃의 실온 또는 창고, 지하실 등에 저장하는 방법이다. • 장기간 저장에는 적당하지 않다.

구분	내용
저온(밀봉) 저장법	• 종자를 건조시켜 진공상태로 밀봉시킨 후 저온(보통 4~7℃의 냉장고)에 저장하는 방법이다. • 상온저장으로 발아력(생명력)을 쉽게 상실하는 종자에 효과적이다. • 수분 함수율을 낮추어 장기간 저장하는 방법이다. • 함수율을 5~7% 이하로 유지하여 밀봉용기에 저장한다. • 건조제(실리카겔)와 종자의 활력억제제(황화칼륨)를 종자 무게의 10% 정도 함께 넣어 저장하면 큰 효과가 있다. ※ 종자의 건조제로는 실리카겔 외 나뭇재, 생석회, 산성백토, 유산 등 • 연구와 실험을 목적으로 많이 사용된다.

SECTION 03 **종자의 발아촉진**

1 종자의 발아조건

(1) 발아의 기작 중요 ★☆☆

① 종자에서 유아와 유근이 출현하는 것을 발아라고 한다.

② 임목종자의 발아에 필요한 조건에는 수분, 산소, 온도, 광선(식물에 따라 다름) 등이 있다.

③ 수분의 흡수로 종자가 팽윤하여 가스 교환이 용이해지면서 어린 뿌리가 나와 땅속에 뿌리를 내리고 종피에서 떡잎과 어린줄기가 나온다.

④ 종자의 발아과정 : 수분의 흡수 → 효소의 활성화 → 배의 생장 개시 → 종피의 파열 → 유묘의 출현 → 유묘의 성장

⑤ 지하자엽(떡잎)형 발아 : 씨앗이 싹이 틀 때 자엽이 땅속에 남아 있는 것

   밤나무, 상수리나무, 호두나무, 가래나무, 참나무, 칠엽수 등

⑥ 지상자엽(떡잎)형 발아 : 씨앗이 싹이 틀 때 자엽이 땅 위에 있는 것

   단풍나무, 물푸레나무, 아까시나무, 대부분의 겉씨식물 등

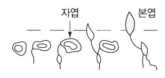

[지하자엽형 발아]

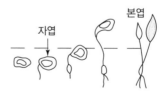

[지상자엽형 발아]

(2) 종자의 발아촉진법 중요 ★★★

> • 종피파상법, 침수처리법, 노천매장, 황산처리법, 층적법, 화학약품처리법, 변온처리법, 광처리법

① 종피파상법

ㄱ 종피에 상처(종자를 깨거나 마멸)를 내는 방법이다.

ㄴ 종피가 단단한 경우에 작은 돌과 종자를 용기에 넣어 회전시킴으로써 종피에 상처를 내는 방법이다.

ㄷ 콩과수목, 향나무속, 주목나무속, 옻나무속 등에 효과적이다.

② 침수처리법

ㄱ 깨끗한 물에 1~4일간 담가 두었다가 파종하는 방법이다.

ㄴ 종자를 침수처리하면 종피가 연해지고 발아 억제 물질이 제거되어 발아가 촉진된다.

ㄷ 종류 : 냉수침지법과 온탕침지법이 있다.

- 냉수침지법
  - 1~4일간 냉수에 종자를 담가서 충분히 물을 흡수시킨 후에 파종하는 방법이다.
  - 너무 오래 담그면 오히려 해롭기 때문에 주의해야 한다.
  - 낙엽송, 소나무류, 삼나무, 편백나무, 참나무류, 곰솔 등
- 온탕침지법
  - 대략 40~50℃의 온탕에 1~5일간 침지하거나 또는 열탕에 수분간 담갔다가 다시 냉탕으로 옮겨 약 12시간 침지한 후 발아를 촉진하는 방법이다.
  - 냉수침지법이 효과가 없을 때 사용하는 방법이다.
  - 콩과식물(자귀나무, 아까시나무)

③ 노천매장

ㄱ 땅속 50~100cm 깊이에 모래와 섞어 묻어 종자를 저장하고, 종자의 후숙을 도와 발아를 촉진시키는 저장방법이다.(저장과 동시에 발아촉진)

ㄴ 장기간의 노천매장으로 발아촉진되는 수종에는 은행나무, 잣나무, 벚나무, 단풍나무류, 백합나무, 느티나무 등이 있다.

④ 황산처리법

진한 황산에 종자를 15~60분간 침지시켜 종피의 표면을 부식시킨 다음 물에 씻어서 파종하는 방법이다. 아까시나무, 주엽나무 같은 콩과식물, 종피가 밀랍으로 이루어진 옻나무, 피나무 등의 종자에 적용된다.

⑤ 층적법

습한 모래나 이끼를 종자와 교호하여 층상으로 겹쳐 쌓아 올려 5℃ 저온에 두는 방법이다.

⑥ 화학약품처리법

발아를 촉진시키는 시토키닌, 지베렐린, 에틸렌, 질산칼륨 등 각종 호르몬제와 화학약품을 이용한 방법이다.

⑦ 변온처리법

늦여름이나, 초가을에 성숙한 종자로 자연의 기온을 참작하여 밤과 낮의 변온으로 관리하는 방법이다.

⑧ 광처리법

㉠ 종자에 광선을 조사(照射)하여 발아를 촉진시키는 방법이다.

㉡ 광합성에는 청색부분(400nm)~적색부분(700nm)이 가장 효과적이다.

⑨ 파종시기의 변경

㉠ 종자를 채취한 그 해 가을에 파종하고 그대로 월동하여 봄에 발아촉진하는 방법(추파법)이다.

㉡ 목련은 봄에 파종하면 다음해 봄에 발아한다. 따라서 가을에 파종하면 봄에 발아한다.

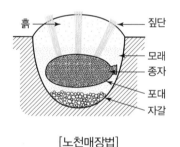

[노천매장법]　　　　　　　　　[층적법]

２ 종자의 휴면성(발아휴면성)

종자가 알맞은 온도, 수분, 공기 등의 발아조건이 갖추어졌음에도 불구하고 발아가 되지 않는 현상을 종자의 발아휴면성이라고 한다.

> **기출**
>
> **씨앗이 싹트는 데 필요한 3대 필수조건이 아닌 것은?**
>
> ① 온도　　　　　　　　　　② 산소
> ③ 수분　　　　　　　　　　④ 토양
>
> 답 ④

(1) 종자 발아휴면성의 원인 중요 ★★☆

① 종피(종자껍질)의 불투수성
ㄱ 종피가 단단하고 두꺼워서 수분 흡수가 잘 안 되어 발아가 지연되는 경우
ㄴ 대추나무, 가래나무, 잣나무, 산수유, 자귀나무 등

② 종피(종자껍질)의 물리적(기계적) 작용
ㄱ 종피가 배의 성장을 물리적으로 압박하여 기계적으로 배의 발육을 억제하는 경우
ㄴ 잣나무, 주목, 산사나무, 호두나무, 복숭아나무 등

③ 가스 교환 억제
산소와 이산화탄소의 가스 이동을 억제하여 배가 공기 공급을 받을 수 없어서 발아가 지연되는 경우

④ 미발달배
ㄱ 종자는 성숙해도 아직 배의 형태적 발달이 불완전하여 후숙이 필요한 경우
ㄴ 은행나무, 들메나무, 향나무, 주목 등

⑤ 배휴면
ㄱ 배 자체의 생리적 원인에 의해 일어나는 휴면
ㄴ 사과나무, 복숭아나무, 배나무 등

⑥ 생장 억제 물질의 존재
ㄱ 배를 둘러싸고 있는 조직에서 발아 억제 물질이 식물체 내에 존재하는 경우
ㄴ 식물생장호르몬 ABA(Abscisic Acid)가 발아를 억제
ㄷ 귤류, 핵과류, 사과나무, 배나무, 포도나무, 피나무 등

⑦ 이중휴면성
ㄱ 한 종자가 휴면의 몇 가지 원인을 가지고 있는 경우
ㄴ 주목(기계적작용, 불투수성, 미숙배)이 대표적 수종

> **후숙**
> 수확 당시에 발아력이 없었던 종자를 일정한 기간 단독이나 또는 과실이나 식물체에서 분리하지 않은 채로 잘 보관하면 발아력을 가지게 되는데, 이것을 후숙이라고 하며 후숙에 필요한 기간을 후숙기간이라고 한다.

3 종자의 발아검사(활력도 검사)

(1) 항온기에 의한 방법

① 일정한 최적온도를 유지하는 항온발아기(정온기)에 종자를 넣고 발아력을 시험하는 방법이다.
② 항온기의 온도는 23~25℃가 최적이다.

구분	수종
14일(2주)	사시나무, 느릅나무 등
21일(3주)	가문비나무, 편백나무, 화백, 아까시나무 등
28일(4주)	소나무, 해송, 낙엽송, 삼나무, 자작나무, 오리나무 등
42일(6주)	전나무, 느티나무, 옻나무, 목련 등

〈항온기에서의 종자발아 시험기간〉

(2) 테트라졸륨에 의한 방법(환원법)

① 종자의 발아력 검사를 위해 테트라졸륨(T.T.C용액) 0.1~1%의 수용액을 여과지 등에 적셔 깔고 적출된 배를 담아 처리한다.

② 생활력이 있는 종자는 붉은색을 띠며 죽은 조직에는 변화가 없다.

③ 휴면종자, 수확 직후의 종자, 발아시험기간이 긴 종자에 효과적인 방법이다.

(3) X선 분석법

① 종자를 X선으로 촬영하여 내부형태와 파손, 해충의 피해상태, 쭉정이 등을 확인하는 방법이다.

② 충실한 종자는 하얗게, 죽은 종자는 검게 나타난다.

(4) 절단법

종자를 절단하여 배와 배유의 발달 정도를 직접 육안으로 확인하여 종자의 발아력과 충실도를 알아보는 방법이다.

SECTION 04 **종자 품질검사**

종자의 크기에 따른 분류
- 대립종자 : 잣보다 큰 종자(밤나무, 상수리나무, 호두나무 등)
- 중립종자 : 잣 크기 만한 종자(잣나무, 물푸레나무, 백합나무 등)
- 소립종자 : 잣보다 작은 종자(소나무, 전나무, 느티나무 등)

1 종자의 품질검사 방법

임목종자의 유전적 품질검사는 다음해의 파종계획수립에 필요하며 품질검사항목에는 순량률, 용적중, 실중, L당 입수, kg당 입수, 수분, 발아율, 효율 등이 있다.

(1) 순량률 중요 ★☆☆

① 정선종자의 순도를 나타내는 것으로 먼지, 종자껍질, 나뭇잎 따위의 협잡물까지 합한 작업시료량 (전체 종자 무게)의 무게에 대한 순정종자의 양을 백분율로 나타낸 것이다.

② 과육종자, 날개종자, 대립종자 등은 순량률을 산출하지 않는다.

$$\text{순량률} = \frac{\text{순정종자량(g)}}{\text{작업시료량(g)}} \times 100$$

기출

소나무 종자의 무게가 45g이고 협잡물을 제거한 후의 무게가 43.2g일 때 순량률은?

① 43%   ② 45%

③ 86%   ④ 96%

풀이 $\text{순량률} = \dfrac{\text{순정종자량(g)}}{\text{작업시료량(g)}} \times 100 = \dfrac{43.2}{45} \times 100 = 96\%$

답 ④

(2) 실중

① 종자의 충실도를 g단위로 표시하는 종자 1,000립의 무게이다.

② 종자가 무겁고 충실할수록 실중의 값이 크게 나타난다.

③ 종자의 무게는 대립종자는 100립씩 4반복, 중립종자는 500립씩 4반복, 소립(미세립)종자는 1,000립씩 4반복의 평균치를 사용한다.

(3) 용적중

순종자 1L에 대한 무게를 g 단위로 표시한 것으로 씨뿌림량을 결정하는 중요한 인자이다.

(4) 발아율 중요 ★★☆

① 발아율은 순량률을 조사할 때 얻은 순정종자를 대상으로 조사한다.

② 파종된 종자 중에서 발아력이 있는 것을 백분율(%)로 표시한 것이다.

$$\text{발아율(\%)} = \frac{\text{발아한 종자 수}}{\text{발아시험용 종자 수}} \times 100$$

③ 발아율기준

'종묘사업실시요령'에 의한 종자품질기준에서 발아율 검사기준은 다음과 같다.

> 곰솔, 해송(92%) > 테다소나무(90%) > 소나무, 떡갈나무(87%) > 무궁화, 리기다소나무, 리기테다소나무(85%) > 측백나무(84%) > 잣나무(64%) > 비자나무(61%) > 주목(55%) > 전나무(25%) 등

(5) 발아세 `중요 ★☆☆`

① 일정한 기간 내에 대다수가 고르게 발아하는 종자 수의 비율(%)이다.

② 즉 종자가 가장 많이 발아한 날까지의 종자수의 백분율이다.

③ 일정기간 이후 산발적으로 발아한 종자는 계산에서 제외한다.

④ 대다수가 고르게 발아하는 시간이 짧아야만 발아 성적이 양호하다.

⑤ 발아율보다 수치가 적다.

$$발아세(\%) = \frac{가장\ 많이\ 발아한\ 날까지발아한\ 종자\ 수}{발아시험용\ 종자\ 수} \times 100$$

기출

100립의 종자를 발아시험한 결과 각 조의 평균이 다음과 같을 때 발아율과 발아세는?

경과일수	1	2	3	4	5	6	7	8	9	10	11	12	13	14
발아종자 수	0	0	1	3	9	11	13	14	17	18	4	2	1	0

풀이 발아율 : $\dfrac{1+3+9+11+13+14+17+18+4+2+1}{100} \times 100 = 93\%$

발아세 : $\dfrac{1+3+9+11+13+14+17+18}{100} \times 100 = 86\%$

(6) 효율 `중요 ★☆☆`

효율은 실제 득묘할 수 있는 효과를 예측하기 위해서 순량률에 발아율을 곱한 것으로 종자의 사용가치를 나타내는 것이다.

$$효율(\%) = \frac{순량률 \times 발아율}{100}$$

기출

1. 발아율 90%, 고사율 20%, 순량률 70%일 때 종자의 효율은?

   풀이 $\dfrac{70 \times 90}{100} = 63\%$

   답 63%

2. 임목종자의 품질검사항목에 해당되지 않는 것은?

   ① 종자의 건조법 ② 1L의 종자중량
   ③ 발아율 ④ 종자 1,000립의 중량

   풀이 검사항목은 순량률, 용적중, 실중, L당 입수, kg당 입수, 수분, 발아율, 효율 등이다.

   답 ①

SECTION 05 ⚬ 종자결실과 개화결실

1 자연적인 종자결실

① 종자의 결실은 주로 수목의 생리조건, 기상조건에 따라 풍·흉년 차이를 보인다.

② 전년도 가을이나, 당해 연도 봄에 꽃 핀 수의 많고 적음으로 예측 할 수 있다.

③ 주요 수종들의 결실주기 중요 ★☆☆

결실주기	적용수종
해마다 결실	버드나무류, 포플러류, 오리나무류
격년마다 결실	오동나무, 소나무류, 자작나무류, 아까시나무, 해송
2~3년 주기로 결실	참나무류, 느티나무, 들메나무, 편백나무, 삼나무
3~4년 주기로 결실	가문비나무, 전나무, 녹나무,
5년 이상 주기로 결실	너도밤나무, 낙엽송(일본잎갈나무)

④ 종자의 성숙시기 중요 ★★☆

구분	적용수종
꽃 핀 직후	• 꽃 핀 직후에 종자 성숙(개화 후 3~4개월만에 열매 성숙) • 버드나무, 은백양, 황철나무, 떡느릅나무, 사시나무, 미루나무 등
꽃 핀 해의 가을	• 꽃 핀 해의 가을에 종자 성숙(1년마다 열매 성숙) • 전나무, 가문비나무, 자작나무류, 삼나무, 편백나무, 낙엽송, 오동나무, 오리나무류, 떡갈나무, 졸참나무, 신갈나무, 갈참나무 등
꽃 핀 이듬해 가을	• 꽃 핀 이듬해 가을에 종자 성숙(2년마다 열매 성숙) • 소나무류, 잣나무, 상수리나무, 굴참나무, 비자나무 등

기출

수종 중에서 결실주기가 5~7년인 수종은?

① 소나무   ② 낙엽송
③ 상수리나무   ④ 리기다소나무

답 ②

② 인공적인 종자결실

(1) 채종림

① 채종림은 채종원과 달리 수형목을 선발하여 조성하는 것이 아니라 이미 조림되어 있는 임분 혹은 천연임분 중에서 형질이 우량한 종자를 채집할 목적으로 지정한 숲이다.

② 선발 시 우량목이 전 수목의 50% 이상, 불량목이 20% 이하인 구성비가 좋은 채종림이 될 수 있다.

③ 채종원에서 생산한 종자로 조림에 필요한 종자를 충족할 수 없을 때 채종림에서 부족부분을 충당한다.

④ 채종림의 선정기준 `중요 ★★☆`

    ㉠ 1단지 면적이 1ha 이상이고 모수가 150본/ha 이상인 산림

    ㉡ 가지가 짧고 자연낙지가 잘 되는 산림

    ㉢ 바람맞이가 아닌 지역의 산림

    ㉣ 병충피해가 없으며 벌채나 도벌이 없었던 산림

    ㉤ 보호관리 및 채종작업이 편리한 산림

> 🌱 **TIP**
>
> 수형목
> • 채종원 또는 채수포 조성에 필요한 접수 · 삽수 및 종자를 채취할 목적으로 수형과 형질이 우량하여 지정한 수목이다.
> • 침엽수의 수형목은 가지가 가늘고, 수관이 좁으며 한쪽으로 치우치지 않아야 중요 수형목이다.

(2) 채종원

우량한 개량(조림용)종자를 계속 공급할 목적으로 채종림에서 선발된 수형목의 종자 또는 클론에 의해 조성된 1세대 채종원으로 인위적인 수목의 집단이다.

(3) 채수포(클론보존원)

우량한 접수 · 삽수를 채취할 목적으로 조성된 수목의 집단이다.

(4) 클론(Clone)

접목, 삽목, 취목, 조직배양 등으로 무성번식된 단일 개체들의 집합체를 말한다.

>
>
> **채종림의 조성 목적으로 가장 적합한 것은?**
> ① 방풍림 조성   ② 산사태 방지
> ③ 우량종자 생산   ④ 휴양공간 조성
>
>   답 ③

③ 개화결실의 촉진방법

(1) 물리적 방법

① 입지조건 : 종자가 생산된 지역보다 따뜻한 지역에 채종원을 조성하면 결실량이 촉진된다.

② 스트레스 : 수피 상처주기(환상박피)를 이용하면 결실량이 증대된다.

③ 임분의 밀도 조절 : 간벌 등으로 임목 밀도가 낮아지면 수관이 확장과 동시에 광합성량이 증가하면서 결실량이 증대된다.

(2) 생리적 방법

① C/N율 조절

ㄱ 줄기의 환상박피, 단근, 접목 등의 방법으로 수목 지상부의 탄수화물 축적을 많게 하여 개화결실을 조장할 수 있다.

ㄴ 낙엽송의 경우 C/N율이 65~95%일 때 화아 형성률이 높아진다.

② 시비

ㄱ 비료의 3요소를 알맞게 주거나 시비시기를 조절하면 개화결실이 촉진된다.

ㄴ 질소보다는 인산과 칼륨을 더 많이 시용하는 것이 효과적이다.

※ 산림용 고형복합비료의 함량비율은 질소 : 인산 : 칼륨＝3 : 4 : 10이다.

🌱 TIP

C/N율

• 식물체 내의 탄수화물(C)과 질소(N)의 비율로 식물의 생육·화성·결실을 지배하는 기본요인이다.

• C/N율이 높으면 화성을 유도하고 C/N율이 낮으면 영양생장이 계속된다.

• C와 N의 비율이 개화결실에 알맞은 상태라 하여도 절대량이 적을 때는 개화결실이 모두 불량해지며 C와 N의 절대량이 함께 증가하여야만 개화결실이 촉진된다.

환상박피

수목 등에서 줄기나 가지의 껍질을 3~6mm 정도 둥글게 벗겨내는 것으로 환상박피는 수목이 가지고 있는 영양물질 및 수분, 무기양분 등의 이동경로를 제한함으로써 잎에서 생산된 동화물질이 뿌리로 이동하는 것을 박피한 상층부에 축적시켜 수목의 개화결실을 도모한다.

(3) 화학적 방법

낙우송, 삼나무, 편백나무 등에 식물생장호르몬인 지베렐린(GA3)을 처리하면 화아분화를 촉진시킨다.

01 우리나라 난대지방의 대표수종으로 짝지은 것은?

① 신갈나무, 이깔나무
② 때죽나무, 전나무
③ 느티나무, 잣나무
④ 가시나무, 녹나무

○ 해설

난대림(상록활엽수)
• 위도 : 남해안과 제주도, 울릉도
• 연평균 기온 : 14℃ 이상
• 수종 : 붉가시나무, 호랑가시, 동백나무, 구질잣밤나무, 생달나무, 가시나무, 아왜나무, 녹나무, 돈나무, 감탕나무, 사철나무, 식나무, 해송, 삼나무, 편백나무

02 냉한대 침엽수림을 구성하는 대표적인 우점수종에 속하지 않는 것은?

① 오리나무류
② 소나무류
③ 가문비나무류
④ 전나무류

○ 해설

한대림(상록침엽수)
• 위도 : 평안남북도, 함경남북도의 고원 및 고산지대
• 연평균 기온 : 5℃ 미만
• 수종 : 가문비나무, 분비나무, 잎갈나무, 잣나무, 전나무, 종비나무, 주목나무, 소나무류

03 동령림과 이령림의 차이점에 대한 설명 중 동령림의 특징에 해당하는 것은?

① 풍해가 매우 적다.
② 갱신이 짧은 시간 내에 이루어진다.
③ 임상유기물이 지속적으로 축적된다.

④ 동령림 내 작은 나무들이 장차 유용임목으로 된다.

○ 해설

동령림의 장점
• 조림, 치수, 육림작업, 축적조사, 수확 등이 간단하다.
• 생산되는 원목의 질이 우량하고 규격이 고르다.
• 이령림에 비해 갱신이 짧은 시간 내에 이루어진다.

04 다음 도면은 참나무류 종자의 내부구조도이다. 어린뿌리는 어느 부분인가?

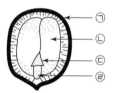

① ㉠
② ㉡
③ ㉢
④ ㉣

○ 해설

㉠ 외종피
㉡ 배젖
㉢ 배(떡잎)
㉣ 배(어린뿌리)

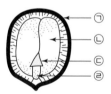

구조	특징
배 (씨눈)	난핵과 정핵이 수정에 의해 이루어지며, 떡잎이 될 부분과 줄기와 뿌리(유근)가 될 부분으로 나뉜다.
배유 (배젖)	• 극핵 두 개와 정핵 하나가 합쳐져 배젖이 만들어진다.(활엽수종) • 배유(배젖)는 배에 필요한 양분을 공급한다. • 양분의 유무에 따라 배유종자와 무배유종자로 구분한다.

05 다음 중 무배유종자는?

① 밤나무   ② 물푸레나무

③ 소나무   ④ 잎갈나무

●해설

배유종자와 무배유종자의 특징

구조	특징
배유종자	• 배와 배유의 두 부분으로 나뉘며, 배유에는 양분이 저장되고, 배에는 잎, 생장점, 줄기, 뿌리 등의 어린 조직이 형성된다. • 배유는 배에 필요한 양분을 공급한다.
무배유종자	자엽(떡잎)에 양분이 축적되어 있으며 배만 있고 배유는 없다.(밤나무, 호두나무, 자작나무)

06 다음 중 자웅이주인 것은?

① 은행나무   ② 측백나무

③ 향나무   ④ 전나무

●해설

암수꽃의 분리여부에 따른 분류

구분	개념 및 수종
자웅동주 (암수한그루)	한 식물에 암수꽃이 같이 존재하는 것을 말한다.(소나무, 해송(곰솔), 밤나무, 자작나무, 상수리나무 등)
자웅이주 (암수딴그루)	서로 다른 식물에 암수꽃이 존재하는 것을 말한다.(은행, 소철, 버드나무 등)

07 다음 수종 중 분류학상 침엽수에 속하는 것은?

① 가시나무   ② 은행나무

③ 밤나무   ④ 참나무

●해설

• 속씨식물은 꽃과 열매가 있는 꽃식물 중 밑씨가 씨방 안에 들어 있는 식물이다.
• 잎맥은 그물맥으로 형성되어 있다.
• 은행나무는 침엽수종이다.

08 분류학상 겉씨식물에 속하는 수종은?

① 가시나무   ② 은행나무

③ 밤나무   ④ 신갈나무

●해설

침엽수종(겉씨식물)

• 정핵(n) + 난핵(n) → 2n의 배
• 배유(n)는 수정 전에 형성된다.
• 겉씨식물은 꽃잎, 꽃받침이 없는 단성화이며, 중복수정을 하지 않는다.
• 잎맥은 나란히 맥으로 형성되어 있다.
• 수종 : 은행나무, 소나무, 해송 등

09 일반적으로 곰솔의 암꽃눈이 분화되는 시기는?

① 5월 상순~5월 하순

② 5월 하순~6월 상순

③ 7월 상순~7월 하순

④ 8월 하순~9월 상순

●해설

소나무의 특징 중요 ★★☆

• 소나무, 해송 암꽃의 꽃눈 분화 시기는 8월 하순~9월 상순이다.
• 수분(受粉)은 첫해의 5월 중에 이루어지기 시작하나 수정(受精)은 이듬해 5월 중부터 이루어진다.
• 소나무 종자의 1m²당 파종량(부피)은 0.05L이다.

10 종자구입 시 가장 중요시되는 요인이며 조림의 성과에 큰 영향을 미치는 것은?

① 종자회사   ② 종자산지

③ 종자채취인   ④ 종자가격

●해설

종자의 산지와 조림지 사이의 입지조건이 비슷해야 하며 기후나 토양조건이 다를 경우 종자의 발아 및 묘목의 활착이 불량해지며 병해충에 대한 저항력도 약해진다.

11 우량종자의 선발요령이 아닌 것은?

① 물에 담갔을 때 뜨는 것

② 광택이나 윤기가 나는 것

③ 오래되지 않은 것

④ 알이 알차고, 완숙한 것

●해설

우량종자의 채취방법으로는 광택이나 윤기가 나며 오래되지 않은 것, 알이 알차고 완숙한 것이 좋다.

---

12 종자채취 시 모수의 특성으로 적합하지 않은 것은?

① 성장이 빠를 것　　② 재질이 우량할 것
③ 가지가 많을 것　　④ 결실량이 많을 것

●해설

종자채취 시 모수의 특성
성장이 빠를 것, 재질이 우량할 것, 결실량이 많을 것

---

13 종자채집시기와 수종이 알맞게 짝지어진 것은?

① 2월 – 소나무　　② 4월 – 섬잣나무
③ 7월 – 회양목　　④ 9월 – 떡느릅나무

●해설

종자채집시기와 수종

월	수종
5	버드나무류, 미루나무, 양버들, 황철나무, 사시나무
6	떡느릅나무, 시무나무, 비술나무, 벚나무
7	회양목, 벚나무
8	스트로브잣나무, 향나무, 섬잣나무, 귀룽나무, 노간주나무
9	소나무, 주목나무, 낙엽송, 구상나무, 분비나무, 종비나무, 가문비나무, 향나무
10	소나무, 잣나무, 낙엽송, 리기다소나무, 해송, 구상나무, 삼나무, 편백나무, 전나무
11	동백나무, 회화나무

---

14 성숙한 종자의 채집시기가 7월 중에 적합한 수종은 어느 것인가?

① 오리나무　　② 왕벚나무
③ 졸참나무　　④ 아까시나무

---

15 7월 중·하순에 채취하여 탈각하고 늦어도 8월까지는 파종해야 하는 수종은?

---

① 버드나무　　② 벚나무
③ 회양목　　④ 섬잣나무

16 우량한 종자의 채집방법으로 바르게 설명한 것은 어느 것인가?

① 상수리나무는 사다리를 타고 올라가서 채집한다.
② 키가 낮고 구과가 많이 달린 나무는 집중적으로 채집한다.
③ 채집이 어려운 경우 톱이나 도끼로 가지를 잘라서 채집한다.
④ 원칙적으로 나무에 올라가서 구과나 열매를 손으로 따도록 한다.

●해설

종자의 채취방법 중요 ★★

• 원칙적으로 나무에 올라가서 구과나 열매를 손으로 따도록 한다.
• 가능하면 나무에 상처를 주지 않도록 채취한다.
• 가지째로 끊어서 채취하는 방법은 나무에 상처를 주기 때문에 삼간다.
• 형질이 좋은 나무는 지하고가 높고 위쪽의 가지가 가늘며 열매와 구과가 가지의 끝에 붙어 있는 경우가 많으므로 종자채취가 어렵다.
• 종자채취 시 모수의 성장이 빠르고, 재질이 우량하며 결실량이 많은 모수에서 종자를 채취한다.
• 지하고가 낮고 구과가 많이 달리는 나무는 종자의 형질이 불량하기 때문에 채취하지 않는다.
• 우량종자의 채취방법으로는 광택이나 윤기가 나며 오래되지 않은 것, 알이 알차고 완숙한 것이 좋다.

---

17 밤, 도토리 등 활엽수종의 열매를 채집한 뒤 살충처리하는 데 쓰이는 것은?

① 이황화탄소(CS_2)　　② 아드졸
③ IBA　　④ 2,4 – D

●해설

종자의 건조법
활엽수종인 밤, 도토리 등의 열매를 채집한 뒤 이황화탄소(CS_2)로 살충처리하면 밤바구미 등의 피해를 막을 수 있다.

---

18 씨앗을 건조시킬 때 음지에 건조해야 하는 종은?

① 소나무　　　　② 밤나무

③ 전나무　　　　④ 낙엽송

씨앗의 건조방법 및 특징

종류	건조방법
양광(햇볕) 건조법	• 햇볕이 잘 드는 곳에 구과를 멍석 위에 펴 널고, 2~3회씩 뒤집어 건조시키는 방법이다. • 구과의 인편이 벌어지면 그 안의 종자가 60~70% 탈종될 때까지 건조시킨다. • 회양목은 과피가 터지면서 종자가 날아갈 경우를 대비해 좁은 망으로 덮어 준다. • 적용수종 : 소나무, 해송, 낙엽송, 전나무, 회양목, 소나무류 등
반음(음지) 건조법	• 햇볕에 약한 종자를 통풍이 잘 되는 옥내 또는 음지에 얇게 펴서 건조하는 방법이다. • 적용수종 : 밤나무, 오리나무류, 포플러류, 편백나무, 참나무류 등
인공 건조법	• 건조기를 이용하여 건조시키는 방법으로 종자의 양이 많을 때 사용한다. • 보통 25℃에서 시작하여 40℃까지 유지하며 50℃ 이상이 되어서는 안 된다.

19 채집된 종자를 건조시킬 때 음지건조를 시켜야 하는 수목종자로 바르게 짝지어진 것은?

① 소나무류, 해송　　② 낙엽송, 전나무

③ 참나무류, 편백　　④ 회양목, 소나무류

20 밤나무, 호두나무, 가래나무와 같은 씨앗의 정선법은?

① 수선법　　　　② 노천매장법

③ 입선법　　　　④ 풍선법

수종에 따른 정선법

방법	내용 및 적용수종
입선법	눈으로 보고 손으로 종자를 골라내는 방법이다.(밤나무, 가래나무, 호두나무 → 대립종자 선별에 적합)

방법	내용 및 적용수종
풍선법	• 키, 선풍기의 바람을 이용하여 종자에 섞여 있는 종자날개, 잡물, 쭉정이 등 협착물을 제거하는 방법이다.(소나무류, 가문비나무류, 낙엽송류, 자작나무) • 전나무, 삼나무, 밤나무에는 효과가 낮다.
사선법	종자보다 크거나 작은 체를 이용하여 종자를 정선하는 방법이다.

21 종자의 정선방법 중 입선법에 대한 설명으로 옳은 것은?

① 소나무, 밤나무, 참나무류의 선별에 용이하다.

② 소립종자 선별에 적합하다.

③ 대립종자 선별에 적합하다.

④ 비중이 작은 종자의 선별에 적합하다.

22 종자의 정선법 중 풍구, 키, 선풍기 또는 종자풍선용으로 만든 동력식 장치 등으로 종자에 섞여 있는 종자날개, 잡물, 쭉정이 등을 선별하는 방법은?

① 입선법　　　　② 사선법

③ 풍선법　　　　④ 액체선법

23 종자를 체로 쳐서 굵고 작은 협잡물을 분별하는 정선방법은?

① 입선법　　　　② 수선법

③ 풍선법　　　　④ 사선법

24 종자수득률이 가장 높은 것은?

① 잣나무　　　　② 향나무

③ 박달나무　　　　④ 호두나무

종자수득률 순서

수종	수득률
호두나무	52.0
박달나무	23.3
잣나무	12.5
향나무	12.4

25 가을에 채집하여 정선한 종자를 눈 녹은 물이나 빗물이 스며들 수 있도록 땅속에 묻었다가 파종할 이듬해 봄에 꺼내는 종자저장법은?

① 노천매장법   ② 보호저장법
③ 실온저장법   ④ 습적법

● 해설 ────────

노천매장법
• 가을에 채집한 종자를 깊이 50~100cm의 구덩이를 파고 모래와 함께 혼합하여 햇빛이 잘 들고 배수가 양호한 노지에 묻어 두는 방법이다.
• 겨울에는 눈이나 빗물이 그대로 스며들 수 있는 장소가 적당하다.
• 저장과 동시에 발아를 촉진시키는 방법이다.

26 종자저장 시 정선 후 곧바로 노천매장해야 하는 수종으로 짝지은 것은?

① 층층나무, 전나무
② 삼나무, 편백
③ 소나무, 해송
④ 느티나무, 잣나무

● 해설 ────────

종자의 매장시기 및 적용수종

매장시기	적용수종
종자채취 직후 (정선 후 곧 매장)	느티나무, 잣나무, 들메나무, 단풍나무, 벚나무류, 섬잣나무, 백송, 호두나무, 백합나무, 은행나무, 목련, 회양목, 가래나무 등
토양 동결 전 (늦어도 11월 말까지 매장)	벽오동나무, 팽나무, 물푸레나무, 신나무, 피나무, 층층나무, 옻나무 등
토양 동결이 풀린 후 (파종 한 달 전 매장)	소나무, 해송, 낙엽송, 가문비나무, 전나무, 측백나무, 리기다소나무, 뱅크스소나무, 삼나무, 편백나무, 무궁화 등

27 채종 직후 노천매장을 하는 종자가 아닌 것은?

① 소나무, 해송
② 단풍나무, 들메나무

③ 잣나무, 은행나무
④ 호두나무, 가래나무

28 종자의 저장방법 중 밀봉저장(냉건저장)할 종자의 함수율로 알맞은 것은?

① 5~7%   ② 7~10%
③ 10~15%   ④ 15~20%

● 해설 ────────

저온(밀봉)저장법
• 진공상태로 밀봉시켜 저온(보통 4~7℃의 냉장고)에 저장하는 방법이다.
• 상온저장으로 발아력을 쉽게 상실하는 종자에 효과적이다.
• 수분함수율을 낮추어 장기간 저장하는 방법이다.
• 함수율을 5~7% 이하로 유지하여 밀봉용기에 저장한다.
• 건조제(실리카겔)와 종자의 활력억제제(황화칼륨)를 종자 무게의 10% 정도 함께 넣어 저장하면 큰 효과가 있다.
　※ 종자의 건조제로는 실리카겔 외 나뭇재, 생석회, 산성백토, 유산 등
• 연구와 실험을 목적으로 많이 사용된다.

29 종자의 밀봉저장을 적용하는 데 타당하지 않은 것은?

① 결실주기가 긴 수종에 적용한다.
② 수분이 많은 종자에 적용한다.
③ 생명력을 쉽게 상실하는 씨앗에 적용한다.
④ 연구와 실험을 목적으로 할 때 이용한다.

● 해설 ────────

수분 함수율을 낮추어 장시간 저장하는 방법
함수율은 5~7% 이하로 유지한다.

30 다음 중 임목종자의 발아촉진방법에 해당하지 않는 것은?

① 침수처리법   ② 옥신처리법
③ 황산처리법   ④ 노천매장법

> **해설**

발아촉진법
- 종피파상법, 침수처리법, 황산처리법, 노천매장, 층적법, 변온처리법, 화학약품처리법, 광처리법
- 옥신(auxin)은 식물의 성장을 촉진하는 생장호르몬이다.

31 종자의 발아촉진법이 아닌 것은?

① X선 분석법
② 종피에 상처를 내는 법
③ 침수처리법
④ 노천매장법

> **해설**

X선 분석법
- 발아검사를 위해 종자를 X선으로 촬영하여 내부형태와 파손, 해충의 피해상태, 쭉정이 등을 확인하는 방법이다.
- 충실한 종자는 하얗게, 죽은 종자는 검게 나타난다.

32 다음 중 은행나무, 잣나무, 백합나무, 벚나무, 느티나무, 단풍나무류 등의 발아촉진법으로 가장 적당한 것은?

① 장기간 노천매장을 한다.
② 씨뿌리기 한 달 전에 노천매장을 한다.
③ 보호저장을 한다.
④ 습적법으로 한다.

33 다음 그림은 종자저장방법이다. 어떠한 저장방법인가?

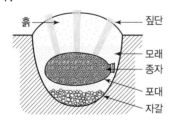

① 실온저장법　　　　② 밀봉저장법
③ 보호저장법　　　　④ 노천매장법

34 다음 중 종자가 발아하기 위하여 갖추어야 할 기본요건이 아닌 것은?

① 효소　　　　　　② 온도
③ 수분　　　　　　④ 공기

> **해설**

발아조건
- 종자에서 유아와 유근이 출현하는 것을 발아라고 한다.
- 임목종자의 발아에 필요한 조건에는 수분, 산소, 온도, 광선(식물에 따라 다름) 등이 있다.
- 수분의 흡수로 종자가 팽윤하여 가스교환이 용이해지면서 어린뿌리가 나와 땅속에 뿌리를 내리고 종피에서 떡잎과 어린줄기가 나온다.

35 임목종자의 발아에 필요한 필수 3요소는?

① 비료, 수분, 광선
② 온도, 수분, 산소
③ CO_2, 온도, 광선
④ 공기, 양분, 광선

36 종자의 발아력 검사에 쓰이는 약제는?

① 염소산나트륨
② 황산화탄소
③ 테트라졸륨(Tetrazolium)
④ 인돌낙산

> **해설**

테트라졸륨에 의한 방법(환원법)
- 종자의 발아력 검사를 위해 테트라졸륨(T.T.C용액) 0.1~1%의 수용액을 여과지 등에 적셔 깔고 적출된 배를 담아 처리한다.
- 생활력이 있는 종자는 붉은색을 띠며 죽은 조직에는 변화가 없다.
- 휴면종자, 수확 직후의 종자, 발아시험기간이 긴 종자에 효과적인 방법이다.

37 테트라졸륨(T.T.C) 1% 수용액에 절단한 종자를 처리하였을 때 활력이 있는 종자는 어떤 색으로 변하는가?

① 백색　　　　　　② 붉은색
③ 노란색　　　　　④ 청색

38 종자 전체의 무게가 900g이고, 이 중 협잡물의 무게가 90g이며 순수한 종자의 무게가 810g일 때 순량률은?

① 72%　　　　　　② 81%
③ 90%　　　　　　④ 98%

$$순량률 = \frac{순정종자량(g)}{작업시료량(g)} \times 100\%$$
$$= \frac{810}{900} \times 100\% = 90\%$$

39 다음 중 종자의 실중을 가장 잘 설명한 것은?

① 종자의 협잡물 제거량
② 충실종자와 미숙종자와의 비율
③ 미세립종자 1,000립의 4회 평균중량
④ 종자 1L의 중량

실중
• 종자의 무게는 대립종자는 100립씩 4반복, 중립종자는 500립씩 4반복, 소립(미세립)종자는 1,000립씩 4반복의 평균치를 사용한다.
• 종자가 무겁고 충실할수록 실중의 값이 크게 나타난다.

40 종자의 품질을 결정하는 데 있어 소립종자의 실중(實重)을 알맞게 설명한 것은?

① 종자 10립의 무게이다.
② 종자 100립의 무게이다.
③ 종자 1,000립의 무게이다.
④ 종자 5,000립의 무게이다.

41 임목종자의 품질검사에 대한 설명으로 틀린 것은?

① (협잡물을 제거한 순정종자의 무게/시료의 무게) × 100이 순량률이다.
② 소립종자의 실중은 종자 100알의 무게를 g으로 나타낸 값이다.
③ 발아율은 순량률을 조사할 때 얻은 순정종자를 대상으로 조사한다.
④ 효율은 실제 득묘할 수 있는 효과를 예측하는 데 사용될 수 있는 종자의 사용가치를 말한다.

소립종자의 실중은 종자 1,000알의 무게를 g으로 나타낸 값이다.

42 종자의 품질기준에서 발아율이 가장 높은 것은?

① 잣나무　　　　　② 리기테다소나무
③ 오동나무　　　　④ 물갬나무

발아율 기준
곰솔, 해송(92%) > 테다소나무(90%) > 소나무, 떡갈나무(87%) > 무궁화, 리기다소나무, 리기테다소나무(85%) > 측백나무(84%) > 잣나무(64%) > 비자나무(61%) > 주목(55%) > 전나무(25%) 등

43 발아율이 가장 높은 수종은?

① 박달나무　　　　② 잣나무
③ 해송　　　　　　④ 상수리나무

44 종자의 저장과 관련된 내용 중 틀린 것은?

① 종자를 탈각한 후 그 품질을 감정하고 저장한다.
② 종자의 품질은 발아율과 효율로 표시한다.
③ 발아율이란 일정한 수의 종자 중에서 발아력이 있는 것을 백분율로 표시한 것이다.
④ 순량률이란 일정한 양의 종자 중 협잡물을 제외한 종자량을 백분율로 표시한 것이다.

효율은 실제 득묘할 수 있는 효과를 예측하기 위해서 순량률에 발아율을 곱한 것으로, 종자의 사용가치를 나타내는 것이다

45 발아율 90%, 고사율 20%, 순량률 80%일 때 종자의 효율은?

① 14.4% ② 16%

③ 44% ④ 72%

$$효율(\%) = \frac{순량률 \times 발아율}{100}$$

$$= \frac{80 \times 90}{100} = 72\%$$

46 다음 중 결실의 주기성이 가장 큰 것은?

① 소나무 ② 리기다소나무

③ 해송 ④ 낙엽송

주요 수종들의 결실주기 중요 ★★☆

결실주기	적용수종
해마다 결실	버드나무류, 포플러류, 오리나무류
격년마다 결실	오동나무, 소나무류, 자작나무류, 아까시나무, 해송
2~3년 주기로 결실	참나무류, 느티나무, 들메나무, 편백나무, 삼나무
3~4년 주기로 결실	가문비나무, 전나무, 녹나무
5년 이상 주기로 결실	너도밤나무, 낙엽송(일본잎갈나무)

47 다음 수종 중 매년 또는 격년으로 종자를 맺는 것이 아닌 것은?

① 소나무 ② 해송

③ 낙엽송 ④ 오동나무

48 다음 중 꽃이 핀 다음 씨앗이 익을 때까지 걸리는 기간이 가장 짧은 것은?

① 사시나무, 미루나무

② 전나무, 가문비나무

③ 소나무, 상수리나무

④ 자작나무, 굴참나무

종자의 성숙시기(꽃 핀 직후)

• 꽃 핀 직후에 종자 성숙(개화 후 3~4개월만에 열매 성숙)

• 버드나무, 은백양, 황철나무, 떡느릅나무, 사시나무, 미루나무 등

49 다음 수종 중 꽃 핀 이듬해 가을에 종자가 성숙하는 것은?

① 버드나무 ② 느릅나무

③ 졸참나무 ④ 상수리나무

종자의 성숙시기(꽃 핀 이듬해 가을)

• 꽃 핀 이듬해 가을에 종자 성숙(2년마다 열매 성숙)

• 소나무류, 잣나무, 상수리나무, 굴참나무, 비자나무 등

50 잣나무 종자의 성숙시기는?

① 꽃이 핀 당년

② 꽃이 핀 이듬해 여름

③ 꽃이 핀 이듬해 가을

④ 꽃이 핀 3년째 가을

종자의 성숙시기(꽃 핀 이듬해 가을)

• 꽃 핀 이듬해 가을에 종자 성숙(2년마다 열매 성숙)

• 소나무류, 잣나무, 상수리나무, 굴참나무, 비자나무 등

51 다음 나무의 종자 중 꽃 핀 이듬해 가을에 성숙하는 나무는?

① 버드나무   ② 떡느릅나무

③ 졸참나무   ④ 상수리나무

52 채종림 선발 시 전체 나무에 대한 우량목과 불량목의 구성비가 가장 바르게 표시된 것은?

① 우량목 30% 이상, 불량목 10% 이하

② 우량목 40% 이상, 불량목 10% 이하

③ 우량목 50% 이상, 불량목 20% 이하

④ 우량목 70% 이상, 불량목 30% 이하

●해설
- 채종림은 채종원과 달리 수형목을 선발하여 조성하는 것이 아니라 이미 조림되어 있는 임분 혹은 천연임분 중에서 형질이 우량한 종자를 채집할 목적으로 지정한 숲이다.
- 선발 시 우량목이 전 수목의 50% 이상, 불량목이 20% 이하인 구성비가 좋은 채종림이 될 수 있다.
- 채종원에서 생산한 종자로 조림에 필요한 종자를 충족할 수 없을 때 채종림에서 부족부분을 충당한다.

53 우량한 종자의 채집을 목적으로 지정한 숲은?

① 산지림   ② 채종림

③ 종자림   ④ 우량림

54 채종림이 갖추어야 할 기준으로 틀린 것은?

① 바람맞이가 아닌 지역의 산림

② 가지가 굵고 자연낙지가 잘 되지 않는 산림

③ 1단지 면적이 1ha 이상이고 모수가 150본/ha 이상인 산림

④ 보호관리 및 채종작업이 편리한 산림

●해설
채종림의 선정기준 중요 ★★☆
- 1단지 면적이 1ha 이상이고 모수가 150본/ha 이상인 산림

- 가지가 짧고 자연낙지가 잘 되는 산림
- 바람맞이가 아닌 지역의 산림
- 병충피해가 없으며 벌채나 도벌이 없었던 산림
- 보호관리 및 채종작업이 편리한 산림

55 다음 중 개량종자를 공급할 목적으로 인위적으로 조성된 것은?

① 채종림   ② 잠정채종림

③ 채종원   ④ 채수원

●해설
채종원은 우량한 개량종자를 계속 공급할 목적으로 채종림에서 선발한 수형목의 종자 또는 클론에 의해 조성된 것이다.

56 수형목(秀型木) 선발에 가장 용이한 임분은?

① 인공잡림   ② 인공동령림

③ 천연림   ④ 이령림

●해설
수형목이란 채종원 또는 채수포 조성에 필요한 접수·삽수 및 종자를 채취할 목적으로 수형과 형질이 우량하고 우수한 유전자형을 가진 인공동령림이다.

03장 묘목 생산

SECTION 01 묘포 및 실생묘의 양성

1 묘포 설계

(1) 묘포지의 선정조건(묘포의 적지 선정 시 고려사항) 중요 ★★☆

① 토양

    ㉠ 토심이 깊고 부식질 함량이 많으며 조림지와 비슷한 환경을 가진 곳

    ㉡ 토심은 30cm 이상인 곳으로 너무 비옥하지 않은 곳

    ㉢ 배수가 양호한 사양토 또는 식양토인 곳

    ㉣ 토양산도는 침엽수의 경우 pH 5.0~6.5, 활엽수의 경우 pH 5.5~6.0인 곳

② 교통과 면적

    ㉠ 교통과 관리가 편리하고 조림지와 가까우며 묘목수급이 용이한 곳

    ㉡ 묘목 생산량에 필요한 충분한 면적을 확보할 수 있는 곳

③ 경사와 방위

    ㉠ 관배수가 용이한 5° 이하의 남향이면서 완경사지인 곳

    ㉡ 그 이상이 되면 토양 유실이 우려되어 계단식으로 구획한 곳

    ㉢ 방풍림을 북서쪽에 조성하면 찬바람을 막을 수 있는 곳

기출

묘포 적지에 대한 설명으로 틀린 것은?

① 토심이 깊고 부식질 함량이 많으면 좋다.
② 토양의 산도는 침엽수종은 pH 5.0~6.5가 적당하다.
③ 포지는 약간의 경사가 있으므로 관, 배수에 유리하다.
④ 포지의 북서향에 방풍림이 있으면 좋지 않다.

풀이 방풍림을 북서쪽에 조성하면 포지의 건조와 찬바람을 막을 수 있다.

답 ④

---

(2) 묘포의 구성

묘포면적은 육묘지(포지), 부속지, 제지로 구성되어 있다.

① 육묘지(포지)

ㄱ 현재 묘목이 재배되고 있는 재배지, 휴한지 및 통로 등의 면적을 합친 것이다.

ㄴ 묘목을 양성하기 위한 면적은 전체면적의 60~70%가 적당하다.

② 부속지

묘목재배를 위한 부대시설, 창고, 관리실, 작업실, 기타 퇴비장 등이 있는 곳이다.(30%)

③ 제지

육묘지와 부속지를 제외한 나머지 면적이며, 경사지에 묘포를 만들 때 계단상의 경사면이 제지이다.

(3) 묘포의 구획

① 묘포는 중앙에 넓이 2m 이상의 주도로를 두고 이에 직각으로 1m의 부도로를 두며 그 사이에 묘판을 설치한다.

② 묘판의 너비는 관리가 편리하도록 1m로 하고 동서방향으로 길게(10~20m) 설치하여 모판이 남쪽을 향하도록 한다.

③ 통로인 보도의 너비는 30~50cm로 한다.

④ 트랙터나 경운기 등의 기계를 이용할 경우에는 보다 크게 구획하도록 한다.

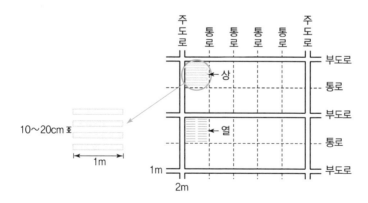

[묘포의 구획방법]

2 종자파종

종자파종 진행 순서
정지(경운, 쇄토, 진압) → 작상 → 파종 → 복토 → 진압 → 짚덮기

(1) 정지(整地)

정지란 작물의 생육에 알맞은 상태로 조성하기 위하여 파종에 앞서 토양에 가하는 각종 기계적 작업으로 경운, 쇄토, 진압 등이 있다.

① 경운(밭갈이)

   ㉠ 단단해진 토양을 갈아엎어 흙덩이를 부드럽게 하는 작업으로 통기성과 투수성을 좋게 하며 잡초를 제거하는 등 여러 효과가 있다.

   ㉡ 늦은 가을에 갈아 두었다가 해토 직후 깊이 20cm 정도 경운한다.

   > 🌱 TIP
   >
   > **경운의 효과**
   > • 토양을 부드럽게 하고 통기가 잘 되도록 하여 토양 산소량을 많게 한다.
   > • 유용 토양미생물의 활동이 활발해져 유기물의 분해가 촉진된다.
   > • 잡초종자가 경운으로 인해 지하 깊숙이 매몰되어 잡초 발생을 억제한다.
   > • 해충의 유충이나 번데기를 지표에 노출시켜 죽게 한다.

② 쇄토(흙깨기)

   ㉠ 흙덩이를 곱게 부수고 돌과 잡초 뿌리를 골라내며 상면을 평평하게 고르는 작업이다.

   ㉡ 괭이, 레이크와 같은 도구로 작업한다.

③ 진압(다지기)

   ㉠ 파종하고 복토하기 전이나 후에 종자 위를 눌러 주는 작업이다.

   ㉡ 종자가 토양에 밀착되므로 지하수가 모관상승하여 종자에 흡수되어 발아가 촉진된다.

   ㉢ 땅속의 수분을 효과적으로 이용한다.

(2) 작상(作床, 상 만들기)

① 경운과 쇄토가 끝나고 육묘상을 만드는 작업이다.

② 묘상의 크기는 작업이 편리하도록 폭 1m, 길이 10~20m를 기준으로 한다.

③ 상면은 보도면보다 15cm 정도 더 높게 작업한다.

④ 상의 방향은 특별한 사유가 없는 동서방향으로 설치한다.

⑤ 보도의 폭은 해가림 시설이 필요한 상은 0.5m, 필요 없는 상은 0.3~0.4m로 한다.

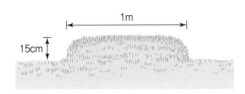

[파종상 모식도]

[해가림 시설]

(3) 파종(播種, 씨뿌리기)

① 파종조림의 특징

　　㉠ 묘목을 식재하는 대신 종자를 직접 뿌려 조림하는 방법이다.

　　㉡ 파종조림은 묘목의 양성이 필요 없고 노력이 적게 들 뿐만 아니라 이식작업이 생략되므로 어린나무는 발아할 때부터 조림지의 토양상태와 기상조건에 익숙해지고 뿌리는 자연상태에 적응하여 발달할 수 있다.

　　㉢ 암석지나 급경사지와 같이 식재가 어려운 지역에 적합한 조림방법이다.

　　㉣ 파종조림에 실패하는 가장 큰 원인은 소동물이나 조류로 인한 피해이다.(보호물 설치)

② 적합수종

구분	내용
종자의 결실량이 많고 발아가 잘 되는 수종	소나무, 해송, 리기다소나무
이식 시 활착률 저조로 식재조림이 어려운 수종	참나무류, 밤나무, 가래나무, 벗나무
그 밖의 수종	가래나무, 밤나무, 벗나무

※ 참나무류(6형제) : 상수리, 굴참, 졸참, 갈참, 떡갈, 신갈나무 등

③ 파종시기

　　각 지역의 기후에 따라 다르지만 발아되는 온도는 보통 5~7℃이다.

춘파	• 봄에 토양의 동결이 풀리는 대로 파종하는 방법 • 파종적기 : 중부지방(4월 상순), 남부지방(3월 하순)
추파 (채파)	종자의 발아력이 상실되지 않도록 이듬해 봄까지 저장하기 어려운 수종에 대하여 채종 즉시 파종하는 방법

④ 파종량 결정 중요 ★★☆

씨뿌림량은 다음 계산식에 따라 구한다.

$$\langle m^2당 \ 파종량 \ 구하는 \ 공식 \rangle$$

$$W = \frac{A \times S}{D \times P \times G \times L}$$

여기서, W : 파종할 종자의 양(g) A : 파종면적(m^2)
       S : m^2당 남길 묘목수 D : g당 종자립 수
       P : 순량률 G : 발아율
       L : 득묘율(잔존율)

$$E = P \times G$$

여기서, E : 종자효율

※ 득묘율(잔존율) : 피종상에서 단위면적당 일정한 규격에 도달한 묘목을 얻어 낼 수 있는 본수의 비율

기출

1. 소나무 종자의 1m²당 파종량(부피)으로 가장 적당한 것은?

① 0.01L   ② 0.05L
③ 0.09L   ④ 1.29L

풀이 소나무 종자의 1m²당 파종량(부피)은 0.05L이다.

답 ②

2. 잔존본수 400그루, 득묘율 30%, 종자효율 70%, 1g당 종자 알수가 150개일 때의 m²당 파종량은?

① 8.8g   ② 12.5g
③ 12.7g   ④ 13.8g

풀이 $\dfrac{400}{150 \times 0.7 \times 0.3} = \dfrac{400}{31.5} = 12.6984 \cdots$

답 ③

⑤ 파종방법 중요 ★★☆

종류	파종방법
산파(흩어뿌림)	• 소독이 끝난 종자를 깨끗한 모래와 약간 혼합하여 묘판에 고루 뿌리는 방법 • 소나무류, 낙엽송, 오리나무류, 자작나무류 등과 같은 세립종자에 적합
조파(줄뿌림)	• 골을 만들고 종자를 줄지어 뿌리는 방법 • 느티나무, 옻나무, 싸리나무, 아까시나무 등과 같은 보통종자에 적합
점파(점뿌림)	• 일직선으로 1립씩 일정한 간격을 두고 종자를 뿌리는 방법 • 밤나무, 호두나무, 상수리나무, 은행나무 등과 같은 대립종자에 적합
상파(모아뿌림)	파종할 종자를 한 장소에 군상으로 모아서 뿌리는 방법

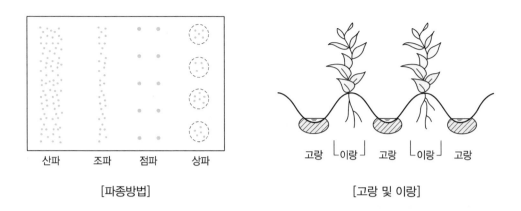

[파종방법]   [고랑 및 이랑]

기출

밤나무에 가장 알맞은 종자 파종법은?

① 흩어뿌림   ② 줄뿌림

③ 점뿌림   ④ 군상으로 모아뿌림

답 ③

(4) 복토(흙덮기)

씨를 뿌린 후에 흙을 덮는 작업으로 복토의 두께는 종자 크기의 1~3배로 하며 소립종자는 체로 쳐서 덮는다.

(5) 짚덮기

복토가 완료되는 대로 짚을 깔아 주어서 빗물로 인한 흙과 종자의 유실을 막고 파종상의 습도를 높여 발아를 빠르게 하며, 잡초 발생을 억제시켜 준다.

❸ 판갈이작업(상체)

파종상에서 기른 1~2년생 실생묘의 생육공간을 넓혀 주고 근계의 발달과 더 알맞은 묘목을 만들기 위해 다른 묘상으로 옮겨주는 작업으로, 흙이 녹고 수액이 유동되기 직전(초봄)에 실시한다.

(1) 판갈이의 목적

① 생육공간을 넓히고, 옮기는 묘상에 밑거름을 충분히 주어 생육을 돕는다.

② 웃자람을 막고 잔뿌리와 곁뿌리의 발달을 촉진시킨다.

③ 산지의 잡초와의 경쟁에서 이길 수 있는 큰 묘목으로 키울 수 있으며, 지상부와 지하부의 균형이 더 잘 잡힌 묘목으로 양성할 수 있다.

④ 규칙적인 묘목의 배열로 묘상관리의 기계화가 가능하다.

> ※ 웃자람 : 일조량의 부족으로 작물의 줄기나 가지가 보통 이상으로 길고 연하게 자라는 일

(2) 판갈이(상체) 연도 중요 ★★☆

상체연수	대상수목
1년생 상체	소나무, 낙엽송(일본잎갈나무), 삼나무, 편백나무 등
2년생 상체	은행나무, 가문비나무, 주목, 전나무, 잣나무, 향나무, 참나무 등(측근이 발달한 후에 판갈이를 한다.)

(3) 판갈이의 밀도 중요 ★☆☆

① 묘목이 클수록 소식한다.

② 지엽이 옆으로 확장할수록 소식한다.

③ 양수는 음수보다 소식한다.

④ 땅이 비옥할수록 소식한다.

⑤ 판갈이상에 거치할 때 소식한다.

⑥ 소식수종 : 삼나무, 편백나무

⑦ 밀식수종 : 소나무, 해송

4 파종상 묘목의 보호 및 관리

(1) 해가림 중요 ★★☆

① 지면의 수분증발을 억제하여 묘상의 건조와 지표온도의 상승을 방지하기 위해 인공적으로 광선을 차단하는 작업이다.

② 어린 묘가 강한 일사를 받아 건조되는 것을 방지하는 것이다.

③ 구름 끼는 날, 비오는 날, 아침과 저녁 등에는 걷어 주는 것이 좋다.

④ 파종상의 해가림 시설을 제거하는 가장 적절한 시기는 7월 하순~8월 중순으로 점차적으로 제거해야 한다.

⑤ 해가림의 필요유무에 따른 수종

구분	내용
해가림이 필요한 수목	가문비나무, 전나무, 잣나무, 주목, 낙엽송 등의 음수(대부분의 침엽수)
해가림이 필요 없는 수목	소나무류, 해송, 상수리, 포플러류, 아까시나무, 사시나무 등

(2) 제초

노동력과 비용이 많이 소요되는 부분으로 제초는 되도록 잡초가 어릴 때 실시하고 약제는 시마진, 타크 등을 사용한다.

TIP

선택적 제초제 : 시마진(CAT) 중요 ★★☆

- 토양 내의 이동성이 약하고 토양 표층 근처의 잡초에만 작용하여 뿌리가 깊이 들어간 묘목에는 해를 끼치지 않는 제초제이다.
- 2개월 이상 효과가 지속되며, 뿌리로 흡수되어 이행하는 선택적 제초제이다.

(3) 솎아내기

묘목이 성장하면서 밀생하면 웃자라고 채광, 통풍이 불량하여 연약해지므로 묘목의 간격을 일정하게 유지하여 건전한 생육을 할 수 있도록 공간을 확보해 주는 작업이다.

TIP

솎기작업 시기 및 방법 중요 ★☆☆

- 솎기시기는 본엽이 나온 때, 그리고 8월 하순경에 실시한다.
- 솎기작업 실시 후 흙의 안정을 위해 관수작업을 한다.
- 낙엽송, 삼나무, 편백나무 등은 2~3회 솎기작업을 한다.
- 소나무류, 전나무류, 가문비나무류 등은 1~2회 나누어 실시한다.

(4) 관수

① 상토가 충분히 물을 먹을 때까지 아침, 저녁으로 관수를 하는 것이 좋다.

② 어린 묘목은 건조에 취약하므로 뿌리까지 수분이 스며들 수 있도록 충분히 관수한다.

(5) 단근(뿌리끊기) 중요 ★☆☆

① 건강한 뿌리 발달을 위해 묘목의 직근과 측근을 끊어 잔뿌리의 발달을 촉진시키는 작업이다.

② 작업은 5월 중순~7월 상순에 실시하며, 단근의 깊이는 뿌리의 2/3 정도 남기도록 한다.

③ T/R률을 낮게 함으로써 활착률이 높은 우량한 묘목을 생산한다.

※ T/R률 : 식물의 지하부 생장량(Root)에 대한 지상부 생장량(Tree/Top)의 비율

④ 파종 후 삼나무, 낙엽송 묘목의 뿌리끊기 작업시기 : 9월 중순

⑤ 뿌리의 성상과 묘령에 따른 단근작업

뿌리의 성상 / 단근 여부	직근성	천근성
1년생 산출묘로 단근하는 것	상수리나무, 굴참나무, 졸참나무 등	–
1년생 산출묘로 단근하지 않는 것	–	낙엽송, 느티나무, 전나무, 삼나무, 편백나무
2년생 이상으로 단근하는 것	소나무, 해송	

※ 산출묘 : 묘포장(苗圃場)에서 산지로 나갈 묘목

(6) 시비(비료주기)

① 질소, 인산, 칼륨의 비료 3요소와 석회, 고토(산화마그네슘), 망간, 규산 등을 토양에 공급한다.

② 7월 이후에 질소비료를 주면 가을철에 묘목이 웃자라게 되어 한해를 입기 쉽다.

③ 시비방법 및 시기

구분	내용
기비 (밑거름)	• 시기 : 가을~초봄에 걸쳐서 휴면기에 실시한다. • 방법 : 퇴비와 무기질비료를 파종 직전에 시비한다.
추비 (덧거름)	• 시기 : 묘목의 생육 도중에 생장촉진을 위해 추가로 주는 덧거름이다. • 방법 : 속효성 비료를 사용한다.
엽면시비	• 일시적으로 쇠약해진 묘목의 회복을 위해 실시하는 방법이다. • 요소, 고토비료 등을 0.2~0.5% 용액으로 살포한다.

SECTION 02 · **무성번식에 의한 묘목의 양성**

🔟 종자번식과 영양번식의 장단점

식물의 번식방법
• 종자번식 : 꽃의 암술과 수술의 수분 · 수정과정에 의해 종자가 생겨나고 다음 세대를 이루며 번식하는 방법
• 영양번식 : 식물체의 일부분을 이용하여 번식하는 방법(접목, 삽목, 취목, 분주 등)

(1) 종자(유성)번식의 장단점

① 장점 중요 ★☆☆

  ㉠ 번식방법이 쉽고 다수의 묘종 생산이 가능하다.

  ㉡ 품종개량을 목적으로 한 우량종 개발이 가능하다.

  ㉢ 영양번식과 비교하면 일반적으로 발육이 왕성하고 수명이 길다.

  ㉣ 종자의 수송이 편리하며 원거리 이동이 안전 · 용이하고 육묘비가 저렴하다.

② 단점

  ㉠ 육종된 품종에서는 변이가 일어나며 결과가 대부분 좋지 못하다.

  ㉡ 불임성과 단위결과성 식물의 번식이 어렵다.

  ㉢ 목본류는 개화까지의 기간이 오래 걸리는 경우가 많다.

(2) 영양(무성)번식의 장단점

① 장점

　　㉠ 모체와 유전적으로 완전히 동일한 개체를 얻을 수 있다.

　　㉡ 종자(씨앗)의 생산이 불가능한 경우 유일한 번식수단이다.

　　㉢ 개화결실 및 초기생장이 빠르다.

② 단점

　　㉠ 실생묘에 비해 대량생산이 어렵다.

　　㉡ 종자번식한 식물에 비해 저장과 운반이 어렵다.

　　㉢ 좋은 형질의 모수를 확보하여야 한다.

　　㉣ 바이러스에 감염되면 제거가 불가능하다.

2 접목(Grafting, 접붙이기)

(1) 접목의 특징

① 서로 다른 식물의 조직을 붙여 물과 양분 통로를 연결해 하나의 식물체로 만드는 것을 말한다.

② 뿌리로 이용되는 것을 대목이라 하고 윗부분으로 이용되는 것을 접수라고 한다.

③ 대목과 접수는 각각의 특성을 그대로 유지하기 때문에 대목의 성질(병해충과 저항성)은 접수에 영향을 준다.

④ 대목과 접수의 친화력은 식물계통상 같은 종 다른 품종인 동종이품종(同種異品種) 간이 가장 크다.

(2) 접목의 시기

일반적으로 접수는 휴면상태이고 대목은 활동을 개시한 직후가 접목의 활착률이 높은 시기이다.

(3) 접수의 채취

품종이 확실하고 병충해와 동해를 입지 않은 직경 1cm 정도의 발육이 왕성한 1년생 가지를 사용한다.

(4) 대목의 준비

① 생육이 왕성하고 병해충 및 재해에 강한 묘목으로 1~3년생 실생묘를 사용한다.

② 대목은 특히 근부의 발육이 좋은 직경 1~2cm의 건묘를 사용한다.

③ 가급적 접수와 같은 공대를 사용해야 활착률이 높고 불화합성도는 낮아진다.

　　※ 공대 : 접목 시 사용하는 대목 가운데 종자에서 시작하여 생육시킨 대목

〈주요 수종의 대목과 접수의 친화성〉

대목	접수	대목	접수
해송	소나무류	산조인	대추나무
해송	섬잣나무, 백송	개복숭아	매실나무
찔레나무	장미나무	해당화	사과나무
가래나무	호두나무	산돌배나무	배나무

(5) 접목의 장단점 중요 ★★☆

① 장점

ㄱ 모수의 특성을 계승하고 개화결실을 촉진한다.

ㄴ 종자결실이 되지 않는 수종의 번식법으로 알맞다.

ㄷ 수세를 조절하고 수형을 변화시킬 수 있다.

ㄹ 병충해에 의한 피해가 적다.

ㅁ 특수한 풍토에 심고자 할 때 유리하다.

② 단점

ㄱ 접목의 기술적 문제가 수반되므로 숙련공이 필요하다.

ㄴ 접수와 대목 간의 생리관계를 알아야 한다.

ㄷ 좋은 대목의 양성과 접수 보존 등 어려운 문제가 있다.

ㄹ 일시에 많은 묘목을 얻을 수 없다.

ㅁ 접목한 개체는 실생묘보다 수명이 짧다.

(6) 접목에 영향을 미치는 인자 중요 ★★☆

① 접목친화성

ㄱ 종류에 따라서 접목에 대한 화합성을 잘 알고 있어야 한다.

ㄴ 접목불화합성은 접목이 전혀 안 되거나 또는 접목률이 낮거나 접목이 되더라도 정상개체로서 성장하지 못한다.(대목과 접수의 친화성이 활착요인이다.)

② 대목과 접수의 생리적 상태 중요 ★★☆

ㄱ 접수는 아직 휴면 중이고 대목만이 활동을 시작한 상태가 접합에 가장 좋다.

ㄴ 접수는 직경 0.5∼1cm 정도의 발육이 왕성한 1년생 가지를 휴면상태일 때 채취한다.

ㄷ 접수의 길이는 30cm 정도로 잘라 20∼50본씩 다발로 묶어서 5∼10℃로 저장한다.

③ 온도와 습도

ㄱ 20∼40℃의 온도가 유지되어야 캘러스의 조직 형성에 유리하다.

ㄴ 호두나무는 25∼30℃ 정도의 온도가 캘러스 조직 형성에 필요한 적정온도이다.

ⓒ 낙엽활엽수를 접목하고자 할 때 적합한 온도는 5~10℃ 이다.

ⓓ 습도는 높게 유지한다.

(7) 접목의 종류

① 절접(깎지접)

　ⓐ 일반적으로 가장 널리 사용되는 방법이다.

　ⓑ 대목은 지상 약 5~10cm에서 절단하고, 접수는 눈 2~3개를 붙여 5~6cm로 잘라 준비한다.

　ⓒ 대목은 접수가 꽂힐 수 있게 목질부가 약간 들어가도록 하여 밑으로 쪼갠다.

　ⓓ 접수는 목질부가 들어가도록 평활하게 깎아내고 그 반대면의 한 단은 30° 정도로 깎아 낸다.

　ⓔ 조제된 대목과 접수의 형성층을 맞춘 다음 비닐끈 등으로 묶어 고정한다.

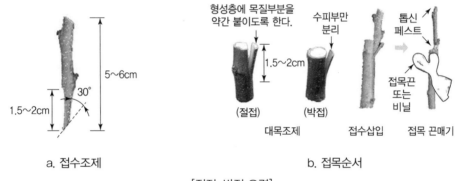

a. 접수조제　　　　　　　　　　b. 접목순서

[절접, 박접 요령]

② 박접

　ⓐ 접수보다 대목이 굵을 때 이용되며 대목의 굵기가 3cm 이상인 경우에 사용한다.

　ⓑ 대목의 상단부에서 접수 굵기만큼 수피를 젖힌 후 접수를 삽입하여 접붙이는 방법이다.

　ⓒ 수액 유동이 왕성하여 수피가 쉽게 벗겨지는 4월 하순~5월 상순이 적기이다.

　ⓓ 작업이 간편하고 접목률이 높아 밤나무에 적용한다.

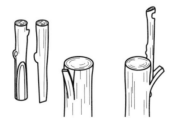

[박접 요령]

③ 복접

　　㉠ 대목의 중심부를 향하여 비스듬히 2~4cm 정도의 칼집을 내고 접수를 삽입한다.

　　㉡ 활착이 되면 접붙인 부위의 위쪽 대목의 원줄기를 잘라 준다.

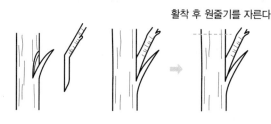

활착 후 원줄기를 자른다.

[복접 요령]

④ 할접(쪼개접)

　　㉠ 대목을 절단면의 직각방향으로 쪼개고 쐐기모양으로 깎은 접수를 삽입한다.

　　㉡ 대목이 비교적 굵고 접수가 가늘 때 적용한다.

　　㉢ 소나무류, 낙엽활엽수에 적용한다.

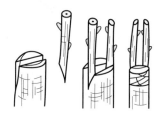

[할접 요령]

⑤ 아접(눈접)

　　㉠ 대목의 껍질을 벗기고 접수 대신에 눈을 끼워 붙이는 방법이다.

　　㉡ 대목의 수피를 T자형으로 금을 낸 후 그 사이에 접아를 넣어 접목용 비닐테이프로 묶어 준다.

　　㉢ 복숭아나무, 자두나무, 장미 등에 적용한다.

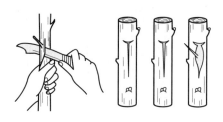

[아접 요령]

⑥ 교접

나무의 줄기가 상처를 입어 수분과 양분의 통과가 어렵게 되었을 때 상처부위를 회초리 같은 가지로 접목하여 생활력을 회복, 유지시켜 주는 접목법이다.

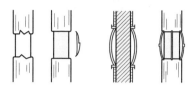

[교접 요령]

⑦ 설접(혀접)

ㄱ 대목과 접수의 크기가 같은 것을 골라 혀모양과 같이 접목하는 방법이다.

ㄴ 조직이 유연하고 굵지 않을 때 적용한다. (호두나무)

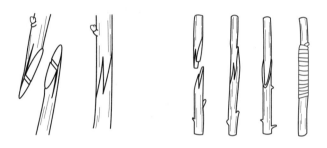

[설접 요령]

⑧ 기접

뿌리가 있는 두 식물 줄기를 측면을 깎은 후에 양면을 합쳐서 접합하는 방법이다.

[기접 요령]

(8) 접목 후의 관리

접목 후에는 접목의 종류와 상관없이 접목용 비닐테이프로 접목부를 가볍게 묶고 노출된 접수부위는 접밀을 바른다.

- 접목부위에 바르는 점성을 가진 물질로 말라 죽기 쉬운 접수를 중심으로 대목까지 바르고 외부로 증발되는 수분을 막아 접수의 활착을 유지하고, 병균의 침입을 방지한다.
- 발코트(수분 증발 억제제)를 이용하면 편리하다.

❸ 삽목(Cuttings, 꺾꽂이)

(1) 삽목의 특징

① 삽목은 줄기, 잎, 뿌리 등 식물의 영양기관 일부분을 분리한 다음 발근시켜 하나의 개체로 만드는 무성번식방법이다.

② 삽목에 이용되는 식물의 일부분을 삽수라고 한다.

(2) 삽수의 채취시기 및 위치

① 삽수는 수액이 유동할 때(3월 하순~4월 상순)에 실시하여야 하며 늦게 삽목을 실시하면 활착률이 불량해진다.

② 생육 개시 직전 어린나무에서 생장이 왕성한 1년생 가지를 채취한다.

(3) 삽수의 발근촉진 처리방법

① 삽목 전에 하부의 절단면을 발근촉진제에 담가 삽목하면 활착률이 좋아진다.

② 발근촉진제 중요 ★★☆

　㉠ 인돌젖산(인돌부틸산, IBA), 인돌초산(인돌아세트산, IAA), 나프탈렌초산(나프탈렌아세트산, NAA), 루톤 등

　㉡ 특히 IBA는 발근효과가 높아 많이 사용한다.

(4) 삽목의 장단점 중요 ★★☆

① 장점

　㉠ 모수의 유전형질을 그대로 이어받는다.

　㉡ 종자결실이 불량한 수목의 번식에 적용하면 좋다.

　㉢ 개화결실이 빠르고 병충해에 대한 저항력이 크다.

　㉣ 묘목의 양성기간이 단축된다.

② 단점

　㉠ 실생묘보다 수명이 짧다.

　㉡ 대규모의 양묘를 요할 시에는 삽수의 일시적 대량 조달이 어렵다.

(5) 삽목의 발근에 영향을 미치는 인자 중요 ★★★

① 삽목상의 온도

　㉠ 10℃에서 미약한 활동이 시작되나 15℃가 되면 대체로 발근활동이 가능하다.

　㉡ 삽목상의 적온은 20~25℃가 가장 적당하다.

　㉢ 25℃를 넘어 30℃에 이르면 발근에 지장을 초래하고 토양미생물의 활동이 왕성해지면 삽수
　　가 부패할 수 있다.

② 삽목상의 습도

　㉠ 공중습도가 높은 것이 좋으며 완전히 발근하는 데는 90% 이상의 습도를 유지하는 것이 필요
　　하다.

　㉡ 수분증산을 막기 위해 증산억제제를 처리한다.

　㉢ 삽목상의 건조를 막기 위해 흔히 해가림을 설치한다.

③ 삽수의 양분조건

　어미나무의 영양상태가 좋고 탄수화물의 함량이 질소보다 많을 때 발근율이 높아진다.

④ 모수의 연령

　늙은 나무보다 나이가 어린 모수에서 채취한 삽수가 발근이 잘 된다.

⑤ 좋은 삽목상(삽목묘를 키우는 묘상)

　무균상, 보수력이 높은 상, 배수가 잘 되어 통기력이 좋은 상이다.

 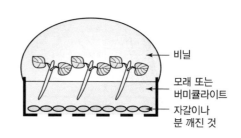

비닐

모래 또는
버미큘라이트

자갈이나
분 깨진 것

[삽목상 만들기]

〈발근 정도에 따른 수종 구분〉 중요 ★★☆

구분	수종
발근이 잘 되는 수종	버드나무류, 은행나무, 사철나무, 미루나무, 플라타너스, 포플러류, 개나리, 진달래, 주목, 측백나무, 화백, 향나무, 히말라야시다, 동백나무, 치자나무, 닥나무, 모과나무, 삼나무, 쥐똥나무, 무궁화, 덩굴사철나무 등
발근이 잘 되지 않는 수종	소나무, 해송, 잣나무, 전나무, 오리나무, 참나무류, 아까시나무, 느티나무, 백합나무, 섬잣나무, 가시나무류, 비파나무, 단풍나무, 옻나무, 감나무, 밤나무, 호두나무, 벚나무, 자귀나무, 복숭아나무, 사과나무 등

삽수 발근에 큰 영향을 끼치는 주요 원인이 아닌 것은?

① 모수의 연령　　　　　　　　② 수종의 유전성
③ 삽수의 양분조건　　　　　　④ 모수의 생육환경조건

풀이 삽목의 발근에 영향을 미치는 인자 : 모수의 유전성, 모수의 연령, 삽목상의 온도, 삽수
의 양분조건 등

답 ④

4 취목(휘묻이)

나무줄기의 중간부분에 뿌리를 돋게 하여 하나의 새로운 개체를 얻어내는 방법이다.

(1) 단순취목(압조법, 복조법)

가지를 휘게 하여 땅에 묻어 고정하고 그 끝이 지상에 나오도록 하여 뿌리를 내리는 방법이다.(덩
굴장미, 개나리, 철쭉류)

(2) 공중취목

공중의 가지에 상처를 내어 발근촉진제를 바른 뒤 물이끼나 점토로 싸서 뿌리를 내리는 방법이다.

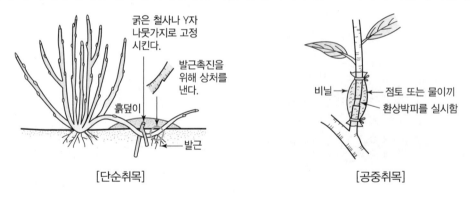

[단순취목]　　　　　　　　　　　[공중취목]

5 분주(포기 나누기)

분주는 여러 갈래로 이루어진 식물의 포기를 나누어 새로운 개체를 얻는 무성번식방법이다.

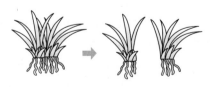

[분주방법]

묘목의 품질검사 및 규격

1 묘목의 품질검사

(1) 우량묘목이 갖추어야 할 조건 중요 ★★★

① 묘목을 생산한 종자의 유전적 형질이 우수해야 한다.

② 조림지의 입지조건과 같은 환경에서 양모된 것이어야 한다.

③ 발육이 왕성하고 신초의 발달이 양호해야 한다.

④ 줄기, 가지 및 잎이 정상적으로 자라 편재하지 않아야 한다.

⑤ 묘목의 가지가 균형있게 뻗고 정아가 우세한 것이 좋다.

⑥ 뿌리가 비교적 짧고 잔뿌리(세근)가 발달하여 근계가 충실해야 한다.

⑦ 묘목의 지상부와 지하부가 균형 있게 발달되고 T/R률이 작아야 한다.

⑧ 가을눈(하아지)이 신장하거나 끝이 도장하지 않아야 한다.

⑨ 묘목의 수세가 왕성하고 조직이 충실하며 병해충과 동해 등의 각종 재해에 대한 피해가 없어야 한다.

(2) 묘목의 연령(묘령) 중요 ★★★

묘령의 표기는 실생묘, 삽목묘, 접목묘 등 종류에 따라 차이가 있다.

① 실생묘의 연령 중요 ★★★

처음 숫자는 파종상에서 지낸 연수, 뒤의 숫자는 상체상에서 지낸 연수를 표기한다.

구분	내용
1-0묘	상체된 적이 없는 1년생 실생묘이다.
1-1묘	• 파종상에서 1년, 이식되어 1년을 지낸 만 2년생 묘목이다. • 낙엽송 1-1묘 산출 시 근원경의 표준규격은 6mm 이상이다.
2-0묘	이식된 적이 없는 만 2년생 묘목이다.
2-1묘	파종상에서 2년, 이식되어 1년을 지낸 만 3년생 묘목이다.
2-1-1묘	파종상에서 2년, 그 뒤 두 번 이식되어 각각 1년씩 지낸 4년생 묘목이다.

기출

다음 묘령 중 두 번 판갈이한 3년생 묘령을 나타낸 것은?

① 3 - 0묘　　② 2 - 1묘
③ 1 - 2묘　　④ 1 - 1 - 1묘

풀이 파종상에서 1년, 두 번 이식하여 각각 1년씩을 보낸 3년생 묘목의 묘령이다.

답 ④

② 삽목묘의 연령(묘령) 중요 ★★☆

뿌리의 묘령을 분모, 줄기의 나이를 분자로 하여 표기한다.(Cutting)

구분	내용
C 0/0묘	뿌리도 줄기도 없는 삽수 자체를 말한다.
C 1/1묘	뿌리의 나이가 1년, 줄기의 나이가 1년된 삽목묘이다.
C 1/2묘	• 뿌리의 나이가 2년, 줄기의 나이가 1년된 대절묘이다. • C 1/1묘의 지상부를 한 번 절단하고 1년 지난 묘이다.
C 2/3묘	• 뿌리의 나이가 3년, 줄기의 나이가 2년된 대절묘이다. • C 2/2묘의 지상부를 한 번 절단하고 1년 지난 묘이다.
C 0/2묘	뿌리의 나이가 2년, 줄기의 나이가 없는 묘이다.(근묘)

🌿 TIP

용어설명
• 근묘 : 뿌리만 있고 줄기가 없는 묘목
• 삽목묘 : 뿌리와 줄기의 나이가 같을 때의 묘목
• 대절묘 : 뿌리가 줄기보다 1년간 또는 2년 가량 더 오래된 묘목

② 묘목의 규격

(1) 산림용 묘목의 규격기준

종류	특징
간장	뿌리와 줄기의 경계인 근원에서부터 원줄기의 꼭지눈까지의 길이이다.
근장	근원부에서 주근 · 측근 중 주된 뿌리 말단까지의 길이이다.
근원경	• 뿌리목의 직경을 측정한 것으로 직경이 굵을수록 우량묘로 취급한다. • 근원의 지름이다.(근원직경)

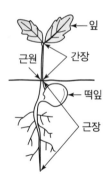

🌿 TIP

T/R(top/root ratio)률 중요 ★★★
• 묘목의 지상부 무게를 뿌리의 무게로 나눈 값이다.
• T/R률이 적은 것이 큰 것보다 뿌리의 발달이 좋다.
• 일반적으로 값이 작아야 묘목이 충실하다.
• 우량한 묘목의 T/R률은 3.0 정도이다.
• 토양 내에 수분이 많거나 일조 부족, 석회 사용 부족 등의 경우에는 지상부에 비해 지하부의 생육이 나빠져 T/R률이 커진다.

01 묘포의 입지를 선정할 때 고려해야 할 요건별 최적조건으로 옳지 않은 것은?

① 경사도 : 3~5° 　　② 토양 : 사토
③ 방위 : 남향 　　④ 교통 : 편리

●해설
토양
• 토심이 깊고 부식질 함량이 많으며 조림지와 비슷한 환경을 가진 곳
• 토심은 30cm 이상인 곳으로 너무 비옥하지 않은 곳
• 배수가 양호한 사양토 또는 식양토인 곳
• 토양산도는 침엽수의 경우 pH 5.0~6.5, 활엽수의 경우 pH 5.5~6.0인 곳

02 묘포지에 대한 설명 중 틀린 것은?

① 일반적으로 양토 또는 사질양토가 좋다.
② 관리에 편하고 조림지에 가까운 곳이 좋다.
③ 토양의 이화학적 성질보다는 비옥도가 좋아야 한다.
④ 관수와 배수가 양호한 곳이 좋다.

●해설
너무 비옥하면 웃자랄 수 있다.

03 침엽수인 경우 묘포의 알맞은 토양산도는?

① pH 3.0~4.0 　　② pH 4.0~5.5
③ pH 5.0~6.5 　　④ pH 6.0~7.5

04 묘포장이 갖추어야 할 입지조건에 관한 설명 중 틀린 것은?

① 관배수가 용이한 곳
② 교통이 편리하고 노동력이 집중되는 곳

③ 일반적으로 경사가 5° 미만으로 서향인 곳
④ 조림지에 가까운 곳

●해설
㉠ 교통과 면적
• 교통과 관리가 편리하고 조림지와 가까우며 묘목 수급이 용이한 곳
• 묘목 생산량에 필요한 충분한 면적을 확보할 수 있는 곳
㉡ 경사와 방위
관배수가 용이한 5° 이하의 남향이면서 완경사지인 곳. 그 이상이 되면 토양 유실이 우려되므로 계단식으로 구획한 곳

05 묘포적지에 대한 설명으로 틀린 것은?

① 토심이 깊고 부식질 함량이 많으면 좋다.
② 토양의 산도는 침엽수종은 pH 5.0~6.5가 적당하다.
③ 포지는 약간의 경사가 있으므로 관배수에 유리하다.
④ 포지의 북서향에 방풍림이 있으면 좋지 않다.

●해설
방풍림을 북서쪽에 조성하여 포지의 건조와 찬바람을 막을 수 있다.

06 일반적으로 묘포에서 실제로 묘목생산에 직접 사용하는 포지는 전체묘포면적의 몇 % 정도인가?

① 20~30% 　　② 40~50%
③ 60~70% 　　④ 80~90%

일반적인 소요면적 비율

• 현재 묘목이 재배되고 있는 재배지, 휴한지 등의 면적을 합친 것이다.
• 묘목을 양성하기 위한 포지는 시설부지, 주·부도 및 통로를 제외한 전체면적의 60~70%가 적당하다.

07 파종상을 만든 후 모판을 롤러로 흙의 입자와 입자가 밀착되도록 다짐작업을 함으로써 얻을 수 있는 장점은?

① 해충의 발생을 억제한다.
② 새의 피해를 줄인다.
③ 땅속의 수분을 효과적으로 이용한다.
④ 병해의 발생을 줄인다.

진압(다지기)

• 파종하고 복토하기 전이나 후에 종자 위를 눌러 주는 작업이다.
• 종자가 토양에 밀착되므로 지하수가 모관상승하면 종자에 흡수되어 발아가 촉진된다.
• 땅속의 수분을 효과적으로 이용한다.

08 잔존본수 400그루, 득묘율 30%, 종자효율 70%, 1g당 종자알수가 150개일 때 ㎡당 파종량은?

① 8.8g   ② 12.5g
③ 12.7g   ④ 13.8g

$$W = \frac{A \times S}{D \times P \times G \times L}$$

여기서, W : 파종할 종자의 양(g)

A : 파종면적(㎡)

S : ㎡당 남길 묘목수

D : g당 종자립수

P : 순량률

G : 발아율

L : 득묘율(잔존율)

$$W = \frac{400}{150 \times 0.7 \times 0.3} = 12.698$$

※ $E = P \times G$ (E : 종자효율)

09 소나무 종자의 효율이 70%, 1g당 종자립수가 100개, 가을이 되어 1㎡에 남길 묘목의 수는 500그루, 잔존율은 0.3으로 할 때 ㎡당 파종량(g)은?

① 23.8g   ② 25.8g
③ 28.8g   ④ 30.8g

$$W = \frac{A \times S}{D \times P \times G \times L}$$

$$= \frac{500}{100 \times 0.7 \times 0.3} = 23.809g$$

10 파종작업의 종류가 아닌 것은?

① 흩어뿌림   ② 점뿌림
③ 줄뿌림   ④ 대뿌림

파종방법

종류	파종방법
산파 (흩어뿌림)	• 소독이 끝난 종자를 깨끗한 모래와 약간 혼합하여 묘판에 고루 뿌리는 방법 • 소나무류, 낙엽송, 오리나무류, 자작나무류 등과 같은 세립종자에 적합
조파 (줄뿌림)	• 골을 만들고 종자를 줄지어 뿌리는 방법 • 느티나무, 옻나무, 싸리나무, 아까시나무 등과 같은 보통종자에 적합
점파 (점뿌림)	• 일직선으로 1립씩 일정한 간격을 두고 종자를 뿌리는 방법 • 밤나무, 호두나무, 상수리나무, 은행나무 등과 같은 대립종자에 적합
상파 (모아뿌림)	파종할 종자를 한 장소에 군상으로 모아서 뿌리는 방법

11 참나무류, 호두나무, 밤나무 등의 대립종자의 파종에 흔히 쓰이는 방법은?

① 조파   ② 산파
③ 취파   ④ 점파

12 점파(점뿌림)가 적합한 수종은?

① 리기다소나무, 오리나무
② 가문비나무, 주목
③ 낙엽송, 측백나무
④ 호두나무, 밤나무

13 일반적으로 씨뿌리기에서 흙을 덮는 두께는 씨앗지름의 몇 배 정도로 하는가?

① 씨앗지름의 1~3배
② 씨앗지름의 4~5배
③ 씨앗지름의 5~6배
④ 씨앗지름의 7배 이상

> **해설**
>
> 복토(흙덮기)
> 씨를 뿌린 후에 흙을 덮는 작업으로 복토의 두께는 종자 크기의 1~3배로 하며 소립종자는 체로 쳐서 덮는다.

14 다음 중 파종 후의 묘포지 관리사항이 아닌 것은?

① 쇄토
② 해가림
③ 제초작업
④ 관수

> **해설**
>
> ㉠ 파종상 묘목의 보호 및 관리
> 　해가림, 제초, 솎아내기, 관수, 단근, 시비 등
> ㉡ 쇄토(흙깨기)
> 　• 흙덩이를 곱게 부수고 돌과 잡초 뿌리를 골라내며 상면을 평평하게 고르는 작업이다.
> 　• 괭이, 레이크와 같은 도구로 작업한다.

15 파종상의 해가림시설을 제거하는 시기는?

① 5월 중순－6월 중순
② 7월 하순－8월 중순
③ 9월 중순－10월 상순
④ 10월 중순－11월 중순

> **해설**
>
> 파종상의 해가림시설을 제거하는 가장 적절한 시기는 7월 하순~8월 중순으로 점차적으로 제거해야 한다.

16 다음 중 묘포장에서 해가림이 필요하지 않은 수종은?

① 잣나무
② 전나무
③ 낙엽송
④ 상수리

> **해설**
>
> 해가림의 필요유무에 따른 수종
>
> | 필요유무 | 수종 |
> | --- | --- |
> | 해가림이 필요한 수목 | 가문비나무, 전나무, 잣나무, 주목, 낙엽송 등의 음수(대부분의 침엽수) |
> | 해가림이 필요 없는 수목 | 소나무류, 해송, 상수리, 포플러류, 아까시나무, 사시나무 등 |

17 묘목을 심을 때 뿌리를 잘라 주는 주목적은?

① 식재가 용이하다.
② 양분의 소모를 막는다.
③ 수분의 소모를 막는다.
④ 측근과 세근의 발달을 도모한다.

> **해설**
>
> • 건강한 뿌리 발달을 위해 묘목의 직근과 측근을 끊어 잔뿌리의 발달을 촉진시키는 작업이다.
> • 작업은 5월 중순~7월 상순에 실시하며, 단근의 길이는 뿌리의 2/3 정도 남기도록 한다.

18 다음 중 파종 후의 작업관리 중 삼나무 묘목의 뿌리끊기 작업시기로 적합한 것은?

① 6월 중순
② 7월 중순
③ 8월 중순
④ 9월 중순

> **해설**
>
> 파종 후 삼나무, 낙엽송 묘목의 뿌리끊기 작업시기
> 9월 중순

19 1년생 산출의 어린 묘로서 측근과 세근을 발달시켜 재이식하였을 때 활착률을 높이기 위하여 주근을 단근(뿌리끊기)하는 것이 유리한 수종은?

① 느티나무　　　② 상수리나무
③ 삼나무　　　　④ 낙엽송

●해설
뿌리의 성상에 따른 단근여부

뿌리의 성상 / 단근여부	직근성	천근성
1년생 산출묘로 단근하는 것	상수리나무, 굴참나무, 졸참나무 등	–
1년생 산출묘로 단근하지 않는 것	–	낙엽송, 느티나무, 전나무, 삼나무, 편백나무
2년생 이상으로 단근하는 것	소나무, 해송	–

20 다음 중 영양번식묘가 아닌 묘목은?

① 삽목묘　　　　② 취목묘
③ 접목묘　　　　④ 실생묘

●해설
식물의 번식방법
• 종자번식 : 꽃의 암술과 수술의 수분·수정과정에 의해 종자가 생겨나고 다음 세대를 이루며 번식하는 방법
• 영양(무성)번식 : 식물체의 일부분을 이용하여 번식하는 방법(접목, 삽목, 취목, 분주 등)

21 수목의 종자번식과 비교한 무성번식의 특성에 관한 설명으로 틀린 것은?

① 종자번식에 비해 기술이 필요하다.
② 좋은 형질의 어미나무를 확보하여야 한다.
③ 접목묘는 개화결실이 늦어진다.
④ 실생묘에 비해 대량생산이 어렵다.

●해설
영양(무성)번식의 장단점
㉠ 장점
• 모체와 유전적으로 완전히 동일한 개체를 얻을 수 있다.

• 종자(씨앗)의 생산이 불가능한 경우 유일한 번식 수단이다.
• 개화결실 및 초기생장이 빠르다.
㉡ 단점
• 실생묘에 비해 대량생산이 어렵다.
• 종자번식한 식물에 비해 저장과 운반이 어렵다.
• 좋은 형질의 모수를 확보하여야 한다.
• 바이러스에 감염되면 제거가 불가능하다.

22 무성번식의 장점과 관계가 없는 것은?

① 개화가 결실이 빨라진다.
② 초기의 생장이 빠르다
③ 씨앗의 생산이 잘 안 되는 나무를 번식한다.
④ 실생묘에 비해 대량생산이 쉽다.

23 다음 설명 중 옳지 않은 것은?

① 취목은 휘문이라고도 한다.
② 꺾꽂이와 조직배양은 무성번식이다.
③ 접목은 가을에 실시하는 것이 좋다.
④ 취목 시 환상박피하면 발근이 잘 된다.

●해설
접목의 시기
• 접목수종은 일평균기온이 15℃ 전후로 대목의 새눈이 나오고 본엽이 2개가 되었을 때가 접목의 시기이다.
• 접수는 아직 휴면 중이고 대목만이 활동을 시작한 상태가 접합에 가장 좋다.

24 접붙이기에 가장 알맞은 조건은?

① 접수와 대목이 모두 휴면상태일 때
② 접수와 대목이 모두 왕성하게 활동할 때
③ 접수는 휴면상태이고, 대목은 활동을 시작할 때
④ 접수는 활동을 시작하고, 대목은 휴면상태일 때

접목의 시기
일반적으로 접수는 휴면상태이고 대목은 활동을 개시
한 직후가 접목의 시기이다.

25 주요 수종의 접수와 대목의 연결이 옳지 않은
것은?

① 소나무류 – 해송
② 장미나무 – 찔레나무
③ 호두나무 – 가래나무
④ 사과나무 – 산돌배나무

주요 수종의 대목과 접수의 친화성

대목	접수	대목	접수
해송	소나무류, 섬잣나무, 백송	산조인	대추나무
		개복숭아	매실나무
찔레나무	장미나무	해당화	사과나무
가래나무	호두나무	산돌배나무	배나무

26 호두나무의 경우 접목을 실시한 후 캘러스(Callus)
의 조직 형성에 필요한 적정온도의 범위는?

① 5~10℃   ② 10~20℃
③ 25~30℃   ④ 35~40℃

접목에 영향을 미치는 인자(온도와 습도)
• 20~40℃의 온도가 유지되어야 캘러스의 조직 형성
  에 유리하다.
• 호두나무는 25~30℃ 정도의 온도가 캘러스 조직
  형성에 필요한 적정온도이다.
• 낙엽활엽수를 접목하고자 할 때 적합한 온도는 5~
  10℃이다.
• 습도는 높게 유지한다.

27 일반적인 낙엽활엽수를 봄에 접목하고자 한다.
접수를 접목하기 2~4주일 전에 따서 저장할
때 가장 적합한 온도는?

① –2~4℃   ② 5~10℃
③ 11~15℃   ④ 16~20℃

28 소나무에 주로 이용하는 접목법은?

① 절접법   ② 박접법
③ 할접법   ④ 설접법

할접(쪼개접)
• 대목을 절단면의 직각방향으로 쪼개고 쐐기모양으
  로 깎은 접수를 삽입한다.
• 대목이 비교적 굵고 접수가 가늘 때 적용한다.
• 소나무류, 낙엽활엽수에 적용한다.

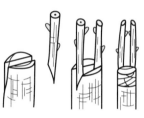

[할접 요령]

29 대목의 수피에 T자형으로 칼자국을 내고 그 안에
접아를 넣어 접목하는 방법을 무엇이라 하는가?

① 절접   ② 눈접
③ 설접   ④ 할접

아접(눈접)
• 대목의 껍질을 벗기고 접수 대신에 눈을 끼워 붙이는
  방법이다.
• 대목의 수피를 T자형으로 금을 낸 후 그 사이에 접아
  를 넣어 접목용 비닐테이프로 묶어 준다.
• 복숭아나무, 자두나무, 장미 등에 적용한다.

[아접 요령]

30 삽목할 때 삽수의 발근촉진제로 사용할 수 없는 약제는?

① 디프렉스(DEP)
② 인돌부틸산(IBA)
③ 인돌초산(IAA)
④ 나프탈렌초산(NAA)

●해설
발근촉진제
• 인돌젖산(인돌부틸산, IBA), 인돌초산(인돌아세트산, IAA), 나프탈렌초산(나프탈렌아세트산, NAA), 루톤 등
• 특히 IBA는 발근효과가 높아 많이 사용한다.

31 다음 중 삽수의 발근에 영향을 미치는 주요 요인이 아닌 것은?

① 모수의 생육조건
② 모수의 연령
③ 삽수의 양분조건
④ 수종의 유전성

●해설
삽목의 발근에 영향을 미치는 인자
삽목상의 온도, 삽목상의 습도, 삽수의 양분조건, 모수의 연령 등

32 삽수의 발근에 관한 설명으로 바르지 않은 것은?

① 어미나무의 영양상태가 좋고 질소의 함량이 탄수화물의 함량보다 많을 때 발근율이 높아진다.
② 주로 어린나무에서 딴 삽수가 늙은 나무에서 채취한 삽수보다 발근이 잘 된다.
③ 낙엽활엽수는 대부분 가지의 윗부분에서 얻은 삽수가 발근이 잘 된다.
④ 침엽수류는 발근 초기에 햇볕을 충분히 받도록 하고 새잎이 나오기 시작하면 차광을 하여 준다.

●해설
삽수의 양분조건
어미나무의 영양상태가 좋고 탄수화물의 함량이 질소보다 많을 때 발근율이 높아진다.

33 삽목에 따른 발근이 잘 되어 조림용으로 사용하기 용이한 수종은?

① 소나무
② 개나리
③ 상수리나무
④ 밤나무

●해설
발근 정도에 따른 수종

구분	수종
발근이 잘 되는 수종	버드나무류, 은행나무, 사철나무, 미루나무, 플라타너스, 포플러류, 개나리, 진달래, 주목, 측백나무, 화백, 향나무, 히말라야시다, 동백나무, 치자나무, 닥나무, 모과나무, 삼나무, 쥐똥나무, 무궁화, 덩굴사철나무 등
발근이 잘 되지 않는 수종	소나무, 해송, 잣나무, 전나무, 오리나무, 참나무류, 아까시나무, 느티나무, 백합나무, 섬잣나무, 가시나무류, 비파나무, 단풍나무, 옻나무, 감나무, 밤나무, 호두나무, 벚나무, 자귀나무, 복숭아나무, 사과나무 등

34 다음 중 삽목이 잘 되는 수종끼리만 짝지어진 것은?

① 버드나무, 잣나무
② 개나리, 소나무
③ 오동나무, 느티나무
④ 사철나무, 미루나무

35 다음 중 삽목조림에 쓰이는 나무는?

① 소나무
② 미루나무
③ 상수리나무
④ 들메나무

36 다음 중 삽목이 가장 어려운 수종은?

① 주목
② 백합나무
③ 향나무
④ 개나리

●해설
발근이 잘 되지 않는 수종
소나무, 해송, 잣나무, 전나무, 오리나무, 참나무류, 아까시나무, 느티나무, 백합나무, 섬잣나무, 가시나무류, 비파나무, 단풍나무, 옻나무, 감나무, 밤나무, 호두나무, 벚나무, 자귀나무, 복숭아나무, 사과나무 등

37 좋은 묘목이 갖추어야 할 조건으로 틀린 것은?

① 건전하게 자라며 조직이나 눈 또는 잎이 충실할 것

② 잔뿌리가 적고 지하부보다 지상부가 잘 발달된 것

③ 병해충과 동해 등의 각종 재해에 대한 피해가 없을 것

④ 묘목을 생산한 종자나 삽수 등의 유전적 형질이 우수할 것

●해설

우량묘목이 갖추어야 할 조건 중요 ★★★
• 묘목을 생산한 종자의 유전적 형질이 우수해야 한다.
• 조림지의 입지조건과 같은 환경에서 양묘된 것이어야 한다.
• 발육이 왕성하고 신초의 발달이 양호해야 한다.
• 줄기, 가지 및 잎이 정상적으로 자라 편재하지 않아야 한다.
• 묘목의 가지가 균형있게 뻗고 정아가 우세한 것이 좋다.
• 뿌리가 비교적 짧고 잔뿌리(세근)가 발달하여 근계가 충실해야 한다.
• 묘목의 지상부와 지하부가 균형 있게 발달하고 T/R률이 작아야 한다.
• 가을눈(하아지)이 신장하거나 끝이 도장하지 않아야 한다.
• 묘목의 수세가 왕성하고 조직이 충실하며 병해충과 동해 등의 각종 재해에 대한 피해가 없어야 한다.

38 다음 중 좋은 묘목의 조건은?

① 뿌리의 발달은 적지만, 키가 큰 것

② 직근이 발달하고 가지가 굵은 묘일 것

③ 직근(直根)이 발달하고 측근(側根)이 적을 것

④ 지상부와 지하부가 균형 있게 발달하고 T/R률이 작을 것

39 실생묘 표시법에서 1 – 1묘란?

① 판갈이를 하지 않고 1년 경과된 종자에서 나온 묘목이다.

② 파종상에서 1년 보낸 다음 판갈이하여 다시 1년이 지난 만 2년생 묘목으로서, 한 번 옮겨 심은 실생묘이다.

③ 파종상에서만 1년 키운 1년생 묘목이다.

④ 판갈이한 후 1년간 키운 1년생 묘목이다.

●해설

1 – 1묘
• 파종상에서 1년, 이식되어 1년 지낸 만 2년생 묘목이다.
• 낙엽송 1 – 1묘 산출 시 근원경의 표준규격은 6mm 이상이다.

40 낙엽송 1 – 1묘 산출 시 근원경의 표준규격은?

① 3mm 이상   ② 4mm 이상

③ 5mm 이상   ④ 6mm 이상

41 잣나무 2 – 1 – 1묘란 몇 년생 묘목을 뜻하는가?

① 1년생   ② 2년생

③ 3년생   ④ 4년생

●해설

2 – 1 – 1묘
파종상에서 2년, 그 뒤 2번 이식되어 각각 1년씩 지낸 4년생 묘목이다.

42 파종상에서 1년, 2번 이식하여 각각 1년씩을 보낸 3년생 묘목의 묘령은?

① 1 – 1 – 1   ② 2 – 1

③ 1 – 2   ④ 3 – 0

●해설

2 – 1 – 1묘
파종상에서 1년, 그 뒤 2번 이식되어 각각 1년씩 지낸 3년생 묘목이다.

43 다음 중 묘령을 표시한 것으로 파종상에서 2년, 그 뒤 판갈이상에서 1년을 지낸 3년생 묘목은?

① 1−0묘 ② 1−1묘

③ 1−1−1묘 ④ 2−1묘

● 해설

2−1묘

파종상에서 2년, 이식되어 1년 지난 만 3년생 묘목이다.

44 파종상에서 그대로 2년을 지낸 실생묘목의 연령표시법으로 옳은 것은?

① 1−1묘 ② 2−0묘

③ 0−2묘 ④ 2−1−1묘

● 해설

2−0묘

이식된 적이 없는 만 2년생 묘목이다.

45 묘목의 뿌리가 2년생, 줄기가 1년생인 것을 나타내는 삽목묘의 연령표기로 바른 것은?

① 2−1묘 ② 1−2묘

③ 1/2묘 ④ 2/1묘

● 해설

삽목묘의 묘령

구분	내용
C 0/0묘	뿌리도 줄기도 없는 삽수 자체를 말한다.
C 1/1묘	뿌리의 나이가 1년, 줄기의 나이가 1년된 삽목묘이다.
C 1/2묘	• 뿌리의 나이가 2년, 줄기의 나이가 1년된 대절묘이다. • C 1/1묘의 지상부를 한 번 절단하고 1년 지난 묘이다.
C 2/3묘	• 뿌리의 나이가 3년, 줄기의 나이가 2년된 대절묘이다. • C 2/2묘의 지상부를 한 번 절단하고 1년 지난 묘이다.
C 0/2묘	뿌리의 나이가 2년, 줄기의 나이가 없는 묘이다.(근묘)

46 뿌리가 1년, 지상부가 1년생된 삽목묘의 올바른 표시법은?

① C 0/2 ② C 1/1

③ C 1/2 ④ C 2/1

47 묘목의 활착률이 가장 좋은 것은?

① T/R률이 3이다. ② T/R률이 5이다.

③ T/R률이 8이다. ④ T/R률이 10이다.

● 해설

T/R(top/root ratio)률 중요 ★★★

• 묘목의 지상부 무게를 뿌리의 무게로 나눈 값이다.
• T/R률이 적은 것이 큰 것보다 뿌리의 발달이 좋다.
• 일반적으로 값이 작아야 묘목이 충실하다.
• 우량한 묘목의 T/R률은 3.0 정도이다.
• 토양 내에 수분이 많거나 일조 부족, 석회 사용 부족 등의 경우에는 지상부에 비해 지하부의 생육이 나빠져 T/R률이 커진다.

48 우량묘목 생산기준에서 T/R률은 무엇인가?

① 묘목의 무게이다.
② 묘목의 지상부 무게를 뿌리의 무게로 나눈 값이다.
③ 묘목의 뿌리부 무게를 지상부 무게로 나눈 값이다.
④ 묘목의 지상부의 무게에서 뿌리부의 무게를 뺀 값이다.

49 묘목규격과 관련된 T/R률에 대한 설명으로 틀린 것은?

① 묘목의 지상부와 지하부의 중량비이다.
② T/R률의 값이 클수록 좋은 묘목이다.
③ 좋은 묘목은 지하부와 지상부가 균형 있게 발달해 있다.
④ 질소질 비료를 과용하면 T/R률의 값이 커진다.

04장 묘목 식재

SECTION 01 조림수종의 선정

1 조림수종 선택 시 고려사항

① 생장이 빠르고 줄기의 재적생장이 큰 수종
② 목재의 이용가치가 높은 수종
③ 바람, 눈, 건조, 병해충에 저항력이 큰 수종
④ 가지가 가늘고 길며, 원줄기가 곧고 긴 수종
⑤ 조림비용, 생장속도, 내병충성에 알맞은 수종

2 조림수종의 선택원칙 중요 ★★☆

(1) 경제적 원칙

재적수확량이 많고 재질이 우량하여 수요가 많아 그 수종의 경제적 가치가 높을 것

(2) 생물적 원칙

병해충에 대한 저항력이 강하고, 온열, 습도, 바람, 토양, 지세 등 입지조건에 적응할 수 있는 수종일 것

(3) 조림적 원칙

수종의 생리상태가 원하는 작업종에 알맞고 임지가 양호해지며 국토의 이용 및 보전에 도움이 될 수 있는 수종일 것

3 우리나라의 주요 도입수종 중요 ★☆☆

원산지	수종
미국	리기다소나무, 낙우송, 백합나무, 미국물푸레나무, 뱅크스소나무, 스트로브소나무, 플라타너스, 아까시나무, 미루나무, 연필향나무 등

원산지	수종
일본	낙엽송, 삼나무, 일본전나무, 편백나무, 오리나무 등
유럽	독일 가문비나무, 유럽소나무, 이태리포플러 등

4 우리나라 주요 경제수종 22종

구분	내용
장기수(15종)	강송, 해송, 잣나무, 전나무, 낙엽송, 삼나무, 편백, 리기테다소나무, 스트로브잣나무, 버지니아소나무, 참나무류, 느티나무, 자작나무류, 물푸레나무, 루브라참나무 등
속성수(5종)	이태리포플러, 수원포플러, 현사시나무, 양황철나무, 오동나무 등
유실수(2종)	호두나무, 밤나무 등

🌿 **TIP**

향토수종
- 어떤 지방의 기후 및 모든 조건에 적응된 고유 수종
- 우리나라의 주요 향토수종 : 구상나무, 잣나무, 버드나무, 너도밤나무 등

외국수종의 도입 시 가장 중요시해야 할 사항
기후조건이 서로 비슷한 곳에서 도입한다.

SECTION 02 │ 묘목의 굴취 및 포장

1 굴취시기 중요 ★★☆

① 대부분의 묘목은 봄에 굴취하나 낙엽수는 낙엽이 진 후인 11~12월에 굴취한다.
② 온대남부는 2월 하순부터, 온대중부는 3월 상순부터 굴취한다.

2 굴취방법

① 포지에 어느 정도 습기가 있을 때 굴취작업을 한다.
② 굴취 시 땅에 너무 습기가 많을 때에는 어느 정도 마른 다음에 굴취한다.
③ 묘목의 굴취는 바람이 없고, 흐리고, 서늘한 날이 좋다.
④ 비바람이 심하거나 아침 이슬이 있는 날(새벽)은 작업을 피하는 것이 좋다.
⑤ 굴취기는 예리한 것을 사용하며 뿌리에 상처를 주지 않도록 주의한다.
⑥ 굴취된 묘목의 건조를 막기 위해 선묘 시까지 일시 가식한다.

③ 묘목 고르기(선묘)

햇빛이나 바람이 통하지 않는 창고 또는 뿌리 건조를 막기 위하여 실내에서 작업한다.

④ 곤포(포장)

① 묘목을 식재지까지 안전하게 운반하기 위해서 알맞은 크기로 곤포하여야 한다.
② 곤포재료는 거적, 비닐주머니, 쌀가마니, 비닐막 등 여러 가지가 있으며 묘목의 뿌리를 물이끼,
   잘 처리된 물수세미, 흡수성 수지 등 보습제로 싸고, 다시 비닐주머니 등으로 싸서 꾸러미로 만
   든다.
③ 곤포당 본수＝곤포당 속수 × 속당 본수(대부분의 속당 본수는 20본)

   ※ 곤포(梱包) : 거적이나 새끼줄 따위로 짐을 꾸림

④ 곤포당 속수 및 속당 본수 중요 ★★☆

수종	곤포당		곤포당 속수	속당 본수
	묘령	본수		
낙엽송	2	500	25	20
소나무	2	1,000	50	20
리기다소나무	1	2,000	100	20
잣나무	2	2,000	100	20
	3	1,000	50	20
	4	500	25	20
느티나무	1	1,500	75	20
상수리나무, 굴참나무, 신갈나무	1	1,000	50	20

※ 리기다소나무 1년생 묘목의 곤포당 본수는 2,000본이다.

기출

묘목을 식재지까지 운반하기 위하여 알맞은 크기로 포장을 한다. 이것을 곤포(Packing)라
고 하는데 낙엽송 2년생 묘목을 포장할 때 속당 본수와 곤포당 속수로 가장 적당한 것은?

① 속당 본수 10본, 곤포당 속수 25속
② 속당 본수 20본, 곤포당 속수 25속
③ 속당 본수 20본, 곤포당 속수 50속
④ 속당 본수 50본, 곤포당 속수 50속

답 ②

묘목의 운반과 가식

1 묘목의 운반

① 묘목은 포장한 당일 식재지에 운반한다.

② 운반 중에는 햇빛이나 바람에 노출되어 수분이 증발하지 않도록 거적을 덮어 준다.

③ 한 번에 너무 많은 양의 적재는 하지 않는다.

2 묘목의 가식

(1) 가식의 일반

① 조림지에 심기 전 임시로 다른 곳에 심어 두는 작업이다.

② 굴취 후 즉시 선묘하여 하루 이내에 운반하여 가식한다.

③ 굴취시기에 따른 가식방향 중요 ★★☆

　㉠ 봄에 굴취한 묘목 : 동해가 발생하기 쉬우므로 배수가 좋은 남향에 가식한다.

　㉡ 가을에 굴취한 묘목 : 건조한 바람과 직사광선을 막는 동북향의 서늘한 곳에 가식한다.

④ 가을에 굴취한 묘목을 월동시키고자 할 때 실시한다.

⑤ 묘목의 양이 많아서 식재기간이 길어질 경우 실시한다.

(2) 가식의 장소 중요 ★☆☆

① 토양습도가 적당하며 서늘한 곳

② 배수와 통기가 좋은 사양토 또는 식양토인 곳

③ 건조한 바람과 직사광선을 막을 수 있는 곳

④ 조림지와 가까이 위치한 곳

⑤ 물이 고이거나 과습하지 않은 곳

⑥ 부식토, 유기질 비료가 많지 않은 땅

(3) 묘목의 가식방법 중요 ★★★

① 지제부가 10cm 이상 깊게 묻히도록 가식한다.

② 묘목의 가지 끝이 가을에는 남향으로, 봄에는 북향을 향하도록 45° 경사지게 누여서 가식한다.

③ 단기간에 가식할 때는 다발째로, 장기간에 가식할 때는 다발을 풀어서 **뿌리 사이에 흙이 충분히 들**어가도록 밟아 준다.

④ 비가 올 때나 비가 온 이후에는 가식하지 않는다.

⑤ 동해에 약한 수종은 움가식을 하며 낙엽 및 거적으로 피복하였다가 해빙이 되면 2~3회로 나누어 걷어 낸다.

⑥ 가식할 때 뿌리부분을 부챗살 모양으로 열가식한다.

⑦ 가식지 주변에는 배수로를 설치한다.

묘목의 가식에 관한 설명으로 거리가 먼 것은?

① 묘목의 끝이 가을에는 남쪽으로 기울도록 묻는다.

② 묘목의 끝이 봄에는 북쪽으로 기울도록 묻는다.

③ 장기간 가식할 때에는 다발째로 묻는다.

④ 조밀하게 가식하거나 오랜 기간 가식하지 않는다.

풀이 단기간 가식할 때는 다발째로, 장기간 가식할 때는 다발을 풀어서 뿌리 사이에 흙이 충분히 들어가도록 밟아 준다.

답 ③

SECTION 04 **묘목의 식재**

1 식재시기

① 보통 봄과 가을에 식재할 수 있으나 가급적 봄철에 식재하는 것이 좋다.

② 지방별 식재시기

지방	봄철 식재	가을철 식재
온대북부 및 고산지대	3월 하순~4월 하순	9월 하순~10월 중순
온대중부	3월 상순~4월 초순	10월 중순~11월 초순
온대남부	2월 하순~3월 중순	10월 하순~11월 중순

2 밀식조림의 장단점 중요 ★★☆

(1) 밀식의 장점

① 임지보호 및 밑가지 발생이 억제된다.

② 표토침식과 지표면의 건조방지로 개벌에 의한 지력감퇴가 경감된다.

③ 잡초의 발생을 억제하여 풀베기작업 횟수 감소로 비용이 절약된다.

④ 가지가 굵어지는 것을 방지하고 자연낙지의 유도로 가지치기 비용이 절감된다.

⑤ 제벌, 간벌에 있어 선목의 여유가 있고 중간수입이 기대된다.

(2) 밀식의 단점

① 묘목대, 조림비, 무육관리비, 노동력 등의 증가로 경제적 문제가 있다.

② 제벌 및 간벌이 지연될 경우 줄기가 가늘고 연약해져서 병충해 피해가 우려된다.

③ 뿌리의 발달이 약해서 풍해, 설해, 병해충 등의 피해가 우려된다.

④ 임목의 직경생장이 더뎌 큰 나무 생산의 경우 수확기간이 길어진다.

3 식재밀도

① 일정한 면적에 어린 묘목을 얼만큼 심을 것인가를 결정하는 것으로 ha당 본수로 한다.

② 침엽수의 식재밀도는 일반적으로 ha당 3,000본, 활엽수는 3,000~6,000본수로 한다.

③ 식재밀도에 영향을 미치는 인자 중요 ★★☆

구분	밀식	소식
경영목표	소경재 생산	대경재 생산
지리적 조건	교통이 편리한 곳	교통이 불편한 곳
토양의 비옥도	비옥도가 낮은 토양	비옥도가 높은 토양
광조건(내음도)	음수	양수
수종의 특징	소나무, 해송, 느티나무 등은 양수이지만 수간이 굽어져 형질이 약화되기 때문에 밀식을 하여 고급재로 생산할 수 있다.	

4 식재망

(1) 정의

나무를 일정한 간격과 형상에 맞추어 심을 때 형성되는 일정한 모양이다.

(2) 규칙적인 식재망

정방형(정사각형), 장방형(직사각형), 정삼각형, 이중정방형 식재 등이 있다.

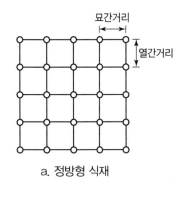
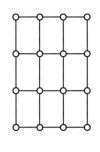

a. 정방형 식재   b. 장방형 식재   c. 이중정방형 식재

[조림수종의 식재방법]

① 정방형(정사각형) 식재

　㉠ 묘간 거리와 열간 거리의 간격이 동일한 일반적인 식재방법이다.

　㉡ 나무를 심을 때 가장 많이 쓰이는 방법이다.

　㉢ 식재할 묘목의 수를 구하는 계산식

$$N = \frac{A}{a^2}$$

여기서, N : 식재할 묘목의 수 　　　　　　　　A : 조림지 면적
　　　　a : 묘목 사이의 거리(줄 사이의 거리)

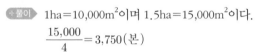

> **1.** 1.5ha에 2m×2m의 간격으로 정방형 식재를 하려고 한다. 필요한 묘목본수를 계산하시오.
>
> 　**풀이** 1ha=10,000m²이며 1.5ha=15,000m²이다.
>
> $$\frac{15,000}{4} = 3,750(본)$$
>
> 　　　　　　　　　　　　　　　　　　　　　　　　　　　🗐 3,750본
>
> **2.** 밤나무를 5m×5m의 간격으로 3,600본을 정방형 식재하려고 한다. 소요되는 조림지 면적을 계산하시오.
>
> 　**풀이** $A = 3,600 \times 25 = 90,000\text{m}^2$
>
> 　　　　　　　　　　　　　　　　　　　　　　　　　　　🗐 90,000m²

② 정방형(직사각형) 식재

　㉠ 묘간 거리와 열간 거리의 간격을 서로 다르게 하여 식재하는 방법이다.

　㉡ 식재할 묘목의 수를 구하는 계산식

$$N = \frac{A}{a \times b}$$

여기서, N : 식재할 묘목의 수　　　A : 조림지 면적
　　　　a : 묘목 사이의 거리　　　b : 줄 사이의 거리

> 200만m²의 정방형 임지에 2m×2.5m의 간격으로 식재하려고 한다. 필요한 묘목본수를 계산하시오.
>
> 　**풀이** $\frac{2,000,000}{5} = 400,000(본)$
>
> 　　　　　　　　　　　　　　　　　　　　　　　　　　　🗐 400,000본

③ 정삼각형 식재

    ㉠ 정삼각형의 꼭짓점에 심는 것으로 묘목 사이의 간격이 동일하다.

    ㉡ 정방형 식재에 비해 묘목 1본이 차지하는 면적은 86.6% 감소한다.

    ㉢ 일정 면적에 대해 정방형 식재보다 15.5% 본수가 증가한다.

    ㉣ 식재할 묘목의 수를 구하는 계산식

$$N = \frac{A}{a^2 \times 0.866} = 1.155 \times \frac{A}{a^2}$$

여기서, N : 식재할 묘목의 수 A : 조림지 면적

        a : 묘목 사이의 거리(줄 사이의 거리)   0.866 : 삼각형의 높이

기출

1ha의 임지에 줄 사이가 2m인 정삼각형 식재를 한다면 필요한 묘목본수를 계산하시오.

풀이 $\frac{10,000}{4 \times 0.866} = 2,886.836 \cdots$

답 2,887본

5 식재방법 및 유의사항

① 겉흙과 속흙을 분리하여 모아 놓고 겉흙을 5~6cm 정도 먼저 넣는다.

② 뿌리를 잘 펴서 곧게 세우고 겉흙부터 구덩이의 2/3가 되게 채운 후 묘목을 살며시 위로 잡아 당기면서 밟는다.

③ 나머지 흙을 모아 주위 지면보다 약간 높게 정리한 후 수분의 증발을 막기 위하여 낙엽이나 풀 등으로 멀칭한다.

④ 건조하거나 바람이 강한 곳에서는 약간 깊게 심는다.

⑤ 비탈진 곳에 심을 때는 흙을 수평이 되게 덮는다.

    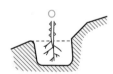

            • 묘목이 굽거나 뿌리가 구부러져 있다.   • 구덩이가 얕아서 뿌리가 구부러지고 뿌리가 밖으로 나온다.   • 비탈진 곳에 심을 때는 덮은 흙이 비탈지지 않게 하고 수평으로 한다.

묘목의 식재순서를 바르게 나열한 것은?

① 지피물 제거 → 구덩이 파기 → 묘목 삽입 → 흙 채우기 → 다지기
② 구덩이 파기 → 흙 채우기 → 묘목 삽입 → 다지기
③ 지피물 제거 → 구덩이 파기 → 흙 채우기 → 묘목 삽입 → 다지기
④ 구덩이 파기 → 묘목 삽입 → 다지기 → 흙 채우기

답 ①

6 봉우리 식재방법

① 심을 구덩이 바닥 가운데 좋은 흙을 모아 원추형의 봉우리를 만듦 → 묘목의 뿌리를 고루 펴서 얹고 그 뒤 다시 좋은 흙으로 뿌리를 덮음 → 그 뒤에 일반식재법에 따라 심음
② 적용수종 : 천근성이며 직근이 빈약하고 측근이 잘 발달된 수목에 알맞다.

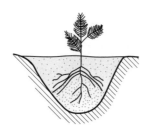

[봉우리 식재 요령]

SECTION 05 용기묘 생산

1 용기묘의 특징

① 묘목을 처음부터 용기(컨테이너) 안에서 키우는 것으로 포트묘라고도 한다.
② 겨울철을 제외하고는 활착률이 높아 연중 조림이 가능하다.
③ 일반 노지묘보다 생장이 빠르고 근계의 발육이 좋아 속성양묘로 가능하다.
④ 용기묘 재료의 종류 : 비닐, 지피, 플라스틱, 종이, 스티로폼 포트 등이 있다.

[용기묘]

[플라스틱 포트]

2 용기묘의 장단점 중요 ★☆☆

(1) 장점

① 제초작업이 생략될 수 있다.

② 묘포의 적지조건, 식재시기 등이 문제되지 않는다.

③ 양묘 시 기후, 입지 등의 영향을 받지 않는다.

④ 인력을 절감하고 묘목의 생산기간을 단축할 수 있다.

⑤ 묘목 운반 시 건조 · 고사하는 등의 피해를 줄일 수 있다.

⑥ 식재기간을 분산하여 노동력을 유효 적절하게 사용할 수 있다.

⑦ 초기 생장이 빠른 수종은 용기묘 조림으로 활착과 생장을 높일 수 있다.

(2) 단점

① 일반묘에 비하여 묘목 운반과 식재에 많은 비용이 들고 관수가 까다롭다.

② 조림지에 대한 적응성이 떨어져 조림에 실패할 확률이 높다.

③ 양묘에 기술과 시설이 필요하며, 관리가 복잡하다.

3 묘목 굳히기(경화)

(1) 묘목 굳히기 정의

경화는 온실의 온화한 환경에서 자란 묘목이 실제 조림지의 자연환경에 적응할 수 있도록 묘목을 훈련시키는 작업을 말한다.

(2) 묘목 굳히기 효과

① 불량환경에 대한 저항성 증가

② 잎살이 두꺼워지고 큐티클층이 발달

③ 지하부 발달 촉진

01 다음 수종 중 도입수종이 아닌 것은?

① 리기다소나무   ② 백합나무

③ 낙우송   ④ 느티나무

●해설

우리나라 주요 경제수종 22종

구분	내용
장기수(15종)	강송, 해송, 잣나무, 전나무, 낙엽송, 삼나무, 편백, 리기테다소나무, 스트로브잣나무, 버지니아소나무, 참나무류, 느티나무, 자작나무류, 물푸레나무, 루브라참나무 등
속성수(5종)	이태리포플러, 수원포플러, 현사시나무, 양황철나무, 오동나무 등
유실수(2종)	호두나무, 밤나무 등

02 다음 수종 중 도입수종이 아닌 것은?

① 리기다소나무   ② 낙엽송

③ 낙우송   ④ 강송

03 묘목의 굴취와 선묘에 대한 설명 중 틀린 것은?

① 굴취 시 뿌리에 상처를 주지 않도록 주의한다.

② 굴취 시 포지에 어느 정도 습기가 있을 때 작업한다.

③ 굴취는 잎의 이슬이 마르지 않은 새벽에 실시한다.

④ 굴취된 묘목의 건조를 막기 위해 선묘 시까지 일시 가식한다.

●해설

굴취방법

- 포지에 어느 정도 습기가 있을 때 굴취작업을 한다.
- 굴취 시 땅에 너무 습기가 많을 때에는 어느 정도 마른 다음에 굴취한다.
- 묘목의 굴취는 바람이 없고, 흐리고, 서늘한 날이 좋다.

- 비바람이 심하거나 아침 이슬이 있는 날(새벽)은 작업을 피하는 것이 좋다.
- 굴취기는 예리한 것을 사용하며 뿌리에 상처를 주지 않도록 주의한다.
- 굴취된 묘목의 건조를 막기 위해 선묘 시까지 일시 가식한다.

04 묘목을 식재지까지 운반하기 위하여 알맞은 크기로 포장을 한다. 이것을 곤포(Packing)라고 하는데 낙엽송 2년생 묘목을 포장할 때 속당 본수와 곤포당 속수로 가장 적당한 것은?

① 속당 본수 10본, 곤포당 속수 25속

② 속당 본수 20본, 곤포당 속수 25속

③ 속당 본수 20본, 곤포당 속수 50속

④ 속당 본수 50본, 곤포당 속수 50속

●해설

곤포당 본수＝곤포당 속수 × 속당 본수(대부분의 속당 본수는 20본)

※ 곤포(梱包) : 거적이나 새끼줄 따위로 짐을 꾸림

수종	곤포당		곤포당 속수	속당 본수
	묘령	본수		
낙엽송	2	500	25	20

05 묘목을 묶어 가식할 때 묶음별 그루수의 단위로 틀린 것은?

① 10   ② 20

③ 25   ④ 100

06 리기다소나무 1년생 묘목의 곤포당 본수는?

① 1,000   ② 2,000

③ 3,000   ④ 4,000

곤포당 속수 및 속당 본수

수종	곤포당		곤포당 속수	속당 본수
	묘령	본수		
낙엽송	2	500	25	20
소나무	2	1,000	50	20
리기다소나무	1	2,000	100	20

07 낙엽송(묘령 2년)의 곤포당 본수는?

① 100
② 200
③ 500
④ 1,000

08 묘목을 먼 곳으로 운반할 때 가장 먼저 주의할 사항은?

① 무게에 의하여 억눌리지 않도록 해야 한다.
② 손상이 오지 않도록 한다.
③ 묘목이 건조하지 않도록 한다.
④ 포장을 크게 해야 한다.

●해설

묘목의 운반
• 묘목은 포장한 당일 식재지에 운반한다.
• 운반 중에는 햇빛이나 바람에 노출되어 수분이 증발하지 않도록 거적을 덮어 준다.
• 한 번에 너무 많은 양의 적재는 하지 않는다.

09 봄에 묘목을 가식할 때 묘목가지 끝부분을 어느 쪽으로 향하도록 가식하는가?

① 남쪽
② 서쪽
③ 동쪽
④ 북쪽

●해설

묘목의 가식방법 중요 ★★★
• 지제부에서 10cm 이상 깊이로 가식한다.
• 묘목의 가지 끝이 가을에는 남향으로, 봄에는 북향을 향하도록 한다.
• 단기간에 가식할 때는 다발째로, 장기간에 가식할 때는 다발을 풀어서 뿌리 사이에 흙이 충분히 들어가도록 밟아 준다.
• 비가 올 때나 비가 온 이후에는 가식하지 않는다.

10 묘목의 가식에 관한 내용을 가장 바르게 설명한 것은?

① 가식장소는 배수가 잘 되는 건조한 곳을 선정한다.
② 가식은 대부분 이랑을 파서 비스듬히 한 후 흙으로 묘목 전부를 덮고 단단히 밟아 준다.
③ 장기간 가식 시 다발을 풀어 가식하고 단기간 가식 시에는 다발째로 가식한다.
④ 묘목의 끝은 가을에는 북쪽, 봄에는 남쪽으로 향하도록 묻는다.

11 다음 중 묘목의 가식에 대한 설명으로 가장 거리가 먼 것은?

① 식재작업을 바로 시작할 수 없는 경우 실시한다.
② 묘목의 양이 많아서 식재기간이 길어질 경우 실시한다.
③ 가을에 굴취한 묘목을 월동시키고자 할 때 실시한다.
④ 묘목의 길이생장을 촉진시키기 위한 경우 실시한다.

●해설

가식은 묘목의 생장촉진하고는 관련이 없다.

12 정방형 식재를 옳게 설명한 것은?

① 식재간격과 식재공간을 계산하기 어렵다.
② 식재작업이 불편하다.
③ 포플러류나 낙엽송 등 양수수종은 알맞지 않다.
④ 묘간거리와 열간거리가 같은 식재방법이다.

●해설

정방형(정사각형) 식재
• 묘간거리와 열간거리의 간격이 동일한 일반적인 식재방법이다.
• 나무를 심을 때 가장 많이 쓰이는 방법이다.

13 나무를 심을 때 가장 많이 쓰이는 방법은?

① 정사각형 식재　　② 정삼각형 식재

③ 직사각형 식재　　④ 등고선 식재

14 묘목을 1.8m×1.8m 정방향으로 식재할 때 1ha당 묘목의 본수로 가장 적당한 것은?

① 약 2,500본　　② 약 3,086본

③ 약 3,500본　　④ 약 5,000본

●해설

$N = \dfrac{A}{a^2}$, 1ha = 10,000

$\dfrac{10,000}{1.8^2} = 3,086$본

15 열간거리 2.0m, 묘간거리 2.0m로 묘목을 심고자 한다. 1ha에 몇 그루가 필요한가?

① 1,000본　　② 2,500본

③ 3,000본　　④ 4,500본

●해설

$N = \dfrac{A}{a^2}$, 1ha = 10,000

$\dfrac{10,000}{2^2} = 2,500$본

16 나무와 나무 사이의 거리가 1m, 열과 열 사이의 거리가 2.5m의 장방형 식재일 때 1ha에 심게 되는 묘목본수는?

① 1,000본　　② 2,000본

③ 3,000본　　④ 4,000본

●해설

장방형(직사각형) 식재

• 묘간거리와 열간거리의 간격을 서로 다르게 하여 식재하는 방법이다.

• 식재할 묘목의 수를 구하는 계산식

$N = \dfrac{A}{a \times b} = \dfrac{10,000}{1 \times 2.5} = 4,000$본

17 1ha의 임지에 줄 사이가 2m인 정삼각형 식재를 한다면 필요한 묘목본수는 얼마인가?

① 약 2,887본　　② 약 3,887본

③ 약 1,587본　　④ 약 2,587본

●해설

정삼각형 식재

• 정삼각형의 꼭짓점에 심는 것으로 묘목 사이의 간격이 동일하다.

• 정방형 식재에 비해 묘목 1본이 차지하는 면적은 86.6% 감소한다.

• 식재할 묘목본수는 15.5% 증가한다.

$N = \dfrac{A}{a^2 \times 0.866} = 1.155 \times \dfrac{A}{a^2}$

$= \dfrac{10,000}{2^2 \times 0.866} = 2,886.836\ldots \ [2,887본]$

18 묘목식재 시 유의사항으로 적합하지 않은 것은?

① 구덩이 속에 지피물, 낙엽 등이 유입되지 않도록 한다.

② 뿌리나 수간 등이 굽지 않도록 한다.

③ 비탈진 곳에서의 표토부위는 경사지게 한다.

④ 너무 깊거나 얕게 식재되지 않도록 한다.

●해설

식재방법 및 유의사항

• 겉흙과 속흙을 분리하여 모아 놓고 겉흙을 5~6cm 정도 먼저 넣는다.

• 뿌리를 잘 펴서 곧게 세우고 겉흙부터 구덩이의 2/3가 되게 채운 후 묘목을 살며시 위로 잡아 당기면서 밟는다.

• 나머지 흙을 모아 주위 지면보다 약간 높게 정리한 후 수분의 증발을 막기 위하여 낙엽이나 풀 등으로 멀칭한다.

• 건조하거나 바람이 강한 곳에서는 약간 깊게 심는다.

• 비탈진 곳에 심을 때는 흙을 수평이 되게 덮는다.

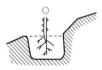

비탈진 곳에 심을 때는 덮은 흙이 비탈지지 않게 하고 수평으로 한다.

19 다음 중 묘목식재방법으로 틀린 것은?

① 구덩이를 팔 때 유기질이 많은 흙을 별도로 모은다.

② 식재지점의 땅 표면에서 나온 지피물(풀 또는 가지 등)은 구덩이 밑에 넣는다.

③ 묘목의 뿌리를 구덩이 속에 넣을 때 뿌리를 고루 펴서 굽어지는 일이 없도록 한다.

④ 흙이 70% 가량 채워지면 묘목의 끝쪽을 쥐고 약간 위로 올리면서 뿌리를 자연스럽게 편다.

20 묘목의 식재순서를 바르게 나열한 것은?

① 지피물 제거 → 구덩이 파기 → 묘목 삽입 → 흙 채우기 → 다지기

② 구덩이 파기 → 흙 채우기 → 묘목 삽입 → 다지기

③ 지피물 제거 → 구덩이 파기 → 흙 채우기 → 묘목 삽입 → 다지기

④ 구덩이 파기 → 묘목 삽입 → 다지기 → 흙 채우기

21 파종조림의 성과와 관계되는 요인으로 가장 거리가 먼 것은?

① 수분　　　　　② 흙 옷

③ 동물의 해　　　④ 식물의 해

●해설
"식물의 해"하고는 관련이 없다.

22 종자의 결실량이 많고 발아가 잘 되는 수종이나 식재조림이 어려운 수종에 대하여 식재하는 조림방법은?

① 소묘조림　　　② 대묘조림

③ 용기조림　　　④ 파종조림

●해설
파종조림은 묘목의 양성이 필요 없고 노력이 적게 들 뿐만 아니라 이식작업이 생략되므로, 어린나무는 발아할 때부터 조림지의 토양상태와 기상조건에 익숙해지고 뿌리는 자연상태에 적응하여 발달할 수 있다.

23 조림할 땅에 종자를 직접 뿌려 조림하는 것은?

① 식수조림　　　② 파종조림

③ 삽목조림　　　④ 취목조림

●해설
파종조림의 특징

• 묘목을 식재하는 대신 종자를 직접 뿌려 조림하는 방법이다.

• 파종조림은 묘목의 양성이 필요 없고 노력이 적게 들 뿐만 아니라 이식작업이 생략되므로 어린나무는 발아할 때부터 조림지의 토양상태와 기상조건에 익숙해지고 뿌리는 자연상태에 적응하여 발달할 수 있다.

• 암석지나 급경사지와 같이 식재가 어려운 지역에 적합한 조림방법이다.

• 파종조림에 실패하는 가장 큰 원인은 소동물이나 조류로 인한 피해이다.(보호물 설치)

24 용기묘(Pot)의 장단점에 대한 설명 중 틀린 것은 어느 것인가?

① 제초작업이 생략될 수 있다.

② 묘포의 적지조건, 식재시기 등이 문제가 되지 않는다.

③ 묘목의 생산비용이 많이 들고 관수가 까다롭다.

④ 운반이 용이하여 운반비용이 적게 든다.

●해설
용기묘의 장단점

㉠ 장점

• 제초작업이 생략될 수 있다.

• 묘포의 적지조건, 식재시기 등이 문제되지 않는다.

• 양묘 시 기후, 입지 등의 영향을 받지 않는다.

• 인력을 절감하고 묘목의 생산기간을 단축할 수 있다.

- 묘목 운반 시 건조 · 고사하는 등의 피해를 줄일 수 있다.
- 식재기간을 분산하여 노동력을 유효, 적절하게 사용할 수 있다.
- 초기 생장이 빠른 수종은 용기묘조림으로 활착과 생장을 높일 수 있다.

ⓛ 단점
- 일반묘에 비하여 묘목 운반과 식재에 많은 비용이 소요된다.
- 조림지에 대한 적응도가 낮아 조림에 실패할 우려가 있다.
- 관리가 복잡하다.

05장 산림의 환경

SECTION 01 수목의 분류

1 수목의 분류

(1) 수목의 형태에 따른 분류

① 교목 : 높이 10m 이상의 곧은 줄기가 있고 줄기와 가지의 구별이 명확하며 키가 큰 나무를 말한다.

② 관목 : 높이 2m 이하의 지표로부터 줄기가 여러 갈래로 나와 줄기와 가지의 구별이 불명확하다.

구분	주요 수목명
교목	소나무, 주목, 전나무, 잣나무, 향나무, 동백나무, 은행나무, 자작나무, 밤나무, 낙엽송 등
관목	회양목, 사철나무, 팔손이, 모란, 명자나무, 조팝나무, 낙상홍, 진달래, 철쭉, 쥐똥나무, 개나리, 무궁화, 탱자나무, 수수꽃다리 등

(2) 잎의 모양에 따른 분류

① 침엽수 : 잎 모양이 바늘처럼 뾰족하며, 꽃이 피지만 꽃 밑에 씨방이 형성되지 않는 겉씨식물(나자식물)로 잎이 좁다.

〈잎의 모양에 따른 분류〉

구분	주요 수목명
2엽속생	소나무, 곰솔(해송), 흑송, 뱅크스소나무, 반송
3엽속생	백송, 리기다소나무, 리기테다소나무, 대왕송
5엽속생	섬잣나무, 잣나무, 스트로브잣나무

[침엽수 잎]

② 활엽수 : 밑씨가 씨방으로 싸여 있으며 속씨식물(피자식물)로 잎이 넓다.

〈잎의 모양에 따른 분류〉

구분	주요 수목명
침엽수	소나무, 곰솔(해송), 잣나무, 전나무, 구상나무, 비자나무, 편백, 화백, 측백, 낙우송, 메타세쿼이아 등
활엽수	태산목, 먼나무, 굴거리나무, 호두나무, 서어나무, 상수리나무, 느티나무, 칠엽수, 자작나무, 왕벚나무, 가중나무 등

※ 은행나무는 잎이 넓으나 침엽수로 쓰이고, 위성류는 잎이 좁으나 활엽수로 쓰인다.
※ 조경설계 시 은행나무는 침엽수지만 활엽수로 표현하고, 위성류는 활엽수지만 침엽수로 표현한다.

(3) 잎의 생태에 따른 분류

① 상록수 : 사계절 내내 잎이 푸른 나무이다.
② 낙엽수 : 낙엽이 지는 계절(가을)에 일제히 잎을 떨구는 나무이다.

〈잎의 생태에 따른 분류〉

구분	주요 수목명
상록수	소나무, 전나무, 주목, 백송, 사철나무, 동백나무, 회양목, 독일가문비 등
낙엽수	낙엽송, 은행나무, 칠엽수, 산수유, 메타세쿼이아, 층층나무, 백목련 등

2 수목의 형태

(1) 수형

나무 전체의 생김새는 수간(樹幹)과 수관(樹冠)의 형태로 결정된다.

① 수간 : 나무의 줄기를 말하며 수간의 생김새나 갈라진 수에 따라 전체 수형에 영향을 끼친다.
② 수관 : 가지와 잎이 뭉쳐서 이루어진 부분으로 가지의 생김새에 따라 형태가 만들어진다.

(2) 수목의 규격

명칭	기호	내용
수고	H	지표면에서 수관의 정상까지의 수직높이를 말한다.(도장지 제외)
수관 폭	W	전정을 한 가지와 잎이 뭉쳐 어우러진 부분을 수관이라 한다.
흉고직경	B	가슴높이(1.2m)의 높이의 지름을 측정한 값을 말한다.
근원직경	R	뿌리 바로 윗부분, 즉 나무 밑동 제일 아랫부분의 지름을 말한다.
지하고	BH	지면에서 수관의 맨 아래가지까지의 수직높이를 말한다.
수관길이	L	수관이 수평으로 생장하는 특성을 가진 조형된 수관의 최대 길이를 말한다.

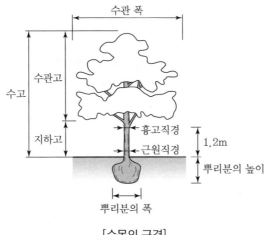

[수목의 규격]

성상	기호	주요 수목명
교목	H×W	일반적인 상록수(향나무, 사철나무, 측백나무 등)
	H×R	소나무, 감나무, 꽃사과나무, 느티나무, 대추나무, 매화나무, 모감주나무, 산딸나무, 이팝나무, 층층나무, 회화나무, 후박나무, 능소화, 참나무류, 모과나무, 배롱나무, 목련, 산수유, 자귀나무, 단풍나무 등 대부분의 교목류(소나무, 곰솔, 무궁화는 H×W×R로 표시하기도 한다.)
	H×B	가중나무, 계수나무, 낙우송, 메타세쿼이아, 벽오동, 수양버들, 벚나무, 은단풍, 칠엽수, 현사시나무, 은행나무, 자작나무, 층층나무, 플라타너스, 백합(튤립)나무 등
관목	H×W	일반 관목
	H×R	노박덩굴, 능소화
	H×W×L	눈향나무
	H×가지의 수	개나리, 덩굴장미
만경목	H×R	등나무

임목과 수분

1 토양수분

(1) 토양수분과 관련된 용어

① **최대용수량(포화용수량)** : 토양의 모든 공극에 물이 꽉 찬 상태의 수분함량이다.

② **최소용수량(포장용수량)** : 최대용수량에서 중력수가 완전히 제거된 후 모세관에 의해서만 지니고 있는 수분함량으로 이때 식물이 이용할 수 있는 물을 최대한으로 보유한 상태이다.

③ **위조현상** : 수분이 부족하여 식물체 조직이 말라 가는 현상이다.

④ 영구위조 : 식물체가 시든 정도가 심하여 수분을 공급해도 회복될 수 없게 되는 상태의 토양함수상태이며 pF=4.2 정도이다.

(2) 유효수분과 무효수분

① 유효수분은 수목이 토양 중에서 흡수, 이용 가능한 물이다.
② 수목이 생장할 수 있는 토양의 유효수분은 포장용수량에서부터 영구위조점까지의 범위이며 (약 pF=2.7~4.2)이다.
③ 무효수분은 영구위조점에서 토양에 보유되어 있는 수분으로 수목이 이용 불가능한 물이다.

(3) 토양수분의 분류

구분	내용
결합수(화합수)	토양입자와 화학적으로 결합되어 있는 수분으로 결합력이 강해서 식물이 직접 이용할 수 없는 수분상태(pF=7 이상)
흡습수(흡착수)	토양 표면에 물리적으로 결합되어 있는 수분으로 결합력이 강해서 식물이 직접 이용할 수 없는 수분상태(pF=4.5~7)
모관수(모세관수)	흡습수 외부에 표면장력과 중력으로 평행을 유지하여 식물이 유용하게 이용할 수 있는 수분상태(pF=2.7~4.5)
중력수(자유수)	중력에 의해 토양층 아래로 내려가는 수분(pF=2.7 이하)
지하수	지하에 정체하여 모관수의 근원이 된다.

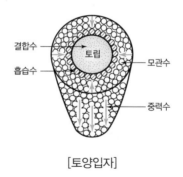

[토양입자]

(4) 수분의 흡수과정

① 뿌리의 역할
흙과 접촉하는 표면적을 넓혀 흙속의 물과 무기양분을 효율적으로 흡수한다.

② 뿌리의 구조
뿌리의 선단부는 뿌리골무, 생장점, 뿌리털(세근) 등으로 나누어지며 뿌리털(세근)에서 수분의 흡수가 가장 왕성하게 이루어진다.

구분	내용
뿌리골무	생장점을 싸서 보호한다.
생장점	세포분열이 일어나 뿌리를 길게 자라게 하는 곳이다.
뿌리털	식물의 뿌리 끝에 실처럼 길고 부드럽게 나온 가는 털로 흙속의 물과 무기양분을 효율적으로 흡수한다.
물관	뿌리털에서 흡수한 물과 무기양분의 이동통로이다.
체관	잎에서 광합성으로 만들어진 유기양분의 이동통로이다.

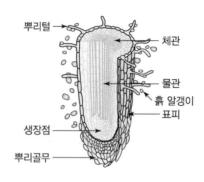

[뿌리의 구조]

③ 수분의 흡수과정

농도 차에 의해 세포 내로 수분이 들어가는 압력인 삼투압과 세포 밖으로 수분을 배출하려는 압력인 막압의 차이에 의해 수분의 흡수과정이 일어난다.

④ 관다발 조직 중요 ★☆☆

조직	특징
물관부	• 식물의 뿌리에서 흡수된 물과 무기양분이 잎까지 이동하는 통로이다. • 활엽수(피자식물)는 도관이 발달하였고 침엽수(나자식물)는 가도관이 발달하였다.
체관부	식물의 잎에서 광합성으로 만들어진 포도당과 같은 양분이 줄기나 뿌리로 이동하는 통로이다.
형성층	물관부와 체관부 사이에 있는 얇은 세포층으로 식물의 비대생장에 관여한다.

SECTION 03 임목과 양분

① 무기염류의 흡수

(1) 무기염류

① 무기염류는 식물생육에 필요한 무기질 영양소로 수분과 함께 식물이 생장하는 데 없어서는 안 될 중요한 양분이다.

② 필수원소의 종류 중요 ★☆☆

구분	해당 원소
다량원소(9종)	탄소(C), 수소(H), 산소(O), 질소(N), 인(P), 칼륨(K), 칼슘(Ca), 황(S), 마그네슘(Mg)
미량원소(7종)	철(Fe), 망간(Mn), 아연(Zn), 구리(Cu), 몰리브덴(Mo), 붕소(B), 염소(Cl)

※ 길항작용 : 무기양분이 서로 흡수를 방해하여 효과를 반감시키는 작용
　종류 : 철과 망간 / 칼륨과 칼슘·마그네슘 / 암모니아태질소와 칼륨

(2) 수종에 따른 무기양분 요구도

① 일반적으로 수목은 농작물보다 양분 요구량이 적다.

② 활엽수가 침엽수보다 더 많은 양분을 요구한다.

③ 수종별 무기양분 요구도 중요 ★★★

무기양분 요구도	적용수종
비옥지(많음)	오동나무, 느티나무, 전나무, 미루나무, 밤나무류, 물푸레나무류, 참나무류 등
중간	낙엽송, 잣나무, 버드나무류 등
척박지(적음)	소나무, 해송, 향나무, 오리나무, 아까시나무, 자작나무류 등

② 주요 비료의 역할 및 결핍 증상

(1) 질소(N) 중요 ★★☆

구분	특징
역할	• 수목의 생육에 중요한 많은 유기화합물(아미노산, 단백질, 핵산 등)을 구성하는 가장 필수적인 원소 중의 하나이다. • 산불 시 가장 잃기 쉬운 양분이다.
결핍	• 결핍 시 신장생장이 불량하여 줄기나 가지가 가늘고 작아지며, 묵은 잎이 황변하고 떨어진다. • 활엽수 : 잎이 황변하고 잎의 수가 적고 두꺼워지며, 조기에 낙엽이 된다. • 침엽수 : 침엽이 짧고 황색을 띤다.
과잉	과잉 시 생장은 증대하나 잎은 짙은 녹색이 되고 마디가 긴 도장현상이 나타난다.

(2) 인(P)

구분	특징
역할	• 뿌리의 신장을 촉진하고 지하부의 발달을 촉진하여 내한성 및 내건성을 크게 한다. • 세포분열을 촉진하여 꽃과 열매의 발육에 관여하며 새 눈과 잔가지를 형성한다.
결핍	• 뿌리, 줄기, 가지의 수가 적어지고 꽃과 열매가 불량해지며, 잎이 암록색으로 변한다. • 식물의 생육이 불량해지고 열매와 종자의 형성이 감소한다. • 활엽수 : 정상 잎보다 크기가 작고 조기낙엽이 되며 꽃과 열매가 불량해진다. • 침엽수 : 침엽이 구부러지며, 나무의 하부에서 상부로 점차 고사한다.

(3) 칼륨(K)

구분	특징
역할	꽃과 열매의 향기, 색깔을 조절하고 뿌리와 가지의 생육을 촉진시키며, 개화결실을 촉진하여 병충해에 대한 저항력을 증대시킨다.
결핍	• 활엽수 : 잎이 시들고, 황화현상이 일어나며, 잎 끝이 말린다. • 침엽수 : 침엽이 황색 또는 적갈색으로 변한다.
과잉	• 뚜렷한 증상은 없으나 잎이 다소 황록색을 띠고 단단해진다. • 칼륨을 과용하면 칼슘과 마그네슘의 흡수를 저해하여 결핍을 일으킨다.

(4) 칼슘(Ca)

구분	특징
역할	단백질합성 및 내병성을 촉진하고 뿌리혹박테리아의 질소를 고정하는 역할을 하며 식물체 유기산을 중화시킨다.
결핍	• 활엽수 : 잎의 백화 또는 괴사현상이 발생하며 어린잎은 위축된다. • 침엽수 : 잎의 끝부분이 고사한다.
과잉	마그네슘, 철, 아연, 붕소 등의 흡수를 저해하여 결핍증상을 나타낸다.

※ 유기산 : 산성을 띠는 유기화합물의 총칭

(5) 마그네슘(Mg) 중요 ★★☆

구분	특징
역할	엽록소의 구성성분이며, 단백질의 생성 및 이전에도 관여한다.
결핍	늙은 잎에서 먼저 황백화현상이 나타나며 어린잎으로 확대된다.

(6) 황(S)

구분	특징
역할	호흡작용, 콩과 식물의 근류형성에 관여한다.
결핍	단백질합성 및 질소고정작용이 저하된다.

(7) 철(Fe) 중요 ★☆☆

구분	특징
역할	산소운반, 엽록소 생성 시 촉매작용을 하며, 양분결핍 현상이 생육 초기에 일어나기 쉽다.
결핍	• 부족하면 잎 조직에 황화현상이 일어난다. • 성숙한 잎이 아닌 어린잎에서 황화현상이 나타난다.

(8) 망간(Mn)

구분	특징
역할	엽록소의 합성과 효소의 활동에 관여하고 철의 이용률이 증가한다.
결핍	조직이 작고 세포벽이 두꺼워지며, 표피조직 사이가 오므라드는 현상이 나타난다. 엽록체에 가장 큰 영향을 미친다.

(9) 붕소(B)

구분	특징
역할	꽃의 형성, 개화 및 과실 형성에 관여한다.
결핍	부족하면 잎이 밀생하고 비틀어지며, 뿌리생장이 저하된다.

(10) 무기염류의 체내 이동성 중요 ★★☆

구분	특징
체내 이동성이 낮은 영양소	• 칼슘, 붕소, 철, 망간 등 • 결핍 시 가지선단이나 유엽(어린잎)에 결핍 증상
체내 이동성이 높은 영양소	• 질소, 인산, 칼륨, 마그네슘 등 • 결핍 시 노엽(성숙잎)에 결핍 증상

SECTION 04 　 **임목과 광선**

1 광합성과 호흡

① 식물이 빛을 이용하여 물과 이산화탄소를 원료로 포도당과 같은 유기양분을 만드는 과정이다.

② 광합성에 의해 만들어진 탄수화물은 체관을 통하여 각 부분으로 이동하며, 이동된 탄수화물은 식물의 생장, 호흡, 저장물질로 이용된다.

③ 광보상점 : 광합성을 위한 CO_2의 흡수량과 호흡작용에 의한 CO_2의 방출량이 같아지는 점이다.

④ 광포화점 : 빛의 세기가 점차적으로 높아지면 동화작용량도 상승하지만 어느 한계를 넘으면 그 이상 강하게 해도 동화작용량이 상승하지 않는 한계점이다.

2 광도별 생장반응

(1) 광질과 임목생육

햇빛은 광합성에서 가장 중요한 인자로 빛이 없으면 식물은 에너지를 생성할 수 없어 생장이 불가능하며 그로 인해 자연생태계의 물질과 에너지의 순환에 큰 차질을 가져올 수 있다.

(2) 광질별 생장반응

① 광질이란 광선의 파장에 따라 달라지며 적외선, 가시광선, 자외선으로 구분하고 이 중 가시광선(400~700nm)이 수목의 생장에 관여한다.

② 광합성에는 청색부분(400nm)과 적색부분(700nm)이 가장 효과적이다.

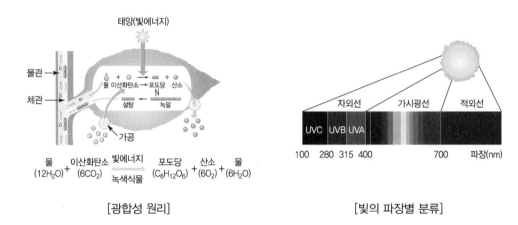

물   이산화탄소 빛에너지   포도당   산소   물
(12H_2O) + (6CO_2) →(녹색식물) (C_6H_12O_6) + (6O_2) + (6H_2O)

[광합성 원리]

[빛의 파장별 분류]

3 내음성

수목이 햇빛을 좋아하거나 싫어하는 정도를 나타내는 것이 아닌 그늘에서도 견딜 수 있는 정도를 나타낸 것이다.

(1) 내음성의 영향인자

구분	특징
수령	어릴 때는 내음성이 강하나 성장할수록 내음성은 감소한다.
토양수분과 양분	건조하고 척박한 지형보다는 양분과 수분이 적당한 토양에서 내음성이 증가한다.
온도	온도가 높을수록 수목의 광선요구량은 감소하고 내음성은 증가한다.
위도	고위도지방에서 자란 수목은 광합성을 위하여 더 높은 광도를 요구하므로 내음성이 약하다.
종자의 크기	크고 무거운 대립종자를 가진 수종은 종자 내의 저장양분으로 1년 이상의 내음성을 지탱할 수 있다.

(2) 광선요구에 따른 구분

광선은 녹색식물의 광합성 요인으로, 수목성장에 중요하며 음지에서 견디는 정도에 따라 음성, 중용수, 양수로 구분한다.

① 양수의 특징 중요 ★★★

구분	특징
양수	• 광선의 양은 전 광선량의 70% 내외이다. • 아랫부분의 가지가 자연고사하거나 떨어지기 쉽다. • 나무들 간의 경쟁으로 인한 피해가 심하게 나타난다. • 소나무, 곰솔, 일본잎갈나무, 측백나무, 포플러류, 가죽나무, 무궁화, 향나무, 은행나무, 철쭉류, 느티나무, 자작나무, 백목련, 개나리 등
극양수	뱅크스소나무, 왕솔나무, 잎갈나무, 버드나무, 자작나무, 포플러

② 음수의 특징 중요 ★★★

구분	특징
음수	• 광선의 양은 전 광선량의 50% 내외이다. • 낮은 광조건에서도 광합성을 효율적으로 수행한다. • 하층식생으로서 오랫동안 생장이 가능하다. • 주위의 경쟁목이 제거되면 즉시 수고생장과 직경생장이 시작된다. • 아랫가지가 잘 떨어지지 않아 지하고가 낮다. • 주목, 전나무, 독일가문비나무, 호랑가시나무, 팔손이나무, 비자나무, 가시나무, 녹나무, 후박나무, 동백나무, 회양목, 광나무, 사철나무 등
극음수	주목, 개비자나무, 나한백, 사철나무, 회양목, 굴거리나무 등

4 증산작용

(1) 증산작용 일반

① 수목 내의 수분이 기화하여 대기 중으로 배출되는 현상으로 주로 잎의 기공에 의해 이루어진다.

② 토양이 건조하면 뿌리의 수분흡수력이 증가하고 증산작용이 억제되며 증산작용이 심하면 수목은 위조하여 고사한다.

③ 공기가 다습하면 증산작용이 약해지고 뿌리의 수분흡수력이 감퇴한다.

④ 공기가 건조하면 불필요한 증산을 크게 하여 가뭄의 피해를 유발한다.

⑤ 증산작용이 왕성할 조건 : 광도는 높을수록, 습도는 낮을수록, 온도는 높을수록, 기공의 개폐가 빈번할수록, 기공이 크고 그 밀도가 높을수록

1 토양의 분류

(1) 토양의 생성원인

① 생성원인에 따라 화성암, 퇴적암(수성암), 변성암으로 분류되며 화성암과 변성암이 95%를 차지하고 퇴적암은 5% 정도이다.

② 토양의 생성원인에 따른 분류

구분	내용
화성암	• 지구 내부에서 생성된 규산염의 용융체인 마그마(Magma)가 지표면이나 땅속 깊은 곳에서 냉각하여 굳어진 암석을 말한다. • 화성암은 산성암, 중성암, 염기성암으로 분류되는데, 이때 기준이 되는 것은 규산(SiO_2)의 함유량이다. • 종류에는 화강암, 안산암, 현무암, 섬록암, 석영반암 등이 있다.
퇴적암	• 암석의 분쇄물 등이 물이나 바람에 의하여 한곳에 퇴적된 후 깊은 곳에 있는 부분이 오랜 기간 동안 지압과 지열에 의해 굳어진 암석이다. • 종류에는 응회암, 사암, 점판암, 석회암 등이 있다.
변성암	• 화성암 또는 퇴적암이 지각의 변동이나 지열을 받아서 화학적 또는 물리적으로 성질이 변한 암석을 말한다. • 종류에는 대리석, 편마암, 규암, 편암, 사문암 등이 있다.

(2) 토양의 단면

토양성분의 용탈과 집적에 의해 몇 개의 층으로 나뉘며, 형성요인은 기후, 지형, 식생, 시간 등이다.

① 수직적 토양단면

유기물층(O층) → 표토층(용탈층)(A) → 집적층(B) → 모재층(C) → 모암층(D) 중요 ★★★

구분	단면상태
O층(유기물층)	• 산림 토양 중 낙엽층으로, 떨어진 낙엽이 원형대로 쌓여 있는 곳 • A층 위의 유기물로 되어 있는 토양층 • 유기물층은 L층(낙엽층), F층(조부식층), H층(정부식층)으로 세분화됨
A층(표토층, 용탈층)	• 토양의 표면이 되는 층 • 미세한 부식과 점토가 O층에서 내려와 미생물과 식물활동이 왕성
B층(하층, 집적층,심토층)	• A층으로부터 용탈되어 쌓인 층 • 부식이 A층보다 적고, 갈색 또는 황갈색
C층(기층, 모재층)	산화된 토양으로서 여러 가지 색을 보이며 식물뿌리는 없음
D층(기암, 모암층)	C층 밑의 암석층

2 토양의 특성

(1) 토양의 일반

① 토양 : 식물의 생육에 가장 필요한 요소이다.

　　㉠ 토양의 구성비(3요소) : 토양 50%, 수분 25%, 공기 25% 중요 ★★★

　　㉡ 토양의 3상 : 고상, 액상, 기상

　　㉢ 토성은 토양의 입자굵기와 그것이 함유되어 있는 비율에 따라 구분된다.

　　㉣ 투수성의 순서 : 사토(모래) > 사양토 > 양토 > 식양토 > 식토(진흙)

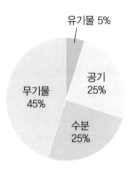

[토양의 4대 성분]

〈토양입자의 분류(단위 : mm)〉

입자명칭	입경(알갱이의 지름)
자갈	2.0 이상
조사(거친 모래)	0.2~2.0
세사(가는 모래)	0.02~0.2
미사(고운 모래)	0.002~0.02
점토	0.002 이하

〈진흙의 함량에 따른 분류(단위 : %)〉

토양의 종류	진흙의 함량
사토	12.5 이하
사양토	12.5~25.0
양토	25.0~37.5
식양토	37.5~50.0
식토	50.0 이상

※ 토양입자의 분류기준은 국제 분류법에 따른다.

(2) 토양의 구조 중요 ★☆☆

구분	내용
단립구조 (홑알구조)	• 토양 사이의 공간이 작아 공기나 물이 잘 통하지 않는 구조이다. • 수분이나 비료의 보유력이 적어 식물의 생육에 부정적인 영향을 미친다.
입단구조 (떼알구조)	• 토양의 여러 입자가 모여 단체를 만들고 이 단체가 다시 모여 입단을 만든 구조로서 공기가 잘 통하고 물을 알맞게 보유하고 있다. • 토양수의 이동, 보유 및 공기유통에 필요한 공극을 가지고 있다.

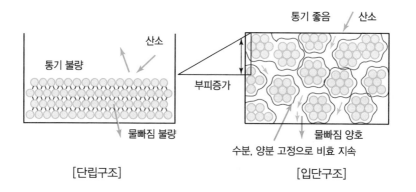

[단립구조]   [입단구조]

③ 산성토양

① 우리나라 토양은 비교적 강한 산성을 나타낸다.

② 식물의 생육에 적합하지 않은 토양은 물리적, 화학적 성질을 개선한 다음 수목을 식재하여야 한다.

③ 식토에는 모래를, 사토 또는 사력지에는 점토 등을 섞어 물리적 성질을 개선해 준다.

④ pH 4.0 이하의 강산성 토양은 탄산석회나 소석회를 넣어 토양산도를 높여 주어야 한다.

⑤ 수목생장에 적당한 산도는 pH 5.5~6.5이며, pH 5.0 이하의 산림지역은 침엽수가 적당하다.

구분	주요 수목명
강산성에 견디는 수종	소나무, 잣나무, 전나무, 편백나무, 가문비나무, 밤나무, 리기다소나무, 버드나무, 낙엽송, 싸리나무, 진달래 등
약산성에 견디는 수종	가시나무, 갈참나무, 백합나무, 녹나무, 느티나무 등
염기성에 견디는 수종	낙우송, 단풍나무, 개나리, 생강나무, 서어나무, 회양목 등

⑥ 토양의 성질과 진단

㉠ 산정은 건조하고 척박하다.

㉡ 산지에 자라고 있는 식물의 종류가 적을수록 척박하다.

㉢ 남향과 서향사면은 건조한 경우가 많다.

㉣ 비옥한 토양일수록 자라고 있는 식물의 종류가 많다.

④ 토양미생물

(1) 균류(사상균, 곰팡이)

① 균사로 번식하는 토양미생물로 대부분 유기물을 분해하여 에너지원이나 영양원을 얻으며 토양의 생성이나 비옥도에 크게 영향을 준다.

② 호기성이어서 통기가 불량하면 그 활동과 번식이 극히 불량해진다.

③ 세균이나 방사상균이 잘 번식하지 못하는 산림유기질토양 등 산성토양에 적응성이 강해 산성 부식생성과 토양입단 형성에 중요한 역할을 한다.

(2) 균근

① 식물의 어린뿌리(세근)가 토양 중에 있는 곰팡이와 공생하는 형태이다.

② 곰팡이는 기주식물에게 무기염을 대신 흡수하여 전달해 주고 기주식물은 곰팡이에게 탄수화물을 전해줌으로써 공생관계를 유지한다.

③ 균근의 종류 중요 ★☆☆

구분	내용
외생균근	• 균사가 뿌리 피층부의 상층세포까지만 들어가 있는 균근 • 기주식물 : 소나무, 자작나무, 참나무, 버드나무류(목본식물에만 기주)
내생균근	• 균사가 뿌리 세포의 내부조직까지 파고 들어가 있는 균근 • 기주식물 : 은행나무, 철쭉류, 단풍나무, 동백나무, 호두나무, 편백나무
내외생균근	외생균근과 내생균근의 성질을 같이 가지고 있음

SECTION 06 ∘ 임지시비

1 임지시비의 방법

구분	내용
식혈시비	뿌리분의 크기보다 1.5~3배 정도의 구덩이를 판 다음 비료를 바닥에 넣고 비료 해를 막기 위하여 겉흙을 3~5cm 정도 덮은 다음 그 위에 묘목을 식재한다.
전면시비	수관의 밑을 가볍게 파고 전면에 시비하는 방법이다.
환상시비	• 구덩이를 파지 않고, 원둘레 전체에 흙을 파서 시비하는 방법이다. • 시비량이 많은 속성수와 유실수에 적합하다.
측방시비	• 묘목의 가장 긴 가지의 길이를 반지름으로 하는 원둘레에 네 곳의 구멍을 파고 시비하는 방법이다. • 경사지에서는 위쪽에 시비하며, 시비량이 적은 장기수에 적합하다.

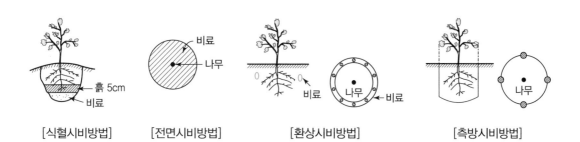

[식혈시비방법] [전면시비방법] [환상시비방법] [측방시비방법]

2 비료목 중요 ★★☆

(1) 비료목의 정의

임지의 생산력을 유지하기 위하여 보조적 또는 부수적으로 심어 주는 나무를 말한다.

(2) 임지비배에 효과가 있는 수목 중요 ★★★

① 질소를 고정하는 비료목

구분	내용
콩과수목(Rhizobium속)	아까시나무, 자귀나무, 싸리나무류, 칡, 다릅나무 등
비콩과수목(Frankia속)	오리나무류, 보리수나무류, 소귀나무

> 🌱 **TIP**
>
> 근류균(뿌리혹박테리아)
> 콩과식물의 뿌리에 기생하며 공중질소를 고정하여 기생식물과 공생한다.

② 붉나무, 플라타너스, 백합나무, 식나무, 포플러류 등은 질소를 고정하는 수목은 아니지만 척박한 토양에서 잘 자라고 잎에 질소성분을 많이 포함하고 있어 지력을 높이는 비료목으로 취급할 수 있다.

(3) 비료목의 효과 중요 ★☆☆

① 낙엽을 통해 유기물을 공급한다.
② 비료목의 잎이 떨어지면 침엽수종 잎의 분해를 도와 지력을 상승시킨다.
③ 비료목의 뿌리혹이 침엽수종의 균근 형성에 도움을 준다.
④ 뿌리혹은 죽은 후에 땅속의 질소성분이 된다.

(4) 비료목의 식재방법

① 전식수종 : 주임목보다 먼저 심는 것
② 후식수종 : 주임목의 임관 아래에 심는 것
③ 혼식수종 : 주임목과 동시에 심는 것

(5) 하목식재(수하식재)

임분의 연령이 높아짐에 따라 임지를 보호하기 위해 주임목 아래에 비효와 내음성이 있는 나무를 식재한다.

① 하목식재 효과 중요 ★★☆
  ㉠ 표토 건조 방지, 지력 증진, 황폐와 유실 방지 등을 목적으로 한다.
  ㉡ 주임목의 불필요한 가지 발생을 억제하는 효과도 있다.
  ㉢ 임 내의 미세환경을 개량하는 효과가 있다.

② 하목식재용 수종의 구비조건
  ㉠ 토지에 대한 요구도가 적고 작은 나무라도 목재이용 가치가 있는 수종
  ㉡ 가지가 밀생하여 임지의 피음도가 높고 수분을 보존할 수 있는 것
  ㉢ 낙엽량이 많고 근류균을 가진 비효가 높은 수종
  ㉣ 내음성이 강한 수종
  ㉤ 우리나라에 식재되고 있는 수종에서는 오리나무류, 단풍나무류, 아까시나무 등이 있다.

01 토양입자의 표면에 얇은 막으로 부착된 물리적 결합형태를 가진 토양수분은?

① 흡착수   ② 모관수

③ 중력수   ④ 결합수

● 해설

구분	내용
결합수 (화합수)	토양입자와 화학적으로 결합되어 있는 수분으로 결합력이 강하여 식물이 직접 이용할 수 없는 수분상태(pF = 7 이상)
흡습수 (흡착수)	토양 표면에 물리적으로 결합되어 있는 수분으로 결합력이 강하여 식물이 직접 이용할 수 없는 수분상태(pF = 4.5~7)
모관수 (모세관수)	흡습수 외부의 표면장력과 중력으로 평형을 유지하여 식물이 유용하게 이용할 수 있는 수분상태(pF = 2.7~4.5)
중력수 (자유수)	중력에 의해 지하로 침투하는 물로서 지하수원이 됨(pF = 2.7 이하)

02 나무가 토양용액에 녹아 있는 무기양분을 주로 흡수하는 곳은?

① 잎   ② 뿌리

③ 부름켜   ④ 줄기

● 해설

뿌리의 역할

흙과 접촉하는 표면적을 넓혀 흙속의 물과 무기양분을 효율적으로 흡수한다.

03 식재 시 비료를 가장 많이 주어야 하는 나무는?

① 소나무   ② 오리나무

③ 삼나무   ④ 오동나무

● 해설

무기양분 요구도	적용수종
비옥지(많음)	오동나무, 느티나무, 전나무, 미루나무, 밤나무류, 물푸레나무류, 참나무류 등
중간	낙엽송, 잣나무, 버드나무류 등
척박지(적음)	소나무, 해송, 향나무, 오리나무, 아까시나무, 자작나무류 등

04 건조하고 척박한 곳에서도 잘 자랄 수 있는 수종은?

① 삼나무   ② 느티나무

③ 오리나무   ④ 밤나무

05 임지비배에 알맞게 만들어진 15g의 고형비료에는 질소, 인산, 칼륨 성분이 일반적으로 얼마나 들어있는가?

① 2g   ② 5g

③ 10g   ④ 15g

06 광합성작용은 이산화탄소로 무엇을 만드는 과정인가?

① 단백질   ② 지방

③ 산소   ④ 탄수화물

● 해설

광합성에 의해 만들어진 탄수화물은 체관을 통하여 각 부분으로 이동하며, 이동된 탄수화물은 식물의 생장, 호흡, 저장물질로 이용한다.

정답   01 ①   02 ②   03 ④   04 ③   05 ②   06 ④

07 내음력이 뛰어난 음수끼리만 짝지어진 것은?

① 주목, 회양목
② 회양목, 낙엽송
③ 소나무, 잣나무
④ 주목, 소나무

●해설

음수의 특징

• 광선의 양은 전 광선량의 50% 내외이다.
• 낮은 광조건에서도 광합성을 효율적으로 수행한다.
• 하층식생으로서 오랫동안 생장이 가능하다.
• 주위의 경쟁목이 제거되면 즉시 수고생장과 직경생장이 시작된다.
• 아랫가지가 잘 떨어지지 않아 지하고가 낮다.
• 주목, 전나무, 독일가문비나무, 호랑가시나무, 팔손이나무, 비자나무, 가시나무, 녹나무, 후박나무, 동백나무, 회양목, 광나무, 사철나무 등이 속한다.

08 우리나라 지각의 대부분을 이루고 있는 암석은?

① 수성암
② 화성암
③ 변성암
④ 석회암

●해설

화성암

• 지구 내부에서 생성된 규산염의 용융체인 마그마(Magma)가 지표면이나 땅속 깊은 곳에서 냉각되어 굳어진 암석을 말한다.
• 화성암은 산성암, 중성암, 염기성암으로 분류되는데, 이때 기준이 되는 것은 규산(SiO_2)의 함유량이다.
• 종류에는 화강암, 안산암, 현무암, 섬록암, 석영반암 등이 있다.

09 토양을 형성하는 암석 중 화성암에 속하지 않는 것은?

① 화강암
② 편마암
③ 석영반암
④ 현무암

●해설

변성암

• 화성암 또는 퇴적암이 지각의 변동이나 지열을 받아서 화학적 또는 물리적으로 성질이 변한 암석을 말한다.
• 종류에는 대리석, 편마암, 사문암, 편암 등이 있다.

10 토양의 단면도를 보았을 때 위쪽에서 아래쪽으로의 순서가 맞게 배열된 것은?

① 표토층 – 모재층 – 심토층 – 유기물층
② 표토층 – 유기물층 – 심토층 – 모재층
③ 유기물층 – 표토층 – 심토층 – 모재층
④ 유기물층 – 표토층 – 모재층 – 심토층

●해설

수직적 토양단면

유기물층(O층) → 표토층(용탈층)(A) → 집적층(B) → 모재층(C) → 모암층(D)

구분	단면상태
O층 (유기물층)	• 산림 토양 중 낙엽층으로, 떨어진 낙엽이 원형대로 쌓여 있는 곳 • A층 위의 유기물로 되어 있는 토양층 • 고유의 층으로 L층(낙엽층), F층(조부식층), H층(정부식층)으로 세분
A층 (표토층, 용탈층)	• 토양의 표면이 되는 층 • 미세한 부식과 점토가 O층에서 내려와 미생물과 식물활동이 왕성
B층 (하층, 집적층, 심토층)	• A층으로부터 용탈되어 쌓인 층 • 부식이 A층보다 적고, 갈색 또는 황갈색
C층 (기층, 모재층)	산화된 토양으로서 여러 가지 색을 보이며 식물뿌리는 없음
D층 (기암, 모암층)	C층 밑의 암석층

11 산림토양 중 낙엽층으로 떨어진 낙엽이 원형대로 쌓여 있는 곳을 무엇이라 하는가?

① 표토층
② 유기물층
③ 심토층
④ 모재층

12 토양입자의 직경이 0.02~0.2mm인 것은?(단, 토양입자의 분류기준은 국제분류법에 따른다.)

① 자갈
② 조사
③ 세사
④ 점토

토양입자의 분류(단위 : mm)

입자명칭	입경(알갱이의 지름)
자갈	2.0 이상
조사(거친 모래)	0.2~2.0
세사(가는 모래)	0.02~0.2
미사(고운 모래)	0.002~0.02
점토	0.002 이하

13 산림토양의 생산력을 유지하기 위한 방법이 아닌 것은?

① 자연의 힘에 의해 스스로 생산력이 유지되도록 해 준다.
② 대면적 개벌을 통하여 피해를 최소화한다.
③ 산림작업으로 발생하는 잎 등의 산물은 작업지에 남겨 둔다.
④ 산불을 예방한다.

대면적 개벌을 통해 피해가 극대화된다.

14 다음 중 토양성질의 진단과 관련된 내용으로 틀린 것은?

① 산정은 건조하고 척박하다.
② 북향과 동향사면은 건조한 경우가 많다.
③ 비옥한 토양일수록 자라고 있는 식물의 종류가 많다.
④ 산지에 자라고 있는 식물의 종류가 적을수록 척박하다.

토양의 성질과 진단
• 산정은 건조하고 척박하다.
• 남향과 서향사면은 건조한 경우가 많다.
• 비옥한 토양일수록 자라고 있는 식물의 종류가 많다.
• 산지에 자라고 있는 식물의 종류가 적을수록 척박하다.

15 나무의 어린뿌리와 공생을 하는 균근으로 주로 토양미생물 중에 외생균근을 형성하는 수종은?

① 소나무
② 동백나무
③ 단풍나무
④ 오리나무

외생균근과 내생균근의 특징

구분	내용
외생균근	• 균사가 뿌리 피층부의 상층세포까지만 들어가 있는 균근 • 기주식물 : 소나무, 자작나무, 참나무, 버드나무류(목본식물에만 기주)
내생균근	• 균사가 뿌리 세포의 내부조직까지 파고 들어가 있는 균근 • 기주식물 : 은행나무, 철쭉류, 단풍나무, 동백나무, 호두나무, 편백나무

16 임지와 임목의 건전한 생산성을 위한 생물적 임지보육작업으로 적합한 것은?

① 계단조림
② 비료목 식재
③ 임지경토
④ 임지피복

비료목
임지의 생산력을 유지하기 위하여 보조적 또는 부수적으로 심어 주는 나무를 말한다.

17 콩과식물의 비료목으로 가장 적당한 나무는?

① 삼나무
② 자귀나무
③ 소나무
④ 전나무

질소를 고정하는 비료목

구분	수종
콩과수목 (Rhizobium속)	아까시나무, 자귀나무, 싸리나무류, 칡, 다릅나무 등
비콩과수목 (Frankia속)	오리나무류, 보리수나무류, 소귀나무

• 근류균(뿌리혹박테리아) : 콩과식물의 뿌리에 기생하며 공중질소를 고정하여 기생식물과 공생한다.

18 임지에 비료목을 식재하여 지력을 향상시킬 수 있는데 다음 중 비료목으로 적당한 수종은?

① 오리나무류　　② 전나무류
③ 소나무류　　　④ 사시나무류

19 비료목으로 취급되는 나무 중 콩과식물에 속하지 않는 것은?

① 아까시나무　　② 보리수나무
③ 자귀나무　　　④ 싸리나무

20 질소고정균인 근류균과 공생하는 수종으로만 짝지어진 것은?

① 아까시나무, 싸리나무
② 오리나무, 신갈나무
③ 리기테다소나무, 은행나무
④ 단풍나무, 낙엽송

● 해설

근류균(뿌리혹박테리아)
콩과식물의 뿌리에 기생하며 공중질소를 고정하여 기생식물과 공생한다.

21 수하(樹下)식재에 관한 설명 중 틀린 것은?

① 수하식재용 수종으로는 양수수종으로 척박토양에 견디는 힘이 강한 것이 좋다.
② 수하식재는 표토 건조 방지, 지력 증진, 황폐와 유실 방지 등을 목적으로 한다.
③ 수하식재는 주임목의 불필요한 가지 발생을 억제하는 효과도 있다.
④ 수하식재는 임 내의 미세환경을 개량하는 효과가 있다.

● 해설

임분의 연령이 높아짐에 따라 임지를 보호하기 위해 주임목 아래에 비효와 내음성이 있는 나무를 식재한다.

06장 숲 가꾸기(산림무육)

SECTION 01 인공림 가꾸기

숲 가꾸기의 순서 및 적기 중요 ★★★

풀베기(6~8월) → 덩굴제거(7월, 뿌리 속 영양소모 최대) → 제벌(6~9월 여름) → 가지치기(11~3월, 생가지의 생장휴지기, 겨울) → 간벌(11월~5월, 연중 실행 가능)

1 산림무육(숲 가꾸기) 일반

(1) 산림무육의 개념

무육이란 어린 조림목이 자라서 갱신기(벌기)에 이르는 사이 주임목의 자람을 돕고 임지의 생산능력을 높이기 위해 실시하는 육림작업이다.

(2) 산림무육의 구분

① 임목무육 : 임목의 재적생산 및 재질향상을 목적으로 무육작업을 한다.
② 임지무육 : 지력유지 및 증진을 목적으로 무육작업을 한다.
③ 산림무육에 따른 작업방법 중요 ★★☆

구분		내용
임목무육	유령림의 무육	풀베기(밑깎기), 덩굴치기, 제벌(잡목 솎아내기)
	성숙림의 무육	가지치기, 간벌(솎아베기)
임지무육		지피물 보존, 임지시비, 하목식재, 수평구 설치, 비료목 설치

※ 무육작업 순서 : 풀베기 → 덩굴제거 → 제벌(잡목 솎아내기) → 가지치기 → 간벌(솎아베기)

기출

조림지의 보육단계가 올바르게 나열된 것은?

① 풀베기 – 잡목 솎아내기(제벌) – 가지치기 – 간벌
② 풀베기 – 간벌 – 잡목 솎아내기(제벌) – 가지치기
③ 간벌 – 잡목 솎아내기(제벌) – 풀베기 – 가지치기
④ 간벌 – 풀베기 – 잡목 솎아내기(제벌) – 가지치기

답 ①

(3) 기능별 숲 가꾸기 목표

구분	관리목표
목재생산림	생태적 안정을 기반으로 하여 국민경제활동에 필요한 양질의 목재를 지속적 · 효율적으로 생산 · 공급하기 위한 산림으로 육성
수원함양림	수자원 함양기능과 수질 정화기능이 고도로 증진되는 산림으로 육성
산지재해방지림	산사태, 토사유출, 대형산불, 산림병해충 등 각종 산림재해에 강한 산림으로 육성
자연환경보전림	산림 내 보호할 가치가 있는 산림자원이 건강하게 보전될 수 있는 산림으로 육성
산림휴양림	다양한 휴양기능을 발휘하고, 종다양성이 풍부하며 경관이 다양한 산림으로 육성
생활환경보전림	도시와 생활권 주변의 경관 유치 등 쾌적한 환경을 제공할 수 있는 산림으로 육성

2 풀베기(밑깎기)

풀베기란 조림목의 자람에 지장을 주는 잡초 또는 쓸모없는 관목을 제거하는 작업이다.

(1) 풀베기의 목적

① 잡초목이 토양 중 수분과 양분의 수탈을 막기 위하여 조림목의 임목이 일정한 크기에 이를 때까지 매년 1~2회 잘라 주는 작업이다.

② 병해충이 발생하는 데 이로운 조건을 제거하기 위함이다.

(2) 풀베기의 대상지

어린나무를 식재한 곳, 식재목의 크기가 작은 곳, 주위의 식생에 의하여 피압되기 쉬운 곳 을 대상으로 작업한다.

(3) 풀베기 시기 중요 ★★★

① 일반적으로 6~8월에 실시하며, 연 2회할 경우 6월(5~7월)에서 8월(7~9월)에 작업한다.

② 9월 이후에는 수종의 성장이 끝나므로 풀베기는 실시하지 않는다.

(4) 풀베기 횟수 중요 ★★☆

① 조림목의 수고가 풀베기 대상물 수고에 비해 약 1.5배 또는 60~80cm 정도 더 클 때까지 실시한다.

② 조림목이 주위의 다른 식생과의 경쟁에서 벗어날 때까지 실시한다.

③ 생장이 빠른 속성수는 식재 후 3년간 실시한다.

④ 어릴 때 생장이 느린 장기수는 5년간 실시한다.

⑤ 잡초목이 무성할 경우에는 연 2회 실시한다.

⑥ 양수는 다른 수종보다 우선하여 실시한다.

(5) 풀베기의 방법 <u>중요 ★★☆</u>

종류	특징
모두베기 (전면깎기, 전예)	• 조림목만 남기고 임지의 해로운 주변 식물을 모두 베어 내는 방법이다. • 임지가 비옥하거나 식재목이 많은 광선을 요구할 때 적용한다. • 땅힘이 좋고 양수인 수종에 적합하다. • 적용수종 : 소나무, 낙엽송, 강송, 삼나무, 편백나무 등
줄베기 (줄깎기, 조예)	• 가장 많이 사용하는 방법으로 조림목의 줄을 따라 해로운 식물을 제거하고, 줄 사이에 있는 풀은 남겨두는 방법이다. • 조림목이 햇빛의 직사광선을 어느 정도 피할 수 있다. • 한해 · 풍해로부터 조림목 보호가 가능하다. • 조림목이 어릴 때는 모두베기를 하고 생장함에 따라 줄베기로 바꾼다. • 어릴 때 많은 광선을 요구하지 않은 수종에 적합하다. • 적용수종 : 잣나무, 전나무 등
둘레베기 (평예)	• 조림목의 주변에 나는 잡초목만을 깎아내는 방법이다. • 바람과 동해에 대해 많은 보호가 필요할 때 적합하다. • 군상 식재 시 조림목을 보호하기 위해 1m의 지름으로 둥글게 깎아내는 방법이다. • 적용수종 : 호두나무

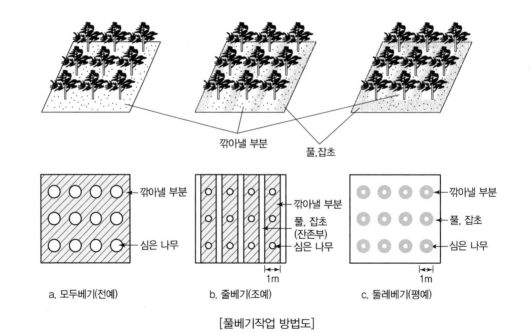

[풀베기작업 방법도]

③ 덩굴제거

(1) 덩굴제거의 일반

① 덩굴제거란 조림목을 감고 올라가서 피해를 주는 각종 덩굴식물을 제거하는 일이다.

② 덩굴식물 : 칡, 다래, 등나무, 머루, 담쟁이덩굴, 노박덩굴, 으름덩굴 등

③ 우리나라 산지에서 수목에 가장 큰 피해를 주는 덩굴식물은 칡이다.

(2) 덩굴제거의 시기

생장기인 5~9월 중에 작업하는 것이 효과적이며, 덩굴치기의 시기는 덩굴식물이 뿌리 속의 저장 양분을 소모한 7월경이 적당하다.

(3) 물리적 제거방법

사람의 힘으로 뿌리를 뽑거나 줄기, 잎 등을 물리적으로 제거하는 방법이다.

(4) 화학적 제거방법

① 화학적 방법으로 덩굴을 제거하여도 입목이나 임지의 야생동식물 및 산림이용객, 수자원 등에 피해가 없는 지역을 작업 대상지로 한다.

② 작업횟수는 작업 대상지 덩굴의 종류와 양을 고려하여 2~3회 실시한다.

③ 덩굴치기에 있어서 칡의 제거는 줄기절단보다 약제 처리가 효과적이다.

④ 덩굴식물의 제거법

구분	내용
엎어두는법	• 상처를 내지 않고 뿌리 주위의 단면에 약을 발라두는 방법이다. • 할도법에 비하여 일이 간단하고 시간이 절약되나 효과는 떨어진다. • 보통 칡의 발생량이 많을 때 사용한다.
할도법	칡의 생장이 왕성한 여름철에 덩굴줄기는 남겨둔 채 뿌리 목부분을 칼로 깊이 4~5cm로 X자로 상처를 내어 그 안에 약제를 부어주는 작업이다.
흡수법	• 칡의 몸 안에 약제를 흡수시키는 방법이다. • 근주의 수가 적은 칡을 제거하는 데 사용한다.
살포법	• 약제를 잎과 줄기에 뿌리는 방법이다. • 잎에 물기가 있을 때 처리해야 효과적이며 살포 후에 비가 오면 좋지 않다.

④ 약제의 종류 중요 ★★☆

구분	내용
디캄바액제 (반벨)	• 광엽잡초 특히 콩과식물(칡, 아까시나무, 콩 등)에 대한 고사효과가 아주 높다. • 약액주입기로 줄기에 처리하거나, 약제도포기를 주두부 중심부에 도포한다. • 고온 시(30℃ 이상) 증발하므로 주의한다.(주변 식물 약해) • 선택성 제초제
글라신액제 (근사미)	• 모든 임지의 덩굴성에 적용한다. • 약액주입기나 면봉을 이용하여 주두부의 중심부에 삽입한다. • 비선택성 제초제

구분	내용
2,4-D	• 식물체 내로의 자유로운 이행이 가능하고, 생장점 등의 세포분열 조직에 집적하여 세포분열에 이상을 일으킨다. • 호르몬형 제초제(암꽃을 수꽃으로 성전환 가능)

[디캄바액제 처리방법]

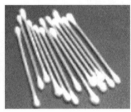 

[글라신액제 처리방법]

⑤ 약제 사용 시 주의사항

   ㉠ 비가 오늘 날에는 사용을 중지한다.

   ㉡ 약제 처리 후 빗물 또는 관개수에 의해 조림목이나 주변 작물에 약해를 줄 수 있기 때문에 땅에 흘리지 않도록 신경쓴다.

   ㉢ 사용한 도구는 잘 세척하여 지정된 곳에 보관한다.

   ㉣ 빈병은 반드시 회수하여 지정된 장소에 버린다.

4 어린나무가꾸기(제벌, 잡목 솎아내기) 중요 ★★★

조림목과 경쟁하는 침입수종을 제거하고 형질이 나쁘거나 다른 수목에 피해를 주는 수목들을 제거하는 작업이다.

(1) 제벌작업 목적

① 임분 전체의 형질 향상 및 치수의 생육공간을 충분히 제공하기 위함이다.

② 조림목의 임관 형성 후부터 간벌이 시작될 때까지 실시한다.

③ 토양의 수분관리, 임(林)내의 미세환경 등을 고려하여 하층식생은 보존한다.

④ 제벌작업에 필요한 작업도구로는 낫, 톱, 도끼 등 이다.

(2) 제벌 대상지 및 작업방법

① 조림 후 5~10년이 경과하고, 풀베기(밑깎기) 작업이 끝난 지 2~3년이 경과한 조림목의 수관 경쟁과 생육 저해가 시작되는 곳이다.

② 제거 대상목으로는 형질불량목, 밀생목, 침입목, 가해목, 폭목, 유해수종, 덩굴류 등이다.

   ※ 폭목은 대개 다른 나무의 생장에 방해가 되는 가압목(可壓木)이다.

③ 조림목 외의 수종을 제거하고 조림목이라도 형질이 불량한 나무는 벌채한다.

④ 흉고직경 약 6cm 이상의 우세목이 임분 내에서 50% 이상 다수 분포될 때까지 벌채한다.

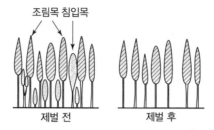

[어린나무가꾸기 방법도]

(3) 제벌시기 중요 ★★☆

① 6~9월(여름) 사이에 실시하는 것을 원칙으로 하되 늦어도 11월 말(초가을)까지는 완료한다.(여름~가을 초)

② 간벌이 시작될 때까지 2~3회 제벌을 하는 것이 원칙이다.

③ 맹아력이 왕성한 활엽수종은 지상 1m 정도 높이에서 꺾어 놓으면 맹아 발생을 줄일 수 있다.

④ 수종별 제벌시기

식재 후 7~8년	식재 후 10년	식재 후 10~13년
소나무, 낙엽송	삼나무	가문비나무, 전나무

기출

제벌시기로 적당하지 않은 설명은?

① 겨울철에 실행하는 것이 좋다.
② 여름철에 실행하는 것이 좋다.
③ 간벌이 시작될 때까지 2~3회 제벌을 하는 것이 원칙이다.
④ 미국에서는 조림목의 흉고직경이 10cm 이하일 때 시행한다.

풀이 6~9월(여름) 사이에 실시하는 것을 원칙으로 하되 늦어도 11월 말(초가을)까지는 완료한다.

답 ①

5 가지치기

(1) 목적

① 마디가 없는 곧은 수간을 만들어 질이 좋은 목재를 생산하기 위해 죽은 가지나 살아 있는 가지의 일부를 계획적으로 잘라 내는 작업이다.

② 옹이가 없고 가치가 높은 목재를 생산할 뿐만 아니라 건강한 숲 환경을 조성하기 위하여 실시한다.

(2) 가지치기의 장단점

① 가지치기의 장점 `중요 ★★☆`

    ㉠ 마디없는 좋은 목재를 얻을 수 있다.(우량목재 생산에 큰 목적)

    ㉡ 하목의 수광량을 증가시켜 성장을 촉진시킨다.

    ㉢ 하목을 보호하고 생장을 촉진시킨다.

    ㉣ 임목 상호 간의 부분적 생존경쟁을 완화시킨다.

    ㉤ 나이테 폭의 넓이를 조절하여 수간의 완만도를 높인다.

    ㉥ 산화(山火)의 위험성을 경감시킨다.

② 가지치기의 단점 `중요 ★☆☆`

    ㉠ 줄기에서 부정아가 발생하여 해를 주는 경우가 있다.

    ㉡ 가지를 지나치게 자르면 생장을 감퇴시킬 우려가 있다.

    ㉢ 인력과 비용이 소요된다.

    ※ 부정아 : 일반적으로 눈이 형성되지 않는 부분에 생기는 싹

(3) 가지치기의 작업시기

① 생장휴지기인 11월 이후부터 이듬해 3월까지가 가지치기의 적기이다.

② 수관의 비대생장을 시작하는 5월 이전에 실시한다.(죽은 가지 제거는 시기에 상관없다.)

③ 역지(으뜸가지) 이하의 가지는 자른다.

> 🌱 **TIP**
>
> 역지(力枝, 으뜸가지)
> • 수관폭에서 가장 길고 굵은 가지, 가장 많은 잎을 가지고 있는 가지
> • 수관의 최대폭을 이루고 있는 가지, 활력이 가장 왕성한 가지

(4) 가지치기의 대상

① 침엽수종

    ㉠ 소나무, 잣나무, 낙엽송, 전나무, 해송, 삼나무, 편백나무 등은 상처유합이 잘 된다.

    ㉡ 가문비나무류는 상처가 썩을 위험이 있으므로 고사지와 쇠약한 가지만을 잘라 준다.

② 활엽수종

    ㉠ 활엽수는 상처의 유합이 잘 안 되고 쉽게 썩기 때문에 직경 5cm 이상의 가지는 가지치기 하지 않는다.

ⓒ 단풍나무, 느릅나무, 벚나무, 물푸레나무 등은 상처의 유합이 어렵기 때문에 고사지만 잘라주고, 밀식으로 자연낙지를 유도한다.

ⓒ 참나무류, 포플러나무류 등은 역지 이하의 가지만 잘라준다.

(5) 가지치기 작업방법

① 가지치기는 수종 및 경영목적에 따라 결정되어야 한다.

② 최종수확대상목(미래목)이 선정되기 전까지는 형질이 좋은 나무에 대해서, 선정되고 난 후에는 최종수확대상목(미래목)에 대해서만 가지치기한다.

③ 어린나무가꾸기작업 대상목에 대한 가지치기와 수형교정은 가급적 전정가위로 실시하고 수고의 50~60% 내외의 높이까지 가지를 제거한다.

(6) 가지치기 절단방법

① 침엽수종 절단방법

가지치기 톱을 사용하여 자르며 절단면을 수간에 바짝 붙여 수간축에 평행하도록 자른다.

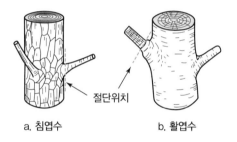

절단위치

a. 침엽수   b. 활엽수

[가지치기 절단방법]

② 활엽수종 절단방법

㉠ 굵은 가지는 굵고 무거워서 정상적으로 자르지 않으면 줄기가 잘려 상처를 입게 된다.

㉡ 그림 (가)와 같이 줄기에서 10~15cm 떨어진 곳에서 밑에서 위쪽으로 1/3 정도 깊이까지 톱질을 한다.

㉢ 그림 (나)와 같이 톱질한 곳에서 가지의 끝 쪽으로 약간 떨어진 곳 위에서 아래 방향으로 자른다.

㉣ 그림 (다)와 같이 남은 가지의 밑동을 톱으로 깨끗하게 자른다.

㉤ 굵은 가지 절단 시 지륭을 제거하면 안 된다.

  • 생가지 : 지웅부에 상처를 주거나 절제하는 일이 없도록 하여 가깝게 제거한다.

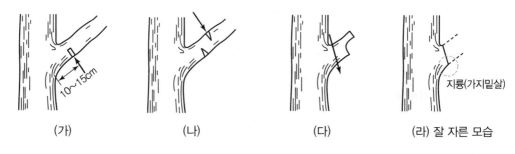

(가)　　　　　　(나)　　　　　　(다)　　　　　지륭(가지밑살)

(라) 잘 자른 모습

[굵은 가지 자르는 방법]

6 간벌(솎아베기)

수목이 생장함에 따라 광선, 수분 및 양분 등의 경쟁이 심해지므로 이를 완화하기 위해 일부 수목을 베어 밀도를 낮추고 남은 수목의 생장을 촉진시키는 작업이다.

(1) 간벌 대상지 [중요 ★★☆]

① 우세목의 평균수고가 10m 이상인 임분으로 15년생 이상인 산림
② 양질의 목재 생산이 다량으로 가능한 산림
③ 제벌작업이 끝난 후 5년 가량 경과하고 최종수확 10년 전까지의 산림
④ 어린나무가꾸기 등 숲가꾸기를 실행한 산림
⑤ 숲이 과밀하여 광선이 숲 바닥까지 도달하지 못해 생물의 종 다양성이 낮은 산림
⑥ 침엽수 단순림으로서 산불발생 시 대형화재가 될 우려가 있는 지역의 산림
⑦ 산사태, 산불, 병해충 등의 각종 산림재해를 입은 산림
⑧ 경관의 유지와 개선을 위해 밀도조절이 필요한 산림

[관리되지 않았던 임분에 나타난 수관의 분화형태]

(2) 간벌효과 [중요 ★★☆]

① 나무를 솎아벤 곳에 잡초가 무성하게 되어 표토의 유실을 막고 빗물을 오래 머무르게 하여 임지가 비옥해진다.

② 임목의 생육을 촉진하고 생산될 목재의 재적생장과 형질을 좋게 한다.

③ 임목을 건전하게 발육시켜 여러 가지 해에 대한 저항력을 높인다.

④ 각종 위해를 감소시키며 산림의 보호관리가 편리하다.

⑤ 지력을 증진 및 숲을 건강하게 만든다.

⑥ 간벌재를 이용할 수 있다.

⑦ 결실이 촉진되고 천연갱신이 용이하다.

⑧ 벌채가 되기 전에 나무를 솎아베어 중간수입을 얻을 수 있다.

⑨ 자연고사에 의한 손실을 방지한다.

(3) 간벌시기

① 생가지치기를 하지 않는 경우에는 연중 작업이 가능하다.(고사지인 경우)

② 생가지치기를 하는 경우에는 11월 이후부터 이듬해 5월까지 작업이 가능하다.

③ 활엽수종의 간벌개시임령 중요 ★★☆

지위	상	20~30년	※ 지위 : 수종별, 지역별로 기후 · 지세 · 토양조건 등의 환경인자에 따라 임지의 생산능력을 평가한 정도
	중	30~40년	
	하	40~50년	

④ 침엽수종의 간벌개시임령 중요 ★☆☆

구분	식재밀도(본/ha)	간벌개시임령
전나무	4,500	20~25년
가문비나무	4,000	20~25년
편백나무	4,000	20~25년
삼나무	3,500	15~20년
낙엽송	3,000	10~15년
잣나무	3,000	15~20년
소나무	5,000	15~20년

기출

소나무 등 침엽수종은 대개 몇 년생일 때 간벌을 개시하는 것이 적당한가?

① 8년 이내   ② 15~20년

③ 30~50년   ④ 50~70년

답 ②

🦐 TIP

임연부의 특징
- 산림과 다른 환경유형이 인접하는 지점으로 산림지역 방향으로 30m 내외까지의 거리
- 임연목은 가지치기를 하지 않는다.
  → 이유 : 풍해, 한해 등에 의한 산림 내의 임목보호, 임 내의 탄산가스농도를 높여 광합성을 촉진, 임 내 습도를 높여 미생물에 의한 낙엽분해 촉진 등
- 약도(弱度)의 솎아베기를 5년 내외의 간격으로 수회 실시한다.
- 햇빛이 잘 들어 칡이나 덩굴이 왕성하게 잘 자란다.
- 무성한 관목 등으로 인하여 생물 종 다양성이 풍부하다.
- 임연부 임목은 미래목에서 제외한다.

(4) 수형급

수형급이란 수관의 배열형태, 크기, 위치, 피해정도 등에 따라 임목의 양적 · 질적인 수준을 등급으로 정하는 것으로 수간급, 수관급, 수목급 등으로 불리기도 한다.

① 하울리(Hawley)의 수형급

종류	특징
우세목	위에서 내려오는 햇빛과 옆에서 비추어 드는 햇빛을 모두 받는 수관을 가짐
준우세목	옆에서 받는 햇빛의 양이 적고, 수관의 크기가 평균적임
중간목	우세목과 준우세목에 비해 수고가 약간 낮고, 햇빛을 잘 받지 못함
피압목	하층임관에 속하여 햇빛을 거의 받지 못하는 나무

② 데라사키의 수형급

㉠ 상층임관(우세목)

구분	내용
1급목	수관의 발달이 이웃한 나무에 의하여 방해받은 적이 없고 또 확장되거나 기울어지지 않았으며 형태가 불량하지 않고 우량한 수목
2급목	• 수관의 발달이 이웃나무에 의해 방해를 받아 정상적이지 못하고 줄기에도 결함이 있는 나무 • 형태가 불량한 수목 　a. 폭목 : 수관의 발달이 지나치게 왕성하여 다른 수목에 피해를 주는 나무 　b. 개재목 : 다른 나무 사이에 끼어 생장하여 줄기가 매우 가늘고 수관의 발달도 미약한 나무 　c. 편의목 : 다른 나무 사이에 끼어 생장하여 수간이 기울거나 삐뚤게 자란 나무 　d. 곡차목 : 줄기가 구부러지거나 갈라져 수형에 문제가 있는 나무 　e. 피해목 : 병해충, 자연재해 등으로 피해를 받은 나무

ⓛ 하층임관(열세목)

구분	내용
3급목(중간목)	생장은 뒤떨어지나 수관과 줄기가 정상적이고 그 둘레의 1, 2급목이 제거되면 생장을 계속할 수 있는 나무
4급목(피압목)	아직 살아있지만 피압을 받아 장차 좋은 나무로 발달할 여지가 없는 나무
5급목(고사목)	넘어진 나무나, 죽은 나무

(5) 간벌(솎아베기)의 종류

① 정성간벌

ⓐ 주로 수관급을 기준으로 양을 구체화하지 않고 간벌의 종류에 따라서 행하는 간벌이다.

ⓑ Hawley의 간벌법 중요 ★★☆

구분	내용
하층간벌	• 처음에는 가장 낮은 수관층의 피압목을 벌채하고 점차로 높은 층의 수목을 벌채하는 방법이다. • 흉고직경급이 낮은 수목이 가장 많이 벌채된다.(하층목 간벌)
상층간벌 (수관간벌)	주로 준우세목이 벌채되며 우량목에 지장을 주는 중간목과 우세목의 일부도 벌채하는 방법이다.
택벌식 간벌	• 우세목으로 대체될 좋은 하급목이 충분히 있어야 한다. • 우세목을 솎아베기하여 그 이하의 임관층 나무의 생육을 촉진시킨다. • 우세목을 만들 목적으로 1급목 중 가장 큰 나무나 때로는 1급목 전부와 5급목 전부를 벌채하는 방법이다.
기계적 간벌	• 조림지 중 밀도가 높은 어린 임분에 적용한다. • 수형급에 관계없이 미리 정해진 임의의 간격에 따라 남겨 둘 임목을 제외하고 모두 벌채하는 방법이다.

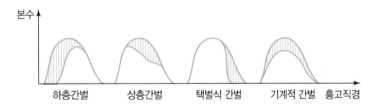

[Hawley의 4가지 간벌법(모두 동령림이며 실선부분은 간벌 대상지역)]

ⓒ 데라사키 간벌법 중요 ★★☆

구분		내용
하층간벌	A종 간벌 (약도)	• 4급목과 5급목 전부를 벌채하고 주요 임목은 손대지 않는다. • 임상을 깨끗이 정리하는 정도의 간벌에 불과하며 실질적인 간벌수단이라 할 수 없다. • 간벌량이 가장 적은 간벌방식이다.

구분		내용
하층간벌	B종 간벌 (중도)	• 4급목과 5급목 전부 벌채와 3급목의 일부, 그리고 2급목의 상당수를 벌채한다. • 3급목의 경쟁완화에 목적이 있다.(가장 일반적 방법)
	C종 간벌 (강도)	• 2급목, 4급목, 5급목은 전부 벌채하고 1급목과 3급목은 일부 남겨 둔다. • 우량목이 많은 임 내에 적용하면 효과가 크다. • 간벌량이 가장 많은 간벌방식이다.
상층간벌	D종 간벌	3급목은 남기고 상층임관을 강하게 벌채한다.
	E종 간벌	3급목과 4급목은 남기고 상층임관을 강하게 벌채한다.

② 정량간벌

　㉠ 간벌 시 수종별로 일정한 임령, 수고 또는 흉고직경에 따라 벌채량을 미리 정해 놓고 기계적으로 벌채하는 방법이다.

　㉡ 잔존본수 결정 후 고사목 · 피해목 → 피압목 → 생장불량목 → 형질열등목 → 우량목 순으로 제거목을 선정한다.

　㉢ 목표하는 잔존본수가 가능하면 전면에 균일하게 분포되도록 간벌목을 선정한다.

　㉣ 장점 : 임분의 체계적이고 계획적인 관리가 가능하며, 공간을 최대한으로 적절히 활용할 수 있다.

　㉤ 단점 : 임목의 형질과 기능이 고려되지 않는다.

③ 도태간벌 중요 ★★★

　㉠ 벌채시기를 장기간으로 하여 미래목을 선정한 후, 이 나무를 방해하는 나무를 솎아내는 방법이다.

　㉡ 현재의 가장 우수한 나무인 미래목을 선발하여 관리하는 것을 핵심으로 한다.

　㉢ 우리나라에서는 1985년부터 현재까지 실행하는 간벌법이다.

　㉣ 제거 대상

　　• 미래목의 수관생장과 줄기에 해를 입히는 모든 식물은 제거 대상목(피해목, 형질이 불량한 중용목 · 상층목, 폭목, 덩굴류 등)이다.

　　• 미래목과 서로 영향을 끼치지 않은 중용목, 하층임관을 이루고 있는 보호목은 제거 대상목이 아니다.

　　• 칡, 머루, 담쟁이 등 덩굴류는 제거 대상이다.

　㉤ 도태간벌의 대상지 중요 ★☆☆

　　• 우량대경재 이상을 목표생산재로 하는 산림

　　• 지위 "중" 이상으로 지력이 좋고, 임목의 생육상태가 양호한 산림

　　• 우세목의 평균수고가 10m 이상 임분으로서 임령이 15년생 이상인 산림

　　• 어린나무가꾸기 등 숲 가꾸기를 실행한 산림

　　• 조림수종 외에 다른 수종이 많이 자라고 있어 정량간벌이나 열식간벌이 어려운 산림

ⓑ 도태간벌의 수목구분 중요 ★★☆

구분	특징
미래목	• 수목사회적 위치, 건전성, 형질 등이 가장 우수한 나무로 선발된 최종 수확목으로 남겨지는 나무이다. • 미래목의 집약적 관리를 통하여 우량대경재 이상을 목표생산재로 하는 산림이다.
중용목	• 형질과 생육상태가 아직 미숙하여 미래목으로 선정되지 않은 임목으로 병해충 및 각종 피해를 받지 않은 나무 중에서 선발한다. • 미래목과 함께 선발되지 못한 우세목 또는 준우세목이다. • 미래목과 충분한 거리에 떨어져 있어 미래목에 영향을 주지 않으며 임분구성에 필요한 예비목이다.
보호목	임지를 피복시켜 주는 유용한 하층식생을 말하며 토양침식 방지 및 임지를 피복하여 토양의 생산능력을 높여준다.
방해목	미래목 생장에 방해가 되는 나무이다.
경합목	미래목 생장에 경합이 되는 나무이다.
지장목	미래목 생장에 지장을 주는 나무이다.

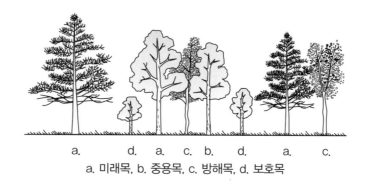

a.   d. a. c. b. d.   a.   c.
a. 미래목, b. 중용목, c. 방해목, d. 보호목

[미래목 선목 및 수형급 구분]

🌿 TIP

미래목의 선정 및 관리 중요 ★★★
• 피압을 받지 않은 상층의 우세목으로 선정하며, 폭목은 제외한다.
• 나무줄기가 곧고 갈라지지 않았으며, 병해충 등 물리적 피해가 없어야 한다.
• 미래목 간의 거리는 최소 5m 이상으로 임지 내에 고르게 분포해야 한다.
• 선정본수 : 활엽수 ha당 200본 내외, 침엽수 ha당 200~400본(최고 400본 정도)
• 가지치기는 미래목만 실행하고 산가지치기일 경우 11월~5월에 실행하며 반드시 톱을 사용한다.
• 표시는 가슴높이에서 10cm의 폭으로 황색 수성페인트로 돌려서 칠한다.
• 임연부 임목은 미래목에서 제외한다.
• 주위 임목보다 수고가 높을 필요는 없다.

1 적용대상

(1) 보육의 기본원칙 및 목적

① 생육단계별로 보육작업을 구분하여 경제적이고 생태적인 방법으로 실시한다.

② 존치 대상목의 생장을 방해하지 않거나 해를 주지 않는 하층식생은 존치한다.

③ 임지환경에 맞는 건강한 산림을 유지시킬 수 있다.

④ 쓸모없게 될 가능성이 있는 숲을 경제림으로 만들 수 있다.

⑤ 적은 투자로 용재림을 조성할 수 있다.

(2) 가지치기작업

① 유령림 단계의 침엽수 가지치기는 전정가위를 사용한다.

② 미래목의 가지치기는 톱을 사용한다.

③ 미래목 선정본수 : 활엽수 ha당 150~300본, 침엽수 ha당 200~300본

2 천연림 생육단계에 따른 보육시기

(1) 치수림 단계

① 임분의 시작부터 울폐 직전까지의 단계이며 평균수고가 2m 내외인 임분이다.

② 제거대상 임목을 제거함으로써 형질 우량목을 어릴 때부터 보호한다.

③ 임분의 질을 높이고 장차 미래목을 선정할 수 있는 기초를 만드는 보육작업단계이다.

(2) 유령림 단계

① 임목의 평균수고가 8m 이하인 임분이다.

② 형질 불량목을 제거하고, 우량목을 보호한다.

(3) 간벌림 단계

① 임목의 평균수고가 10~12m 정도인 임분이다.

　　㉠ 1차 보육 : 우세목 평균수고 10m 이상

　　㉡ 2차 보육 : 우세목 평균수고 12~16m

② 유령림 단계의 마지막 보육 후 2~4년 혹은 5~6년이 경과된 때가 적당하다.

01 다음 중 무육작업의 순서를 바르게 나타낸 것은?

① 풀베기 – 덩굴치기 – 제벌 – 가지치기 – 간벌
② 풀베기 – 덩굴치기 – 가지치기 – 제벌 – 간벌
③ 풀베기 – 덩굴치기 – 가지치기 – 간벌 – 제벌
④ 풀베기 – 가지치기 – 덩굴치기 – 간벌 – 제벌

● 해설
숲 가꾸기의 순서 및 적기 중요 ★★★
풀베기(6~8월) → 덩굴제거(7월, 뿌리 속 영양소모
최대) → 제벌(6~9월 여름) → 가지치기(11~3월, 생
가지의 생장휴지기, 겨울) → 간벌(11월~5월, 연중
실행 가능)

02 산림보육을 유림(幼林)에 대한 보육과 성림(成
林)에 대한 보육으로 나눌 때 유림에 대한 무육
에 해당하는 것은?

① 가지치기   ② 간벌
③ 덩굴치기   ④ 풀베기

● 해설
산림무육에 따른 작업방법

구분		내용
임목무육	유령림의 무육	풀베기(밑깎기), 덩굴치기, 제벌(잡목 솎아내기)
	성숙림의 무육	가지치기, 간벌(솎아베기)
임지무육		지피물 보존, 임지시비, 하목식재, 수평구 설치, 비료목 설치

03 무육작업이라고 할 수 없는 것은?

① 풀베기   ② 솎아베기(간벌)
③ 가지치기   ④ 갱신

04 어린 나무가꾸기 임분에서 육림작업 시 최초의
작업은?

① 풀베기작업   ② 가지치기작업
③ 간벌작업   ④ 제벌작업

● 해설
풀베기란 조림목의 자람에 지장을 주는 잡초 또는 쓸
모없는 관목을 제거하는 작업이다.

05 밑깎기(下刈)의 가장 중요한 목적은?

① 조림목에 안정된 환경을 만들어 주기 위함
② 겨울철에 동해를 방지하기 위함
③ 음수수종의 생장을 도모하기 위함
④ 수목의 나이테 너비를 조절하기 위함

● 해설
풀베기(밑깎기)의 목적
• 토양 중 수분과 양분의 수탈을 막기 위하여 조림목의
임목이 일정한 크기에 이를 때까지 매년 1~2회 잘
라 주는 작업이다.
• 병해충이 발생하는 데 이로운 조건을 제거하기 위함
이다.

06 일반적으로 밑깎기작업에 적당한 계절은?

① 봄   ② 여름
③ 가을   ④ 겨울

● 해설
풀베기 시기
• 일반적으로 6~8월에 실시하며, 연 2회할 경우 6월
(5~7월)에서 8월(7~9월)에 작업한다.
• 9월 이후에는 수종의 성장이 끝나므로 풀베기는 실
시하지 않는다.

07 다음 중 풀베기를 할 수 있는 가장 적당한 시기는?

① 3~5월   ② 6~8월
③ 9~11월   ④ 12~2월

08 이 작업은 대개 어린 나무가 자라서 갱신기에 이를 때까지 나무의 자람을 돕기 위해 6~8월 중에 실시하며, 9월 이후에는 조림목을 보호하는 기능이 있어 하지 않는 것이 좋은 작업은?

① 간벌   ② 덩굴치기
③ 풀베기   ④ 가지치기

● **해설**
9월 이후에는 수종의 성장이 끝나므로 풀베기는 실시하지 않는다.

09 풀베기에서 전면깎기의 설명 중 바르지 못한 것은?

① 조림지 전면의 해로운 지상식물을 깎는다.
② 양수인 수종에 실시한다.
③ 우리나라 북부지방에서 주로 실시하는 방법이다.
④ 땅힘이 좋은 곳에서 실시한다.

● **해설**
모두베기(전면깎기, 전예)
• 조림목만 남기고 임지의 해로운 주변 식물을 모두 베어 내는 방법이다.
• 임지가 비옥하거나 식재목이 많은 광선을 요구할 때 적용한다.
• 땅힘이 좋고 양수인 수종에 적합하다.
• 적용수종 : 소나무, 낙엽송, 강송, 삼나무, 편백나무 등

10 다음은 무엇을 설명한 것인가?

> 조림목만 남기고 숲 땅에 해로운 주변 식물을 모두 베어 내는 방법이다. 식재목이 광선을 많이 요구하는 양수에 적용하는 방법으로 소나무, 해송, 리기다소나무, 낙엽송 등의 조림지에 적합하다.

① 둘레깎기
② 전면깎기
③ 줄깎기
④ 줄깎기와 전면깎기

11 어릴 때 많은 광선을 요구하지 않는 잣나무, 전나무 등에 적합한 밑깎기 작업방법은?

① 전면깎기   ② 줄깎기
③ 둘레깎기   ④ 무더기깎기

● **해설**
줄베기(줄깎기, 조예)
• 가장 많이 사용하는 방법으로 조림목의 줄을 따라 해로운 식물을 제거하고, 줄 사이에 있는 풀은 남겨두는 방법이다.
• 조림목이 햇빛의 직사광선을 어느 정도 피할 수 있다.
• 한해 · 풍해로부터 조림목 보호가 가능하다.
• 조림목이 어릴 때는 모두베기를 하고 생장함에 따라 줄베기로 바꾼다.
• 어릴 때 많은 광선을 요구하지 않을 때 적합한 방법이다.
• 적용수종 : 잣나무, 전나무 등

12 조림목을 중심으로 둘레의 잡초와 관목만을 제거하는 밑깎기(풀베기)방법은?

① 모두베기   ② 줄베기
③ 둘레베기   ④ 부분베기

● **해설**
둘레베기(평예)
• 조림목의 주변에 나는 잡초목만을 깎아 내는 방법이다.
• 바람과 동해에 대해 많은 보호가 필요할 때 적합하다.
• 군상 식재 시 조림목을 보호하기 위해 1m의 지름으로 둥글게 깎아 내는 방법이다.
• 적용수종 : 호두나무

13 풀베기의 형식 중 조림목의 주변에 나는 잡초목만을 깎아 버리는 방법을 무엇이라 하는가?

① 싹베기 　　　　② 모두베기
③ 줄베기 　　　　④ 둘레베기

14 조림지 준비작업에서 둘러베기방법을 적용하는 데 적합한 수종은?

① 소나무 　　　　② 곰솔
③ 일본잎갈나무 　④ 호두나무

15 덩굴치기의 대상식물만으로 구성된 것은?

① 개나리, 다래나무, 싸리나무
② 노박덩굴, 조팝나무, 자귀나무
③ 댕댕이덩굴, 개암나무, 화살나무
④ 칡, 등나무, 머루

〈해설〉
• 덩굴식물 : 칡, 다래, 등, 머루, 담쟁이덩굴, 노박덩굴, 으름덩굴 등
• 우리나라 산지에서 수목에 가장 큰 피해를 주는 덩굴식물은 칡이다.

16 조림목을 감고 올라가서 피해를 주는 각종 덩굴식물을 제거하는 시기로 가장 적합한 설명은?

① 이른 봄 춘삼월에 일찍이 제거해야 한다.
② 뿌리 속에 양분저장이 끝난 늦가을이 좋다.
③ 덩굴이 무성하기 전인 5~6월경이 좋다.
④ 낙엽이 진 후인 10~11월경이 좋다.

〈해설〉
덩굴제거의 시기
생장기인 5~9월 중에 작업하는 것이 효과적이며, 가장 적기는 덩굴식물이 뿌리 속의 저장양분을 소모한 7월경이 적당하다.

17 덩굴치기의 최적기는 언제인가?

① 3~4월 　　　　② 5~6월
③ 7~8월 　　　　④ 9~10월

18 덩굴식물에 속하지 않는 것은?

① 칡 　　　　　　② 머루
③ 다래 　　　　　④ 편백

〈해설〉
편백은 상록교목이다.

19 우리나라 산지에서 수목에 가장 피해를 많이 주는 덩굴식물은?

① 머루덩굴 　　　② 칡덩굴
③ 다래덩굴 　　　④ 담쟁이덩굴

〈해설〉
우리나라 산지에서 수목에 가장 큰 피해를 주는 덩굴식물은 칡이다.

20 덩굴식물을 설명한 것 중 옳지 않은 것은?

① 대체적으로 햇빛을 좋아하는 식물이다.
② 칡이 항상 문제되고 있다.
③ 덩굴치기의 시기는 덩굴식물이 뿌리 속의 저장양분을 소모한 7월경이 좋다.
④ 덩굴을 잘라 주면 쉽게 제거할 수 있다.

〈해설〉
덩굴치기에 있어서 칡의 제거는 줄기절단보다 약제처리가 효과적이다.

21 덩굴을 제거하기 위한 약제는 어느 것인가?

① 이사디아민염(2,4 − D)
② 이황화탄소(CS_2)
③ 만코지수화제(다이센엠 45)
④ 다수진유제(다이아톤)

2,4-D
- 식물체 내로의 자유로운 이행이 가능하고, 생장점 등의 세포분열조직에 집적하여 세포분열에 이상을 일으킨다.
- 호르몬형 제초제(암꽃을 수꽃으로 성전환 가능)

22 치수무육을 하는 이유로 가장 적합한 것은?

① 목재를 생산하여 수익을 얻기 위함이다.
② 숲을 보기 좋게 하기 위함이다.
③ 산불 피해를 줄이기 위함이다.
④ 불량목을 제거하여 치수의 생육 공간을 충분히 제공하기 위함이다.

조림목과 경쟁하는 침입수종을 제거하고 형질이 나쁘거나 다른 수목에 피해를 주는 수목들을 제거하는 작업이다.

23 조림목 외의 수종을 제거하고 조림목이라도 형질이 불량한 나무를 벌채하는 무육작업은?

① 풀베기 ② 덩굴치기
③ 제벌 ④ 가지치기

24 다음 중 무육작업과 관계있는 작업으로, 나머지 셋과는 구별되는 것은?

① 개벌작업 ② 산벌작업
③ 택벌작업 ④ 제벌작업

①, ②, ③항은 산림갱신작업이다.

25 잡목솎아내기(제벌)작업을 처음 시작하는 가장 알맞은 시기는?

① 덩굴치기가 끝난 1~2년 뒤부터
② 밑깎기가 끝난 2~3년 뒤부터
③ 가지치기가 끝난 5~6년 뒤부터
④ 솎아베기가 끝난 6~9년 뒤부터

조림 후 5~10년이 경과하고, 풀베기(밑깎기)작업이 끝난 지 2~3년이 경과한 때가 조림목의 수관 경쟁과 생육 저해가 시작되는 때이다.

26 제벌작업에서 제거 대상목이 아닌 것은?

① 열등형질목
② 침입목 또는 가해목
③ 하층식생
④ 폭목

제거 대상목은 형질불량목, 밀생목, 침입목, 가해목, 폭목, 유해수종, 덩굴류 등이다.
※ 폭목은 대개 다른 나무의 생장에 방해가 되는 가압목(可壓木)이다.

27 폭목(暴木)에 관한 설명으로 가장 옳은 것은?

① 폭목은 대개 다른 나무의 생장에 방해가 되는 가압목(可壓木)이다.
② 폭목은 수관폭이 좁은 활엽수에 해당한다.
③ 폭목은 인접목과 생육공간에 관계없이 완전히 제거한다.
④ 폭목이 군상으로 있으면 모두 제거한다.

28 다음 그림에서 제벌작업 시 제거되어야 할 나무로 가장 잘 짝지어진 것은?

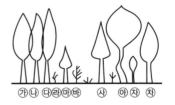

① ㉮, ㉯ ② ㉣, ㉱
③ ㉯, ㉺ ④ ㉯, ㉯

29 다음 중 잡목솎아내기(제벌)작업의 가장 적합한 시기는?

① 봄~초여름
② 여름~초가을
③ 가을~초겨울
④ 겨울~초봄

6~9월(여름) 사이에 실시하는 것을 원칙으로 하되 늦어도 11월 말(초가을)까지는 완료한다.(여름~가을 초)

30 제벌을 6~8월 중에 실시하는 가장 적절한 이유는?

① 제거 대상목의 맹아력이 약한 기간이므로
② 제벌 대상목이 왕성한 성장을 하므로
③ 연료생산량이 많으므로
④ 작업인부를 구하기 쉬우므로

31 제벌시기로 적당하지 않은 설명은?

① 겨울철에 실행하는 것이 좋다.
② 여름철에 실행하는 것이 좋다.
③ 간벌이 시작될 때까지 2~3회 제벌을 하는 것이 원칙이다.
④ 미국에서는 조림목의 흉고직경이 10cm 이하인 때 시행한다.

32 제벌작업에 관한 설명 중 틀린 것은?

① 토양의 수분관리, 임(林) 내의 미세환경 등을 고려하여 하층식생은 보존한다.
② 제벌작업은 간벌작업 후 실시하는 작업단계로서 보육작업에서 가장 중요한 단계이다.
③ 제벌작업에 필요한 작업도구로는 낫, 톱, 도끼 등이 있다.
④ 제거 대상목은 폭목, 형질불량목, 밀생목 등이다.

간벌이 시작될 때까지 2~3회 제벌을 하는 것이 원칙이다.

33 어린나무 가꾸기 작업 시 맹아력이 왕성한 활엽수종의 맹아 발생 및 성장을 약화시키고자 할 때 어떻게 하는 것이 가장 좋은가?

① 겨울에서 초봄 사이에 수간높이를 낮게 자른다.
② 겨울에서 초봄 사이에 수간높이를 높게 자른다.
③ 여름에서 초가을 사이에 수간높이를 낮게 자른다.
④ 여름에서 초가을 사이에 수간높이를 높게 자른다.

맹아력이 왕성한 활엽수종은 지상 1m 정도 높이에서 꺾어 놓으면 맹아 발생을 줄일 수 있다.

34 산림 내 가지치기작업의 주된 목적은 무엇인가?

① 우량목재 생산
② 중간수입 목적
③ 각종위해 방지
④ 연료공급

가지치기작업의 목적
• 마디가 없는 곧은 수간을 만들어 질이 좋은 목재를 생산하기 위해 죽은 가지나 살아 있는 가지의 일부를 계획적으로 잘라 내는 작업이다.
• 옹이가 없고 가치가 높은 목재를 생산할 뿐만 아니라 건강한 숲 환경을 조성하기 위하여 실시한다.

35 다음 중 가지치기의 목적에 대한 설명으로 틀린 것은?

① 옹이가 없는 경제성 높은 목재를 생산한다.
② 하목을 보호하고 생장을 촉진시킨다.
③ 나무끼리의 생존경쟁을 완화시킨다.
④ 산림의 위해를 증가시킨다.

●해설

가지치기의 장점 중요 ★★☆

- 마디없는 좋은 목재를 얻을 수 있다. (우량목재 생산에 큰 목적)
- 하목의 수광량을 증가시켜 성장을 촉진시킨다.
- 하목을 보호하고 생장을 촉진시킨다.
- 임목 상호 간의 부분적 생존경쟁을 완화시킨다.
- 나이테 폭의 넓이를 조절하여 수간의 완만도를 높인다.
- 산화(山火)의 위험성을 경감시킨다.

36 가지치기의 장점이 아닌 것은?

① 수고생장을 촉진한다.
② 옹이가 없는 완만재를 생산한다.
③ 나무끼리의 생존경쟁을 강화시킨다.
④ 산림의 위해를 감소시킨다.

●해설

임목 상호 간의 부분적 생존경쟁을 완화시킨다.

37 다음 중 가지치기의 장점이 아닌 것은?

① 하목을 보호하고 생장을 촉진시킨다.
② 나무끼리의 생존경쟁을 완화시킨다.
③ 줄기에 부정아가 생겨 미관을 아름답게 한다.
④ 산림의 위해를 감소시킨다.

●해설

가지치기의 단점

- 줄기에서 부정아가 발생하여 해를 주는 경우가 있다.
- 인력과 비용이 소요된다.
- 가지를 지나치게 자르면 생장을 감퇴시킬 우려가 있다.
- ※ 부정아 : 일반적으로 눈이 형성되지 않는 부분에 생기는 싹

38 가지치기는 언제 시행하는 것이 적절한가?

① 초봄부터 여름
② 늦봄부터 늦가을
③ 초여름부터 늦가을
④ 늦가을부터 초봄

●해설

가지치기 시기

- 생장휴지기인 11월 이후부터 이듬해 3월까지가 가지치기의 적기이다.
- 비대생장을 시작하는 5월 이전에 실시한다. (죽은 가지 제거는 시기에 상관없다.)
- 역지(으뜸가지) 이하의 가지는 자른다.

39 굵은 생가지치기 시 위험성이 적은 수종은?

① 단풍나무
② 물푸레나무
③ 벗나무
④ 포플러류

●해설

단풍나무 · 느릅나무 · 벗나무 · 물푸레나무 등은 상처의 유합이 잘 안 되고 썩기 쉬우므로 죽은 가지만 잘라 주고, 밀식으로 자연낙지를 유도한다.

40 다음 중 나무의 가지를 자르는 방법으로 옳지 않은 것은?

① 고사지는 제거한다.
② 침엽수는 절단면이 줄기와 평행하게 가지를 자른다.
③ 활엽수에서 지름 5cm 이상의 큰 가지 위주로 자른다.
④ 수액유동이 시작되기 직전인 성장휴지기에 하는 것이 좋다.

●해설

활엽수는 상처의 유합이 잘 안 되고 썩기 쉽기 때문에 직경 5m 이상의 가지는 가지치기 하지 않는다.

41 다음 중 가지치기방법으로 옳은 것은?

① 가지치기는 수종 및 경영목적에 따라 결정되어야 한다.
② 가지치기 시기는 생장이 왕성한 여름에 실시한다.
③ 가지치기 때 역지도 제거한다.
④ 절단부의 융합이 늦어도 관계없으므로 굵은 가지는 제거해도 된다.

가지치기 작업방법

• 가지치기는 수종 및 경영목적에 따라 결정되어야 한다.
• 최종수확대상목(미래목)이 선정되기 전까지는 형질이 좋은 나무에 대해서, 선정되고 난 후에는 최종수확대상목(미래목)에 대해서만 가지치기한다.
• 어린나무 가꾸기작업 대상목에 대한 가지치기와 수형교정은 가급적 전정가위로 실시하고 수고의 50~60% 내외의 높이까지 가지를 제거한다.

42 식재한 후 6~7년된 포플러를 가지치기하고자 한다. 가장 적당한 가지치기작업의 정도는?(단, 역지의 구분이 어려운 경우)

① 나무높이의 1/3 정도
② 나무높이의 1/2 정도
③ 지면으로부터 8~10m 정도
④ 전 수간의 2/3 정도

43 침엽수의 가지를 제거하는 방법으로 가장 옳은 것은?

① 가지밑살의 끝부분에서 자른다.
② 가지가 뻗은 방향에서 직각이 되게 자른다.
③ 수간에 오목한 자국이 생기게 자른다.
④ 수간에 바짝 붙여 수간축에 평행하도록 자른다.

침엽수종 절단방법
가지치기 톱을 사용하여 자르며 절단면을 수간에 바짝 붙여 수간축에 평행하도록 자른다.

a. 침엽수 b. 활엽수
[가지치기 절단방법]

44 그림은 침엽수의 가지치기를 표시한 것이다. 가지치기가 가장 잘 된 부위는?

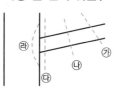

① ㉮
② ㉯
③ ㉰
④ ㉴

45 다음 그림은 가지의 기부가 굵은 지륭부가 있는 활엽수의 가지치기 부위를 나타낸 것이다. 가장 적당한 부위는?

지륭부

① ㉮
② ㉯
③ ㉰
④ ㉴

굵은 가지 절단 시 지륭을 제거하면 안 된다.
• 고사지 : 캘러스 형성부위에 가능한 가깝게 캘러스가 상하지 않도록 고사지를 제거한다.
• 생가지 : 지륭부에 상처를 주거나 절제하는 일이 없도록 하여 가깝게 제거한다.

46 다음 중 산림을 가꾸기 위한 벌채(撫育伐)에 속하는 것은?

① 택벌작업
② 산벌작업
③ 간벌작업
④ 중림작업

수목이 생장함에 따라 광선, 수분 및 양분 등의 경쟁이 심해지므로 이를 완화하기 위해 일부 수목을 베어 밀도를 낮추고 남은 수목의 생장을 촉진시키는 작업이다.

47 간벌 시 잔존시켜야 할 나무가 아닌 것은?

① 우량하고 건강하며 크고 가치 있는 나무
② 혼효림 수종으로 가치 있는 나무
③ 우량목이나 지표면을 보호하고 있는 나무
④ 병든 나무이나 대경목인 나무

48 다음 중 간벌의 효과가 아닌 것은?

① 숲을 건강하게 만든다.
② 나무의 생육을 촉진시킨다.
③ 중간수입을 얻을 수 있다.
④ 재적생장은 증가하지 않으나 형질생장은 증가한다.

● 해설 ●
• 나무를 솎아벤 곳에 잡초가 무성하게 되어 표토의 유실을 막고 빗물을 오래 머무르게 하여 임지가 비옥해진다.
• 임목의 생육을 촉진하고 생산될 목재의 재적생장과 형질을 좋게 한다.
• 임목을 건전하게 발육시켜 여러 가지 해에 대한 저항력을 높인다.
• 각종 위해를 감소시키며 산림의 보호관리가 편리하다.
• 지력을 증진 및 숲을 건강하게 만든다.
• 간벌재를 이용할 수 있다.
• 결실이 촉진되고 천연갱신이 용이하다.
• 벌채가 되기 전에 나무를 솎아베어 중간수입을 얻을 수 있다.
• 자연고사에 의한 손실을 방지한다.

49 간벌의 효과에 대한 설명으로 틀린 것은?

① 지름생장을 촉진하고 숲을 건전하게 만든다.
② 빽빽한 밀도로 경쟁을 촉진시켜 나무의 형질을 좋게 한다.
③ 벌채가 되기 전에 나무를 솎아베어 중간수입을 얻을 수 있다.
④ 나무를 솎아벤 곳에 잡초가 무성하게 되어 표토의 유실을 막고 빗물을 오래 머무르게 하여 숲 땅이 비옥해진다.

50 간벌의 설명으로 틀린 것은?

① 임분 구성을 조절하기 위함이다.
② 나무를 솎아 냄으로써 남게 되는 나무에 더 넓은 공간을 주어 지름생산을 촉진하고 숲을 건전하게 한다.
③ 벌기가 되기 전에 나무를 솎아베어 중간수입을 얻을 수도 있다.
④ 밑나무를 조림하기 위함이다.

● 해설 ●
밑나무는 접을 붙일 때 그 바탕이 되는 나무이며 간벌과는 관련이 없다.

51 간벌을 실시하는 필요성과 관계가 먼 것은?

① 생육공간 조절
② 생장조절
③ 임분 수직구조 개선으로 임분 안정화 도모
④ 유기물의 생산량 감소

● 해설 ●
수관 내 햇볕이 들어오면서 유기물의 생산량이 증가한다.

52 침엽수종의 간벌재가 경제적인 가치에 도달하게 되었을 때 처음 간벌은 보통 몇 년생일 때 실시하는가?

① 5~10년   ② 15~20년
③ 25~30년   ④ 35~40년

● 해설 ●

구분	식재밀도(본/ha)	간벌개시임령
소나무	5,000	15~20년

53 낙엽송이나 잣나무와 같은 바늘잎나무는 대개 몇 년을 전후하여 첫 번째 솎아베기를 하는가?

① 5년   ② 10년
③ 15년   ④ 20년

●해설

구분	식재밀도(본/ha)	간벌개시임령
낙엽송	3,000	10~15년
잣나무	3,000	15~20년

54 다음 그림은 수관급을 나타낸 숲의 단면도이다. 3급목은?

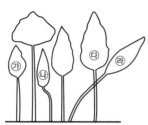

① 가   ② 나
③ 다   ④ 라

●해설

데라사키의 수관급
• 하층임관(열세목)

구분	내용
3급목 (중간목)	생장은 뒤떨어지나 수관과 줄기가 정상적이고 그 둘레의 1, 2급목이 제거되면 생장을 계속할 수 있는 나무
4급목 (피압목)	아직 살아있지만 피압을 받아 장차 좋은 나무로 발달할 여지가 없는 나무
5급목 (고사목)	넘어진 나무나 죽은 나무

55 데라사키의 수관급 구분에서 너무 피압되어서 충분한 공간을 주어도 쓸만한 나무로 될 가능성이 없는 것은?

① 1급목   ② 2급목
③ 3급목   ④ 4급목

●해설

4급목(피압목)
아직 살아있지만 피압을 받아 장차 좋은 나무로 발달할 여지가 없는 나무

56 정성간벌의 설명으로 틀린 것은?

① 간벌할 시기, 간벌할 나무의 수와 재적을 미리 정한다.
② 간벌목의 선정이 기술자의 주관에 따라 크게 영향을 받는다.
③ 간벌을 되풀이하는데 미리 한계를 정하기가 어렵다.
④ 상층간벌과 하층간벌이 있다.

●해설

정성간벌
주로 수관급을 기준으로 양을 구체화하지 않고 간벌의 종류에 따라서 행하는 간벌이다.

57 다음 중 하층간벌을 나타낸 것은?(단, X축은 가슴높이 지름을, Y축은 1ha당 나무의 그루수를 나타낸다.)

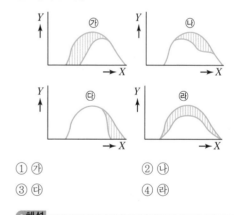

① 가   ② 나
③ 다   ④ 라

●해설

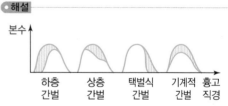

[Hawley의 4가지 간벌법
(모두 동령림이며 실선부분은 간벌 대상지역)]

Hawley의 간벌법 중 하층간벌
• 처음에는 가장 낮은 수관층의 피압목을 벌채하고 점차로 높은 층의 수목을 벌채하는 방법이다.
• 흉고직경급이 낮은 수목이 가장 많이 벌채된다.(하층목 간벌)

58 1급목 중 가장 큰 것, 때로는 1급목의 전부와 5급목을 벌채하는 간벌법은?

① 택벌식 간벌　　② 기계적 간벌
③ 하층간벌　　　④ 자유간벌

●해설
택벌식 간벌
• 우세목을 만들 목적으로 1급목 중 가장 큰 나무나 때로는 1급목 전부와 5급목 전부를 벌채하는 방법이다.
• 우세목을 솎아베기하여 그 이하의 임관층 나무의 생육을 촉진시킨다.
• 우세목으로 대체될 좋은 하급목이 충분히 있어야 한다.
• 펄프재나 그 밖의 중경목 생산이 유리한 경우에 적용한다.

59 일찍부터 수확을 올리고 남은 임목에 충분한 공간을 주어 우세목으로 만드는 데 그 목적이 있고 1급목이 주 간벌 대상이 되는 간벌방식은?

① 택벌식 간벌　　② 기계적 간벌
③ 하층간벌　　　④ 수관간벌

60 밀도가 높은 어린 임분에 적용하는 간벌방법은?

① 하층간벌　　　② 택벌식 간벌
③ 상층간벌　　　④ 기계적 간벌

●해설
Hawley의 간벌법 중 기계적 간벌
• 수형급에 관계없이 미리 정해진 임의의 간격에 따라 남겨 둘 임목을 제외하고 모두 벌채하는 방법이다.
• 조림지 중 밀도가 높은 어린 임분에 적용한다.

61 조림지 중 어린 임분에서 밀도가 높고 생장이 비슷할 때 한 줄씩 간벌하는 것은?

① 정성간벌　　　② 정량간벌
③ 도태간벌　　　④ 기계적 간벌

62 정성간벌에서 임 내를 정리하는 정도의 약도간벌에 속하는 것은?

① A종 간벌　　　② B종 간벌
③ C종 간벌　　　④ D종 간벌

●해설
A종 간벌(약도)
• 4급목과 5급목 전부를 벌채하고 주요 임목은 손대지 않는다.
• 임상을 깨끗이 정리하는 정도의 간벌에 불과하며 실질적인 간벌수단이라 할 수 없다.

63 B종 간벌을 가장 옳게 설명한 것은?

① 4·5급목을 전부 벌채하고 2급목의 소수를 벌채하는 것
② 최하층의 4·5급목 전부와 3급목의 일부, 그리고 2급목의 상당수를 벌채하는 것
③ 4·5급목의 전부와 3급목의 대부분을 벌채하고 때에 따라서는 1급목의 일부를 벌채하는 것
④ 4·5급목의 전부와 특히 1급목의 일부도 벌채하는 것

●해설
B종 간벌(중도)
• 4급목과 5급목 전부와 3급목의 일부, 그리고 2급목의 상당수를 벌채한다.
• 3급목의 경쟁완화에 목적이 있다. (가장 일반적 방법)

64 C종 간벌(강도간벌) 실시 후에 남겨지는 수관급은?

① 1급목만 남아있다.
② 1급목과 2급목만 남아 있다.
③ 1급목과 3급목 일부가 남아 있다.
④ 1급목 일부와 2급목, 3급목이 남아 있다.

C종 간벌(강도)
- 2급목, 4급목, 5급목은 전부 벌채하고 1급목과 3급목은 일부 남겨 둔다.
- 우량목이 많은 임 내에 적용하면 효과가 크다.
- 간벌량이 가장 많은 간벌방식이다.

65 간벌량이 가장 많은 간벌방식은?

① A종 간벌   ② B종 간벌
③ C종 간벌   ④ D종 간벌

66 다음 중 상층간벌은?

① A종 간벌   ② B종 간벌
③ C종 간벌   ④ D종 간벌

상층간벌
- D종 간벌 : 3급목은 남기고 상층임관을 강하게 벌채한다.
- E종 간벌 : 3급목과 4급목은 남기고 상층임관을 강하게 벌채한다.

67 다음과 같은 작업을 실시하는 간벌의 종류는 무엇인가?

- 1급목 : 일부만 자른다.
- 2급목 : 모두 자른다.
- 3급목 : 자르지 않는다.
- 4급목 : 자르지 않는다.

① A종 간벌   ② B종 간벌
③ C종 간벌   ④ E종 간벌

E종 간벌
3급목과 4급목은 남기고 상층임관을 강하게 벌채한다.

68 미래목의 구비요건이 아닌 것은?

① 적정한 간격을 유지할 것
② 수간이 곧고 수관폭이 좁을 것
③ 상층임관을 구성하고 건전할 것
④ 주위 임목보다 월등히 수고가 높을 것

미래목
- 수목의 사회적 위치, 건전성, 형질 등이 가장 우수한 나무로 선발되어 최종 수확목으로 남겨지는 나무이다.
- 미래목의 집약적 관리를 통하여 우량대경재 이상을 목표생산재로 하는 산림이다.
- 주위 임목보다 수고가 높을 필요는 없다.

69 천연림 보육작업의 목적으로 보기 어려운 것은?

① 임지환경에 맞는 건강한 산림을 유지시킬 수 있다.
② 쓸모없게 될 가능성이 있는 숲을 경제림으로 만들 수 있다.
③ 표고자목, 해태목 등 소경재 생산을 주목적으로 한다.
④ 적은 투자로 용재림을 조성할 수 있다.

보육의 기본원칙 및 목적
- 생육단계별로 보육작업을 구분하여 경제적이고 생태적인 방법으로 실시한다.
- 존치 대상목의 생장을 방해하지 않거나 해를 주지 않는 하층식생은 존치한다.
- 임지환경에 맞는 건강한 산림을 유지시킬 수 있다.
- 쓸모없게 될 가능성이 있는 숲을 경제림으로 만들 수 있다.
- 적은 투자로 용재림을 조성할 수 있다.

07장 산림갱신

SECTION 01 **산림갱신 일반**

1 산림갱신의 정의

기존의 임분을 벌채·이용하고 새로운 후계림을 조성하는 것으로 이때 벌채와 갱신에 필요한 모든 작업체계를 산림작업종이라 한다.

2 산림작업종의 분류기준

(1) 임분의 기원

임분의 발생이 종자나 삽목에서 시작되었는지 맹아에서 시작되었는지에 따라 작업종을 구분한다.

구분	특징
교림	• 종자로부터 양성된 실생묘나 삽목묘로 이루어진 산림 • 용재 생산 목표
왜림	• 줄기를 자른 그루터기에서 맹아가 생겨나 이루어진 산림 • 소경재나 연료재 생산 목표
중림	• 용재 생산의 교림작업과 연료재 생산의 왜림작업을 함께 적용한 산림 • 상(상목), 하(하목)로 나뉘어 2단의 임형 형성

(2) 벌채종 중요 ★★☆

① 산림의 벌채 후 새로운 산림으로 갱신하는데 이때의 벌채를 말한다.

② 벌채종의 종류

구분	특징
개벌	• 모든 나무를 일시에 벌채하고 새로운 임분이 대를 이을 때를 말한다.
산벌	• 비교적 짧은 갱신기간 중 몇 차례의 갱신벌채로써 전 임목을 제거하고 새 임분을 조성하는 방법이다. • 3벌(예비벌, 하종벌, 후벌단계)

구분	특징
택벌 (골라베기)	• 성숙목을 부분적으로 벌채하여 항상 일정한 임상이 계속 유지되는 방법이다. • 일정기간 내에 모든 임목을 벌채하여 갱신면을 노출시키는 일이 없다.

🌳 **TIP**

작업종과 후계림의 산림형태

- 개벌작업 : 동령림
- 택벌작업 : 이령림
- 산벌작업 : 동령림
- 왜림작업 : 연료재 또는 소형재 생산림

(3) 벌구의 크기

① 벌구란 갱신하고자 하는 벌채구역을 말하며, 택벌에서는 벌구의 개념이 없으나 개벌이나 산벌에서는 벌구가 있다.

② 벌구의 크기에 따른 분류

구분	특징
대벌구	• 벌채면이 5ha 이상의 대면적인 경우이다. • 면적이 넓어서 측방임분의 조림적 영향이 없다.

소벌구	• 벌채면이 1ha 이하의 소면적인 경우이다.
	• 면적이 작아 측방임분의 조림적 영향을 받는다.
	   ⓐ 대상벌구 : 벌채면이 좁고 긴 띠 모양의 벌구
	   ⓑ 군상벌구 : 벌채면이 둥근 모양의 벌구

SECTION 02 천연갱신과 인공갱신

구분	특징
천연갱신	• 벌채 후 새로운 임분이 조성되는 일이 자연의 힘에 의한 것이다. • 천연하종 : 종자가 낙하하여 자연발생(상방천연하종, 측방천연하종 등) • 맹아발생 : 근주, 뿌리, 지하경 등에서 맹아가 자연발생
인공갱신	• 벌채 후 새로운 임분이 조성되는 일이 사람의 힘에 의한 것이다. • 묘목식재, 인공파종, 삽목, 접목 등

1 천연갱신

벌채 후 기존의 임분에서 자연적으로 공급된 종자가 발아하는 천연하종 또는 임목 자체의 번식력과 재생력 등으로 새로운 임분이 성립되는 것을 말한다.

(1) 천연갱신의 장단점

① 장점 중요 ★★★

 ㉠ 임목이 이미 긴 세월 동안 그곳 환경에 적응된 것이므로 성림의 실패가 적다.

 ㉡ 임지의 기후와 토질에 가장 적합한 수종이 생육하게 되므로 인공단순림에 비하여 각종 위해에 대한 저항력이 크다.

 ㉢ 천연갱신지의 치수는 모수의 보호를 받아 안정된 생육환경을 제공받는다.

 ㉣ 임지가 나출되는 일이 드물며 적당한 수종이 발생하고 또한 혼효하기 때문에 지력유지에 적합하다.

 ㉤ 보안림, 국립공원 또는 풍치를 위한 숲은 주로 천연갱신에 의한다.

 ㉥ 노력이 절감되며, 조림 · 보육비 등의 갱신비용이 적게 든다.

② 단점 중요 ★★★

 ㉠ 벌채목의 선정이 곤란하며, 벌도, 조림, 집재, 운재 시에 치수가 상하기 쉽다.

 ㉡ 열등수종이 증가하여 새 임분의 경제적 가치가 저하되기 쉽다.

 ㉢ 갱신하는 데 시간이 많이 소요되고 기술적으로 실행하기 어렵다.

 ㉣ 인공조림과 같이 임분조성의 확실성이 결여되어 보완조림 등이 필요하기도 하다.

 ㉤ 생산된 목재가 균일하지 못하다.

③ 천연갱신이 가능한 수종

 ㉠ 침엽수종 : 소나무, 곰솔, 리기다소나무, 잣나무, 전나무, 가문비나무 등

 ㉡ 활엽수종 : 아까시나무, 상수리나무, 오리나무, 참나무류 등

2 인공갱신

후계림을 조성함에 있어서 묘목식재, 인공파종 또는 삽목, 접목 등의 인공적 조림수단에 의한 갱신이다.

(1) 인공갱신과 천연갱신의 비교

① 인공갱신은 주로 개벌로 시작되고 천연갱신은 주로 비개벌로 갱신된다.

② 인공갱신은 천연갱신에 비해 여러 가지 이익이 많지만 조림 실패의 위험, 조림보육 경비 등의 단점을 가지고 있다.

③ 인공갱신만을 통한 후계림 조성 가능 대상지

    ㉠ 개벌적지를 재조림하고자 할 때

    ㉡ 무입목지를 조림할 때

    ㉢ 현존수종을 갱신하고자 할 때

    ㉣ 향토 이외의 수종을 조림하고자 할 때

(2) 인공갱신의 실패원인

① 수종을 잘못 선택했을 때

② 품종 및 산지를 잘못 선택했을 때 : 난지산 종자를 한지에 사용 시 발생

③ 종자의 채취를 잘못 선택했을 때 : 불량형질의 모수에서 종자를 채취하여 생육이 불량

④ 개벌적지에 동령순림으로 조성했을 때 : 동령순림은 병충해, 화재, 한풍의 해 등에 저항력이 약함

⑤ 임분이 울폐되기까지 상당한 기간 필요 : 임관의 폐쇄가 오래도록 완성되지 못하여 임목의 생육이 극히 불량

⑥ 식수조림 시 근계의 발육을 해쳤을 때

⑦ 식수 및 무육이 잘못되었을 때

SECTION 03 산림작업종

산림갱신을 위한 작업종에는 개벌, 모수, 산벌, 택벌, 왜림, 중림작업 등이 있다. 이러한 작업은 수확을 위한 벌채로서 숲 가꾸기를 위한 벌채인 간벌작업과는 다르다.

구분	특징
개벌작업	임목 전부를 일시에 벌채한다.
모수작업	모수만을 남기고, 그 외의 임목을 모두 벌채한다.(대표 : 단풍나무류, 소나무)
산벌작업	몇 차례의 벌채로 전 임목이 제거되고 새 임분이 출현한다.
택벌작업	성숙한 일부 임목만을 국소적으로 골라 벌채한다.
왜림작업	연료재 생산을 위해 비교적 짧은 벌기령으로 개벌 후 맹아로 갱신한다.
중림작업	용재의 교림과 연료재의 왜림을 동일 임지에 조성한다.

1 개벌작업

(1) 개벌작업의 개념

갱신하고자 하는 임지 위에 있는 임목을 일시에 벌채하고 그 자리에 묘목식재나 파종 및 천연갱신으로 새로운 후계림을 조성하는 방법이다.(우리나라에서 많이 실행)

(2) 작업 특성 중요 ★★★

① 양수수종 갱신에 유리하다.

② 개벌 후에 성립되는 임분은 모두 동령림이다.

③ 개벌작업은 작업이 복잡하지 않아 시행하기 쉬운 편이다.

④ 성숙목이 벌채된 뒤에 어린나무가 들어서게 되므로 후갱작업이라 한다.

⑤ 개벌작업은 비슷한 크기의 목재를 일시에 많이 수확하므로 경제적 수입면에서 좋다.

⑥ 갱신 시 치수의 손상이 적다.

> **기출**
>
> 현재 리기다소나무로 조성되어 있는 숲을 잣나무 숲으로 전면 갱신하고자 할 때 가장 적합한 작업종은?
>
> ① 개벌작업   ② 제벌작업
> ③ 산벌작업   ④ 택벌작업
>
> 답 ①

(3) 후계림 조성방법

① 인공갱신에 의한 방법

     ㉠ 임목을 벌채 후 인공조림하는 방법으로 파종조림보다는 묘목식재작업을 한다.

     ㉡ 식재수종의 생태적 특징을 고려하여 조림지의 입지조건과 잘 맞아야 한다.

② 천연갱신에 의한 방법

     ㉠ 인공조림이 어려운 곳에 적용한다.

     ㉡ 갱신연수는 길지만 실패율이 적다.

     ㉢ 소나무류, 자작나무류, 사시나무류 등을 식재한다.

(4) 개벌에 따른 천연하종갱신방법 중요 ★★☆

① 개벌 후 천연적으로 종자가 떨어져 이루어지는 갱신방법이다.(종자 결실량이 충분한 해에 벌채)

② 상방천연하종갱신 : 종자가 성숙한 뒤 그 무게로 중력에 의하여 수직방향으로 떨어져 발아가 이루어지는 갱신방법이다.

③ 측방천연하종갱신 : 가벼운 종자가 성숙한 뒤 바람에 날려 임목의 측방으로 떨어져 발아가 이루어지는 갱신방법이다.

     ㉠ 개벌면을 정할 때 종자가 날릴 수 있도록 풍향 등을 고려하여 설정한다.

     ㉡ 종자의 산포밀도는 임연일수록 높고 벌구의 중심부일수록 낮다.

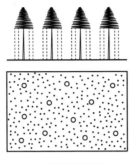

a. 상방천연하종

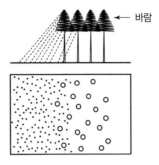

바람

b. 측방천연하종

[천연하종갱신방법]

(5) 개벌작업의 종류

① 교호 대상 개벌작업 중요 ★★☆

    ㉠ 임지를 띠 모양의 작업단위로 구획하고 교대로 두 번의 개벌에 의하여 갱신을 끝내는 방법이다.

    ㉡ 1차 벌채가 끝나고 그곳의 갱신은 남아 있는 측방임분으로부터 종자가 떨어지거나 인공조림으로 되기도 한다.

    ㉢ 2차 벌채면의 갱신은 현존 임목의 결실연도에 벌채하지 않고서는 개벌에 의한 천연갱신이 어렵기 때문에 벌채결실연도에 맞추어서 인공조림을 실시한다.

    ㉣ 1차와 2차 벌채의 간격은 5~10년으로 갱신 완료 후 동령림이 형성된다.

(가)		(나)	
①	②	①	②

(가), (나)는 벌채 열구, ①은 1차 개벌지, ②는 2차 개벌지로 구분한다.

[교호 대상 개벌작업]

② 연속 대상 개벌작업

    ㉠ 임지가 넓을 때 보통 3개의 벌채 열구를 편성하고 이것을 세 번의 처리로 벌채 갱신하는 작업이다.

    ㉡ 대상개벌작업보다 띠의 수를 늘린 것으로 벌채와 갱신이 동시에 이루어진다.

    ㉢ 1구역을 먼저 개벌하면 측방의 2, 3구역에서 종자가 공급되어 갱신이 완료된다.

    ㉣ 연속 대상이 많을수록 갱신기간이 길어지나 후에는 동령림의 모습이 된다.

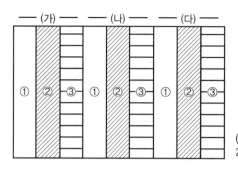

(가), (나), (다)는 벌채 열구, ①은 1차 개벌지, ②는 2차 개벌지, ③은 3차 개벌지로 구분한다.

[연속개벌작업]

③ 군상개벌작업

ⓐ 지형이 불규칙하고 험준하며 규칙적인 대상개벌을 하기 어려울 때 산림 내에 군상의 형태로 개벌지를 조성하여 주변의 성숙목으로부터 갱신이 이루어지면 수년 후 다시 주변 임목을 군상으로 벌채하여 갱신지를 확장해 나가는 작업방법이다.

ⓑ 군상지 크기 : 0.03h~0.1ha(0.1ha 이하)하는 데 보통 4~5년 간격으로 군상지를 벌채한다.

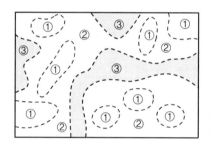

①은 최초의 개벌, ②는 ①보다 몇 년 뒤에 개벌, ③은 ②보다 몇 년 뒤에 개벌

[군상개벌작업]

(6) 개벌작업의 장단점 중요 ★★★

① 장점

ⓐ 현재의 수종을 다른 수종으로 변경하고자 할 때 적합하다.

ⓑ 높은 수준의 기술이 필요하지 않으며 벌목, 조재, 집재가 편리하다.

ⓒ 성숙임분 및 과숙임분에 대한 가장 좋은 방법이다.

ⓓ 작업이 간단하고 벌채목을 선정할 필요가 없이 일시에 벌채가 가능하다.

ⓔ 비슷한 크기의 목재를 일시에 많이 수확하므로 경제적으로 유리하다.

ⓕ 작업이 집중적이므로 비용이 절약되며 치수 손상이 적다.

ⓖ 임분을 갱신하는 데 가장 간편하고 알맞은 방법이다.

ⓗ 벌채작업이 한 지역에 집중되므로 작업이 경제적으로 진행될 수 있다.

② 단점

    ㉠ 임지를 황폐시키기 쉽고, 지력을 저하시키며, 표토유실이 있다.

    ㉡ 잡초, 관목 등의 유해식생이 번성한다.

    ㉢ 숲이 단조롭고 아름답지 못하다.

    ㉣ 지하수위가 올라가 침식의 우려가 있다.

    ㉤ 천연갱신의 경우 갱신의 성과가 좋지 못한 경우가 있다.

    ㉥ 건조가 심하고 한해를 받기 쉽다.

    ㉦ 동령림으로 병충해 발생이 심하다.

2 모수작업

(1) 모수작업의 개념

① 성숙한 임분을 대상으로 벌채를 실시할 때 모수가 될 임목을 산생(한 그루씩 흩어져 있음)시키거나 군생(몇 그루씩 무더기로 남김)으로 남겨 두어 갱신이 필요한 종자를 공급하게 하고 그 외의 나무를 일시에 모두 베어 내는 방법이다.

② 개벌작업의 변법으로 어미나무를 남겨 종자공급에 이용하고 갱신이 완료된 후 벌채에 이용하는 작업이다.

(2) 모수의 특성

① 모수작업에 의해 나타나는 산림은 동령림(일제림)이다.

② 처음 벌채 후 상당한 기간 동안은 외관상 복층림으로 보인다.

(3) 작업방법 중요 ★★★

① 전 임목 본수의 2~3%, 재적으로는 약 10%, 1ha당 약 15~30본을 선정하여 남긴다.

② 종자가 비교적 가벼워서 잘 날아갈 수 있는 수종에 가장 적합한 갱신작업이다.

③ 모수작업은 비산력이 좋은 소나무, 해송과 같은 심근성이며 양수에 적용한다.

④ 소나무, 해송은 종자의 비산력이 커서 1ha에 15~30본 정도로 골고루 산재시켜 모수작업에 의한 천연갱신을 하기에 가장 적합하다.

기출

모수작업은 전 재적의 약 몇 %의 나무를 베는가?

① 60%   ② 70%

③ 80%   ④ 90%

+풀이 전 임목본수의 2~3%, 재적으로는 약 10%, 1ha당 약 15~30본이다.

답 ④

(4) 모수의 조건

① 바람에 대한 저항성이 강한 수종(풍도에 대한 저항력)
② 종자를 많이 생산하는 수종(종자결실능력)
③ 결실연령에 도달한 수종(적정결실연령)
④ 유전적 형질이 우수한 수종(유전적 형질)

(5) 모수작업의 장단점 중요 ★★★

① 장점

　　㉠ 벌채작업이 한 지역에 집중되어 운반 및 비용 등이 절약되고 작업이 간단하다.
　　㉡ 임지를 정비해 줌으로써 노출된 임지의 갱신이 이루어질 수 있다.
　　㉢ 소나무, 낙엽송 등과 같은 양수 갱신에 적합하다.
　　㉣ 남겨질 모수의 종류를 조절하여 수종의 구성을 변화시킬 수 있다.
　　㉤ 갱신이 완료될 때까지 모수를 남겨두므로 실패를 줄일 수 있다.
　　㉥ 개벌작업 다음으로 작업이 간편하다.

② 단점

　　㉠ 임지가 노출되어 환경이 급변하기 때문에 갱신에 무리가 생길 수 있다.
　　㉡ 토양침식과 유실 등이 우려된다.
　　㉢ 잡초나 관목 등이 무성하여 갱신에 지장을 주는 일이 많다.
　　㉣ 풍도의 해가 우려될 수 있다.
　　㉤ 산벌작업이나 택벌작업보다 미관이 좋지 않다.
　　㉥ 종자가 가벼워 잘 날아갈 수 있는 수종에 적합하다.

(6) 모수작업의 종류

① **군생모수법** : 모수 20~30주를 무더기로 남겨 바람에 대한 저항력을 크게 하는 방법이다.
② **보잔목작업(보잔모수법)** : 모수작업을 할 때 남겨 둘 모수의 수를 좀 많게 하고, 이것을 다음 벌기까지 남겨서 품질이 좋은 우량대경재를 생산하는 동시에 천연갱신을 진행하는 방법이다.

[산생모수법(단목)]

[군생모수법(군상)]

[보잔목작업]

3 산벌작업 중요 ★★☆

(1) 산벌작업의 개념

비교적 짧은 갱신기간(10~20년) 중에 몇 차례의 점진적 벌채로 갱신면상의 모든 임목을 제거하는 동시에 새 임분을 출현시키는 방법으로 윤벌기가 완료되기 이전에 갱신이 완료되는 전갱작업이다.

(2) 산벌의 특성

① 산벌작업은 천연하종갱신이 가장 안전한 작업종으로 갱신된 숲은 동령림으로 취급된다.
② 천연하종갱신이 가장 안전한 작업방법으로 갱신기간을 짧게 하면 동령림이 조성되고, 길게 하면 이령림이 성립된다.
③ 적용수종
　㉠ 음수의 갱신이 잘 적용되며, 갱신이 비교적 오래 걸린다.
　㉡ 극양수 이외의 양수도 갱신이 가능하다.

> **기출**
>
> 비교적 짧은 기간 동안 몇 차례에 나누어 베어 내고 마지막에 모든 나무를 벌채하여 숲을 조성하는 방식으로, 갱신된 숲은 동령림으로 취급되는 작업방식은?
>
> ① 중림작업　　　　　　　　　② 왜림작업
> ③ 개벌작업　　　　　　　　　④ 산벌작업
>
> 답 ④

(3) 작업방법 중요 ★★★

구분	작업내용
예비벌	• 갱신준비단계의 벌채로 모수로부터 부적합한 병충해목, 피압목, 폭목, 불량목 등을 제거하는 단계이다. • 잔존목의 결실촉진, 부식질의 분해촉진, 어린나무 발생의 적합한 환경조성에 목적이 있다. • 솎아베기가 잘 된 임지(林地), 유령림단계에서 집약적으로 관리된 임분은 생략이 가능하다.
하종벌	• 종자가 결실이 되어 충분히 성숙되었을 때 벌채하여 종자의 낙하를 돕는 단계이다.(치수의 발생을 위한 단계) • 1회의 벌채로 목적을 달성하는 것이 바람직하나 치수가 발생되지 않을 경우에는 한 번 더 벌채를 할 수 있다.
후벌	• 어린나무의 높이가 1~2m가량 되면 보호를 위해 남겨 두었던 모수를 벌채하는 단계이다. • 후벌은 대략 하종벌 후 3~5년 후에 실시하며 1회로 끝나기도 하지만 수회에 걸쳐 실시하기도 한다. • 후벌의 첫 벌채는 수광벌, 마지막 벌채는 종벌이다.(가장 굵고 형질 좋은 수목은 종벌까지 남음)

※ 산벌의 갱신기간이라함은 하종벌에서 후벌까지이다.

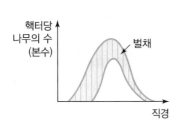

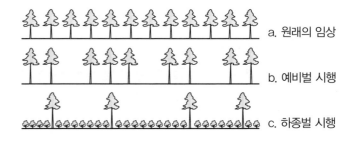

a. 원래의 임상

b. 예비벌 시행

c. 하종벌 시행

d. 후벌 시행

[하종벌]　　　　　　　　　　　　　　　[산벌작업의 순서]

(4) 산벌작업의 장단점 중요 ★★★

① 장점

　㉠ 동령림을 만드는 작업법으로 개벌작업과 모수작업에 비하여 갱신이 더.안전하고 확실한 편이다.

　㉡ 개벌작업이나 모수작업보다 작업법이 복잡하지만 택벌작업보다는 간단하다.

　㉢ 동령림으로 굵기가 일정하며, 줄기가 곧은 나무를 생산할 수 있다.

　㉣ 양수와 음수의 혼효를 조절할 수 있으며, 모수의 보호로 갱신이 안전하다.

　㉤ 임지의 생산력을 보호하고 숲을 아름답게 유지한다.

　㉥ 상층의 모수가 치수를 보호하여 갱신이 안전하다.

　㉦ 성숙한 임목의 보호하에서 동령림이 갱신될 수 있는 유일한 방법이다.

　㉧ 우량한 임목들을 남김으로써 갱신되는 임분의 유전적 형질을 개량할 수 있다.

② 단점

　㉠ 개벌작업이나 모수작업보다 높은 수준의 기술과 비용이 필요하다.

　㉡ 천연갱신으로만 진행될 때는 갱신기간이 길어진다.

　㉢ 후벌 시 어린나무에 피해를 주기 쉽다.

　㉣ 후벌에서 벌채될 나무들은 풍도의 해를 받을 염려가 있다.

4 택벌작업

(1) 택벌작업의 개념

한 임분을 구성하고 있는 임목 중 성숙한 일부 임목만을 선택적으로 골라 벌채하는 작업법으로 갱신기간이 정해져 있지 않으며 주벌과 간벌의 구별 없이 벌채를 계속 반복한다.

(2) 작업특성

① 택벌이 실시된 임분은 크고 작은 나무들이 뒤섞여 함께 자라므로 다층림을 이룬다.

② 주벌과 간벌의 구별 없이 벌채를 계속 반복한다.(간벌작업과 가장 비슷하다)

③ 벌목구역 및 갱신기간이 가장 뚜렷하지 않은 벌채방식이다.

(3) 작업방법 중요 ★☆☆

① 순환택벌 : 택벌림의 전 구역을 몇 개의 벌채구로 구분하고 한 구역을 택벌하고 다시 처음 구역으로 되돌아오는 방법이다.

② 회귀년 : 순환택벌 시 처음 구역으로 되돌아오는 데 소요되는 기간이다.

$$윤벌기 \div 벌채구 = 회귀년(보통~20\sim30년)$$

> **기출**
>
> 윤벌기가 100년이고 작업구의 수가 5개인 지역에서의 회귀년은?
>
> ① 10년 　　　　　　　　② 20년
> ③ 25년 　　　　　　　　④ 50년
>
> **풀이** $\dfrac{100년}{5} = 20년$
>
> 답 ②

③ 택벌림형

　㉠ 택벌작업에 의한 임분은 항상 크고 작은 나무가 섞여 있는 이령림형의 모습이다.

　㉡ 1년생부터 윤벌기에 달한 나무가 같은 면적을 점유한다.

　㉢ 종류에는 단목택벌림, 군상택벌림 등이 있다.

(4) 택벌작업의 장단점 중요 ★★☆

① 장점

　㉠ 임관이 항상 울폐한 상태에 있으므로 임지가 보호되고 치수도 보호를 받게 된다.

　㉡ 임지가 항상 나무로 덮여 있어 지력유지와 국토보전적 가치가 크다.

　㉢ 상층목이 햇빛을 충분히 받아서 결실이 잘 된다.

　㉣ 음수수종 중 무거운 종자수종에 유리하다.

　㉤ 병해충에 대한 저항력이 매우 크다.

　㉥ 면적이 좁은 산림에서 보속적 수확이 가능하다.

　㉦ 지상의 유기물이 항상 습기를 함유하여 산불의 발생가능성이 낮다.

　㉧ 산림생태계의 안정을 유지하여 각종 위해를 감소시켜 주고 임목생육에 적절한 환경을 제공한다.(가장 건전한 생태계 유지)

② 단점

　　㉠ 작업에 고도의 기술을 요하고 경영내용이 복잡하다.

　　㉡ 양수수종 적용이 곤란하다.

　　㉢ 임목의 벌채가 어렵고, 어린나무에 손상을 입히기 쉽다.

　　㉣ 벌채비용이 많이 들고, 일시의 벌채량이 적어 경제적으로 비효율적이다.

　　㉤ 동령림보다 재질이 불량하다.

　　㉥ 비옥한 토지가 아니면 대체적으로 결과가 좋지 않다.

택벌작업의 특징으로 옳지 않은 것은?

① 보속적인 생산　　　　　　② 산림경관 조성

③ 양수수종 갱신　　　　　　④ 임지의 생산력 보전

답 ③

5 왜림작업 중요 ★★

(1) 왜림작업의 개념

주로 활엽수림에서 연료재 생산을 목적으로 비교적 짧은 벌기령으로 개벌하고 맹아로 갱신하는 방법이다.(연료림작업, 신탄림작업, 저림작업, 맹아갱신법)

(2) 작업 특성

① 맹아

맹아는 줄기 안에 오랫동안 숨어서 잠자고 있던 눈이 줄기의 절단으로 자극받아 생활력을 회복하여 밖으로 나타나는 것을 말한다.

② 맹아의 종류

구분	작업내용
묘목맹아	근주 직경이 5cm 이하의 어린 것에서 나오는 맹아이다.
단면맹아 (절단면맹아)	• 일반적인 수종에서 관찰되나 바람, 건조 등의 영향을 받아 떨어져 나가는 결점이 있다. • 수종 : 버드나무류, 느릅나무류, 너도밤나무류 등
측면맹아 (근주맹아)	• 줄기 옆부분에서 돋아나는 것으로 세력이 강해서 갱신에 효과적이다. • 가장 우수한 수종 : 아까시나무, 신갈나무, 물푸레나무, 당단풍나무 등
근맹아	• 뿌리에서 돋아나는 것이다. • 수종 : 버드나무, 아까시나무, 사시나무류 등

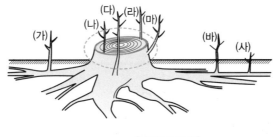

(가), (바), (사) : 근맹아
(나), (라) : 단면맹아
(다), (마) : 측면맹아

[맹아의 종류]

③ 맹아 형성의 올바른 줄기베기 중요 ★★☆

　　㉠ 그루터기의 높이는 되도록 낮은 곳을 벌채한다.

　　㉡ 절단면은 남쪽으로 약간 경사지고 평활하게 하고 물이 고이지 않도록 한다.

　　㉢ 벌채는 생장휴지기인 11월 이후부터 이듬해 2월 이전까지 실시한다.

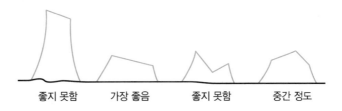

좋지 못함　　가장 좋음　　좋지 못함　　중간 정도

[맹아갱신을 위한 그루터기의 모습]

(3) 왜림작업의 대상지

　　① 참나무류 임지로서 맹아를 이용하여 후계림을 조성할 수 있는 임지

　　② 톱밥, 펄프, 숯 등 소경재 생산을 목적으로 하는 산림

(4) 왜림작업의 장단점 중요 ★★☆

　　① 장점

　　　　㉠ 땔감이나 소형재를 생산하고자 할 때 알맞은 방법으로 자본이 적은 농가에서 가능하다.

　　　　㉡ 모수의 유전형질을 유지시키는 데 가장 좋은 방법이다.

　　　　㉢ 환경에 대한 저항력이 비교적 크다.

　　　　㉣ 벌기가 짧고 단위면적당 물질생산량이 많다.

　　　　㉤ 비용이 적게 들고, 자본회수가 빠르다.

　　② 단점

　　　　㉠ 양분 요구도가 높아 지력을 많이 소비하여 비효율적이며, 경제적으로 교림작업보다 못하다.

　　　　㉡ 발생 직후의 맹아는 연약해 병충해의 침입을 받기 쉽다.

ⓒ 용재 생산의 목적이 아니다.

ⓔ 미적 가치가 떨어진다.

6 중림작업 중요 ★★☆

(1) 중림작업의 개념

교림과 왜림을 동일임지에 함께 세워서 경영하는 방법으로 용재 생산을 목적으로 하는 교림작업과 연료재 생산을 목적으로 하는 왜림작업을 동시에 실시하는 작업이다.

(2) 작업방법

① 상(상목), 하(하목)로 나누어 2단의 임형을 형성한다.

구분	수종	임형	생산목적	벌채 형식
상목	실생묘로 육성하는 침엽수종(느티나무, 소나무, 전나무, 낙엽송 등)	교림	용재 (건축재)	택벌형
하목	맹아로 갱신하는 활엽수종(참나무, 서어나무, 단풍나무, 아까시나무 등)	왜림	연료재 (땔감)	짧은 윤벌기(10~20년)로 개벌

② 상층목의 영급은 하층목 벌기의 배수가 된다.

③ 용재와 연료재의 동시 생산이 가능하다.

④ 하목이 한 층이 되고, 상목은 몇 개의 층으로 구성한다.

(3) 중림작업의 장단점

① 장점

ⓐ 상목은 수광량이 많아서 생장이 좋아진다.

ⓑ 하목은 벌채된 뒤 쉽게 울폐하여 임지를 보호한다.

ⓒ 지력을 보호하는 힘이 왜림작업에 비해 크다.

ⓔ 임업자본이 적어도 경영할 수 있는 농가 경영림으로 적당하다.

ⓜ 용재와 연료재, 소경재를 한 임지에서 생산할 수 있다.

② 단점

ⓗ 작업이 복잡하고, 높은 작업기술을 필요로 한다.

ⓛ 상목의 벌채비용이 비교적 많이 든다.

ⓒ 하목은 상목으로 인해 하목의 생장이 억제된다.

ⓔ 작업방법이 복잡하여 상목을 벌채할 때 다른 나무가 피해를 받는다.

ⓜ 상목의 형질은 가지, 마디, 줄기의 모양 등에서 좋지 못한 경우가 있다.

중림작업에 대한 설명으로 옳은 것은?

① 작업의 형태는 개벌작업과 비슷하다.

② 주로 하목은 연료 생산에 목적을 두고 상목은 용재에 목적을 둔다.

③ 상목은 맹아가 왕성하게 발생해야 하는 음성의 나무를 택한다.

④ 연료림 조성에 가장 적당한 방법이다.

➕풀이 용재와 땔감을 한 임지에서 생산할 수 있다.

답 ②

01 숲의 생성이 종자에서 양성된 치수(稚樹)가 기원이 되어 이루어진 숲은?

① 순림
② 교림
③ 혼효림
④ 동령림

●해설

교림
• 종자로부터 양성된 실생묘나 삽목묘로 이루어진 산림
• 용재 생산 목표

02 천연갱신에 대한 설명으로 틀린 것은?

① 천연갱신은 그 임지의 기후와 토질에 가장 적합한 수종이 생육하게 되므로 각종 위해에 대한 저항력이 크다.
② 천연갱신지의 치수는 모수의 보호를 받아 안정된 생육환경을 제공받는다.
③ 인공조림에서와 같은 수종 선정의 잘못으로 인한 실패 염려가 많다.
④ 임지가 나출되는 일이 드물어 적당한 수종이 발생하고, 또 혼효되기 때문에 지력유지에 적합하다.

●해설

천연갱신의 장점 중요 ★★★
• 임목이 이미 긴 세월 동안 그곳 환경에 적응된 것이므로 성립의 실패가 적다.
• 임지의 기후와 토질에 가장 적합한 수종이 생육하게 되므로 인공단순림에 비하여 각종 위해에 대한 저항력이 크다.
• 천연갱신지의 치수는 모수의 보호를 받아 안정된 생육환경을 제공받는다.
• 임지가 나출되는 일이 드물며 적당한 수종이 발생하고 또한 혼효하기 때문에 지력유지에 적합하다.

• 보안림, 국립공원 또는 풍치를 위한 숲은 주로 천연갱신에 의한다.
• 노력이 절감되며, 조림 · 보육비 등의 갱신비용이 적게 든다.

03 다음 중 천연갱신의 장점이 아닌 것은?

① 환경에 잘 적응된 나무로 구성되어 있다.
② 경비가 거의 들지 않는다.
③ 생산된 목재가 균일하다.
④ 숲과 땅을 보호한다.

●해설

③ 인공갱신의 장점이다.

04 다음 수종 중 천연갱신이 용이한 수종은?

① 잣나무
② 낙엽송
③ 소나무
④ 가래나무

●해설

천연갱신이 가능한 수종
• 침엽수종 : 소나무, 곰솔, 리기다소나무, 잣나무, 전나무, 가문비나무 등
• 활엽수종 : 아까시나무, 상수리나무, 오리나무, 참나무류 등

05 맹아갱신으로 천연갱신을 하는 데 적합한 수종으로만 나열한 것은?

① 소나무, 오동나무
② 포플러류, 낙엽송
③ 상수리나무, 아까시나무
④ 오동나무, 잎갈나무

06 인공갱신에 대한 설명 중 가장 옳은 것은?

① 천연치수에 의하여 임분을 형성시킨다.

② 개벌작업에 의한 갱신을 말한다.

③ 무육작업을 말한다.

④ 묘목을 식재하여 임분을 형성시킨다.

●해설

인공갱신

후계림을 조성함에 있어서 묘목식재, 인공파종 또는 삽목, 접목 등의 인공적 조림수단에 의한다.

07 다음 중 대면적의 임분이 일시에 벌채되어 동령림으로 구성되는 작업종은 무엇인가?

① 개벌작업　　　② 산벌작업

③ 택벌작업　　　④ 모수작업

●해설

갱신하고자 하는 임지 위에 있는 임목을 일시에 벌채하고 그 자리에 인공식재나 파종 및 천연갱신으로 새로운 임분을 조성하는 방법이다.(우리나라에서 많이 실행)

08 개벌작업의 특징을 설명한 것 중 틀린 것은?

① 개벌작업할 때 형성되는 임분은 대개 단순림이다.

② 개벌작업에 의하여 갱신된 새로운 임분은 동령림을 형성하게 된다.

③ 개벌작업은 어릴 때 음성을 띠는 수종에 제일 적합하다.

④ 개벌작업은 작업이 복잡하지 않아 시행하기 쉬운 편이다.

●해설

개벌작업의 특징

• 양수수종 갱신에 유리하다.

• 개벌 후에 성립되는 임분은 모두 동령림이다.

• 개벌작업은 작업이 복잡하지 않아 시행하기 쉬운 편이다.

• 성숙목이 벌채된 뒤에 어린나무가 들어서게 되므로 후갱작업이라 한다.

09 현재의 숲을 일시에 다른 수종으로 변경하고자 할 때 가장 좋은 방법은?

① 개벌작업　　　② 모수작업

③ 택벌작업　　　④ 산벌작업

10 벌구(伐區) 위에 서 있는 임목 전부(경우에 따라서는 대부분)를 일시에 벌채하는 채벌종은?

① 개벌작업　　　② 벌구작업

③ 택벌작업　　　④ 모수작업

●해설

※ 벌구 : 벌목하는 구역

11 임지에 서 있는 성숙한 나무에서 종자가 떨어져 어린 나무가 발생하는 갱신방법은?

① 천연하종갱신　　② 인공조림

③ 맹아갱신　　　④ 파종조림

●해설

• 상방천연하종갱신 : 종자가 성숙한 뒤 그 무게로 중력에 의하여 수직방향으로 떨어져 발아가 이루어지는 갱신방법이다.

• 측방천연하종갱신 : 가벼운 종자가 성숙한 뒤 바람에 날려 임목의 측방으로 떨어져 발아가 이루어지는 갱신방법이다.

12 측방천연하종갱신을 할 때 항상 염두에 두고 고려해야 할 사항은?

① 바람　　　　② 충해

③ 비효　　　　④ 지력

●해설

측방천연하종갱신

가벼운 종자가 성숙한 뒤 바람에 날려 임목의 측방으로 떨어져 발아가 이루어지는 갱신방법

13 어떤 산림을 그림과 같이 띠모양으로 나누고 1983년에 A의 ㉮와 B의 ㉰를 벌채 이용하고, 1988년에 A의 ㉯와 B의 ㉱를 각각 모두 벌채하였다면 이는 무슨 작업종인가?

A		B	
㉮	㉯	㉰	㉱

① 대상개벌작업
② 군상산벌작업
③ 연속대상개벌작업
④ 군생모수작업

●해설●

교호대상개벌작업 중요 ★★☆

• 임지를 띠 모양의 작업단위로 구획하고 교대로 두 번의 개벌에 의하여 갱신을 끝내는 방법이다.
• 1차 벌채가 끝나고 그곳의 갱신은 남아 있는 측방임분에서 종자가 떨어지거나 인공조림으로 되기도 한다.
• 2차 벌채면의 갱신은 현존 임목의 결실연도에 벌채하지 않고서는 개벌에 의한 천연갱신이 어렵기 때문에 벌채결실연도에 맞추어서 인공조림을 실시한다.

14 수풀을 띠모양으로 구획하고, 교대로 두 번의 개벌에 의해 갱신을 끝내는 방법은?

① 대상개벌작업
② 연속대상개벌작업
③ 군상개벌작업
④ 모수작업

15 아래 그림과 같은 1조 2대인 임형에서 가장 알맞은 벌채방법은?

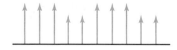

16 임지가 넓을 때 보통 3개의 벌채열구를 편성하고 이것을 세 번의 처리로 벌채갱신하는 작업종은?

① 군상개벌작업
② 연속대상개벌작업
③ 중림작업
④ 보잔목작업

●해설●

연속대상개벌작업

• 임지가 넓을 때 보통 3개의 벌채열구를 편성하고 이것을 세 번의 처리로 벌채갱신하는 작업이다.
• 대상개벌작업보다 띠의 수를 늘린 것으로, 벌채와 갱신이 동시에 이루어진다.
• 1구역을 먼저 개벌하면 측방의 2, 3구역에 종자가 공급되어 갱신이 완료된다.
• 연속대상이 많을수록 갱신기간이 길어지나 후에는 동령림의 모습이 된다.

17 군상개벌작업 시 군상지의 크기는 0.03~0.1ha로 하는데 보통 몇 년 간격으로 군상지를 벌채하는가?

① 2~3년 　　② 4~5년
③ 6~7년 　　④ 8~10년

●해설●

군상지 크기

0.03~0.1ha(0.1ha 이하)로 하는데 보통 4~5년 간격으로 군상지를 벌채한다.

18 대면적개벌천연하종갱신의 장점이 아닌 것은?

① 양수의 갱신에 적용할 수 있다.
② 작업실행이 용이하고 빠르게 될 수 있다.
③ 동일규격의 목재생산으로 경제적으로 유리할 수 있다.
④ 동령일제림으로 병해충 및 위해에 강하다.

●해설
동령일제림으로 병충해 발생이 심하다.

19 대면적개벌천연하종갱신법의 장단점에 관한 설명으로 옳은 것은?

① 음수의 갱신에 적용한다.
② 새로운 수종도입이 불가하다.
③ 성숙임분갱신에는 부적당하다
④ 토양의 이화학적 성질이 나빠진다.

●해설
대면적개벌천연하종갱신법은 임지를 황폐화시키기 쉽고, 지력을 저하시키는 단점이 있다.

20 개벌작업의 가장 큰 장점은?

① 잡초, 관목 등 식생이 무성하게 된다.
② 수풀이 아름답다.
③ 수풀이 단조롭다.
④ 경제적 수입이 좋다.

●해설
개벌작업의 장점
• 현재의 수종을 다른 수종으로 변경하고자 할 때 적합하다.
• 높은 수준의 기술이 필요하지 않으며 벌목, 조재, 집재가 편리하다.
• 성숙임분 및 과숙임분에 대한 가장 좋은 방법이다.
• 작업이 간단하고 벌채목을 선정할 필요가 없이 일시에 벌채가 가능하다.
• 비슷한 크기의 목재를 일시에 많이 수확하므로 경제적으로 유리하다.
• 작업이 집중적이므로 비용이 절약되며, 치수 손상이 적다.
• 임분을 갱신하는 데 가장 간편하고 알맞은 방법이다.

21 개벌작업의 장점에 해당하지 않는 것은?

① 미관상 가장 아름다운 수풀로 된다.
② 성숙한 임목의 숲에 적용할 수 있는 가장 간편한 방법이다.
③ 벌채작업이 한 지역에 집중되므로 작업이 경제적으로 진행될 수 있다.
④ 현재의 수종을 다른 수종으로 변경하고자 할 때, 적절한 방법이다.

22 개벌작업의 장점이 아닌 것은?

① 성숙한 나무로 된 임분에 적당하다.
② 숲땅이 항상 나무로 덮여 있어 보호를 받고, 겉흙이 유실되지 않는다.
③ 벌채 작업이 일정한 면적에 집중되어 있다.
④ 수종을 변경하고자 할 때 좋은 방법이다.

●해설
②항은 단점으로, 임지를 황폐시키기 쉽고, 지력을 저하시키며 표토유실이 발생한다.

23 개벌작업의 장점은 어느 것인가?

① 잡초, 관목 등 식생이 무성하게 된다.
② 병충해가 한번 발생하여도 크게 번지지 않는다.
③ 수풀이 단조롭고 아름답다.
④ 작업이 한 지역에 집중되어 간편하고 경제적으로 진행될 수 있다.

●해설
임목 전부를 일시에 벌채하여 현재의 수종을 다른 수종으로 변경하고자 할 때 적합하다.

24 임업상 지력을 유지, 증진하기 위하여 필요한 주요사항에 해당하지 않는 것은?

① 적당한 비음(庇陰)을 유지한다.
② 개벌을 한다.
③ 낙엽, 낙지를 보호한다.
④ 토양산도를 교정한다.

개벌은 임지를 황폐화시키기 쉽고, 지력을 저하시키며 표토유실이 있어 지력이 낮아진다.

25 개벌작업의 변법으로 어미나무를 남겨 종자공급에 이용하고 갱신이 완료된 후 벌채하여 이용하는 작업은?

① 간단작업　　　　② 택벌작업
③ 보속작업　　　　④ 모수작업

● 해설

성숙한 임분을 대상으로 벌채를 실시할 때 모수가 될 임목을 산생(한 그루씩 흩어져 있음)시키거나 군생(몇 그루씩 무더기로 남김)으로 남겨 두어 갱신이 필요한 종자를 공급하게 하고 그 외의 나무를 일시에 모두 베어 내는 방법이다.

26 성숙한 임분을 대상으로 벌채를 실시할 때 모수가 되는 임목을 산생시키거나 군상으로 남겨 두어 갱신에 필요한 종자를 공급하게 하고 그 밖의 임목은 개벌하는 갱신법은?

① 보잔목법　　　　② 택벌작업법
③ 보속작업법　　　　④ 모수작업법

27 모수작업에 대한 설명으로 틀린 것은?

① 남겨질 모수의 수는 전체 나무의 수에 비하여 극히 적으며 갱신이 끝나면 벌채하여 이용한다.
② 모수가 신임분의 상층을 구성하는 점을 제외하고는 동령림이 조성된다.
③ 모수로 남겨야 할 임목은 전 임목에 대하여 본수로는 20~30%이다.
④ 남는 나무는 한 그루씩 외따로 서게 되는 일도 있고 때로는 몇 그루씩 무더기로 남기기도 한다.

● 해설

모수작업방법

• 전 임목본수의 2~3%, 재적으로는 약 10%, 1ha당 약 15~30본이다.
• 종자가 비교적 가벼워서 잘 날아갈 수 있는 수종에 가장 적합한 갱신작업이다.
• 모수작업은 소나무, 해송과 같은 심근성이며 양수에 적용한다.
• 소나무, 해송은 종자의 비산력이 커서 1ha에 15~30본 정도로 골고루 산재시켜 모수작업에 의한 천연갱신을 하기에 가장 적합하다.

28 종자의 비산력이 커서 1ha에 15~30본 정도로 골고루 산재시켜 모수작업에 의한 천연갱신을 하기에 가장 적합한 수종은?

① 굴참나무　　　　② 잣나무
③ 소나무　　　　④ 너도밤나무

● 해설

모수작업은 비산력이 좋은 소나무, 해송과 같은 심근성이며 양수에 적용한다.

29 다음 중 동일 조건하에서 종자의 비산력(飛散力)이 가장 큰 것은?

① 상수리나무　　　　② 소나무
③ 잣나무　　　　④ 주목

30 다음 중 모수작업의 모수 설명이 가장 잘못된 것은?

① 바람의 저항이 강할 것
② 결실연령에 도달할 것
③ 유전적 형질이 좋은 나무일 것
④ 음수수종일 것

31 모수작업에 의해 천연갱신을 시키기에 가장 적합한 수종은?

① 굴참나무   ② 잣나무

③ 소나무   ④ 밤나무

●해설

모수작업은 소나무, 해송과 같은 양수에 적용하며, 종자가 무거워 비산력이 낮은 활엽수종(단풍나무류)은 더 많이 남겨야 한다.

32 수풀의 작업종 중에서 어미나무작업에 의해 갱신되는 임분은 어떤 형태인가?

① 복층림   ② 천연림

③ 동령림   ④ 혼효림

●해설

모수작업에 의해 나타나는 산림은 동령림이다.

33 모수의 조건으로 적합하지 않은 것은?

① 유전적 형질이 좋아야 한다.

② 풍도에 대하여 저항력이 있어야 한다.

③ 종자는 많이 생산하지 않아도 된다.

④ 우세목 중에서 고르도록 한다.

●해설

모수의 조건

• 바람에 대한 저항성이 강한 수종(풍도에 대한 저항력)

• 종자를 많이 생산하는 수종(종자결실능력)

• 결실연령에 도달한 수종(적정결실연령)

• 유전적 형질이 우수한 수종(유전적 형질)

34 어미나무작업(모수작업)의 장점이 아닌 것은?

① 택벌작업에 비해 미관상 가장 아름다운 숲이 된다.

② 양수수종의 갱신에 적합하다.

③ 벌채작업이 한 지역에 집중되므로 작업이 간단하고 경제적이다.

④ 남겨질 어미나무의 종류를 조절하여 수종의 구성을 변화시킬 수 있다.

●해설

모수작업의 장점

• 벌채작업이 한 지역에 집중되어 운반 및 비용 등이 절약되고 작업이 간단하다.

• 임지를 정비해 줌으로써 노출된 임지의 갱신이 이루어질 수 있다.

• 소나무, 낙엽송 등과 같은 양수갱신에 적합하다.

• 남겨질 모수의 종류를 조절하여 수종의 구성을 변화시킬 수 있다.

• 갱신이 완료될 때까지 모수를 남겨두므로 실패를 줄일 수 있다.

• 개벌작업 다음으로 작업이 간편하다.

35 작업종 중 비교적 짧은 갱신기간 중에 몇 차례의 갱신벌채로써 모든 나무를 제거, 이용하는 동시에 그곳에 새로운 임분이 나타나게 하는 작업은?

① 개벌작업   ② 모수작업

③ 산벌작업   ④ 택벌작업

●해설

비교적 짧은 갱신기간(10~20년) 중에 몇 차례의 점진적 벌채로 갱신면상의 모든 임목을 제거하는 동시에 새 임분을 출현시키는 방법으로, 윤벌기가 완료되기 이전에 갱신이 완료되는 전갱작업이다.

36 다음 중 천연하종갱신이 가장 안전한 작업법은?

① 중림작업   ② 왜림작업

③ 개벌작업   ④ 산벌작업

●해설

산벌작업은 천연하종갱신이 가장 안전한 작업종으로, 갱신된 숲은 동령림으로 취급된다.

37 벌기가 짧은 산벌 후에는 일반적으로 어떤 임분이 형성되는가?

① 이령림   ② 동령림

③ 복층림   ④ 다층림

38 예비벌, 하종벌, 후벌에 의하여 갱신되는 작업법은?

① 택벌작업　　　　② 개벌작업
③ 산벌작업　　　　④ 모수작업

39 산벌작업의 가장 올바른 작업순서는?

① 예비벌 → 하종벌 → 후벌
② 하종벌 → 후벌 → 예비벌
③ 후벌 → 예비벌 → 하종벌
④ 후벌 → 하종벌 → 수광벌

40 숲의 갱신에 따른 벌채작업의 특성으로 틀린 것은?

① 택벌작업은 회귀년을 정하여 시행한다.
② 개벌작업은 임지가 넓게 노출되어 황폐해지기 쉽다.
③ 모수작업은 예비벌, 하종벌, 후벌의 단계로 갱신되는 작업방법이다.
④ 왜림작업은 연료림이나 작은 나무의 생산에 적합하다.

●**해설**
③항은 산벌에 대한 작업방법이다.

41 산벌작업에서 갱신기간이라 함은?

① 예비벌부터 하종벌까지
② 하종벌부터 후벌까지
③ 후벌부터 하종벌까지
④ 수광벌부터 족벌까지

●**해설**
갱신기간이라 함은 하종벌에서 후벌까지이다.

42 솎아베기가 잘 된 임지(林地), 유령림단계에서 집약적으로 관리된 임분에서 생략이 가능한 산벌작업방식은?

① 예비벌　　　　② 하종벌
③ 후벌　　　　　④ 종벌

●**해설**
예비벌
• 갱신준비단계의 벌채로 모수로부터 부적합한 병충해목, 피압목, 폭목, 불량목 등을 제거하는 단계이다.
• 잔존목의 결실촉진, 부식질의 분해촉진, 어린나무 발생의 적합한 환경조성에 목적이 있다.
• 솎아베기가 잘 된 임지(林地), 유령림단계에서 집약적으로 관리된 임분은 생략이 가능하다.

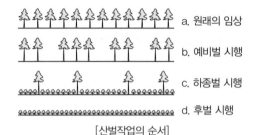

[산벌작업의 순서]

43 산벌작업 중 식생의 발생준비를 위한 작업은?

① 예비벌　　　　② 하종벌
③ 후벌　　　　　④ 종벌

44 예비벌을 실시하는 목적과 거리가 먼 것은?

① 잔존목의 결실 촉진
② 부식질의 분해 촉진
③ 어린나무 발생의 적합한 환경조성
④ 벌채목의 반출 용이

●**해설**
발채목의 반출이 쉽지 않다.

45 산벌작업 시 임목의 종자를 공급하여 치수의 발생을 도모하기 위한 벌채는?

① 예비벌　　　　② 하종벌
③ 후벌　　　　　④ 종벌

하종벌

• 종자가 결실이 되어 충분히 성숙하였을 때 벌채하여 종자의 낙하를 돕는 단계이다.(치수의 발생을 위한 단계)
• 1회의 벌채로 목적을 달성하는 것이 바람직하나 치수가 발생하지 않을 경우에는 한 번 더 벌채를 할 수 있다.

46 산벌작업에서 임지의 종자가 충분히 결실한 해에 종자가 완전히 성숙한 후, 벌채하여 지면에 종자를 다량 낙하시켜 일제히 발아시키기 위한 벌채작업은?

① 후벌　　　　　　② 종벌
③ 예비벌　　　　　④ 하종벌

47 산벌작업 중 어린 나무의 높이가 1~2m가량이 되면 위층에 있는 나무를 모조리 베어 버리는 벌채방법은?

① 예비벌　　　　　② 하종벌
③ 수광벌　　　　　④ 후벌

후벌

• 어린 나무의 높이가 1~2m가량 되면 보호를 위해 남겨 두었던 모수를 벌채하는 단계이다.
• 후벌은 대략 하종벌 후 3~5년 후에 실시하며 1회로 끝나기도 하지만 수회에 걸쳐 실시하기도 한다.
• 후벌의 첫 벌채는 수광벌, 마지막 벌채는 종벌이다. (가장 굵고 형질 좋은 수목은 종벌까지 남음)

48 산벌작업의 장점으로 옳은 것은?

① 벌채 대상목이 흩어져 있어서 작업이 다소 복잡하다.
② 천연갱신으로만 진행될 때에는 갱신기간이 짧아진다.
③ 음수의 갱신에 잘 적용될 수 있다.
④ 일시에 모두 갱신을 하므로 경제적이다.

• 음수의 갱신이 잘 적용되며, 갱신이 비교적 오래 걸린다.
• 극양수 이외의 양수도 갱신이 가능하다.

49 산벌작업의 장점이 아닌 것은?

① 수풀이 아름답다.
② 음수의 갱신에 잘 적용될 수 있다.
③ 숲속 땅의 생산력을 보호하는 데 이롭다.
④ 후벌 시 어린 나무가 보호된다.

후벌 시 어린나무에 피해를 주기 쉽다.

50 갱신기간에 제한이 없고 성숙임분만 일부 벌채하는 작업종은?

① 개벌작업　　　　② 모수작업
③ 산벌작업　　　　④ 택벌작업

임분을 구성하고 있는 임목 중 성숙한 일부 임목만을 선택적으로 골라 벌채하는 작업법으로 갱신기간이 정해져 있지 않으며 주벌과 간벌의 구별 없이 벌채를 계속 반복한다.

51 다음 중 벌목구역 및 갱신기간이 가장 뚜렷하지 않은 벌채방식은?

① 택벌작업　　　　② 개벌작업
③ 군상산벌작업　　④ 모수작업

52 택벌림형의 임분에서 가장 많은 수의 수목은?

① 유령목　　　　　② 장령목
③ 노령목　　　　　④ 굵은 수목

53 대상택벌작업(帶狀擇伐作業)에서 벌채열구(伐採列區)를 한 바퀴 돌아서 벌채하는 기간은?

① 윤벌기　　　　　② 회귀년
③ 갱신기간　　　　④ 갱정기

●해설

- 순환택벌 : 택벌림의 전 구역을 몇 개의 벌채구로 구분하고 한 구역을 택벌하고 다시 처음 구역으로 되돌아오는 방법이다.
- 회귀년 : 순환택벌 시 처음 구역으로 되돌아오는 데 소요되는 기간이다.
- 윤벌기 ÷ 벌채구＝회귀년(보통 20~30년)

54 택벌림의 전 구역을 몇 개의 벌채열구로 구분하고, 한 구역을 벌채한 다음 순차적으로 다음 구역을 벌채하고 다시 첫 번째 구역으로 되돌아서 같은 택벌을 계속한다. 이때 제자리에 다시 돌아오게 되는 기간을 무엇이라 하는가?

① 윤벌기　　　　　② 회귀년
③ 간벌기간　　　　④ 벌채시기

55 회귀년(回歸年)을 필요로 하는 벌채방식은?

① 개벌작업　　　　② 군상산벌작업
③ 택벌작업　　　　④ 보잔목작업

56 택벌작업 시 벌구의 수를 10개로 만들면 회귀년은 얼마인가? (단, 윤벌기는 100년으로 한다.)

① 5년　　　　　　② 10년
③ 20년　　　　　④ 30년

●해설

윤벌기 ÷ 벌채구＝회귀년(보통 20~30년)

$\dfrac{100}{10} = 10$년

57 윤벌기가 100년이고 작업구의 수가 5개인 지역에서의 회귀년은?

① 10년　　　　　② 20년
③ 25년　　　　　④ 50년

●해설

$\dfrac{100}{5} = 20$년

58 택벌림이 갖는 임분구조는?

① 동령림형　　　　② 일제림형
③ 이령림형　　　　④ 단순림형

59 다음 작업종 중 국토보존 및 지력유지에 가장 적합한 작업종은?

① 택벌작업　　　　② 왜림작업
③ 중림작업　　　　④ 개벌작업

●해설

임지가 항상 나무로 덮여 있어 지력유지와 국토보전적 가치가 크다.

60 택벌작업에 대한 특성을 올바르게 설명하고 있는 것은?

① 택벌이 실시된 임분은 크고 작은 나무들이 뒤섞여 함께 자라므로 다층을 이룬 숲의 구조가 되도록 하는 작업
② 인공조림으로 이루어진 일제동령임분에 행하는 작업
③ 혼효림으로 저림, 교림을 동일 임지 위에 성립시키는 작업
④ 벌채적지에 모수를 남겨 치수 보호 및 잔존모수의 생장 촉진을 위한 작업

●해설

- 택벌작업에 의한 임분은 항상 크고 작은 나무가 섞여 있는 이령림형의 모습이다.
- 1년생부터 윤벌기에 달한 나무가 같은 면적을 점유한다.
- 종류에는 단목택벌림, 군상택벌림 등이 있다.

61 택벌림형을 바르게 설명한 것은?

① 어린 나무가 대부분의 면적을 점유한다.
② 치수와 장령목의 두 계층이 같은 면적을 점유한다.
③ 1년생부터 윤벌기에 달한 나무가 같은 면적을 점유한다.
④ 장령목과 노령목이 보다 많은 면적을 점유한다.

62 대체로 음수수종의 벌채작업에 적용하며 단목이나 군상으로 벌채하는 작업법은 어느 것인가?

① 개벌작업　　　　② 산벌작업
③ 어미나무작업　　④ 택벌작업

● 해설

모수가 많아 치수의 보호효과가 크며, 특히 음수수종의 무거운 종자수종에 유리하다.

63 택벌작업의 장점이 아닌 것은?

① 경관 조성
② 건전한 생태계 유지
③ 토양침식 조장
④ 보속적인 생산

● 해설

택벌작업의 장점
• 임관이 항상 울폐한 상태에 있으므로 임지가 보호되고 치수도 보호를 받게 된다.
• 임지가 항상 나무로 덮여 있어 지력유지와 국토보전적 가치가 크다.
• 상층목이 햇빛을 충분히 받아서 결실이 잘 된다.
• 음수수종 중 무거운 종자수종에 유리하다.
• 병해충에 대한 저항력이 매우 크다.
• 면적이 좁은 산림에서 보속적 수확이 가능하다.
• 지상의 유기물이 항상 습기를 함유하여 산불의 발생 가능성이 낮다.
• 산림생태계의 안정을 유지하여 각종 위해를 감소시켜 주고 임목생육에 적절한 환경을 제공한다.(가장 건전한 생태계 유지)

64 풍치가 좋고 계속적으로 목재 생산이 가능한 작업종은?

① 개벌작업　　　　② 택벌작업
③ 중림작업　　　　④ 모수작업

● 해설

산림생태계의 안정을 유지하여 각종 위해를 감소시켜 주고 임목생육에 적절한 환경을 제공한다.(가장 건전한 생태계 유지)

65 택벌작업의 장점으로 틀린 것은?

① 숲 땅이 항상 나무로 덮여 있어 보호를 받게 되고, 겉흙이 유실되지 않는다.
② 위층의 나무는 햇빛을 잘 받아 결실이 잘 된다.
③ 양수의 갱신이 잘 된다.
④ 미관상 가장 아름다운 숲이 된다.

66 택벌작업에서 벌채목을 정할 때 생태적 측면에서 가장 중점을 두어야 할 사항은?

① 우량목의 생산
② 간벌과 가지치기
③ 대경목을 중심으로 벌채
④ 숲의 보호와 무육

● 해설

산림생태계의 안정을 유지하여 각종 위해를 줄여 주고 임목생육에 적절한 환경을 제공한다.(가장 건전한 생태계 유지)

67 다음의 특징을 갖는 작업종은?

• 임지가 노출되지 않고 항상 보호되며 표토의 유실이 없다.
• 음수갱신에 좋고 임지의 생산력이 높다.
• 미관상 가장 아름답다.
• 작업에 많은 기술을 요하고 매우 복잡하다.

① 산벌작업　　　　② 택벌작업
③ 모수작업　　　　④ 중림작업

68 택벌작업 시 벌채하지 말아야 하는 나무는?

① 피압목
② 병해목
③ 어미나무(母樹)
④ 원하지 않는 종류의 나무

69 택벌작업의 특징이 아닌 것은?

① 임지가 항상 나무로 덮여 보호를 받게 되고 지력이 높게 유지된다.

② 상층의 성숙목은 햇볕을 충분히 받기 때문에 결실이 잘 된다.

③ 병충해에 대한 저항력이 매우 낮다.

④ 면적이 좁은 수풀에서 보속생산을 하는 데 가장 알맞은 방법이다.

●해설

병해충에 대한 저항력이 매우 크다.

70 주로 맹아에 의하여 갱신되는 작업종은?

① 왜림작업　　　② 교림작업

③ 산벌작업　　　④ 용재림작업

●해설

주로 활엽수림에서 연료재 생산을 목적으로 비교적 짧은 벌기령으로 개벌하고 맹아로 갱신하는 방법이다. (연료림작업, 신탄림작업, 저림작업, 맹아갱신법)

71 주로 연료를 채취하기 위하여 벌기를 짧게 하는 작업방식은 어디에 속하는가?

① 모수작업

② 택벌작업

③ 왜림작업(저림작업)

④ 산벌작업(우산베기작업)

72 다음 중 왜림작업으로 가장 적합한 수종은?

① 전나무　　　② 가문비나무

③ 아까시나무　　　④ 소나무

●해설

측면맹아(근주맹아)

• 줄기 옆부분에서 돋아나는 것으로 세력이 강하여 갱신에 효과적이다.

• 가장 우수한 수종 : 아까시나무, 신갈나무, 물푸레나무, 당단풍나무 등

73 측면맹아의 발생이 어려운 나무는?

① 신갈나무　　　② 당단풍나무

③ 물푸레나무　　　④ 전나무

74 왜림작업의 경영을 설명한 것 중 옳지 않은 것은?

① 땔감이나 소형재를 생산하기에 알맞다.

② 벌기가 짧아 적은 자본으로 경영할 수 있다.

③ 벌채점을 지상 1m 정도 높게 하는 것이 좋다.

④ 벌채시기는 근부에 많은 양분이 저장된 늦가을부터 초봄 사이에 실시한다.

●해설

그루터기의 높이는 되도록 낮은 곳을 벌채한다.

75 다음 중 왜림의 특징이 아닌 것은?

① 맹아로 갱신된다.

② 벌기가 길다.

③ 수고가 낮다.

④ 땔감 생산용으로 알맞다.

●해설

벌기가 짧고 단위면적당 물질생산량이 많다.

76 연료림작업에 가장 적합한 작업종은?

① 개벌작업　　　② 산벌작업

③ 중림작업　　　④ 왜림작업

●해설

연료재나 소형재를 생산하고자 할 때 작업이 간편하고 갱신에 확실성이 있다.

77 왜림작업의 가장 큰 단점은?

① 갱신이 복잡하다.

② 경제성이 적다.

③ 자본이 많이 든다.

④ 여러 가지 피해에 대한 저항이 적다.

정답　69 ③　70 ①　71 ③　72 ③　73 ④　74 ③　75 ②　76 ④　77 ②

양분 요구도가 높아 지력을 많이 소비하여 비효율적이며, 경제적으로 교림작업보다 못하다.

78 용재와 신탄재를 동시에 생산할 수 있는 작업 종은?

① 교림작업　　　　② 저림작업
③ 중림작업　　　　④ 왜림작업

교림과 왜림을 동일임지에 함께 세워서 경영하는 방법으로, 용재 생산을 목적으로 하는 교림작업과 연료재 생산을 목적으로 하는 왜림작업을 동시에 실시하는 작업이다.

79 중림작업에서 하목으로 가장 적당하지 못한 수종은 어느 것인가?

① 참나무류　　　　② 서어나무류
③ 느릅나무　　　　④ 전나무

구분	수종	임형	생산목적	벌채형식
상목	실생묘로 육성하는 침엽수종(소나무, 전나무, 낙엽송 등)	교림	용재 (건축재)	택벌형
하목	맹아로 갱신하는 활엽수종(참나무, 서어나무, 단풍나무, 아까시나무 등)	왜림	연료재 (땔감)	짧은 윤벌기 (10~20년)로 개벌

80 중림작업에서 하목의 윤벌기는 보통 몇 년인가?

① 50년　　　　② 40년
③ 30년　　　　④ 20년

81 중림작업에서 택벌적으로 벌채되는 상층목의 영급은?

① 하층목 벌기의 배수가 된다.
② 하층목 벌기의 5배가 된다.
③ 하층목 벌기의 10배가 된다.
④ 하층목 벌기의 20배가 된다.

상목의 벌기는 하층목의 2~4배 정도이다.

82 움돋이를 위한 줄기베기의 그림이다. 가장 적합한 것은?

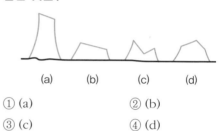

(a)　　(b)　　(c)　　(d)

① (a)　　　　② (b)
③ (c)　　　　④ (d)

83 갱신을 위한 벌채방식이 아닌 것은?

① 개벌작업　　　　② 산벌작업
③ 택벌작업　　　　④ 간벌작업

간벌은 솎아베기이며 수목 갱신하고는 관련이 없다.

PART

02

산림보호

CONTENTS

01장 일반피해

SECTION 01 인위적인 피해

1 산림화재

(1) 산불의 발생시기

① 우리나라에서 산불이 가장 많이 발생하는 시기는 관계습도가 가장 낮은 3~5월이다.

② 동절기로 진행될수록 건조한 날씨가 누적되고 연료가 건조해짐에 따라 산불 위험성이 커진다.

③ 가을철보다는 봄철에 산불 위험성이 크다.

④ 산불의 원인 : 입산자의 실화 > 논·밭두렁 소각 > 담뱃불 실화 > 쓰레기 소각

(2) 산불이 발생하는 원인

① 활엽수보다 침엽수에서 산불이 발생하기 쉽다.

② 양수는 음수에 비하여 산불의 위험성이 크다.

③ 3~5월의 건조 시에 산불이 가장 많이 발생한다.

④ 단순림과 동령림이 혼효림과 이령림보다 산불이 발생하기 쉽다.

(3) 산불에 의한 피해

① 임목에 대한 피해

　㉠ 목재의 손실, 치수와 종자가 전멸한다.

　㉡ 왜림은 교림보다 피해가 적다.

　㉢ 침엽수는 부활 가능성이 희박하며, 활엽수는 맹아로 회복이 가능하다.

　㉣ 동북면이 남서면보다 피해가 적다.

② 임지(토양)에 대한 피해 중요 ★☆☆

　㉠ 낙엽, 낙지 등의 유기질 양분이 소실된다.

　㉡ 토양의 습기 감소와 나지가 형성된다.

　㉢ 질소, 인 등 기타 광물질이 소실된다.

　㉣ 토양부식질이 소실된다.

ⓜ 지표 유하수가 늘고 투수성이 감소한다.

ⓗ 토양의 이화학적 성질이 불량해진다.

(4) 산불의 종류 중요 ★★★

① 지표화

ⓖ 지표에 쌓여 있는 낙엽과 지피물, 지상관목층, 갱신치수, 건초 등이 불에 타는 화재로 산불 중에서 가장 흔히 일어나는 산불이다.

ⓛ 유령림에서 발생하면 수관화를 유발시켜 전멸한다.

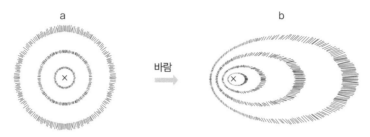

a : 바람이 없을 때는 발화점에서 둥글게, b : 바람이 있을 때는 바람이 부는 쪽으로 타원형

[산불의 형태]

② 수간화

나무의 줄기가 타는 불로 지표화부터 연소되는 경우가 많다.

③ 수관화

ⓖ 나무의 윗부분에 불이 붙어 연속해서 수관을 태워 나가는 불로, 우리나라에서 발생하는 대부분의 산불이 여기에 속한다.

ⓛ 산불 중에서 가장 큰 피해를 주며 한번 발생하면 진화하기 어렵다.

ⓒ 보통 산 정상을 향해 바람을 타고 올라가며, 바람이 부는 방향으로 V자 모양이다.

ⓔ 수관화 발생은 상대습도(관계습도)가 25% 이하일 때 잘 발생한다.

ⓜ 활엽수림보다 침엽수림에서 잘 발생한다.

④ 지중화

ⓖ 한랭한 고산지대나 낙엽이 분해되지 못하고 깊게 쌓여 있는 고위도지방 등에서 발생한다.

ⓛ 지하의 이탄질 또는 연소하기 쉬운 낙엽층 밑의 유기물층이 연소하는 불로 한번 불이 붙으면 오랫동안 연소한다.

ⓒ 우리나라에서는 거의 발생하지 않는다.

(5) 산림화재의 위험도를 좌우하는 요인

① 수종

    ㉠ 일반적으로 기름성분인 수지를 함유한 침엽수가 활엽수에 비하여 산불피해를 심하게 받는다.

    ㉡ 음수는 울폐된 임분을 형성하여 임 내에 습기가 많고 잎도 비교적 잘 안 타는 편이므로 양수보다 위험도가 낮다.

    ㉢ 활엽수 중에는 상록활엽수가 다량의 수분을 함유한 엽육조직을 가지고 있어 낙엽활엽수보다 산불에 강한 편이다.

    ㉣ 코르크층이 두꺼운 굴참나무, 상수리나무는 산불에 강하며 산불피해 후 맹아력도 우수하다.

〈수목의 내화력〉 중요 ★★☆

구분	내화력이 강한 수종	내화력이 약한 수종
침엽수	은행나무, 개비자나무, 대왕송, 분비나무, 낙엽송, 가문비나무 등	소나무, 해송(곰솔), 삼나무, 편백나무 등
상록활엽수	아왜나무, 황벽나무, 동백나무, 사철나무, 굴거리나무 등	녹나무, 구실잣밤나무 등
낙엽활엽수	상수리나무, 굴참나무, 고로쇠나무, 피나무, 고광나무, 가죽나무, 참나무 등	아까시나무, 벚나무, 벽오동나무 등

② 수령

    ㉠ 수령이 낮은 임분일수록 주변에 잡초가 많고 수고가 낮아 산불이 발생하면 대부분 전소한다.

    ㉡ 노령림은 지하고가 높아 지표화를 통해 수관화로 번지기가 어렵다.

③ 계절과 기후

    ㉠ 강우량이 적고 공중습도가 낮은 3~5월에 산불이 가장 많이 발생한다.

    ㉡ 밤에는 상대습도가 높아 산불이 약해지고, 낮에는 상대습도가 낮아 강렬해진다.

    ㉢ 풍속은 연소의 속도를 빠르게 하고 풍향은 연소의 방향을 좌우한다.

    ㉣ 남향과 남서향은 북향보다 수광량이 많고 고온이며 상대습도가 낮아 가연물이 건조하여 산불의 발생이 많다.

⑩ 공중습도에 따른 산불발생 위험도 중요 ★★☆

상대습도	산불발생 위험도
60% 이상	산불이 거의 발생하지 않는다.
50~60%	산불이 발생하나 연소진행이 더디다.
40~50%	산불이 발생하기 쉽고 연소진행이 빠르다.
30% 이하	산불이 매우 발생하기 쉽고 진화가 어렵다.

(6) 산불진화방법

① 산불이 발생했을 때 진행해 나가는 쪽을 화두라 하고 그 뒤쪽을 화미라 한다.

② 산불이 소규모일 때 화두를 강력히 진화한다.

③ 화두가 강렬하여 진화대원의 접근이 곤란할 때 화미의 하단기점에서부터 좌우측면을 따라 불 길을 진화시킨다.

④ 직접소화가 어려운 경우 화두의 전방에 30~50cm의 폭으로 흙을 뒤집어서 소화선(Fire Line)을 만들어 불길을 약화시킨다.

⑤ **맞불** : 불끼리 부딪혀서 전소하게 만드는 것으로 방화선 설치만으로는 진화가 어렵다고 판단될 때 산불 진화의 최후방법이다.

🌿 **TIP**

소화방법

• 직접소화법 : 초기나 측면의 약한 산불에 효과적이다.(토사 끼얹기)
• 간접소화법 : 소화선, 맞불을 이용한다.

(7) 산불예방방법

① 방화선의 설치

㉠ 화재의 위험이 있는 지역에 화재의 진전을 방지하기 위해 일정한 넓이로 설치하는 지대이다.

※ 산림구획선, 경계선, 도로, 능선, 암석지, 하천 등을 이용

㉡ 보통 10~20m의 폭으로 임목과 잡초, 관목 등 가연물을 제거한다.

㉢ 방화선에 의하여 구획되는 산림면적은 적어도 50ha 이상이 되도록 한다.

㉣ 능선 반대사면의 8~9부 능선에서 화세가 약해지는 경향이 있어 불을 끌 수 있는 가장 좋은 장소이다.

② 방화수림대(내화수림대) 조성

㉠ 임업경영상 비경제적인 방화선 설치의 대안이다.

㉡ 방화선의 일부를 활엽수의 방화수로 식재한다.

㉢ 참나무류(상수리, 굴참, 갈참나무), 고로쇠나무, 가문비나무 등 내화수종으로 방화수림대를 조성 한다.

② 그 밖의 인위적인 가해와 대책

(1) 임산물의 도취

「산림자원의 조성 및 관리에 관한 법률」에서는 산림에서 그 산물(조림된 묘목을 포함)을 절취한 자를 5년 이하의 징역 또는 5천만 원 이하의 벌금에 처한다.

(2) 지피물의 채취 중요 ★☆☆

① 낙엽채취는 토양의 유일한 공급원인 양분을 약탈하는 것이다.
② 낙엽채취는 생태계 파괴 및 임지의 황폐화를 초래한다.

(3) 경계침해

경계침해의 예방을 위해서는 경계표를 반드시 설치하고 설치 시에는 인접 산림소유자와 공동으로 측량하여 표시하는 것이 타당하다.

SECTION 02 ┃ **기상 및 기후에 의한 피해**

① 고온에 의한 피해

(1) 피소(껍질데기, 볕데기) 중요 ★★☆

① 수간이 태양광선을 받았을 때 수피의 일부에 급격한 수분증발이 생겨 형성층이 파괴되어 수피가 말라죽는 현상

② 피해수종
    ㉠ 흉고직경 15~20cm 이상의 수종과 서쪽 및 남서쪽에 위치하는 임목에 피해가 많다.
    ㉡ 굴참나무, 상수리나무 등은 수피가 거칠고 코르크 등이 많이 발달하여 피해를 덜 받는 수종이다.
    ㉢ 피해수종 : 수피가 평활하고 코르크층이 발달하지 않은 오동나무, 후박나무, 호두나무, 가문비나무 등의 수종에 피해가 심하다.

③ 예방대책
    ㉠ 오동나무는 피소에 대한 해를 많이 받기 때문에 서쪽에 식재를 피한다.
    ㉡ 가로수나 정원수는 해가림을 하고, 수간에 석회유나 점토 등으로 칠하거나 짚이나 새끼 등으로 감아서 보호한다.

(2) 한해(旱害, 가뭄해)

① 기온이 높고 햇빛이 강한 여름철에 토양의 수분이 결핍되어 일어나는 현상으로 토양의 수분 부족으로 인해 원형질 분리현상이 일어나 고사한다.

② 피해수종 : 습지성 식물인 은백양, 오리나무, 버드나무, 들메나무 등

③ 예방대책

    ㉠ 묘포 : 파종 후 짚으로 덮어 수분의 증발을 방지하고, 해가림을 설치한다.

    ㉡ 임목 : 식재 시 깊게 묻고, 지피물을 보호하며, 경사지에 수평구를 설치한다.

(3) 열해

① 열해는 수목이 고온(지표면의 온도가 50℃까지 상승) 즉 뜨거운 열에 의해 받는 피해이다.

② 피해수종

구분	내용
열해에 강한 수종	양수인 소나무, 해송, 측백 등
열해에 약한 수종	내음성이 강한 전나무, 가문비나무, 편백나무, 화백 등

③ 예방대책

    ㉠ 해가림을 설치하거나 남서쪽에 수림대를 조성하여 보호한다.

    ㉡ 볏짚 등을 덮어 토양을 피복처리함으로써 지표의 고온화를 완화시킨다.

② 저온에 의한 피해 중요 ★★☆

(1) 한상(寒傷)

식물체의 세포 내에 결빙현상은 일어나지 않으나, 한랭으로 생활기능에 장해를 받는 것이다. 즉, 임목이 0℃ 이상의 낮은 기온에서 피해를 입는다.

(2) 동해(凍害)

식물체가 추위에 의해 세포막벽 표면에 결빙현상이 일어나 원형질이 분리되어 고사하는 현상을 말한다.

(3) 상해(서리해)

① 서리해에 의한 피해

구분	내용
조상(早霜)	늦가을 휴면에 들어가기도 전에 급하강한 기온에 의해 받게 되는 피해(이른 서리의 해)
만상(晚霜)	• 이른 봄 식물이 활동을 개시하였다가 서리가 내려 피해를 받는 것(늦서리의 해) • 만상을 받기 쉬운 수종 : 낙엽송, 오리나무류, 자작나무류 등
상륜(霜輪)	수목이 만상으로 생장이 일시정지되었다가 다시 자라나 1년에 2개의 나이테가 생기는 현상

② 만상의 예방

구분	내용
묘포	방풍림을 조성하고 배수를 양호하게 하며 늦서리의 피해가 있는 수종은 파종을 늦게 한다.
조림지	• 조림수종 및 품종의 선택에 유의한다(내한성). • 습지에서는 배수구를 설치한다. • 일찍 발아하는 것은 음지에 가식하여 늦게 발아시킨다.

③ 상해에 의한 피해 정도 중요 ★★☆

구분	내용
수종	유지함량이 낮고, 전분함량이 높을수록 피해가 크다.
날씨	바람이 없는 맑은 날, 새벽에 피해가 크다.
수령	유령림이 장령림보다 피해가 크다.
지형	습기가 많은 저지대, 계곡 사이, 분지 등이 피해가 크다.
방위	북면이 남면보다 피해가 크다.

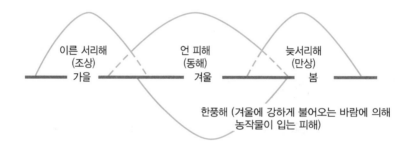

[동해 및 상해의 발생시기]

(4) 상렬

① 나무의 수액이 얼어서 부피가 증대되어 수간의 외층이 수축 및 팽창으로 줄기가 세로로 갈라지는 현상이다.

② 침엽수보다 활엽수에서 더 많이 발생하며, 껍질이 연한 포플러나 참나무류에서 많이 발생한다.

③ 상종(相從)은 봄에 아물고 겨울에 다시 터지고를 반복하여 그 부분이 두드러지게 비대생장하는 것이다.

④ 예방법 : 수간이 주풍에 직접 노출되는 것을 피하고 북쪽의 임연에 추위에 저항성이 높은 수종으로 방풍림을 조성한다.

(5) 상주(서릿발)

① 토양 중의 수분이 모세관현상으로 지표면으로 올라왔다가 저온으로 인하여 얼게 되고 이것이 반복되어 얼음기둥이 위로 점차 올라오게 되는 현상이다.(남부지방에서 잘 발생한다)

② 수분을 많이 함유한 점토질토양에서 자주 발생하기 때문에 사질토토양을 섞어 토질을 개선해 준다.

③ 뿌리가 얕은 천근성 수종의 치수가 서릿발 피해를 받기 쉽다.(심근성 치수는 안전하다)

④ 어린묘목은 토양수분의 변화로 뽑히게 된다.

⑤ 상주 방제방법 중요 ★☆☆

ㄱ 묘포 피해지에서는 사질토 또는 유기질토양을 섞어서 토질을 개량한다.

ㄴ 다습한 곳은 파종상을 높게 하고 배수를 양호하게 하며 식재조림을 실시한다.

ㄷ 묘포의 상면을 15cm 정도로 높여 다습을 막거나, 묘포 사이에 낙엽, 짚, 왕겨 등을 덮어 지면의 냉각을 막는다.

3 바람에 의한 피해

(1) 주풍(상풍)

① 항상 규칙적으로 풍속이 10~15m/sec 정도로 한쪽으로만 부는 바람을 말한다.

② 주풍을 받는 임연부(숲 가장자리)에 저항성이 큰 수종이 효과적이다.

※ 해안지역에서는 해송(곰솔)이 적당한 수종이다.

③ 임목은 주풍방향으로 구부러지며, 나무줄기 밑이 편심생장을 하여 타원형이다.

※ 편심생장 : 바람의 영향으로 중심이 한쪽으로 치우쳐 형성층의 분열이 불균형하게 이루어져 결과적으로 연륜의 중심이 한쪽으로 치우치는 직경생장을 한다.

④ 주풍의 피해로는 임목의 생장량이 감소하고 수형을 불량하게 한다.

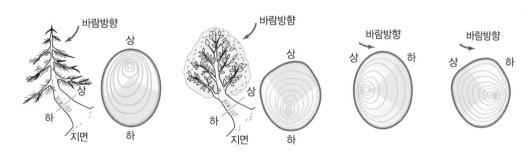

a. 침엽수(상방편심)   b. 활엽수(하방편심)   a. 침엽수(상방편심) b. 활엽수(하방편심)

[경사면인 경우]   [평지인 경우]

(2) 폭풍

① 바람의 속도가 29m/sec 이상인 것으로 강우를 동반하기도 한다.(7~8월에 많이 발생)

② 방제방법 : 혼효식재하며 개벌은 소면적 대상으로 벌채하고 갱신은 폭풍의 반대방향부터 진행한다.

③ 방풍림 조성 중요 ★☆☆

  ㉠ 심근성 수종을 10~20m의 폭으로 풍향에 직간인 띠 모양으로 길게 조성한다.

  ㉡ 바람이 부는 방향으로는 수고의 15~20배까지 방풍효과가 있다.

  ㉢ 수종은 심근성이고 가지가 밀생하며, 생장이 빠른 것이 좋다.

④ 임목의 내풍성 정도

구분	수종
바람에 강한 나무	소나무, 해송, 참나무류, 느티나무류
바람에 약한 나무	삼나무, 편백, 포플러, 사시나무, 자작나무

(3) 조풍(염풍)

① 소금기를 가지고 바다에서 불어오는 바람으로 염풍이라고도 한다.

② 이 바람은 잎 앞뒷면의 기공으로 침입하여 생리작용에 해를 끼치며 원형질 분리를 일으킨다.

③ 식물은 염분 0.5% 이상의 농도에서 임목생육에 피해를 받는다.

④ 상록활엽수가 낙엽활엽수보다 조풍에 대한 저항력이 크다.

⑤ 임목의 내염성 정도

구분	수종
조풍에 강한 나무	팽나무, 돈나무, 사철나무, 자귀나무, 향나무, 해송(곰솔) 등
조풍에 약한 나무	소나무, 삼나무, 전나무, 사과나무, 벚나무, 편백나무, 화백 등

⑥ 사구림 조성 : 해안가에 해풍을 막기 위해 조성하는 숲

4 눈에 의한 피해

(1) 설해의 특징

① 눈 자체의 중량보다는 습윤한 점착력이 커서 지엽 위에 퇴적하여 피해가 발생한다.

② 설해는 한지보다 난지에서, 엄동기보다는 이른 봄에 많이 발생한다.

③ 침엽수는 일반적으로 수관으로 눈을 받는 양이 많고 천근성인 것이 많아 피해가 크다.

④ 낙엽수는 겨울에 잎이 떨어지므로 눈을 받는 양이 적어 피해가 적다.

⑤ 동령단순림을 피하고, 혼효림과 택벌림을 설정하여 설해를 예방한다.

동식물에 의한 피해

1 동물에 의한 피해

(1) 조류에 의한 피해

① 과실을 가해하는 것 : 어치, 물까치, 동박새, 산비둘기, 제주직박구리 등

② 묘포의 종자를 가해하는 것 : 참새, 할미새 등

③ 임목에 구멍을 뚫는 것 : 딱따구리

④ 군집하여 임목을 고사시키는 것 : 백로, 왜가리, 가마우지 등

⑤ 임목의 어린순을 해치는 것 : 산까치, 박새 등

(2) 포유류에 의한 피해 중요 ★☆☆

① 산림의 피해는 대형동물보다는 몸집이 작고 번식력이 강한 소형동물에 의해 많이 발생한다.

② 종류 : 산토끼, 다람쥐, 두더지, 들쥐, 고라니 등

2 식물에 의한 피해

임목을 감아서(만경목) 피해를 주고, 수관을 덮어 발육에 장해를 입히므로 발아 후 시일이 경과되지 않도록 어릴 때 방제해야 한다.

> 🌱 **TIP**
>
> 동식물 및 미생물에 의한 수목의 산림피해
> • 임업에서는 대형동물보다는 소형동물에 의한 피해가 더 크다.
> • 조류와 산림의 관계는 복잡하지만 대개 유익한 경우가 더 많다.
> • 풀베기는 여름 삼복(三伏) 중에 하는 것이 효과적이다.
> • 유용미생물이 사멸될 수 있으므로 묘포의 퇴비는 충분히 발효된 것을 사용한다.

대기오염에 의한 피해

1 대기오염물질의 종류와 피해

(1) 아황산가스(SO_2)에 의한 피해

① 대기오염의 가장 대표적인 유해가스이며 기공으로 흡수된 SO_2의 대부분은 황산과 황산염, 질산염으로 되어 피해를 준다.

② 피해증상

　　㉠ 광합성 속도가 크게 감소하고 경엽이 퇴색한다.

　　㉡ 소나무류에서는 침엽이 적갈색으로 변한다.

　　㉢ 주로 성숙한 잎에 피해가 잘 나타나며 잎의 가장자리와 엽맥(잎맥) 간에 황화와 암녹색의 괴
　　　사를 일으킨다.

③ 토양이 산성인 경우 석회와 결합하여 중화시키며 석회 부족 시 연해가 심해진다.

④ 감수성 정도　중요 ★★☆

　　㉠ 감수성이 높은 수종 : 느티나무, 황철나무, 소나무, 층층나무, 들메나무, 자작나무 등

　　㉡ 감수성이 낮은 수종 : 은행나무, 무궁화, 향나무, 가시나무, 단풍나무, 동백나무 등

> 🌱 TIP
>
> 아황산가스에 대한 식물의 감수성
> • 온도 : 식물은 5℃ 이하(겨울철)에서 아황산가스에 대한 저항성이 높아진다.
> • 광도 : 암흑에서는 아황산가스에 대한 저항성이 매우 크다.
> • 상대습도 : 습도가 높아지면 아황산가스에 대한 감수성은 높아진다.
> • 영양원 : 영양분이 결핍된 곳에서 자란 식물의 감수성이 매우 높아진다.
> ※ 대기오염에 따른 수목의 피해는 온도↑, 광도↑, 상대습도↑ 피해가 더 커진다.

(2) 이산화질소(NO_2)에 의한 피해

① 대기 중에서 일산화질소가 산화되어 형성된 2차 대기오염물질이다.

② 잎의 표면에 물이 스며 들어간 것 같은 수침상의 반점증상이 발생한다.

(3) 오존(O_3)에 의한 피해

① 대기 중에 배출된 질소산화물과 휘발성 유기화합물이 산화되어 형성된 2차 대기오염물질이다.

② 새잎보다 오래된 잎에서 피해가 잘 발생한다.

③ 오존에 특히 약한 수종 : 아왜나무

(4) PAN에 의한 피해

① 대기 중에서 질소산화물과 탄화수소류 등이 햇빛과 반응하여 생성된 2차 대기오염물질이다.

② 피해증상은 반드시 광선에 노출될 때 발생한다.

> 🌱 TIP
>
> 산화작용에 의한 오염물질
> 이산화질소(NO_2), 오존(O_3), PAN, 염소(Cl_2)

(5) 불화수소(HF)에 의한 피해

① 알루미늄 전해공장이나 인산질 비료공장에서 배출되어 피해를 준다.

② 식물의 원형질과 엽록소 등을 분해하여 세포를 괴사시킨다.

③ 주로 어린잎이나 새잎에 피해를 일으킨다.

② 대기오염(연해)의 감정 중요 ★☆☆

(1) 육안적 관찰법

① 대기오염피해를 받은 나무는 반드시 나무의 끝부분부터 피해를 받아 피해가 수관의 하부로 내려온다.

② 묵은 잎부터 순차적으로 떨어진다.

③ 회녹색의 연반으로 시작해 갈색 또는 적갈색으로 변한다.

(2) 현미경적 관찰법

① 기공의 공변세포에 적갈색의 변화가 생긴다.

② 나무의 피목(皮目)이 갈색으로 변한다.

③ 엽록체가 회색 또는 회백색으로 표백된다.

④ 도관부 주변에 수산석회의 결정이 형성된다.

(3) 지표식물(검지식물)을 이용한 감정

① 연해에 감수성이 높은 지표식물을 연해가 있는 곳에 심어 놓고 이들의 반응을 관찰하는 방법이다.

② 대기오염(연해)에 민감한 지표식물

    ㉠ 침엽수 : 소나무, 전나무, 낙엽송 등

    ㉡ 활엽수 : 밤나무, 느티나무, 사과나무 등

    ㉢ 작물 : 메밀, 참깨, 담배, 개여뀌, 나팔꽃, 이끼류 등

(4) 화학적 분석법

① 연해를 받은 잎과 전혀 받지 않은 잎의 황함량을 비교하여 감정하는 방법이다.

② 피해 잎은 잎에서 "황"이 다량 검출된다.

(5) 대기오염에 대한 내성에 따른 분류 중요 ★★☆

구분	수종
강한 수종	은행나무, 향나무, 노간주나무, 비자나무, 벚나무, 사철나무, 동백나무, 단풍나무, 향나무 등
약한 수종	소나무, 전나무, 낙엽송, 밤나무, 느티나무, 느릅나무, 층층나무, 팽나무 등

※ 연해 : 대기 중에 발생하는 오염물질에 의한 식물의 피해

연해(煙害)에 저항성이 가장 강한 나무는?

① 소나무　　　　　　　　② 밤나무
③ 노간주나무　　　　　　④ 전나무

답 ③

3 대기오염에 의한 수목의 내연성 특징 중요 ★★★

(1) 수종

보통 침엽수가 활엽수보다 연해에 약하며, 활엽수 중에서도 상록수가 강하다.

(2) 수령

유령림과 노령림이 연해에 약하며, 장령림이 강하다.

(3) 임상

교림이 피해가 가장 심하고 중림이 다음이고 왜림이 가장 안전하다.

(4) 위치

연원이 가까운 곳에서는 능산부보다 계곡부에 피해가 크며, 연원으로부터 먼 곳에서는 바람을 타고 능선으로 퍼져 가 능선부에 피해가 심하다.

(5) 기후상태

① 비옥한 토양에서 자란 임목들이 피해가 적다.
② 석회가 부족한 곳에서 연해의 피해가 크다.
③ 기온이 높고 날이 맑을 때 피해가 크다.
④ 밤보다 낮, 겨울철보다 여름철에 피해가 크다.

4 대기오염의 방제

(1) 일반적 방제법

① 석회를 사용하여 아황산가스를 흡수, 중화시킨다.
② 역으로 유해가스(아황산가스)의 농도를 오히려 높여서 화학재료(황산)로 사용한다.
③ 유리 제조 시 황산염 대신 나트륨을 사용한다.
④ 매연흡착장치를 연도에 설치하게 한다.

⑤ 연도에 공기 또는 무해가스를 보내어 희석한다.

⑥ 파이프장치로 유해가스를 계곡이나 해변으로 배출시킨다.

⑦ 공해업소의 굴뚝높이는 100m 이상으로 설치한다.

(2) 임업적 방제법 중요 ★☆☆

① 대기오염에 대한 저항성과 맹아력이 강한 수종으로 조림한다.

② 연해의 염려가 있는 곳에서는 교림보다는 중림 또는 왜림으로 조림한다.

③ 한번에 넓은 면적을 개발하는 것을 피하고, 침엽수와 활엽수를 혼식한다.

④ 토양관리에 힘써야 하며, 특히 석회질비료를 주어야 한다.

⑤ 내연성이 강하고, 여러 번 이식을 한 대묘를 조림한다.

SECTION 05 ─ 환경오염에 의한 피해

1 산성비

① 대기 중에 방출된 산성물질들이 강우와 함께 내리는 pH 5.6 이하의 비를 의미한다.

② 산성비의 원인물질은 주로 이산화황(SO_2) 또는 질소산화물(NO_x)이다.

③ 빗물에 녹아 있는 질산염이 잎에 흡수되면 잎 속의 양분을 용탈시킨다.

2 지구온난화

태양열이 지구에 투시되고 반사되는 과정에서 온실가스가 반사열의 일부를 흡수하는 온실효과로 인해 대기의 기온이 상승하는 현상이다.

3 오존층 파괴 등에 의한 피해

① 오존층이란 성층권에 퍼져 있는 오존농도가 높은 대기의 층을 가리킨다.

② 태양으로부터의 자외선을 흡수하여 생태계를 보호함과 동시에 태양에너지를 흡수하여 성층권을 따뜻하게 함으로써 현재의 기후상태를 유지한다.

③ 오존층의 주요 파괴물질은 냉매나 스프레이의 프레온가스(CFCs)이다.

④ 오존층 파괴 시 피해

㉠ 식물의 엽록소 감소, 광합성작용의 억제, 식물의 성장부진이다.

㉡ 산림이 고사하고 농작물의 수확량이 감소한다.

01장 적중예상문제

01 최근에는 산불이 발생하면 임 내에 가연물이 많아 대형화되는 경우가 많다. 최근까지 조사된 산불원인 중 산불발생빈도가 가장 높은 것은?

① 어린이 불장난   ② 성묘객의 실화

③ 입산자의 실화   ④ 논, 밭두렁 소각

● 해설

산불의 원인

입산자의 실화 > 논 · 밭두렁 소각 > 담뱃불 실화 > 쓰레기 소각

02 최근에 산불이 발생하면 임 내에 가연물이 많아 대형화되는 경우가 많다. 1990년대부터 2003년까지 조사된 산불원인 중 산불발생빈도가 가장 높은 것은?

① 어린이 불장난   ② 성묘객의 실화

③ 입산자의 실화   ④ 논, 밭두렁 소각

● 해설

등산객 등의 부주의로 발생하는 초기단계의 불로 가장 흔하게 일어나는 산불이다.

03 산불발생에 대한 설명으로 틀린 것은?

① 활엽수보다 침엽수에서 산불이 일어나기 쉽다.

② 양수는 음수에 비하여 산불의 위험성이 높다.

③ 나이가 많은 큰 나무 숲이, 어리고 작은 숲보다 산불의 위험도가 크다.

④ 3~5월의 건조 시에 산불이 가장 많이 일어난다.

● 해설

수령

• 수령이 낮은 임분일수록 주변에 잡초가 많고 수고가 낮아 산불이 발생하면 대부분 전소한다.

• 노령림은 지하고가 높아 지표화를 통해 수관화로 번지기가 어렵다.

04 산불에 관한 설명 중 틀린 것은?

① 골짜기는 산줄기보다 피해가 적다.

② 교림은 왜림보다 피해가 적다.

③ 혼효림은 단순림보다 피해가 적다.

④ 동북면은 남서면보다 피해가 적다.

● 해설

왜림은 대부분이 활엽수종으로 침엽수종보다 연소하는 일이 없고 맹아력이 강해 피해가 적다.

05 다음 산림화재 중에서 가장 흔히 일어나는 산불은?

① 지중화   ② 지표화

③ 수관화   ④ 수간화

● 해설

지표화

지표에 쌓여 있는 낙엽과 지피물, 지상관목, 갱신치수, 건초 등이 불에 타는 화재로, 산불 중에서 가장 흔히 일어나는 산불이다.

06 바람에 의하여 비화하는 현상은 어느 종류의 산불에서 가장 많이 발생하는가?

① 수관화   ② 수간화

③ 지표화   ④ 지중화

수관화
- 나무의 윗부분에 불이 붙어 연속해서 수관을 태워 나가는 불로, 우리나라에서 발생하는 대부분의 산불이 여기에 속한다.
- 산불 중에서 가장 큰 피해를 주며 한번 발생하면 진화하기 어렵다.
- 보통 산 정상을 향해 바람을 타고 올라가며, 바람이 부는 방향으로 V자 모양이다.
- 수관화 발생은 상대습도(관계습도)가 25% 이하일 때 잘 발생한다.
- 활엽수림보다 침엽수림에서 잘 발생한다.

07 산림화재에 대한 설명으로 틀린 것은?

① 지표화는 지표에 쌓여 있는 낙엽과 지피물·지상관목층·갱신치수 등이 불에 타는 화재이다.
② 수관화는 나무의 수관에 불이 붙어서 수관에서 수관으로 번져 타는 불을 말한다.
③ 지중화는 낙엽층의 분해가 더딘 고산지대에서 많이 나며, 국토의 약 70%가 산악지역인 우리나라에서 특히 흔하게 나타나고, 피해도 크다.
④ 수관화는 나무의 줄기가 타는 불이며, 지표화로부터 연소되는 경우가 많다.

지중화
- 한랭한 고산지대나 낙엽이 분해되지 못하고 깊게 쌓여 있는 고위도지방 등에서 발생한다.
- 지하의 이탄질 또는 연소하기 쉬운 유기퇴적물이 연소하는 불로 한번 불이 붙으면 오랫동안 연소한다.
- 우리나라에서는 거의 발생하지 않는다.

08 다음 중 수관화 발생은 상대습도(관계습도)가 얼마일 때 가장 발생하기 쉬운가?

① 25% 이하   ② 30~40%
③ 50~60%   ④ 60% 이상

수관화 발생은 상대습도(관계습도)가 25% 이하일 때 잘 발생한다.

09 내화성이 강한 수종으로 짝지은 것이 아닌 것은?

① 은행나무, 굴거리나무
② 삼나무, 녹나무
③ 잎갈나무, 가중나무
④ 피나무, 황벽나무

수목의 내화력

수목	내화력이 강한 수종	내화력이 약한 수종
침엽수	은행나무, 개비자나무, 대왕송, 분비나무, 낙엽송, 가문비나무 등	소나무, 해송(곰솔), 삼나무, 편백나무 등
상록활엽수	아왜나무, 황벽나무, 동백나무, 사철나무 등	녹나무, 구실잣밤나무 등
낙엽활엽수	상수리나무, 굴참나무, 고로쇠나무, 피나무, 고광나무, 가죽나무, 참나무 등	아까시나무, 벚나무, 벽오동나무 등

10 산불에 대해 내화력이 가장 약한 수종은?

① 삼나무   ② 동백나무
③ 은행나무   ④ 고로쇠나무

11 다음 중 내화력에 가장 강한 수종은?

① 은행나무   ② 소나무
③ 밤나무   ④ 전나무

12 다음 중 방화림조성용으로 가장 적합한 수종은?

① 삼나무   ② 소나무
③ 참나무류   ④ 녹나무

코르크층이 두꺼운 굴참나무, 상수리나무는 산불에 강하며 산불피해 후 맹아력도 우수하다.

13 산불진화방법에 대한 설명으로 옳지 않은 것은?

① 불길이 약한 산불 초기는 화두부터 안전하게 진화한다.

② 직접, 간접법으로 끄기 어려울 때 맞불을 놓아 끄기도 한다.

③ 물이 없을 경우 삽 등으로 토사를 끼얹는 간접소화법을 사용할 수 있다.

④ 불길이 강렬하면 소화선을 만들어 화두의 불길이 약해지면 끄는 간접소화법을 쓴다.

● 해설

물이 없을 경우 삽 등으로 토사를 끼얹는 방법은 잔불정리작업에 속한다.

14 경사가 급하고 구릉지가 많은 지형에서 연소방향 반대사면의 어느 곳이 불을 끌 수 있는 가장 좋은 장소인가?

① 8~9부 능선   ② 5부 중선

③ 산복부 부근   ④ 계곡 부근

● 해설

능선 반대사면의 8~9부 능선에서 화세가 약해지는 경향이 있어 불을 끌 수 있는 가장 좋은 장소이다.

15 다음 설명들은 산림 내의 낙엽을 채취하게 됨으로써 나타나는 피해이다. 거리가 가장 먼 것은?

① 낙엽채취는 산불발생의 주요 원인이 된다.

② 낙엽채취는 토양의 양분을 약탈한다.

③ 낙엽채취는 생태계의 균형을 깨뜨린다.

④ 낙엽채취는 회복하기 어려운 산림의 황폐화를 초래한다.

● 해설

지피물의 채취

• 낙엽채취는 토양 유일의 공급원인 양분을 약탈하는 것이다.

• 낙엽채취는 생태계 파괴 및 임지의 황폐화를 초래한다.

16 산림에 발생한 산불 중 방화로 보는 산불은 어느 경우인가?

① 모닥불의 부주의

② 제탄설비의 불완전

③ 고압 송전선의 누전

④ 쥐불의 연소 또는 기우 등 미신

17 볕데기에 대한 설명으로 옳지 않은 것은?

① 남서방향 임연부의 고립목에 피해가 나타나기 쉽다.

② 오동나무나 호두나무처럼 코르크층이 발달하지 않은 수종에서 자주 발생한다.

③ 강한 복사광선에 의해 건조된 수피의 상처부위에 부후균이 침투하여 피해를 입는다.

④ 토양의 온도를 낮추기 위한 관수나 해가림 또는 짚을 이용한 토양피복 등의 처리를 하는 것이 좋다.

● 해설

㉠ 피소(껍질데기, 볕데기)

수간이 태양광선을 받았을 때 수피의 일부에 급격한 수분증발이 생겨 형성층이 파괴되고 수피가 말라죽는 현상

㉡ 예방대책

• 오동나무는 피소에 대한 해를 많이 받기 때문에 서쪽의 식재를 피한다.

• 가로수나 정원수는 해가림을 하고, 수간에 석회유나 점토 등으로 칠하거나 짚이나 새끼 등으로 감아서 보호한다.

18 볕데기(皮燒)의 피해를 가장 덜 받는 수종은?

① 오동나무   ② 후박나무

③ 굴참나무   ④ 가문비나무

● 해설

굴참나무, 상수리나무 등은 수피가 거칠고 코르크 등이 많이 발달하여 피해를 덜 받는 수종이다.

19 한해의 피해를 경감하는 방법으로 옳은 것은?

① 낙엽과 기타 지피물을 제거한다.
② 묘목을 얕게 심는다.
③ 평년보다 파종 등 육묘작업을 늦게 한다.
④ 관수가 불가능할 때에는 해가림, 흙깔기 등을 한다.

해설

한해(가뭄해)

기온이 높고 햇빛이 강한 여름철에 토양의 수분이 결핍되어 일어나는 현상으로, 토양의 수분 부족으로 인해 원형질 분리현상이 일어나 고사한다.

• 묘포 : 파종 후 짚으로 덮어 수분의 증발을 방지하고, 해가림을 설치한다.
• 임목 : 식재 시 깊게 묻고, 지피물을 보호하며 경사지에 수평구를 설치한다.

20 다음은 한상(寒傷)에 대한 설명이다. 바르게 설명한 것은?

① 식물체의 조직 내에 결빙현상은 발생하지 않지만 저온으로 인해 생리적으로 장애를 받는 것을 말한다.
② 한상은 온대식물이 피해를 받기 쉽다.
③ 저온으로 인해 식물체 조직 내에 결빙현상이 발생하여 식물체를 죽게 하는 것을 말한다.
④ 한겨울 밤 수액이 저온으로 인해 얼면서 부피가 증가할 때 수간이 갈라지는 현상을 말한다.

해설

한상(寒傷)

식물체의 세포 내에 결빙현상은 일어나지 않으나, 한랭으로 생활기능에 장애를 받는 것이다. 즉, 임목이 0℃ 이상의 낮은 기온에서 피해를 입는다.

21 저온에 의한 나무의 피해는 지형과 방위에 따라 차이가 많이 난다. 다음 지형 중 피해가 가장 많은 지형은 어느 곳인가?

① 습기가 많은 낮은 지역이나 분지
② 바람이 잘 통하는 평탄한 곳
③ 북풍을 막아 주는 남향의 지형
④ 계곡이 아닌 햇볕이 잘 드는 곳

해설

상해에 의한 피해 정도

구분	내용
수종	유지함량이 낮고, 전분함량이 높을수록 피해가 크다.
날씨	바람이 없고 맑은 날, 새벽에 피해가 크다.
수령	유령림이 장령림보다 피해가 크다.
지형	습기가 많은 저지대, 계곡 사이, 분지 등이 피해가 크다.
방위	북면이 남면보다 피해가 크다.

22 다음 중 어린묘목이 토양수분의 변화로 뽑히게 되는 것을 가리키는 것은?

① 열공   ② 피소
③ 상주   ④ 상렬

해설

상주

• 토양 중의 수분이 모세관현상으로 지표면으로 올라왔다가 저온으로 인하여 얼게 되고 이것이 반복되어 얼음기둥이 위로 점차 올라오게 되는 현상이다. (남부지방에서 잘 발생한다)
• 수분을 많이 함유한 점토질토양에서 자주 발생하기 때문에 사질토토양을 섞어 토질을 개선해 준다.
• 뿌리가 얕은 천근성 수종의 치수가 서릿발 피해를 받기 쉽다. (심근성 치수는 안전하다)
• 어린묘목은 토양수분의 변화로 뽑히게 된다.

23 다음 중 묘상의 서릿발 피해를 막기 위한 방법으로 적당하지 않은 것은?

① 모래나 유기물을 섞어 토질을 개량한다.
② 배수를 좋게 하여 토양수분을 감소시킨다.
③ 점토질토양을 섞어 토질을 개선하여 준다.
④ 짚이나 왕겨 또는 낙엽 등으로 덮어 준다.

수분을 많이 함유한 점토질토양에서 자주 발생하기 때문에 사질토토양을 섞어 토질을 개선해 준다.

24 우리나라에서 발생하는 상주(서릿발)에 대한 설명으로 옳은 것은?

① 가장 추운 1월 중순에 많이 발생한다.
② 중부지방보다 남부지방에 잘 발생한다.
③ 토양함수량이 90% 이상으로 많을 때 발생한다.
④ 비료를 주어 상주 생성을 막을 수 있지만 질소비료는 가장 효과가 낮다.

25 주풍(계속적이고 규칙적으로 부는 바람)에 의한 피해로 가장 거리가 먼 것은?

① 수형을 불량하게 한다.
② 임목의 생장량이 감소한다.
③ 침엽수는 상방편심생장을 하게 된다.
④ 기공이 폐쇄되어 광합성 능력이 저하된다.

기공의 폐쇄 및 광합성 능력 저하와는 관련이 없다.

주풍
• 상풍이라고도 하며 10~15m/sec 정도로 한 쪽으로만 부는 바람을 말한다.
• 임목은 주풍방향으로 구부러지며, 나무줄기 밑이 편심생장을 하여 타원형이다.
※ 침엽수는 상방편심, 활엽수는 하방편심

26 바람의 피해를 막기 위한 방풍림에 대한 설명으로 가장 거리가 먼 것은?

① 방풍림의 너비는 10~20m를 보통으로 한다.
② 바람이 불어오는 쪽으로 수고의 30배까지 방풍효과가 있다.
③ 바람이 부는 방향으로는 수고의 15~20배까지 방풍효과가 있다.
④ 수종은 심근성이고 가지가 밀생하며, 생장이 빠른 것이 좋다.

방풍림 조성
• 심근성 수종을 10~20m의 폭으로 풍향에 직각인 띠 모양으로 길게 조성한다.
• 바람이 부는 방향으로는 수고의 15~20배까지 방풍효과가 있다.
• 수종은 심근성이고 가지가 밀생하며, 생장이 빠른 것이 좋다.

27 다음 중 염풍 또는 조풍에 저항성이 가장 강한 수종은?

① 곰솔   ② 벗나무
③ 삼나무   ④ 편백

임목의 내염성 정도

구분	수종
바람에 강한 나무	소나무, 해송, 참나무류, 느티나무류
바람에 약한 나무	삼나무, 편백, 포플러, 사시나무, 자작나무

28 뛰어난 번식력으로 인하여 수목피해를 가장 많이 끼치는 동물로 올바르게 짝지은 것은?

① 사슴, 노루   ② 곰, 호랑이
③ 산토끼, 들쥐   ④ 산까치, 박새

포유류에 의한 피해
• 산림의 피해는 대형동물보다는 몸집이 작고 번식력이 강한 소형동물에 의해 많이 발생한다.
• 종류 : 산토끼, 다람쥐, 두더지, 들쥐, 고라니 등

29 두더지의 피해형태에 대한 설명으로 가장 옳은 것은?

① 나무의 줄기 속을 파먹는다.
② 나무의 어린 새순을 잘라 먹는다.
③ 땅속에 큰 나무 뿌리를 잘라 먹는다.
④ 묘포에서 나무의 뿌리를 들어올려 말라 죽게 한다.

정답 24 ② 25 ④ 26 ② 27 ① 28 ③ 29 ④

땅속을 돌아다니면서 묘목을 쓰러뜨리고 뿌리를 다치게 한다.

30 동식물 및 미생물에 의한 수목 및 산림피해에 대한 설명으로 틀린 것은?

① 유용미생물이 사멸될 수 있으므로 묘포의 퇴비는 충분히 발효되지 않은 것을 사용한다.
② 임업에서는 대형동물보다는 소형동물에 의한 피해가 더 크다.
③ 조류의 산림에 대한 관계는 복잡하지만 대개 유익한 관계인 경우가 더 많다.
④ 풀베기는 여름 삼복(三伏) 중에 하는 것이 효과적이다.

●해설
유용미생물이 사멸될 수 있으므로 묘포의 퇴비는 충분히 발효된 것을 사용한다.

31 아황산가스에 의한 피해가 아닌 것은?

① 증산작용이 쇠퇴한다.
② 잎의 주변부와 엽맥 사이 조직이 괴사한다.
③ 소나무류에서는 침엽이 적갈색으로 변한다.
④ 어린잎의 엽맥과 주변부에 백화현상이나 황화현상을 일으킨다.

●해설
아황산가스에 의한 피해
• 광합성 속도가 크게 감소하고 경엽이 퇴색한다.
• 소나무류에서는 침엽이 적갈색으로 변한다.
• 주로 잎에 피해가 잘 나타나며 잎의 가장자리와 엽맥(잎맥) 간에 황화와 괴사를 일으킨다.
• 어린잎보다는 성숙한 잎에서 발생하기 쉽다.

32 아황산가스에 대한 저항성이 가장 약한 수종은?

① 향나무
② 은행나무
③ 자작나무
④ 동백나무

●해설
감수성에 따른 분류
• 감수성이 높은 수종 : 느티나무, 황철나무, 소나무, 층층나무, 들메나무, 자작나무 등
• 감수성이 낮은 수종 : 은행나무, 무궁화, 향나무, 가시나무, 단풍나무, 동백나무 등

33 연해에 예민한 감수성을 갖고 있어 검지식물로 쓰이는 것은?

① 전나무
② 삼나무
③ 떡갈나무
④ 섬음나무

●해설
대기오염(연해)에 민감한 지표식물
• 침엽수 : 소나무, 전나무, 낙엽송 등
• 활엽수 : 밤나무, 느티나무, 사과나무 등
• 작물 : 메밀, 참깨, 담배, 개여뀌, 나팔꽃, 이끼류 등

34 유해가스에 예민한 수목은 피해를 받으면 비교적 선명한 증상을 나타내는 현상을 이용하여 대기오염의 해를 감정하는 방법은?

① 지표식물법
② 혈청진단법
③ 표징진단법
④ 코흐의 법칙

●해설
지표식물
연해에 감수성이 높은 지표식물을 연해가 있는 곳에 심어 놓고 이들의 반응을 관찰하는 방법이다.

35 다음 중 연해(煙害)에 견디는 힘이 가장 강한 수종은?

① 은행나무
② 소나무
③ 밤나무
④ 전나무

●해설
대기오염에 대한 내성에 따른 분류 **중요 ★★☆**

강약	수종
강한 수종	은행나무, 향나무, 노간주나무, 비자나무, 벚나무, 사철나무, 동백나무, 단풍나무, 향나무 등
약한 수종	소나무, 전나무, 낙엽송, 밤나무, 느티나무, 느릅나무, 층층나무, 팽나무 등

36 대기오염에 내성이 강한 수종끼리 묶인 것은?

① 해송, 개나리
② 향나무, 은행나무
③ 소나무, 녹나무
④ 붉가시나무, 층층나무

37 연해에 대한 임목의 피해정도를 표시한 것 중 옳지 않은 것은?

① 석회가 충분한 임지 > 석회가 부족한 임지
② 교림 > 왜림
③ 비옥지 > 척박지
④ 여름철 낮에 > 겨울철 밤에

●해설
석회가 부족한 곳에서 연해의 피해가 크다.

38 다음 중 대기오염의 임업적 방제법이 아닌 것은?

① 대기오염에 강한 수종으로 조림한다.
② 대면적의 개벌을 통하여 일시적인 조림을 한다.
③ 조림 시에는 혼효림을 조성한다.
④ 내연성이 강하고 여러 번 이식을 한 대묘를 조림한다.

●해설
임업적 방제법
• 대기오염에 대한 저항성과 맹아력이 강한 수종으로 조림한다.
• 연해의 염려가 있는 곳에서는 교림보다는 중림 또는 왜림으로 조림한다.
• 한번에 넓은 면적을 개발하는 것을 피하고, 침엽수와 활엽수를 혼식한다.
• 토양관리에 힘써야 하며, 특히 석회질비료를 주어야 한다.
• 내연성이 강하고, 여러 번 이식을 한 대묘를 조림한다.

39 연해의 방제방법 중 임업적 방제에 관한 설명으로 틀린 것은?

① 연해가 예상되는 곳은 숲을 교림으로 가꾼다.
② 갱신기에는 대면적개벌을 피한다.
③ 석회질비료를 시비하여 토양관리에 힘쓴다.
④ 폭 100m 정도로 여러 층의 방비림을 조성한다.

●해설
연해가 예상되는 곳은 택벌림, 중림, 왜림으로 산림을 갱신하고 혼효림(침엽수, 활엽수)을 조성한다.

40 다음 중 산성비와 관련된 설명으로 가장 거리가 먼 것은?

① pH 5. 6 이하의 비를 말한다.
② 주로 탄소산화물이 산성비를 일으키는 원인이다.
③ 빗물에 녹아 있는 수소이온은 토양 중의 Al, Fe, 중금속의 용해를 증가시킨다.
④ 빗물에 녹아 있는 질산염이 잎에 흡수되면 잎 속의 양분을 용탈시킨다.

●해설
산성비의 원인물질은 주로 이산화황(SO_2) 또는 질소산화물(NO_x)이다.

02장 수목병

SECTION 01 수목병의 원인

1 수목병의 일반

(1) 수목병의 개념

수목이 각종 병으로부터 침입을 받아 수목 본래의 형태나 생리기능에 이상이 생기는 현상으로 끊임없는 병원의 자극에 의해서 일어나는 장애의 과정이다.

(2) 수목병의 발생원인

구분	내용
병원	수목에 병을 일으키는 원인
병원체	병원이 생물 또는 바이러스일 때
병원균	병원이 세균 및 진균일 때
주인	병을 일으키는 주된 원인
유인	주인의 활동을 도와서 발병을 촉진시키는 환경요인
소인	기주식물이 병원에 의해 침해당하기 쉬운 성질
기주식물	병원체가 이미 침입하여 정착한 병든 식물

※ 병의 발생에 필요한 3가지 요인 : 환경, 기주식물, 병원체

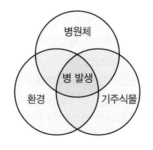

[병의 발생에 필요한 3가지 요인]

2 병원의 분류

구분	종류 및 원인
전염성	• 세균, 진균, 선충, 파이토플라스마(마이코플라스마), 바이러스, 바이로이드 등 • 생물성 병원에 의한 병은 진균(곰팡이)에 의한 것이 가장 많다.
비전염성	부적당한 토양조건, 부적당한 기상조건, 영양장애, 농기구 및 기계적 상해 등

(1) 세균(박테리아)

① 세균은 진균처럼 각피침입을 할 능력이 없기 때문에 상처 또는 자연개구부(기공, 수공, 피목, 밀선)를 통해 침입한다.

② 세균에는 실모양, 공모양, 부정형 등이 있으며 대부분의 식물 병원 세균은 막대모양의 간상형(간균)이다.

③ 광학현미경으로 관찰이 가능하다.

④ 수병 : 뿌리혹병, 밤나무눈마름병, 불마름병 등

(2) 진균(사상균, 곰팡이) 중요 ★★☆

① 진균은 자체적으로 물리적 무기(균사)를 사용하여 수목의 방어기작을 뚫고 침입하여 식물체 내에 정착하거나 자연개구부, 상처를 통해 침입한다.

② 개체를 유지하는 영양체와 종족을 보존하는 번식체로 구분한다.

㉠ 영양체 : 부착기를 형성하여 흡기를 세포 안에 박고 영양분을 섭취한다.

㉡ 번식체 : 영양체인 균사체가 어느 정도 발육하면 담자체가 생기고 포자가 형성된다.

③ 진균의 분류

㉠ 격막의 유무, 포자의 종류와 생성방법에 따라 구분한다.

종류	특징
조균류	격막이 없고, 다핵이 존재
자낭균류	• 격막이 있고, 균류 중 가장 많은 종 • 무성생식(불완전세대)으로 분생포자를, 유성생식(완전세대)으로 자낭포자를 생성 • 수병 : 그을음병, 흰가루병, 잎떨림병, 탄저병 등
담자균류	• 격막이 있고 유성생식하여 담자포자를 만드는 균 • 수병 : 녹병균(녹병포자, 녹포자, 여름포자, 겨울포자, 담자포자)
불완전균류	• 격막이 있고 무성생식(분생포자)만으로 세대를 이루는 균류 • 유성생식 세대가 알려져 있지 않아 편의상 분류된 균류

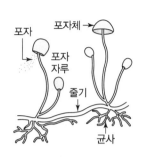

[진균의 구조]

a. 분생포자

[자낭균류]

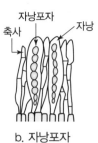

a. 분생포자　　b. 자낭포자

[담자균류]

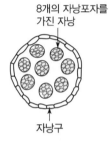

8개의 자낭포자를 가진 자낭

자낭구

a. 자낭구

b. 자낭반

c. 자낭각

[자낭의 여러 가지 형태]

ⓒ 진균의 수목병

종류	수목의 병명
조균류	모잘록병, 밤나무잉크병
자낭균류	소나무잎떨림병, 리지나뿌리썩음병, 잣나무잎떨림병, 낙엽송가지끝마름병, 낙엽송잎떨림병, 밤나무줄기마름병, 벚나무빗자루병, 흰가루병, 그을음병
담자균류	소나무잎녹병, 소나무혹병, 잣나무털녹병, 향나무녹병, 포플러잎녹병, 아밀라리아뿌리썩음병
불완전균류	삼나무붉은마름병, 오리나무갈색무늬병, 오동나무탄저병, 푸사리움가지마름병

기출

다음 중 담자균류에 의한 수병은?

① 소나무혹병　　　　　　　　② 밤나무줄기마름병
③ 그을음병　　　　　　　　　④ 오동나무탄저병

풀이　• 자낭균류 : 밤나무줄기마름병, 그을음병
　　　• 불완전균류 : 오동나무탄저병

답 ①

(3) 선충

① 식물에 기생하여 전염병을 일으키는 동물성 병원체이다.

② 길고 가느다란 실 같은 모양이다.(몸 길이가 평균 1mm 내외)

③ 구침으로 식물의 조직을 뚫어 즙액을 흡즙한다.

④ 수병 : 뿌리썩이선충병, 소나무재선충병(소나무시들음병)

(4) 바이러스 중요 ★☆☆

① 인공배양 및 증식이 안 되며 살아 있는 세포 내에서만 증식이 가능하다.

② 세균처럼 스스로 식물체에 감염을 일으키지 못 하며, 매개생물이나 상처부위를 통해서만 감염이 가능하다.

③ 일종의 핵단백질로 구성된 병원체로 전자현미경으로만 관찰 가능하다.

④ 수병 : 포플러모자이크병, 아까시나무모자이크병(매개충 : 복숭아혹진딧물)

(5) 파이토플라스마(마이코플라스마)

① 감염식물의 체관부에만 존재하여 식물의 체관부를 흡즙하는 곤충류에 의해 매개된다.

② 바이러스와 세균의 중간에 위치한 미생물로 원형 또는 타원형이다.

③ 테트라사이클린(Tetracycline)계의 항생물질로 치료 가능하다.

④ 수병 : 오동나무빗자루병, 대추나무빗자루병, 뽕나무오갈병 등

3 병징과 표징

(1) 병징(Symptom)

① 병징이란 병에 의해 식물조직에 형태와 색의 변화로 나타나는 눈에 보이는 외형적 이상증상을 말한다.

② 병든 식물 자체의 조직변화이다.(색깔의 변화(변색), 천공, 위조, 괴사, 비대)

③ 세균병의 병징

세균이 식물에 대해 병을 일으키는 과정은 보통 상처 또는 자연개구를 통해 이루어지며 무름병, 점무늬병(잎마름병), 시들음병, 세균성 혹병 등이 있다.

④ 바이러스병의 병징

바이러스병에 감염되면 일반적으로 식물의 성장이 감소하여 식물 전체가 왜소 및 위축된다.

> 🌱 TIP
>
> 병징은폐
> 어떤 한계 온도 이상 또는 이하에서는 바이러스를 지니고 있음에도 병징이 나타나지 않고 은폐되는 것

(2) 표징(Sign)

① 기생성병의 병환부에 병원체 그 자체가 나타나서 병의 발생을 직접 표시하는 것으로 병원체가 진균일 때는 표징이 잘 나타난다.

② 비전염성병이나 바이러스, 마이코플라스마에 의한 병은 병징만 나타나고 표징을 기대하기 어렵다.

③ 표징의 종류 중요 ★☆☆

구분	내용
병원체의 영양기관	균사, 균핵, 자좌, 부착기, 발아관 등
병원체의 번식기관	포자, 분생포자, 병자, 자낭, 세균점괴, 버섯(자실체), 포자각 등

SECTION 02 수목병의 발생과 진단

1 수목병의 발생

(1) 병원체의 침입 중요 ★☆☆

① 상처를 통한 침입

㉠ 세균, 진균, 바이러스, 파이토플라스마 등은 상처를 통해서만 침입한다.

㉡ 종류 : 밤나무줄기마름병균, 포플러 줄기마름병균, 근두암종병균 등

② 각피로 침입

㉠ 대부분의 균류(진균)포자는 발아관을 뻗어 부착기로 기주체 내로 침입한 뒤 양분을 섭취한다.

㉡ 잎이나 줄기 등 식물체 표면에 있는 각피나 뿌리의 표피를 병원체가 자기의 힘으로 뚫고 침입한다.

③ 자연개구부로 침입

㉠ 세균이나 진균은 식물체에 분포하는 자연개구부인 기공, 수공, 피목, 밀선 등으로 침입한다.

구분	내용
기공	• 잎 뒷면에 있는 작은 구멍으로, 식물체 내부와 외부 사이에 기체 교환이 일어나는 곳 • 기공침입 : 삼나무 붉은마름병균, 소나무 잎떨림병균 등
수공	잎 가장자리에 있는 수분을 배출하는 곳
피목	잎의 기공처럼 나무줄기의 공기통로가 되는 곳
밀선	꽃에서 당을 포함한 점액을 분비하는 곳

a. 기공침입   b. 수공침입   c. 피목침입   d. 밀선침입

[자연개구부의 침입위치]

(2) 병원체의 감염과 병환

① **감염** : 병원체가 수목에 침입하여 내부에 정착하고 수목으로부터 영양섭취가 이루어졌을 때를 말한다.

② **잠복기** : 병원체가 침입한 후 초기병징이 나타날 때까지 소요되는 기간이다.

③ **발병** : 병원체가 기주체 내로 확산되고 이에 반응하여 외관적으로 변색 또는 기형 등의 변화가 인식될 수 있을 정도가 되었을 때를 말한다.

④ **병환** : 기주식물에 형성된 병원체가 새로운 기주식물에 감염하여 병을 일으키고 병원체를 형성하는 일련의 연속적인 과정이다.

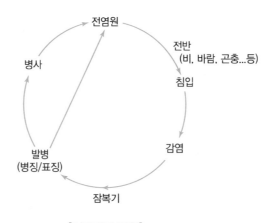

[식물병의 병환]

(3) 병원에 대한 식물의 성질

① **감수성** : 식물이 어떤 병에 걸리기 쉬운 성질

② **저항성** : 식물이 병원체의 작용을 억제하는 성질

③ **면역성** : 식물이 전혀 어떤 병에 걸리지 않는 성질

④ **회피성** : 식물이 병원체의 활동기를 피하여 병에 걸리지 않는 성질

⑤ **내병성** : 감염되어도 기주가 실질적인 피해를 적게 받는 경우

(4) 병원체의 월동

① 보통 병원체는 겨울의 저온에 대한 휴면에 들어가며 월동한 병원체는 봄에 활동을 시작하여 식물에 옮겨지고 제1차 감염을 일으켜 발병의 중심이 된다.

② 제1차 감염 이후 새로 발병한 환부에 형성된 전염원에 의해 일어나는 감염을 제2차 감염이라 한다.

③ 병원균의 월동장소 중요 ★☆☆

월동장소	병원균 종류
기주체 내 월동	잣나무털녹병균, 벚나무빗자루병균, 소나무잎녹병균
기주체 표면 월동	흰가루병균, 그을음병균
종자 내 월동	오리나무갈색무늬병균, 모잘록병균
기주수목의 죽은 조직 월동	낙엽송잎떨림병균
토양 내 월동	근두암종병균, 자줏빛날개무늬병균, 뿌리썩이선충류, 뿌리혹선충류

2 수목병의 전반

(1) 병원체의 전반

① 병원체가 여러 가지 방법으로 다른 지방이나 다른 식물체에 운반되는 것을 전반이라 한다.

② 병원체의 전반방법은 대부분이 수동적이다.

③ 병원체의 전반방법 중요 ★★☆

방법	특징
바람(풍매전반)	잣나무털녹병균, 밤나무줄기마름병균, 밤나무흰가루병균 ※ 밤나무흰가루병균의 특징 　－늦은 봄부터 늦가을까지 주로 묘목에 많이 발생한다. 　－잎의 뒷면에 표징이 나타나며, 어린 눈을 침해한다.
물(수매전반)	근두암종병균, 묘목의 잘록병균, 향나무적성병균
곤충(충매전반)	오동나무빗자루병, 대추나무빗자루병
토양	근두암종병균, 묘목의 잘록병균, 리지나 뿌리썩음병균
종자	• 오리나무갈색무늬병균(종자의 표면에 부착하여 전반되는 것) • 호두나무 갈색썩음병균(종자의 조직내에 잠재해서 전반되는 것)
묘목	잣나무털녹병균, 밤나무근두암종병균, 포플러모자이크병균

(2) 이종기생균

생활사를 완성하기 위해 녹병균과 같이 전혀 다른 두 종류의 식물을 옮겨가면서(기주교대) 생활하는 병원균이다.

① 중간기주 : 두 종의 기주식물 중 경제적 가치가 적은 쪽이다.

② 이종기생하는 녹병균 중요 ★★★

수병명	기주식물	
	녹병포자 · 녹포자세대(본기주)	여름포자 · 겨울포자세대(중간기주)
소나무잎녹병	소나무	황벽나무, 참취, 잔대, 등골나무
잣나무털녹병	잣나무	송이풀, 까치밥나무
소나무혹병	소나무	졸참나무, 신갈나무
향나무녹병(배나무붉은별무늬병)	배나무, 사과나무(중간기주)	향나무(여름포자세대가 없음)
포플러잎녹병	낙엽송, 현호색(중간기주)	포플러
전나무잎녹병	전나무	뱀고사리

🌱 TIP

녹병균의 특징
- 생활사 중 5가지 포자를 형성한다.(녹병포자, 녹포자, 여름포자, 겨울포자, 담자포자)
- 인공배양이 어렵고 비산으로 이동이 용이하다.
- 살아 있는 생물에만 기생한다.(순활물기생균)

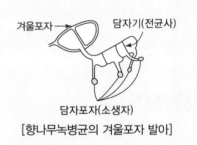

[향나무녹병균의 겨울포자 발아]

(3) 보균식물(보독식물)

병원균을 지니고 있으면서 장기간 또는 절대로 병징을 나타내지 않는 식물이다.

❸ 수목병의 진단

① 병든 식물을 정밀하게 조사하여 그 병의 원인을 탐색하고 정확한 병명을 결정하는 것을 진단(Diagnosis)이라고 한다.

② 병환부에는 병원균 외에 다른 미생물도 존재하므로 병환부에서 검출된 미생물은 KOCH의 원칙에 따라 증명한다.

③ 식물명에 대한 코흐의 원칙(Koch's Postulates)

ㄱ 의심 받는 병원체는 반드시 조사된 모든 병든 기주에 존재해야 한다.

ㄴ 의심 받는 병원체는 반드시 병든 기주로부터 분리되어야 하고 순수배지에서 자라야 한다.

ㄷ 순수 배양한 미생물을 동일 기주에 접종하였을 때 동일한 병이 발생하여야 한다.

ㄹ 발병한 피해부에서 접종할 때 사용하였던 미생물과 동일한 특성의 미생물이 반드시 재분리되어야 한다.

주요 수목병의 방제법 및 종류

1 방제방법

(1) 전염원의 제거

병든 식물을 일찍 발견하여 제거하거나 병든 부위를 적절하게 제거한다.

(2) 중간기주 제거

① 잣나무털녹병균 : 송이풀, 까치밥나무 등
② 소나무류잎녹병균 : 황벽나무, 참취, 잔대 등
③ 배나무적성병균(배나무붉은별무늬병) : 향나무

(3) 임업적 방제법 중요 ★☆☆

① 내병성, 내충성 품종을 육성한다.
② 그 지역에 알맞은 조림수종을 선택한다.
③ 방풍림을 설치하고 제벌 및 간벌을 실시한다.
④ 단순림보다는 침엽수와 활엽수의 혼효림을 조성한다.

(4) 윤작(돌려짓기)

① 작물을 일정한 순서에 따라서 주기적으로 교대하여 재배하는 방법이다.
② 윤작으로 방제가 효과적인 수병 : 오리나무갈색무늬병, 오동나무탄저병 등
③ 윤작으로 방제가 어려운 수병 : 침엽수모잘록병, 자줏빛날개무늬병, 흰비단병 등

(5) 병원균의 전반경로 검사

바람, 토양, 묘목, 작업기구 등 병원균이 전반될 수 있는 각종 매개체를 검사한다.

(6) 질소질 비료를 적절히 사용한다.(과다 사용 시 동해, 상해 등 발생)

(7) 토양의 습도를 적절하게 조절한다.

② 묘포의 병해

(1) 모잘록병 중요 ★★★

① 병원 : 조균류와 불완전균류

② 수병의 특징

   ㉠ 유묘의 지표부가 수침상으로 연화하거나 지표부에 갈색의 병반이 생겨 도복하여 고사한다.

   ㉡ 4월 초순~5월 중순에 파종상에 발생하여 큰 피해를 준다.

   ㉢ Rhizoctonia균에 의한 모잘록병은 습한 토양에서 피해를 준다.

   ㉣ Fusarium균에 의한 모잘록병은 건조한 토양에서 피해를 준다.

   ㉤ 병든 조직이나 토양에서 월동한다.

③ 모잘록병의 5가지 병징 중요 ★★☆

구분	내용
땅속부패형	파종된 종자가 땅속에서 발아하기 전후에 감염되어 썩는 것
도복형	발아 직후 지표면에 나타난 유묘의 지제부가 잘록하게 되어 쓰러지면서 죽는 것
수부형	묘목이 지상부로 나온 후 묘의 윗부분(떡잎, 어린줄기)이 썩는 것
뿌리썩음형(근부형)	묘목이 성장한 이후 목질화된 후에 뿌리가 침해되어 암갈색으로 변하며 썩는 것
줄기썩음형(거부형)	묘목이 성장한 이후 목질화된 후에 줄기 윗부분이 썩는 것

④ 방제법 중요 ★★☆

   ㉠ 묘상의 과습을 피하고 배수와 통풍에 주의하며, 햇볕이 잘 들도록 한다.

   ㉡ 토양소독 및 종자소독을 한다.

   ㉢ 질소질비료의 과용을 삼가고 인산질비료와 완숙퇴비를 사용한다.

   ㉣ 병든 묘목은 발견 즉시 뽑아 태우고 병이 심한 묘포지는 윤작(돌려짓기)한다.

   ㉤ 파종량을 적게 하여 과밀하지 않도록 한다.

   ㉥ 복토를 너무 두껍지 않게 한다.

   ㉦ 싸이론훈증제, 클로로피크린 등 약제를 살포한다.

기출

모잘록병의 방제법이 아닌 것은?

① 종자소독을 한다.

② 토양소독을 한다.

③ 인산질을 적게 주고 질소질비료를 충분히 준다.

④ 연작을 피하고 윤작을 한다.

풀이 질소질비료의 과용을 삼가고 인산질비료와 완숙퇴비를 사용한다.

답 ③

---

(2) 뿌리혹병(근두암종병) 중요 ★☆☆

① 병원 : Agrobacterium tumefaciens, 세균

② 수병의 특징

    ㉠ 뿌리나 줄기의 땅 접촉부분에 많이 발생하고 처음에는 병환부가 비대하여 흰색을 띠며 점차 혹으로 발전하여 표면이 거칠어진다.

    ㉡ 뿌리나 지제부 부근에 혹이 생긴다.

    ㉢ 접목, 삽목 시 감염이 잘 되며, 상처를 통해서 침입된다.

    ㉣ 고온 다습한 알칼리성 토양에서 많이 발생한다.

③ 방제법

    ㉠ 병해충에 강한 건전한 묘목을 식재하고 석회 사용량을 줄인다.

    ㉡ 상처를 통해 침입하므로 상처가 나지 않도록 주의한다.

(3) 오리나무갈색무늬병 중요 ★★☆

① 병원 : 진균(불완전균)

② 수병의 특징 : 병포자를 형성하고 땅 위에 떨어진 병든 잎 등에서 월동한다.

③ 방제법

    ㉠ 묘포는 윤작하고 적기에 솎음질을 하며 병든 낙엽은 모아서 태운다.

    ㉡ 병원균이 종자에 묻어 있는 경우가 많으므로 종자소독을 철저히 한다.

    ㉢ 보르도액을 2주 간격으로 7~8회 살포한다.

    ㉣ 상처를 통해 침입하므로 상처가 나지 않도록 주의한다.

(4) 뿌리썩이선충병

① 병원 : 선충

② 수병의 특징 : 선충이 유근을 통해 침입하여 가는 뿌리 속을 이동하면서 조직을 파괴한다.

③ 방제법

    ㉠ 풀깎기, 솎아주기, 시비, 관수, 배수 등 육묘관리를 철저히 한다.

    ㉡ 한 임지에 같은 수종을 연작하지 않는다.

    ㉢ 묘포지에는 살선충제로 토양소독을 실시한다.

(5) 삼나무붉은마름병(적고병)

① 병원 : 진균(불완전균)

② 수병의 특징

    ㉠ 병환부의 조직 내부에서 균사덩이(균사괴) 형태로 월동한다.

    ㉡ 묘목의 잎과 줄기가 빨갛게 변하고 녹색줄기에도 괴사반점이 형성된다.

③ 방제법 : 질소질비료를 적게 주고 인산이나 칼륨질비료를 충분히 준다.

〈묘포의 병해〉

병명	병원균	기주
모잘록병	진균	소나무류, 낙엽송, 참나무류, 자작나무류
뿌리혹병	세균	밤나무, 감나무, 포플러류
오리나무갈색무늬병	진균	오리나무류
뿌리썩이선충병	선충	소나무류, 낙엽송, 가문비나무, 삼나무, 편백나무, 화백, 벚나무
삼나무붉은마름병	진균	삼나무, 낙우송

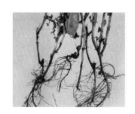   

[모잘록병]　　　　　[뿌리혹병]　　　　[오리나무갈색무늬병]　　　[삼나무붉은마름병]

③ 침엽수의 병해

(1) 소나무재선충병(소나무시들음병) 중요 ★★★

① 병원 : 선충

② 수병의 특징

ㄱ 병든 나무는 상처로부터 나오는 송진(수지)의 양이 감소하거나 정지된다.

ㄴ 감염된 나무는 급속히 시들고 거의 100% 고사한다.(소나무의 AIDS)

ㄷ 우리나라에서는 1988년 부산의 금정산에서 처음으로 발견되었다.

③ 매개충 : 솔수염하늘소, 북방수염하늘소

 TIP

소나무재선충 생활사 중요 ★☆☆

- 크기 1mm 내외의 실모양 선충이며, 자웅이체이다.
- 나무의 조직 내에 있는 수분과 양분의 이동통로를 막아 나무를 죽게 한다.
- 재선충은 3기 유충으로 월동한다.
- 재선충은 솔수염하늘소의 성충이 5~7월에 우화하여 탈출할 때 하늘소의 체내로 들어가 하늘소가 소나무류의 신초를 섭식할 때 4기 유충으로 나무 속으로 침입한다.
- 한 마리의 하늘소가 최대 27만 마리의 재선충을 지니고 나온다.
- 재선충은 나무 속에서 급속히 증식하여 나무를 말라 죽인다.
- 한쌍의 재선충은 25℃에서 5일이면 1세대를 경과하며, 온도가 높아지면 그 기간은 단축된다. 따라서 1개월에 20만 마리로 증식한다.

TIP

솔수염하늘소의 특징 중요 ★☆☆
- 연 1회 발생하며 유충으로 월동한다.
- 성충우화기 : 5~7월 또는 5~8월 초순
- 유충이 소나무류의 수피 밑 형성층과 목질부에 피해를 준다.

④ 방제법
  ㉠ 고사목은 벌채하여 외부반출은 금지하고 소각하거나 메탐소디움액제 등으로 훈증처리한다.
  ㉡ 매개충의 먹이나무를 설치하여 우화 전에 소각한다.
  ㉢ 성충 발생시기인 5~7월에 살충제를 뿌려 하늘소류를 구제한다.
  ㉣ 예방약제인 아바멕틴유제 또는 에마멕틴벤조에이트유제를 12~2월에 수간주사한다.
  ㉤ 4~5월에 포스티아제이트액제를 토양에 관주한다.

(2) 소나무잎녹병 중요 ★★☆

① 병원 : 진균(담자균)
② 본기주 : 소나무
③ 중간기주 : 황벽나무, 참취, 잔대
④ 수병의 특징
  ㉠ 소나무에 기생할 때는 녹병포자와 녹포자를 형성한다.
  ㉡ 중간기주에 기생할 때는 여름포자와 겨울포자를 형성한다.
  ㉢ 여름포자는 다른 중간기주에 다시 여름포자를 형성하며 반복전염을 한다.
  ㉣ 8~9월에 중간기주의 잎에 겨울포자를 형성한다.
  ㉤ 생활사
    • 녹병포자 → 녹포자 → 여름포자 → 겨울포자 → 담자포자(소생자)
    • 마지막 소생자가 소나무잎으로 날아가서 잎녹병이 발생한다.

(3) 소나무혹병

① 병원 : 진균(담자균)
② 본기주 : 소나무
③ 중간기주 : 참나무(졸참나무, 신갈나무)
④ 수병의 특징
  ㉠ 소나무에 기생할 때는 녹병포자와 녹포자를 형성한다.
  ㉡ 중간기주에 기생할 때는 여름포자와 겨울포자를 형성한다.
  ㉢ 소생자가 소나무에 날아가 1~2년 만에 가지나 줄기에 혹을 형성한다.

(4) 소나무잎떨림병 중요 ★★☆

① 병원 : 진균(자낭균)

② 수병의 특징

   ㉠ 병원균은 땅 위에 떨어진 병든 잎에서 자낭포자 형태로 월동한다.

   ㉡ 병원균이 잎의 기공으로 침입하여 습한 여름(7~9월경)에 발병하고 가을에 잎에 병반이 형성된다.

   ㉢ 다음해 4~5월경 피해가 급진전하며, 9월경 성숙한 잎은 곧 낙엽이 된다.

   ㉣ 5~7월 비가 많이 오는 해에 피해가 크다.

   ㉤ 병든 나무로부터의 2차감염은 일어나지 않는다.

③ 방제법

   ㉠ 병든 낙엽은 전염원이 되므로 채취해 소각하거나 토양 속에 매장한다.

   ㉡ 4-4식 보르도액과 캡탄제 등을 살포한다.

   ㉢ 활엽수를 하목식재하면 피해가 경감된다.

   ㉣ 풀깎기와 수관하부의 가지치기로 통풍을 좋게 한다.

(5) 잣나무잎떨림병

① 병원 : 진균(자낭균)

② 수병의 특징

   ㉠ 새로 나온 잎의 기공을 통해 침입한다.

   ㉡ 3~5월에 묵은 잎의 1/3 이상이 적갈변(赤褐變)되면서 대량으로 떨어진다.

   ㉢ 급격히 말라 죽지는 않으나 수년간 계속적으로 피해를 받으며 생장이 뚜렷하게 감소한다.

(6) 잣나무털녹병 중요 ★★★

① 병원 : 진균(담자균)

   세계 3대 수목병해 중 하나이며 우리나라에서는 1936년에 경기도 가평에서 처음으로 발견되었다.

② 본기주 : 소나무

③ 중간기주 : 송이풀류, 까치밥나무류

④ 수병의 특징

   ㉠ 어린나무는 대부분이 1~2년 내에 말라 죽는다.

   ㉡ 주로 5~20년생에 많이 발생하며 20년생 이상 된 큰 나무에도 피해를 주는 수병이다.

⑤ 생활사 : 병원균은 잣나무의 수피조직 내에서 월동 → 다음해 4~5월경 수피가 터지면서 오렌지색의 녹포자가 비산하여 중간기주로 이동 → 녹포자는 중간기주의 잎 뒷면에 여름포자를 형성하고 반복전염 → 겨울포자 형성 → 겨울포자가 발아하여 소생자 형성 → 바람에 의해 잣나무(잎의 기공)로 침입한다.

㉠ 녹포자는 소생자가 침입한 후 2~3년 후에 형성된다.(잠복기간이 가장 길다)

　　㉡ 녹포자의 비산거리는 수백 km, 소생자의 비산거리는 300m 내외이다.

　　㉢ 병징 및 표징은 줄기에 나타난다.

　⑥ 방제법

　　㉠ 병든 나무와 중간기주를 지속적으로 제거한다.

　　㉡ 잣나무 묘포에 보르도액을 살포하여 소생자의 침입을 방지한다.

　　㉢ 피해지역에서 생산된 묘목을 다른 지역으로 반출하지 않도록 한다.

(7) 향나무녹병 중요 ★★★

　① 병원 : 진균(담자균)

　② 기주 : 향나무류(겨울포자, 담자포자(소생자))

　③ 중간기주 : 배나무, 꽃아그배나무, 사과나무, 모과나무(녹병포자, 녹포자)

　④ 생활사 : 4월경 향나무에 겨울(동)포자퇴 형성 → 비로 인해 수분을 흡수하여 한천모양으로 부
　　풀 → 겨울포자가 발아하여 소생자 형성 → 바람에 의해 배나무로 옮겨져 녹병포자, 녹포자
　　형성(배나무에 기생하는 시기는 5~7월)

　⑤ 방제법

　　㉠ 향나무 부근에 배나무, 사과나무 등 장미과 식물을 심지 않는다.

　　㉡ 향나무와 배나무는 2km 이상 떨어져 식재한다.

(8) 리지나뿌리썩음병

　① 병원 : 진균(자낭균)

　② 수병의 특징

　　㉠ 임지 내의 모닥불자리나 산불피해지에 많이 발생한다.(주로 침엽수에 발생)

　　㉡ 고온에서 포자가 발아하여 뿌리에 피해를 준다.

　　㉢ 산성토양에서 특히 잘 발생한다.

　③ 방제법

　　㉠ 소나무 임지 내에서는 모닥불을 금지하며, 동일한 수종을 심지 않도록 한다.

　　㉡ 피해임지를 베노밀수화제(속효성, 저독성)와 소석회로 처리한다.

(9) 푸사리움가지마름병

　① 병원 : 진균(불완전균)

　② 수병의 특징

　　㉠ 어린나무와 큰 나무에 모두 발생해 나무를 말라 죽게 하는 수병이다.

　　㉡ 외래 도입종인 리기다소나무에서 주로 발생한다.

ⓒ 곰팡이포자가 바람에 날려 가지에 난 상처로 침입한다.

ⓓ 주로 1~2년생 가지가 말라 죽고, 감염부위에서 송진이 흐른다.

③ 방제법

ⓐ 양묘용 종자는 살균제로 소독하고 피해가 심한 임지는 조기벌채한다.

ⓑ 질소질비료의 과용을 피한다.

(10) 낙엽송가지끝마름병 중요 ★☆☆

① 병원 : 진균(자낭균)

② 수병의 특징

ⓐ 당년에 자란 새순(새가지)이나 잎에 침해하고 줄기나 죽은 가지에는 발생하지 않는다.

ⓑ 가지 끝이 밑으로 꼬부라져 농갈색 갈고리모양으로 되어 낙엽되는 병이다.

③ 방제법 : 바람이 부는 장소는 낙엽송을 식재하지 않고 활엽수로 방풍림을 조성한다.

(11) 낙엽송잎떨림병

① 병원 : 진균(자낭균)

② 수병의 특징 : 병징이 가장 뚜렷한 시기는 9월 중순경이고 증상은 대부분의 잎이 탈락한다.

③ 방제법 : 만코제브수화제

[소나무재선충병]   [소나무잎녹병]   [소나무혹병]

[소나무잎떨림병]   [푸사리움가지마름병]   [리지나뿌리썩음병]

[잣나무털녹병]

[향나무녹병]

④ 활엽수 병해

(1) 포플러잎녹병 중요 ★★☆

① 병원 : 진균(담자균)

② 기주에 따른 포자

    ㉠ 기주 : 포플러 – 여름포자, 겨울포자, 담자포자(소생자) 형성

    ㉡ 중간기주 : 낙엽송, 현호색 – 녹병포자, 녹포자 형성

③ 수병의 특징

    ㉠ 병원균은 겨울포자 형태로 병든 낙엽에서 월동하다가 봄에 소생자를 형성하고 낙엽송으로 날아가 잎에 기생하여 녹포자를 형성하며, 늦은 봄~초여름에 포플러로 날아가 여름포자를 만든다.

    ㉡ 초여름에 잎 뒷면에 오렌지색의 작은 가루덩이(여름포자)가 생기고 정상적인 잎보다 1~2개월 먼저 낙엽이 되어 나무의 생장이 크게 감소하나 급속히 말라 죽지는 않는다.

    ㉢ 우리나라에서는 여름포자의 형태로 월동이 가능하여 중간기주를 거치지 않고 포플러에서 포플러로 직접 감염이 가능하다.

    ㉣ 겨울에 낙엽송을 거치지 않아도 생활사 완성이 가능하다.

    ㉤ 중간기주를 제거해도 완전한 방제가 안 된다.

    ㉥ 병 발생까지의 잠복기간이 4~6일로 짧다.

④ 방제법

    ㉠ 저항성 클론(Clone)을 심는다.

    ㉡ 보르도액을 포자비산시기에 살포한다.

    ㉢ 가을에 병든 낙엽을 모아 태운다.

    ㉣ 중간기주 식물이 많이 분포하고 있는 곳을 피하여 떨어진 곳에 식재한다.

    ㉤ 저항성을 가진 개량 포플러 품종을 식재한다.

포플러잎녹병을 방제하는 방법 중 옳지 않은 것은?

① 저항성 클론(Clone)을 심는다.
② 보르도액을 포자비산시기에 살포한다.
③ 병든 잎이 달렸던 가지를 잘라 준다.
④ 중간기주류와 멀리 떨어진 곳에 식재한다.

+풀이 가을에 병든 낙엽을 모아 태운다.

답 ③

(2) 밤나무줄기마름병 중요 ★★☆

① 병원 : 진균(자낭균)

② 수병의 특징

ㄱ 밤나무줄기마름병은 잣나무털녹병, 느릅나무시들음병과 더불어 20세기의 3대 수목병 중 하나이다.

ㄴ 바람이나 곤충에 의해 전반되어 나뭇가지와 줄기의 상처부위로 침입한다.

ㄷ 동양의 풍토병으로 줄기가 말라 죽는 밤나무의 가장 무서운 병이다.

ㄹ 동양에서 수입한 밤나무로 인해 미국의 밤나무에 큰 피해를 준 수병이다.

ㅁ 병환부의 수피가 처음에는 황갈색 내지 적갈색으로 변한다.

ㅂ 병원균은 병환부에서 균사 또는 포자의 형태로 월동한다.

③ 방제법

ㄱ 상처부위로 병원균이 침입하므로 병든 부분을 도려내어 도포제를 발라 준다.

ㄴ 동해나 피소로 상처가 발생하지 않도록 백색페인트를 발라 준다.

ㄷ 병원체가 바람이나 곤충에 의해 전반되므로 해충을 구제한다.

ㄹ 질소질비료의 과용을 피한다.

(3) 벚나무빗자루병 중요 ★★☆

① 병원 : 진균(자낭균)

② 수병의 특징

ㄱ 초기에는 가지의 일부분이 혹모양으로 부풀어 커진다.

ㄴ 혹모양의 부분에서 잔가지가 빗자루모양으로 총생한다.

③ 방제법 : 병든 가지를 꾸준히 제거 및 소각 처리한다.

(4) 참나무시들음병

① 병원 : 진균

② 수병의 특징

    ㉠ 매개충 암컷 등판에 있는 균낭에서 균들이 공생작용에 의해 도관에 증식하여 양분과 수분의 이동을 막아 잎이 빨갛게 시들고 급속히 말라 죽는 피해를 입는 수병이다.

    ㉡ 참나무에 매개충이 침입한 구멍이 있으며, 땅에는 톱밥가루가 떨어져 있다.

    ㉢ 고사목은 겨울에도 잎이 지지 않아 경관을 해친다.

    ㉣ 매개충 : 광릉긴나무좀

③ 방제법

    매개충이 우화하기 전인 4월 말까지 피해목을 벌목 후 밀봉하여 살충 및 살균제로 방제한다.

(5) 대추나무빗자루병 중요 ★★★

① 병원 : 파이토플라스마

② 수병의 특징

    ㉠ 병든 모수로부터 채취한 접수 및 삽수를 이용하거나, 분주(포기 나누기) 등을 하면 전염된다.

    ㉡ 병원체가 나무 전체에 분포하는 전신병이다.

    ㉢ 매개충 : 마름무늬매미충

③ 방제법

    ㉠ 포기 나누기묘(분주묘)는 감염되지 않은 나무에서만 채취한다.

    ㉡ 옥시테트라사이클린을 흉고직경에 수간주사한다.

    ㉢ 매개충에 의한 감염을 막기 위해 살충제를 살포한다.

    ㉣ 밀식을 하지 않는다.

(6) 오동나무빗자루병 중요 ★★★

① 병원 : 파이토플라스마

② 수병의 특징

    ㉠ 병원체가 나무 전체에 분포하는 전신병이다.

    ㉡ 수목병해 중 병징은 있으나 표징이 전혀 없다.

    ㉢ 매개충 : 담배장님노린재

③ 방제법

    ㉠ 매개충이 가장 많이 서식하는 7월 상순 ~ 9월 하순에 살충제를 살포한다.

    ㉡ 옥시테트라사이클린을 흉고직경에 수간주사한다.

    ㉢ 밀식을 하지 않는다.

(7) 뽕나무오갈병

① 병원 : 파이토플라스마

② 수병의 특징

ㄱ 접목에 의해서는 전염되나 종자나 토양, 즙액 등으로는 전염되지 않는다.

ㄴ 병든 수목의 잎은 결각이 없어지며 둥글게 된다.

ㄷ 매개충 : 마름무늬매미충

③ 방제법

ㄱ 질소질비료의 과용을 삼가고 균형시비를 한다.

ㄴ 매개충 방제를 위해 살충제를 살포한다.

ㄷ 옥시테트라사이클린을 흉고직경에 수간주사한다.

5 공통 병해

(1) 흰가루병 중요 ★★☆

① 병원 : 진균(자낭균)

② 수병의 특징

ㄱ 6~7월에 또는 장마철 이후부터 잎 표면과 뒷면에 백색의 반점이 생기며 점차 확대되어 가을이 되면 잎을 하얗게 덮는 병이다.

ㄴ 주로 자낭각 또는 균사의 형태로 병든 낙엽에서 월동하고 다음해에 제1차 전염원이 되며, 그 이후 분생포자에 의해 가을까지 반복적으로 2차 전염이 일어난다.

③ 방제방법

ㄱ 가을에 병든 낙엽을 모두 태워서 다음해의 전염원을 없앤다.

ㄴ 봄에 새눈이 나오기 전에 석회유황합제를 몇 차례 살포하지만 한여름에는 만코제브수화제를 살포한다.

ㄷ 통풍과 채광을 좋게 유지한다.

(2) 그을음병 중요 ★★☆

① 병원 : 진균(자낭균)

② 수병의 특징

ㄱ 잎, 가지, 줄기, 과실 등이 그을음을 발라 놓은 것처럼 검게 보인다.

ㄴ 관상수의 경우 미관이 손상되어 관상가치가 떨어진다.

ㄷ 진딧물, 깍지벌레 등 흡즙성 해충이 기생하였던 나무에서 흔히 볼 수 있다.

ㄹ 그을음병은 병원균의 균사 또는 포자 등의 덩어리이다.

ㅁ 기주의 표면을 덮어 동화작용을 방해하므로 수세가 약해진다.(말라 죽지는 않는다)

③ 방제방법

ㄱ 질소질비료를 과다 사용하지 않는다.

ㄴ 통풍과 채광을 좋게 유지한다.

ㄷ 흡즙성 곤충인 진딧물, 깍지벌레 등을 방제한다.

ㄹ 물을 자주 뿌려 준다.

(3) 아밀라리아뿌리썩음병

① 병원 : 진균(담자균)

② 수병의 특징

ㄱ 침엽수나 활엽수를 막론하고 침해하는 매우 다범성인 병해이다.

ㄴ 산성토양에 잘 발생하나 알칼리성 토양에는 거의 발생하지 않는다.

③ 방제방법

ㄱ 병든 뿌리는 뽑아서 태운다.

ㄴ 땅속까지 뻗은 균사다발도 캐내어 소각한다.

ㄷ 감염된 수목 주변에 깊은 도랑을 파서 균사가 전파되는 것을 방지한다.

ㄹ 석회를 시용하여 토양을 가급적 알칼리성으로 개량한다.

〈공통 병해〉

병명	병원균	기주(중간기주)
흰가루병	진균(자낭균)	참나무류, 밤나무, 단풍나무류
그을음병	진균(자낭균)	낙엽송, 소나무류, 주목, 버드나무, 동백나무, 후박나무
아밀라리아뿌리썩음병	진균(담자균)	침엽수 및 활엽수

6 기생성 종자식물에 의한 병

(1) 기생성 종자식물

다른 식물에 기생하여 생활하는 식물이며, 모두 쌍떡잎식물에 속한다.

〈기생 위치에 따른 분류〉

구분		내용
줄기기생	겨우살이과	겨우살이, 붉은겨우살이, 꼬리겨우살이, 참나무겨우살이, 동백나무겨우살이, 소나무겨우살이
	매꽃과	새삼
뿌리기생	열당과	오리나무더부살이

① 겨우살이(상록기생성 관목)
  ㉠ 기주 : 활엽수류(참나무)
  ㉡ 수병의 특징
    • 수목의 가지에 뿌리를 박아 기생하며, 양분과 수분을 흡수하여 생육을 저해한다.
    • 잎은 다육질(혁질)로 약용으로도 쓰인다.
    • 종자는 새가 옮긴다.
  ㉢ 방제방법 : 겨우살이가 기생한 부위에서 아래쪽을 잘라 버린다.
② 새삼(덩굴성 기생식물)
  ㉠ 수병의 특징
    • 1년생초로 줄기가 굵은 철사와 같고 황적색이다.
    • 엽록체가 없어서 광합성을 하지 못한다.
    • 기주식물의 조직 속에 흡근을 박고 양분을 섭취한다.
    • 잎은 비닐잎처럼 생기고 삼각형이며 길이가 2mm 내외이다.
    • 꽃은 8~9월에 흰색으로 피고 덩어리를 이룬다.
  ㉡ 방제방법 : 손으로 직접 제거하거나 무성한 곳은 제초제를 사용한다.

[겨우살이]

[새삼]

[오리나무더부살이]

7 기타 병해

(1) 대나무류 개화병

수병의 특징은 개화기에 달하면 같은 지하경에서 나온 대나무는 나이를 막론하고 일제히 개화 후 말라 죽는다.(생리적인 병해)

[대나무류 개화병]

다음 병해 중 생리적인 병해인 것은?

① 대나무개화병

② 낙엽송가지끝마름병

③ 소나무잎떨림병

④ 뿌리썩음병

풀이 ②, ③, ④는 병원균에 의한 병해이다.

답 ①

8 주요 수목병 및 매개충

(1) 주요 수목병과 매개충

병원	수병	매개충
파이토플라스마	오동나무빗자루병	담배장님노린재
	대추나무빗자루병	마른무늬매미충
	뽕나무오갈병	
선충	소나무재선충	솔수염하늘소, 북방수염하늘소
불완전균	참나무시들음병	광릉긴나무좀

(2) 주요 수목병의 분류

병원균		병명
세균		뿌리혹병, 밤나무눈마름병, 불마름병
진균	조균	모잘록병, 밤나무잉크병
	자낭균	소나무잎떨림병, 리지나뿌리썩음병, 잣나무잎떨림병, 낙엽송가지끝마름병, 낙엽송잎떨림병, 밤나무줄기마름병, 벚나무빗자루병, 흰가루병, 그을음병
	담자균	소나무잎녹병, 소나무혹병, 잣나무털녹병, 향나무녹병, 포플러잎녹병, 아밀라리아뿌리썩음병
	불완전균	삼나무붉은마름병, 오리나무갈색무늬병, 오동나무탄저병, 푸사리움가지마름병
파이토플라즈마		오동나무빗자루병, 대추나무빗자루병, 뽕나무오갈병
바이러스		포플러모자이크병, 아까시나무모자이크병
선충		소나무재선충병, 뿌리썩이선충병, 뿌리혹선충병

01 수목의 병 중에서 비전염성인 것은?

① 바이러스(virus)에 의한 병
② 부당한 토양조건에 의한 병
③ 진균류에 의한 병
④ 기생성 종자식물에 의한 병

● 해설

구분	종류 및 원인
전염성	• 세균, 진균, 선충, 파이토플라스마(마이코플라스마), 바이러스, 바이로이드 등 • 생물성 병원에 의한 병은 진균(곰팡이)에 의한 것이 가장 많다.
비전염성	부적당한 토양조건, 부적당한 기상조건, 영양장애, 농기구 및 기계적 상해 등

02 세균에 의한 수목병해는?

① 소나무잎녹병
② 낙엽송잎떨림병
③ 호두나무뿌리혹병
④ 밤나무줄기마름병

● 해설

• 세균은 진균처럼 각피침입을 할 능력이 없기 때문에 상처 또는 자연개구부(기공, 수공, 피목, 밀선)를 통해 침입한다.
• 수병 : 뿌리혹병, 밤나무눈마름병, 불마름병 등

03 식물에 병을 일으키는 병원체 중 균사를 갖고 있어 일명 사상균(絲狀菌)이라고 불리는 것은?

① 진균   ② 세균
③ 바이러스   ④ 선충

● 해설
진균(사상균)은 자체적으로 물리적 무기(균사)를 사용하여 수목의 방어기작을 뚫고 침입하여 식물체 내에 정착하거나 기공, 피목, 자연개구부, 상처를 통해 침입한다.

04 식물병원 진균 중 불완전균류에 대한 설명 중 옳은 것은?

① 자낭 속에 자낭포자를 8개 갖고 있다.
② 유성세대(有性世代)로 알려져 있는 균류이다.
③ 무성세대(無性世代)만으로 분류된 균류이다.
④ 버섯종류를 총칭한다.

● 해설
불완전균류
격막이 있고 무성생식(분생포자)만으로 세대를 이루는 균류

05 담자균류에 의해서 발생하는 수병(樹病)은?

① 소나무잎떨림병
② 잣나무털녹병
③ 낙엽송가지끝마름병
④ 벚나무빗자루병

● 해설
담자균류
소나무잎녹병, 소나무혹병, 잣나무털녹병, 향나무녹병, 포플러잎녹병, 아밀라리아뿌리썩음병

06 불완전균류에 의한 병이 아닌 것은?

① 삼나무붉은마름병
② 오동나무탄저병
③ 오리나무갈색무늬병
④ 대추나무빗자루병

> ●**해설**

불완전균류
- 삼나무붉은마름병, 오리나무갈색무늬병, 오동나무탄저병, 푸사리움가지마름병
- 대추나무빗자루병을 일으키는 병원체는 마이코플라스마이다.

---

07 수목병해는 병원체의 감염특성으로 인하여 특징적인 병징을 만든다. 아래의 병명 중 바이러스에 의하여 발생하는 병은 무엇인가?

① 흰가루병
② 떡병
③ 모자이크병
④ 청변병

> ●**해설**

수병
포플러모자이크병, 아까시나무모자이크병 → 매개충 : 복숭아혹진딧물

---

08 바이러스병의 진단방법으로 틀린 것은?

① 병징을 이용한 육안진단
② 지표식물을 이용한 생물검정
③ 인공배양에 의한 배양적 진단
④ 전자현미경을 이용한 진단

> ●**해설**

인공배양 및 증식이 안 되며 살아 있는 세포 내에서만 증식이 가능하다.

---

09 대추나무빗자루병, 오동나무빗자루병, 뽕나무오갈병 등은 다음 중 어느 병원에 의한 것인가?

① 비루스
② 파이토플라스마
③ 세균
④ 진균류

> ●**해설**

파이토플라스마(마이코플라스마)
- 감염식물의 체관부에만 존재하여 식물의 체관부를 흡즙하는 곤충류에 의해 매개된다.
- 바이러스와 세균의 중간에 위치한 미생물로, 원형 또는 타원형이다.

- 테트라사이클린(Tetracycline)계의 항생물질로 치료 가능하다.

---

10 파이토플라스마에 의한 주요 수목병이 아닌 것은?

① 붉나무빗자루병
② 벚나무빗자루병
③ 오동나무빗자루병
④ 대추나무빗자루병

> ●**해설**

수병
- 오동나무빗자루병, 대추나무빗자루병, 뽕나무오갈병 등
- 벚나무빗자루병은 진균(자낭균류)에 의한 수목병이다.

---

11 벚나무빗자루병의 병원체는?

① 세균
② 자낭균
③ 바이러스
④ 파이토플라스마

> ●**해설**

진균(자낭균류)에 의한 벚나무빗자루병
- 초기에는 가지의 일부분이 혹모양으로 부풀어 커진다.
- 이곳에서 잔가지가 빗자루 모양으로 총생한다.

---

12 다음 중 수목병해의 개념 설명이 틀린 것은?

① 생물적 요인에 의한 수목병해는 전염성이다.
② 넓은 의미의 수목병은 수목의 세포나 조직이 생물적 또는 비생물적 요인에 의하여 식물체 기능에 이상증상을 나타내는 것을 말하고, 이것을 표징이라고 한다.
③ 수목병의 발생은 3대 요소인 기주, 병원체, 환경의 상호관계에 의해 결정된다.
④ 주요 병원으로는 곰팡이, 세균, 선충, 바이러스, 파이토플라스마, 원생동물, 기생성 종자식물이 있다.

- 병징이란 병에 의해 식물조직에 형태와 색의 변화로 나타나는 눈에 보이는 외형적 이상증상을 말한다.
- 표징이란 기생성병의 병환부에 병원체 그 자체가 나타나서 병의 발생을 직접 표시하는 것으로, 병원체가 진균일 때는 표징이 잘 나타난다.

13 대부분의 균류, 세균, 파이토플라스마 및 바이러스 등의 병원체가 식물조직에 침입하는 방법은?

① 각피침입
② 화기(花器)침입
③ 상처를 통한 침입
④ 자연개구(開口)를 통한 침입

상처를 통한 침입

- 세균, 진균, 바이러스, 파이토플라스마 등은 상처를 통해서만 침입한다.
- 병의 종류 : 밤나무줄기마름병, 포플러줄기마름병, 근두암종병균 등

14 밤나무줄기마름병, 포플러줄기마름병 등의 병원체는 다음의 어느 침입방법으로 침입하는가?

① 각피 침입
② 상처를 통한 침입
③ 자연개구(開口)를 통한 침입
④ 화기(花器)침입

상처를 통한 침입

- 여러 가지 원인으로 생긴 상처로 병원체가 침입하는 것
- 밤나무줄기마름병, 포플러줄기마름병 등이 이와 같은 방식에 의해 발생한다.

15 소나무잎녹병에 있어서 여름포자(하포자)의 중간숙주가 되는 것은?

① 황벽나무
② 잎갈나무
③ 까치밥나무
④ 참나무류

이종기생하는 녹병균

수병명	기주식물	
	녹병포자 · 녹포자 세대(본기주)	여름포자 · 겨울포자세대(중간기주)
소나무잎녹병	소나무	황벽나무, 참취, 잔대
잣나무털녹병	잣나무	송이풀, 까치밥나무
소나무혹병	소나무	졸참나무, 신갈나무
향나무녹병 (배나무 붉은별무늬병)	배나무, 사과나무 (중간기주)	향나무 (여름포자 세대가 없음)
포플러잎녹병	낙엽송(중간기주)	포플러
전나무잎녹병	전나무	뱀고사리

16 잣나무털녹병의 중간기주는?

① 참나무
② 송이풀
③ 낙엽송
④ 들국화

잣나무털녹병의 중간기주는 송이풀, 까치밥나무이다.

17 다음 수목의 병 중 기주교대를 하는 병이 아닌 것은?

① 잣나무털녹병
② 소나무혹병
③ 벚나무빗자루병
④ 소나무잎녹병

벚나무빗자루병은 자낭균류에 의한 수병으로 기주교대는 하지 않는다.

18 향나무녹병균의 겨울포자가 발아한 그림이다. A는 무엇인가?

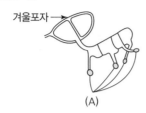

겨울포자 →

(A)

① 녹포자　　　　　② 자낭포자
③ 담자포자(소생자)　④ 여름포자

● 해설

녹병균의 특징
• 생활사 중 5가지 포자를 형성한다.(녹병포자, 녹포자, 여름포자, 겨울포자, 담자포자)
• 인공배양이 어렵고 비산으로 이동이 용이하다.
• 살아 있는 생물에만 기생한다.(순활물기생균)

19 산림해충방제법 중 임업적 방제법에 속하는 것은 어느 것인가?

① 천적 방사　　　　② 기생벌 이식
③ 내충성 수종 이용　④ 병원미생물 이용

● 해설

임업적 방제법
• 내병성, 내충성 품종을 육성한다.
• 그 지역에 알맞은 조림수종을 선택한다.
• 방풍림을 설치하고 제벌 및 간벌을 실시한다.
• 단순림보다는 침엽수와 활엽수의 혼효림을 조성한다.

20 토양 중에 서식하는 균류에 의하여 전염되는 병은?

① 소나무잎녹병
② 모잘록병
③ 오동나무빗자루병
④ 뽕나무오갈병

● 해설

모잘록병 수병의 특징
• 유묘의 지표부가 수침상으로 연화하거나 지표부에 갈색의 병반이 생겨 도복하여 고사한다.

• 4월 초순~5월 중순에 파종상에 발생하여 큰 피해를 준다.
• Rhizoctonia균에 의한 모잘록병은 습한 토양에서 피해를 준다.
• Fusarium균에 의한 모잘록병은 건조한 토양에서 피해를 준다.
• 병든 조직이나 토양에서 월동한다.

21 묘목이 어느 정도 자라서 목질화된 후에 뿌리가 침해되어 암갈색으로 변하며 썩는 모잘록병은?

① 도복형　　　　　② 지중부패형
③ 수부형　　　　　④ 근부형

● 해설

모잘록병의 5가지 병징

구분	내용
땅속부패형	파종된 종자가 땅속에서 발아하기 전후에 감염되어 썩는 것
도복형	발아 직후 지표면에 나타난 유묘의 지제부가 잘록하게 되어 쓰러지면서 죽는 것
수부형	묘목이 지상부로 나온 후 떡잎, 어린줄기가 죽는 것
뿌리썩음형 (근부형)	묘목이 성장한 이후 목질화된 후에 뿌리가 침해되어 암갈색으로 변하며 썩는 것
줄기썩음형 (거부형)	묘목이 성장한 이후 목질화된 후에 줄기 윗부분이 썩는 것

22 어린 묘가 땅 위에 나온 후 묘의 윗부분이 썩는 모잘록병의 병증을 무엇이라고 하는가?

① 수부형　　　　　② 근부형
③ 도복형　　　　　④ 지중부패형

23 묘포장에서 많이 발생하는 모잘록병의 방제법으로 적당하지 않은 것은?

① 토양소독 및 종자소독을 한다.
② 돌려짓기를 한다.
③ 질소질비료를 많이 준다.
④ 솎음질을 자주하여 생립본수(生立本數)를 조절한다.

질소질비료의 과용을 삼가고 인산질비료와 완숙퇴비를 사용한다.

24 모잘록병을 방제하기 위한 방법으로 타당하지 않은 방법은?

① 싸이론 훈증제, 클로로피크린 등 약제를 살포한다.
② 종자소독을 철저히 한다.
③ 묘상에 수분이 충분히 있게 하여 묘목이 잘 자라게 한다.
④ 질소비료를 과용하지 말고 인산질비료를 시용한다.

묘상의 과습을 피하고 배수와 통풍에 주의하며, 햇볕이 잘 들도록 한다.

25 다음 중 수목뿌리혹병의 병원체와 전염방법을 가장 바르게 설명한 것은?

① 병원체는 마이코플라스마이며, 마름무늬매미충이 전염시킨다.
② 병원체는 바이러스이며, 병든 나무에서 종자를 채취하여 번식시킬 때 전염된다.
③ 병원체는 세균이며, 접목 시 감염이 잘 되고, 상처를 통하여 침입한다.
④ 병원체는 진균류이며, 송이풀을 중간기주로 기주전환을 한다.

수병의 특징
• 뿌리나 줄기의 땅 접촉부분에 많이 발생하고 처음에는 병환부가 비대하여 흰색을 띠다가 점차 혹으로 발전하며 표면이 거칠어진다.
• 뿌리나 지제부 부근에 혹이 생긴다.
• 접목, 삽목 시 감염이 잘 되며, 상처를 통해서 침입한다.
• 고온 다습한 알칼리성 토양에서 많이 발생한다.

26 세균에 의해 발생하는 뿌리혹병에 관한 설명으로 옳은 것은?

① 방제법으로 석회 사용량을 줄인다.
② 건조할 때 알칼리성 토양에서 많이 발생한다.
③ 주로 뿌리에서 발생하며 가지에는 발생하지 않는다.
④ 병원균은 수목의 병환부에서는 월동하지 않고 토양 속에서만 월동한다.

병해충에 강한 건전한 묘목을 식재하고 석회 사용량을 줄인다.

27 수목에 발생하는 근두암종병의 병징을 바르게 설명한 것은?

① 뿌리나 줄기의 땅 접촉부분에 많이 발생하고 처음에는 병환부가 비대하여 흰색을 띤다.
② 껍질의 안쪽이 검은색으로 변색이 되고 약간 오목하게 들어간다.
③ 껍질의 안쪽이 검은색으로 변색이 되고 나쁜 냄새를 발산한다.
④ 뿌리를 둘러싸고 있는 갈색 또는 흑갈색의 가늘고 긴 실모양의 균사덩어리를 볼 수 있다.

뿌리나 줄기의 땅 접촉부분에 많이 발생하고 처음에는 병환부가 비대하여 흰색을 띠며 점차 흑으로 발전하여 표면이 거칠어진다.

28 주로 묘목에 큰 피해를 주며 종자를 소독하여 방제하는 것은?

① 잣나무털녹병
② 두릅나무녹병
③ 밤나무줄기마름병
④ 오리나무갈색무늬병

오리나무갈색무늬병의 방제법

- 묘포는 윤작하고 적기에 솎음질을 하며, 병든 낙엽은 모아서 태운다.
- 병원균이 종자에 묻어 있는 경우가 많으므로 종자소독을 철저히 한다.
- 보르도액을 2주 간격으로 7~8회 살포한다.
- 상처를 통해 침입하므로 상처가 나지 않도록 주의한다.

29 1968년 부산에서 처음 발견된 소나무재선충에 대한 설명으로 틀린 것은?

① 매개충은 솔수염하늘소이다.
② 유충은 자라서 터널 끝에 번데기방[용실(蛹室)]을 만들고 그 안에서 번데기가 된다.
③ 소나무재선충은 후식 상처를 통하여 수체 내로 이동해 들어간다.
④ 피해고사목을 벌채 후 매개충의 번식처를 없애기 위하여 임지 외로 반출한다.

고사목은 벌채하여 외부반출은 금지하고 소각하거나 메탐소듐액제 등으로 훈증처리한다.

30 다음 중 소나무류의 목질부에 기생하여 치명적인 피해를 주며 자체적인 이동능력이 없어 매개충인 솔수염하늘소에 의해 전파되는 것은?

① 소나무재선충   ② 소나무좀
③ 솔잎혹파리   ④ 솔껍질깍지벌레

소나무재선충의 생활사

- 크기 1mm 내외의 실모양 선충이며, 자웅이체이다.
- 나무의 조직 내에 있는 수분과 양분의 이동통로를 막아 나무를 죽게 한다.
- 재선충은 3기 유충으로 월동한다.
- 재선충은 솔수염하늘소의 성충이 5~7월에 우화하여 탈출할 때 하늘소의 체내로 들어가 하늘소가 소나무류의 신초를 섭식할 때 4기 유충으로 나무 속으로 침입한다.

31 나무 속(재질부)을 가해하는 해충은 다음 중 어느 것인가?

① 하늘소   ② 미국흰불나방
③ 어스렝이나방   ④ 깍지벌레

솔수염하늘소의 특징

- 연 1회 발생하며 유충으로 월동한다.
- 유충이 소나무류의 수피 밑 형성층과 목질부에 피해를 준다.

32 수목병해 중 담자균에 의한 수병으로 분류되는 것은?

① 낙엽송잎떨림병   ② 잣나무털녹병
③ 벚나무빗자루병   ④ 밤나무줄기마름병

잣나무털녹병

- 병원 : 진균(담자균류)
- 본기주 : 소나무
- 중간기주 : 송이풀류, 까치밥나무류

33 잣나무털녹병의 중간기주로 병의 예방을 위해서 잣나무 부근에 식재를 피해야 할 수종은?

① 소나무   ② 비자나무
③ 참중나무   ④ 까치밥나무

중간기주
송이풀류, 까치밥나무류

34 경기도 가평에서 처음 발견된 병으로 줄기에 병징이 나타나면 어린나무는 대부분이 1~2년 내에 말라 죽고 20년생 이상의 큰 나무는 병이 수년간 지속되다가 마침내 말라 죽는 수병은?

① 잣나무털녹병
② 소나무모잘록병
③ 오동나무탄저병
④ 오리나무갈색무늬병

잣나무털녹병의 특징
• 어린나무는 대부분이 1~2년 내에 말라 죽는다.
• 주로 5~20년생에 많이 발생하며 20년생 이상 된 큰
  나무에도 피해를 주는 수병이다.

35 잣나무털녹병(毛銹病)의 병징 및 표징은 줄기
   에 나타난다. 병원균의 침입부위는 어디인가?

   ① 잎   ② 줄기
   ③ 종자   ④ 뿌리

바람에 의해 잣나무 잎의 기공으로 침입한다.

36 녹병균에 의한 수병은 중간기주를 거쳐야 병이
   전염된다. 다음 수종 중 향나무녹병의 중간기
   주는?

   ① 송이풀   ② 상수리나무
   ③ 꽃아그배나무   ④ 낙엽송

향나무녹병의 기주 및 중간기주
• 기주 : 향나무류(겨울포자, 담자포자(소생자))
• 중간기주 : 배나무, 꽃아그배나무, 사과나무, 모과
  나무(녹병포자, 녹포자)

37 향나무녹병의 방제법으로 틀린 것은?

   ① 보르도액을 살포한다.
   ② 중간기주를 제거한다.
   ③ 향나무의 감염된 수피를 제거, 소각한다.
   ④ 주변에 배나무를 식재하여 보호한다.

향나무녹병의 중간기주인 배나무를 제거한다.

38 향나무녹병균은 배나무를 중간숙주로 하는데
   배나무에 기생하는 시기는?

   ① 1~2월   ② 3~4월
   ③ 5~7월   ④ 8~9월

향나무녹병의 생활사
4월경 향나무에 겨울(동)포자퇴 형성 → 비로 인해
수분을 흡수하여 한천모양으로 부풂 → 겨울포자가
발아하여 소생자 형성 → 바람에 의해 배나무로 옮겨
져 녹병포자, 녹포자 형성(배나무에 기생하는 시기
는 5~7월)

39 다음 중 상대적으로 가장 높은 온도의 발병조건
   을 요구하는 수병은?

   ① 잿빛곰팡이병
   ② 자줏빛날개무늬병
   ③ 리지나뿌리썩음병
   ④ 아밀라리아뿌리썩음병

수병의 특징
• 임지 내의 모닥불자리나 산불피해지에 많이 발생한
  다.(주로 침엽수에 발생)
• 고온에서 포자가 발아하여 뿌리에 피해를 준다.

40 새로 나온 가지에 피해를 주며 가지 끝이 밑으
   로 꼬부라져 농갈색 갈고리모양으로 되어 낙엽
   이 되는 병은?

   ① 향나무녹병
   ② 잣나무털녹병
   ③ 낙엽송가지끝마름병
   ④ 붉나무빗자루병

낙엽송가지끝마름병 수병의 특징
• 당년에 자란 새순(새가지)이나 잎에 침해하고 줄기
  나 죽은 가지에는 발생하지 않는다.
• 가지 끝이 밑으로 꼬부라져 농갈색 갈고리모양으로
  되어 낙엽이 되는 병이다.

41 낙엽송잎떨림병 방제에 주로 사용하는 약제는?

① 지오람수화제
② 만코제브수화제
③ 디플루벤주론수화제
④ 티아클로프리드 액상수화제

해설

낙엽송잎떨림병
• 수병의 특징 : 병징이 가장 뚜렷한 시기는 9월 중순 경이고 증상은 대부분의 잎이 탈락한다.
• 방제법 : 만코제브수화제

42 포플러잎녹병 병원균의 상태를 가장 잘 나타낸 것은?

① 병원균이 포플러나 중간기주인 낙엽송과 현호색을 기주교대하는 2종 기생균이다.
② 포플러의 잎에 녹병포자와 녹포자를 형성한다.
③ 낙엽송의 잎에 여름포자와 겨울포자를 형성한다.
④ 여름에 잎 뒷면에 노랑색의 소립점을 형성하고 겨울에는 잎이 담황색으로 변한다.

해설

기주에 따른 포자
• 기주 : 포플러 − 여름포자, 겨울포자, 담자포자(소생자) 형성
• 중간기주 : 낙엽송, 현호색 − 녹병포자, 녹포자 형성

43 포플러잎녹병의 증상으로 옳지 않은 것은?

① 병든 나무는 급속히 말라 죽는다.
② 초여름에는 잎 뒷면에 노란색 작은 돌기가 발생한다.
③ 초가을이 되면 잎 양면에 짙은 갈색의 겨울 포자퇴가 형성된다.
④ 중간기주의 잎에 형성된 녹포자가 포플러로 날아와 여름포자퇴를 만든다.

해설

포플러잎녹병 수병의 특징
• 초여름에 잎 뒷면에 오렌지색의 작은 가루덩이(여름포자)가 생기고 정상적인 잎보다 1∼2개월 먼저 낙엽이 되어 나무의 생장이 크게 감소하나 급속히 말라 죽지는 않는다.
• 여름포자의 형태로 월동이 가능하여 중간기주를 거치지 않고 포플러에서 포플러로 직접 감염이 가능하다.
• 겨울에 낙엽송을 거치지 않아도 생활사 완성이 가능한다.
• 중간기주를 제거해도 완전한 방제가 안 된다.
• 병 발생까지의 잠복기간이 4∼6일로 짧다.

44 초여름 포플러의 잎 뒷면에 오렌지색의 작은 가루덩이가 생기고 정상적인 나무보다 먼저 낙엽이 지는 현상을 나타내는 나무의 병은?

① 포플러잎녹병
② 포플러갈반병
③ 포플러점무늬잎떨림병
④ 포플러잎마름병

45 병원균의 침입방법 중 나무의 상처부위로 침입하는 대표적인 병균은?

① 밤나무줄기마름병균
② 소나무잎떨림병균
③ 삼나무붉은마름병균
④ 향나무녹병균

해설

바람이나 곤충에 의해 전반되어 나뭇가지와 줄기의 상처부위로 침입한다.

46 다음 중 밤나무줄기마름병과 관련된 설명으로 틀린 것은?

① 밤나무줄기마름병은 잣나무털녹병, 느릅나무시들음병과 더불어 20세기의 3대 수목병해였다.

② 병환부의 수피가 처음에는 황갈색 내지 적갈색으로 변한다.

③ 밤나무줄기마름병은 서양의 풍토병으로 미국과 유럽의 밤나무림을 황폐화시켰다.

④ 병원균은 병환부에서 균사 또는 포자의 형으로 월동한다.

> **해설**
> • 동양의 풍토병으로 줄기가 말라 죽는 밤나무의 가장 무서운 병이다.
> • 동양에서 수입한 밤나무로 인해 미국의 밤나무에 큰 피해를 준 수병이다.

47 피해목을 벌채한 후 약제의 훈증처리 방제가 필요한 수병은?

① 뽕나무오갈병
② 잣나무털녹병
③ 소나무잎녹병
④ 참나무시들음병

> **해설**
> 참나무시들음병의 방제법
> 매개충이 우화하기 전인 4월 말까지 피해목을 벌목 후 밀봉하여 살충 및 살균제로 훈증한다.

48 옥시테트라사이클린수화제를 수간에 주입하여 치료하는 수병은?

① 포플러모자이크병
② 대추나무빗자루병
③ 근두암종병
④ 잣나무털녹병

> **해설**
> 옥시테트라사이클린을 흉고직경에 수간주사한다.

49 다음의 수목병해 중 병징은 있으나 표징이 전혀 없는 것은?

① 오동나무빗자루병
② 잣나무털녹병
③ 낙엽송잎떨림병
④ 밤나무흰가루병

> **해설**
> 오동나무빗자루병
> 수목병해 중 병징은 있으나 표징이 전혀 없다.

50 다음 중 담배장님노린재에 의하여 매개, 전염되는 수병은?

① 포플러모자이크병
② 오동나무빗자루병
③ 잣나무털녹병
④ 소나무잎녹병

> **해설**
> 오동나무빗자루병의 매개충
> 담배장님노린재

51 전신적(全身的) 병원균에 의한 병해에 해당하는 수병은?

① 오동나무빗자루병
② 소나무혹병
③ 잣나무털녹병
④ 밤나무줄기마름병

52 수목의 그을음병과 관계있는 대표적인 해충은?

① 깍지벌레
② 무당벌레
③ 담배장님노린재
④ 마름무늬매미충

> **해설**
> 그을음병은 진딧물, 깍지벌레 등 흡즙성 해충이 기생하였던 나무에서 흔히 볼 수 있다.

53 수목의 그을음병에 대한 설명으로 옳은 것은?

① 수목의 잎 또는 가지에 형성된 검은색은 무성하게 자란 세균이다.

② 병원균은 진딧물과 같은 곤충의 분비물에서 양분을 섭취한다.

③ 이 병에 감염된 수목은 수목의 수세가 악화되면서 급격히 말라 죽는다.

④ 병원균은 기공으로 침입하며 침입균사는 원형질막을 파괴시킨다.

● 해설

• 잎, 가지, 줄기, 과실 등이 그을음을 발라 놓은 것처럼 검게 보인다.

• 그을음병의 병원은 진균이다.

54 수목의 가지에 기생하여 생육을 저해하고 종자는 새가 옮기는 것은?

① 바이러스　　　　② 세균

③ 재선충　　　　　④ 겨우살이

● 해설

겨우살이의 특징

• 수목의 가지에 뿌리를 박아 기생하며, 양분과 수분을 흡수한다.

• 잎은 다육질(혁질)로 약용으로도 쓰인다.

• 종자는 새가 옮긴다.

55 기생식물에 의한 피해인 새삼에 대한 설명이다. 옳지 않은 것은?

① 1년생초로서 철사 같고 황적색이다.

② 잎은 비닐잎처럼 생기고 삼각형이며 길이가 2mm 내외이다.

③ 꽃은 2~3월에 피며 희고 덩어리처럼 된다.

④ 기주식물의 조직 속에 흡근을 박고 양분을 섭취한다.

● 해설

꽃은 8~9월에 흰색으로 피고 덩어리를 이룬다.

56 대나무류 개화병의 발병원인은?

① 세균 감염　　　　② 동해

③ 생리적 현상　　　④ 바이러스 감염

● 해설

대나무류 개화병의 특징은 개화기에 달하면 같은 지하경에서 나온 대나무는 나이를 막론하고 일제히 개화후 말라 죽는다.(생리적인 병해)

03장 산림해충

산림해충의 일반

산림에는 수많은 곤충들이 살고 있다. 산림병해충이란 이들 곤충 중에서 인간이 산림에서 기대하는 혜택을 직간접적으로 방해하는 것이다.

1 곤충의 형태

(1) 외부형태

모든 곤충류는 머리, 가슴, 배의 3부분으로 이루어져 있다.

① 피부(체벽)

곤충의 피부는 바깥에서부터 표피층(외표피, 원표피), 진피층, 기저막으로 구성되어 있다.

㉠ 표피층 구성

외표피		• 표피층의 가장 바깥부분이며, 수분 손실을 줄이고 이물질 침입을 차단하는 기능 • 시멘트층, 왁스층, 단백성 외표피층으로 구성
원표피	외원표피	• 체벽의 가장 바깥쪽에 위치 • 단백질과 지질로 구성된 매우 얇은 층으로 체내의 수분증산을 억제
	내원표피	진피층의 진피세포에서 분비되어 생성

㉡ 진피층 : 표피층 밑에 위치하며 단백질, 지질, 키틴화합물 등을 합성 및 분해하는 세포층이다.

㉢ 기저막 : 진피층 밑의 얇은 막으로 곤충의 근육이 부착되는 곳과 연결되어 있다.

② 머리

㉠ 머리는 입틀, 겹눈, 홑눈, 촉각(더듬이) 등의 부속기가 있다.

㉡ 입틀(口器) : 구조상 큰턱이 잘 발달하여 씹어 먹는 저작구와 찔러 빨아 먹는 흡수구로 구분한다.

구분	특징	구분	특징
저작구형	• 발달된 큰턱을 이용하여 씹어 먹는 형 • 메뚜기, 딱정벌레목 풍뎅이과, 나비류의 유충 등	흡취구형	핥아 먹는 형 : 파리
흡수구형	• 찔러 빨아 먹는 형 : 진딧물, 멸구, 매미충류 • 빨아 먹는 형 : 나비, 나방	저작 핥는 형	씹고 핥아 먹는 형 : 꿀벌

③ 가슴

가슴은 앞가슴, 가운데가슴, 뒷가슴의 3부분과 날개, 다리, 기문 등의 부속기가 달려 있다.

㉠ 날개 : 앞날개는 가운데가슴에 1쌍, 뒷날개는 뒷가슴에 1쌍씩 총 2쌍이 달려 있다.

㉡ 다리 : 앞가슴, 가운데가슴, 뒷가슴에 1쌍씩 붙어 있으며, 다리는 보통 5마디로 되어 있다.

㉢ 기문 : 가운데 가슴과 뒷가슴에 1쌍씩 총 2쌍이 있는 것이 많다.

④ 배

㉠ 보통 10개 내외의 마디로 기문, 항문, 생식기 등의 부속기관이 있다.

㉡ 기문을 통해 공기를 호흡한다.(가슴에 2쌍, 배에 8쌍으로 총 10쌍이 일반적이다)

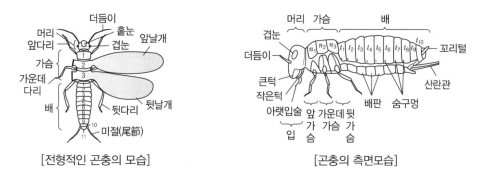

[전형적인 곤충의 모습]　　　　　　[곤충의 측면모습]

🌿 TIP

나비목
• 나비와 나방류가 이에 속하며 산림해충의 가장 많은 피해를 준다.
• 오른쪽 그림은 나비목 유충의 모식도이다.
※ 복지 : 곤충의 배에 붙어 있는 부속지(배다리)

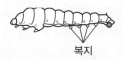

복지

[나비목 유충의 모식도]

(2) 내부형태

소화계, 순환계, 호흡계, 신경계, 생식계, 근육계, 감각기관, 분비계, 특수조직 등으로 구분한다.

① 소화계

소화관은 전장, 중장, 후장으로 이루어져 있다.

㉠ 전장 : 음식물의 임시저장 및 기계적 소화기능을 담당한다.

㉡ 중장 : 음식물의 소화흡수 및 위의 기능을 한다.

㉢ 후장 : 소화관의 맨 끝부분으로 배설기능을 한다.

② 호흡계

㉠ 기문(氣門) : 기체가 출입하는 곳으로 보통 가슴에 2쌍, 배에 8쌍 모두 10쌍이 있는 것이 원칙이다.(곤충의 종에 따라 다르다)

㉡ 기관(氣管) : 기체의 통로역할을 하는 곳이다.

③ 분비계
  ㉠ 침샘 : 소화성이고 자극성인 점성물질로 전장의 양쪽에 위치한다.
  ㉡ 페로몬 : 곤충이 냄새로 의사를 전달하는 신호물질로 성페로몬은 배우자를 유인하거나 흥분시
    킨다.

② 곤충의 종류

(1) 곤충의 분류

구분			해당 곤충
무시아강(원래 날개가 없음)			알톡토기, 일본낫발이, 좀붙이, 집게좀붙이, 좀, 돌좀
유시아강 (날개를 가지고 있지만 2차로 퇴화되어 없는 것도 있음)	고시류 (날개를 접을 수 없음)		하루살이, 잠자리목
	신시류 (날개를 접을 수 있음)	외시류(불완전변태)	집게벌레, 바퀴, 사마귀, 메뚜기, 깍지벌레, 진딧물, 멸구, 매미충
		내시류(완전변태)	밤나무순혹벌, 소나무좀, 솔잎혹파리, 나비, 파리

(2) 해충의 생태학적 분류

① 주요 해충(관건해충)
  ㉠ 매년 만성적이고 지속적인 피해를 주는 해충이다.
  ㉡ 종류 : 솔잎혹파리, 솔껍질깍지벌레 등

② 돌발해충
  ㉠ 주기적으로 대발생하거나 평소에는 별로 문제가 되지 않던 종류의 해충들이 밀도를 억제하
    고 있던 요인들이 제거되거나 약화되어 비정상적으로 대발생하는 경우이다.
  ㉡ 종류 : 집시나방, 텐트나방 등

③ 2차 해충 중요 ★☆☆

㉠ 특정해충의 방제로 인해 곤충상이 파괴되면서 새로운 해충이 주요 해충화되는 것을 2차 해충이라 한다.

㉡ 종류 : 응애, 진딧물, 깍지벌레류, 소나무좀 등
- 응애 구제에 쓰이는 약제 : 디코폴유제(켈센)
- 진딧물과 루비깍지벌레의 구제에 쓰이는 약제 : 메티온유제
- 진딧물을 포식하는 천적곤충으로 가장 유명한 것 : 무당벌레(됫박벌레)

④ 비경제해충
임목을 가해하기는 하나 그 피해가 경미한 해충이다.(대부분의 곤충류)

3 곤충의 생태

(1) 곤충의 변태

종류	과정
완전변태	• 유충이 번데기 과정을 거쳐 성충이 되는 것 알 유충 번데기 성충
불완전변태	• 성숙한 약충이 번데기 과정을 거치지 않고 바로 성충이 되는 것 • 알 → 약충 → 성충

※ 불완전변태에서의 유충을 약충이라 한다.

(2) 곤충의 생활사 중요 ★★☆

과정	특징
부화	알껍질을 깨뜨리고 밖으로 나오는 현상이다.
유충의 성장	알에서 부화된 것을 유충 또는 약충이라 하며 유충(약충)은 다른 생물에서 영양을 섭취하여 성장한다.
용화	충분히 자란 유충이 먹는 것을 중지하고 유충 때의 껍질을 벗고 번데기가 되는 과정이다.(유충 → 번데기)
우화	번데기가 탈피하여 성충이 되는 과정이다.(번데기 → 성충)
휴면	곤충이 생활하는 도중에 환경이 좋지 않으면 발육을 일시적으로 정지하는 현상이다.

※ 휴면타파 : 휴면상태가 깨지는 현상. 일시적으로 정지되었던 생육이 여러 가지 휴면의 요인이 제거되면서 생육이 다시 시작되는 현상을 말한다.

① 영충

각 탈피단계의 유충으로 부화하여 1회 탈피 전까지를 1령충, 2회 탈피 전까지를 2령충, 3회 탈피 전까지를 3령충이라 부른다.

부화 ⟶ 1회 탈피 ⟶ 2회 탈피 ⟶ 3회 탈피 ⟶ 번데기

1령충　　　　2령충　　　　3령충　　　　4령충

[곤충의 탈피단계]

※ 고치 : 완전변태를 하는 곤충의 유충이 번데기로 변할 때 자신의 분비물로 만든 껍데기모양 또는 자루모양의 집이다.

(3) 곤충의 가해습성

① 식성

대부분의 곤충은 식물질을 먹이로 살 수 있지만 때로는 동물질을 먹을 수 있다.

㉠ 식물질을 먹는 것

구분	정의 및 해당 곤충
식식성	식물을 먹는 것(대부분의 해충)
균식성	균류를 먹는 것(버섯벌레과, 버섯파리과)
미식성	미생물을 먹는 것(파리의 구더기)

㉡ 동물질을 먹는 것

구분	정의 및 해당 곤충
포식성	살아 있는 곤충을 잡아 먹는 것(무당벌레류, 말벌류)
기생성	다른 곤충에 기생생활을 하는 것(기생벌, 기생파리)
육식성	다른 동물을 직접 먹는 것(물방개류, 물무당류)
시식성	다른 동물의 시체를 먹는 것(송장벌레과, 풍뎅이붙이과)

② 주성

㉠ 동물이 어떤 자극을 받아 몸이 자극이 미치는 방향으로 움직이는 성질이다.

㉡ 주광성, 주화성, 주수성, 주류성, 주풍성, 주지성, 주열성 등이 있다.

🌿 TIP

주광성

• 빛의 자극에 반응하여 무의식적으로 움직이는 성질이다.
• 나비, 나방은 양성주광성, 구더기, 바퀴류는 음성주광성을 가지고 있다.
• 유아등에 의한 해충의 구제는 나방의 주광성을 이용한 것이다.

(4) 곤충의 생식 중요 ★★☆

구분	정의 및 해당 곤충
양성생식	암수가 교미하는 것으로 대부분의 곤충이다.
단위생식(단성생식)	• 수정되지 않은 난자가 발육하여 성체가 되는 것으로 암컷만으로 생식한다.(처녀생식) • 밤나무순혹벌, 벼물바구미, 진딧물류 등
다배생식	• 수정된 난핵이 분열하여 각각의 개체로 발육한다. • 1개의 알에서 2개 이상의 곤충이 생기는 것이다.

SECTION 02 산림해충의 발생예찰

1 해충의 발생예찰

(1) 예찰의 필요성

① 어떤 해충이 어느 곳에 언제, 어느 정도 발생하였는지 등을 조사하여 앞으로의 피해를 예측하고 방제대책을 세우는 것이다.

② 해충의 발생시기와 발생량의 예찰이 주목적이다.

2 병해충 발생상황 조사

(1) 예찰조사

병해충의 피해, 확산을 방지하기 위하여 앞으로의 발생전망 등을 판단하기 위해 매년 고정조사구, 상습발생지 및 선단지 등을 대상으로 예찰조사를 한다.

(2) 예찰조사의 방법

① 해충조사 : 해충의 분포상황과 밀도를 조사하는 것이다.

② 항공조사

ㄱ 해충의 발생과 피해를 평가할 때 항공기를 이용하는 방법이다.

ㄴ 단시간 내에 넓은 면적을 조사할 수 있어 피해의 조기발견 및 비용의 절약이 가능하다.

③ 축차조사

해충조사 시 정확한 밀도보다는 방제방법을 판단할 때 사용하는 방법이다.(방제지역과 방임지역을 판별)

3 해충의 밀도조사

(1) 개체군의 밀도변동에 미치는 요인

① **출생률** : 사망이나 이동이 없다고 가정하였을 때 최초 개체수에 대한 일정기간 동안 출생한 개체수의 비율이다.

② **사망률** : 출생이나 이동이 없다고 가정하였을 때 최초 개체수에 대한 일정기간 동안 사망한 개체수의 비율이다.

③ 성비 : 전 개체수에 대한 암컷의 비를 성비라 하며, 여러 가지 환경조건에 따라 다소 차이가 생긴다.

④ **이동** : 어떤 지역을 중심으로 이동하여 들어오는 이입과 다른 곳으로 나가는 이주로 구분한다.

　㉠ 확산 : 포식활동이나 그 밖의 요구조건을 찾기 위해 이동하는 연속적인 분포이다.

　㉡ 분산 : 비연속적으로 이동하여, 정착한 곳이 생활에 알맞으면 정주할 수 있으나, 그렇지 못하면 죽게 된다.(비, 바람, 강우로 이동)

　㉢ 회귀 : 다른 곳으로 이주하였던 곤충이 다시 제자리로 되돌아오는 경우이다.

SECTION 03 **해충의 방제법**

1 해충방제 일반

(1) 해충방제의 목적

인간에게 경제적 손실을 초래하는 해충의 활동을 억제할 수 있는 상태를 만들고 그 상태를 오랫동안 유지하는 것이다.

(2) 해충밀도에 따른 피해 수준 중요 ★☆☆

① 경제적 피해(가해) 수준

　ㄱ 경제적 피해가 나타나는 해충의 최저밀도이다.

　ㄴ 해충에 의한 피해액과 방제비가 같은 수준의 해충밀도이다.

② 경제적 피해 허용 수준

　ㄱ 경제적 피해수준에 달하는 것을 억제하기 위하여 직접 방제수단을 써야 하는 밀도이다.

　ㄴ 경제적 피해수준보다는 낮은 밀도이다.

　ㄷ 방제를 시작해야 하는 밀도이다.

② 해충의 방제법

(1) 물리적 방제법

① 해충이 견디기 어려운 환경조건을 만들어 방제하는 방법이다.

② 온도, 습도, 방사선을 이용한 방제법

구분	내용
온도처리법	해충의 번성에 부적절한 고온이나 저온처리를 하여 방제하는 방법이다.
습도처리법	해충의 번성에 습도를 부적절하게 조절한다.
방사선처리법	해충에 방사선을 조사하여 죽이거나 불임화를 조장한다.

(2) 생물적 방제법

① 산림생태계의 균형유지를 통해 피해를 방지할 수 있는 근원적, 영구적, 친환경적 방제법이다.

② 해충밀도가 낮을 때 효과적이다.(해충밀도가 위험에 달하면 화학적 방제법)

③ 천적을 이용하여 해충의 밀도를 억제하는 방법 중요 ★☆☆

구분	내용
기생성 천적	• 해충에 기생하는 맵시벌류, 고치벌, 기생벌, 기생파리, 송충알벌 등이 있다. • 송충알벌은 솔나방의 알에 기생한다.
포식성 천적	• 해충을 잡아먹는 곤충류, 거미류, 조류, 포유류, 양서류 등이 있다. • 대표적 포식곤충으로는 풀잠자리, 무당벌레 등이 있다.
병원미생물	세균, 바이러스, 곰팡이, 원생동물 등은 곤충에 병을 일으켜 죽게 만드는 천적이다.

④ 천적의 구비조건 중요 ★★☆

　ㄱ 해충의 밀도가 낮은 상태에서도 해충을 찾을 수 있는 수색력이 높아야 한다.

　ㄴ 성비가 크고, 기주특이성을 가지고 있어야 한다.

　ㄷ 천적의 활동기와 해충의 활동기가 시간적으로 일치해야 한다.

ⓔ 세대기간이 짧고 증식력이 높아야 하며 다루기 쉽고 대량사육이 가능해야 한다.

ⓜ 시간적, 공간적으로 쉽고 빠르게 영향권을 확산할 수 있는 분산력이 높아야 한다.

ⓗ 2차 기생봉(천적에 기생하는 곤충)이 없어야 한다.

(3) 임업적 방제법

① 조림, 벌채, 임지의 조건 등을 해충발생에 불리한 조건으로 형성하는 방법이다.

② 토양과 기후조건에 알맞은 수종을 선택한다.

③ 임업적 방제방법 중요 ★★☆

구분	내용
혼효림	혼효림은 여러 종류의 해충이 서식하나 이들의 세력이 서로 견제되고 천적의 종류도 다양하여 방제효과가 있다.
내충성 품종	특정 해충의 피해에 강한 품종을 선택한다.
위생간벌	적절한 밀도를 조성하여 건전한 임분으로 육성한다.
시비	해충 피해목의 수세회복을 위해 사용한다.

(4) 기계적 방제법 중요 ★★★

① 경운법 : 땅속에서 월동하는 해충을 가을에 깊이 갈아 저온으로 죽게 하는 방법

② 포살법 : 해충의 알, 유충, 성충 등을 직접 손이나 기구를 이용하여 잡는 방법

③ 차단법 : 이동성 곤충에 이용되는 방제법으로 솔잎혹파리의 경우 피해임지에 비닐을 피복하면 땅에서 우화한 성충이 나무 위로 올라가는 것과 나무에서 떨어진 유충이 땅속으로 잠입하는 것을 차단하는 방법

④ 터는 방법 : 잎벌레, 하늘소류 등은 진동을 가하면 나무에서 떨어지는데 이 습성을 이용하여 긴 장대를 이용하여 흔들어 떨어뜨려 잡는 방법

⑤ 소살법 : 불을 붙인 솜방망이로 군서 중인 해충을 불에 태워 죽이는 방법

⑥ 유살법 : 곤충의 특이한 행동습성을 이용하여 유인하여 죽이는 방법

〈유살법의 종류〉

구분	내용
식이유살법	해충이 좋아하는 먹이를 이용하는 유살
잠복처유살법	월동이나 용화를 위한 잠복처로 유인하여 유살
번식처유살법	• 통나무유살 : 수목의 통나무를 이용하여 유살(나무좀, 하늘소, 바구미) • 입목유살 : 서있는 수목에 약제처리 후 약제가 퍼지면 벌목하여 유살(좀류)
등화(등불)유살	• 여름철 밤에 유아등을 이용하여 유살하는 방법 • 고온다습하고 흐리며 바람이 없을 때 효과적 ※ 유아등 : 주광성 해충을 등불로 이용하여 구제하는 장치

(5) 화학적 방제법 중요 ★☆☆

① 화학약제(농약)를 이용한 방제법이다.

② 효과가 정확하고 빠르며, 저장이 가능하고, 사용이 간편하여 널리 사용되고 있다.

③ 해충밀도가 위험에 달했을 때 더 효과적인 방제법이다.

④ 비선택적이므로 산림생태계에 미치는 부작용도 크다.

⑤ 유용한 천적이 농약의 남용으로 큰 피해를 입어 진딧물류, 응애류(2차 해충) 등의 특정 곤충이 돌발적으로 급격히 번성하기도 하므로 약제 선정 시 천적류에 대한 영향도 고려해야 한다.

> 🌱 TIP
>
> 분제(粉劑)살포 시 주의사항 중요 ★★☆
> • 인가 주변이나 큰 도로 가까이에 사용하지 않는다.
> • 저녁때는 상승기류가 없을 때 살포한다.
> • 살포량은 줄기나 잎을 손으로 문질렀을 때 가루가 손에 묻을 정도이면 좋다.
> • 단위시간당 액제보다 넓은 면적에 살포할 수 있다.

(6) 항공방제

① 병해충이 집단적으로 발생한 지역으로 지상방제가 어려운 지역을 대상지로 방제한다.

② 방제 시 주의사항

　㉠ 저공비행하며 바람과 상승기류가 없을 때

　㉡ 맑은 날 이른 아침이나 저녁때

SECTION 04 주요 산림해충

〈가해형태에 따른 분류〉

구분	내용
식엽성	• 수목의 잎을 식해하여 피해를 주는 해충 • 솔나방, 집시나방, 미국흰불나방, 텐트나방, 천막벌레나방, 오리나무잎벌레, 잣나무넓적잎벌, 어스렝이나방, 참나무재주나방, 솔노랑잎벌 등
흡즙성	• 수목의 잎과 줄기를 흡즙하여 피해를 주는 해충 • 방패벌레류(버즘나무방패벌레, 진달래방패벌레), 깍지벌레류, 진딧물류, 응애류 등
충영형성	• 수목의 줄기나 가지에 구멍을 뚫어 수피와 목질부를 가해하는 해충 • 잎 : 솔잎혹파리, 눈 : 밤나무혹벌

구분	내용
천공성	• 수목의 일부에 충영(벌레혹)을 만들고 그 안에서 흡즙 가해하는 해충 • 임업경영상으로 볼 때 벌기(伐期)가 길면 많이 발생하는 해충 • 소나무좀, 박쥐나방, 향나무하늘소, 미끈이하늘소, 밤마구미, 버들바구미
종실가해	• 수목의 종실을 가해하는 해충 • 밤마구미, 솔알락명나방, 도토리거위벌레, 복숭아명나방

① 식엽성 해충(잎을 가해하는 해충)

(1) 솔나방 중요 ★★★

① 솔나방의 유충을 송충이라 하고 유충이 솔잎을 갉아 먹는 소나무의 대표적 해충이다.

② 생활사 : 연 1회 발생

구분	내용
7월 하순~8월 중순	성충이 우화하여 500개 내외의 알을 솔잎 사이에 낳고 7~9일 정도 살고 죽는다.
8월 상순~11월 상순	부화한 유충이 솔잎을 가해한다.(전식피해)
11월 이후	5령충(4회 탈피)으로 지피물, 낙엽 밑이나 솔잎 사이에서 월동한다.
4월 상순~7월 상순	월동한 유충이 솔잎을 가해한다.(후식피해)

• 알에서 부화하여 7번 탈피 후 8령충이 고치를 만들고 번데기가 되며 약 20일 후에 나방으로 우화한다.
• 전년도 10월경의 유충밀도가 금년도 봄의 발생밀도를 결정한다.
• 7~8월에 호우 시 다음 발생량이 감소한다.

③ 방제법

㉠ 유충을 포살하거나 접촉성 살충제인 페니트로티온수화제를 살포한다.

㉡ 성충을 유아등으로 유살하거나, 잠복소를 설치하여 월동 유충을 방제한다.

㉢ 유아등을 이용한 구제 적기는 7월 하순~8월 중순이다.

㉣ 솔나방의 기생성 천적이 발생할 수 있도록 가급적 혼효림을 조성하여 임지의 지력을 높여 준다.

㉤ 천적 이용 : 송충알좀벌, 고치벌, 맵시벌 등

기출

"송충"이라고도 불리며 5령 유충으로 월동하여 이듬해 4월경부터 잎을 갉아 먹는 해충은?

① 솔잎혹파리　　　　　　　　　② 솔껍질깍지벌레
③ 솔나방　　　　　　　　　　　④ 소나무좀

답 ③

(2) 미국흰불나방 중요 ★★★

① 북미가 원산지로 우리나라에서는 1958년 미군 주둔지 근처에서 처음 발생하였다.

② 활엽수 160여 종을 가해하는 잡식성 해충으로 먹이가 부족하면 초본류도 먹는다.

③ 산림 내에서의 피해는 경미하나 도시 주변의 가로수나 정원수에 특히 피해가 심하다.

④ 생활사 : 연 2회 발생

구분	내용
5월 중순~6월 상순	월동 번데기가 제1화기 성충으로 우화하고 600~700개의 알을 산란하며, 수명은 4~5일 정도이다.
6월 하순~7월 하순	부화 유충은 4령기까지 실을 토해 알을 싸고 그 속에서 집단생활(군서)을 하며 5령기부터 7월 하순까지 잎을 식해한다.
7월 하순~8월 중순	제2화기 성충이 우화하여 산란한다.
9월 초순~10월 상순	부화 유충이 잎을 식해한다.
그 후 나무껍질 사이 또는 지피물 밑에서 고치를 짓고 번데기로 월동한다.	

⑤ 방제법 중요 ★★★

㉠ 제1화기보다 제2화기의 피해가 더 심하다.

㉡ 군서 중인 유충의 벌레집을 솜불방망이로 소각한다.

㉢ 디플루벤주론 액상수화제(14%), 디프제(디프록스)를 살포하면 쉽게 방제할 수 있다.

(3) 오리나무잎벌레 중요 ★★☆

① 연 1회 발생하며 성충으로 지피물 밑 또는 흙속에서 월동한다.

② 유충과 성충이 동시에 잎을 식해한다.

③ 유충은 주로 잎의 잎살을 먹기 때문에 잎이 붉게 변색되며, 성충은 주맥만 남기고 잎을 갉아 먹는 해충이다.

④ 방제법

㉠ 5월 하순~7월 하순 유충가해기에 디프 수화제(80%)를 살포한다.

㉡ 잎 뒷면의 알덩어리를 제거하고 소각한다.

(4) 잣나무넓적잎벌

① 연 1회 발생하며 7월 중순~8월 하순 이후 노숙유충이 땅속으로 들어가 월동한다.

② 주로 20년 이상된 밀생임분에서 발생한다.

③ 대부분 수관 상부에서부터 가지가 앙상해지기 시작한다.

④ 부화 유충은 실을 토해 잎을 묶어 집을 짓고 그 속에서 잎을 식해한다.

(5) 텐트나방(천막벌레나방)

① 연 1회 발생하며 나뭇가지에 가락지모양으로 알을 낳고 월동한다.

② 유충은 실을 토해 집을 짓고 낮에는 활동하지 않으며 주로 밤에 잎을 가해한다.

③ 버드나무, 살구나무 등을 가해한다.

④ 성충 수컷(♂)은 황갈색을 띠고, 암컷(우)은 담등색을 띤다.

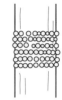

⑤ 방제법

 ㉠ 가지에 달려 월동 중인 알덩어리를 채취하여 제거한다.

 ㉡ 군서 중인 유충의 벌레집을 솜불방망이로 소각한다.

(6) 어스렝이나방

① 연 1회 발생하며 알로 수피(나무껍질) 사이에서 월동한다.

② 어스렝이나방은 주광성이 강하므로 9~10월에 등화유살한다.

③ 식엽성 해충이며, 플라타너스, 호두나무 등을 가해한다.

(7) 독나방

① 사과나무, 배나무 등의 잎을 가해하고 성충의 날개가루와 유충의 털이 사람의 피부에 묻으면 심한 통증과 피부염을 유발하는 해충이다.

② 독나방은 주광성이 강하므로 7~8월경에 등화유살한다.

(8) 집시나방(매미나방) 중요 ★☆☆

① 연 1회 발생하며, 나무줄기나 가지에서 알로 월동한다.

② 유충은 6월 하순~7월 상순에 나뭇가지나 잎 사이에 거꾸로 매달린 채 번데기가 된다.

③ 씹어 먹는 입을 가진 잡식성 해충으로 유충이 침엽수와 활엽수의 잎을 갉아 먹는 잡식성이다.

④ 수컷은 낮에 활발한 활동을 하는데, 암컷은 몸이 비대하여 잘 날지 못하며 산란수는 300개 정도이다.

(9) 솔노랑잎벌

연 1회 발생하며 주로 묵은 잎을 가해하고 알로 월동한다.

[솔나방]

[미국흰불나방]

[오리나무잎벌레]

[텐트나방]

2 흡즙성(줄기 및 가지를 흡즙하는 해충)

(1) 솔껍질깍지벌레

① 성충과 약충이 해송과 소나무의 가지에 긴 입을 꽂고 나무의 수액을 흡즙하여 가해한다.

② 생활사 : 연 1회 발생

구분	내용
5월 상순~6월 중순	부화 제1령 약충이 이 시기에 바람에 날려 이동 및 확산한다.
5~11월	전약층(제1령 약충)이 나무껍질 틈에 정착하여 실같이 긴 입을 나무에 꽂고 가해한다.
11~익년 3월	• 후약층(제2령 약충)의 형태로 월동하며 가장 많은 피해를 준다. • 후약충은 기온이 낮아지는 겨울에 왕성한 활동을 한다. • 전북, 전남, 경남지역 해안가의 해송림에 큰 피해를 준다.

알 → 부화약충 → 제1약충 → 제2약충 → 성충(암컷) (불완전변태)
　　　　　　　　(전약충)　(후약충) ↘ 전성충 → 번데기 → 성충(수컷) (완전변태)

[솔껍질깍지벌레의 생태]

③ 방제법

　ⓛ 전약충기인 5~11월에 피해목을 벌채한다.

　ㄱ 12월 후약충 가해시기에 침투성 살충제인 포스팜액제(50%)를 수간주사한다.

(2) 버즘나무방패벌레

① 연 3회 발생하며 9월 하순부터 수피 틈에서 성충으로 월동한다.

② 외래해충으로 약충이 버즘나무류의 잎 뒷면에 모여 흡즙하여 가해한다.

③ 심각한 피해를 주지는 않으나 잎의 변색으로 경관을 해친다.

(3) 진달래방패벌레

① 철쭉, 진달래, 영산홍의 잎 뒷면을 흡즙 및 가해한다.

② 연 4~5회 발생한다.

③ 성충의 형태로 낙엽 사이 또는 지피물 밑에서 월동한다.

[솔껍질깍지벌레]

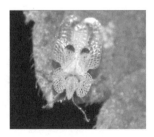

[버즘나무방패벌레]

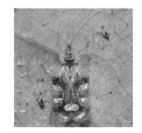

[진달래방패벌레]

❸ 충영성(충영을 만드는 해충)

(1) 솔잎혹파리 중요 ★★★

① 유충이 솔잎 기부에 들어가 벌레혹을 만들고 그 속에서 수목을 가해한다.
② 도입해충이며 2000년대에 걸쳐 국내 산림병해충 중 피해면적이 가장 많은 해충이다.
③ 생활사 : 연 1회 발생

구분	내용
5월 중순~7월 상순	• 몸 길이 2mm 내외인 성충이 우화한다. • 우화하여 솔잎 사이에 평균 6개씩 총 110개 정도의 알을 낳고 1~2일만에 죽는다.(5월 하순~6월 상순 우화최성기)
6월 하순~10월 하순	• 알에서 깨어난 유충이 솔잎 밑부분에 벌레혹(충영)을 만든다. • 솔잎의 기부에서 즙액을 흡즙하며 성숙한다.
9월 하순~익년 1월	유충은 주로 비가 올 때 땅으로 떨어져 잠복하고 있다가 지피물 밑이나 땅속에서 월동한다.(습한 곳에서 왕성한 활동)
5월 중순~6월 상순	월동한 유충이 번데기가 된다.

④ 피해양상
　㉠ 피해를 받은 소나무 잎은 7월 상순경부터 생장이 정지되어 길이가 정상적인 길이의 1/2가량이 된다.
　㉡ 피해목의 직경생장은 피해당년에, 수고생장은 다음해에 감소한다.
　㉢ 충영은 수관 상부에 주로 많이 발생한다.
　㉣ 피해를 가장 심하게 받는 수종은 소나무와 해송이다.

⑤ 방제법
　㉠ 유충은 건조에 약하므로 임지를 건조하게 한다.(밀생임분 간벌, 지피물 제거)
　㉡ 피해목을 벌목하여 잎을 소각하고 성충 우화기 때 약제를 살포한다.
　㉢ 살충제 수간주사 : 포스팜액제(50%)
　㉣ 천적방제 : 기생벌의 성충은 솔잎혹파리의 알이나 유충의 몸속에 알을 낳는다.
　※ 천적 기생벌 : 솔잎혹파리먹좀벌, 혹파리살이먹좀벌, 혹파리등뿔먹좀벌

기출

솔잎혹파리의 월동장소로 옳은 것은?
① 나무껍질 사이　　　　② 땅속
③ 솔잎 사이　　　　④ 나무 속

풀이 유충은 주로 비가 올 때 땅으로 떨어져 잠복하고 있다가 지피물 밑이나 땅속에서 월동한다.

답 ②

(2) 밤나무혹벌(밤나무순혹벌) 중요 ★☆☆

① 밤나무 잎눈의 조직 내에 충영(벌레혹)을 만들고 그 속에서 기생하여 밤의 결실을 방해하는 해충이다.

② 연 1회 발생하며 암컷만으로 번식하는 단성생식을 하며 유충으로 월동한다.

③ 성충의 몸 길이는 3mm 내외로 광택이 있는 흑갈색이다.

④ 저항성, 내충성, 내병성 등 품종으로 갱신하는 것이 방제에 효과적이다.

⑤ 천적방제 : 중국긴꼬리좀벌, 남색긴꼬리좀벌

※ 단성(단위)생식 : 미수정란으로도 개체가 발생하는 것(벌, 진딧물, 물벼룩 등)

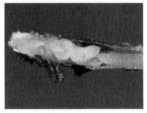   

[솔잎혹파리(유충)]　　　　[솔잎혹파리(성충)]　　　　[밤나무혹벌(성충)]

4 천공성(분열조직을 가해하는 해충)

(1) 소나무좀 중요 ★★☆

① 월동한 성충이 나무껍질을 뚫고 형성층에 들어가 산란한 알에서 부화한 유충이 수피 밑을 식해한다.

② 산림화재 시에 임목에 가장 큰 피해를 준다.

③ 생활사 : 연 1회 발생

구분	내용
3월 하순~4월 상순	• 월동 성충이 쇠약목이나 벌채목의 수피 밑 형성층에 10cm 정도의 구멍을 뚫고 산란한다. • 부화한 유충이 수피 밑을 식해한다.(전식피해)
5월 하순~6월 하순	부화한 유충은 어미가 파 놓은 갱도와 직각으로 구멍을 뚫고 번데기가 된다.
6월 초순~10월 하순	6월 초부터 신성충이 우화하여 소나무 새순(신초)을 가해한다.(후식피해)
11월 이후	성충이 수간의 지제부나 뿌리 근처, 수피 틈에서 월동한다.

• 유충과 성충이 봄과 가을에 두 번 식해한다.

• 소나무좀은 2차 해충이다.(2차 해충 : 응애, 진딧물, 깍지벌레)

④ 방제법

  ㉠ 쇠약목, 피해목, 고사목, 설해목 등은 벌채 후 수피를 제거하여 나뭇가지가 없도록 하며, 원목은 반드시 껍질을 벗긴다.

  ㉡ 먹이나무(이목)를 배치하여 월동 성충의 산란 후 5월에 박피하여 소각한다.

[소나무좀]

기출

주로 쇠약한 나무나 벌채한 나무에 기생하는 특성이 있어, 먹이나무를 설치하여 유인·포살할 수 있는 해충은?

① 소나무좀   ② 포도유리나방
③ 오리나무잎벌레   ④ 매미나방

답 ①

5 종실을 가해하는 해충

(1) 복숭아명나방

① 유충이 밤나무, 복숭아나무, 사과나무, 자두나무, 감나무 등의 종실을 가해한다.

② 유충이 침입한 구멍으로 적갈색의 배설물과 즙액을 배출한다.

③ **생활사** : 연 2회 발생

구분	내용
4월	• 2령기 유충은 밤가시를 식해하다가 3령기 이후 성숙해지면 과육을 식해한다. • 월동한 유충이 활동하기 시작한다.
6월	제1화기 성충이 우화하여 복숭아, 사과나무 과실에 산란하여 유충이 과실을 먹고 자란다.
7월 하순~8월 상순	제2화기 성충이 우화하여 밤나무, 감나무 종실에 산란하여 유충이 과실을 먹고 자란다.
겨울	지피물이나 수피의 고치 속에서 유충으로 월동한다.

④ 방제법

  ㉠ 복숭아는 5월 상순에 봉지를 씌우고, 밤나무는 7~8월에 디프유제, 메프유제 등을 1~2회 살포한다.

  ㉡ 성충 최성기(7~8월)에 접속성 살충제로 방제하면 효과가 있다.

(2) 밤바구미

① 유충이 배설물을 밖으로 내보내지 않기 때문에 밤을 수확하여 쪼개 보거나 또는 유충이 탈출하기 전까지는 피해를 식별하기 어렵다.

② 생활사 : 연 1회 발생

구분	내용
9월 중~하순경	성충이 우화하여 알을 낳고 주둥이로 밤에 구멍을 뚫어 알을 산란한다.
부화 유충은 과육을 먹고 자라며, 노숙유충이 땅속에서 월동한다.	

③ 방제법 : 피해를 받은 밤은 인화늄정제로 훈증한다.

(3) 솔알락명나방

① 잣나무나 소나무류의 구과를 가해한다.

② 잣송이를 가해하여 잣 수확을 감소시킨다.

③ 연 1회 발생

　　㉠ 어린유충의 형태로 구과에서 월동한다.

　　㉡ 노숙유충의 형태로 땅속에서 월동한다.

(4) 도토리거위벌레

① 도토리에 구멍을 뚫고 산란한 후, 가지를 주둥이로 잘라 땅 위에 떨어뜨린다.

② 부화 유충이 과육을 식해한다.(완전변태)

③ 연 1~2회 발생, 노숙유충으로 땅속에서 흙집을 짓고 월동한다.

[복숭아명나방]　　　　　[밤바구미]　　　　　[솔알락명나방]　　　　[도토리거위벌레]

6 뿌리와 지제부를 가해하는 해충

(1) 풍뎅이과 중요 ★★☆

① 유충기에는 뿌리를 가해하고 성충기에는 밤나무 등의 활엽수 잎을 가해한다.

② 묘포에서 뿌리나 지·접근부를 주로 가해한다.

③ 대부분은 썩은 식물체나 동물의 사체, 포유류의 배설물을 먹고 산다.

〈주요 해충의 발생횟수에 따른 분류〉 중요 ★☆☆

구분	해충의 종류
1년 1회	솔나방, 오리나무잎벌레, 잣나무넓적잎벌, 텐트나방, 어스렝이나방, 독나방, 집시나방, 솔노랑잎벌, 솔껍질깍지벌레, 솔잎혹파리, 밤나무혹벌, 소나무좀, 밤바구미
1년 2회	미국흰불나방, 버즘나무방패벌레, 복숭아명나방, 미류재주나방
1년 1~2회	도토리거위벌레
1년 4~5회	진달래방패벌레
2년 1회	알락박쥐나방, 미끈이하늘소, 점박이수염긴하늘소

〈주요 해충의 월동형태에 따른 분류〉 중요 ★☆☆

구분	해충의 종류
알	텐트나방(천막벌레나방), 어스렝이나방, 집시나방(매미나방), 솔노랑잎벌, 대벌레
유충	솔나방(5령충), 잣나무넓적잎벌, 독나방, 솔껍질깍지벌레(후약충), 솔잎혹파리, 밤나무혹벌, 복숭아명나방, 밤바구미, 솔알락명나방, 도토리거위벌레
번데기	미국흰불나방
성충	오리나무잎벌레, 버즘나무방패벌레, 진달래방패벌레, 소나무좀

03^장 적중예상문제

01 곤충의 몸에 대한 설명으로 옳지 않은 것은?

① 기문은 몸의 양옆에 10쌍 내외가 있다.

② 곤충의 체벽은 표피, 진피층, 기저막으로 구성되어 있다.

③ 대부분의 곤충은 배에 각 1쌍씩 모두 6개의 다리를 가진다.

④ 부속지들이 마디로 되어 있고 몸 전체도 여러 마디로 이루어진다.

●해설

곤충의 다리

앞가슴, 가운데가슴, 뒷가슴에 1쌍씩 붙어 있으며, 다리는 보통 5마디로 되어 있다.

02 곤충과 거미의 차이에 대한 설명으로 옳은 것은?

① 다리는 곤충과 거미 모두 3쌍이다.

② 더듬이는 곤충은 1쌍이고, 거미는 2쌍이다.

③ 날개는 곤충은 보통 2쌍이고, 거미는 1쌍이거나 없다.

④ 곤충은 머리, 가슴, 배의 3부분이고, 거미는 머리가슴, 배의 2부분으로 구분된다.

03 나비목에 속하는 곤충은?

① 밤나방 　　　② 나무좀류

③ 깍지벌레 　　④ 나무이

●해설

나비목

• 나비와 나방류가 이에 속하며 산림해충의 가장 많은 피해를 준다.

• 그림은 나비목 유충의 모식도이다.

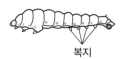

복지

[나비목 유충의 모식도]

※ 복지 : 곤충의 배에 붙어 있는 부속지(배다리)

04 다음 나비목 유충의 모식도에서 (가)의 명칭은?

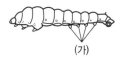

(가)

① 머리 　　　　② 다리

③ 복지 　　　　④ 기문

●해설

복지

곤충의 배에 붙어 있는 부속지(배다리)

05 곤충의 몸 밖으로 방출되어 같은 종끼리 통신을 하는 데 이용하는 물질은?

① 퀴논(Quinone)

② 호르몬(Hormone)

③ 테르펜(Terpenes)

④ 페로몬(Pheromone)

●해설

페로몬

곤충이 냄새로 의사를 전달하는 신호물질로 성페로몬은 배우자를 유인하거나 흥분시킨다.

06 알에서 부화한 곤충이 유충과 번데기를 거쳐 성충으로 발달하는 과정에서 겪는 형태적 변화를 뜻하는 용어는?

① 우화　　　　　② 변태
③ 휴면　　　　　④ 생식

●**해설**
완전변태

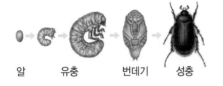

알　　유충　　번데기　　성충

07 충분히 자란 유충은 먹는 것을 중지하고 유충시기의 껍질을 벗고 번데기가 되는데, 이와 같은 현상을 무엇이라 하는가?

① 부화　　　　　② 용화
③ 우화　　　　　④ 난기

●**해설**
용화
충분히 자란 유충이 먹는 것을 중지하고 유충 때의 껍질을 벗고 번데기가 되는 과정이다. (유충 → 번데기)

08 곤충은 생활하는 도중에 환경이 좋지 않으면 발육을 일시적으로 중지한다. 이것을 가리키는 단어는?

① 휴면　　　　　② 이주
③ 탈피　　　　　④ 변태

●**해설**
휴면
곤충이 생활하는 도중에 환경이 좋지 않으면 발육을 일시적으로 중지하는 현상이다.

09 다음 중 변태의 순서로 맞는 것은?

① 부화－용화－우화
② 우화－용화－부화

③ 부화－우화－용화
④ 용화－우화－부화

10 해충방제이론 중 경제적 피해수준에 대한 설명으로 옳은 것은?

① 해충에 의한 피해액과 방제비가 같은 수준인 해충의 밀도를 말한다.
② 해충에 의한 피해액이 방제비보다 높은 때의 해충의 밀도를 말한다.
③ 해충에 의한 피해액이 방제비보다 낮을 때의 해충의 밀도를 말한다.
④ 해충에 의한 피해액과 무관하게 방제를 해야 하는 해충의 밀도를 말한다.

●**해설**
경제적 피해(가해)수준
• 경제적 피해가 나타나는 최저밀도이다.
• 해충에 의한 피해액과 방제비가 같은 수준인 해충의 밀도이다.

11 기생봉이나 포식곤충을 이용하여 해충을 방제하는 것을 무엇이라 하는가?

① 기계적 방제법　　② 물리적 방제법
③ 임업적 방제법　　④ 생물적 방제법

●**해설**
생물적 방제법
기생곤충, 포식충, 병원미생물 등의 천적을 이용하여 해충의 밀도를 억제하는 방법

12 산림해충방제법 중 생물적 방제법에 속하지 않는 것은?

① 병원미생물의 이용
② 천적곤충의 보호
③ 식충조류의 보호
④ 혼효림 조성 이용

임업적 방제법
혼효림 조성, 내충성 품종, 간벌, 시비 등을 활용하여
방제

13 다음의 산림해충방제방법 중 생물적 방제법에
속하지 않는 것은?

① 병원미생물의 증식 이용
② 천적곤충의 보호 이용
③ 식충조류의 보호 이용
④ 혼효림 조성 및 내충성 수종 선정

④항은 임업적 방제법이다.

14 하늘소의 피해를 방제하기 위하여 철사로 찔러
죽였다. 어떤 방제법에 속하는가?

① 생물적 방제법   ② 화학적 방제법
③ 임업적 방제법   ④ 기계적 방제법

포살법
간단한 기계나 기구 또는 손으로 해충을 잡는 방제법
을 기계적 방제법이라 한다.

15 해충을 방제하기 위하여 수목에 잠복소를 설치
하였다가 해충이 활동하기 전에 모아서 소각하
는 방법을 (   )방제라고 한다. (   ) 안에 적합한
내용은?

① 생물적 방제   ② 육림학적 방제
③ 화학적 방제   ④ 기계적 방제

• 생물학적 방제법 : 천적을 이용한 방제법
• 화학적 방제법 : 화학물질(농약)을 이용한 방제법
• 임업적 방제법 : 혼효림 조성, 내충성 품종, 간벌, 시
  비 등을 활용하여 방제

16 주로 잎을 가해하는 식엽성 해충으로 짝지어진
것은?

① 솔나방, 천막벌레나방
② 흰불나방, 소나무좀
③ 오리나무잎벌레, 밤나무혹벌
④ 잎말이나방, 도토리거위벌레

식엽성
솔나방, 집시나방, 미국흰불나방, 텐트나방, 천막벌레
나방, 오리나무잎벌레, 잣나무넓적잎벌, 어스렝이나
방, 참나무재주나방, 솔노랑잎벌 등

17 솔나방의 월동형태와 월동장소로 짝지어진 것
중 옳은 것은?

① 알－낙엽 밑
② 유충－낙엽 밑
③ 성충－솔잎
④ 번데기－나무껍질

솔나방
11월 이후 5령충(4회 탈피)으로 지피물 밑이나 솔잎
사이에서 월동한다.

18 솔나방이 주로 산란하는 곳은?

① 솔잎 사이
② 솔방울 속
③ 소나무 수피 틈
④ 소나무 뿌리 부근 땅속

솔나방
11월 이후 5령충(4회 탈피)으로 지피물 밑이나 솔잎
사이에서 월동한다.

19 솔나방의 발생예찰(유충밀도 조사)에 가장 적합한 시기는?

① 6월 중   ② 8월 중

③ 10월 중   ④ 12월 중

●해설

전년도 10월경의 유충밀도가 금년도 봄의 발생밀도를 결정한다.

20 유아등(誘蛾燈)을 이용한 솔나방의 구제적기는 어느 것인가?

① 3월 하순~4월 중순

② 5월 하순~6월 중순

③ 7월 하순~8월 중순

④ 9월 하순~10월 중순

●해설

• 성충을 유아등으로 유살하거나, 잠복소를 설치하여 월동유충을 방제한다.
• 유아등을 이용한 구제적기는 7월 하순~8월 중순이다.

21 솔나방의 방제방법으로 틀린 것은?

① 4월 중순~6월 중순과 9월 상순~10월 하순에 유충이 솔잎을 가해할 때 약제를 살포한다.

② 6월 하순부터 7월 중순 고치 속의 번데기를 집게로 따서 소각한다.

③ 솔나방의 기생성 천적이 발생할 수 있도록 가급적 단순림을 조성한다.

④ 성충 활동기에 피해 임지에 수온등을 설치한다.

●해설

솔나방의 방제법

• 유충을 포살하거나 접촉성 살충제인 페니트로티온 수화제를 살포한다.
• 성충을 유아등으로 유살하거나, 잠복소를 설치하여 월동유충을 방제한다.
• 유아등을 이용한 구제적기는 7월 하순~8월 중순이다.

• 솔나방의 기생성 천적이 발생할 수 있도록 가급적 혼효림을 조성하여 임지의 지력을 높여 준다.
• 천적 이용 : 송충알좀벌, 고치벌, 맵시벌 등

22 1년에 2회 발생하며 포플러 등의 활엽수 160여 종의 잎을 먹어 많은 피해를 주는 해충은?

① 텐트나방   ② 미국흰불나방

③ 오리나무잎벌레   ④ 밤나무순혹벌

●해설

미국흰불나방은 활엽수 160여 종을 가해하는 잡식성 해충으로 먹이가 부족하면 초본류도 먹는다.

23 번데기(5월 중순~6월 상순에 제1화기)의 형태로 나무껍질 사이나 돌 밑, 그 밖의 지피물 밑에서 고치를 짓고 월동을 하는 것으로 약 600~700개씩 산란하며 수명이 4~5일인 것은?

① 솔나방   ② 흰불나방

③ 매미나방   ④ 텐트나방

●해설

미국흰불나방의 생활사

• 5월 중순~6월 상순에 제1화기(번데기)이다.
• 월동 번데기가 제1화기 성충으로 우화하고 600~700개의 알을 산란하며, 수명은 4~5일 정도이다.

24 활엽수의 잎을 가해하는 흰불나방에 대한 설명으로 틀린 것은?

① 보통 1년에 2회 발생한다.

② 잎 뒤에 600~700개의 알을 낳는다.

③ 알에서 깬 1령기 애벌레부터 분산하여 잎을 먹는다.

④ 용화장소는 수피, 지피물 밑 등이며 번데기로 월동한다.

미국흰불나방의 생활사
6월 하순~7월 하순의 부화 유충은 4령기까지 실을 토해 알을 싸고 그 속에서 집단생활(군서)을 하며 5령기부터 7월 하순까지 잎을 식해한다.

25 다음의 해충방제법으로 방제가 가능한 해충은?

• 디플루벤주론 액상수화제(14%)를 4,000배액으로 수관이 살포한다.
• 수피 사이, 판자 틈, 지피물 밑, 잡초의 뿌리 근처, 나무의 빈 공간에서 형성한 고치를 수시로 채집하여 소각한다.
• 알 덩어리가 붙어 있는 잎을 채취하여 소각하며, 잎을 가해하고 있는 군서유충을 소살한다.
• 성충은 유아등이나 흡입포충기를 설치하여 유인 포살한다.

① 죽순나방 ② 짚시나방
③ 텐트나방 ④ 미국흰불나방

26 미국흰불나방을 구제하는 약제 중 가장 효과적인 것은?

① 프로파제(스미렉스)
② 디프제(디프록스)
③ 만코지제(다이센M45)
④ 디코폴제(켈센)

디플루벤주론 액상수화제(14%), 디프제(디프록스)를 살포하면 쉽게 방제할 수 있다.

27 다음 중 미국흰불나방이나 텐트나방의 유령기 유충을 구제하는 방법으로 가장 좋은 것은?

① 솜방망이로 태우는 소살법이 좋다.
② 나무줄기에 끈끈이를 바르는 차단법이 좋다.
③ 먹이로 유인하여 잡는 먹이유살법이 좋다.

④ 묘포에서는 밭을 갈아 주는 경운법을 쓰는 것이 좋다.

군서 중인 유충의 벌레집을 솜방망으로 소각한다.

28 유충과 성충 모두가 나무 잎을 가해하는 해충은?

① 밤나무어스렝이나방
② 오리나무잎벌레
③ 참나무재주나방
④ 솔나방

오리나무잎벌레
• 연 1회 발생하며 성충으로 지피물 밑 또는 흙속에서 월동한다.
• 유충과 성충이 동시에 잎을 식해한다.
• 유충은 잎살만 먹고 잎맥을 남겨 잎이 그물모양이 되며, 성충은 주맥만 남기고 잎을 갉아 먹는 해충이다.
• 방제법 : 5월 하순~7월 하순 유충 가해기에 디프 수화제(80%)를 살포한다.

29 오리나무잎벌레 유충이 가해한 수목의 피해형태로 옳은 것은?

① 잎맥만 가해하여 구멍이 뚫어진다.
② 가지 끝을 가해하여 피해 입은 부위가 말라 죽는다.
③ 대부분 어린 새순을 갉아 먹어 수목의 생육을 방해한다.
④ 주로 잎의 잎살을 먹기 때문에 잎이 붉게 변색된다.

오리나무잎벌레의 유충은 잎살만 먹고 잎맥을 남겨 잎이 그물모양이 되며, 성충은 주맥만 남기고 잎을 갉아 먹는 해충이다.

30 오리나무잎벌레는 어떤 상태로 월동을 하는가?

① 유충 ② 성충
③ 알 ④ 번데기

●해설

연 1회 발생하며 성충으로 지피물 밑 또는 흙속에서 월동한다.

31 잣나무넓적잎벌의 월동 형태는?

① 유충 ② 번데기
③ 알 ④ 성충

●해설

잣나무넓적잎벌
• 연 1회 발생하며 7월 중순~8월 하순 이후 노숙유충이 땅속으로 들어가 월동한다.
• 주로 20년 이상된 밀생임분에서 발생한다.

32 다음 중 알로 월동하는 해충은?

① 솔나방 ② 텐트나방
③ 버들재주나방 ④ 삼나무독나방

●해설

연 1회 발생하며 나뭇가지에 가락지모양으로 알을 낳고 월동한다.

33 실을 토해 집을 짓고 낮에는 활동하지 않으며 주로 밤에 잎을 가해하는 해충은?

① 텐트나방 ② 솔노랑잎벌
③ 어스렝이나방 ④ 오리나무잎벌레

●해설

텐트나방(천막벌레나방)
• 연 1회 발생하며 나뭇가지에 가락지모양으로 알을 낳고 월동한다.
• 유충은 실을 토해 집을 짓고 낮에는 활동하지 않으며 주로 밤에 잎을 가해한다.
• 버드나무, 살구나무 등을 가해한다.

34 어스렝이나방의 월동형태는?

① 성충 ② 유충
③ 알 ④ 번데기

●해설

어스렝이나방
• 연 1회 발생하며 알로 수피 사이에서 월동한다.
• 어스렝이나방은 주광성이 강하므로 9~10월에 등화유살한다.
• 식엽성 해충이며, 플라타너스, 호두나무 등을 가해한다.

35 땅속에서 월동하는 해충이 아닌 것은?

① 솔잎혹파리 ② 어스렝이나방
③ 잣나무넓적잎벌 ④ 오리나무잎벌레

●해설

연 1회 발생하며 알로 수피 사이에서 월동한다.

36 사과나무 및 배나무 등의 잎을 가해하고 성충의 날개가루나 유충의 털이 사람의 피부에 묻으면 심한 통증과 피부염을 유발하는 해충은?

① 독나방 ② 박쥐나방
③ 미국흰불나방 ④ 어스렝이나방

●해설

독나방
• 사과나무, 배나무 등의 잎을 가해하고 성충의 날개가루와 유충의 털이 사람의 피부에 묻으면 심한 통증과 피부염을 유발하는 해충이다.
• 독나방은 주광성이 강하므로 7~8월경에 등화유살한다.

37 매미나방에 대한 설명으로 옳은 것은?

① 2, 4−D액제를 사용하여 방제한다.
② 연간 2회 발생하며 유충으로 월동한다.
③ 침엽수, 활엽수를 가리지 않는 잡식성이다.
④ 암컷이 활발하게 날아다니며 수컷을 찾아다닌다.

매미나방

• 연 1회 발생하며, 나무줄기나 가지에서 알로 월동한다.

• 유충은 5월 하순~6월 상순에 나뭇가지나 잎 사이에 거꾸로 매달린 채 번데기가 된다.

• 씹어 먹는 입을 가진 잡식성 해충으로 유충이 침엽수와 활엽수의 잎을 갉아 먹는다.

38 알로 월동하는 해충은?

① 독나방 　　　　　② 매미나방

③ 미국흰불나방 　　④ 참나무재주나방

39 솔노랑잎벌의 가해형태에 대한 설명으로 옳은 것은?

① 주로 묵은 잎을 가해한다.

② 울폐된 임분에 많이 발생한다.

③ 새순의 줄기에서 수액을 빨아 먹는다.

④ 봄에 부화한 유충이 새로 나온 잎을 갉아 먹는다.

연 1회 발생하며 주로 묵은 잎을 가해하고 알로 월동한다.

40 후약충이 주로 겨울철에 가해하며 전북, 전남, 경남지역 해안가의 해송림에 큰 피해를 주고 있는 해충은?

① 솔나방 　　　　　② 솔껍질깍지벌레

③ 소나무좀 　　　　④ 솔잎혹파리

솔껍질깍지벌레

• 11월~익년 3월에는 후약충(제2령 약충)의 형태로 월동하며 가장 많은 피해를 준다.

• 후약충은 기온이 낮아지는 겨울에 왕성한 활동을 한다.

• 전북, 전남, 경남지역 해안가의 해송림에 큰 피해를 준다.

41 완전변태를 하지 않는 산림해충은?

① 소나무좀 　　　　② 솔잎혹파리

③ 오리나무잎벌레 　④ 버즘나무방패벌레

버즘나무방패벌레

• 연 3회 발생하며 9월 하순부터 수피 틈에서 성충으로 월동한다.

• 외래해충으로 약충이 버즘나무류의 잎 뒷면에 모여 흡즙하여 가해한다.

• 심각한 피해를 주지는 않으나 잎의 변색으로 경관을 해친다.

42 소나무와 해송의 새잎에 벌레혹(충영)을 만들어 피해를 주는 해충은?

① 소나무좀 　　　　② 솔잎혹파리

③ 솔나방 　　　　　④ 소나무재선충

솔잎혹파리

• 유충이 솔잎 기부에 들어가 벌레혹을 만들고 그 속에서 수목을 가해한다.

• 도입해충이며 2000년대에 들어와 국내 산림병해충 중 피해면적이 가장 많은 해충이다.

43 솔잎혹파리의 피해를 가장 심하게 받는 수종은?

① 소나무 　　　　　② 분비나무

③ 잣나무 　　　　　④ 리기다소나무

44 다음 중 솔잎혹파리의 우화최성기로 가장 적합한 것은?

① 4월 상순경 　　　② 6월 상순경

③ 9월 하순경 　　　④ 10월 상순경

솔잎혹파리

• 5월 중순~7월 상순에 몸 길이 2mm 내외인 성충이 우화한다.

• 우화하여 솔잎 사이에 평균 6개씩 총 110개 정도의 알을 낳고 1~2일 만에 죽는다.(5월 하순~6월 상순 우화최성기)

45 완전히 자란 유충이 9월 하순경부터 비 온 뒤에 벌레혹을 탈출하여 땅속에 들어가 월동하는 해충은?

① 솔잎혹파리 ② 밤나무순혹벌
③ 소나무좀 ④ 가루나무좀

● 해설

솔잎혹파리
9월 하순~익년 1월에 유충은 주로 비가 올 때 땅으로 떨어져 잠복하고 있다가 지피물 밑이나 땅속에서 월동한다.(습한 곳에서 왕성한 활동)

46 완전히 자란 유충이 9월 하순경부터 비 온 뒤에 벌레혹을 탈출하여 지피물 밑이나 1~2cm 깊이의 흙속에 들어가 유충으로 월동하는 해충은?

① 소나무좀 ② 밤나무혹벌
③ 솔잎혹파리 ④ 가문비왕나무좀

47 임 내(林內) 습도가 높은 곳에서 왕성한 활동을 보이는 해충은?

① 솔나방 ② 명나방
③ 응애 ④ 솔잎혹파리

● 해설

솔잎혹파리의 방제법
유충은 건조에 약하므로 임지를 건조하게 한다.(밀생임분 간벌, 지피물 제거)

48 피해를 받은 소나무 잎은 7월 상순경부터 생장이 정지되어 길이가 정상적인 길이의 1/2가량이 되고 이와 같은 잎은 겨울 동안에 말라 죽게 된다. 어떤 병해충의 피해인가?

① 솔나방 피해
② 솔잎혹파리 피해
③ 소나무좀의 피해
④ 소나무잎떨림병(葉振病)의 피해

● 해설

솔잎혹파리의 피해
• 피해를 받은 소나무 잎은 7월 상순경부터 생장이 정지되어 길이가 정상적인 길이의 1/2가량이 된다.
• 피해목의 직경생장은 피해당년에, 수고생장은 다음 해에 감소한다.

49 다음 보기에 해당하는 해충은?

> 부화유충은 소나무와 해송의 잎집이 쌓인 침엽 기부에 충영을 형성하고 그 안에서 흡즙함으로써 피해를 입은 침엽은 생장이 저해되어 조기에 변색, 고사할 뿐만 아니라 피해를 입은 입목은 침엽의 감소에 의하여 생장이 감퇴된다.

① 솔나방 ② 솔잎혹파리
③ 소나무좀 ④ 솔노랑잎벌

50 솔잎혹파리의 방제에는 기생봉을 이식하는 생물학적 방제를 활용하고 있다. 다음 중 솔잎혹파리의 기생봉이 아닌 종은?

① 솔잎혹파리먹좀벌
② 혹파리등뿔먹좀벌
③ 솔잎벌
④ 혹파리살이먹좀벌

● 해설

• 기생봉의 성충은 솔잎혹파리의 알이나 유충의 몸속에 알을 낳는다.(솔잎혹파리먹좀벌, 혹파리살이먹좀벌, 혹파리등뿔먹좀벌)
• 솔잎벌 : 유충이 주로 어린 소나무에 발생해 잎을 갉아 먹으며, 밀도가 높으면 나무가 죽기도 한다.

51 밤나무혹벌의 생태와 방제에 대한 설명으로 옳은 것은?

① 땅속에서 번데기로 월동한다.
② 방사에 의한 천적으로는 방제효과가 없다.
③ 성충은 9월 하순~10월 하순에 우화한다.
④ 내충성 밤나무 품종으로 갱신하는 것이 방제에 효과적이다.

해설

밤나무혹벌(밤나무순혹벌)
- 밤나무 잎눈의 조직 내에 충영(벌레혹)을 만들고 그 속에서 기생하며 밤의 결실을 방해하는 해충이다.
- 연 1회 발생하며 암컷만으로 번식하는 단성생식을 하고 유충으로 월동한다.
- 성충의 몸 길이는 3mm 내외로 광택이 있는 흑갈색이다.
- 저항성, 내충성, 내병성 등의 품종으로 갱신하는 것이 방제에 효과적이다.
- 천적방제 : 중국긴꼬리좀벌, 남색긴꼬리좀벌

52 밤나무순혹벌은 어떤 번식을 하는가?

① 다배생식
② 단위생식
③ 유생생식
④ 유성생식

해설

단성(단위)생식
미수정란으로도 개체가 발생하는 것(벌, 진딧물, 물벼룩 등)

53 임업경영상으로 볼 때 벌기(伐期)가 길면 많이 발생하는 해충은?

① 흡수성 해충
② 식엽성 해충
③ 천공성 해충
④ 뿌리해충

해설

천공성(분열조직가해) 해충
- 임업경영상으로 볼 때 벌기(伐期)가 길면 많이 발생하는 해충
- 소나무좀, 박쥐나방, 향나무하늘소, 미끈이하늘소, 밤바구미, 버들바구미

54 다음 중 소나무류의 천공성 해충은?

① 소나무좀
② 소나무왕진딧물
③ 솔껍질깍지벌레
④ 잣나무넓적잎벌

해설

소나무좀
- 월동한 성충이 나무껍질을 뚫고 형성층에 들어가 산란한 알에서 부화한 유충이 수피 밑을 식해한다.
- 산림화재 시에 임목에 가장 큰 피해를 준다.

55 소나무 임분에서 발생한 설해목을 일찍 제거하지 못했을 때 발생하기 쉬운 해충은?

① 솔나방
② 솔잎혹파리
③ 소나무좀
④ 솔노랑잎벌

해설

방제법
쇠약목, 피해목, 고사목, 설해목 등은 벌채 후 수피를 제거하여 나뭇가지가 없도록 하며, 원목은 반드시 껍질을 벗긴다.

56 먹이나무를 설치하여 유인 포살할 수 있는 해충은?

① 소나무좀
② 포도유리나방
③ 오리나무잎벌레
④ 집시나방

해설

먹이나무(이목)를 배치하여 월동성충의 산란 후 5월에 박피하여 소각한다.

57 소나무좀의 월동장소와 형태는 다음 중 어떤 것인가?

① 알로 목질부에서 월동
② 유충으로 땅속에서 월동
③ 번데기로 소나무 껍질 사이에서 월동
④ 엄지벌레로 지면 근처 수피 속에서 월동

해설

소나무좀
11월 이후에 성충이 수간의 지제부나 뿌리 근처의 수피 틈에서 월동한다.

58 쇠약하거나 죽은 소나무 및 벌채목에 주로 발생하는 해충은?

① 솔나방　　　　　② 소나무좀
③ 솔잎혹파리　　　　④ 소나무재선충

●해설
소나무좀은 수세가 쇠약하거나 죽은 소나무 및 벌채목에 발생하기 때문에 제거한다.

59 밤 열매에 피해를 주며 1년에 2~3회 발생하고 성충최성기에 접촉성 살충제로 방제하면 효과가 큰 해충은?

① 복숭아명나방　　　② 밤나무혹벌
③ 밤애기잎말이나방　④ 밤바구미

●해설
복숭아명나방의 방제법
• 복숭아는 5월 상순에 봉지를 씌우고, 밤나무는 7~8월에 디프유제, 메프유제 등을 1~2회 살포한다.
• 성충최성기에 접속성 살충제로 방제하면 효과가 있다.

60 종실을 가해하는 해충은?

① 솔알락명나방
② 느티나무벼룩바구미
③ 솔수염하늘소
④ 대벌레

●해설
솔알락명나방
• 잣나무나 소나무류의 구과를 가해한다.
• 잣송이를 가해하여 잣 수확을 감소시킨다.
• 연 1회 발생
  － 노숙유충의 형태로 땅속에서 월동한다.
  － 어린유충의 형태로 구과에서 월동한다.

61 완전변태를 하는 해충에 속하는 것은?

① 솔거품벌레　　　　② 도토리거위벌레
③ 솔껍질깍지벌레　　④ 버즘나무방패벌레

●해설
도토리거위벌레
• 도토리에 구멍을 뚫고 산란한 후, 가지를 주둥이로 잘라 땅 위에 떨어뜨린다.
• 부화 유충이 과육을 식해한다. (완전변태)
• 연 1~2회 발생, 노숙유충으로 땅속에서 흙집을 짓고 월동한다.

62 묘포에서 지표면부분의 뿌리부분을 주로 가해하는 곤충류는?

① 솜벌레과　　　　　② 풍뎅이과
③ 혹파리과　　　　　④ 유리나방과

●해설
• 유충기에는 뿌리를 가해하고 성충기에는 밤나무 등의 활엽수 잎을 가해한다.
• 묘포에서 지표면부분의 뿌리부분을 주로 가해한다.

04장 농약

SECTION 01 농약의 종류

1 농약의 정의

작물의 보호와 증산의 수단으로 사용하는 약제이며, 사용대상에 따라 살충제, 살균제, 살비제, 살선충제, 제초제, 보조제, 식물생장조절제 등으로 구분하며, 물리적 형태인 제형에 따라 유제, 액제, 수화제, 수용제, 분제, 입제 등이 있다.

2 사용대상에 따른 농약의 분류

(1) 살충제

① 수목을 가해하는 각종 벌레류를 죽이거나 생장을 악화시켜 발생을 억제하는 약제이다.

② 살충제의 종류 및 특징 중요 ★★★

구분	내용
소화중독제	• 저작구형(씹어 먹는 입)을 가진 나비류 유충, 메뚜기류 등 식엽성 해충에 효과적이다. • 해충의 입을 통하여 소화관 내에 들어가 중독작용을 일으킨다. • 약제 : 비산납
접촉살충제	• 해충에 약제가 직접 또는 간접적으로 닿아 약제가 기문의 피부를 통하여 몸속으로 들어가 신경계통, 세포조직에 독작용을 일으킨다. • 천적류에 대한 피해가 크다.
침투성살충제	• 잎, 줄기, 뿌리로 침투되어 즙액을 빨아 먹는 흡즙성 해충에 효과적이며, 수간주사로 투여한다. • 천적에 대한 피해가 없다. • 깍지벌레류, 진딧물류 등에 효과적이다.
훈증제	• 약제를 가스상태로 만들어 해충을 죽이는 약제이다. • 보통 밀폐가 가능한 곳에서 사용한다. • 휘발성이 강한 약제를 사용한다. • 토양에 주입하여 선충방제용으로 이용한다. • 질식사를 시키는 방법이므로 임 내에서의 활용은 어렵다. • 묘포장에서의 활용이 용이하다. • 메틸브로마이드, 클로로피크린, 메탐소듐 등

구분	내용
유인제	• 해충을 유인하여 제거 및 포살하는 약제이다. • 방향성 물질이나 성페로몬 등
기피제	해충이 모이는 것을 막기 위해 사용하는 약제이다.(나프탈렌, 크레오소트)
불임제	정자나 난자의 생식력을 잃게 하는 약제이다.(알킬화제)
훈연제	유효성분을 연기 상태로 하여 해충을 방제하는 약제이다.
연무제	• 유효성분을 액체가스로 분산시켜 방제하는 약제이다. • 밀폐된 온실하우스 안에서 연무제를 사용하면 바람이나 비, 흐리거나 맑은 날의 영향을 받지 않아 효과적이다.

(2) 살균제

① 수병을 일으키는 세균, 진균, 바이러스 등의 미생물을 죽이거나 침입을 방지하는 약제이다.

② 살균제의 종류 및 특징 중요 ★★☆

구분	내용
직접살균제	이미 병균이 침입되어 있는 곳에 직접 사용하여 살균하는 약제이다.
보호살균제	• 병균이 침입하기 전에 사용하여 예방적인 효과를 거두기 위한 약제이다. • 식물이 병원균에 대하여 저항성을 가지게 하는 약제이다. • 보르도액, 석회황합제, 구리분제 등
종자소독제	• 종자를 뿌리거나 저장할 때 약제에 침지하거나 약제의 분말을 묻혀서 살균시키는 약제이다. • 베노밀수화제, 티람수화제 등
토양살균제	• 토양 중의 유해균을 살균시키기 위한 약제이다. • 클로로피크린(훈증제)

🌿 TIP

보르도액(보호살균제) 중요 ★★☆

• 조제 원료는 수산화칼슘(생석회)과 황산동(황산구리) 등이 사용된다.
• 순도가 높은 것을 사용해야 좋은 보르도액을 만들 수 있다.
• 금속용기는 화학반응이 일어나 약효가 떨어지므로 사용하지 않는다.
• 황산동액과 석회유를 따로 다른 나무통에 넣은 후, 석회유에다 황산동액을 부어 혼합한다.
• 조제된 보르도액은 짙은 청색이며, 오래되면 앙금이 생기고 약효가 떨어지므로 조제 즉시 살포한다.
• 비 오기 직전 또는 후에는 살포하지 않는다.(약효의 지속성은 약 2주일 정도)
• 예방을 목적으로 발병 전에 사용하도록 해야 하며, 병징이 나타나기 전 2~7일에 살포하도록 한다.
• 반복 사용 시 구리가 토양에 축적돼 수목에 독성을 나타내므로 주의한다.
• 소나무 묘목의 잎마름병, 활엽수의 반점병, 잿빛곰팡이병 등에 효과가 우수하다.

(3) 살비제 중요 ★★☆

① 일반 곤충에 대한 효과는 없고, 주로 식물에 붙는 응애류를 선택적으로 죽이는 데 사용되는 약제이다.

② 연용해서 사용할 경우 내성이 생긴다.

③ 종류 : 켈탄, 켈센, 테디온 등

(4) 살선충제

식물의 뿌리에 기생하는 선충류를 방제하는 약제이다.

(5) 제초제

① 농작물의 생육을 방해하는 잡초를 제거하는 데 사용되는 약제이다.

② 작용기작 : 광합성 저해, 호르몬작용의 교란, 세포분열 저해 등

구분	내용
선택성 제초제	• 화본과 식물에 안전하고 광엽식물만 제거하는 데 사용되는 약제이다.(2,4-D 등)
비선택성 제초제	• 약제가 처리된 전체 식물을 제거하는 약제이다.(글리포세이트 등)

(6) 보조제

농약의 효력을 충분히 발휘시킬 목적으로 첨가하는 물질이다.

구분	내용
전착제	• 농약의 주성분을 병해충이나 식물체에 잘 전착시키기 위한 약제이다. • 약제의 확전성, 현수성, 고착성을 높이는 데 도움을 준다.
증량제	주성분의 농도를 낮추기 위하여 첨가하는 약제이다.
용제	약제의 유효성분을 용해시키는 약제이다.
유화제	물속에서 유제를 균일하게 분산시키는 약제이다.(계면활성제)
협력제	유효성분의 살충력을 증진시키는 약제로 효력증진제라고도 한다.

(7) 식물생장조절제

① 식물의 생리기능을 증진시키거나 억제하는 약제이다.

② 종류 : 옥신, 지베렐린, 사이토카이닌 등

3 농약제제 형태에 의한 분류

(1) 농약의 제제 및 제형

① 제제 : 농약의 원제는 직접 사용할 수 없으므로 적당한 보조제를 첨가해 살포하거나 물에 타기 쉬운 형태의 완전한 제품을 제제라고 한다.

② 제형 : 최종상품의 형태(유제, 액제, 수화제, 분제, 입제)

(2) 농약 제형의 종류 _{중요 ★★☆}

① 액체시용제

형태	내용
유제(EC)	• 물에 녹지 않는 주제를 유기용매에 녹여 유화제(계면활성제)를 첨가한 용액으로, 물에 희석하여 사용할 수 있게 만든 액체상태의 농약제제이다. • 유제의 장점 　ⓐ 수화제에 비하여 약액조제가 편리하다. 　ⓑ 다른 제형(劑型)보다 약효가 우수하다. 　ⓒ 야채류에는 수화제에 비하여 오염이 적다. • 유제의 단점 : 제조비가 높고, 포장 · 수송 · 보관이 어렵다.
액제(SL)	물에 녹는 주제에 계면활성제나 동결방지제를 첨가한 액체상태의 농약제제이다.
수화제(WP)	• 물에 녹지 않는 주제를 점토광물, 유화제 등과 혼합분쇄하여 고운가루로 만들고 물에 타서 쓸 수 있게 만든 농약제제이다. • 비티수화제 : 살충제 중 친환경적인 미생물 농약이다.
수용제	물에 타서 살포하는 고체상태의 농약제제이다.

② 고형시용제

형태	내용
분제 (DP)	• 주제에 증량제와 각종 첨가제를 혼합하고 분쇄하여 고운 가루로 제제한 약제이다. • 고체인 분말형태 그대로 살포한다.
입제 (GR)	• 주제에 증량제, 계면활성제 등을 첨가하고, 혼합하여 입상으로 제제한 약제이다. • 고체인 작은 입자(알갱이) 상태로 살포한다.

4 방제용 농약의 선정기준 및 주요 방제약제

(1) 방제용 농약의 선정기준

① 경제성이 높을 것
② 살충, 살균율이 강할 것
③ 사용이 간편하고 대량구입이 가능할 것
④ 입목에 대한 약해가 적을 것
⑤ 사람 또는 동물 등에 독성이 적을 것
⑥ 항공방제의 경우 전착제가 포함되지 않은 농약을 사용할 것

(2) 주요 산림병해충 방제약제

병해충명	직업종	약제명	실행시기
소나무재선충병	항공약제살포	메프유제 50%, 치아클로프리드 액상수화제 10%	5~7월
리지나뿌리썩음병	지상약제살포	베노밀수화제, 소석회	발생 직후
솔잎혹파리	수간주사	포스팜액제 50%	5~6월
솔껍질깍지벌레			12월
오리나무잎벌레	항공약제살포	디프수화제 80%	5~10월

SECTION 02 ━ **농약의 사용법**

1 농약의 사용법

(1) 농약의 농도

① 용매와 용질을 서로 섞어 그 비율을 나타내는 것을 농도라 한다.

② 농도단위는 보통 %로 표시하며 중량 100에 대하여 함유된 용질의 양을 뜻한다.

$$농도 = \frac{용질}{용액(용매+용질)} \times 100$$

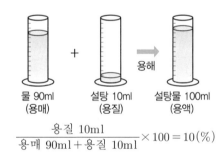

물 90ml (용매) + 설탕 10ml (용질) → 용해 설탕물 100ml (용액)

$$\frac{용질\ 10ml}{용매\ 90ml + 용질\ 10ml} \times 100 = 10(\%)$$

[용매, 용질, 용해의 구분]

(2) 농약의 사용형태

구분	내용
살포법	• 유제, 액제, 수화제, 수용제 등을 분무기로 작물체에 안개와 같이 아주 미세하게 뿌리는 것 • 미량살포 : 액제살포의 한 방법으로 거의 원액에 가까운 농후액을 살포하는 것이다.
살분법	• 가루농약을 살포하는 것 • 물에 타지 않으므로 살포법보다 간단하나 약제가 많이 들고 효과가 낮다.

구분	내용
연무법	농약이 극히 미세하게 공중에 떠서 작물에 부착하기 매우 용이한 방법이다.
훈증법	약제를 가스의 형태로 일정 시간 동안 접촉시키는 방법이다.

(3) 살포액의 희석법

① 희석할 물의 양 = 원액의 용량 × $\left(\dfrac{\text{원액의 농도}}{\text{희석할 농도}} - 1\right)$ × 원액의 비중

② 소요약량 = $\dfrac{\text{단위면적당 사용량}}{\text{소요희석배수}}$

 기출

1. 45%의 EPN유제(비중 1.0) 200cc를 0.2%로 희석하는 데 소요되는 물의 양은?

풀이 $200 \times \left(\dfrac{45}{0.2} - 1\right) \times 1 = 200 \times 224 = 44,800\text{cc}$

답 44,800cc

2. 메티온 35% 유제를 1,000배액으로 희석하여 10ha당 120L를 살포할 때 소요되는 양은?

풀이 $120/1,000 = 0.12\text{L} = 120\text{cc}$

답 120cc

③ 농약의 독성을 표시하는 방법 중요 ★☆☆

예 "LD$_{50}$" → 시험동물의 50%가 죽는 농약의 양이며 mg/kg으로 표시

2 농약 사용 시 주의사항 중요 ★★☆

① 사용하는 물은 깨끗한 우물물이나 수돗물을 사용한다.
② 맑은 날 살포하며, 정오부터 오후 2시까지 살포하지 않는다.
③ 바람을 등지고 살포한다.
④ 한 사람이 2시간 이상 뿌리지 않도록 한다.
⑤ 균일하게 살포하고 얼룩이 생기지 않도록 한다.
⑥ 논풀의 제초제는 물대기의 조건에 따라 효과가 다르므로 사용방법에 맞추어 살포한다.

01 살충제 중에서 소화중독제인 것은?

① 니코틴제   ② 클로로피크린

③ 나프탈렌   ④ 비산납

●해설

소화중독제

• 저작구형(씹어 먹는 입)을 가진 나비류 유충, 메뚜기류 등 식엽성 해충에 효과적이다.

• 해충의 입을 통하여 소화관 내에 들어가 중독작용을 일으킨다.

• 약제 : 비산납

02 살충제 중 해충의 입을 통해 체내로 들어가 중독작용을 일으키는 약제는?

① 접촉제   ② 훈증제

③ 침투성 살충제   ④ 소화중독제

03 살충제의 종류와 설명이 바르게 연결되지 않은 것은?

① 소화중독제 : 해충의 입을 통하여 소화관 내에 들어가 중독작용을 일으킨다.

② 접촉제 : 해충의 체표면에 직·간접적으로 닿아 약제가 기문의 피부를 통하여 몸속으로 들어가 신경계통, 세포조직에 독작용을 일으킨다.

③ 훈증제 : 약제가 기체로 되어 해충의 기문을 통하여 체내에 들어가 질식을 일으킨다.

④ 침투성 살충제 : 약제가 해충의 피부로 직접적으로 침투하여 체내에서 독작용을 일으킨다.

●해설

침투성 살충제

• 잎, 줄기, 뿌리로 침투하여 즙액을 빨아 먹는 흡즙성 해충에 효과적이며, 수간주사로 투여한다.

• 천적에 대한 피해가 없다.

• 깍지벌레류, 진딧물류 등에 효과적이다.

• 해충에 약제가 직접 또는 간접적으로 닿아 약제가 기문의 피부를 통하여 몸속으로 들어가 신경계통, 세포조직에 독작용을 일으킨다.

04 진딧물의 화학적 방제법 중 천적보호에 유리한 방제약제로 가장 좋은 것은?

① 훈증제   ② 기피제

③ 접촉살충제   ④ 침투성 살충제

05 훈증제에 대한 설명으로 틀린 것은?

① 질식사를 시키는 방법이므로 임 내에서의 활용은 어렵다.

② 메틸브로마이드를 많이 사용한다.

③ 묘포장에서의 활용이 용이하다.

④ 약제는 액상으로 해충에 침투한다.

●해설

훈증제

• 약제를 가스상태로 만들어 해충을 죽이는 약제이다.

• 보통 밀폐가 가능한 곳에서 사용한다.

• 휘발성이 강한 약제를 사용한다.

• 토양에 주입하여 선충방제용으로 이용한다.

• 질식사를 시키는 방법이므로 임 내에서의 활용은 어렵다.

• 묘포장에서의 활용이 용이하다.

• 메틸브로마이드, 클로로피크린, 메탐소듐 등

06 훈증제가 갖추어야 할 조건이 아닌 것은?

① 휘발성이 커서 일정한 시간 내에 살균 또는 살충시킬 수 있어야 한다.
② 인화성이어야 한다.
③ 침투성이 커야 한다.
④ 훈증할 목적물의 이화학적, 생물학적 변화를 주어서는 안 된다.

●해설
인화성(불이 잘 붙는 성질)을 가지고 있으면 안 된다.

07 살충제 중 훈증제로 쓰이는 약제는?

① 메틸브로마이드　　　② BT제
③ 비산연제　　　　　　④ DDVP

●해설
훈증제
메틸브로마이드, 클로로피크린, 메탐소듐 등

08 주로 유효성분을 연기의 상태로 하여 해충을 방제하는 데 쓰이는 약제는?

① 훈증제　　　　　　　② 훈연제
③ 유인제　　　　　　　④ 기피제

●해설
훈연제
유효성분을 연기상태로 하여 해충을 방제하는 약제이다.

09 살충기작에 의한 살충제의 분류방법 중 나프탈렌, 크레오소트 등이 속하는 것은?

① 소화중독제　　　　　② 기피제
③ 화학불임제　　　　　④ 침투성 살충제

●해설
기피제
해충이 모이는 것을 막기 위해 사용하는 약제이다. (나프탈렌, 크레오소트)

10 다음 살충제 중에서 불임제 작용을 하는 것은?

① 비산석회　　　　　　② 알킬화제
③ 크레오소트　　　　　④ 메틸브로마이드

●해설
불임제
정자나 난자의 생식력을 잃게 하는 약제이다. (알킬화제)

11 살충제의 사용형태에 대한 설명으로 틀린 것은?

① 분제 살포는 물이 없는 곳에서도 사용할 수 있어 편리하나 약제의 가격이 좀 비싼 편이며, 액제에 비하여 고착성이 떨어진다.
② 입제는 구형, 원통형 또는 불규칙형 등이 있으며, 입제의 살포는 살립기를 사용하거나 고무장갑을 끼고 뿌릴 수 있어 편리하다.
③ 훈증제는 휘발성이 강한 물질이 독가스를 내게 하는 것으로 보통 밀폐가 가능한 곳에서 사용한다.
④ 연무제 살포는 살포액 입자를 연무질하여 살포하는 것으로 미립자가 오랫동안 공중에 떠 있을 수 있도록 바람이 부는 오후에 사용하는 것이 효과적이다.

●해설
연무제
• 유효성분을 액체가스로 분산시켜 방제하는 약제이다.
• 밀폐된 온실하우스 안에서 연무제를 사용하면 바람이나 비, 흐리거나 맑은 날의 영향을 받지 않아 효과적이다.

12 ( )는 병원균의 포자가 기주인 식물에 부착하여 발아하는 것을 저지하거나 식물이 병원균에 대하여 저항성을 가지게 하는 약제를 말한다. ( )에 들어갈 말로 적당한 것은?

① 직접살균제　　　　　② 보호살균제
③ 세포막 형성저해제　　④ 단백질 형성저해제

보호살균제

• 병균이 침입하기 전에 사용하여 예방적인 효과를 거두기 위한 약제이다.

• 식물이 병원균에 대하여 저항성을 가지게 하는 약제이다.

• 보르도액, 석회황합제, 구리분제 등이 있다.

13 다음 (　)에 적당한 약제는?

> (　)는 병원균의 포자가 기주인 식물에 부착하며 발아하는 것을 저지하거나 식물이 병원균에 대하여 저항성을 가지게 하는 약제를 말한다.

① 직접살균제　　　　② 보호살균제
③ 세포막 형성저해제　④ 단백질 형성저해제

14 살균제로써 광범위하게 사용하고 있는 보르도액에 대한 설명 중 맞는 것은?

① 보호살균제이며 소나무 묘목의 잎마름병, 활엽수의 반점병, 잿빛곰팡이병 등에 효과가 우수하다.
② 직접살균제이며 흰가루병, 토양전염성병에 효과가 좋다.
③ 치료제로서 대추나무, 오동나무의 빗자루병에도 효과가 우수하다.
④ 보르도액의 조제에 필요한 것은 황산동과 생석회이며 조제에 필요한 생석회의 양은 황산동의 2배이다.

보르도액(보호살균제) 중요 ★★☆

• 조제 원료는 수산화칼슘(생석회)과 황산동(황산구리) 등이 사용된다.

• 순도가 높은 것을 사용해야 좋은 보르도액을 만들 수 있다.

• 금속용기는 화학반응이 일어나 약효가 떨어지므로 사용하지 않는다.

• 황산동액과 석회유를 따로 다른 나무통에 넣은 후, 석회유에다 황산동액을 부어 혼합한다.

• 조제된 보르도액은 짙은 청색이며, 오래되면 앙금이 생기고 약효가 떨어지므로 조제 즉시 살포한다.

• 비 오기 직전 또는 후에는 살포하지 않는다. (약효의 지속성은 약 2주일 정도)

• 예방을 목적으로 발병 전에 사용하도록 해야 하며, 병징이 나타나기 전 2~7일에 살포하도록 한다.

• 반복 사용 시 구리가 토양에 축적돼 수목에 독성을 나타내므로 주의한다.

• 소나무 묘목의 잎마름병, 활엽수의 반점병, 잿빛곰팡이병 등에 효과가 우수하다.

15 다음 중 보르도액을 만드는 데 사용되는 약품들은?

① 황산구리와 석회질소
② 황산구리와 생석회
③ 황산구리와 유황합제
④ 황산구리와 탄산소다

16 살비제의 적용 해충은?

① 깍지벌레류　　　② 응애류
③ 방패벌레류　　　④ 솔잎혹파리의 유충

살비제

• 곤충에 대한 살충효과는 없고, 주로 식물에 붙은 응애류를 선택적으로 죽이는 데 사용하는 약제이다.

• 연용하여 사용할 경우 내성이 생긴다.

• 종류 : 켈탄, 켈센, 테디온 등

17 응애류에 대해서만 선택적으로 방제효과가 있는 약제는?

① 살균제　　　　② 살충제
③ 살비제　　　　④ 살서제

18 응애구제에 쓰이는 농약은?

① 만코지수화제(다이센엠45)
② 디코폴유제(켈센)
③ 메타유제(메타시스톡스)
④ 메프수화제(스미치온)

응애구제에 쓰이는 약제
디코폴유제(켈센)

19 제초제의 작용기작이 아닌 것은?

① 광합성 저해
② 호르몬작용의 교란
③ 세포분열 저해
④ 에너지생성 촉진

제초제
• 농작물의 생육을 방해하는 잡초를 제거하는 데 사용하는 약제이다.
• 작용기작 : 광합성 저해, 호르몬작용의 교란, 세포분열 저해 등

20 농약의 효력을 높이기 위해 사용하는 물질 중 농약에 섞어서 고착성, 확전성, 현수성을 높이기 위해 쓰이는 물질은?

① 훈증제
② 불임제
③ 유인제
④ 전착제

농약의 보조제

종류	개념
전착제	• 농약의 주성분을 병해충이나 식물체에 잘 전착시키기 위한 약제이다. • 약제의 확전성, 현수성, 고착성을 높이는 데 도움을 준다.
증량제	주성분의 농도를 낮추기 위하여 첨가하는 약제이다.
용제	약제의 유효성분을 용해시키는 약제이다.
유화제	물속에서 유제를 균일하게 분산시키는 약제이다.(계면활성제)
협력제	유효성분의 살충력을 증진시키는 약제로 효력증진제라고도 한다.

21 다음 중에서 농약 주성분의 농도를 낮추기 위하여 사용하는 보조제는?

① 전착제
② 유화제
③ 증량제
④ 용제

22 농약에서 보조제를 사용하는 목적과 거리가 먼 것은?

① 협력제는 유효성분의 효력을 증진시킨다.
② 전착제는 주제(主劑)의 전착력(展着力)을 좋게 한다.
③ 계면활성제는 유제의 유화성을 높이는 데 쓰인다.
④ 증량제는 분제에 있어서 유효성분의 농도를 높이기 위해 사용한다.

23 농약의 사용목적 및 작용특성에 따른 분류에서 보조제가 아닌 것은 어느 것인가?

① 전착제
② 증량제
③ 용제
④ 혼합제

혼합제
두 종류 이상의 물질이 물리적으로 단순히 섞여 있는 물질로, 보조제와는 관련이 없다.

24 주제를 용액에 녹이고 거기에 유화제를 첨가하여 물과 섞이도록 한 약제는 무엇인가?

① 용액
② 유제
③ 수화제
④ 분제

• 유제(EC)
물에 녹지 않는 주제를 유기용매에 녹여 유화제(계면활성제)를 첨가한 용액으로, 물에 희석하여 사용할 수 있게 만든 액체상태의 농약제제이다.
• 유제의 장점
– 수화제에 비하여 약액조제가 편리하다.
– 다른 제형(劑型)보다 약효가 우수하다.
– 야채류에는 수화제에 비하여 오염이 적다.

25 다음 중 살충제를 제형에 따라 분류한 것은?

① 수화제   ② 훈증제
③ 유인제   ④ 소화중독제

●해설
제형에는 유제, 액제, 수화제, 수용제, 분제, 입제 등이 있다.

수화제(WP)
• 물에 녹지 않는 주제를 점토광물, 유화제 등과 혼합 분쇄하여 고운가루로 만들고 물에 타서 쓸 수 있게 만든 농약제제이다.
• 비티수화제 : 살충제 중 친환경적인 미생물농약이다.

26 유제(乳劑)는 약제를 용제(溶劑)에 녹여 계면 활성제를 유화제로 첨가하여 만든 농약이다. 유제의 장점이 아닌 것은?

① 포장, 운송, 보관이 쉽고, 비용이 저렴하다.
② 수화제에 비하여 약액조제가 편리하다.
③ 다른 제형(劑型)보다 약효가 우수하다.
④ 야채류에는 수화제에 비하여 오염이 적다.

●해설
①항은 단점이다.
수화제보다 제조비가 높고 포장용으로 유리병을 사용해야 하므로 포장·수송·보관에 많은 경비가 소요되는 단점이 있다.

27 희석액 중의 약제농도가 0.05%일 때, 물 10L에 대한 약제의 양은 몇 mL인가?

① 5mL   ② 10mL
③ 50mL   ④ 100mL

●해설
$\dfrac{0.05}{10} = 0.005L$

L → mL 단위를 환산하기 위해서 0.005L에 1,000을 곱한다.

28 농약의 독성을 표시하는 용어인 LD50의 설명으로 가장 적합한 것은?

① 시험동물의 50%가 죽는 농약의 양이며 mg/kg으로 표시
② 농약 독성평가의 어독성 기준동물인 잉어가 50% 죽는 양이며 mg/kg으로 표시
③ 시험동물의 50%가 죽는 농약의 양이며 $\mu g/g$으로 표시
④ 농약 독성평가의 어독성 기준동물인 잉어가 50% 죽는 양이며 $\mu g/g$으로 표시

●해설
농약의 독성을 표시하는 방법 중요 ★☆☆
예 "LD50" → 시험동물의 50%가 죽는 농약의 양이며 mg/kg으로 표시한다.

29 농약의 약제 살포에 대한 설명으로 옳지 않은 것은?

① 날씨는 구름이 끼고 바람이 적을 때가 좋다.
② 바람을 등지고 살포한다.
③ 균일하게 살포하고 얼룩이 생기지 않도록 한다.
④ 논풀의 제초제는 물대기의 조건에 따라 효과가 다르므로 사용방법에 맞추어 살포한다.

●해설
농약 사용 시 주의사항
• 사용하는 물은 깨끗한 우물물이나 수돗물을 사용한다.
• 맑은 날 살포하며, 정오부터 오후 2시까지는 살포하지 않는다.
• 바람을 등지고 살포한다.
• 한 사람이 2시간 이상 뿌리지 않도록 한다.
• 균일하게 살포하고 얼룩이 생기지 않도록 한다.
• 논풀의 제초제는 물대기의 조건에 따라 효과가 다르므로 사용방법에 맞추어 살포한다.

임업기계

CONTENTS

01장 임업기계 · 장비의 종류 및 용도

조림 및 숲 가꾸기 기계 · 장비

1 임업의 기계화 일반

산림의 기능을 최대한 발휘할 수 있도록 경영수단을 제공하는 기계류의 총칭이다.

구분	내용
넓은 의미	• 산림의 조성관리 및 생산물의 수확 등 산림경영 활동에 사용되는 모든 장비 • 임업 전용의 기계가 아닌 타 산업의 기계를 이용하는 경우가 많다.
좁은 의미	임업용으로 활용하기 위하여 제작된 체인톱, 집재기, 임업용 트랙터 등 임업 전용 장비

2 조림용 기계 · 장비

(1) 종자채취용 기구

① 나무에 손상을 적게 주는 도구로 가볍고 견고한 재료로 만들어진 것을 사용한다.
② 종류 : 등목사다리, 고지가위, 구과채취기구 등

(2) 양묘용 장비

① 양묘장은 일반적으로 평지이므로 농업용 기계를 이용하여 평탄작업을 한다.
② 종류 : 경운기, 트랙터, 살분무기, 양수기, 착상기, 롤러, 살포기, 정지기(정지작업기), 제초기 (중경제초기), 단근굴취기, 종자파종기, 묘목이식기, 관수장치, 식혈봉 등
※ 식혈봉 : 유묘 및 소묘의 이식 시 구덩이를 파는 기구이다.

(3) 조림용 작업도구

① 재래식 삽 : 규격화된 공장제품의 삽이다.
② 재래식 괭이 : 식재지의 뿌리를 끊고, 흙을 부드럽게 한다.(대부분 수공업제품)
③ 사식재용 괭이 : 평지, 경사지 등에 사용하고 대묘보다는 소묘의 사식에 적합하다.(괭이날의 자루에 대한 각도는 60~70°이다)

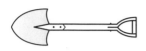

[재래식 삽]　　　　　　　[재래식 괭이]　　　　　　[사식재용 괭이]

④ **각식재용 양날괭이** : 형태에 따라 타원형과 네모형으로 구분되며 한쪽 날은 괭이로서 땅을 벌리는 데 사용하고 다른 한쪽 날은 도끼로서 땅을 가르는 데 사용한다.

　㉠ 타원형 : 자갈과 뿌리가 있는 곳에 적합

　㉡ 네모형 : 땅이 무르고 자갈이 없으며 잡초가 많은 곳에 적합

[아이디얼 식혈삽]　　　　　[타원형 양날괭이]　　　　[네모형 양날괭이]

⑤ **손도끼** : 간벌목의 표시, 뿌리의 단근작업에 사용하며 짧은 시간에 많은 뿌리를 자를 수 있다.

⑥ **식혈기** : 묘목식재를 위하여 임지에 구멍을 뚫는 기계로 돌이 없고 토성이 양호한 지역에서 사용이 가능하다.

🟦 육림용 기계 · 장비

(1) 무육용 작업도구 중요 ★★☆

① **재래식 낫** : 풀베기 작업도구로 예로부터 널리 사용하고 있다.

② 스위스보육낫(무육낫) : **침엽수 및 활엽수 유령림의 무육작업에 사용하고,** 직경 5cm 내외의 잡목 및 불량목을 제거하기에 가장 적합한 도구이다.

③ **소형 전정가위**

　㉠ **신초부와 쌍가지 제거 등** 직경 1.5～2cm 내외의 치수 무육작업에 적합하다.

　㉡ **힘을 적게 들이려는** 역학적 원리로 지렛대의 원리를 이용한다.

④ **무육용 이리톱**

　㉠ **톱날은 무육용 날과 가지치기용 날이 함께 있으며 역할을 고려하여 손잡이가 구부러진 것이** 특색이다.

　㉡ **가지치기와 유령림 무육작업에 사용하며** 직경 6～15cm **내외에 적합한 도구이다.**(무육용에 많이 사용)

[재래식 낫]

[스위스보육낫(무육낫)]

[소형 전정가위]

[무육용 이리톱]

 기출

침 · 활엽수 유령림의 무육작업에 사용하고, 직경 5cm 내외의 잡목 및 불량목을 제거하기
에 가장 적합한 도구는?

① 예취기   ② 스위스보육낫
③ 소형 전정가위   ④ 소형 손톱

답 ②

(2) 가지치기용 작업도구

① **소형 손톱** : 덩굴식물의 제거 및 직경 2cm 이하의 가지치기에 적합한 도구이다.

② **고지절단용 가지치기톱** : 수간의 높이가 4~5m 정도일 경우에 가지를 절단하는 데 사용한다.

③ **자동지타기(동력지타기)**

    ㉠ 옹이가 없는 우량한 원목을 생산한다.

    ㉡ 가지가 가늘고 통직하게 잘 자란 나무에 적합하다.

    ㉢ 나무의 수간을 나선형으로 오르내리며 가지치기하는 기계로 톱날이 부착되어 있다.

[소형 손톱]

[고지절단용 가지치기톱]

[자동지타기]

1 벌목 및 수확용 기계 · 기구

구분	종류
벌목용 작업도구	체인톱, 도끼, 쐐기, 목재돌림대(지렛대), 밀게, 갈고리, 박피기, 사피 등
수확용 임업기계	프로세서, 펠러번처, 하베스터 등

(1) 벌목용 작업도구

① 도끼 : 작업목적에 따라 벌목용, 가지치기용, 장작패기용, 손도끼 등으로 나눈다.

    ㉠ 벌목용 도끼 : 벌목에 사용되는 도끼날은 두께가 얇고 날선의 모양이 가지치기용 도끼에 비하여 훨씬 적게 구부러진 거의 직선에 가까우며 절단작업시 나무속에 깊이 박힌다.

    ㉡ 가지치기용 도끼

       • 소경목 벌목에도 이용되며 모양은 많이 구부러져 어느 위치에서든지 작업을 쉽게 할 수 있도록 되어 있다.

       • 무게는 850~1,250g이다.

    ㉢ 장작패기용 도끼 : 대경재 벌목 시 다른 벌목장비와 함께 사용되며, 신탄재, 펄프용재 등을 쪼갤 때 사용한다.

    ㉣ 손도끼 : 무게 약 800g 정도이며 자루가 짧아 한 손으로 사용하도록 되어 있다. 간벌목 표시, 단근작업, 도구자루 제작 등에 이용된다.

[벌목용 도끼]

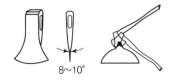

[가지치기용 도끼]

a. 침엽수
(연한 나무에 사용)

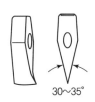

b. 활엽수
(단단한 나무에 사용)

[장작패기용 도끼]

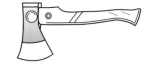

[손도끼]

🌷 TIP

도끼의 특징 중요 ★★☆

- 도끼자루로 가장 적합한 수종은 활엽수이다.(호두나무, 가래나무, 물푸레나무, 참나무 등)
- 도끼자루의 길이는 작업자 팔 길이 정도가 좋다.
- 도끼날이 목재에 끼는 것을 막기 위하여 아치형으로 연마한다.
- 도끼와 자루를 연결할 때 빈 공간이 없도록 한다.(공간이 있을 시 빠질 위험이 높다)

a. 아치형   b. 날카로운 삼각형   c. 무딘 삼각형

[도끼날의 형태]

공간이 있다.   도끼 자루

[자루가 빠질 위험한 형태]

도끼의 작업도구와 능률

- 자루의 길이는 적당히 길수록 힘이 세어진다.
- 도구날의 끝각도가 적당히 클수록 나무가 잘 빠개진다.
- 도구는 무거울수록 내려치는 속도가 빠를수록 힘이 세어진다.
- 도구의 날은 날카로운 것이 땅을 잘 파거나 잘 자를 수 있다.

도구의 날 연마 요령

- 도끼의 날은 활엽수용을 침엽수용보다 더 둔하게 갈아 준다.
- 톱의 날은 활엽수용을 침엽수용보다 더 둔하게 갈아 준다.
- 톱니의 젖힘은 침엽수용을 활엽수용보다 더 넓게 젖혀 준다.
- 도끼날을 아치형으로 연마하여 목재에 끼는 것을 막는다.

기출

다음 중 도끼자루 제작에 가장 적합한 수종으로 나열한 것은?

① 소나무, 호두나무, 가래나무
② 호두나무, 가래나무, 물푸레나무
③ 가래나무, 물푸레나무, 전나무
④ 물푸레나무, 소나무, 전나무

풀이 ▶ 활엽수 무늬가 아름답고 단단하며 재질이 치밀하여 기구재, 가구재로 많이 쓰인다.

답 ②

---

② 쐐기

㉠ 벌도방향의 결정과 안전작업을 위하여 사용된다.

㉡ 쐐기의 종류

     a. 벌목용 쐐기

     b. 벌목 및 장작패기용 쐐기

c. 절단용 쐐기

d. 철제 장작패기용 쐐기

e. 플라스틱제 쐐기, 알루미늄 쐐기

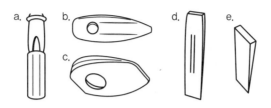

[여러 가지 형태의 쐐기]

ⓒ 목재쐐기를 만드는 데 적당한 수종으로는 활엽수를 이용한다.(아까시나무, 단풍나무, 참나무류 등)

③ 측척 : 벌채목을 규격대로 자를 때 표시하는 도구이다.

[측척]

④ 방향조정 도구 중요 ★★☆

㉠ 원목 방향전환용 지렛대(목재돌림대) : 벌목 중 나무에 걸려 있는 벌도목과 땅 위에 있는 벌도목의 방향전환 및 돌리는 작업에 주로 사용한다.

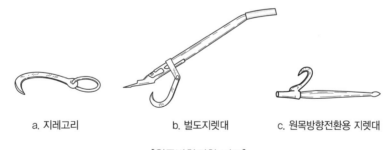

a. 지레고리   b. 벌도지렛대   c. 원목방향전환용 지렛대

[원목방향전환 기구]

㉡ 갈고리 : 벌도목의 방향전환 갈고리와 전달해 놓은 원목을 운반하는데 사용하는 운반갈고리가 있다.

구분	내용
방향전환 갈고리	링에 나무를 끼워서 나무의 방향을 돌리는 데 사용한다.
운반용 갈고리와 집게	소경재를 운반하기 위한 갈고리로 손잡이형 갈고리와 스웨디시 갈고리와 집게 등이 있다.

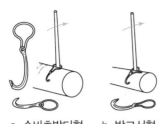

a. 슈바츠발더형   b. 박크서형

[방향전환 갈고리의 종류]

a. 손잡이형   b. 스웨디시형   c. 집게

[운반용 갈고리(a, b)와 집게(c)] 중요 ★★☆

ⓒ 박피기 : 벌도된 나무의 껍질을 제거하는 데 사용한다.

ⓔ 사피 : 통나무를 찍어서 운반하는 끌개로 우리나라 작업자의 체형에 적합하다.

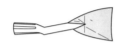

[박피기]

[사피]

(2) 수확용 임업기계

복수공정의 작업을 한 대의 차량으로 처리하는 것으로 벌도, 가지치기(지타), 통나무자르기(절단), 집재작업(쌓기) 등 복수의 작업을 연속적으로 처리하는 기계이다.

① 임업기계 종류 및 특징 중요 ★☆☆

종류	특징
트리펠러	벌도작업만 하는 기능이 있다.
펠러번처	벌도와 벌도목을 모아 쌓기 기능이 있다.
프로세서	집재된 전목(벌도된 나무)의 가지치기와 조재작업 기능(벌도기능 없음)이 있다.
하베스터	• 대표적인 다공정 처리기계로서 벌도, 가지치기, 조재목 다듬질, 토막내기 작업을 모두 수행하는 기능 • 조재된 원목을 임 내부터 임지저장목장까지 운반할 수 있는 포워드 등의 장비와 함께 사용한다.

② 작업가능한 단위작업 구분

단위작업 \ 임업기계	트리펠러	펠러번처	프로세서	하베스터
벌목	○	○	×	○
지타	×	×	○	○
측정	×	×	○	○
절단	×	×	○	○
쌓기	×	○	○	○
소집재	×	○	○	○

대표적인 다공정 처리기계로서 벌도, 가지치기, 조재목 다듬질, 토막내기 작업을 모두 수행할 수 있는 장비는?

① 하베스터   ② 펠러번처

③ 프로세서   ④ 포워더

🖩 ①

2 집재와 운재용 기계 · 기구

구분	내용
집재	• 임지 내에 흩어져 있는 벌채목을 임도변까지 끌어 모으는 작업 • 집재방식 : 인력집재, 중력집재, 기계력 집재 등
운재	집재한 원목을 사용처나 공장까지 운반하는 작업

(1) 중력집재

목재의 자중(自重)을 이용하여 집재하는 방법으로, 여기에는 활로에 의한 방법과 강선에 의한 집재방법 등이 있다.

① 활로(수라)에 의한 집재

    ㉠ 벌채지의 비탈면에 자연적 · 인공적으로 설치한 홈통모양의 골 위에 목재 자체 무게로 활주시켜 집재하는 방식을 "수라"라고 한다.

    ㉡ 수라의 종류 : 흙수라(토수라), 나무수라(목수라), 플라스틱수라 등

    ㉢ 플라스틱수라 설치방법 중요 ★★☆

        • 수라를 설치하기 위한 첫 단계로 집재선을 표시한다.

        • 수라 설치 시 집재선 양쪽 옆의 나무나 잘린 나무 그루터기에 로프를 이용하여 팽팽하게 잡아당겨 잘 묶어 놓는다.

        • 수라의 각도는 처음에는 급하게, 중간지대는 약간 완만하게, 마지막의 집재기 가까이에서는 수평으로 설치한다.

        • 플라스틱수라의 최소 종단경사는 15~20(25)%가 되어야 하고, 최대경사가 50~60% 이상일 경우에는 속도조절장치가 있어야 한다.

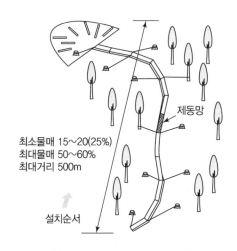

최소물매 15~20(25%)
최대물매 50~60%
최대거리 500m

설치순서

제동망

[플라스틱수라의 설치모식도]

② 강선에 의한 집재

　　㉠ 강선, 철선, 와이어로프 등을 집재지 상부 적재지점의 지주와 하부 짐내림지점 지주 사이의 공중에 설치하고 원목을 고리에 걸어 내려보내는 방법이다.

　　㉡ 강선에 따라 이동 시 집재목의 운동속도가 지나치게 빠를 경우 목재의 파손과 안전작업의 위험도가 높기 때문에 강선의 장력을 낮춰 운동속도를 줄인다.

　　㉢ 강선집재의 장단점

장점	단점
• 시설비용이 적게들며, 설치기간도 짧다. • 잔존 임분에 피해가 적다. • 토양 침식의 위험도가 적다. • 관리만 잘 하면 오래 사용할 수 있다.	• 무겁고 큰 나무는 집재가 곤란하다. • 단재 집재에 용이하다. • 하향 집재만 가능하다.

(2) 기계력 집재

① 가선집재기(타워야더)

　　㉠ 집재기에 연결되어 있는 와이어로프에 반송기를 부착하여 집재하는 방식으로 집재용 가선(삭도)부분과 야더집재기부분으로 구성된 집재시스템이다.

　　㉡ 경사가 급한 산악림에서의 집재작업이 가능하다.

　　㉢ 장단점

　　　• 장점 : 작업자의 노력 경감, 임지의 피해를 최소화한다.

　　　• 단점 : 가선의 가설과 해체에 높은 기술력과 시간이 요구된다.

② 가선집재의 구성

구분	내용
가공본줄	반송기에 실은 목재를 지지함과 동시에 철도에서 레일과 같은 역할을 한다.
작업본줄	반송기를 집재기 방향으로 당겨 이동시키는 와이어로프이다.
반송기(화차)	목재를 매달아 운반하는 화차의 기능을 지닌 것으로 운반기라고도 한다.
중간지지대	집재거리가 길어 가공본줄이 지면에 닿아 반송기의 주행이 곤란할 때 설치한다.
짐달림도르래(로딩블록)	반송기에 매달려 화물의 승강에 이용되는 도르래이다.

⑩ 이동식 타워야더

- 트랙터나 트럭 등에 타워(철기둥)와 가선집재장치를 탑재한다.
- 이동 · 설치가 용이하며 임도가 적고 지형이 급경사인 지역에 적합하다.
- 콜러집재기 K–300의 상향 최대 집재거리는 300m이다.

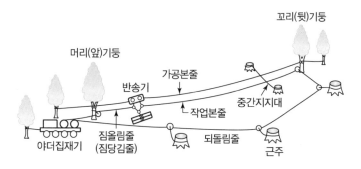

[가선집재의 모형도]

② 트랙터집재기(파미 윈치) 중요 ★★☆

㉠ 트랙터의 동력을 이용한 지면끌기씩 집재기로 윈치를 부착하여 사용한다.

㉡ 부착되어 있는 윈치에 의한 최대 집재거리는 100m이다.

㉢ 평탄지, 완경사지(15~20°)에 적당한 집재기이며, 급경사(25~30°)에서도 작업이 가능하다.

③ 소형윈치

㉠ 원통형의 드럼에 와이어로프를 달아 통나무를 높은 곳으로 들어올리거나 끌어당기는 기계이다.

㉡ 비교적 지형이 험하거나 단거리에 흩어져 있는 적은 양의 통나무를 집재하는 데 사용한다.

㉢ 이용 : 소집재, 간벌재 집재, 수라 설치 등 견인용으로 사용한다.

㉣ 종류 : 아크야윈치, 체인톱윈치

㉤ 연료는 가솔린과 오일의 혼합비 25 : 1로 사용한다.

④ 스키더

벌채목을 그래플로 잡는 집재용 차량이다.

⑤ 포워더

  ㉠ 집재할 통나무를 차체에 싣고 운반하는 장비로 주로 평지림에 적합하다.

  ㉡ 경사지에서도 운재로를 이용하여 운반할 수 있다.

  ㉢ 목재만을 운반하는 단일공정수행용 차량이다.

[트랙터집재기]   [아크야 소형원치]   [포워더]

(3) 운재계획 수립을 위한 조사항목 중요 ★☆☆

① 벌목구역에 대한 조사

② 반출방법에 대한 조사

③ 반출노선의 측량과 집재지점의 선정

SECTION 03 **산림토목 기계 · 장비**

1 굴착운반기계

(1) 불도저

① 트랙터 앞에 배토판을 달아 흙을 깎아서 밀어 운반하는 기계이다.(대표적인 기계 : 불도저)

② 단거리 토공작업에 적합한 기계로 운반거리가 50m 이하일 때 적당하다.

a. 스트레이트 도저   b. 앵글 도저   c. 버킷 도저   d. 트리 도저   e. 레이크 도저   f. U형 도저

[불도저의 작업장치]

(2) 스크레이퍼

토사의 굴착, 적재, 운반, 다짐 등의 작업을 일관되게 연속적으로 진행하는 토공용 건설기계이다.

[스크레이퍼]

2 굴착적재기계

(1) 굴착적재기계 중요 ★★☆

① 굴착과 싣기를 하는 기계이다.(대표적인 기계 : 셔블계 굴착기)
② 종류 : 파워셔블, 백호, 드래그라인, 클램셸 등

종류	특징
파워셔블	기계가 놓인 지면보다 높은 면의 굴착에 사용
백호(드래그셔블)	• 기계가 서 있는 지면보다 낮은 곳의 지반 굴착에 적합한 기계이다. • 장비 규격표시방법 : 표준버킷 용량(m^3)
드래그라인	• 토사나 암석, 연질지반 굴착, 모래 채취, 수중의 흙 파 올리기에 사용 • 낮은 면의 굴착에 사용하는 기계로 깊이 6m 정도의 굴착에 적당
클램셸	지면보다 낮은 위치의 부드러운 토사류 굴착에 사용

(가) 셔블(파워셔블)
(나) 드래그라인
(다) 크레인
(라) 클램셸
(마) 파일드라이브
(바) 백호

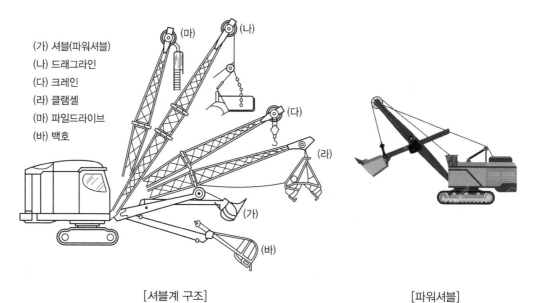

[셔블계 구조]   [파워셔블]

[백호]

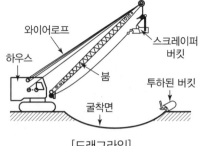

와이어로프

스크레이퍼 버킷

하우스

붐

투하된 버킷

굴착면

[드래그라인]

[클램셸]

③ 정지 및 전압기계

① **정지기계** : 모터 그레이더가 있으며 이것은 배토정지용 기계로 도로공사 현장 등에서 건축을 위해 땅을 반반하게 고르는 작업에 사용되는 토목용 기계의 일종이다.

② **전압기계** : 로드롤러, 타이어롤러, 진동컴팩터, 래머, 탬퍼 등

④ 운반기계

① **종류** : 크레인, 체인블록, 덤프트럭 등

※ **체인블록** : 도르래, 쇠사슬 등을 조합시켜 큰 돌을 운반하거나 앉힐 때 주로 쓰이는 기구

[체인블록]

⑤ 상하차용(싣기용) 기계

① 굴삭된 토사나 골재 등을 운반기계에 싣는 데 사용

② **종류** : 무한궤도식 로더, 차륜식 로더, 소형로더

⑥ 작동형식에 따른 분류

〈궤도형 크롤러와 차륜형 트랙터의 비교〉 중요 ★☆☆

종류	궤도형 크롤러 트랙터	차륜형 트랙터
견인력	차륜형보다 견인력이 크다.	동일 중량에서 궤도형보다 견인력이 작다.
접지압	구동장치로 인해 접지압이 낮고 연약지 · 적설지에서의 주행이 유리하다.	접지압이 크다.
안정성	중심이 낮아 안정성이 높다.	궤도형에 비해 약간 떨어진다.
회전반경	회전반경이 작다.	궤도형에 비해 크다.
주행성	주행속도가 느리다.	주행속도가 빠르고, 기동성이 좋다.
최저 지상고	차륜형에 비해 비교적 낮다.	높다.
등판능력	우수하다.	약간 떨어진다.

종류	궤도형 크롤러 트랙터	차륜형 트랙터
승차감	진동이 크다.	우수하다.
운전의 편리성	차륜형에 비해 숙련이 필요하다.	궤도형에 비해 운전이 쉽다.
경비	구조가 복잡하며, 유지비가 높다.	관리면에서 궤도형보다 유리하다.

SECTION 04 와이어로프

① 와이어(소선)를 몇 개씩 꼬아 스트랜드를 만들고, 심줄을 중심으로 이 스트랜드를 다시 몇 개씩 꼬아서 만든 쇠밧줄이다.

② 가선집재 및 윈치를 사용할 때 집재작업의 필수부품이다.

③ 꼬임방향에 따라 보통꼬임과 랭꼬임으로 구분한다.

구분	내용
보통꼬임	와이어(소선)와 스트랜드의 꼬임방향이 반대
랭꼬임	와이어(소선)와 스트랜드의 꼬임방향이 동일

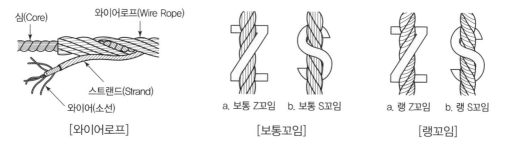

심(Core) 와이어로프(Wire Rope)
스트랜드(Strand)
와이어(소선)
[와이어로프]

a. 보통 Z꼬임　　b. 보통 S꼬임
[보통꼬임]

a. 랭 Z꼬임　　b. 랭 S꼬임
[랭꼬임]

④ 와이어로프의 교체기준(폐기기준)

　㉠ 와이어로프의 소선이 10분의 1 이상 절단된 것

　㉡ 마모에 의한 직경의 감소가 공칭직경의 7%를 초과하는 것

　㉢ 킹크가 심하게 발생한 것

　㉣ 현저하게 변형 또는 부식된 것

⑤ 와이어로프의 안전계수

$$안전계수 = \frac{와이어로프의 \ 절단하중(kg)}{와이어로프에 \ 걸리는 \ 최대장력(kg)}$$

　선에 따른 안전계수의 값

　• 가공본선 : 2.7　　　　• 작업선(짐당김줄, 되돌림줄, 버팀줄, 고정줄) : 4.0

⑥ 와이어로프로 고리를 만들 때 와이어로프 직경의 20배 이상 되도록 한다.

가선집재의 가공본줄로 사용하는 와이어로프의 최대장력이 2.5ton이다. 이 로프에 500kg 의 벌목된 나무를 운반한다면 이 로프의 안전계수는 얼마인가?

① 0.05

② 5

③ 200

④ 1,250

풀이 $\dfrac{2,500\text{kg}}{500\text{kg}} = 5$

답 ②

01 다음 중 양묘용 장비로 사용되는 것이 아닌 것은?

① 지조결속기   ② 중경제초기

③ 정지작업기   ④ 단근굴취기

●해설

- 양묘용 장비 : 경운기, 트랙터, 살분무기, 양수기, 착상기, 롤러, 살포기, 정지기(정지작업기), 제초기(중경제초기), 단근굴취기, 종자파종기, 묘목이식기, 관수장치 등
- 지조결속기는 가지치기 후 남은 가지를 묶어 주는 장비로, 양묘용 장비가 아니다.

02 조림용 도구가 아닌 것은?

① 식혈봉

② 각식재용 양날괭이

③ 아이디얼 식혈삽

④ 쐐기

●해설

쐐기는 벌목의 방향 결정 및 톱이 끼지 않도록 하는 데 쓰이는 벌목 및 수확용 도구이다.

03 경사지나 평지 등 모든 곳에 사용하는 일반적인 사식재 괭이날의 자루에 대한 적정한 각도 (A)의 범위는?

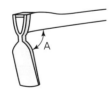

① 60~70°   ② 75~80°

③ 9~12°   ④ 85~90°

●해설

사식재용 괭이 : 평지, 경사지 등에 사용하고 대묘보다는 소묘의 사식에 적합하다.(괭이날의 자루에 대한 각도는 60~70°이다)

04 산림작업도구인 각식재용 양날괭이에 대한 설명으로 틀린 것은?

① 형태에 따라 타원형과 네모형이 있다.

② 도끼날 부분은 질긴 뿌리를 자르는 것으로만 사용한다.

③ 타원형은 자갈이 섞이고 지중에 뿌리가 있는 곳에서 사용한다.

④ 네모형은 땅이 무르고 자갈이 없으며 잡초가 많은 곳에 사용한다.

●해설

각식재용 양날괭이

형태에 따라 타원형과 네모형으로 구분되며 한쪽 날은 괭이로써 땅을 벌리는 데 사용하고 다른 한쪽 날은 도끼로써 땅을 가르는 데 사용한다.

- 타원형 : 자갈과 뿌리가 있는 곳에 적합
- 네모형 : 자갈이 없고 잡초가 많은 곳에 적합

05 제벌작업 및 간벌작업 시 간벌목의 표시, 단근작업, 도구자루 제작 등에 사용하는 도끼는?

① 벌목용 도끼   ② 가지치기용 도끼

③ 장작패기용 도끼   ④ 손도끼

●해설

손도끼

간벌목의 표시, 뿌리의 단근작업에 사용하며 짧은 시간에 많은 뿌리를 자를 수 있다.

06 조림작업 시 조림목을 심을 구덩이를 파는 기계는?

① 예불기
② 지타기
③ 식혈기
④ 하예기

●해설

식혈기

묘목식재를 위하여 임지에 구멍을 뚫는 기계로 돌이 없고 토성이 양호한 지역에서 사용이 가능하다.

07 다음 중 양묘작업도구로 가장 적합한 것은?

① 이리톱
② 지렛대
③ 갈고리
④ 식혈봉

●해설

식혈봉

유묘 및 소묘의 이식 시 구덩이를 파는 기구이다.

08 다음 중 조림용 도구에 대한 설명으로 틀린 것은?

① 각식재용 양날괭이 – 형태에 따라 타원형과 사각형으로 구분되며 한쪽 날은 괭이로써 땅을 벌리는 데 사용하고 다른 한쪽 날은 도끼로써 땅을 가르는 데 사용한다.
② 사식재괭이 – 경사지, 평지 등에 사용하고 대묘, 소묘의 사식에 적합하다.
③ 손도끼 – 조림용 묘목의 긴뿌리의 단근작업에 이용하며 짧은 시간에 많은 뿌리를 자를 수 있다.
④ 재래식 괭이 – 규격품으로 오래전부터 사용되어 오던 작업도구로, 산림작업에서 풀베기, 단근 등에 이용한다.

●해설

• 재래식 괭이는 식재지의 뿌리를 끊고, 흙을 부드럽게 한다.(대부분 수공업제품)
• 풀베기는 재래식 낫, 단근작업은 손도끼를 이용한다.

09 활엽수 유령림의 무육작업에 가장 적합한 도구는?

① 재래식 낫
② 스위스보육낫
③ 소형 전정가위
④ 소형손톱

●해설

스위스보육낫(무육낫)

침엽수 및 활엽수 유령림의 무육작업에 사용하고, 직경 5cm 내외의 잡목 및 불량목을 제거하기에 가장 적합한 도구이다.

10 다음 중 유령림 무육작업에 사용하는 도구로서 부적당한 것은?

① 톱
② 소형 기계톱
③ 낫
④ 전정가위

●해설

소형 기계톱은 주로 벌목 및 수확작업에 사용한다.

11 전정가위는 일정한 일을 하기 위하여 힘을 적게 들이려는 역학적 원리에서 고안된 것으로, 어떤 원리를 이용한 도구인가?

① 빗면의 원리
② 도르래의 원리
③ 삼투압의 원리
④ 지렛대의 원리

●해설

소형 전정가위

• 신초부와 쌍가지 제거 등 직경 1.5~2cm 내외의 치수 무육작업에 적합하다.
• 힘을 적게 들이려는 역학적 원리로 지렛대의 원리를 이용한다.

12 다음에 해당하는 톱으로 옳은 것은?

① 제재용 톱
② 무육용 이리톱
③ 벌도작업용 톱
④ 조재작업용 톱

무육용 이리톱

- 톱날은 무육용 날과 가지치기용 날이 함께 있으며 역할을 고려하여 손잡이가 구부러진 것이 특색이다.
- 가지치기와 유령림 무육작업에 사용하며 직경 6∼15cm 내외에 적합한 도구이다.(무육용에 많이 사용)

13 다음 중 용도가 같은 도구만으로 구성된 것은?

① 스위스보육낫, 손도끼
② 재래식 낫, 가지치기톱
③ 고지절단용 가지치기톱, 소형 손톱
④ 손도끼, 무육용 이리톱

가지치기용 작업도구
소형 손톱, 고지절단용 가지치기톱, 자동지타기 등

14 다음 중 자동지타기를 사용하여 가지치기하는 입목으로 적합한 것은?

① 가지가 가늘고 통직하게 잘 자란 나무
② 가지가 굵고 수간이 구불구불한 나무
③ 가지가 가늘고 수간이 쌍갈래로 자란 나무
④ 가지가 굵고 휘어진 나무

자동지타기(동력지타기)

- 옹이가 없는 우량한 원목을 생산한다.
- 가지가 가늘고 통직하게 잘 자란 나무에 적합하다.
- 나무의 수간을 나선형으로 오르내리며 가지치기하는 기계로 톱날이 부착되어 있다.

15 다음 중 벌목작업 시 사용하는 도구로만 나열되어 있는 것은?

① 체인톱, 도끼, 쐐기, 지렛대, 박피기, 밀게
② 체인톱, 쐐기, 밀게, 윤척, 갈고리, 운반용 집게

③ 체인톱, 목재돌림대, 지렛대, 낫, 밀게, 사피, 윈치
④ 체인톱, 사다리, 박피삽, 밀게, 갈고리, 각식재괭이

벌목 및 수확용 기계 · 기구

구분	종류
벌목용 작업도구	체인톱, 도끼, 쐐기, 목재돌림대(지렛대), 밀게, 갈고리, 박피기, 사피 등
다공정 임업기계	프로세서, 펠러번처, 하베스터 등

16 다음 중 벌목작업도구가 아닌 것은?

① 지렛대　　　　② 밀게
③ 사피　　　　④ 이리톱

이리톱은 무육작업도구이다.

17 벌목작업도구가 아닌 것은?

① 지렛대　　　　② 밀게
③ 사피　　　　④ 양날괭이

양날괭이는 조림작업도구이다.

18 벌도목에 있어서 작은 가지의 가지치기에 가장 효율적인 도구는?

① 도끼　　　　② 톱
③ 기계톱　　　　④ 쐐기

도끼
작업목적에 따라 벌목용, 가지치기용, 장작패기용, 손도끼 등으로 나눈다.

19 일반적으로 가지치기 도끼의 무게는 몇 g 정도인가?

① 650~800
② 850~1,250
③ 1,400~1,800
④ 2,000~2,500

●해설

가지치기용 도끼
• 소경목 벌목에도 이용하며 모양은 많이 구부러져 어느 위치에서든지 작업을 쉽게 할 수 있도록 되어 있다.
• 무게는 850~1,250g이다.

20 도끼날의 종류별 연마 각도(°)로 옳지 않은 것은?

① 벌목용 : 9~12°
② 가지치기용 : 8~10°
③ 장작패기용(활엽수) : 30~35°
④ 장작패기용(침엽수) : 25~30°

●해설

   >15°   30~35°

  a. 침엽수   b. 활엽수

[장작패기용 도끼]

21 벌목용 도끼날의 각도는?

① 6~8°
② 8~10°
③ 9~12°
④ 12~15°

●해설

㉠ 가지치기용과 벌목용 도끼날의 각도

가지치기용	8~10°
벌목용	9~12°

㉡ 장작패기용 도끼

침엽수용	15°	연한 나무용
활엽수용	30~35°	단단한 나무용

22 벌목작업 시 벌도목의 가지치기용 도끼날의 각도로 가장 적합한 것은?

① 3~5°
② 8~10°
③ 30~35°
④ 36~40°

23 도끼자루로 가장 적합한 수종은?

① 소나무
② 잣나무
③ 참나무
④ 포플러

●해설

• 활엽수 무늬가 아름답고 단단하며 재질이 치밀하여 기구재, 가구재로 많이 쓰인다.
• 도끼자루로 가장 적합한 수종은 활엽수이다. (호두나무, 가래나무, 물푸레나무, 참나무 등)

24 다음 중 도끼자루 제작에 가장 적합한 수종으로 묶인 것은?

① 소나무, 호두나무, 가래나무
② 호두나무, 가래나무, 물푸레나무
③ 가래나무, 물푸레나무, 전나무
④ 물푸레나무, 소나무, 전나무

25 다음 중 도구자루로 사용하는 목재로써 가치가 없는 것은?

① 침엽수 목재가 좋다.
② 탄력이 좋은 활엽수 목재
③ 섬유장이 긴 것
④ 부드럽고 섬유장이 질긴 것

●해설

도끼의 특징
• 도끼자루로 가장 적합한 수종은 활엽수이다. (호두나무, 가래나무, 물푸레나무, 참나무 등)
• 도끼자루의 길이는 작업자의 팔 길이 정도가 좋다.
• 도끼날이 목재에 끼는 것을 막기 위하여 아치형으로 연마한다.
• 도끼와 자루를 연결할 때 빈 공간이 없도록 한다. (공간이 있을 시 빠질 위험이 높다)

26 특수한 경우를 제외하고 일반적인 도끼자루의 길이로 가장 적합한 것은?

① 길이에 관계없다.
② 사용자 팔 길이의 1/3 정도면 된다.
③ 사용자 팔 길이의 반 정도면 된다.
④ 사용자의 팔 길이 정도면 된다.

27 산림작업용 도끼날을 갈 때 그림과 같이 아치형으로 연마하는 이유는 무엇 때문인가?

① 도끼날이 목재에 끼는 것을 막기 위하여
② 연마하기 쉽기 때문에
③ 도끼날의 마모를 줄이기 위하여
④ 마찰을 줄이기 위하여

28 도끼와 자루를 연결하였을 때 도끼의 일부에 공기가 통과할 수 있는 공간이 있을 시 어떤 결과가 나타나는가?

① 자루 빼기가 힘들다.
② 자루가 빠개질 위험이 높다.
③ 자루가 부러질 위험이 높다.
④ 자루가 빠질 위험이 높다.

29 무육도구의 힘을 크게 하는 방법으로 알맞은 것은?

① 도구는 가벼울수록 힘을 크게 낼 수 있다.
② 도구의 자루는 짧을수록 큰 힘을 낼 수 있다.
③ 도구날의 끝각도가 적당히 클수록 나무가 잘 잘라진다.
④ 도구를 내려치는 속도와 도구의 힘과는 관계없다.

●해설●

도끼의 작업도구와 능률
• 자루의 길이는 적당히 길수록 힘이 세어진다.
• 도구날의 끝각도가 적당히 클수록 나무가 잘 빠개진다.
• 도구는 무거울수록, 내려치는 속도가 빠를수록 힘이 세어진다.
• 도구의 날은 날카로운 것이 땅을 잘 파거나 잘 자를 수 있다.

30 다음 중 작업도구와 능률에 관한 기술로 가장 거리가 먼 것은?

① 자루의 길이는 적당히 길수록 힘이 강해진다.
② 도구의 날 끝각도가 클수록 나무가 잘 빠개진다.
③ 도구는 가벼울수록, 내려치는 속도가 늦을수록 힘이 세어진다.
④ 도구의 날은 날카로운 것이 땅을 잘 파거나 잘 자를 수 있다.

●해설●

도구는 무거울수록, 내려치는 속도가 빠를수록 힘이 세어진다.

31 다음 중 원형 기계톱 사용 시 기계톱이 목재 사이에 끼었을 때 사용하는 것은?

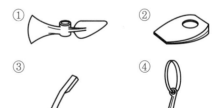

●해설●

① 각식재용 양날괭이
② 절단용 쐐기
③ 박피기
④ 지레고리

32 벌목작업에서 쐐기는 주로 벌도방향의 결정과 안전작업을 위해 사용되는데 목재쐐기를 만드는 데 적당한 수종이 아닌 것은?

① 아까시나무   ② 단풍나무
③ 참나무류   ④ 리기다소나무

●해설

목재쐐기를 만드는 데 적당한 수종으로는 재질이 치밀하고 단단한 활엽수를 사용한다.(아까시나무, 단풍나무, 참나무류 등)

33 벌목 중 나무에 걸린 벌도목의 방향전환이나 벌도목을 돌릴 때 사용하는 작업도구는?

① 쐐기   ② 식혈봉
③ 박피삽   ④ 지렛대

●해설

벌목 중 나무에 걸려 있는 벌도목과 땅 위에 있는 벌도목의 방향을 돌리는 데 사용한다.

34 다음 그림의 명칭과 사용하는 용도가 바르게 연결된 것은?

① 스웨디시형 갈고리 – 소경재 인력집재
② 손잡이형 갈고리 – 대경재 인력집재
③ 슈바츠발더형 방향갈고리 – 대경재 인력집재
④ 박크서 방향갈고리 – 벌도목의 방향유도

●해설

스웨디시형 갈고리는 소경재를 운반하기 위한 갈고리로 사용한다.

35 다음 중 벌목도구의 사용법을 설명한 것으로 틀린 것은?

① 목재돌림대는 벌목 중 나무에 걸려 있는 벌도목과 땅 위에 있는 벌도목의 방향전환 및 돌리는 작업에 주로 사용한다.
② 지렛대와 밀게는 밀집된 간벌지에서 벌도방향 유인과 잘린 나무의 방향전환에 유용하게 사용한다.
③ 쐐기는 벌도목의 벌도방향유도에 사용한다.
④ 집게, 스웨디시 갈고리는 기울어진 나무의 방향전환에 주로 사용하는 방향갈고리이다.

●해설

운반용 갈고리와 집게
소경재를 운반하기 위한 갈고리로, 손잡이형 갈고리 및 스웨디시 갈고리와 집게 등이 있다.

36 소형 벌목보조용 도구이다. 그림과 그 명칭이 바르게 된 것은?

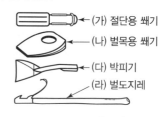

(가) 절단용 쐐기
(나) 벌목용 쐐기
(다) 박피기
(라) 벌도지레

① (가)   ② (나)
③ (다)   ④ (라)

●해설

(가) 벌목용 쐐기
(나) 절단용 쐐기
(라) 목재방향전환용 지렛대

37 기계톱을 이용한 벌목작업에서 안전상 일반적으로 사용하지 않는 쐐기는?

① 철재쐐기   ② 목재쐐기
③ 알루미늄쐐기   ④ 플라스틱쐐기

●해설
쐐기
• 벌목의 방향 결정 및 톱이 끼지 않도록 하는 데 쓰이는 도구이다.
• 철제쐐기를 이용하여 기계톱으로 벌목할 때에는 안전사고에 유의하여야 한다.

38 다음 그림 중 사피에 해당하는 것은?

①   ②

③   ④

●해설
사피는 통나무를 찍어서 운반하는 것으로 우리나라 작업자의 체형에 적합하다.
① 피비   ② 캔트후크
③ 사피   ④ 팀버캐리어

39 다음 중 집재작업지에서 통나무를 끌어 내리는 데 많이 사용하는 작업도구는?

① 피비   ② 캔트후크
③ 피카른   ④ 사피

●해설
사피는 통나무를 찍어서 운반하는 것으로 우리나라 작업자의 체형에 적합하다.

40 측척이란 무엇에 사용하는 도구인가?

① 벌도목의 방향전환에 사용하는 도구이다.
② 침엽수의 박피를 위한 도구이다.
③ 벌채목을 규격재로 자를 때 표시하는 도구이다.
④ 산악지대 벌목지에서 사용하는 도구로서 방향전환 및 끌어내리기를 동시에 할 수 있는 도구이다.

●해설
측척의 형태

41 임목수확작업의 기계화 특징 중 틀린 것은?

① 작업원의 숙련도가 작업능률에 미치는 영향이 크다.
② 자연조건의 영향을 많이 받는다.
③ 재료인 입목의 규격화가 불가능하므로 재료에 맞는 기계를 선택해야 한다.
④ 작업의 소규모화에 따라 다공정기계장비보다 전문기계장비가 경제적이다.

●해설
다공정 임업기계
복수공정의 작업을 한 대의 차량으로 처리하는 것으로 벌도, 가지치기(지타), 통나무자르기(절단), 집재작업(쌓기) 등 복수의 작업을 연속적으로 처리한다.

42 다음 중 벌목과 소경목의 집재는 가능하나 지타 및 절단(토막내기)작업을 할 수 없는 고성능 임목수확장비는?

① 펠러번처   ② 하베스터
③ 프로세서   ④ 포워더

●해설
펠러번처
벌도와 벌도목의 모아 쌓기 기능이 있다.

43 임업기계의 분류에서 조림 및 육림기계가 아닌 것은?

① 예불기   ② 지타기
③ 식혈기   ④ 프로세서

●해설
프로세서
집재된 전목(벌도된 나무)의 가지치기와 조재작업 기능(벌도기능 없음)이 있다.

44 대표적인 다공정처리기계로서 벌도, 가지치기, 조재목 다듬질, 토막내기작업을 모두 수행할 수 있는 장비는?

① 하베스터   ② 펠러번처
③ 프로세서   ④ 포워더

●해설
하베스터
• 대표적인 다공정처리기계로서 벌도, 가지치기, 조재목 다듬질, 토막내기작업을 모두 수행하는 기능이 있다.
• 조재된 원목을 임 내부터 임지저장목장까지 운반할 수 있는 포워드 등의 장비와 함께 사용한다.

45 다음 중 벌도뿐만 아니라 초두부 제거, 가지 제거작업을 거쳐 일정 길이의 원목생산에 이르는 조재작업을 동시에 수행할 수 있는 기계는? (단, 기계는 다른 부착물과 변형이 없는 기본형태이다.)

① 펠러(Feller)
② 펠러번처(Feller Buncher)
③ 펠러스키더(Feller Skidder)
④ 하베스터(Harvester)

46 플라스틱수라에 대한 설명으로 틀린 것은?

① 플라스틱수라의 최소종단경사는 15~20%가 되어야 한다.
② 집재지 가까이에서의 경사는 30% 이하가 안전하다.
③ 수라를 설치하기 위한 첫 단계로 집재선을 표시한다.
④ 수라 설치 시 집재선 양쪽 옆의 나무나 잘린 나무 그루터기에 로프를 이용하여 팽팽하게 잡아당겨 잘 묶어 놓는다.

●해설
수라의 각도는 처음에는 급하게, 중간지대는 약간 완만하게, 마지막의 집재기 가까이에서는 수평으로 설치한다.

47 플라스틱수라에 속도조절장치를 설치하는 종단경사로 가장 적당한 것은?

① 20~30%   ② 30~40%
③ 40~50%   ④ 50~60%

●해설
최대경사가 50~60% 이상일 경우에는 속도조절장치가 있어야 한다.

48 임목집재용 기계 중 활로에 의한 집재 시 활로 구조에 따른 수라의 종류로 틀린 것은?

① 흙수라   ② 석수라
③ 나무수라   ④ 플라스틱수라

●해설
수라의 종류
흙수라(토수라), 나무수라(목수라), 플라스틱수라 등

49 강선집재작업 시 강선을 따라 이동하는 집재목의 운동속도가 지나치게 빠를 경우 목재의 파손과 안전작업의 위험도가 높아진다. 운동속도를 줄이기 위한 방법으로 가장 적합한 것은?

① 집재목의 크기를 줄인다.
② 집재목의 무게를 늘려 준다.
③ 강선에 오일 칠을 하여 준다.
④ 강선의 장력을 낮춰 준다.

●해설
강선에 따라 이동 시 집재목의 운동속도가 지나치게 빠를 경우 목재의 파손과 안전작업의 위험도가 높기 때문에 강선의 장력을 낮춰 운동속도를 줄인다.

50 트랙터 부착형 집재기인 파미원치에 대한 설명으로 올바른 것은?

① 작업로에 진입하여 작업할 수 없다.
② 견인작업 시 와이어로프 외각은 위험한 지역이다.
③ 트랙터의 동력을 이용한 지면끌기씩 집재기계이다.
④ 일반적으로 견인거리가 100~200m이다.

트랙터집재기(파미윈치)
• 트랙터의 동력을 이용한 지면끌기씩 집재기로 윈치를 부착하여 사용한다.
• 부착되어 있는 윈치에 의한 최대집재거리는 100m이다.
• 평탄지, 완경사지 15°(20°)에 적당한 집재기이며, 급경사 25°(30°)에서도 작업이 가능하다.

51 트랙터를 이용한 집재 시 안전과 효율성을 고려했을 때 일반적으로 작업가능한 최대경사도(°)로 옳은 것은?

① 5~10° ② 15~20°
③ 25~30° ④ 35~40°

●해설

평탄지, 완경사지 15°(20°)에 적당한 집재기이며, 급경사 25°(30°)에서도 작업이 가능하다.

52 임도가 적고 지형이 급경사지인 지역의 집재작업에 가장 적합한 집재기는?

① 포워더 ② 타워야더
③ 트랙터 ④ 펠러번처

●해설

가선집재기(타워야더)
• 집재기에 연결되어 있는 와이어로프에 반송기를 부착하여 집재하는 방식으로, 집재용 가선(삭도)부분과 야더집재기부분으로 구성된 집재시스템이다.
• 경사가 급한 산악림에서 집재작업이 가능하다.

53 가선집재의 장점에 대한 설명 중 틀린 것은?

① 다른 집재방법보다 지형조건의 영향을 적게 받는다.
② 임지 및 잔존임분에 피해를 최소화할 수 있다.
③ 트랙터집재에 비해 집재작업에 필요한 에너지가 적게 소요된다.
④ 다른 집재방법보다 작업원에 대한 기술적 요구도가 낮다.

●해설

가선집재의 장단점
• 장점 : 작업자의 노력 경감, 임지의 피해를 최소화
• 단점 : 가선의 가설과 해체에 높은 기술력과 시간이 요구

54 다음 설명에 가장 알맞은 임업기계장비는?

• 전목집재작업 시 작업공정에 알맞은 기계장비이다.
• 인공철기둥과 가선집재장치를 트럭, 트랙터, 임내차 등에 탑재하여 주로 급경사지의 집재작업에 적용하는 이동식 차량형 집재기계로서 가선의 설치, 철수, 이동이 용이한 가선집재전용 고성능 농업기계이다.
• 일본에서 개발 보급된 RMF-300T 기종이 있다.

① 프로세서 ② 타워야더
③ 포워더 ④ 리모컨윈치

55 가선집재장비 중 Koller K-300의 상향 최대 집재거리로 옳은 것은?

① 300m ② 400m
③ 500m ④ 600m

56 다음 중 가선집재기계로 옳지 않은 것은?

① 하베스터
② 자주식 반송기
③ 썰매식 집재기
④ 이동식 타워형 집재기

●해설

하베스터
• 대표적인 다공정처리기계로서 벌도, 가지치기, 조재목 다듬질, 토막내기작업을 모두 수행하는 기능이 있다.
• 조재된 원목을 임 내부터 임지저장목장까지 운반할 수 있는 포워드 등의 장비와 함께 사용한다.

57 다음 중 가선집재작업의 순서로 가장 알맞은 것은?

① 벌목조재 → 가선집재 → 조재 → 집적작업
　 → 수요처(제재소)

② 가선집재 → 벌목조재 → 조재 → 집적작업
　 → 수요처(제재소)

③ 집적작업 → 조재 → 가선집재 → 벌목조재
　 → 수요처(제재소)

④ 벌목조재 → 가선집재 → 집적작업 → 조재
　 → 수요처(제재소)

58 소형 원치의 활용범위가 아닌 것은?

① 소집재작업　　　　② 조재작업
③ 수라설치작업　　　④ 직접 견인

●해설
소형 원치
• 원통형의 드럼에 와이어로프를 달아 통나무를 높은
　곳으로 들어올리거나 끌어당기는 기계이다.
• 비교적 지형이 험하거나 단거리에 흩어져 있는 적은
　양의 통나무를 집재하는 데 사용한다.
• 이용 : 소집재, 간벌재집재, 수라설치 등 견인용으
　로 사용한다.
• 종류 : 아크야원치, 체인톱원치

59 아크야원치(썰매형 원치)의 집재작업 시 올바른
작업준비사항은?

① 작업노선 중앙에 지주목이 있도록 노선을 정리
② 작업노선은 경사를 따라 좌우로 설치
③ 작업노선상에 있는 그루터기는 30cm 이하
　로 정리
④ 기계를 고정시키는 말뚝설치

●해설
엔진이 장착되어 있어 절단된 목재 등을 끌어당기는
데 사용하는 기계이다.

60 소형 원치에 대한 설명으로 옳지 않은 것은?

① 리모콘 등으로 원격 조정이 가능한 것도 있다.
② 가공본줄을 설치하여 단거리 상향집재에 이
　용하기도 한다.
③ 견인력은 약 5톤 내외이고 현장의 지주목에
　고정하여 사용한다.
④ 작업자가 보행하면서 조작하는 것은 캐디형
　(Caddy)이라고 한다.

●해설
소형 원치
• 비교적 지형이 험하거나 단거리에 흩어져 있는 적은
　양의 통나무를 집재하는 데 사용한다.
• 소집 : 소집집재작업이나 간벌재를 집재하는데 적
　절한 장비이다.
• 종류 : 지면끌기식, 아크형

61 소형 원치의 일반적인 사용목적으로 옳지 않은
것은?

① 대경재의 장거리 집재용
② 수라설치를 위한 수라견인용
③ 설치된 수라의 집재선까지의 횡집재용
④ 대형 집재장비의 집재선까지의 소집재용

●해설
소집집재작업이나 간벌재를 집재하는 데 적절한 장비
이다.

62 아크야원치(썰매형 원치)의 혼합연료 제조 시
50L 휘발유는 얼마의 엔진오일과 섞어야 하는가?

① 1L　　　　　　　② 2L
③ 10L　　　　　　④ 20L

●해설
가솔린(휘발유)과 오일의 혼합비는 25 : 1이다.
25 : 1 = 50 : x, x = 2L

63 일반적인 소형 동력윈치의 용도가 아닌 것은?

① 임도 지장목의 집재작업
② 삭도 및 집재기설치 보조작업
③ 주벌재 집재작업
④ 수라의 운반 및 설치작업

● 해설
• 비교적 지형이 험하거나 단거리에 흩어져 있는 적은 양의 통나무를 집재하는 데 사용한다.
• 종류 : 소집재, 간벌재 집재, 수라설치 등 견인용으로 사용한다.
③항의 주벌재 집재작업하고는 관련이 없다.

64 소형 윈치(아크야윈치)의 동력전달장치 중 엔진동력을 윈치드럼으로 전달하는 부분의 명칭은?

① 스로틀레버   ② 윈치클러치
③ V벨트   ④ 안전커버

65 벌도목운반이 주목적인 임업기계는?

① 지타기   ② 포워더
③ 펠러번처   ④ 프로세서

● 해설
포워더
• 집재할 통나무를 차체에 싣고 운반하는 장비로 주로 평지림에 적합하다.
• 경사지에서도 운재로를 이용하여 운반할 수 있다.
• 목재만을 운반하는 단일공정수행용 차량이다.

66 다음 중 집재용 장비로만 나열한 것은?

① 윈치, 스키더
② 윈치, 프로세서
③ 타워야더, 하베스터
④ 모터그레이더, 스키더

● 해설
• 소형 윈치 : 비교적 지형이 험하거나 단거리에 흩어져 있는 적은 양의 통나무를 집재하는 데 사용한다.
• 스키더 : 벌채목을 그래플로 집거나 윈치로 끌어 견인하는 견인집재용 차량이다.

67 전목집재작업 시 작업공정에 알맞은 기계장비로 연결된 것은?

① 벌목작업 – 프로세서
② 전목집재작업 – 타워야더
③ 조재작업 – 포워더
④ 운재작업 – 리모컨윈치

● 해설
• 전목집재작업 : 벌목현장에서 벌도목에 가지와 잎이 붙은 채 그대로 집재하는 것
• 프로세서 : 별도 기능 없음
• 포워드 : 운반용 장비
• 리모컨윈치 : 집재용 장비

68 운재에 사용하는 기계 및 기구가 아닌 것은?

① 플라스틱수라
② 단선순환식 삭도집재기
③ 윈치부착 농업용 트랙터
④ 자동지타기

● 해설
자동지타기(동력지타기)
가지가 가늘고 통직하게 잘 자란 나무의 가지치기용 기계

69 기계가 서 있는 지면보다 낮은 장소의 굴착에도 적당하고 수중굴착도 가능한 셔블계 굴착기는?

① 파워셔블   ② 불도저
③ 백호   ④ 클램셀

● 해설
백호(드래그셔블)
• 기계가 서 있는 지면보다 낮은 곳의 지반 굴착에 적합한 기계이다.
• 규격표시방법 : 표준버킷 용량(m^3)

70 다음 중 산림토목용 기계의 범주에 포함되는 것은?

① 모터그레이더(Motor Grader)
② 집재기
③ 벌도기(Feller Buncher)
④ 적재집재차량(Forwarder)

●해설
①항은 정지기계이다.

모터그레이더
배토용 정지기계로 도로공사현장 등에서 건축을 하기 위해 땅을 반반하게 고르는 작업에 사용하는 토목용 기계의 일종이다.

71 트랙터의 주행장치에 의한 분류 중 크롤러바퀴의 장점이 아닌 것은?

① 견인력이 크고 접지면적이 커서 연약지반, 험한 지형에서도 주행성이 양호하다.
② 무게가 가볍고 고속주행이 가능하여 기동성이 있다.
③ 회전반지름이 작다.
④ 중심이 낮아 경사지에서의 작업성과 등판력이 우수하다.

●해설
궤도형(크롤러)은 무게가 무겁고 주행속도가 늦으며 기동성이 떨어진다.

72 와이어로프의 꼬임과 스트랜드의 꼬임방향이 같은 방향으로 된 것은?

① 보통꼬임   ② 교차꼬임
③ 랭꼬임   ④ 랭보통꼬임

●해설
보통꼬임과 랭꼬임의 차이점
• 보통꼬임 : 와이어(소선)와 스트랜드의 꼬임방향이 반대
• 랭꼬임 : 와이어(소선)와 스트랜드의 꼬임방향이 동일

73 와이어로프를 구성하는 스트랜드 조합 및 스트랜드를 구성하는 와이어로프의 조합방법 중 24본선 6꼬임 표기로 옳은 것은?

① 24 × 6   ② 6 × 24
③ IWRC × S(24)   ④ IWRC × S(6)

74 와이어로프의 교체기준이 아닌 것은?

① 킹크가 발생한 경우
② 소선이 절단된 경우
③ 형태변형 및 부식이 현저한 경우
④ 와이어로프 직경의 감소가 공칭직경 5% 이내인 경우

●해설
마모에 의한 직경의 감소가 공칭직경의 7%를 초과할 경우에 와이어로프를 교체한다.

75 가선집재의 가공본줄로 사용하는 와이어로프의 최대장력이 2.5ton이다. 이 로프에 500kg의 벌목된 나무를 운반한다면 이 로프의 안전계수는 얼마인가?

① 0.05   ② 5
③ 200   ④ 1,250

●해설
안전계수
$$= \frac{\text{와이어로프의 절단하중(kg)}}{\text{와이어로프에 걸리는 최대장력(kg)}}$$
$$= \frac{2,500\text{kg}}{500\text{kg}} = 5$$

76 임업용 와이어로프의 용도 중 작업선의 안전계수기준은?

① 2.7 이상   ② 4.0 이상
③ 6.0 이상   ④ 7.5 이상

- 가공본선 : 2.7, 작업선(짐당김줄, 되돌림줄, 버팀줄, 고정줄) : 4.0
- 매달기선 : 6.0

77 와이어로프로 고리를 만들 때 와이어로프 직경의 몇 배 이상으로 하여야 하는가?

① 10배   ② 15배

③ 20배   ④ 25배

와이어로프 고리의 길이는 와이어로프 직경의 약 20배로 한다.

02장 내연기관과 연료

SECTION 01 엔진의 작동원리

1 열기관

① 연료를 연소시켜 열에너지를 기계적 에너지로 바꾸는 기관으로 내연기관과 외연기관으로 구분한다.

② 기관의 특징 중요 ★★☆

구분	특징
내연기관	• 기관 내부에서 연료를 연소시켜 에너지를 얻는 기관이다. • 종류 : 가솔린기관, 가스기관, 석유기관, 디젤기관, 선박기관, 로켓기관 등
외연기관	• 기관 외부에서 연료를 연소시켜 에너지를 얻는 기관이다. • 종류 : 증기기관

2 내연기관

(1) 작동방식에 의한 분류

구분	작동방식
왕복형 기관	가장 널리 이용한다.(불꽃점화기관, 압축착화기관, 소구기관)
회전형 기관	가스의 압력에 의하여 동력을 얻는다.(가스터빈기관)
분사추진형기관	제트엔진과 같이 가스분사속도의 반동력으로 동력을 얻는다.

(2) 점화방식에 의한 분류

① 실린더 내에 공급한 연료를 점화 및 연소하는 방법에 따라 분류한다.

② 종류 : 불꽃(전기)점화기관, 압축착화기관, 소구기관 등

구분	점화방식
불꽃(전기) 점화기관	• 공기와 연료의 혼합물을 흡입하여 압축한 다음 전기불꽃점화장치(점화플러그)에서 연료를 점화시키는 형식이다. • 종류 : 가솔린기관, 가스기관, 석유기관 등

구분	점화방식
압축착화기관	• 공기만을 흡입하여 압축고압(500~600℃)상태에서 연료를 그 안에 분사시켜 연소시키는 형식이다. • 종류 : 디젤기관

(3) 행정에 의한 분류

① 1사이클을 완료하기 위해 필요한 피스톤의 왕복운동횟수에 따라 4행정기관과 2행정기관으로 분류한다.

　㉠ 사이클 : 실린더 내로 공급된 연료가 연소되어 동력을 발생시킨 후 배기가스가 되어 배출될 때까지 연속된 일련의 과정이다.

　㉡ 피스톤이 1행정운동을 하는 동안 크랭크축은 180° 회전한다.

② 4행정기관과 2행정기관의 작동원리 중요 ★★★

구분	작동원리
4행정기관	• 1사이클을 완료하기 위해 피스톤의 4행정은 2회 왕복운동이 필요하다 • 흡기, 압축, 폭발, 배기의 1사이클을 4행정(크랭크축 2회전, 720°)으로 완결하는 기관이다.
2행정기관	• 1사이클을 완료하기 위해 피스톤의 2행정은 1회 왕복운동이 필요하다. • 흡기, 압축, 폭발, 배기의 1사이클을 2행정(크랭크축 1회전, 360°)으로 완결하는 기관이다.

4행정기관과 2행정기관과의 구조에서 근본적인 차이점은 흡기 및 배기밸브의 위치와 작동방법에 있다.

기출

다음 중 4행정기관에서 1사이클을 완료하기 위하여 크랭크축은 몇 도 회전해야 하는가?

① 720°　　　　　　　　　② 360°
③ 120°　　　　　　　　　④ 180°

답 ①

---

(4) 연료의 공급방법에 의한 분류

구분	공급방법
기화기기관	기화기에 의해 연료와 공기를 함께 흡입하는 기관(가솔린기관)
연료분사기관	펌프에 의하여 연료를 실린더 내에 분사하는 기관(디젤기관)

(5) 냉각방식에 의한 분류

구분	냉각방식
수랭식 기관	물을 순환시켜 흡수된 열을 냉각하는 방법
공랭식 기관	자연의 바람 또는 강제통풍을 이용해 열을 냉각시키는 방법

③ 내연기관의 작동원리

(1) 내연기관의 작동원리 및 주요기관

① 실린더 내 연료 흡입 → 연료의 압축 및 연소로 실린더 팽창 →
피스톤을 밀어냄 → 커넥팅로드를 통해 크랭크축과 플라이휠
회전

② 내연기관의 동력전달장치 : 커넥팅로드, 크랭크축, 플라이휠 등

[내연기관의 작동원리]

〈용어의 정의〉

구분	내용
상사점(TDC)	피스톤이 최상부에 있을 때
하사점(BDC)	피스톤이 최하부에 내려갔을 때
행정	상사점과 하사점 사이의 피스톤 작동거리
연소실용적(체적)	피스톤이 상사점에 있을 때 실린더 윗부분의 공간
배기량(행정체적)	• 피스톤의 1행정으로 변화되는 실린더의 체적 • 상사점과 하사점 사이의 체적

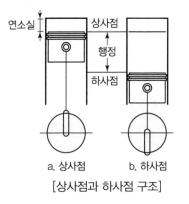

[상사점과 하사점 구조]

〈총배기량(V_s)〉

$$V_s = \frac{\pi}{4}d^2lZ$$

여기서, d : 실린더 내경 l : 행정 Z : 실린더수

기출

4기통 디젤엔진의 실린더 내경이 10cm, 행정이 5cm일 때 총배기량은?

풀이 $V_s = \frac{\pi}{4} \times 10^2 \times 5 \times 4 = 1,570\text{cc}$

답 1,570cc

(2) 4행정기관의 불꽃점화기관 작동순서 및 원리

① 흡입행정

　ㄱ 피스톤이 하강함에 따라 실린더 내부는 진공상태로 흡입력이 발생하므로 공기와 연료의 혼합가스를 흡입한다.

　ㄴ 이때 흡입밸브는 열리고 배기밸브는 닫히며 크랭크축은 하강한다.

② 압축행정

　ㄱ 흡입밸브와 배기밸브가 닫히고 피스톤이 하사점에서 상사점으로 상승한다.

　ㄴ 혼합가스가 압축되어 연소하기 좋은 조건이 된다.

　ㄷ 기종에 따른 일반적인 압축비는 5~10 정도이다.

$$압축비 = \frac{연소실체적(용적) + 행정체적(용적)}{연소실체적(용적)}, \ (연소실체적 = 간극용적)$$

③ 폭발행정(동력행정, 팽창행정)

　ㄱ 혼합가스는 전기점화불꽃에 의해 인화되어 급격히 연소하면서 팽창한다.

　ㄴ 혼합가스는 고압가스가 되어 피스톤이 상사점에서 하사점으로 하강한다.

　ㄷ 화학적 에너지가 연소되어 기계적 에너지로 변하면서 동력이 발생한다.

④ 배기행정

　ㄱ 배기밸브가 열리면 피스톤이 상승하면서 연소된 배기가스를 배출시킨다.

　ㄴ 크랭크축은 720° 회전하여 1사이클을 완성하게 된다.

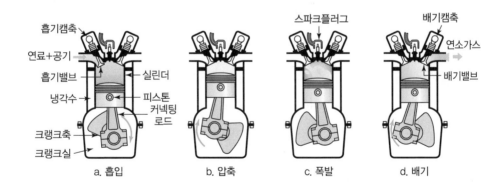

[4행정기관의 불꽃점화기관 작동순서 및 원리]

(3) 4행정기관의 압축착화기관 작동순서 및 원리

작동원리는 4행정 불꽃점화기관과 같이 흡입, 압축, 폭발, 배기의 4행정을 가지나 실린더 속에 공기만을 흡입하여 고압으로 압축한 후 연료를 분사시켜 연소시킨다.

① 흡입행정 : 공기만 실린더 안으로 흡입한다.

② 압축행정 : 흡입된 공기만 압축하며 압축비는 15~20 정도로 크다.

③ 폭발행정 : 압축행정 말기에 별도의 연료공급장치를 통해 연료를 분사하면 연료와 공기가 혼합되면서 자연발화되어 연소가 진행된다.

④ 배기행정 : 불꽃점화기관에 비해서 압축비가 크기 때문에 배기가스의 배출작용이 양호하고 잔류가스가 적다.

(4) 2행정기관의 불꽃(전기)점화기관 작동순서 및 원리 중요 ★★★

4행정기관과 달리 흡입·배기밸브가 없으며 실린더 벽면에 흡기공과 배기공을 두어 피스톤의 운동이 밸브와 같은 작용을 하게 된다.

① 압축 및 흡입행정 : 피스톤 상승 시 압축행정 및 크랭크실로의 새로운 혼합가스 흡입은 크랭크실과 외부와의 기압차로 작용한다.

② 팽창 및 배기행정

　㉠ 피스톤이 상사점에서 하사점으로 하강하면서 배기공이 열려 배기가스를 배출시킨다.

　㉡ 피스톤이 하강하면서 소기구(소기공)가 열리기 시작함에 따라 크랭크실에 흡입되어 있던 혼합가스는 소기구를 통해 연소실로 공급된다.

③ 2행정 가솔린엔진의 휘발유와 윤활유(오일)의 혼합비는 25 : 1이다. 기관 내부의 마찰부분에 윤활유를 공급함으로써 마찰 손실과 부품의 마모를 최소화한다.

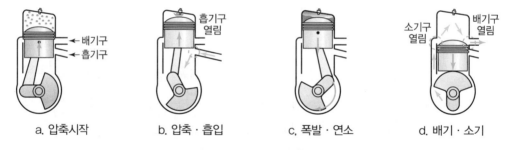

a. 압축시작　　b. 압축·흡입　　c. 폭발·연소　　d. 배기·소기

[2행정 사이클기관의 작동원리]

(5) 2행정 사이클기관과 4행정 사이클기관의 비교 중요 ★★★

항목	2행정 사이클	4행정 사이클
작동원리	• 크랭크축 1회전마다 1회 폭발한다. • 동일배기량에 비해 출력이 크다. • 고속 및 저속운전이 어렵다. • 흡입시간이 짧고 점화가 어렵다.	• 크랭크축 2회전마다 1회 폭발한다. • 동일배기량에 비해 출력이 작다. • 고속 및 저속운전이 가능하다. • 흡입시간이 길고 점화가 쉽다.

항목	2행정 사이클	4행정 사이클
엔진의 구조	• 구조가 간단하다. • 조정이 용이하고 무게가 가볍다. • 열효율이 낮고 과열되기 쉽다. • 배기가 불완전하고 배기음이 크다.	• 구조가 복잡하다. • 조정이 복잡하고 무게가 무겁다. • 열효율이 높고 안정성이 좋다. • 배기가 안정하고 배기음이 작다.
윤활 방식	• 가솔린(휘발유)과 윤활유(엔진오일)를 혼합사용한다. • 가솔린과 윤활유의 소비가 크다. • 혼합연료 이외에는 윤활유가 불필요하다.	• 윤활유를 크랭크실에 따로 주입하며, 적게 소비된다. • 윤활유의 점검, 보충, 교환이 필요하다.
기타	• 시동이 용이하고, 제작비가 저렴하다. • 실린더 내부의 폭발음이 작다.	–

1. 2행정기관에서 새로운 가스가 흡입되며, 연소된 가스를 몰아내는 작용을 가리키는 것은?

① 베르누이작용   ② 배기작용

③ 소기작용   ④ 연료공급작용

답 ③

2. 4행정엔진과 비교할 때 2행정엔진의 설명으로 옳은 것은?

① 무게가 가볍다.   ② 배기음이 작다.

③ 휘발유와 오일 소비가 적다.   ④ 동일배기량일 때 출력이 작다.

답 ①

SECTION 02 엔진의 주요부분

1 가솔린기관

(1) 가솔린기관의 특징

① 가솔린기관은 다른 기관과 달리 기화된 휘발유에 공기를 혼합한 가스를 태우는 힘으로 작동시킨다.

② 혼합가스를 태울 때는 피스톤을 밀어내어 압축을 시킨 후에 점화플러그에서 전기스파크를 내어 연소시킨다.

③ 가솔린기관의 힘의 단위는 보통 마력(hp) 또는 와트(W)로 나타낸다.

(2) 몸체

엔진부품 중 가장 크고 중량이 많이 나가며 몸체의 골격을 이루는 실린더블록과 크랭크실로 구성되어 있다.

(3) 실린더헤드

실린더블록 상부를 씌우는 덮개부분으로 가스나 물이 새는 것을 방지하기 위해 헤드개스킷이 있다.

(4) 운동장치

피스톤의 왕복운동을 크랭크축의 회전운동으로 변환하는 장치로 피스톤, 커넥팅로드, 크랭크축, 플라이휠 등이 있다.

종류	특징
피스톤	폭발행정에서 고온·고압의 가스 압력을 받아 실린더 내를 왕복운동하며, 커넥팅로드를 통해 크랭크 축에 회전력을 발생시킨다.
커넥팅로드(연접봉)	피스톤과 크랭크축을 연결하는 역할을 한다.
크랭크축	피스톤의 왕복운동을 크랭크축의 회전운동으로 상호변환시키는 역할을 한다.
플라이휠	크랭크축의 회전력(회전속도)을 균일하게 한다.

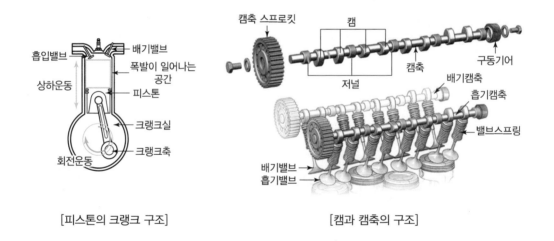

[피스톤의 크랭크 구조]　　　　[캠과 캠축의 구조]

(5) 밸브장치

① 캠과 캠축이 흡입밸브와 배기밸브에 연결되어 흡기공과 배기공을 열고 닫는 역할을 한다.
② 크랭크축의 회전에 의해 흡기 및 배기밸브를 개폐시키는 장치이다.

(6) 연료공급장치

① 기화기(Carburetor)

연료를 미세하게 작은 입자의 기체로 만들어 공기와 적절히 혼합시킨 후 기관에 공급하는 장치이다.

㉠ 기화기의 구성

구분	내용
초크밸브	시동을 쉽게 하기 위해 초크밸브를 닫아 혼합가스를 농후하게 조절하고 정상운전 시에는 개방
벤투리관	벤투리관을 좁게 하여 압력을 낮추어 연료가 주연료 노즐에서 분출되게 하는 역할
스로틀밸브	• 실린더로 공급되는 혼합기의 분량을 조절하는 장치 • 기관의 회전속도나 출력을 바꾸는 역할 • 가속페달과 연동하여 페달을 밟으면 밸브가 열려 혼합기가 다량 유입되어 회전속도와 출력이 상승

㉡ 기화기의 작동원리

- 흡입행정 시 피스톤이 하강하면서 실린더 안은 진공상태가 되어 초크밸브를 통해 공기가 흡입된다.
- 흡입된 공기가 통로가 좁은 벤투리관을 통과할 때 속도가 빨라져서 압력이 낮아지므로 연료가 벤투리관에 분출되어 공기와 혼합하여 혼합가스가 형성된다.
- 스로틀밸브를 설치하여 기관의 출력 및 회전수는 실린더에 공급된 혼합가스의 양에 따라 변화하기 때문에 혼합가스의 유입통로가 개폐되는 정도를 운전자가 기관의 외부에서 조절할 수 있다.
- 기화기 조절이 잘못되었을 경우 체인톱의 배기가스가 검고, 엔진의 힘이 떨어진다.

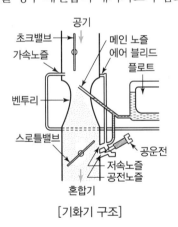

[기화기 구조]

(7) 전기점화장치

실린더 안으로 유입된 압축혼합가스를 연소하기 위해서는 이를 인화할 수 있는 점화불꽃이 적합한 시기에 발생해야 한다. 점화플러그는 중심전극과 접지전극(바깥전극) 사이는 기종에 따라 0.4~1.1mm의 간격을 유지한다.

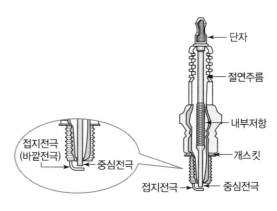

[점화플러그의 구조]

(8) 냉각장치

내연기관의 폭발행정에서 발생하는 고온에 의한 실린더의 과열을 방지하기 위한 장치로 크게 수랭식과 공랭식이 있다.

구분	내용
수랭식	실린더 주위에 물재킷을 설치하고 물을 순환시켜 냉각하는 방식이다.
공랭식	• 실린더 외부에 공기와의 접촉면을 크게 하기 위해 많은 냉각핀을 두어 여기로 공기를 유입시켜 기관을 냉각시키는 방식이다. • 체인톱과 소형 가솔린기관에 사용한다. • 수랭식에 비해 냉각효율이 떨어진다.

(9) 배기장치

① 실린더 내에서 연소한 가스를 외부로 배출할 때 강한 충격음을 완화시켜 일정수준 이상의 소음이 발생하지 않도록 한다.
② 소음기(Muffler)를 설치하여 배기가스의 급격한 팽창을 방지하고, 배기음 감소, 유해가스 감소, 스파크 방지 등의 역할을 한다.

(10) 가솔린기관의 장단점

장점	단점
• 배기량당 출력의 차이가 없다. • 제작이 용이하고 제작비가 적게 든다. • 가속성이 좋고 운전이 정숙하다. • 무게가 가볍고, 가격이 저렴하다.	• 전기점화장치의 고장이 자주 발생한다. • 연료소비율이 높아 연료비가 비싸다. • 연료의 인화점이 낮아 화재의 위험성이 크다.

② 디젤기관

(1) 디젤기관의 특징

① 공기를 빠르게 압축하면 온도가 올라가는 단열압축의 원리를 이용해 점화를 유도한다.

② 실린더 내에 공기만을 유입하여 피스톤으로 고압축하면 흡입된 공기가 고온(500∼700℃)이 된 상태에서 연료를 분사하여 자연착화로 폭발하게 하여 동력을 발생시킨다.

③ 연료를 분사하기 위한 연료분사펌프와 연료분사노즐이 필요하다.

(2) 디젤기관의 장단점

장점	단점
• 압축비가 높아 열효율이 좋다. • 이상 연소가 짧고, 고장이 적다. • 연료비가 저렴하다. • 인화점이 높아 화재 위험성이 적다. • 토크 변동이 적고, 운전이 용이하다.	• 폭발 압력이 높기 때문에 기관의 각 부분을 견고해야 한다. • 마력당 중량이 크고 제작비가 많이 들며 소음 과 진동이 크다. • 연료분사장치 등이 고급재료이고 정밀가공이 필요하다. • 매연이 발생한다.

③ 내연기관의 성능

(1) 토크와 마력

① 토크

ㄱ 크랭크축의 회전능력이 엔진의 회전력이며 단위는 kgf · m를 사용한다.

ㄴ 배기량 또는 연료소비량과 밀접한 관계가 있다.

② 마력

ㄱ 엔진의 출력을 표시하는 단위로 토크 × rpm(분당 엔진 크랭크축의 회전수)이다.

ㄴ 1초 동안에 75kg의 중량을 1m 들어올리는 데 필요한 동력단위이다.

③ 토크는 엔진의 힘이며, 마력은 엔진의 성능을 타나낸다.

구분	토크	마력
가솔린기관	낮다.	높다.
디젤기관	높다.	낮다.

(2) 출력(Power) 중요 ★★☆

① 기관의 출력축에서 발생하는 동력을 말한다.

② 출력은 기관의 회전속도에 비례하여 크게 증가한다.

③ 출력의 단위는 국제표준단위인 kW와 PS(미터마력, 프랑스마력), HP(영국마력) 등이 있다.

SECTION 03 ㅇ 연료의 종류와 특성

🔲 연료의 종류

(1) 휘발유(가솔린)

① 불꽃점화식 내연기관의 연료로 사용된다.

② 가솔린엔진 연료의 요구조건

ㄱ 충분한 안티노킹성을 지녀야 한다.

ㄴ 휘발성이 양호하여 시동이 용이해야 한다.

ㄷ 휘발성이 베이퍼록을 일으킬 정도로 너무 높지 않아야 한다.

ㄹ 충분한 출력을 지녀 가속성이 좋아야 한다.

ㅁ 실린더 내에서 연소하기 어려운 비휘발성 유분이 없어야 한다.

ㅂ 저장 안정성이 좋고 부식성이 없어야 한다.

🌸 TIP

- 노킹현상 : 실린더 안에서 혼합기가 압출될 때 적정 폭발시점 전에 미연소가스가 자연발화하며 폭발적으로 연소하여 발생한 금속음이다. 기관의 출력과 열효율을 저하시키고 피스톤 및 배기밸브 등의 손상을 가져오는 원인이 된다.
- 안티노킹 : 가솔린엔진 내에서 혼합가스를 연소시킬 때 조기착화하여 발생하는 잦은 노킹현상을 억제하는 성질이다.
- 옥탄가 : 휘발유의 내폭성을 나타내는 기준으로 옥탄가가 높으면 내폭성이 커서 이상폭발을 일으키지 않아 노킹현상을 줄일 수 있다.
- 베이퍼록 : 휘발성이 너무 클 경우 가솔린의 증발로 연료공급장치 안에서 거품이 생겨 제동력의 전달이 방해를 받는 일이다.

③ 2행정기관인 기계톱 사용 시 주의사항 중요 ★★☆
  ㉠ 반드시 혼합유를 사용하며, 휘발유와 오일의 혼합비는 25 : 1로 한다.
  ㉡ 휘발유는 옥탄가가 낮은 보통 휘발유를 써야 한다. 이때 옥탄가가 높은 휘발유를 사용하면 사전
     점화 또는 고폭발 때문에 치명적인 기계손상이 발생할 수 있다.

(2) 경유

① 대부분(80%)이 각종 디젤엔진의 연료로 이용된다.
② 디젤엔진 연료의 요구조건
  ㉠ 세탄가가 높아 엔진에 필요한 착화성이 양호할 것
  ㉡ 사용온도에서 적당한 점도와 휘발성을 유지할 것
  ㉢ 유해한 고형물질과 부식성분이 없을 것
  ㉣ 저온에서 펌프작동성이 좋을 것

🌳 TIP

- 디젤노킹 : 착화지연시간이 길어져 연소가 지나치게 급격히 일어나는 현상으로, 피스톤헤드가 심한 충격을 받는
  이상연소를 말한다.
- 세탄가 : 디젤연료의 착화성, 즉 디젤노킹에 저항하는 성질로 세탄가가 높을수록 착화지연을 짧게 하여 연료의
  이상점화를 방지할 수 있다.

② 윤활유의 특성

(1) 윤활의 목적

① 마찰을 감소시켜 마모를 방지하고 엔진 내부에 윤활작용을 한다.
② 마찰열을 흡수하여 기관을 냉각시키고 부식방지 및 세척작용을 한다.
③ 피스톤과 실린더 사이의 기밀작용으로 압축손실을 감소시킨다.
④ 마찰면에 작용하는 압력을 분산시키는 역할을 한다.
⑤ 윤활유의 주된 작용은 청소작용, 냉각작용, 윤활작용 등이다.

(2) 윤활유의 조건 중요 ★☆☆

① 점도지수가 높아야 한다.(적당한 점도를 가질 때)
  ㉠ 점도가 너무 낮으면 유막이 파괴되고, 너무 높으면 동력이 손실된다.
  ㉡ 점도지수가 높은 윤활유는 온도에 따른 점도변화가 작다.
② 유동점이 낮아야 한다.(조금 흘러내리는 액체상태일 때)
  기관윤활은 유동점이 낮으면 낮을수록 좋다.

③ 유성이 좋아야 한다.
  ㉠ 유성은 윤활유가 금속면에 점착하는 힘이다.
  ㉡ 유성이 크면 유막이 얇아져도 유막이 끊기지 않으며 마찰이 감소된다.

④ 탄화성이 낮아야 한다.
  ㉠ 탄화성이 낮아야 슬러지가 발생하지 않고 부식이 덜 된다.
  ㉡ 탄화성이 높으면 슬러지가 많이 생긴다.

⑤ 기포 발생에 대한 저항력이 있어야 한다.
⑥ 산화 안전성과 부식 방지성이 좋아야 한다.

❸ 윤활유의 분류 중요 ★★★

(1) 점도에 의한 분류

① SAE(미국자동차기술자협회)에서 점도에 따라 윤활유를 분류한 것으로 SAE 5W, SAE 10W, SAE 20~50 등으로 표시한다.
② "SAE 번호"로 윤활유의 점도를 나타내며 숫자가 클수록 점도가 높아지고 "W"로 표시된 것은 겨울용이다.
③ 윤활유의 점액도 표시는 사용 시 외기온도로 구분

외기온도	종류
저온(겨울)에 알맞은 점도의 윤활유	SAE 5W, 10W, 30W
고온(여름)에 알맞은 점도의 윤활유	SAE 30, 40, 50

  ㉠ 봄과 가을에 사용하기 적합한 윤활유 점도 : SAE 30
  ㉡ 외기온도 10~40℃ : SAE 30(우리나라 여름철 사용에 가장 알맞다)
  ㉢ 외기온도 −10~10℃ : SAE 20
  ㉣ 외기온도 −30~−10℃ : SAE 20W

기출

체인톱에 사용하는 오일의 점액도를 표시한 것 중 겨울철(−25℃)에 가장 적당한 것은?

① SAE 20   ② SAE 30
③ SAE 50   ④ SAE 30W

풀이 겨울철용에는 "W"가 표시된다.

답 ④

(2) 2행정기관의 윤활유

① 2행정 가솔린기관 연료는 가솔린과 윤활유의 25 : 1 혼합으로 주입 전에 잘 흔들어서 사용한다.

② 가솔린은 기화되어 쓰이고 윤활유 입자는 실린더벽, 피스톤 등에 부착하여 윤활작용을 한다.

기계톱의 연료와 오일을 혼합할 때 휘발유 15L이면 오일의 양은 약 몇 L가 필요한가?(단, 오일의 혼합비율은 25 : 1이다.)

① 0.1

② 0.3

③ 0.6

④ 1.2

풀이 $25 : 1 = 15 : x = 0.6$

답 ③

01 내연기관에 있어서 열기관이란 무엇인가?

① 연료를 연소시켜 질적 에너지를 양적 에너지로 바꾼다.

② 연료를 연소시켜 열에너지를 기계적 에너지로 바꾼다.

③ 연료를 연소시켜 기계적 에너지를 열에너지로 바꾼다.

④ 연료를 연소시켜 화학적 에너지로 바꾼다.

● 해설
열기관
열에너지를 기계적 에너지로 바꾸는 기관으로 내연기관과 외연기관으로 구분한다.

02 다음 중 내연기관에 속하지 않는 것은?

① 디젤기관　　　② 가솔린기관

③ 로켓기관　　　④ 증기기관

● 해설
내연기관과 외연기관의 개념 및 종류

구분	개념 및 종류
내연기관	• 기관 내부에서 연료를 연소시켜 에너지를 얻는 기관이다. • 종류 : 가솔린기관, 가스기관, 석유기관, 디젤기관, 선박기관, 로켓기관 등
외연기관	• 기관 외부에서 연료를 연소시켜 에너지를 얻는 기관이다. • 종류 : 증기기관

03 점화방식에 따라 분류한 기관이 아닌 것은?

① 외연기관　　　② 전기점화기관

③ 압축착화기관　　④ 소구기관

● 해설
②, ③, ④항은 왕복형 기관의 작동방식이다.

04 휘발유나 석유를 기화시킨 후 여기에 공기를 혼합하여 실린더 내에 흡입, 압축 및 점화시키는 기관은?

① 압축착화기관　　② 전기점화기관

③ 디젤기관　　　④ 소구기관

● 해설
불꽃(전기)점화기관
• 공기와 연료의 혼합물을 흡입하여 압축한 다음 전기 불꽃점화장치(점화플러그)에서 연료를 점화시키는 형식이다.
• 종류 : 가솔린기관, 가스기관, 석유기관 등

05 다음 중 디젤엔진의 압축착화기관의 압축온도로 가장 적당한 것은?

① 100~200℃　　② 300~400℃

③ 500~600℃　　④ 700~900℃

● 해설
압축착화기관
• 공기만을 흡입하여 압축고압(500~600℃)상태에서 연료를 그 안에 분사시켜 연소시키는 형식이다.
• 종류 : 디젤기관

06 4행정기관의 사이클 순서로 맞는 것은?

① 흡입 → 압축 → 폭발 → 배기

② 흡입 → 압축 → 배기 → 폭발

③ 폭발 → 압축 → 배기 → 흡입

④ 배기 → 흡입 → 폭발 → 압축

● 해설
4행정기관
• 1사이클을 완료하기 위해 피스톤의 4행정은 2회 왕복운동이 필요하다.

• 흡기, 압축, 폭발, 배기의 1사이클을 4행정(크랭크축 2회전, 720°)으로 완결하는 기관이다.

07 기관의 작동원리 중 4사이클기관이란 것이 있다. 이는 1사이클을 완료하기 위하여 크랭크축이 몇 회전(°)하는 것을 말하는가?

① 1회전(360°) ② 2회전(720°)
③ 3회전(360°) ④ 4회전(720°)

08 2사이클기관은 크랭크축이 1회전할 때마다 몇 회 폭발하는가?

① 1회 ② 2회
③ 3회 ④ 4회

▶해설
2행정기관
• 1사이클을 완료하기 위해 피스톤의 2행정은 1회 왕복운동이 필요하다.
• 흡기, 압축, 폭발, 배기의 1사이클을 2행정(크랭크축 1회전, 360°)으로 완결하는 기관이다.

09 기계톱 엔진에 있어 크랭크축이 몇 회 회전 시마다 1회의 폭발, 배기행정이 일어나는가?

① 1회 ② 2회
③ 3회 ④ 4회

▶해설
체인톱(기계톱)은 2행정기관으로 1회 왕복운동이 필요하다.

10 다음 중 임업분야의 2행정기관용 연료로 가장 적합한 것은?

① 휘발유 ② 경유
③ 석유 ④ 벙커시유

▶해설
체인톱과 예불기 등 2행정기관의 연료로 휘발유(가솔린)와 오일의 혼합비는 25 : 1로 사용한다.

11 엔진에서 피스톤이 상부에 있을 때를 상사점(TDC)이라 하고, 최하부로 내려갔을 때를 하사점(BDC)이라 한다. TDC와 BDC 사이는 무엇이라 하는가?

① 연소실 ② 행정
③ 실린더 ④ 피스톤

▶해설
엔진과 관련된 용어

구분	내용
상사점(TDC)	피스톤이 최상부에 있을 때
하사점(BDC)	피스톤이 최하부에 내려갔을 때
행정	상사점과 하사점 사이의 피스톤 작동거리

12 4기통 디젤엔진의 실린더 내경이 10cm, 행정이 4cm일 때 이 엔진의 총배기량은?

① 785cc ② 1,256cc
③ 4,000cc ④ 3,140cc

▶해설
엔진의 총 배기량
$$\frac{\pi}{4}D^2LN = 0.785 \times D^2 \times L \times N$$
여기서, D : 내경
　　　　L : 행정
　　　　N : 실린더수
∴ $0.785 \times 10^2 \times 4 \times 4 = 1,256$cc

13 실린더 속에서 가스가 압축되는 정도를 나타내는 압축비의 공식은?

① 압축비=(연소실용적+행정용적)/연소실용적
② 압축비=(크랭크실+피스톤직경)/크랭크실용적
③ 압축비=(흡입행정+압축용적)/연소실용적
④ 압축비=(연소실용적+실린더내경)/행정용적

▶해설
$$압축비 = \frac{연소실체적(용적) + 행정체적(용적)}{연소실체적(용적)}$$
※연소실체적=간극용적

14 2행정 내연기관에서 외부의 공기가 크랭크실로 유입될 수 있는 원리는?

① 피스톤의 흡입력
② 기화기의 공기펌프
③ 크랭크실과 외부와의 기압차
④ 크랭크축의 원운동

●해설
압축 및 흡입행정
피스톤 상승 시 압축행정 및 크랭크실로의 새로운 혼합가스 흡입은 크랭크실과 외부와의 기압차로 작용한다.

15 2행정 및 4행정기관의 특징으로 옳지 않은 것은?

① 2행정기관은 크랭크의 1회전으로 1회씩 연소를 한다.
② 이론적으로 동일한 배기량일 경우 2행정기관이 4행정기관보다 출력이 높다.
③ 2행정기관은 하사점부근에서의 배기가스 배출과 혼합가스의 흡입을 별도로 한다.
④ 4행정기관은 크랭크의 2회전으로 1회 연소하고, 흡기 → 압축 → 폭발팽창 → 배기의 4행정으로 한다.

●해설
피스톤이 하강하면서 소기구(소기공)가 열리기 시작함에 따라 크랭크실에 흡입되어 있던 혼합가스는 소기구를 통해 연소실로 공급된다.

16 2행정기관에 해당되는 것은?

① 소기공이 있다.
② 엔진오일통이 있다.
③ 밸브가 있다.
④ 공이대가 있다.

●해설
2행정기관은 배기와 흡입밸브가 없으며 소기구(소기공)가 존재한다.

17 2행정 사이클기관에 포함되어 있는 구조로 4행정기관에는 없는 명칭은?

① 소기공   ② 오일판
③ 밸브   ④ 푸시로드

●해설
소기공은 2행정기관에만 존재한다.

18 2행정 내연기관에서 연료에 오일을 첨가시키는 이유로 적합한 것은?

① 체인회전을 빨리하기 위하여
② 엔진 내부에 윤활작용을 시키기 위하여
③ 엔진 회전속도를 빠르게 하기 위하여
④ 체인의 마모를 줄이기 위하여

●해설
기관 내부의 마찰부분에 윤활유를 공급함으로써 마찰손실과 부품의 마모를 최소화한다.

19 기계톱에 사용하는 연료는 휘발유와 무엇을 혼합하여 혼합유를 만들어 사용하는가?

① 기어오일   ② 엔진오일
③ 그리스   ④ 방청유

●해설
기계톱에 사용되는 연료인 휘발유와 윤활유(엔진오일)의 혼합비는 25 : 1이다.

20 기계톱 등 2행정기관에 연료 주입 시 오일 주입을 먼저 하고 다음에 연료 주입을 하는 이유는?

① 오일 혼합량이 많아지는 것을 막기 위하여
② 오일 주입을 잊어 엔진이 마모되는 것을 막기 위하여
③ 오일통에 오물이 들어가지 않도록 하기 위하여
④ 연료소비량을 줄이기 위하여

21 2행정기관에 사용하는 혼합연료의 취급방법으로 옳은 것은?

① 연료통에 주입하여 사용한다.
② 주입하기 전 잘 흔들어서 혼합한 뒤 주입한다.
③ 오일을 다시 추가하여 혼합한 뒤 사용한다.
④ 휘발유를 다시 추가하여 사용한다.

22 2행정기관의 특징이 아닌 것은?

① 동일 배기량에 비해 출력이 크다.
② 저속운전이 용이하다.
③ 흡입시간이 짧고 기동(시동)이 곤란하다.
④ 점화가 어렵다.

● 해설

2행정 사이클	4행정 사이클
• 크랭크축 1회전마다 1회 폭발한다.	• 크랭크축 2회전마다 1회 폭발한다.
• 동일 배기량에 비해 출력이 크다.	• 동일 배기량에 비해 출력이 작다.
• 고속 및 저속운전이 어렵다.	• 고속 및 저속운전이 가능하다.
• 흡기시간이 짧고 점화가 어렵다.	• 흡입시간이 길고 점화가 쉽다.

23 2행정기관의 특성을 열거한 것으로 옳은 것은?

① 작동 시 흡입시간이 길고 기동이 용이하며, 배기음이 낮다.
② 구조상 오일펌프가 필요하다.
③ 윤활방식상 휘발유와 오일 소비가 적다.
④ 구조상 구조가 간단하며 조정이 용이하고 무게가 가볍다.

● 해설

㉠ 2행정 사이클 엔진의 구조
  • 구조가 간단하다.
  • 조정이 용이하고 무게가 가볍다.
  • 열효율이 낮고 과열되기 쉽다.
  • 배기가 불완전하고 배기음이 크다.

㉡ 4행정 사이클 엔진의 구조
  • 구조가 복잡하다.
  • 조정이 복잡하고 무게가 무겁다.
  • 열효율이 높고 안정성이 좋다.
  • 배기가 안정하고 배기음이 작다.

24 4행정 엔진과 2행정 엔진의 비교 중 2행정 엔진의 설명으로 올바른 것은?

① 동일 배기량일 때 출력이 적다.
② 배기음이 낮다.
③ 무게가 가볍다.
④ 휘발유와 오일 소비가 적다.

25 2행정기관을 4행정기관과 비교했을 때, 2행정기관의 특징에 대한 설명으로 틀린 것은?

① 배기음이 낮다.
② 휘발유와 오일 소비가 크다.
③ 동일 배기량에 비해 출력이 크다.
④ 저속운전이 곤란하다.

26 4행정기관과 비교한 2행정기관의 설명으로 틀린 것은?

① 구조가 간단하다.
② 무게가 가볍다.
③ 오일 소비가 적다.
④ 폭발음이 적다.

● 해설

2행정 사이클	4행정 사이클
• 가솔린(휘발유)과 윤활유(엔진오일)를 혼합사용하여 많이 소비된다.	• 윤활유를 크랭크실에 따로 주입하며, 적게 소비된다.
• 혼합연료 이외에는 윤활유가 불필요하다.	• 윤활유의 점검, 보충, 교환이 필요하다.

27 가솔린 엔진의 특성으로 부적합한 것은?

① 기화기가 있다.

② 연료분사밸브가 있다.

③ 플러그가 있다.

④ 가솔린을 사용한다.

해설

디젤엔진은 연료를 분사하기 위한 연료분사펌프와 연료분사노즐이 필요하며 가솔린 엔진에는 필요가 없다.

28 2행정 엔진에서 피스톤링을 끼우지 않을 경우에는 어떻게 되는가?

① 공기 압축력이 약해진다.

② 실린더 사이의 윤활작용이 촉진된다.

③ 배기가 잘 된다.

④ 흡기가 잘 된다.

해설

피스톤

폭발행정에서 고온·고압의 가스압력을 받아 실린더 내를 왕복운동하며, 커넥팅로드를 통해 크랭크축에 회전력을 발생시킨다.

29 내연기관에서 연접봉의 역할은?

① 크랭크와 피스톤을 연결하는 역할을 한다.

② 엔진의 파손된 부분을 용접하는 봉이다.

③ 크랭크 양쪽으로 연결된 부분을 말한다.

④ 엑셀 레버와 기화기를 연결하는 부분이다.

해설

커넥팅로드(연접봉)

피스톤과 크랭크축을 연결하는 역할을 한다.

30 내연기관의 동력전달장치가 아닌 것은?

① 케넥팅로드(Connecting Rod)

② 플라이휠(Fly Wheel)

③ 크랭크축(Crankshaft)

④ 밸브개폐장치

해설

내연기관의 동력전달장치

동력전달 장치	개념
피스톤	폭발행정에서 고온·고압의 가스압력을 받아 실린더 내를 왕복운동하며, 커넥팅로드를 통해 크랭크축에 회전력을 발생시킨다.
커넥팅로드 (연접봉)	피스톤과 크랭크축을 연결하는 역할을 한다.
크랭크축	피스톤의 왕복운동을 크랭크축의 회전운동으로 상호변환시키는 역할을 한다.
플라이휠	크랭크축의 회전력(회전속도)을 균일하게 한다.

31 내연기관(4행정)에 부착되어 있는 캠축의 역할로 가장 적당한 것은?

① 오일의 순환 추진

② 피스톤의 상하 운동

③ 연료의 유입량 조절

④ 흡기공과 배기공을 열고 닫음

해설

밸브장치

• 크랭크축의 회전에 의해 흡기 및 배기밸브를 개폐시키는 장치이다.

• 캠과 캠축이 흡입밸브와 배기밸브에 연결되어 흡기공과 배기공을 열고 닫는 역할을 한다.

32 2행정 내연기관에서 최초 시동을 할 경우 초크(Choke)시키는 이유로 적합한 것은?

① 연료와 공기혼합비를 높이기 위하여

② 연료가 많이 혼합되는 것을 막기 위하여

③ 오일이 적정하게 혼합되도록 하기 위하여

④ 연료소모량을 줄이기 위하여

초크밸브

시동을 쉽게 하기 위해 초크밸브를 닫아 혼합가스를 농후하게 조절하고 정상운전 시에는 개방

33 임업용 기계톱의 엔진을 냉각하는 방식으로 주로 사용하는 것은?

① 공랭식   ② 수랭식

③ 호퍼식   ④ 라디에이터식

공랭식

- 실린더 외부에 공기와의 접촉면을 크게 하기 위해 많은 냉각핀을 두어 여기로 공기를 유입시켜 기관을 냉각시키는 방식이다.
- 체인톱과 소형 가솔린기관에 사용한다.
- 수랭식에 비해 냉각효율이 떨어진다.

34 디젤기관과 비교했을 때 가솔린기관의 특성으로 옳지 않은 것은?

① 전기점화방식이다.

② 배기가스 온도가 낮다.

③ 무게가 가볍고 가격이 저렴하다.

④ 연료는 기화기에 의한 외부혼합방식이다.

가솔린기관은 디젤기관보다 착화점이 높기 때문에 배기가스 온도가 높다.

35 다음 중 디젤기관의 장점은?

① 진동 및 소음이 크다.

② 정밀제작이 요구된다.

③ 연료소모가 적다.

④ 중량이 무겁다.

디젤기관은 연료비가 저렴하다.

36 일의 단위인 마력의 크기는 얼마인가?

① $60\text{kg}-\text{m/sec}$ ② $70\text{kg}-\text{m/sec}$

③ $75\text{kg}-\text{m/sec}$ ④ $80\text{kg}-\text{m/sec}$

마력

- 엔진의 출력을 표시하는 단위로 토크 × rpm(분당 엔진 크랭크축의 회전수)이다.
- 1초 동안에 75kg의 중량을 1m 들어올리는 데 필요한 동력단위이다.

37 1PS는 몇 kW인가?

① 0.37kW ② 0.70kW

③ 0.73kW ④ 0.75kW

출력의 환산

- $1\text{kW}=1.36\text{PS}=1.34\text{HP}$
- $1\text{PS}=0.735\text{kW}=75\text{kgf}\cdot\text{m/s}$(75kg을 1초에 1m 들어올리는 힘)
- $1\text{PS}=0.9858\text{HP}$
- $1\text{HP}=0.746\text{kW}$

38 엔진의 출력을 마력(HP, PS) 대신에 kW단위를 사용하고 있다. 1마력은 약 몇 kW와 같은가?

① 약 0.7kW ② 약 1.0kW

③ 약 1.4kW ④ 약 2.0kW

39 체인톱 출력(힘)의 표시로 사용하는 국제단위에는 무엇이 있는가?

① HP   ② HA

③ HO   ④ HS

40 일반적으로 가솔린과 오일을 25 : 1로 혼합하여 연료로 사용하는 기계장비로 나열한 것은?

① 예불기, 기계톱

② 예불기, 타워야더

③ 파미윈치, 타워야더

④ 파미윈치, 아크야윈치

41 다음 중 기계톱에 사용하는 연료에 대한 설명으로 틀린 것은?

① 기계톱은 2행정기관이므로 혼합유를 사용한다.

② 급유할 때에는 연료를 잘 흔들어 섞어 준 뒤에 급유해야 한다.

③ 옥탄가가 높은 휘발유가 시동이 잘 걸리고 출력이 높아 편리하다.

④ 불법제조된 휘발유를 사용하면 오일막 또는 연료호스가 녹고 연료통 내막을 부식시킨다.

● 해설

2행정기관인 기계톱 사용 시 주의사항

• 반드시 혼합유를 사용하며, 휘발유와 오일의 혼합비는 25 : 1로 한다.

• 휘발유는 옥탄가가 낮은 보통 휘발유를 써야 한다. 이때 옥탄가가 높은 휘발유를 사용하면 사전점화 또는 고폭발 때문에 치명적인 기계손상이 발생할 수 있다.

42 디젤기관에 사용하는 연료의 종류는?

① 가솔린   ② 석유

③ 오일   ④ 경유

● 해설

경유는 대부분(80%)이 각종 디젤엔진의 연료로 사용된다.

43 윤활유로서 구비해야 할 성질이 아닌 것은?

① 유성이 좋아야 한다.

② 점도가 적당해야 한다.

③ 부식성이 없어야 한다.

④ 온도에 의한 점도의 변화가 커야 한다.

● 해설

윤활유의 조건

• 점도지수가 높아야 한다. (적당한 점도를 가질 때)

• 유동점이 낮아야 한다. (조금 흘러내리는 액체상태일 때)

• 유성이 좋아야 한다.

• 탄화성이 낮아야 한다.

• 산화 안전성과 부식 방지성이 좋아야 한다.

• 기포 발생에 대한 저항력이 있어야 한다.

44 기계톱에 사용하는 윤활유에 대한 설명으로 옳은 것은?

① 윤활유 SAE20W 중 W는 중량을 의미한다.

② 윤활유 SAE30 중 SAE는 국제자동차협회의 약자이다.

③ 윤활유의 점액도 표시는 사용외기온도로 구분한다.

④ 윤활유 등급을 표시하는 번호가 높을수록 점도가 낮다.

● 해설

윤활유의 점액도 표시는 사용외기온도로 구분

저온(겨울)에 알맞은 점도의 윤활유	SAE5W , 10W 등
고온(여름)에 알맞은 점도의 윤활유	SAE30, 40, 50 등 (최근시판용)

45 봄과 가을에 사용하기 적합한 윤활유의 점도로 가장 올바른 것은?

① SAE30   ② SAE10~20

③ SAE40~50   ④ SAE50 이상

● 해설

SAE30

봄과 가을에 사용하기 적합한 윤활유 점도

46 기계톱 윤활유의 점액도가 SAE20W일 때 사용 외기온도는 몇 ℃가 적당한가?

① −5~−10℃   ② −10~10℃

③ −30~−10℃   ④ 30~50℃

47 우리나라 여름철(±10~±14℃)에 기계톱 사용 시 혼합유 제조를 위한 윤활유 점도로 가장 알맞은 것은?

① SAE20   ② SAE20W

③ SAE30   ④ SAE10

●해설
외기온도 10~40℃
SAE30(우리나라 여름철 사용에 가장 알맞다)

48 외기온도에 따른 윤활유 점액도로 올바른 것은?

① +30~+60℃ : SAE30

② +10~+30℃ : SAE10

③ −30~−10℃ : SAE20W

④ −60~−30℃ : SAE30W

49 기계톱 연료에 대한 설명 중 올바른 것은?

① 연료는 휘발유 10L에 엔진오일 0.4L를 혼합하여 사용한다.

② 옥탄가가 높은 휘발유를 사용한다.

③ 작업도중 연료 보충은 엔진가동상태로 혼합한다.

④ 연료통을 흔들지 않고 기계톱에 급유한다.

●해설
2행정 가솔린기관 연료는 가솔린과 윤활유의 25 : 1 혼합으로 주입 전에 잘 흔들어서 사용한다.

50 기계톱에 사용하는 연료는 휘발유 20리터에 오일을 얼마나 혼합해야 하는가?

① 1.2리터

② 0.6리터

③ 0.8리터

④ 1.0리터

●해설
25 : 1 = 20 : x, x = 0.8리터

51 휘발유 1.8L에 혼합하는 엔진오일의 적절한 양 (L)은? (단, 휘발유와 엔진오일의 혼합비는 1 : 25로 한다.)

① 0.072L

② 0.72L

③ 1.8L

④ 3.6L

●해설
25 : 1 = 1.8 : x
x = 0.072L

52 아크야윈치(썰매형 윈치)의 혼합연료 제조 시 50L 휘발유는 얼마의 엔진오일과 섞어야 하는가?

① 1L

② 2L

③ 10L

④ 20L

53 2행정 내연기관에서 연료에 오일을 첨가시키는 가장 큰 이유는?

① 정화를 쉽게 하기 위하여

② 엔진 내부의 윤활작용을 위하여

③ 엔진회전을 저속으로 하기 위하여

④ 체인의 마모를 줄이기 위하여

03장 임업기계 · 장비 사용법

SECTION 01 체인톱(기계톱)

1 주요부분 및 기능

(1) 체인톱의 개요

① 톱체인이 안내판 주위를 회전하면서 목재를 절단하는 원동기이다.

② 산림에서 주로 사용하며 취급이 편리하고 중량이 가볍다.

③ 출력이 높은 1기통 2행정 공랭식 가솔린엔진이다.

④ 출력과 엔진의 무게에 따라 소형, 중형, 대형 등으로 구분한다.

⑤ 체인톱 사용시간 중요 ★★★

  ㉠ 체인톱의 수명(엔진가동시간)은 약 1,500시간 정도이다.

  ㉡ 체인의 평균사용시간은 150시간이며 안내판의 평균사용시간은 450시간 정도이다.

  ㉢ 엔진은 1분에 약 6,000~9,000회까지 고속회전하고 톱체인도 초당 약 15m의 속도로 안내판 주위를 회전한다.

(2) 체인톱의 구비조건 중요 ★☆☆

① 중량이 가볍고 소형이며 취급방법이 간편해야 한다.

② 견고하고 가동률이 높으며 절삭능력이 좋아야 한다.

③ 소음과 진동이 적고 내구성이 높아야 한다.

④ 벌근(그루터기)의 높이를 되도록 낮게 절단할 수 있어야 한다.

⑤ 연료소비, 유지관리비 등 경비가 적게 소요되어야 한다.

⑥ 부품공급이 용이하고 가격이 저렴해야 한다.

> **기출**
>
> **체인톱의 평균수명과 안내판의 평균수명으로 옳은 것은?**
>
> ① 1,000시간, 300시간　　　　② 1,500시간, 450시간
> ③ 2,000시간, 600시간　　　　④ 2,500시간, 700시간
>
> 답 ②

(3) 체인톱의 구조

구분	내용
원동기부분	실린더, 실린더헤드, 피스톤, 크랭크축, 연료탱크, 소음기, 점화장치, 플라이휠, 에어필터, 손잡이 등
동력전달부분	원심클러치(원심분리형 클러치), 스프로킷, 안내판 등
톱날부분	톱체인(소체인), 안내판, 체인장력조정장치 등
안전장치	전방손잡이, 후방손잡이, 체인브레이크, 체인잡이볼트, 지레발톱, 체인보호집, 체인덮개, 스로틀 레버차단판, 소음기 등

(4) 체인톱 각 부분의 명칭

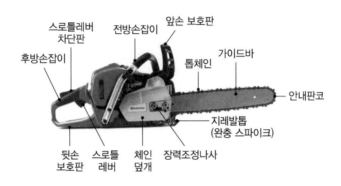

[체인톱의 구조]

🐞 **TIP**

체인톱의 "STIHL 028 AV" 표기의 뜻
- STIHL : 제조회사
- 028 : 규격
- AV : 진동예방장치 부착

① 톱체인(체인톱날)

체인에 절삭용 톱날을 부착한 것으로 나무를 절삭하는 체인이다.

② 안내판(가이드바)

ⓐ 체인톱날의 지탱 및 체인이 돌아가는 레일역할을 한다.

ⓑ 뒤끝부분에는 안내판을 몸체에 고정시키는 고정나사와 톱체인의 장력을 조정하는 장력조정나사를 끼울 수 있는 구멍이 있다.

ⓒ 안내판의 평균사용시간은 약 450시간 정도이다.

ⓓ 길이는 보통 30∼75cm이나 우리나라에서는 40∼55cm의 것을 많이 사용한다.

ⓔ 벌목한 나무를 기계톱으로 가지치기할 때 체인톱의 안내판 길이는 30∼40cm이다.

③ 원심분리형 클러치

기계톱의 체인을 돌려 주는 동력전달장치이다.

④ 스프로킷

　　㉠ 원심클러치로부터 동력을 받아 스프로킷이 톱체인을 회전시킨다.

　　㉡ 체인을 걸어 톱날을 구동하는 톱니바퀴로 크랭크축에 연결되어 톱체인을 회전시킨다.

　　㉢ 스프로킷의 수명은 300시간이다.

⑤ 스로틀레버(액셀레버) : 기화기의 공기차단판과 연결되어 있으며 엔진의 회전속도를 조절한다.

⑥ 스로틀레버 차단판 : 액셀레버가 작동되지 않도록 차단한다.

⑦ 시동손잡이와 시동줄 : 줄을 당겨 시동을 거는 리코일스타터식 방식이다.

⑧ 점화플러그

　　㉠ 실린더 내의 연소실에 압축된 혼합가스를 점화시키는 장치이다.

　　㉡ 중심전극과 접지전극 사이의 간격은 0.4∼0.5mm가 적당하다.

⑨ 에어필터

　　㉠ 흡입되는 공기에서 이물질을 걸러내 깨끗한 공기를 엔진으로 유입시키는 역할을 하는 필터이다.

　　㉡ 기관에 흡입되는 공기 중의 먼지나 톱밥 오물 등을 휘발유, 석유, 비눗물을 이용하여 부드러운 솔로 제거한다.

⑩ 동력전달

동력은 크랭크축에서 원심분리형 클러치에 전달되고 회전속도가 증가한다. → 원심력과 마찰력에 따라 스프로킷에 전달되어 체인을 회전시킨다.

피스톤 → 크랭크축 → 원심분리형 클러치 → 스프로킷 → 체인회전
→ 원심력과 마찰력

[동력전달순서]

🌱 TIP

- 원심력 : 원운동을 하는 물체가 원의 바깥으로 나아가려는 힘
- 마찰력 : 두 물체가 마찰할 때 작용하는 두 물체 사이의 저항력

(5) 체인톱의 기화기 중요 ★★★

① 공기와 연료를 혼합하여 크랭크실로 분사시키는 장치이며 청소주기는 10시간 정도이다.

② 다이어프램식 기화기 : 체인톱에는 연료펌프막이 있어 기관이 상하, 좌우로 기울어져도 연료가 계속 흡입되어 작동을 한다.

③ 공기의 흡입은 크랭크실 내의 기압과 대기압의 차이로 발생한다.

④ 체인톱의 기화기는 공기를 유입시키거나 닫아 주는 판이 2개(초크판, 스로틀차단판)가 있다.

⑤ 연료는 3개의 노즐에서 분출되어 크랭크실로 유입된다.

⑥ 벤투리관으로 유입된 연료량 조절은 고속조절나사와 공전조절(조정)나사 등이 한다.

⑦ 공전속도 조절은 스로틀차단판의 공기흡입량을 조절하는 공전조절(조정)나사에 의해 한다.

기출

기계톱 기화기의 벤트리관으로 유입된 연료량은 무엇에 의해 조정될 수 있는가?

① 저속조정나사와 노즐

② 지뢰쇠와 연료유입조정 니들밸브

③ 고속조정나사와 공전조정나사

④ 배출밸브막과 펌프막

답 ③

☑ 체인톱의 안전장치 및 운전단계

(1) 체인톱의 안전장치 중요 ★★★

> 앞손 · 뒷손보호판(핸드가드), 체인브레이크, 스로틀레버차단판(안전스로틀레버), 손잡이(핸들), 체인잡이볼트, 체인덮개, 진동방지장치(방진고무), 소음기(머플러), 후방보호판

① **앞손 · 뒷손보호판(핸드가드)** : 체인이 끊어졌을 때 또는 나뭇가지 등으로부터 손을 보호하는 장치(앞손보호판, 뒷손보호판)

② **체인브레이크** : 체인톱이 튀거나 충격을 받았을 때 회전하는 체인을 강제로 급정지시키는 장치

③ **완충스파이크(지레발톱)** 중요 ★★☆
  ㉠ 벌목할 나무에 스파이크를 박아 톱을 안정시키고, 톱니모양의 돌기로 정확한 작업을 할 수 있도록 체인톱을 지지하고 튕김을 방지
  ㉡ 진동이 적고 용이한 작업 가능
  ㉢ 정확한 작업을 할 수 있도록 지지 및 완충과 지레받침대 역할

④ **스로틀레버차단판(안전스로틀레버)**
  ㉠ 톱을 작동할 때 장애물에 의해 액셀레버가 작동되지 않도록 차단하는 장치이다.
  ㉡ 스로틀레버와 동시에 잡지 않으면 작동되지 않는다.

⑤ **손잡이(핸들)** : 체인톱의 운반 및 작업 시 사용하며, 전방 · 후방손잡이가 있다.

⑥ **체인잡이볼트** : 체인이 끊어지거나 튀는 것을 막아주는 고리이다.

⑦ **체인덮개** : 체인톱을 운반할 때 톱날에 의한 작업자의 상해를 방지하고 톱날을 보호한다.

⑧ **진동방지장치(방진고무)** : 체인톱의 몸통과 작업기와의 연결부위 등의 진동을 방지하는 방진고무이다.

⑨ **소음기** : 체인톱의 엔진에서 발생하는 소음피해를 방지한다.

(2) 체인톱의 운전단계 및 역할

① 시동단계

㉠ 초크판을 닫고 스로틀차단판을 열어 적은 양의 공기와 많은 양의 연료가 혼합되어 시동에 적합한 농도의 짙은 혼합가스가 만들어진다.

㉡ 초크의 역할
  - 초크를 닫아 기화기의 공기유입량을 차단한다.
  - 초크를 닫지 않으면 공기 내 연료비가 낮아 시동이 어려워진다.

② 공전단계

㉠ 시동 후 초크판을 열어 공기를 유입시키고 스로틀차단판을 닫아 많은 양의 연료로 엔진이 시동되도록 유지한다.

㉡ 체인은 돌지 않고 엔진만 가동한다.

㉢ 공전상태 : 제1공전노즐에서만 연료가 분사되어 체인은 돌지 않고 엔진만 가동된 상태이다.

③ 저속단계

㉠ 공전단계에서 액셀레버를 잡아 스로틀차단판을 열면 제1공전노즐과 제2공전노즐에서 연료를 분사한다.

㉡ 엔진의 회전이 빨라져 체인톱날이 돌기 시작하는 단계이다.

④ 고속단계

㉠ 액셀레버를 잡는 만큼 스로틀차단판이 열리며 고속회전한다.

㉡ 벌목이나 절단작업 시 반드시 초크판과 스로틀차단판이 완전히 열려 있는 최고속 상태로 작업한다.

❸ 톱체인의 종류 및 날갈기

(1) 톱체인의 구조와 규격

① 톱체인의 구조

구분	내용
좌우절단톱날	좌우절삭작용과 함께 톱밥을 제거한다.
구동링크	스프로킷과 맞물려 톱체인의 구동 및 안내판 골의 톱밥 제거와 톱체인 오일을 안내판에 전달하는 역할을 한다.(구동쇠, 전동쇠, 연결쇠)
이음링크 · 결합리벳	좌우절단톱날부분과 구동링크의 결합역할을 한다.

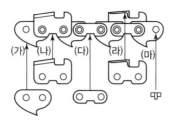

(가) 구동링크
(나) 좌측톱날
(다) 이음링크
(라) 우측톱날
(마) 결합리벳

[톱체인의 구조]

② **톱체인의 규격** 중요 ★★★

　　㉠ 톱체인의 규격은 피치로 표시하며, 스프로킷의 피치와 일치하여야 한다.

　　㉡ 피치는 서로 접하고 있는 3개의 리벳 간격 길이의 1/2이다.

　　㉢ 단위는 인치로 사용한다.(1인치 = 2.54cm)

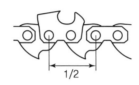

[톱체인의 규격]

기출

> 다음 중 체인톱니 3개의 리벳 간의 간격이 16.5mm일 때 톱니의 피치는?
>
> ① 0.404″　　　　　　　　② 3/8″
> ③ 0.325″　　　　　　　　④ 1/4″
>
> 풀이 　1mm = 0.03937in(mm → in로 단위환산)
>
> $$\frac{16.5}{2} = 8.25,\ \ 8.25 \times 0.03937 = 0.3245\cdots$$
>
> 답 ③

(2) 톱체인의 종류 중요 ★★★

① 대패형(치퍼형)

　　㉠ 톱날의 모양이 둥글고 절삭저항이 크지만 톱니의 마멸이 적다.

　　㉡ 원형줄로 톱니세우기가 손쉬어 비교적 안전하므로 초보자가 사용하기 쉽다.

　　㉢ 가로수와 같이 모래나 흙이 묻어 있는 나무를 벌목할 때 많이 이용된다.

② 반끌형(세미치젤형)

　　㉠ 윗날과 옆날의 접합부가 둥글고 톱날세우기는 원형줄을 사용한다.

　　㉡ 목공용이나 가정용 등 일반적으로 많이 사용된다.

③ 끌형(치젤형)

　　㉠ 톱날이 각이 져서 각줄을 사용하여 톱니를 세워야 하고 절삭저항이 작다.

　　㉡ 숙련자는 높은 능률을 올릴 수 있으나 초보자는 사용할 수 없다.

④ 개량끌형(슈퍼치젤형)

　　㉠ 더욱 개량된 것으로 보통 각형이며 원형줄로 톱니를 세운다.

　　㉡ 숙련자의 사용으로 능률을 배가시킬 수 있다.

[대패형(치퍼형)]

[반끌형(세미치젤형)]

[끌형(치젤형)]

(3) 톱체인의 날갈기

① 톱날은 항상 잘 세워진 것을 사용한다.

② 톱날이 잘 세워지지 않은 것을 사용하였을 때의 문제점 : 톱질이 힘듦, 진동발생, 절단면의 불규칙, 절단효율(능률) 저하, 톱체인의 마모와 파손 등

(4) 톱체인의 연마각 종류와 연마각도

① 톱체인의 연마각 종류 중요 ★☆☆

종류		특징
창날각		• 절삭날이 톱날의 옆면과 이루는 각이다. • 창날각이 고르지 못할 경우 절단면에 파상무늬가 생긴다.
가슴각		톱날의 불룩한 부분 끝에 있는 절삭날이 톱날의 최하면선과 이루는 각이다.
지붕각		상부의 날이 톱날의 최하면선과 이루는 각이다.

② 톱체인의 연마각도 중요 ★★☆

구분	대패형 톱날	반끌형 톱날	끌형 톱날
창날각	35°	35°	30°
가슴각	90°	85°	80°
지붕각	60°	60°	60°
연마방법	수평으로 연마	수평에서 위로 10° 상향 연마	

(5) 톱날의 깊이제한부

① 뎁스(Depth)는 톱날이 한 번에 깎을 수 있는 깊이를 말한다.

② 깊이제한부 〈중요 ★★☆〉

  ㉠ 절삭깊이는 체인의 규격에 따라 다르지만 이상적인 뎁스의 폭은 0.50~0.75mm이다.

  ㉡ 절삭된 톱밥을 밀어내는 등 절삭량(절삭두께 조절)을 결정한다.

  ㉢ 너무 높게 연마하면 절삭깊이가 얕아 절삭량이 적어지므로 작업효율이 떨어진다.

  ㉣ 절삭각도를 조절할 수 있다.

  ㉤ 너무 낮게(깊게) 연마하면 다음과 같은 문제점이 발생한다.

  • 톱날에 심한 부하가 걸린다.

  • 안내판과 톱날이 마모되어 수명이 단축된다.

  • 체인절단 등의 위험한 사고가 발생한다.

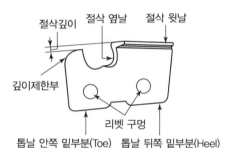

[톱체인의 톱날 명칭]

③ 톱체인의 깎는 원리

톱의 역할을 하는 옆날이 나무를 자르면 끌이나 대패의 역할을 하는 윗날이 나무를 깎는 구조이다.

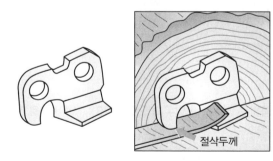

[톱체인의 절삭 원리]

4 체인톱날의 연마방법 및 톱날을 잘못 연마했을 경우

(1) 체인톱날의 연마방법 중요 ★★★

① 양쪽 손을 이용하여 한쪽방향으로 줄은 끝에서 끝까지 밀면서 줄질을 한다.

② 보통 줄 직경의 1/10 정도를 톱날 위로 나오게 하여 줄질을 한다.

③ 대패형은 수평으로 반끌형과 끌형은 수평에서 위로 10° 정도 상향으로
줄질을 한다.

④ 체인톱날에 맞는 줄을 선택한다.

⑤ 줄질은 적게 자주한다.

⑥ 체인톱날 연마도구에는 평줄, 원형줄, 깊이제한척 등이 있다.

⑦ 톱날의 길이가 일정하도록 연마한다.

⑧ 깊이제한부를 연마한다.

[줄질 구조]

(2) 톱날을 잘못 연마했을 경우 발생할 수 있는 현상 중요 ★★☆

① 톱날의 길이가 같지 않을 경우 : 톱이 심하게 튀거나 부하가 걸리며 안내판의 작용이 어렵다.

② 안내판 홈이 달아 홈의 간격이 체인연결쇠(이음링크)의 두께보다 클 경우 : 절삭방향이 삐뚤어 나갈
위험이 높다.

③ 깊이제한부의 높이차가 있을 경우 : 한쪽 날만이 절삭능력을 가지고 있기 때문에 체인이 기울고
절단력이 떨어진다.

5 체인톱의 연료 및 윤활유 특징

(1) 체인톱의 연료 중요 ★★☆

① 가솔린(휘발유)에 윤활유(엔진오일)를 혼합시켜 사용한다.

② 배합비는 가솔린(휘발유) : 윤활유(엔진오일)＝25 : 1로 한다.

③ 연료에 오일을 혼합하는 이유 : 엔진 내부의 윤활

> **기출**
>
> 기계톱에 사용하는 연료는 휘발유와 오일을 25 : 1의 비율로 혼합하는데, 휘발유가 20L라
> 면 오일의 양은?
>
> 풀이》 $25 : 1 = 20 : x, \quad x = 0.8L$
>
> 답 0.8L

④ 연료 대비 윤활유 부족 시(오일의 함유비가 낮은 경우)

    ㉠ 엔진 내부에 기름칠이 적게 되어 엔진이 마모된다.

    ㉡ 피스톤, 실린더 및 엔진 각 부분이 눌어붙을 염려가 있다.

⑤ 연료 대비 윤활유 과다 시(오일의 함유비가 높은 경우)

    ㉠ 점화플러그에 오일이 덮이며 연소실에 쌓인다.

    ㉡ 출력저하 또는 시동불량현상이 발생한다.

    ㉢ 연료의 연소가 불충분해 매연이 증가한다.

⑥ 불법제조 휘발유 사용 시 : 기화기막 또는 연료호스가 녹고 연료통 내막을 부식시킨다.

⑦ 혼합연료의 사용이유 : 기계의 압축을 좋게 하고, 마모를 줄이며, 밀봉작용을 한다.

⑧ 연료의 주입 : 연료와 오일을 혼합 후 잘 흔들어 섞어준 뒤 주입한다.

(2) 체인톱의 윤활유(엔진오일) 중요 ★☆☆

① 안내판의 홈부분과 톱체인의 마찰을 줄이기 위하여 사용한다.

② 톱날 및 안내판의 수명과 직결된다.

③ 묽은 윤활유 사용 시 가이드바의 마모가 빠르다.

6 체인톱의 정비 및 점검

(1) 일반적인 정비 및 점검

① 새로운 기계톱은 사용 전 반드시 안내서를 정독한다.

② 규정된 혼합비에 따라 배합된 연료를 사용하여 작동시킨다.

③ 새로운 체인은 오일을 충분히 주입시킨 후 낮은 엔진 회전수로 작동시킨다.

④ 체인톱을 조립 시 필히 알맞은 도구를 사용하여야 한다.

(2) 체인톱의 일일(일상)점검 중요 ★★☆

① 주유 전에 휘발유와 오일을 잘 흔들어 혼합시킨다.

② 에어필터(공기청정기) 청소 : 톱밥 찌꺼기나 오물은 휘발유, 석유, 비눗물 등을 이용한다.(1일 1회 이상)

③ 안내판 손실 : 안내판 홈이 달아서 구동링크의 두께보다 클 경우 절삭방향이 삐뚤어 나갈 위험이 높다.

④ 안전장치의 작동여부를 확인 : 앞손·뒷손보호판, 체인브레이크, 체인덮개, 스로틀레버차단판 등 작동여부를 확인한다.

(3) 체인톱의 주간점검 중요 ★☆☆

① 안내판 홈의 깊이와 넓이 및 스프로킷의 견고함 등을 점검한다.
② 점화플러그의 외부를 점검 및 청소하고 간격을 조정한다.(0.4∼0.5mm)
③ 체인톱의 몸체를 압력공기나 솔을 이용하여 깨끗하게 청소한다.
④ 소음기 구멍과 실린더 배기구를 함께 청소한다.

(4) 체인톱의 분기점검 중요 ★★☆

① 연료통 및 연료필터(여과기)를 깨끗한 휘발유로 씻어낸다.
② 시동손잡이와 시동줄을 분해하여 오물을 제거하고 점검한다.
③ 실린더 냉각핀의 이물질을 제거하고 점검한다.
④ 원심분리형 클러치를 청소 및 점검한다.
⑤ 기화기의 연료막을 점검한다.

(5) 체인톱의 장기보관 중요 ★☆☆

① 연료와 오일을 비운 후 먼지가 없는 건조한 곳에 보관한다.
② 특수오일로 엔진 내부를 보호하거나 매월 10분씩 가동하여 엔진을 작동한다.
③ 방청유를 발라서 보관한다.
④ 청소를 깨끗이 하여 보관한다.
⑤ 연간 1회씩 전문적 검사기관에서 검사를 받는다.

(6) 체인톱의 체인 일시보관

① 체인을 휘발유나 석유로 깨끗하게 청소한 다음 윤활유에 넣어 보관한다.
② 기계톱체인의 수명연장과 파손방지예방을 위해서이다.

7 체인의 결합순서 및 고장의 발견과 대책

(1) 체인의 결합순서

① 제일 먼저 체인장력조정나사를 시계 반대방향으로 돌린다.
② 체인을 스프로킷에 걸고 안내판 아래의 큰 구멍을 안내판 조정핀에 끼운다.
③ 스프로킷에 체인이 잘 걸렸는지 확인한다.
④ 안내판코를 본체 쪽으로 당기면서 체인장력조정나사를 시계방향으로 돌려 체인장력을 조정한다.
⑤ 체인이 안내판에 가볍게 붙을 때가 장력이 잘 조정된 상태이다.

[스프로킷]　　　　　　　　　　　　　[체인장력조정나사]

(2) 고장의 발견과 대책

① 엔진이 시동이 걸리지 않는 원인 중요 ★☆☆

　　㉠ 연료탱크가 비어 있음

　　㉡ 잘못된 기화기 조절

　　㉢ 기화기 내 연료체가 막힘

　　㉣ 기화기에 펌프질하는 막의 결함

　　㉤ 점화플러그의 케이블 결함

　　㉥ 점화플러그의 전극 간격 부적당

8 체인톱의 시동방법 및 유의사항

(1) 체인톱의 시동방법

① 시동을 걸기 전에 우선 혼합휘발유와 체인오일을 가득 채운다.

② 시동 전 체인브레이크를 몸쪽으로 당겨 풀어 준다.

③ 오른발로 뒷손잡이를 밟고, 왼손으로 앞손잡이를 꽉 잡은 상태에서 스위치를 On에 놓고 초크를 닫아 준다.

④ 폭발음이 들릴 때까지 시동손잡이를 여러 번 강하게 당긴 후 폭발음이 터지면 초크를 원상태로 돌린 다음 시동손잡이를 당기면 시동이 걸린다.

⑤ 시동이 걸렸을 때 스로틀레버를 살짝 당겼다 놓으면 공전상태를 유지한다.

[체인톱의 시동모습]

(2) 체인톱 작업 시 유의사항 중요 ★★☆

① 바람이 강할 때에는 작업을 중단한다.
② 체인톱 시동 시 톱날 주위의 3m 이내에 사람이나 장애물이 없도록 조치한다.
③ 톱체인이 목재에 닿은 상태로 시동 시 체인에 반력이 생겨 위험하다.
④ 안내판 끝부분(안내판코)으로 작업하지 않는다.
⑤ 작업 시에는 엔진의 회전수를 올리고 체인톱을 나무에 가볍게 접촉시킨 후 전진하면서 절단을 시작한다.
⑥ 절단작업 중 안내판이 끼어 톱체인이 정지할 경우 무리한 운전은 삼가고, 톱날을 빼낼 때 비틀지 않는다.
⑦ 절단작업은 항상 최고속으로 하는 것이 안전하다.
⑧ 절단하는 목재가 흔들리면 위험하므로 움직이지 않도록 고정 후 작업한다.
⑨ 한 손으로 작업하면 위험하기 때문에 체인톱을 확실히 양손으로 잡고 몸의 안정을 유지한 다음 절단선상으로부터 약간 옆으로 서서 작업한다.
⑩ 작업자의 어깨 높이 위로는 체인톱을 사용하지 않는다.
⑪ 사다리를 타고 올라가서 작업하지 않는다.
⑫ 작업자는 벌목할 나무에 가까이에 서서 작업하며, 체인톱은 자연스럽게 움직여야 한다.

> 🌿 **TIP**
>
> 반력(킥백)현상
> • 안내판 끝의 체인 위쪽 부분이 단단한 물체와 접촉하여 체인의 반발력으로 작업자가 있는 뒤로 튀어 오르는 현상이다.
> • 벌목작업 시 원칙적으로 "2" 위치는 사용해서는 안 되는 부분이다.

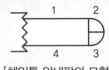

[체인톱 안내판의 모형]

(3) 체인톱 사용 시 유의사항

① 주의사항 및 취급방법을 숙지한 후 체인톱을 사용한다.
② 작업 시 안전을 위해서 방진용 장갑, 방음용 귀마개, 안전모자, 안전작업화, 안전작업복 등을 착용한다.
③ 시동 시 톱날 주위의 사람이나 물건에 접하지 않도록 안전한 장소에서 시동한다.
④ 이동 시 반드시 엔진을 정지한다.
⑤ 체인톱 작동시간은 1일 2시간 이하로 하고 연속운전할 경우 10분을 넘지 않도록 한다.
⑥ 체인톱의 연료를 급유할 때는 엔진을 정지하고 평탄한 장소에서 엎질러지지 않도록 주의하면서 급유한다.
⑦ 과열된 체인톱의 배기통 부근에 낙엽 등의 가연물질(낙엽등)이 접촉되지 않도록 주의한다.

(4) 체인톱의 엔진과열현상

① 기화기 조절이 잘못된 경우
② 연료 내에 오일 혼합량이 적은 경우
③ 점화코일과 단류장치에 결함이 있는 경우
④ 냉각팬의 먼지흡착 및 사용연료가 부적합한 경우

(5) 체인에 오일이 적게 공급될 경우

① 안내판으로 가는 오일구멍이 막혀 있는 경우
② 오일펌프에 공기가 들어간 경우
③ 오일펌프의 작동이 불량한 경우
④ 흡입통풍관의 필터가 작동하지 않은 경우
⑤ 흡수급수 또는 전기도선에 결함이 있는 경우

SECTION 02 예불기

❶ 예불기의 주요부분과 기능

(1) 예불기의 주요부분

① 원형톱날을 이용하여 풀이나 관목류를 깎아서 제거하는 원동기이다.
② 국내에서는 배기량 20~40cc 전후의 소형등짐식이 농가용으로 널리 보급되어 있다.
③ 엔진, 플렉시블샤프트(전동축), 작업봉, 톱날 등으로 구성되어 있다.
④ 휴대형식에 따른 예불기 종류에는 어깨걸이식, 등짐식, 손잡이식 등이 있다.

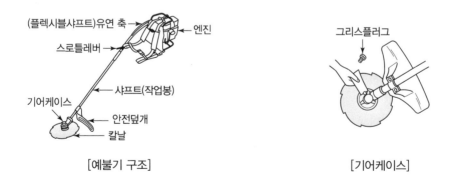

[예불기 구조]   [기어케이스]

(2) 예불기의 연료

① 예불기 엔진은 2행정기관이므로 가솔린과 윤활유를 25 : 1로 잘 혼합하여 사용한다.

② 연료 주입 시 연료탱크를 조금 열어 기압차를 제거한 후 뚜껑을 열고 급유한다.

③ 연료는 시간당 약 0.5L 정도 소모되므로 적당량을 주입한다.

(3) 기어케이스 및 전동축의 윤활 중요 ★★☆

① 기어케이스 내부의 기어오일(그리스)이 부족하면 파손의 원인이 되므로 알맞은 것을 적정량 주유한다.

② 예불기의 구성요소인 기어케이스 내 그리스(윤활유)는 20시간마다 교체하는 게 좋다. 기어케이스에 #90~120 기어오일을 주유할 때 약 20~25cc가 적당하다.

③ 그리스를 주입해야 하는 부분 : 기어케이스, 플렉시블샤프트, 작업봉과 연결된 부분 등

(4) 예불기 날의 종류

회전날개식, 왕복요동식, 나일론코드식 등

※ 나일론줄 날 : 키가 작은 1년생 초본류 및 자갈, 돌 등 장애물이 많은 곳에 적합하다.

(5) 예불기의 안전사용방법 중요 ★★★

① 간편한 복장과 편하고 미끄럽지 않은 신발을 착용한다.

② 예불기의 톱날은 좌측방향으로 회전하기 때문에 우측에서 좌측으로 실시한다.

③ 안전덮개는 예불기의 날이 파손될 경우 날아오는 파편을 막아 준다.

④ 날덮개는 예불기 운반 시 날 접촉에 의한 작업자의 상해를 방지하므로 반드시 점검하고 사용한다.

⑤ 톱날은 작업 전에 항상 연마하여 능률을 높이고 톱날 끝에 금이 갔을 경우에는 사용을 금지한다.

⑥ 어깨걸이식 예불기를 메고 손을 떼었을 때, 지상에서 날까지의 높이는 10~20cm를 유지하고 톱날의 각도는 5~10°를 유지한다.

⑦ 소경재는 비스듬히 절단하는 방법으로 20° 경사로 절단한다.

⑧ 급경사지의 경우에는 경사면의 하향이나 상향방향으로의 작업은 매우 위험하므로 반드시 등고선방향으로 진행해야 한다.

⑨ 경사지작업 시 왼발은 경사지 아래쪽에 위치시키고 우측에서 좌측으로 작업한다.

⑩ 톱날의 사각지점(12~3시 방향)의 사용금지 및 다른 작업자와 최소 10m 이상의 안전거리를 확보한다.

⑪ 소음과 진동이 심하므로 작업 1시간 후 휴식을 취한다.

⑫ 사용하지 않을 때에는 엔진을 수평으로 놓아 연료가 새지 않도록 조치한다.

⑬ 톱날이 덩굴에 휘감기지 않도록 주의하며, 덩굴 윗부분을 1차 작업한 후 아랫부분을 작업한다.

⑭ 둥근날로 관목 등의 목본류를 제거할 경우에는 날끝으로부터 1/3 정도를 사용하며, 초본류 제거 시에는 날끝에서 2/3까지의 부분을 사용한다.

⑮ 1년생 잡초 및 초년생 관목베기의 작업 폭은 1.5m가 적당하다.

⑯ 작업 중 돌이나 근주 등에 닿지 않도록 주의하고 돌에 부딪힌 경우에는 엔진을 정지시키고 톱날을 확인한다.

⑰ 예불기의 힘이 떨어지고 연료의 소모량이 많으면 공기여과장치를 청소하거나 교체해야 한다.

⑱ 예불기 기화기(카뷰레터)의 일반적인 청소주기는 100시간이다.

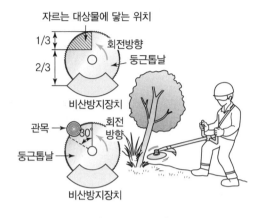

[관목제거방법]

01 FAO에서 규정하는 정비별 예상수명 중 체인톱의 수명은?

① 1,000시간
② 1,500시간
③ 2,000시간
④ 2,500시간

● 해설

체인톱의 수명(엔진가동시간)은 약 1,500시간 정도이다.

02 체인톱 체인을 2개 구입하여 매일 교대하여 사용하는 것이 유리한 이유로 볼 수 없는 것은?

① 체인이 파손되었을 시 즉시 교체할 수 있기 때문이다.
② 체인 2개와 안내판 1개의 마모율이 같기 때문이다.
③ 체인의 작업능률을 높이기 때문이다.
④ 체인 2개와 스프로킷 1개의 마모율이 같기 때문이다.

● 해설

체인의 평균사용시간은 150시간이며 안내판의 평균사용시간은 450시간 정도이다.

03 체인톱의 안내판 1개가 수명이 다하는 동안 체인은 보통 몇 개 사용할 수 있는가?

① 1/2개
② 2개
③ 3개
④ 4개

● 해설

체인의 평균사용시간은 약 150시간, 안내판 평균사용시간은 450시간 정도

04 연간 체인톱 가동시간이 600시간일 경우 연간 체인소모는 몇 개가 되는가?

① 1개
② 2개
③ 3개
④ 4개

● 해설

$$\frac{600}{체인의\ 평균사용시간(약\ 150시간)} = 4개$$

05 체인톱의 안내판과 체인의 수명을 나타낸 것 중 가장 옳은 것은?

① 150시간과 300시간
② 300시간과 450시간
③ 450시간과 150시간
④ 500시간과 300시간

● 해설

체인의 평균사용시간은 약 150시간, 안내판 평균사용시간은 450시간 정도이다.

06 기계톱의 구비조건으로 맞지 않는 것은?

① 중량이 무겁고 대형이어야 한다.
② 소음과 진동이 적고 내구성이 높아야 한다.
③ 벌근의 높이를 되도록 낮게 절단할 수 있어야 한다.
④ 부품공급이 용이하고 가격이 저렴하여야 한다.

● 해설

중량이 가볍고 소형이며 취급방법이 간편해야 한다.

07 체인톱을 구입하니 STIHL 028AV라고 표시되어 있다. 여기에서 AV란 무슨 의미인가?

① 체인톱의 고유명칭이다.
② 진동방지장치가 부착되어 있다.
③ 스톱장치가 부착되어 있다.
④ 애프터서비스를 해 준다는 의미이다.

● 해설
체인톱의 "STIHL 028AV" 표기 의미
• STIHL : 제조회사
• 028 : 규격
• AV : 진동방지장치

08 체인장력 조정나사가 움직여 주는 부품명은?

① 스프로킷　　② 안내판
③ 체인　　④ 전방손잡이

● 해설
뒤끝부분에는 안내판을 몸체에 고정시키는 고정나사와 톱체인의 장력을 조정하는 장력조정나사를 끼울 수 있는 구멍이 있다.

09 일반적으로 벌도목의 가지치기작업 시 기계톱의 안내판 길이로 적합한 것은?

① 30～40cm　　② 50～60cm
③ 60～70cm　　④ 70～80cm

● 해설
벌도목 가지치기용 체인톱의 안내판 길이는 30～40cm이다.

10 벌목한 나무를 기계톱으로 가지치기할 때 유의할 사항으로 가장 옳은 것은?

① 후진하면서 작업한다.
② 안내판이 짧은 기계톱을 사용한다.
③ 벌목한 나무를 몸과 기계톱 밖에 놓고 작업한다.
④ 작업자는 벌목한 나무와 멀리 떨어져 서서 작업한다.

● 해설
• 벌도목 가지치기용 체인톱의 안내판 길이는 30～40cm이다.
• 기계톱으로 가지치기할 때는 전진하면서 작업한다.

11 기계톱의 크랭크축에 연결하여 톱체인을 회전하도록 하는 것은?

① 체인　　② 안내판
③ 스프로킷　　④ 전방손잡이

● 해설
스프로킷
원심클러치로부터 동력을 받아 스프로킷이 톱체인을 회전시킨다.

12 다음 중 체인톱의 엔진 회전수를 조정할 수 있는 장치는?

① 스로틀레버　　② 스프로킷
③ 콤비스위치　　④ 스파크플러그

● 해설
스로틀레버(액셀레버)
기화기의 공기차단판과 연결되어 있으며 엔진의 회전속도를 조절한다.

13 체인톱의 부속장치 중 스로틀레버 차단판은 어떤 역할을 하는가?

① 엔진가동 시 진동을 차단한다.
② 액셀레버가 작동되지 않도록 차단한다.
③ 연료의 주입을 촉진한다.
④ 연료의 누수를 조정한다.

● 해설
스로틀레버 차단판
액셀레버가 작동되지 않도록 차단한다.

14 임업기계용 체인톱 점화플러그의 전극간격으로 다음 중 가장 적합한 것은?

① 0.4~0.5mm ② 1.0~1.2mm

③ 1.5~1.7mm ④ 2.0~2.5mm

● 해설

중심전극과 접지전극 사이의 간격은 0.4~0.5mm가 적당하다.

15 기계톱의 기관에 흡입되는 공기 중의 먼지를 제거하는 작용을 하는 것은?

① 피스톤 ② 크랭크축

③ 에어필터 ④ 연료탱크

● 해설

흡입되는 공기에서 이물질을 걸러내 깨끗한 공기를 엔진으로 유입시키는 역할을 하는 필터이다.

16 기계톱은 원동기부, 동력전달부 및 톱체인부로 구분한다. 다음 중 동력전달부가 아닌 것은?

① 에어필터 ② 원심클러치

③ 스프로킷 ④ 안내판

● 해설

• 동력전달부분 : 원심클러치(원심분리형 클러치), 스프로킷, 안내판 등

• 에어필터 : 기계톱의 기관에 흡입되는 공기 중의 먼지를 제거하는 장치이다.

17 체인톱의 동력 연결은 어떠한 힘에 의하여 스프로킷에 전달되는가?

① 원심력과 마찰력 ② 무중력

③ 중력, 마찰력 ④ 구심력

● 해설

피스톤 → 크랭크축 → 원심분리형 클러치 → 스프로킷 → 체인 회전

원심력과 마찰력

[동력전달순서]

18 기계톱의 동력전달순서를 바르게 나타낸 것은?

① 피스톤 → 스프로킷 → 크랭크축 → 클러치 → 체인톱날

② 피스톤 → 크랭크축 → 스프로킷 → 클러치 → 체인톱날

③ 피스톤 → 스프로킷 → 클러치 → 크랭크축 → 체인톱날

④ 피스톤 → 크랭크축 → 클러치 → 스프로킷 → 체인톱날

● 해설

동력전달

동력은 크랭크축에서 원심분리형 클러치에 전달되고 회전속도가 증가한다. → 원심력과 마찰력에 따라 스프로킷에 전달되어 체인을 회전시킨다.

19 기계톱의 기화기 역할을 알맞게 설명한 것은?

① 공기와 연료를 혼합하여 크랭크실로 분사시키는 장치이다.

② 공기와 오일을 혼합하여 클러치부분으로 밀어내는 장치이다.

③ 연료와 오일을 혼합하여 크랭크실로 분사시키는 장치이다.

④ 공기와 연료를 혼합하여 클러치부분으로 밀어내는 장치이다.

20 체인톱 기화기에는 공기를 유입시키거나 닫아주는 판이 몇 개 있는가?

① 1개 ② 2개

③ 3개 ④ 4개

● 해설

체인톱의 기화기에는 공기를 유입시키거나 닫아 주는 판이 2개(초크판, 스로틀차단판) 있다.

21 체인톱의 기화기에는 몇 개의 연료분사구가 있는가?

① 2개   ② 3개

③ 4개   ④ 5개

●해설

연료는 3개의 노즐(주노즐, 제1공전노즐, 제2공전노즐)에서 분출되어 크랭크실로 유입된다.

22 기계톱의 기화기 벤투리관으로 유입된 연료량은 무엇에 의해 조정되는가?

① 저속조정나사와 노즐

② 지뢰쇠와 연료유입 조정니들밸브

③ 고속조정나사와 공전조정나사

④ 배출밸브막과 펌프막

●해설

벤투리관으로 유입된 연료의 조절은 고속조절나사와 공전조절(조정)나사 등이 한다.

23 다음 중 체인톱 LA나사의 주요 기능으로 가장 적당한 것은?

① 액셀레버의 보조역할을 한다.

② 공전조정나사이다.

③ 고속조정나사이다.

④ 체인회전력 조정나사이다.

●해설

공전속도 조절은 스로틀차단판의 공기 흡입량을 조절하는 공전조절(조정)나사에 의해 조정된다.

24 다음 중 냉각된 기계톱의 최초 시동 시 가장 먼저 조작하는 것은?

① 초크레버   ② 스로틀레버

③ 액셀고정레버   ④ 체인브레이크레버

●해설

시동을 쉽게 하기 위해 초크밸브를 닫아 혼합가스를 농후하게 조절하고 정상운전 시에는 개방한다.

25 체인톱에서 초크나사는 어떠한 역할을 하는가?

① 연료펌프 조정

② 오일펌프 조정

③ 시동 시 냉각공기량 차단

④ 공전 시 공기주입량 차단

●해설

초크의 역할

• 초크를 닫아 기화기의 공기유입량을 차단한다.

• 초크를 닫지 않으면 공기 내 연료비가 낮아 시동이 어려워진다.

26 기계톱 최초 시동 시 초크를 닫지 않으면 어떤 현상 때문에 시동이 어렵게 되는가?

① 연료가 분사되지 않기 때문이다.

② 공기가 소량 유입하기 때문이다.

③ 기화기 내 연료가 막혀 있다.

④ 공기 내 연료비가 낮기 때문이다.

27 냉각되어 있는 기계톱을 시동하려고 한다. 엔진에 시동이 걸렸다가 곧 꺼져 버렸다면 어떻게 하여야 하는가?

① 초크를 닫는다.

② 기화기의 온도를 상승시킨다.

③ 기화기에 연료공급량을 차단한다.

④ 초크를 열고 시동손잡이를 다시 한 번 잡아 당긴다.

28 기계톱의 안전장치가 아닌 것은?

① 이음쇠   ② 핸드가드

③ 체인잡이   ④ 안전스로틀

●해설

체인톱의 안전장치 중요 ★★★

• 앞손·뒷손보호판(핸드가드), 체인브레이크, 완충스파이크(지레발톱), 스로틀레버차단판(안전스로틀레버), 손잡이(핸들), 체인잡이볼트, 체인덮개, 진동방지장치(방진고무), 소음기(머플러), 후방보호판

• 이음쇠(이음링크)는 톱날과 구동링크의 결합역할을 한다.

29 다음 중 체인톱에 부착된 안전장치가 아닌 것은?

① 체인브레이크　　② 전방보호판
③ 체인잡이볼트　　④ 안내판 코

● 해설 ━━━━━━━━━
안내판 코
안내판 끝부분

30 체인톱의 안전장치가 아닌 것은?

① 톱날안내판　　　② 체인잡이볼트
③ 스로틀레버차단판　④ 후방보호판

● 해설 ━━━━━━━━━
톱날안내판
체인톱날의 지탱 및 체인이 돌아가는 레일역할을 한다.

31 다음 중 기계톱 부품인 스파이크의 기능으로 적합한 것은?

① 동력 차단
② 체인절단 시 체인잡기
③ 정확한 작업위치 선정
④ 동력전달

● 해설 ━━━━━━━━━
스파이크(지레발톱)
• 벌목할 나무에 스파이크를 박아 톱을 안정시키고, 톱니모양의 돌기로 정확한 작업을 할 수 있도록 체인톱을 지지하고 튕김을 방지
• 진동이 적고 용이한 작업 가능
• 정확한 작업을 할 수 있도록 지지 및 완충과 지레받침대 역할

32 다음 그림은 기계톱의 각 부분의 구조이다. ㉯의 지레발톱에 대한 설명으로 올바른 것은?

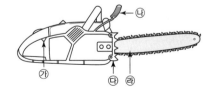

① 액셀레버의 차단기이다.
② 기계톱을 조종하는 앞손잡이이다.
③ 나무를 절삭하며, 보통 안전용 체인덮개로 보호한다.
④ 정확히 작업을 할 수 있도록 지지역할 및 완충과 받침대 역할을 한다.

33 체인톱 몸체와 체인작동부 사이(체인장력 조정 나사가 있는 지점)에 있는 손톱의 날처럼 생긴 스파이크를 절단작업 시 나무에 박고 작업할 때는 어떤 효과가 있는가?

① 절단이 빨리된다.
② 진동이 적고 쉽게 작업할 수 있다.
③ 체인이 끊어졌을 때 잡아 주는 역할을 한다.
④ 체인마모를 감소시켜 준다.

● 해설 ━━━━━━━━━
진동이 적고 용이한 작업 가능

34 다음 중 기계톱의 안전장치가 아닌 것은?

① 전방손보호판　　② 에어필터
③ 스로틀레버차단판　④ 체인브레이크

● 해설 ━━━━━━━━━
에어필터
흡입되는 공기에서 이물질을 걸러내 깨끗한 공기를 엔진으로 유입시키는 역할을 하는 필터이다.

35 체인톱(Chainsaw)의 구조 중 체인톱날에 대한 설명으로 올바른 것은?

① 평균사용 수명시간은 약 300시간이다.
② 규격은 피치(Pitch)로 표시하며 스프로킷의 피치와 일치하여야 한다.
③ 1피치는 리벳 4개 길이의 평균길이이다.
④ 톱날 구성은 우측톱니, 전동쇠, 이음쇠, 좌측톱니 등 4개로 구성되어 있다.

●해설

톱체인의 구조
① 톱체인의 평균 사용시간은 약 150시간이다.
③ 피치는 서로 접하고 있는 3개의 리벳간격 길이의
  1/2 길이이다.
④ 톱날의 구성은 좌우절단톱날, 구동링크, 이음링크,
  결합리벳 등이다.

36 기계톱체인은 몇 개의 부품으로 구성되어 있는가?

① 4 　　　　　　　　② 5
③ 6 　　　　　　　　④ 8

●해설

톱체인의 부품은 좌우절단톱날, 구동링크, 이음링크,
결합리벳 등 4개로 구성되어 있다.

37 다음 설명 중 ( ) 안의 적당한 값을 순서대로
   나열한 것은?

기계톱의 체인규격은 피치(pitch)로 표시하는데, 이
는 서로 접하여 있는 (   )개의 리벳간격을 (   )
으로 나눈 값을 나타낸다.

① 2, 3 　　　　　　② 3, 2
③ 3, 4 　　　　　　④ 4, 3

●해설

• 톱체인의 규격은 피치로 표시하며, 스프로킷의 피치
  와 일치하여야 한다.
• 피치는 서로 접하고 있는 3개의 리벳간격 길이의 1/2
  이다.
• 단위는 인치로 사용한다. (1인치＝2.54cm)

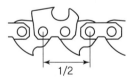

[톱체인의 규격]

38 다음 중 체인톱니 3개의 리벳간격이 16.5mm
   일 때 톱니의 피치는?

① 0.404″ 　　　　　② 3/8″
③ 0.325″ 　　　　　④ 1/4″

●해설

1mm＝0.03937in(mm → in로 단위환산)

$$\frac{16.5}{2} = 8.25$$

$8.25 \times 0.03937 = 0.3245\cdots$

39 산림용 기계톱 구성요소인 소체인(Sawchain)
   의 톱날모양으로 옳지 않은 것은?

① 리벳형(Rivet)
② 안전형(Safety)
③ 치젤형(Chisel)
④ 치퍼형(Chipper)

●해설

톱체인날의 종류
대패형(치퍼형), 반끌형(세미치젤형), 끌형(치젤형),
개량끌형(슈퍼치젤형)

40 초보자가 사용하기 편리하고 모래 등이 많은 도
   로변의 가로수 정리용으로 적합한 체인톱 톱날
   의 종류는?

① 끌형 톱날 　　　　② 대패형 톱날
③ 반끌형 톱날 　　　④ L형 톱날

●해설

대패형(치퍼형)
• 톱날의 모양이 둥글고 절삭저항이 크지만 톱니의 마
  멸이 적다.
• 원형줄로 톱니세우기가 손쉬어 비교적 안전하므로
  초보자가 사용하기 쉽다.
• 가로수와 같이 모래나 흙이 묻어 있는 나무를 벌목할
  때 많이 이용한다.

41 아래 그림은 기계톱니의 모형도이다. 이 톱니의 명칭은 무엇인가?

① 대패형 　　　② 반끌형
③ 끌형 　　　　④ 슈퍼형

● 해설

[대패형(치퍼형)]　[반끌형(세미치젤형)]　[끌형(치젤형)]

42 기계톱으로 원목을 절단할 경우 절단면에 파상무늬가 생기며 체인이 한쪽으로 기운다면 무엇이 원인인가?

① 측면날의 각도가 서로 다르다.
② 창날각이 고르지 못하다.
③ 톱날의 길이가 서로 다르다.
④ 깊이제한부가 서로 다르다.

● 해설

파상무늬

43 체인톱의 대패(둥근)형 톱날 연마 중 맞는 것은 어느 것인가?

① 가슴각을 60°로 연마하였다.
② 가슴각을 90°로 연마하였다.
③ 창날각을 40°로 연마하였다.
④ 창날각을 25°로 연마하였다.

● 해설

체인톱의 대패(둥근)형 톱날 연마

구분	대패형 톱날
창날각	35°
가슴각	90°
지붕각	60°

44 기계톱날의 연마각도에 대한 설명 중 틀린 것은?

① 끌형 톱날의 창날각 연마각도는 30°이다.
② 대패형 톱날과 반끌형 톱날의 창날각 연마각도는 각각 35°, 40°이다.
③ 끌형, 대패형, 반끌형 톱날의 지붕각 연마각도는 60°로 동일하다.
④ 가슴각 연마각도는 대패형 90°, 반끌형 85°, 끌형 80°이다.

● 해설

기계톱날의 연마각도

구분	대패형 톱날	반끌형 톱날	끌형 톱날
창날각	35°	35°	30°
가슴각	90°	85°	80°
지붕각	60°	60°	60°

45 다음 중 체인톱날의 세우기 각도로 올바른 것은?

① 반끌형 가슴각 80° 　② 끌형 가슴각 80°
③ 반끌형 창날각 30° 　④ 끌형 창날각 35°

46 아래 그림은 체인톱 체인의 날부위(대패형 톱날)을 위에서 내려다본 그림이다. 그림의 각도를 창날각이라고 할 때 이 각도(A)는 얼마 크기로 갈아 주어야 적합한가?

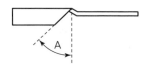

① 20° 　　　② 35°
③ 40° 　　　④ 65°

해설

창날각

- 절삭날이 톱날의 옆면과 이루는 각이다.
- 창날각이 고르지 못할 경우 절단면에 파상무늬가 생긴다.

47 기계톱의 각 부분별 기능 중 목재의 절삭두께를 결정하는 것은?

① 톱날의 지붕각　　② 깊이제한부
③ 전동쇠　　　　　④ 톱날의 가슴각

해설

깊이제한부

- 절삭깊이는 체인의 규격에 따라 다르지만 이상적인 뎁스의 폭은 0.50~0.75mm이다.
- 절삭된 톱밥을 밀어내는 등 절삭량(절삭두께 조절)을 결정한다.

48 체인톱날 연마 시 깊이제한부를 너무 깊게 연마하였다. 나타나는 현상으로 틀린 것은?

① 톱밥이 정상으로 나오며 절단이 잘 된다.
② 톱밥이 두꺼우며 톱날에 심한 부하가 걸린다.
③ 안내판과 톱날의 마모가 심해 수명이 단축된다.
④ 체인이 절단된다.

해설

너무 낮게(깊게) 연마하면 다음과 같은 문제점이 발생한다.

- 톱날에 심한 부하가 걸린다.
- 안내판과 톱날이 마모되어 수명이 단축된다.
- 체인절단 등의 위험한 사고가 발생한다.

49 체인톱 체인의 깊이제한부 역할이 아닌 것은?

① 절삭된 톱밥을 밀어낸다.
② 절삭두께를 조절한다.

③ 절삭폭을 조절한다.
④ 절삭각도를 조절한다.

해설

깊이제한부는 절삭의 두께, 각도 등을 조절하고 절삭된 톱밥을 밀어내는 역할을 한다.

50 기계톱의 체인을 갈기 위해서는 적합한 직경의 원통줄이 사용되어야 한다. 아래 그림에서 원통줄의 선정이 가장 잘된 것은?

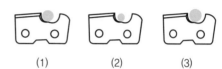

|　(1)　|　(2)　|　(3)　|

① (1)　　　　　　② (2)
③ (3)　　　　　　④ 모두 잘못되었다.

해설

체인톱날의 연마방법 중요 ★★☆

- 양쪽 손을 이용하여 한쪽방향으로 줄은 끝에서 끝까지 밀면서 줄질을 한다.
- 보통 줄 직경의 1/10 정도를 톱날 위로 나오게 하여 줄질을 한다.
- 대패형은 수평으로, 반끌형과 끌형은 수평에서 위로 10° 정도 상향으로 줄질을 한다.

[줄질 구조]

51 체인톱날을 연마하고자 한다. 다음 중 필요 없는 것은?

① 평줄　　　　　　② 원형줄
③ 깊이제한척　　　④ 반원형줄

해설

체인톱날의 연마도구에는 평줄, 원형줄, 깊이제한척 등이 있다.

52 기계톱날 연마에 사용하는 원형줄을 선택할 때는 톱니의 상부보다 줄 지름의 얼마 정도가 상부 날 위로 올라가는 것을 선택하는가?

① 1/2
② 1/5
③ 1/6
④ 1/10

53 체인을 갈 때 가장 적합한 방법은?

① 줄질을 적게 자주한다.
② 줄질을 한번에 많이 한다.
③ 줄질은 작업완료 후 실내에서 한다.
④ 체인은 수리공장에서 간다.

●해설
줄질은 적게 자주한다.

54 그림에서 체인의 날 길이가 모두 같지 않으면 어떤 현상이 나타나는가?

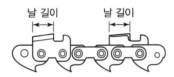

① 톱이 심하게 튀거나 부하가 걸리며 안내판 작용이 어렵다.
② 절삭깊이가 깊게 되어 기계에 무리가 가지 않는다.
③ 절삭이 잘 되어 능률이 높아진다.
④ 절삭이 얇게 되어 기계능률이 낮아진다.

●해설
톱날을 잘못 연마했을 경우 발생할 수 있는 현상
• 톱날의 길이가 같지 않을 경우 : 톱이 심하게 튀거나 부하가 걸리며 안내판의 작용이 어렵다.
• 안내판 홈이 닳아 홈의 간격이 체인연결쇠(이음링크)의 두께보다 클 경우 : 절삭방향이 삐뚤어 나갈 위험이 높다.
• 깊이제한부에 높이차가 있을 경우 : 한쪽 날만이 절삭능력을 가지고 있기 때문에 체인이 기울고 절단력이 떨어진다.

55 안내판 홈이 닳아 홈의 간격이 체인연결쇠(그림의 a)의 두께보다 클 경우에 체인톱 작동 시 압력을 가하면 어떻게 되는가?

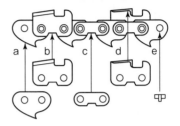

① 체인이 가동되지 않고 정지한다.
② 절삭률이 높아져 기계효율이 높아진다.
③ 절삭방향이 삐뚤어 나갈 위험이 높다.
④ 연료소모량이 많아진다.

56 체인톱에 사용하는 연료의 배합기준으로 맞는 것은?

① 휘발유 25 : 엔진오일 1
② 휘발유 20 : 엔진오일 1
③ 휘발유 1 : 엔진오일 25
④ 휘발유 1 : 엔진오일 20

●해설
체인톱의 연료
• 가솔린(휘발유)에 윤활유(엔진오일)를 혼합시켜 사용한다.
• 배합비는 가솔린 : 윤활유＝25 : 1로 한다.
• 연료에 오일을 혼합하는 이유 : 엔진의 윤활

57 기계톱의 사용 시 오일함유비가 낮은 연료의 사용으로 나타나는 현상은?

① 검은 배기가스가 배출되고 엔진에 힘이 없다.
② 오일이 연소되어 퇴적물이 연소실에 쌓인다.
③ 엔진 내부에 기름칠이 적게 되어 엔진을 마모시킨다.
④ 스파크플러그에 오일막이 생겨 노킹이 발생할 수 있다.

● 해설

연료 대비 윤활유 부족 시(오일의 함유비가 낮은 경우) 발생하는 현상

- 엔진 내부에 기름칠이 적게 되어 엔진이 마모된다.
- 피스톤, 실린더 및 엔진 각 부분이 눌어붙을 염려가 있다.

58 체인톱에 보통 휘발유가 아닌 불법제조 휘발유의 사용 시 예상되는 문제점은?

① 기화기막 또는 연료호스가 녹고 연료통 내막을 부식시킨다.

② 연료통 내막이 강화된다.

③ 연료호스가 경화되어 수명이 길어진다.

④ 오일막이 생긴다.

● 해설

불법제조 휘발유 사용 시 발생하는 문제점
기화기막 또는 연료호스가 녹고 연료통 내막을 부식시킨다.

59 윤활유 선택은 기계톱의 어느 부분의 수명과 직결되는가?

① 안내판   ② 연료통의 수명

③ 초크밸브   ④ 점화플러그

● 해설

체인톱의 윤활유(엔진오일, 체인오일)

- 안내판의 홈부분과 톱체인의 마찰을 줄이기 위하여 사용한다.
- 톱날 및 안내판의 수명과 직결된다.
- 묽은 윤활유 사용 시 가이드바의 마모가 빠르다.

60 기계톱의 일반적인 정비·점검원칙에 맞지 않는 것은?

① 새로운 기계톱은 사용 전 반드시 안내서를 정독한다.

② 규정된 혼합비에 따라 배합된 연료를 사용하여 가동시킨다.

③ 새로운 기계톱은 높은 엔진회전하에 가동시킨다.

④ 체인톱 조립 시 필히 알맞은 도구를 사용하여야 한다.

● 해설

새로운 체인은 오일을 충분히 주입시킨 후 낮은 엔진회전수로 작동시킨다.

61 기계톱 일일정비의 대상이 아닌 것은?

① 에어필터(공기청정기) 청소

② 안내판 손질

③ 휘발유와 오일의 혼합

④ 스파크플러그의 전극간격 조정

● 해설

스파크플러그의 전극간격 조정은 주간점검 대상으로, 점화플러그의 외부를 점검 및 청소하고 간격을 조정한다.(0.4~0.5mm)

62 체인톱의 에어필터(공기청정기) 정비방법으로 적합한 것은?

① 매일 작업 중 또는 작업 후에 손질

② 2~3일 사용 후 한 번씩 손질

③ 1주간 사용 후 손질

④ 1개월간 사용 후 손질

● 해설

일일(일상)정비
에어필터(공기청정기) 청소 : 톱밥 찌꺼기나 오물은 휘발유, 석유, 비눗물 등을 이용한다.(1일 1회 이상)

63 기계톱의 에어필터 정비주기로 가장 적합한 것은?

① 1일 1회 이상 정비

② 2~3일에 1회 정비

③ 매주 1회 정비

④ 보관 시에만 정비

64 기계톱의 일일정비 및 점검사항에 해당하지 않는 것은?

① 안내판의 손질
② 에어필터의 청소
③ 연료필터의 청소
④ 휘발유와 오일의 혼합

●해설

③항은 분기점검(계절점검)으로 연료통 및 연료필터(여과기)를 깨끗한 휘발유로 씻어 낸다.

65 체인톱을 항상 양호한 상태로 유지하기 위해서는 작업 전과 작업 후에 반드시 기계를 점검하고 청소를 해야 한다. 체인톱의 일일 청소항목에 해당하지 않는 것은?

① 기계 외부의 흙, 톱밥 등 제거
② 에어클리너 청소
③ 엔진 내부 및 연료통 청소
④ 톱체인의 청소와 톱니세우기

●해설

③항은 체인톱의 분기점검에 속한다.

66 체인톱의 주간정비사항으로만 조합된 것은?

① 스파크플러그 청소 및 간극 조정
② 기화기 연료막 점검 및 엔진오일 펌프 청소
③ 유압밸브 및 호스 점검
④ 연료통 및 여과기 청소

●해설

체인톱의 주간점검
• 안내판 홈의 깊이와 넓이 및 스프로킷의 견고함 등을 점검한다.
• 점화플러그의 외부를 점검 및 청소하고 간격을 조정한다(0.4~0.5mm).
• 체인톱의 몸체를 압력공기나 솔을 이용하여 깨끗하게 청소한다.
• 소음기 구멍과 실린더 배기구를 함께 청소한다.

67 기계톱의 주간정비항목 중 점화부분의 정비사항으로 틀린 것은?

① 스파크플러그의 정비
② 연료통과 연료필터 청소
③ 스파크플러그의 외부 점검
④ 점화상태의 점검결과에 따른 플러그 교환

●해설

②항은 분기점검으로 주간점검하고는 관련이 없다.

68 체인톱 체인을 일시 보관할 때 체인의 수명을 연장하고 파손을 예방할 수 있는 방법은?

① 가솔린통에 넣어 둔다.
② 석유통에 넣어 둔다.
③ 오일통에 넣어 둔다.
④ 그리스통에 넣어 둔다.

●해설

체인톱의 일시보관
• 체인을 휘발유나 석유로 깨끗하게 청소한 다음 윤활유에 넣어 보관한다.
• 기계톱 체인의 수명연장과 파손방지 예방법을 위해서이다.

69 기계톱의 장기보관 시 주의사항으로 틀린 것은?

① 연료와 오일을 가득 채워 둔다.
② 건조한 방에 먼지를 맞지 않도록 보관한다.
③ 연간 1회씩 전문검사관에 의해 검사를 받는다.
④ 특수오일로 엔진 내부를 보호해 주거나 매월 10분씩 가동시켜 준다.

●해설

체인톱의 장기보관 중요 ★☆☆
연료와 오일을 비운 후 먼지가 없는 건조한 곳에 보관한다.

70 체인톱의 장기보관 시 처리하여야 할 사항으로 옳지 않은 것은?

① 연료와 오일을 비운다.
② 특수오일로 엔진을 보호한다.
③ 매월 10분 정도 가동시켜 건조한 방에 보관한다.
④ 장력조정나사를 조정하여 체인을 항상 팽팽하게 유지한다.

●해설
체인이 안내판에 가볍게 붙을 때가 장력이 잘 조정된 상태이다.

71 분해된 체인톱의 체인(Chain)과 안내판(Guide –bar)을 다시 결합할 때 제일 먼저 해야 할 사항은?

① 체인과 안내판을 스프로킷에 건다.
② 체인의 조정나사를 돌려 조정한다.
③ 안내판의 덮개조임나사를 손으로 조여 준다.
④ 체인장력조정나사를 시계 반대방향으로 돌린다.

●해설
체인의 결합순서
• 제일 먼저 체인장력조정나사를 시계 반대방향으로 돌린다.
• 체인을 스프로킷에 걸고 안내판 아래의 큰 구멍을 안내판 조정핀에 끼운다.
• 스프로킷에 체인이 잘 걸렸는지 확인한다.
• 안내판코를 본체 쪽으로 당기면서 체인장력조정나사를 시계방향으로 돌려 체인장력을 조정한다.
• 체인이 안내판에 가볍게 붙을 때가 장력이 잘 조정된 상태이다.

[체인장력조정나사]

72 체인톱의 연료통(또는 연료통덮개)에 있는 공기 구멍이 막혀 있으면 어떤 현상이 나타나는가?

① 연료가 새지 않아 운반 시 편리하다.
② 연료의 소모량을 많게 하여 연료비가 높게 된다.
③ 연료를 기화기로 뿜어 올리지 못해 엔진가동이 안 된다.
④ 가솔린과 오일이 분리되어 가솔린만 기화기로 들어간다.

●해설
엔진이 시동(가동)되지 않는 원인 중요 ★☆☆
• 연료탱크가 비어 있음
• 잘못된 기화기 조절
• 기화기 내 연료체가 막힘
• 기화기를 펌프질하는 막의 결함
• 점화플러그의 케이블 결함
• 점화플러그의 전극간격 부적당

73 체인톱 엔진이 고속상태에서 갑자기 정지하였다. 그 이유로 가장 적합한 것은?

① 연료탱크가 비어 있다.
② 에어필터가 더럽다.
③ 기화기 조절이 잘못되어 있다.
④ 클러치가 손상되어 있다.

●해설
연료탱크가 비어 있거나 연료탱크에 공기주입이 막혀 있는 경우이다.

74 2행정기관의 기계톱에 사용하는 혼합연료의 취급방법으로 가장 적합한 것은?

① 각 연료를 혼합하지 않고 주입하여 사용한다.
② 주입하기 전 잘 흔들어서 혼합한 뒤 주입한다.
③ 오일만을 추가하여 사용한다.
④ 휘발유만을 추가하여 사용한다.

75 기계톱의 운전, 작업 시 유의사항으로 옳지 않은 것은?

① 벌목 가동 중 톱을 빼낼 때는 톱을 비틀어서 빼낸다.

② 절단작업 시 스로틀레버를 충분히 잡아 주어야 한다.

③ 안내판의 끝부분으로 작업하지 않는다.

④ 이동 시에는 반드시 엔진을 정지한다.

> ● 해설
>
> 절단작업 중 안내판이 끼어 톱체인이 정지할 경우 무리한 운전은 삼가고, 톱날을 빼낼 때 비틀지 않는다.

76 다음 그림은 체인톱 안내판의 모형이다. 벌목작업 시 원칙적으로 사용해서는 안 되는 부분은?

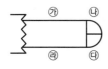

① ㉮

② ㉯

③ ㉰

④ ㉭

> ● 해설
>
> 반력(킥백)현상
> • 안내판 끝의 체인 위쪽부분이 단단한 물체와 접촉하여 체인의 반발력으로 작업자가 있는 뒤로 튀어 오르는 현상이다.
> • 벌목작업 시 원칙적으로 "2" 위치는 사용해서는 안 되는 부분이다.

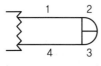

[체인톱 안내판의 모형]

77 체인톱의 안전사용에 대한 설명으로 틀린 것은?

① 안전작업에 필요한 각종장비를 반드시 착용한다.

② 절단작업 시에는 충분히 스로틀레버를 잡아 가속한 후 사용한다.

③ 위험한 부분은 반드시 안내판 코로 찔러 베기를 한다.

④ 기계작업 전이나 작업 중 음주는 시각, 감각, 판단상의 장애를 일으킨다.

78 기계톱의 연속조작시간으로 가장 적당한 것은?

① 10분 이내

② 30분 이내

③ 45분 이내

④ 1시간 이내

> ● 해설
>
> 체인톱의 작동시간은 1일 2시간 이하로 하고 연속운전할 경우 10분을 넘지 않도록 한다.

79 체인톱의 엔진에 과열현상이 일어났을 경우 점검해야 할 내용으로 옳지 못한 것은?

① 장시간 사용했기 때문이다.

② 기화기 조절이 잘못되어 있다.

③ 연료 내의 오일 혼합량이 적다.

④ 점화코일과 단류장치에 결함이 있다.

> ● 해설
>
> 장시간 사용하고는 관련이 없다.
>
> 체인톱의 엔진과열현상
> • 기화기 조절이 잘못된 경우
> • 연료 내의 오일 혼합량이 적은 경우
> • 점화코일과 단류장치에 결함이 있는 경우
> • 냉각팬의 먼지흡착 및 사용연료가 부적합한 경우

80 체인톱의 엔진에 과열현상이 일어났을 경우 예상되는 원인으로 가장 거리가 먼 것은?

① 클러치가 손상되어 있다.

② 기화기 조절이 잘못되어 있다.

③ 연료 내의 오일 혼합량이 적다.

④ 점화코일과 단류장치에 결함이 있다.

> ● 해설
>
> ①항과는 관련이 없다.

81 예불기를 휴대형식으로 구분한 것으로 가장 거리가 먼 것은?

① 등짐식   ② 손잡이식
③ 허리걸이식   ④ 어깨걸이식

●해설
휴대형식에 의한 예불기 종류
어깨걸이식, 등짐식, 손잡이식

82 예불기의 연료는 시간당 약 몇 L가 소모되는 것으로 보고 준비하는 것이 좋은가?

① 0.5   ② 1
③ 2   ④ 3

●해설
예불기의 연료는 시간당 약 0.5L 정도 소모되므로 적당량을 주입한다.

83 산림작업용 예불기로 6시간 작업하려면 혼합연료 소요량은 얼마인가?

① 2L   ② 3L
③ 20L   ④ 30L

●해설
6시간 × 0.5L＝3L

84 예불기는 누계사용시간이 얼마일 때마다 그리스유를 교환해야 하는가?

① 200시간   ② 40시간
③ 20시간   ④ 1시간

●해설
기어케이스 및 전동축의 윤활
• 기어케이스 내부의 기어오일(그리스)이 부족하면 파손의 원인이 되므로 알맞은 것을 적정량 주유한다.
• 예불기의 구성요소인 기어케이스 내 그리스(윤활유)는 20시간마다 교체하는 것이 좋다. 기어케이스에 #90~120 기어오일을 주유할 때 약 20~25cc가 적당하다.

85 예불기의 기어케이스에 기어오일을 주유하는 양은?

① #10의 기어오일을 25~30cc
② #30~50의 기어오일을 10~15cc
③ #50~70의 기어오일을 40~50cc
④ #90~120의 기어오일을 20~25cc

86 예불기의 기어케이스에 #90~120 기어오일을 주유할 때 약 몇 cc 정도가 가장 적당한가?

① 5~10   ② 10~15
③ 20~25   ④ 30~35

87 예불기 날의 종류에 따른 예불기의 분류가 아닌 것은?

① 회전날식 예불기
② 로터리식 예불기
③ 왕복요동식 예불기
④ 나일론코드식 예불기

●해설
예불기 날의 종류
회전날개식, 왕복요동식, 나일론코드식 등

88 예불기의 작업방법으로 가장 올바른 것은?

① 소경재를 절단할 때는 수평으로 절단한다.
② 예불기의 톱날은 지상으로부터 20~30cm의 높이에 위치하는 것이 적당하다.
③ 1년생 잡초 및 초년생 관목베기의 작업폭은 1.5m가 적당하다.
④ 항상 왼발을 앞으로 하고 전진할 때는 오른발을 앞으로 이동시킨다.

89 예불기의 톱 회전방향은?

① 시계방향

② 시계 반대방향

③ 방향이 일정하지 않다.

④ 작업자 중심방향

●해설

예불기의 톱날은 좌측방향(시계 반대방향)으로 회전하기 때문에 우측에서 좌측으로 작업하면 효과적이다.

90 예불기의 부위 중 불량하면 엔진의 힘이 줄고 연료소모량을 많아지게 하는 부위는?

① 액셀레버

② 공기여과장치

③ 공기필터덮개

④ 연료탱크

●해설

공기여과장치

오염된 공기를 여과용 천에 통과시킨 후 다시 폴리에스테르 스펀지로 된 애프터필터에 통과시켜 맑고 깨끗한 공기로 만들어 배출하는 장치

91 어깨걸이식 예불기를 메고 손을 떼었을 때 지상으로부터 날까지의 적절한 높이는?

① 5~10cm

② 10~20cm

③ 20~30cm

④ 30~40cm

●해설

어깨걸이식 예불기를 메고 손을 떼었을 때 지상에서 날까지의 높이는 10~20cm를 유지하고 톱날의 각도는 5~10°를 유지한다.

92 벌목작업 시 안전사고예방을 위하여 지켜야 하는 사항으로 옳지 않은 것은?

① 벌목방향은 작업자의 안전 및 집재를 고려하여 결정한다.

② 도피로는 사전에 결정하고 방해물도 제거한다.

③ 벌목구역 안에는 반드시 작업자만 있어야 한다.

④ 조재작업 시 벌도목의 경사면 아래에서 작업을 한다.

●해설

경사지작업 시 왼발은 경사지 아래쪽에 위치시키고 우측에서 좌측으로 작업한다.

93 예불기(하예기)작업 시 작업자 간의 최소안전 거리로 적합한 것은?

① 3m

② 5m

③ 7m

④ 10m

●해설

톱날의 사각지점(12~3시 방향)의 사용금지 및 다른 작업자와 최소 10m 이상의 안전거리를 확보한다.

94 소경재 벌목을 위해 비스듬히 절단할 때는 수구를 만들지 않는 경우 벌목방향으로 몇 도 정도 경사를 두어 바로 벌채하는가?

① 20°

② 30°

③ 40°

④ 50°

●해설

예불기의 작업에서 소경재는 비스듬히 절단하는 방법으로 20° 경사로 절단한다.

95 다음은 예불기의 장치 중 어느 것에 대한 설명인가?

주입되는 공기의 먼지와 실린더 내부의 마모를 줄일 뿐 아니라 연료의 소비를 도와주는데 이것이 막히면 엔진의 힘이 줄고 연료소모량이 많아지며 시동이 어려워진다.

① 액셀레버

② 연료탱크

③ 공기필터덮개

④ 공기여과장치

●해설

예불기의 힘이 떨어지고 연료의 소모량이 많으면 공기여과장치를 청소하거나 교체해야 한다.

96 예불기 카뷰레터의 일반적인 청소주기는?

① 10시간   ② 20시간
③ 50시간   ④ 100시간

●해설

예불기 카뷰레터의 일반적인 청소주기는 100시간이다.

04장 임업기계 · 장비의 유지관리

SECTION 01 산림 작업도구의 유지관리

1 작업도구의 관리

(1) 작업도구의 적합성 중요 ★★☆

① 도구의 크기와 형태는 작업자의 신체에 적합해야 한다.

② 적은 힘으로 많은 작업효과를 낼 수 있는 능률적인 구조를 갖추어야 한다.

③ 도구 손잡이의 길이는 작업자의 팔 길이 정도가 가장 적당하다.

④ 적당한 무게를 가져야 내려치는 속도를 빨리할 수 있어 큰 힘을 낼 수 있다.

⑤ 날끝의 각도가 적당히 크고 날카로울수록 땅을 잘 파거나 나무를 잘 절단할 수 있다.

(2) 작업도구 손잡이(자루)의 재료 중요 ★★☆

① 자루의 재료는 가볍고 녹슬지 않으며 열전도율이 낮고 탄력이 있으며 견고해야 한다.

② 자루용 목재는 큰 강도를 요구하므로 고온건조는 피해야 하며, 옹이나 갈라진 홈이 없고 썩지 않은 것이어야 한다.

③ 자루용으로 알맞은 수종은 탄력이 좋고 목질섬유가 길고 질긴 활엽수가 적당하다.(박달나무, 들메나무, 물푸레나무, 단풍나무, 느티나무, 가시나무, 호두나무, 참나무류 등)

구분	내용
물푸레나무와 들메나무	탄성과 충격강도가 크고 결점이 없는 통직목리의 활엽수의 변재를 건조하여 사용한다.
단풍나무	재질이 균일하고 치밀하며, 단단하고 무거운 편으로 조직이 곱고 무늬가 아름다워 많이 사용된다.

④ 도끼의 경우에는 도끼 자루가 알맞게 끼어 있는지 점검하고 "(가)"와 "(나)"의 길이가 같아야 한다.

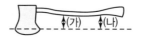

[도끼자루의 점검]

(3) 작업도구와 이용효과

노동강도 완화 및 노임을 절약하고 노동생산성을 향상시켜 경영규모의 확대가 가능하다.

② 작업도구의 날 관리

(1) 도끼의 날 갈기

① 평줄 등으로 날 위를 안쪽에서 바깥쪽으로 반복하여 연마한다.

② 활엽수용 도끼 날은 침엽수용보다 더 둔하게 갈아 준다.

③ 도끼날의 연마형태

    ㉠ 아치형이 되도록 연마한다.

    ㉡ 도끼 날이 날카로운 삼각형이 되면 벌목 시 날이 나무 속에 끼어 쉽게 무뎌진다.

    ㉢ 무딘 삼각형이면 나무가 잘 잘라지지 않고 튀어오를 위험성이 있다.

a. 아치형   b. 날카로운 삼각형   c. 무딘 삼각형

[도끼날의 형태]

(2) 손톱의 부분별 명칭

① 손톱의 부분별 명칭 중요 ★☆☆

구분	내용
톱니가슴	나무를 절단한다.
톱니가슴각	각이 커지면 절삭작용은 잘 되나 톱니가 약해진다.(20~30°)
톱니꼭지각	꼭지각이 작으면 톱니가 약해지고 쉽게 변형이 된다.(40~60°)
톱니등	톱니등이 목재를 문지르는 마찰작용과 관계가 깊다.
톱니홈(톱밥집)	톱밥이 임시적으로 머물렀다가 빠져나가는 곳이다.
톱니뿌리선	톱니뿌리선이 일정해야 톱니가 강하고 능률이 오른다.
톱니꼭지선	톱니꼭지선이 일정해야 톱질할 때 힘이 들지 않는다.
톱니높이	톱니 가는 방법 중 제일 먼저 하는 건 톱니높이가 같도록 갈아 주는 것이다.

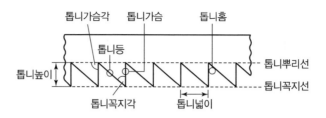

[손톱의 명칭]

(3) 손톱의 날 가는 방법 및 종류

① 손톱의 날 가는 방법

　㉠ 톱니에 묻은 기름 또는 오물을 마른걸레로 제거한다.

　㉡ 양쪽에 젖혀져 있는 톱니는 모두 일직선이 되도록 바로 펴 놓는다.

　㉢ 평줄로 톱니높이를 모두 같게 갈아 주어 톱니꼭지선이 일치되도록 조정한다.

　㉣ 톱니꼭지선 조정 시 낮아진 높이만큼 톱니홈을 파주되 홈의 바닥이 바른 모양이 되도록 한다.

　㉤ 규격에 맞는 줄로 톱니 양면의 날을 일정한 각도록 세워주고 동시에 올바른 꼭지각이 되도록 유지한다.

② 톱니의 종류 중요 ★★★

구분	특징	톱니의 모양
삼각형 톱니	• 날을 갈기 쉽지만 절단능력이 떨어진다. • (가) 줄질은 안내판의 선과 평행하게 한다. • (나) 안내판의 각도는 침엽수가 60°, 활엽수가 70°이다. • (다) 꼭지각은 38° 정도가 되도록 한다. • 삼각형 톱니의 연마 준비물은 마름모줄, 원형 연마석, 톱니 젖힘쇠 등 　이 있다.	
이리형 톱니	• 날을 갈기 어렵지만 절단능력이 우수하다. • 톱니가슴각은 침엽수 60°, 활엽수 70°(75°)가 되도록 한다. • 톱니등각은 35°, 톱니꼭지각은 56~60°가 되도록 한다.	

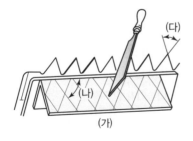

[삼각형 톱니 갈기]

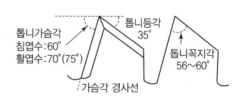

[이리톱니 각도]

③ 톱니 젖힘

    ㉠ 나무와의 마찰을 줄이기 위해 톱니를 젖혀 준다.

    ㉡ 침엽수는 활엽수에 비해 목섬유가 연하고 마찰이 크므로 많이 젖혀 준다.

    ㉢ 톱니 젖힘은 톱니뿌리선으로부터 2/3 지점을 중심으로 한다.

    ㉣ 삼각형 톱니 : 젖힘의 크기는 0.2~0.5mm가 적당하며 젖힘의 크기는 모든 톱니가 항상 같아야 한다.(활엽수 : 0.2~0.3mm, 침엽수 : 0.3~0.5mm)

    ㉤ 이리형 톱니 : 침엽수는 0.4mm, 활엽수나 얼어 있는 나무는 0.3mm 정도로 젖혀 준다.

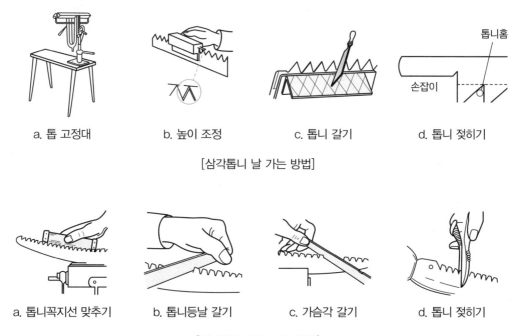

a. 톱 고정대   b. 높이 조정   c. 톱니 갈기   d. 톱니 젖히기

[삼각톱니 날 가는 방법]

a. 톱니꼭지선 맞추기   b. 톱니등날 갈기   c. 가슴각 갈기   d. 톱니 젖히기

[이리형톱니 날 가는 방법]

01 산림 작업도구에 대한 설명으로 옳지 않은 것은?

① 자루의 재료는 가볍고 열전도율이 높아야 한다.

② 도구의 크기와 형태는 작업자의 신체에 적합해야 한다.

③ 작업자의 힘이 최대한 도구 날 부분에 전달될 수 있어야 한다.

④ 도구의 날 부분은 작업목적에 효과적일 수 있도록 단단하고 날카로워야 한다.

● 해설

자루의 재료는 가볍고 녹슬지 않으며 열전도율이 낮고 탄력이 있으며 견고해야 한다.

02 산림용 작업도구의 자루용 원목으로 적합하지 않은 것은?

① 탄력이 큰 나무

② 목질이 질긴 나무

③ 목질섬유가 긴 나무

④ 옹이가 있는 나무

● 해설

자루용 목재는 큰 강도를 요구하므로 고온건조는 피해야 하며, 옹이나 갈라진 홈이 없고 썩지 않은 것이어야 한다.

03 다음 중 도끼자루로 가장 적합한 나무는?

① 잣나무

② 소나무

③ 물푸레나무

④ 백합나무

● 해설

자루용으로 알맞은 수종은 탄력이 좋고 목질섬유가 길고 질긴 활엽수가 적당하다.(박달나무, 들메나무, 물푸레나무, 단풍나무, 느티나무, 가시나무, 호두나무, 참나무류 등)

04 도끼자루가 알맞게 끼어 있는지 점검하고자 한다. 아래 그림에서 가장 올바른 것은?

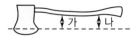

① "가"의 길이가 "나"보다 길어야 한다.

② "가"의 길이가 "나"보다 짧아야 한다.

③ "가"와 "나"의 길이가 같아야 한다.

④ "가"와 "나"의 길이는 2배 이상 차이가 있어야 한다.

● 해설

도끼의 경우에는 도끼자루가 알맞게 끼어 있는지 점검하고 "(가)"와 "(나)"의 길이가 같아야 한다.

[도끼자루의 점검]

05 톱니를 갈 때 약간 둔하게 갈아야 톱의 수명도 길어지고 작업능률도 높은 벌목지는?

① 소나무벌목지

② 포플러벌목지

③ 잣나무벌목지

④ 참나무벌목지

● 해설

강도가 높은 활엽수종은 톱니를 약간 둔하게 갈아 준다. 포플러도 활엽수이지만 목질이 연한 특징이 있다.

06 산림작업용 도끼날 형태 중에서 나무 속에 끼어 쉽게 무뎌지는 것은?

① 아치형 ② 삼각형
③ 오각형 ④ 무딘 둔각형

●해설

도끼 날이 날카로운 삼각형이 되면 벌목 시 날이 나무 속에 끼어 쉽게 무뎌진다.

07 산림작업용 도끼의 날을 갈 때 날카로운 삼각형으로 연마하지 않고 그림과 같이 아치형으로 연마하는 이유로 가장 적합한 것은?

① 도끼날이 목재에 끼는 것을 막기 위하여
② 연마하기가 쉽기 때문에
③ 도끼날의 마모를 줄이기 위하여
④ 마찰을 줄이기 위하여

●해설

도끼날의 연마형태
아치형이 되도록 연마를 해야 도끼날이 목재에 끼는 것을 막을 수 있다.

08 손톱의 톱니부분별 기능에 대한 설명으로 옳지 않은 것은?

① 톱니가슴 : 나무를 절단한다.
② 톱니홈 : 톱밥이 임시 머문 후 빠져나가는 곳이다.
③ 톱니등 : 쐐기역할을 하며 크기가 클수록 톱니가 약하다.
④ 톱니꼭지선 : 일정하지 않으면 톱질할 때 힘이 많이 든다.

●해설

톱니등
톱니등이 목재를 문지르는 마찰작용과 관계가 깊다.

09 손톱의 톱니높이가 아래 그림과 같이 모두 같지 않을 경우 어떤 현상이 나타나는가?

① 톱이 목재 사이에 낀다.
② 잡아당기고 미는 데 힘이 든다.
③ 잡아당기고 밀기가 용이하다.
④ 톱의 수명이 단축된다.

●해설

톱니꼭지선
톱니꼭지선이 일정해야 톱질할 때 힘이 들지 않는다.

10 다음 그림에서 톱니의 명칭이 잘못된 것은?

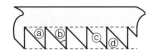

① ⓐ 톱니가슴 ② ⓑ 톱니꼭지각
③ ⓒ 톱니등 ④ ⓓ 톱니꼭지선

●해설

ⓓ는 톱니홈(톱밥집)으로, 톱밥이 임시적으로 머물렀다가 빠져나가는 곳이다.

11 손톱의 톱니높이가 일정하지 않고 높고 낮은 톱니가 있을 경우 나타나는 현상은?

① 톱질이 힘들어 작업능률이 낮아진다.
② 톱이 원하는 방향으로 나가지 않고 비틀려 나간다.
③ 절단면이 깨끗하게 절단되지 않는다.
④ 톱의 수명이 길어진다.

12 톱니 가는 방법 중 제일 먼저 실시해야 하는 작업은?

① 톱니높이가 같도록 갈아 준다.
② 톱니날을 갈아 준다.
③ 톱니 젖힘을 한다.
④ 톱니 폭을 잰다.

13 무육톱의 삼각톱날 꼭지각은 몇 도(°)로 정비하여야 하는가?

① 25°　　　　　② 28°
③ 35°　　　　　④ 38°

● 해설

삼각형 톱니
• 날을 갈기 쉽지만 절단능력이 떨어진다.
• (가) 줄질은 안내판의 선과 평행하게 한다.
• (나) 안내판의 각도는 침엽수가 60°, 활엽수가 70°이다.
• (다) 꼭지각은 38° 정도가 되도록 한다.
• 삼각형 톱니의 연마 준비물은 마름모줄, 원형 연마석, 톱니 젖힘쇠 등이다.

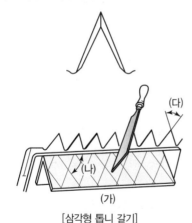

[삼각형 톱니 갈기]

14 다음 중 삼각톱날의 연마 준비물이 아닌 것은?

① 마름모줄　　　② 원형 연마석
③ 톱니 젖힘쇠　　④ 원형줄

● 해설

원형줄은 톱체인 날갈기용으로 사용한다.

15 소경재 임분작업을 하기 위해 이리톱의 톱날갈기를 할 때 가장 적당한 가슴각은 얼마인가?

① 침엽수는 60° 활엽수는 60°이다.
② 침엽수는 60° 활엽수는 70°이다.
③ 침엽수는 70° 활엽수는 70°이다.
④ 침엽수는 70° 활엽수는 60°이다.

● 해설

이리형 톱니
• 날을 갈기 어렵지만 절단능력이 우수하다.
• 톱니가슴각은 침엽수 60°, 활엽수 70°(75°)가 되도록 한다.
• 톱니등각은 35°, 톱니꼭지각은 56~60°가 되도록 한다.

16 이리톱니 정비 시 각도가 올바른 것은?

① 톱니꼭지각 : 56~60°
② 톱니등각 : 56~60°
③ 톱니가슴각(침엽수) : 70°
④ 톱니가슴각(활엽수) : 60°

17 무육작업 시 사용하는 임업용 톱의 톱니 관리방법 중 톱니 젖힘은 톱니 뿌리선으로부터 어느 지점을 중심으로 젖혀야 하는가?

① 1/3 지점　　　② 1/4 지점
③ 1/5 지점　　　④ 2/3 지점

● 해설

톱니 젖힘은 톱니뿌리선으로부터 2/3 지점을 중심으로 한다.

18 삼각톱니 가는 방법에서 톱니 젖힘의 설명으로 옳지 않은 것은?

① 젖힘의 크기는 0.2~0.5mm가 적당하다.
② 활엽수는 침엽수보다 많이 젖혀 주어야 한다.
③ 톱니 젖힘은 나무와의 마찰을 줄이기 위하여 한다.
④ 톱니 젖힘은 톱니 뿌리선으로부터 2/3 지점을 중심으로 하여 젖혀 준다.

● 해설
침엽수는 활엽수에 비해 목섬유가 연하고 마찰이 크므로 많이 젖혀 준다.

19 다음 그림의 도구는 어떤 용도로 쓰이는가?

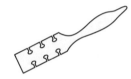

① 톱날갈기   ② 톱날의 각도측정
③ 톱니 젖힘   ④ 톱니 꼭지선 조정

20 손톱의 톱니 젖힘으로 옳은 것은?

① 침엽수 : 0.3~0.5mm
② 활엽수 : 0.3~0.5mm
③ 침엽수 : 0.5~0.8mm
④ 활엽수 : 0.5~0.8mm

● 해설
삼각형 톱니 : 젖힘의 크기는 0.2~0.5mm가 적당하며 젖힘의 크기는 모든 톱니가 항상 같아야 한다. (활엽수 : 0.2~0.3mm, 침엽수 : 0.3~0.5mm)

21 삼각톱니 관리 시 목재와의 마찰을 부드럽게 하기 위하여 톱니 젖힘을 한다. 젖힘의 크기(폭)는 어느 정도가 가장 적당한가?

① 0.5~0.1mm   ② 0.2~0.5mm
③ 0.6~0.8mm   ④ 0.9~0.11mm

22 다음 중 작업도구관리에 관한 설명 중 옳지 않은 것은?

① 손톱손질에서 침엽수용은 활엽수용보다 더 톱니를 많이 젖혀 준다.
② 낫, 도끼날관리에서는 가급적 절단 시 접촉면이 작게 타원형으로 갈아 줘야 힘이 적게 든다.
③ 도구관리는 많은 시간이 소요되므로 자주 실시하는 것보다 1주에 한 번 정도가 적합하다.
④ 도구관리는 날부분도 중요하지만 자루부분도 중요하다.

● 해설
작업 후 항상 각 부분을 점검하여 언제든지 사용할 수 있도록 유지·관리해야 한다.

05장 산림작업 및 안전

SECTION 01 산림작업 안전수칙

1 안전관리

(1) 안전관리의 정의

① 작업장의 생산활동에서 발생하는 모든 위험으로부터 작업자의 신체와 건강을 보호하며, 작업 시설을 안전하게 유지하는 것이다.

② 산림작업 시 안전사고 비율

㉠ 작업별 : 벌목 등 수확작업 70% , 무육작업 20%, 기타 10% 등

㉡ 신체부위별 : 손 36%(손가락 27%), 다리 32%(발 7%), 머리 21%(눈 12%), 몸통과 팔 11% 등

㉢ 연령별로는 경력이 적은 젊은 사람, 계절적으로는 여름, 요일별로는 월요일이 사고빈도가 높은 편이다.

(2) 안전사고 발생원인

관리적 원인, 가해물질에 의한 원인, 직접원인 등 여러 가지가 있지만 실질적으로는 안전작업 미숙과 부주의에 따른 불안전한 행동에 의한 사고가 가장 많다.

(3) 안전사고의 예방 중요 ★★★

① 작업실행에 심사숙고 하며 서두르지 않고 침착하게 작업한다.

② 긴장하지 말고 부드럽고 율동적인 작업을 한다.

③ 규칙적으로 휴식하고 휴식 후 서서히 작업속도를 올린다.

④ 혼자 작업하지 말고 2인 이상 작업을 하며, 가시·가청권 내에서 작업한다.

⑤ 올바른 장비와 기술을 사용하여 작업한다.

⑥ 안전에 대한 연구와 예방책 강구에 끊임없이 노력한다.

안전사고 예방 및 응급처치

1 작업종류별 안전대책

(1) 산림작업 일반 준수사항 중요 ★★

① 작업 전에 작업원 간의 작업순서 및 연락방법을 숙지한 후 작업에 착수한다.

② 모든 작업도구는 작업시작과 종료 시 정비 · 점검하여 안전한 상태로 사용한다.

③ 기상악화로 작업상의 위험이 예상될 경우 작업을 중지한다.

④ 바람이 불어도 임목수확작업이 가능한 바람의 세기는 약 초속 14m 정도이다.

(2) 무육작업 시 준수사항

① 임분 울폐도가 높아 전방을 분간하기 힘들 때 특히 조심한다.

② 작업로를 만들어 임분을 구획한다.

③ 단독작업 시 다른 작업자의 가시권 및 가청권 내에서 작업한다.

④ 기계작업 시 수동작업과 기계작업을 교대로 한다.

⑤ 날이 있는 도구 사용 시 미끄러지지 않도록 주의하고, 덮개를 씌운 후 이동한다.

⑥ 고지절단용 톱 사용 시 반드시 얼굴보호망을 착용한다.

⑦ 손톱 사용 시 찰과상에 주의하며 한쪽 발을 약간 굽히고 다리를 벌려 작업한다. 허리에 부담을 덜 주는 자세로 작업한다.

(3) 체인톱으로 가지치기 시 유의사항

① 안내판이 짧은 기계톱(경체인톱)을 사용한다.(안내판 길이 30∼40cm)

② 작업자는 벌목할 나무에 가까이에 서서 작업한다.

③ 벌목한 나무를 몸과 체인톱 사이에 놓고 가까이에 서서 작업한다.

④ 톱은 몸체와 가급적 가까이 밀착하고 무릎을 약간 구부린다.

⑤ 안전한 자세로 서서 작업한다.

⑥ 체인톱을 자연스럽게 움직인다.

⑦ 오른발은 후방손잡이 뒤에 오도록 하고 왼발은 뒤로 빼내어 안내판으로부터 멀리 떨어져 있도록 한다.

⑧ 장력을 받고 있는 가지는 압력을 받고 있는 부분을 먼저 절단 후 장력부분을 제거한다.

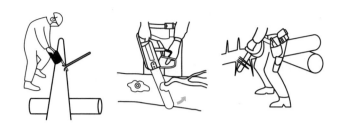

[체인톱 가지치기 모습]

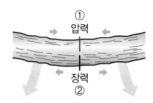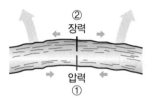

a. 압력이 위에 있을 때 순서   b. 압력이 아래에 있을 때 순서

[압력위치에 따른 작업순서]

(4) 벌목작업 시 준수사항 중요 ★★☆

① 벌채사면의 구획은 종방향으로 하고 동일 벌채사면의 상하 동시작업은 금지한다.

② 벌목영역은 벌채목을 중심으로 수고의 2배에 해당하는 영역이며, 이 구역 내에서는 작업에 참가하는 사람만 있어야 한다.(벌목영역 : 벌채목이 넘어가는 구역)

③ 작업 시 보호장비를 갖추고 작업조는 2인 1조로 편성한다.

④ 벌목 시 걸린 나무는 지렛대 등을 이용하여 제거하고 받치고 있는 나무는 베지 않으며 장력을 받고 있는 나무는 압력을 받게 되는 부위를 먼저 절단한다.

⑤ 벌목할 수목 주위의 관목, 고사목, 덩굴 및 부석 등을 제거한다.

⑥ 미리 대피장소를 정하고, 작업도구들은 벌목 반대방향으로 치우며 나무뿌리, 덩굴 등의 장해물을 미리 제거하여 대피할 때 방해되지 않도록 준비한다.

⑦ 벌목 시에는 나무의 산정방향에 서서 작업하며, 작업면보다 아래의 경사면 출입을 통제한다.

⑧ 벌목방향은 수형, 인접목, 지형, 풍향, 풍속, 절단 후의 집재작업 등을 고려하여 가장 안전한 방향으로 선택한다.

⑨ 벌목작업에 종사하는 근로자는 벌목으로 인한 위험이 생길 우려가 있을 때에는 미리 신호를 하고 다른 근로자가 대피한 것을 반드시 확인한 후 작업한다.

⑩ 벌목작업 시에는 옆사람과 일정한 간격을 유지하며, 작업 후 휴식시간에는 조별로 단체행동한다.

⑪ 벌목할 나무가 미끄러질 위험이 있는 곳에서는 산정방향과 비스듬히 벌목한다.

오른쪽 그림과 같이 나무가 걸쳐 있을 때에 압력부
는 어느 위치인가?

① 1번

② 2번

③ 3번

④ 4번

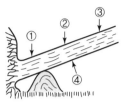

풀이 장력을 받고 있는 나무는 압력을 받게 되는 부위를 먼저 절단한다.

답 ④

(5) 대경재 벌목방법 중요 ★★☆

① 수구(방향베기)

ㄱ 대경목일 경우 벌근직경의 1/4 이상 깊이로 자르고 상하면의 각은 30~45° 정도로 하여야 한다.

ㄴ 수구방향으로 수목이 넘어간다.

② 추구(따라베기)

ㄱ 수구 밑면보다 수목지름의 1/10 높은 곳에서 줄기와 직각방향으로 자른다.

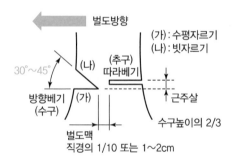

벌도방향

(가):수평자르기
(나):빗자르기

30°~45° (나) (추구) 따라베기

근주살

방향베기 (수구) (가) 수구높이의 2/3

벌도맥
직경의 1/10 또는 1~2cm

[방향베기(수구)와 따라베기(추구)]

(6) 소경재 벌목방법

① 비스듬히 절단하는 방법 : 수구를 만들지 않고 벌목방향으로 20° 정도 경사를 두어 바로 벌채하는 방법이다.

② 간이수구 절단방법 : 벌근직경의 1/3~2/5 정도로서 정상적인 수구보다 다소 깊게 자르고, 상하면의 각은 따로 없으며 추구방향에서는 줄기와 직각방향으로 자른다.

a. 비스듬히 절단방법

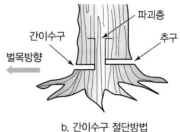

b. 간이수구 절단방법

[소경재 벌목방법]

벌도목 선정 → 벌도방향 결정 → 벌도목 주위 장해물 제거 → 방향베기(수구) → 따라베기(추구)

[벌목의 순서]

(7) 나무에 걸린 벌채목 처리방법

① 방향전환 지렛대를 이용하여 넘긴다.
② 걸린 나무를 흔들어 넘긴다.
③ 소형 견인기나 로프 등을 이용하여 끌어낸다.
④ 경사면을 따라 조심히 끌어낸다.
⑤ 토막을 내어 넘기지 않는다.

② 안전 및 보호장비

(1) 안전장비의 필요성

① 벌목·수확작업에서 안전장비를 착용하고 구급상자 등을 비치해야 한다.
② 안전장비
　㉠ 머리보호 : 안전헬멧, 귀마개, 얼굴보호망
　㉡ 손 : 안전장갑
　㉢ 다리와 발 : 무릎보호대와 안전화
　㉣ 몸통 보호 : 안전복

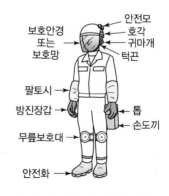

[위치에 따른 안전장비 명칭]

(2) 개인 안전장비의 종류

① **안전헬멧** : 추락하는 물체로부터 머리를 보호하고, 귀마개 및 얼굴보호방이 부착된 헬멧을 착용한다.

② **귀마개**
  ㉠ 소음으로부터 난청을 예방한다.
  ㉡ 체인톱의 소음은 약 100~115dB 정도이며, 소음이 90dB 이상인 경우 소음성 난청의 유발 가능성이 있다.

③ **얼굴보호망** : 톱밥, 가시 등 오염물질로부터 눈을 보호하고 재질은 철망보다는 플라스틱 재질이 좋다.

④ **안전복**
  ㉠ 작업자 식별을 쉽게 하기 위해 경계색(주황색, 붉은색)을 넣는다.
  ㉡ 땀을 잘 흡수하고 물이 스며들지 않는 옷감을 사용한다.

⑤ **안전장갑**
  ㉠ 찰과상, 진동, 찔림 등으로부터 손을 보호한다.
  ㉡ 와이어로프 작업용 안전장갑은 손바닥 부분이 두 겹으로 되어 있고 손목이 긴 장갑을 착용한다.

⑥ **안전화**
  ㉠ 미끄러움을 막고 기계톱 및 도끼 등에 의한 상해 및 타격으로부터 발을 보호한다.
  ㉡ 앞코에 철판이 들어있는 것을 착용한다.
  ㉢ 산림작업용 안전화의 조건 중요 ★★☆
    • 철판으로 보호된 안전화코
    • 미끄러짐을 막을 수 있는 바닥판
    • 발이 찔리지 않도록 되어 있는 특수보호재료
    • 땀의 흡수와 배출이 용이한 재질

(3) 작업조의 조직과 편성

① 1인 1조 : 독립적이고 융통성 및 작업능률이 좋으나 과로하기 쉽고 사고발생 시 위험하다.
② 2인 1조 작업조직과 편성
  ㉠ 수익증대, 책임의식 고조, 안전성 증대, 작업내용과 할 일을 명확히 구분할 수 있다.
  ㉡ 작업에 대한 흥미유발 및 작업과정을 충분히 이해할 수 있다.

01 다음 중 안전사고의 발생원인으로 틀린 것은?

① 작업의 중용을 지킬 때
② 과로하거나 과중한 작업을 수행할 때
③ 실없는 자부심과 자만심이 발동할 때
④ 안일한 생각으로 태만히 작업을 수행할 때

● 해설
안전사고의 예방
• 작업실행에 심사숙고하며 서두르지 않고 침착하게 작업한다.
• 긴장하지 말고 부드럽고 율동적인 작업을 한다.
• 규칙적으로 휴식하고 휴식 후 서서히 작업속도를 올린다.
• 혼자 작업하지 말고 2인 이상 작업을 하며, 가시·가청권 내에서 작업한다.
• 올바른 장비와 기술을 사용하여 작업한다.
• 안전에 대한 연구와 예방책 강구에 끊임없이 노력한다.

02 산림작업의 안전사고예방수칙으로 옳지 않은 것은 어느 것인가?

① 몸 전체를 고르게 움직이며 작업할 것
② 긴장하지 말고 부드럽게 작업에 임할 것
③ 작업복은 작업종과 일기에 따라 착용할 것
④ 안전사고예방을 위하여 가능한 혼자 작업할 것

● 해설
혼자 작업하지 말고 2인 이상 작업을 하며, 가시·가청권 내에서 작업한다.

03 산림무육작업 시 준수하여야 할 유의사항으로 틀린 것은?

① 단독작업을 하되 동료와 가시권, 가청권 내에서 작업한다.

② 기계작업 시에는 수동작업과 기계작업을 교대로 한다.
③ 안전장비를 착용한다.
④ 작업로를 설치하지 않고 분산하여 작업한다.

● 해설
작업로를 만들어 임분을 구획한다.

04 예불기 사용 시 올바른 자세와 작업방법이 아닌 것은?

① 돌발적인 사고예방을 위하여 안전모, 안면보호망, 귀마개 등을 사용하여야 한다.
② 예불기를 멘 상태의 바른 자세는 예불기 톱날의 위치가 지상으로부터 10~20cm에 위치하는 것이 좋다.
③ 1년생 잡초 제거작업 시 작업의 폭은 1.5m가 적당하다.
④ 항상 오른쪽 발을 앞으로 하고 전진할 때는 왼쪽 발을 먼저 앞으로 이동시킨다.

● 해설
오른발은 후방손잡이 뒤에 오도록 하고 왼발은 뒤로 빼내어 안내판으로부터 멀리 떨어져 있도록 한다.

05 벌목작업 시 안전작업방법으로 올바른 것은?

① 작업도구들은 벌목방향으로 치우고 도피 시 방해가 되지 않도록 한다.
② 벌목영역은 벌채목을 중심으로 수고의 3배이다.
③ 벌목구역은 벌채목이 넘어가는 구역이다.
④ 벌목영역에는 사람이 아무도 없어야 한다.

● 해설

벌목영역은 벌채목을 중심으로 수고의 2배에 해당하는 영역이며, 이 구역 내에서는 작업에 참가하는 사람만 있어야 한다.

※ 벌목영역 : 벌채목이 넘어가는 구역

06 산림작업 시 안전사고예방을 위하여 지켜야 할 사항으로 옳지 않은 것은?

① 작업실행에 심사숙고할 것
② 긴장하지 말고 부드럽게 할 것
③ 가급적 혼자 작업하여 능률을 높일 것
④ 휴식 직후에는 서서히 작업속도를 높일 것

● 해설

작업 시 보호장비를 갖추고 작업조는 2인 1조로 편성한다.

07 다음 그림에서 소경재 벌목작업의 간이수구에 의한 절단방법으로 가장 적합한 것은?

①  수구 / 추구

②  수구 / 추구

③  추구 / 수구

④  수구 / 추구

● 해설

간이수구 절단방법

벌근직경의 1/3~2/5 정도로서 정상적인 수고보다 다소 깊게 자르고, 상하면의 각은 따로 없으며 추구방향에서는 줄기와 직각방향으로 자른다.

08 벌목방법의 순서로 옳은 것은?

① 벌목방향 설정 – 수구자르기 – 추구자르기 – 벌목
② 벌목방향 설정 – 추구자르기 – 수구자르기 – 벌목
③ 수구자르기 – 추구자르기 – 벌목방향 설정 – 벌목
④ 추구자르기 – 수구자르기 – 벌목방향 설정 – 벌목

● 해설

벌목의 순서

벌도목 선정 → 벌도방향 결정 → 벌도목 주위 장애물 제거 → 방향베기(수구) → 따라베기(추구)

09 벌목작업 시 다른 나무에 걸린 벌채목의 처리방법으로 옳지 않은 것은?

① 기계톱을 이용하여 토막 낸다.
② 견인기를 이용하여 뒤로 끌어낸다.
③ 경사면을 따라 조심스럽게 끌어낸다.
④ 방향전환지렛대를 이용하여 넘긴다.

● 해설

벌목 시 걸린 나무는 지렛대 등을 이용하여 제거하고 받치고 있는 나무는 베지 않으며 장력을 받고 있는 나무는 압력을 받게 되는 부위를 먼저 절단한다.

10 다음 중 산림작업을 위한 개인안전방비로 가장 거리가 먼 것은?

① 안전화   ② 안전헬멧
③ 구급낭   ④ 안전장갑

● 해설

안전장비

• 머리보호 : 안전헬멧, 귀마개, 얼굴보호망
• 손 : 안전장갑
• 다리와 발 : 무릎보호대와 안전화
• 몸통 보호 : 안전복

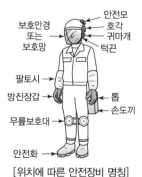

[위치에 따른 안전장비 명칭]

11 산림작업에서 개인안전복장 착용 시 준수사항으로 가장 거리가 먼 것은?

① 몸에 맞는 작업복을 입어야 한다.
② 겨울에는 춥지 않게 목도리를 해야 한다.
③ 가지치기작업을 할 때는 얼굴보호망을 쓴다.
④ 안전화를 반드시 착용해야 한다.

●**해설**
산림작업에 방해가 되는 복장은 착용을 규제한다.

12 안전사고 예방기본대책에서 예방효과가 큰 순서로 올바르게 나열한 것은?

① 위험 제거 → 위험으로부터 멀리 떨어짐 → 위험고정 → 개인안전보호
② 개인안전보호 → 위험고정 → 위험 제거 → 위험으로부터 멀리 떨어짐
③ 위험고정 → 개인안전보호 → 위험 제거 → 위험으로부터 멀리 떨어짐
④ 위험으로부터 멀리 떨어짐 → 개인안전보호 → 위험 제거 → 위험고정

13 조림 및 무육작업에 있어 식재작업 시 유의할 사항으로 틀린 것은?

① 안전장비를 착용한다.
② 작업자 간의 안전거리를 유지한다.
③ 경사지에서는 상하로 서서 작업한다.
④ 식재괭이자루가 안전한가 확인한다.

●**해설**
벌채사면의 구획은 종방향으로 하고 동일 벌채사면의 상하 동시작업은 금지한다.

14 산림작업에서 개인안전복장 착용 시 준수사항으로 가장 옳지 않은 것은?

① 몸에 맞는 작업복을 입어야 한다.
② 안전화와 안전장갑을 착용한다.
③ 가지치기작업을 할 때는 얼굴보호망을 쓴다.
④ 작업복 바지는 멜빵 있는 바지는 입지 않는다.

●**해설**
작업복 바지는 땀을 잘 흡수하는 멜빵 있는 바지를 입는다.

15 산림작업용 안전화가 갖추어야 할 조건으로 옳지 않은 것은?

① 철판으로 보호된 안전화코
② 미끄러짐을 막을 수 있는 바닥판
③ 땀의 배출을 최소화하는 고무재질
④ 발이 찔리지 않도록 되어 있는 특수보호 재료

●**해설**
산림작업용 안전화의 조건
• 철판으로 보호된 안전화코
• 미끄러짐을 막을 수 있는 바닥판
• 발이 찔리지 않도록 되어 있는 특수보호 재료
• 땀의 흡수와 배출이 용이한 재질

16 벌목조재작업 시 다른 나무에 걸린 벌채목의 처리로 옳지 않은 것은?

① 지렛대를 이용하여 넘긴다.
② 걸린 나무를 흔들어 넘긴다.
③ 걸려 있는 나무를 토막 내어 넘긴다.
④ 소형 견인기나 로프를 이용하여 넘긴다.

●**해설**
나무에 걸린 벌채목의 처리방법
• 방향전환지렛대를 이용하여 넘긴다.
• 걸린 나무를 흔들어 넘긴다.
• 소형 견인기나 로프 등을 이용하여 끌어낸다.
• 경사면을 따라 조심히 끌어낸다.
• 토막을 내어 넘기지 않는다.

APPENDIX
01

과년도 기출문제

CONTENTS

01 다음 중 왜림작업으로 가장 적합한 수종은?

① 전나무   ② 향나무
③ 아까시나무   ④ 가문비나무

●해설

측면맹아(근주맹아)
• 줄기 옆부분에서 돋아나는 것으로 세력이 강해서 갱신에 효과적이다.
• 가장 우수한 수종 : 아까시나무, 신갈나무, 물푸레나무, 당단풍나무 등

02 우리나라 산림대를 구성하는 요소로서 일반적으로 북위 35°이남, 평균기온이 14℃ 이상되는 지역의 산림대는?

① 열대림   ② 난대림
③ 온대림   ④ 온북대림

●해설

산림대	위도	연평균 기온	특징수종
난대림 (상록 활엽수)	35° (해안)	14℃ 이상	붉가시나무, 호랑가시나무, 동백나무, 구질잣밤나무, 생달나무, 가시나무, 아왜나무, 녹나무, 돈나무, 감탕나무, 사철나무, 식나무, 해송, 삼나무, 편백나무

03 열간거리 1.0m, 묘간거리 1.0m로 묘목을 식재하려면 1ha당 몇 그루의 묘목이 필요한가?

① 3,000   ② 5,000
③ 10,000   ④ 12,000

●해설

$$N = \frac{A}{a^2} = \frac{10,000}{1^2} = 10,000$$

04 발아율 90%, 고사율 10%, 순량률 80%일 때 종자의 효율은?

① 14.4%   ② 16.0%
③ 18.0%   ④ 72.0%

●해설

$$효율(\%) = \frac{순량률 \times 발아율}{100} = \frac{80 \times 90}{100} = 72$$

05 묘목을 굴취하여 식재하기 전에 묘포지나 조림지 근처에 일시적으로 도랑을 파서 뿌리부분을 묻어 둠으로써 건조를 방지하고 생기를 회복하는 작업으로 옳은 것은?

① 가식   ② 선묘
③ 곤포   ④ 접목

●해설

가식
• 조림지에 심기 전 임시로 다른 곳에 심어 두는 작업이다.
• 굴취 후 즉시 선묘하여 하루 이내에 운반하여 가식한다.

06 다음 중 나무의 가지를 자르는 방법으로 옳지 않은 것은?

① 고사지는 제거한다.
② 침엽수는 절단면이 줄기와 평행하게 가지를 자른다.
③ 활엽수는 지름 5cm 이상의 큰 가지 위주로 자른다.
④ 수액유동이 시작되기 직전인 성장휴지기에 하는 것이 좋다.

활엽수는 상처의 유합이 잘 안 되고 썩기 쉽기 때문에 직경 5cm 이상의 가지는 가지치기하지 않는다.

07 대면적의 임분이 일시에 벌채되어 동령림으로 구성되는 작업종으로 옳은 것은?

① 개벌작업　　　② 산벌작업
③ 택벌작업　　　④ 모수작업

해설

개벌작업은 갱신하고자 하는 임지 위에 있는 임목을 일시에 벌채하고 그 자리에 인공식재나 파종 및 천연갱신으로 새로운 임분을 조성하는 방법이다.(우리나라에서 많이 실행) 개벌 후에 성립되는 임분은 모두 동령림이다.

08 종자가 비교적 가벼워서 잘 날아갈 수 있는 수종에 가장 적합한 갱신작업은?

① 모수작업　　　② 중림작업
③ 택벌작업　　　④ 왜림작업

해설

성숙한 임분을 대상으로 벌채를 실시할 때 모수가 될 임목을 산생(한 그루씩 흩어져 있음)시키거나 군생(몇 그루씩 무더기로 남김)으로 남겨 두어 갱신이 필요한 종자를 공급하게 하고 그 외의 나무를 일시에 모두 베어 내는 방법이다.
• 전 임목 본수의 2~3%, 재적으로는 약 10%, 1ha당 약 15~30본이다.
• 종자가 비교적 가벼워서 잘 날아갈 수 있는 수종에 가장 적합한 갱신작업이다.

09 임분갱신에 관한 설명 중 틀린 것은?

① 파종조림, 식재조림은 인공갱신에 속한다.
② 맹아갱신은 대경 및 우량재 생산이 곤란하다.
③ 천연하종갱신은 경제적이고 적지적수가 될 수 있다.
④ 모든 임분갱신은 천연하종갱신으로 하는 것이 좋다.

10 꽃 핀 이듬해 가을에 종자가 성숙하는 수종은?

① 버드나무　　　② 느릅나무
③ 졸참나무　　　④ 비자나무

해설

꽃 핀 이듬해 가을에 종자 성숙
• 꽃 핀 이듬해 가을에 종자 성숙(2년마다 열매 성숙)
• 소나무류, 잣나무, 상수리나무, 굴참나무, 비자나무 등

11 다음 설명 중 옳지 않은 것은?

① 취목은 휘묻이라고도 한다.
② 꺾꽂이와 조직배양은 무성번식이다.
③ 접목은 가을에 실시하는 것이 좋다.
④ 취목 시 환상박피하면 발근이 잘 된다.

해설

접목의 시기
• 대부분의 춘계 접목수종은 일평균기온이 15℃ 전후로 대목의 새 눈이 나오고 본엽이 2개가 되었을 때가 접목의 시기이다.
• 일반적으로 접수는 휴면상태이고 대목은 활동을 개시한 직후가 접목의 시기이다.

12 대면적개벌천연하종갱신법의 장단점에 관한 설명으로 옳은 것은?

① 음수의 갱신에 적용한다.
② 새로운 수종도입이 불가하다.
③ 성숙임분갱신에는 부적당하다.
④ 토양의 이화학적 성질이 나빠진다.

해설

대면적개벌천연하종갱신법은 임지를 황폐화시키기 쉽고, 지력을 나쁘게 하는 단점이 있다.

13 다음 중 곤포당 수종의 본수가 가장 적은 것은?

① 잣나무(2년생) ② 삼나무(2년생)

③ 호두나무(1년생) ④ 자작나무(1년생)

● 해설

① 잣나무(2년생) : 2,000본

② 삼나무(2년생) : 1,000본

③ 호두나무(1년생) : 500본

④ 자작나무(1년생) : 1,000본

14 조림할 땅에 종자를 직접 뿌려 조림하는 것은?

① 식수조림 ② 파종조림

③ 삽목조림 ④ 취목조림

● 해설

파종조림

묘목을 식재하는 대신 종자를 임지에 직접 파종하는 방법(직파조림)

15 다음 종자의 발아촉진방법 중 옳지 않은 것은?

① 종피에 기계적으로 상처를 가하는 방법

② 황산처리법

③ 노천매장법

④ X선법

● 해설

• X선 분석법은 발아검사방법이다.

• 종자를 X선으로 촬영하여 내부의 기계적 상처, 해충 피해, 쭉정이 등을 확인하는 방법이다.

16 소나무, 해송과 같은 양수의 수종에 적용하는 풀베기방법은?

① 전면깎기 ② 줄깎기

③ 둘레깎기 ④ 점깎기

● 해설

모두베기(전면깎기, 전예)

• 조림목만 남기고 임지의 해로운 주변 식물을 모두 베어 내는 방법이다.

• 임지가 비옥하거나 식재목이 많은 광선을 요구할 때 적용한다.

• 땅힘이 좋고 양수인 수종에 적합하다.

• 적용수종 : 소나무, 낙엽송, 강송, 삼나무, 편백나무 등

17 벌채구를 구분하여 순차적으로 벌채하여 일정한 주기에 의해 갱신작업이 되풀이되는 것을 무엇이라 하는가?

① 윤벌기 ② 회귀년

③ 간벌기간 ④ 벌채시기

● 해설

• 순환택벌 : 택벌림의 전 구역을 몇 개의 벌채구로 구분하고 한 구역을 택벌하고 다시 처음 구역으로 되돌아오는 방법이다.

• 회귀년 : 순환택벌 시 처음 구역으로 되돌아오는 데 소요되는 기간이다.

• 윤벌기 ÷ 벌채구＝회귀년(보통 20～30년)

18 일반적인 침엽수종에 대한 묘포의 가장 적당한 토양산도는?

① pH 3.0～4.0 ② pH 4.0～5.0

③ pH 5.0～6.5 ④ pH 6.5～7.5

● 해설

토양산도는 침엽수의 경우 pH 5.0～6.5, 활엽수의 경우 pH 5.5～6.0이 적당하다.

19 가지치기의 목적으로 가장 적합한 것은?

① 경제성 높은 목재생산

② 연료림 조성

③ 맹아력 증진

④ 산불예방

● 해설

우량한 목재를 생산할 목적으로 가지의 일부분을 계획적으로 끊어 주는 것을 말한다.

20 종자의 저장방법으로 옳지 않은 것은?

① 건조저장 ② 저온저장

③ 냉동저장 ④ 노천매장

●해설
③항은 저장방법과 관련이 없다.

21 간벌에 관한 설명으로 옳지 않은 것은?

① 솎아베기라고도 한다.

② 임관을 울폐시켜 각종 재해에 대비하고자 한다.

③ 조림목의 생육공간 및 임분구성 조절이 목적이다.

④ 임분의 수직구조 및 안정화를 도모한다.

●해설
울폐된 임관을 간벌함으로써 각종 재해에 대비할 수 있다.

22 일반적으로 가지치기작업 시 자르지 말아야 할 가지의 최소 지름 기준은?

① 5cm ② 10cm

③ 15cm ④ 20cm

●해설
활엽수는 상처의 유합이 잘 안 되고 썩기 쉽기 때문에 직경 5cm 이상의 가지는 가지치기 하지 않는다.

23 일반적으로 밑깎기작업에 적당한 계절은?

① 봄 ② 여름

③ 가을 ④ 겨울

●해설
풀베기 시기 중요 ★☆☆
• 일반적으로 6~8월에 실시하며, 연 2회할 경우 6월(5~7월)에서 8월(7~9월)에 작업한다.
• 9월 이후에는 실시하지 않는다.

24 묘포의 입지를 선정할 때 고려해야 할 요건별 최적조건으로 옳지 않은 것은?

① 경사도 : 3~5° ② 토양 : 질땅

③ 방위 : 남향 ④ 교통 : 편리

●해설
• 교통과 관리가 편리하고 조림지와 가까운 곳
• 묘목 생산량에 필요한 충분한 면적을 확보할 수 있는 곳
• 토질은 가급적 점토가 50% 미만인 양토나 식양토로서 토심이 30cm 이상인 곳
• 토심이 깊고 부식질 함량이 많으며 조림지와 비슷한 환경을 가진 곳
• 토양산도는 침엽수의 경우 pH 5.0~6.5, 활엽수의 경우 pH 5.5~6.0이 적당하다.
• 관배수가 용이한 5° 이하의 남향이면서 완경사지인 곳
• 침엽수를 파종할 곳은 1~2° 정도의 경사지, 기타는 3~5° 정도의 경사지를 선정하는 것이 적합하다.
• 포지 경사지가 5° 이상이면 계단식으로 구획한다.
• 생산 주체별로 묘포지를 집단화(단지화)한다.

25 다음 중 조파에 의한 파종으로 가장 적합한 수종은?

① 회양목 ② 가래나무

③ 오리나무 ④ 아까시나무

●해설
조파(줄뿌림)
• 골을 만들고 종자를 줄지어 뿌리는 방법
• 느티나무, 옻나무, 싸리나무, 아까시나무 등과 같은 보통종자의 파종에 이용

26 농약 주성분의 농도를 낮추기 위하여 사용하는 보조제는?

① 전착제 ② 유화제

③ 증량제 ④ 협력제

전착제	• 농약의 주성분을 병해충이나 식물체에 잘 전착시키기 위한 약제이다. • 약제의 확전성, 현수성, 고착성에 도움을 준다.
증량제	주성분의 농도를 낮추어 일정한 농도를 유지하기 위한 약제이다.
용제	약제의 유효성분을 용해시키는 약제이다.
유화제	물속에서 유제를 균일하게 분산시키는 약제이다.(계면활성제)
협력제	유효성분의 살충력을 증진시키는 약제로 효력증진제라고도 한다.

27 소나무혹병의 중간기주는?

① 낙엽송 　　　　　② 송이풀
③ 졸참나무 　　　　④ 까치밥나무

●해설
소나무혹병의 중간기주
졸참나무, 신갈나무

28 유관속시들음병의 기주와 전파경로로 짝지어진 것으로 옳지 않은 것은?

① 흑변뿌리병 – 나무좀
② 감나무시들음병 – 뿌리
③ 느릅나무시들음병 – 나무좀
④ 참나무시들음병 – 광릉긴나무좀

●해설
• 유관속시들음병은 병원균에 의해 발병하고 물관부에 병원체가 활성을 띠며 발병한다.
• 감나무시들음병의 전파경로 – 나무좀

29 사과나무 및 배나무 등의 잎을 가해하고 성충의 날개가루나 유충의 털이 사람의 피부에 묻으면 심한 통증과 피부염을 유발하는 해충은?

① 독나방 　　　　　② 박쥐나방
③ 미국흰불나방 　　④ 어스렝이나방

●해설
7~8월경에 많이 나타나며, 불빛이 있는 곳으로 잘 모여들 때 등화유살한다.

30 해충저항성이 발생하지 않고 해충을 선별적으로 방제할 수 있는 방법은?

① 생물적 방제법 　　② 물리적 방제법
③ 임업적 방제법 　　④ 기계적 방제법

●해설
생물적 방제법
• 산림생태계의 균형유지를 통해 피해를 방지할 수 있는 근원적, 영구적, 친환경적 방제법이다.
• 해충밀도가 낮을 때 효과적이다.(해충밀도가 위험에 달하면 화학적 방제법 이용)
• 기생곤충, 포식충, 병원미생물 등의 천적을 이용하여 해충의 밀도를 억제하는 방법이다.

31 해충의 월동상태로 옳지 않은 것은?

① 대벌레 : 성충
② 천막벌레나방 : 알
③ 어스렝이나방 : 알
④ 참나무재주나방 : 번데기

●해설
대벌레
연 1회 발생하며 알로 월동하여 3월 하순~4월에 부화한다. 약충의 경우 암컷은 6회, 수컷은 5회 탈피하며 6월 중하순에 성충이 되어 11월 중순까지 생존한다.

32 어린 묘목을 재배하는 양묘장에서 겨울철에 저온의 피해를 막기 위하여 주풍방향에 나무를 심어 바람을 막아 주는 것을 무엇이라 하는가?

① 방풍림 　　　　　② 방조림
③ 보안림 　　　　　④ 채종림

●해설
방풍림을 서북쪽에 조성하여 포지의 건조와 찬바람을 막을 수 있다.

33 참나무시들음병을 매개하는 광릉긴나무좀을 구제하는 가장 효율적인 방제법은?

① 피해목 약제 수간주사
② 피해목 약제 수관살포
③ 피해임지 약제 지면처리
④ 피해목 벌목 후 벌목재 살충 및 살균제 훈증 처리

●해설

피해목을 벌목 후 밀봉하여 살충 및 살균제로 훈증한다.

34 다음 중 방화림 조성용으로 가장 적합한 수종은?

① 편백
② 삼나무
③ 소나무
④ 가문비나무

●해설

내화력이 강한 수종
• 은행나무, 개비자나무, 대왕송, 분비나무, 낙엽송, 가문비나무 등
• 기름성분인 수지를 함유한 침엽수가 활엽수에 비하여 산불피해를 심하게 받는다.

35 수목의 주요 병원체가 균류에 의한 병은?

① 뽕나무오갈병
② 잣나무털녹병
③ 소나무재선충병
④ 대추나무빗자루병

●해설

• 뽕나무오갈병, 대추나무빗자루병 : 파이토플라스마
• 소나무재선충병 : 선충

36 나무줄기에 뜨거운 직사광선을 쬐면 나무껍질의 일부에 급속한 수분증발이 일어나거나 형성층 조직이 파괴되고, 그 부분의 껍질이 말라 죽는 피해를 받기 쉬운 수종으로 짝지어진 것은?

① 소나무, 해송, 측백나무
② 참나무류, 낙엽송, 자작나무
③ 황벽나무, 굴참나무, 은행나무
④ 오동나무, 호두나무, 가문비나무

●해설

수피가 평활하고 코르크층이 발달하지 않은 수종 오동나무, 후박나무, 호두나무, 가문비나무 등

37 뛰어난 번식력으로 인하여 수목피해를 가장 많이 끼치는 동물로 짝지은 것은?

① 사슴, 노루
② 곰, 호랑이
③ 산토끼, 들쥐
④ 산까치, 박새

●해설

포유류의 피해
• 산림의 피해는 대형동물보다는 몸이 작고 번식력이 강한 소형동물에 의한 피해가 많이 발생한다.
• 종류 : 산토끼, 다람쥐, 두더지, 들쥐 등

38 다음 중 바이러스에 의하여 발생하는 수목병해로 옳은 것은?

① 청변병
② 불마름병
③ 뿌리혹병
④ 모자이크병

●해설

• 일종의 핵단백질로 구성된 병원체로, 전자현미경으로만 관찰이 가능하다.
• 인공배양 및 증식이 안 되며 살아 있는 세포 내에서만 증식이 가능하다.
• 진균이나 세균처럼 스스로 식물체에 감염을 일으키지 못하며, 매개생물이나 상처 부위를 통해서만 감염이 가능하다.
• 수병 : 포플러모자이크병, 아까시나무모자이크병 (매개충 : 복숭아혹진딧물)

39 살충제 중 유제에 대한 설명으로 옳지 않은 것은?

① 수화제에 비하여 살포용 약액조제가 편리하다.
② 포장, 우송, 보관이 용이하며 경비가 저렴하다.
③ 일반적으로 수화제나 다른 제형보다 약효가 우수하다.
④ 살충제의 주제를 용제에 녹인 후 계면활성제를 유화제로 첨가하여 만든다.

유제의 단점
제조비가 높고, 포장 · 수송 · 보관이 어렵다.

40 다음 해충 중 주로 수목의 잎을 가해하는 것으로 옳지 않은 것은?

① 어스렝이나방 ② 솔알락명나방
③ 천막벌레나방 ④ 솔노랑잎벌

솔알락명나방
• 잣나무나 소나무류의 구과를 가해한다.
• 잣송이를 가해하여 잣 수확을 감소시킨다.
• 연 1회 발생
  - 노숙유충의 형태로 땅속에서 월동한다.
  - 어린유충의 형태로 구과에서 월동한다.

41 산림작업에 사용하는 식재도구로 옳지 않은 것은?

① 재래식 삽
② 재래식 낫
③ 재래식 괭이
④ 각식재용 양날괭이

• 식재용 기구 : 재래식 삽, 재래식 괭이, 사식재용 괭이, 사식재용 양날괭이, 손도끼, 식혈기 등
• 산림무육용 장비 : 재래식 낫, 스위스보육낫, 소형 전정가위, 무육용 이리톱, 가지치기톱 등

42 벌목조재작업 시 다른 나무에 걸린 벌채목의 처리로 옳지 않은 것은?

① 지렛대를 이용하여 넘긴다.
② 걸린 나무를 흔들어 넘긴다.
③ 걸려 있는 나무를 토막 내어 넘긴다.
④ 소형 견인기나 로프를 이용하여 넘긴다.

나무에 걸린 벌채목의 처리방법
• 방향전환지렛대를 이용하여 넘긴다.
• 걸린 나무를 흔들어 넘긴다.
• 소형 견인기나 로프 등을 이용하여 끌어낸다.
• 경사면을 따라 조심히 끌어낸다.
• 토막을 내어 넘기지 않는다.

43 다음 중 산림무육도구가 아닌 것은?

① 스위스무육낫 ② 가지치기톱
③ 양날괭이 ④ 전정가위

• 식재용 기구 : 재래식 삽, 재래식 괭이, 사식재용 괭이, 사식재용 양날괭이, 손도끼, 식혈기 등
• 산림무육용 장비 : 재래식 낫, 스위스보육낫, 소형 전정가위, 무육용 이리톱, 가지치기톱 등

44 체인톱 엔진이 돌지 않을 시 예상되는 고장원인이 아닌 것은?

① 기화기 조절이 잘못되어 있다.
② 기화기 내 연료체가 막혀 있다.
③ 기화기 내 공전노즐이 막혀 있다.
④ 기화기 내 펌프질하는 막에 결함이 있다.

엔진이 시동(가동)되지 않는 원인
• 연료탱크가 비어 있음
• 잘못된 기화기 조절
• 기화기 내 연료체가 막힘
• 기화기 내 펌프질하는 막의 결함
• 점화플러그의 케이블 결함
• 점화플러그의 전극간격 부적당

45 초보자가 사용하기 편리하고 모래 등이 많이 박힌 도로변의 가로수 정리용으로 적합한 체인톱 톱날의 종류는?

① 끌형 톱날 ② 대패형 톱날
③ 반끌형 톱날 ④ L형 톱날

대패형(치퍼형) 톱날
- 톱날의 모양이 둥글고 절삭저항이 크지만 톱니의 마멸이 적다.
- 원형줄로 톱니세우기가 손쉬어 비교적 안전하므로 초보자가 사용하기 쉽다.
- 가로수와 같이 모래나 흙이 묻어 있는 나무를 벌목할 때 많이 이용한다.

46 다음에 해당하는 톱으로 옳은 것은?

① 제재용 톱
② 무육용 이리톱
③ 벌도작업용 톱
④ 조재작업용 톱

무육용 이리톱
- 무육용 날과 가지치기용 날이 함께 달려 있다.
- 가지치기와 직경 6~15cm 내외의 유령림 무육작업에 적합하며, 손잡이가 구부러져 있다.

47 대패형 톱날의 창날각도로 가장 적당한 것은?

① 30°
② 35°
③ 60°
④ 80°

종류 / 연마각도	대패형	반끌형	끌형
창날각	35°	35°	30°
가슴각	90°	85°	80°
지붕각	60°	60°	60°
연마방법	수평	10° 상향	10° 상향

48 체인톱의 엔진 회전수를 조정할 수 있는 장치는?

① 에어필터
② 스프로킷
③ 스로틀레버
④ 스파크플러그

스로틀레버(액셀레버)
기화기의 공기차단판과 연결되어 있으며 엔진의 회전속도를 조절한다.

49 아크야윈치(썰매형 윈치)의 혼합연료 제조 시 50L 휘발유는 얼마의 엔진오일과 섞어야 하는가?

① 1L
② 2L
③ 10L
④ 20L

50 외기온도에 따른 윤활유 점액도로 올바르게 짝지은 것은?

① +30~+60℃ : SAE30
② +10~+30℃ : SAE10
③ −60~−30℃ : SAE30W
④ −30~−10℃ : SAE20W

"SAE 번호"로 윤활유의 점도를 나타내며 숫자가 클수록 점도가 높아지고 "W"로 표시된 것은 겨울용이다.

51 산림작업의 안전사고 예방수칙으로 옳지 않은 것은?

① 몸 전체를 고르게 움직이며 작업할 것
② 긴장하지 말고 부드럽게 작업에 임할 것
③ 작업복은 작업종과 일기에 따라 착용할 것
④ 안전사고 예방을 위하여 가능한 혼자 작업할 것

안전사고의 예방
- 작업실행에 심사숙고 하고 서두르지 말고 침착하게 작업한다.
- 긴장하지 말고 부드럽고 율동적인 작업을 한다.

- 규칙적으로 휴식하고 휴식 후 서서히 작업속도를 올린다.
- 혼자 작업하지 말고 2인 이상 작업을 하며, 가시 · 가청권 내에서 작업한다.
- 올바른 장비와 기술을 사용하여 작업한다.
- 안전에 대한 연구와 예방책 강구에 끊임없이 노력한다.

52 다음 중 가선집재기계로 옳지 않은 것은?

① 하베스터
② 자주식 반송기
③ 썰매식 집재기
④ 이동식 타워형 집재기

● 해설
하베스터
- 벌도, 가지치기, 조재목마름질, 토막내기작업을 한 공정에서 수행하는 기능을 한다.
- 임 내에서는 벌목, 조재하는 장비로 포워드 등을 장비와 함께 사용한다.

53 기계톱의 운전 · 작업 시 유의사항으로 옳지 않은 것은?

① 벌목 가동 중 톱을 빼낼 때는 톱을 비틀어서 빼낸다.
② 절단작업 시 충분히 스로틀레버를 잡아 주어야 한다.
③ 안내판의 끝부분으로 작업하지 않는다.
④ 이동 시에는 반드시 엔진을 정지시킨다.

● 해설
절단작업 중 안내판이 끼어 톱체인이 정지할 경우 무리한 운전은 삼가고, 톱날을 빼낼 때 비틀지 않는다.

54 4행정 엔진의 작동순서로 옳은 것은?

① 흡입 → 폭발 → 배기 → 압축
② 압축 → 흡입 → 배기 → 폭발
③ 폭발 → 압축 → 배기 → 흡입
④ 흡입 → 압축 → 폭발 → 배기

55 체인톱에 사용하는 연료로 휘발유와 윤활유를 혼합할 때 일반적으로 사용하는 비율(휘발유 : 윤활유)로 가장 적당한 것은?

① 5 : 1
② 15 : 1
③ 25 : 1
④ 35 : 1

56 어깨걸이식 예불기를 메고 바른 자세로 서서 손을 떼었을 때 지상으로부터 날까지의 가장 적절한 높이는 몇 cm 정도인가?

① 5~10cm
② 10~20cm
③ 20~30cm
④ 30~40cm

● 해설
예불기의 톱날은 지면으로부터 10~20cm의 높이에 위치하는 것이 적당하다.

57 기계톱 체인에 오일이 적게 공급될 때 예상되는 고장원인으로 옳지 않은 것은?

① 기화기 내의 연료체가 막혀 있다.
② 흡수호스 또는 전기도선에 결함이 있다.
③ 흡입통풍관의 필터가 작동하지 않는다.
④ 오일펌프가 잘못되어 공기가 들어가 있다.

● 해설
체인에 오일이 적게 공급될 경우
- 안내판으로 가는 오일구멍이 막혀 있는 경우
- 오일펌프에 공기가 들어간 경우
- 오일펌프의 작동이 불량한 경우
- 흡입통풍관의 필터가 작동하지 않은 경우
- 흡수급수 또는 전기도선에 결함이 있는 경우

58 동력가지치기톱 사용에 대한 설명으로 옳지 않은 것은?

① 작업진행순서는 나무 아래에서 위로 향한다.
② 큰 가지는 반드시 아래쪽의 1/3 정도를 베고 위에서 아래로 향한다.
③ 작업자와 가지치기봉과의 각도는 약 70도 정도를 유지해야 한다.
④ 큰 가지나 긴 가지는 가능한 톱날이 끼지 않도록 3단계 정도로 나누어 자른다.

동력가지치기톱은 수간을 나선형으로 돌면서 체인톱에 의해 가지를 제거하는 장비로 작업진행순서는 나무위에서 아래로 향한다.

가지치기 순서
(가지간격 70cm 이하일 때)

가지치기 순서
(가지간격 70cm 이상일 때)

59 1PS에 대한 설명으로 옳은 것은?

① 45kg를 1초에 1m 들어올린다.

② 55kg를 1초에 1m 들어올린다.

③ 65kg를 1초에 1m 들어올린다.

④ 75kg를 1초에 1m 들어올린다.

1PS란 1초 동안 75kg의 중량을 1m 들어올리는 데 필요한 동력단위이다.

60 플라스틱수라의 속도조절장치를 설치하는 종단경사로 가장 적당한 것은?

① 20∼30%   ② 30∼40%

③ 40∼50%   ④ 50∼60%

플라스틱수라의 최소 종단경사는 15∼20(25)%가 되어야 하고, 최대경사가 50∼60% 이상일 경우에는 속도조절장치가 있어야 한다.

01 종자저장방법에서 노천매장법에 관한 설명으로 옳지 않은 것은?

① 종자와 모래를 섞어서 매장한다.
② 종자의 발아촉진을 겸한 저장방법이다.
③ 잣나무, 호두나무 등의 종자저장법으로 활용할 수 있다.
④ 종자를 묻을 때 부패 방지를 위하여 수분이 스며들지 못하도록 한다.

●해설

노천매장법(잣나무, 호두나무)
• 가을에 채집하여 정선한 종자를 노천에 묻어 두는 방법
• 저장과 동시에 발아를 촉진시키는 효과
• 햇빛이 잘 들고 배수가 좋으며 지하수가 고이지 않는 장소에 매장
• 겨울에는 눈이나 빗물이 그대로 스며들 수 있는 장소에 매장

02 묘목식재 시 유의사항으로 적합하지 않은 것은 어느 것인가?

① 뿌리나 수간 등이 굽지 않도록 한다.
② 너무 깊거나 얕게 식재되지 않도록 한다.
③ 비탈진 곳에서의 표토부위는 경사지게 한다.
④ 구덩이 속에 지피물, 낙엽 등이 유입되지 않도록 한다.

●해설

비탈진 곳에 심을 때는 흙을 수평이 되게 덮는다.

03 어린나무 가꾸기에 관한 설명으로 옳지 않은 것은 어느 것인가?

① 임분에서 대상 수종이 아닌 수종을 제거하는 것이다.
② 일반적으로 비용이 저렴하여 가능한 작업을 많이 한다.
③ 여름철에 실행하여 늦어도 11월 전에 종료하는 것이 좋다.
④ 약 6cm 이상의 우세목이 임분 내에서 50% 이상 다수 분포될 때까지의 단계를 말한다.

●해설

조림 후 5~10년이 경과하고, 풀베기작업이 끝난 지 2~3년 경과한 조림목을 대상으로 제벌한다.

04 파종조림에 대한 설명으로 옳지 않은 것은?

① 종자결실이 많은 수종에 적합하다.
② 산파, 조파, 점파 등의 방법이 있다.
③ 전나무, 주목, 일본잎갈나무 등에 알맞다.
④ 암석지, 급경사지, 붕괴지 등에 적용할 수 있다.

●해설

구분	수종
종자의 결실량이 많고 발아가 잘 되는 수종	소나무, 해송, 리기다소나무
이식 시 활착률 저조로 식재조림이 어려운 수종	참나무류, 밤나무, 가래나무, 벚나무

05 다음 중 가지치기에 대한 설명으로 옳지 않은 것은?

① 하층목 보호 및 생장을 촉진한다.
② 임목 간 생존경쟁을 심화시킬 수 있다.
③ 옹이가 없는 완만재로 생산 가능하다.
④ 목표생산재가 톱밥, 펄프 등의 일반소경재인 경우에는 하지 않는다.

가지치기의 장점 중요 ★☆☆
• 마디없는 간재 및 우량목재 생산(가지치기의 가장 큰 목적)
• 신장 생장을 촉진시킨다.
• 나이테 폭의 넓이를 조절하여 수간의 완만도를 높인다.
• 하층목에 수광량을 증가시켜 성장을 촉진시킨다.
• 임목 상호 간의 생존경쟁을 완화시킨다.
• 산림화재의 위험성이 줄어든다.

06 일반적으로 소나무과 종자저장에 가장 알맞은 조건은?

① 고온건조
② 고온과습
③ 저온과습
④ 저온건조

● 해설

종자를 건조한 상태로 저장하는 방법으로, 상온, 저온 저장법이 있으며 소나무, 해송, 리기다소나무, 삼나무, 편백나무 등 침엽수종의 소립종자에 적용한다.

07 제벌작업에서 제거 대상목이 아닌 것은?

① 폭목
② 하층식생
③ 열등형질목
④ 침입목 또는 가해목

● 해설

제거 대상목 작업방법
• 보육 대상목의 생장에 지장을 주는 유해수종, 덩굴류, 피해목, 생장 · 형질이 불량한 나무, 폭목, 열등형질목, 침입목 등을 대상으로 작업한다.
• 보육 대상목의 생장에 피해를 주지 않는 하층식생은 작업에 지장을 주지 않는 경우 제거하지 않는다.

08 임목종자의 발아에 필요한 필수요소는?

① CO_2, 온도, 광선
② 온도, 수분, 산소
③ 비료, 수분, 광선
④ 공기, 양분, 광선

09 토양입자의 직경이 0.02~0.2mm인 것은? (단, 토양입자의 분류기준은 국제분류법에 따른다.)

① 세사
② 조사
③ 자갈
④ 점토

● 해설

토양입자의 분류(단위 : mm)

입자명칭	입경(알갱이의 지름)
자갈	2.0 이상
조사(거친 모래)	0.2~2.0
세사(가는 모래)	0.02~0.2
미사(고운 모래)	0.002~0.02
점토	0.002 이하

10 개벌작업의 장점에 해당하지 않는 것은?

① 성숙한 임목의 숲에 적용할 수 있는 가장 간편한 방법이다.
② 현재의 수종을 다른 수종으로 변경하고자 할 때 적절한 방법이다.
③ 다양한 크기의 목재를 일시에 생산하므로 경제적 수입면에서 좋다.
④ 벌채작업이 한 지역에 집중되므로 작업이 경제적으로 진행될 수 있다.

● 해설

개벌작업은 비슷한 크기의 목재를 일시에 많이 수확하므로 경제적 수입면에서 좋다.

11 잔존본수 500본/㎡인 수종의 묘목을 100,000주 생산하기 위해서는 순수 묘상면적이 최소 얼마나 필요한가?

① 2m²
② 20m²
③ 200m²
④ 2,000m²

● 해설

생산 묘목수 = 잔존본수 × 순수 묘상면적
100,000주 = 500본/㎡ × 순수 묘상면적
∴ 순수 묘상면적 = 200m²

12 광합성작용은 이산화탄소와 물을 원료로 하여 무엇을 만드는 과정인가?

① 지방　　　　　② 단백질
③ 비타민　　　　④ 탄수화물

> **해설**
>
> 광합성작용은 식물이 빛을 이용하여 물과 이산화탄소를 원료로 포도당과 같은 유기양분을 만드는 과정이다.

13 산벌작업에 대한 설명으로 옳은 것은?

① 갱신이 완료된 후 하종벌작업을 한다.
② 1회의 벌채로 갱신이 완료되어 경제적이다.
③ 초기작업과정은 간벌작업과 유사한 면이 있다.
④ 갱신법들 중 가장 생태적으로 안정된 숲을 만들 수 있다.

> **해설**
>
> 산벌
> • 비교적 짧은 갱신기간 중 몇 차례의 갱신벌채로써 전임목을 제거하고 새 임분을 조성하는 방법이다.
> • 벌채작업이 개벌작업보다 복잡하지만 택벌작업보다는 간단하다.
> • 3벌(예비벌, 하종벌, 후벌단계)의 단계를 거친다.

14 다음 중 제벌의 살목제로 쓸 수 없는 것은?

① N, A, A　　　② Ammate
③ 2,4 − D　　　④ 2,4,5 − T

> **해설**
>
> • 살목제 : 나무(잡목)를 죽이는 제초제
> • N, A, A은 생장조절호르몬이다.

15 묘포지에 대한 설명으로 옳지 않은 것은?

① 경사가 없는 평지가 좋다.
② 관수와 배수가 양호한 곳이 좋다.
③ 일반적으로 양토 또는 사질양토가 좋다.
④ 관리가 편하고 조림지에 가까운 곳이 좋다.

> **해설**
>
> 관배수가 용이한 5° 이하의 남향이면서 완경사지인 곳이 좋다.

16 군상개벌작업 시 군상지는 일반적으로 얼마 정도의 간격으로 벌채를 실시하는가?

① 2~3년　　　② 4~5년
③ 6~7년　　　④ 8~9년

> **해설**
>
> 군상지 크기
> 0.03~0.1ha(0.1ha 이하)이며, 4~5년 간격으로 군상지를 벌채한다.

17 모수작업에 관한 설명으로 옳지 않은 것은?

① 음수수종 갱신에 적합하다.
② 벌채작업이 집중되어 경제적으로 유리하다.
③ 주로 종자가 가볍고 쉽게 발아하는 수종에 적용한다.
④ 모수의 종류와 양을 적절히 조절하여 수종의 구성을 변화시킬 수 있다.

> **해설**
>
> • 개벌작업의 변법으로 어미나무를 남겨 종자공급에 이용하고 갱신이 완료된 후 벌채에 이용하는 작업이다.
> • 종자가 비교적 가벼워서 잘 날아갈 수 있는 수종에 가장 적합한 갱신작업이다.
> • 모수작업은 소나무, 해송과 같은 심근성이며 양수에 적용한다.

18 다음 중 비료목의 효과가 가장 적은 수종은?

① 자귀나무　　　② 아까시나무
③ 오리나무류　　④ 서어나무류

> **해설**
>
> 질소를 고정하는 수목
>
> | 구분 | 수종 |
> | --- | --- |
> | 콩과수목 (Rhizobium속) | 아까시나무, 자귀나무, 싸리나무류, 칡, 다릅나무 등 |
> | 비콩과수목 (Frankia속) | 오리나무류, 보리수나무류, 소귀나무 |

19 다음 중 2엽속생(한곳에서 잎이 두 개 남)인 수종은?

① 곰솔
② 백송
③ 잣나무
④ 리기다소나무

구분	주요 수목명
2엽속생	소나무, 곰솔(해송), 흑송, 방크스소나무, 반송
3엽속생	백송, 리기다소나무, 리기테다소나무, 대왕송
5엽속생	섬잣나무, 잣나무, 스트로브잣나무

20 주로 맹아에 의하여 갱신되는 작업종은?

① 왜림작업
② 교림작업
③ 산벌작업
④ 모수작업

해설

왜림
• 줄기를 자른 그루터기에서 맹아가 생겨나 이루어진 산림
• 소경재나 연료재의 생산 목표

21 면적 2.0ha의 조림지에 묘간거리 2m로 정사각형 식재 시 묘목의 소요본수는?

① 2,500본
② 3,000본
③ 4,000본
④ 5,000본

해설

$$N = \frac{A}{a^2} = \frac{20,000}{2^2} = 5,000본$$

22 Hawley의 간벌양식 중 흉고직경급이 낮은 수목이 가장 많이 벌채되는 것은?

① 수관간벌
② 하층간벌
③ 택벌식 간벌
④ 기계적 간벌

해설

하층간벌
• 처음에는 가장 낮은 수관층의 피압목을 벌채하고 점차로 높은 층의 수목을 벌채하는 방법이다.

• 흉고직경급이 낮은 수목이 가장 많이 벌채된다.(하층목간벌)

23 다음 중 여름철(7월 정도)에 종자를 채취하는 수종으로 가장 적합한 것은?

① 소나무
② 회양목
③ 느티나무
④ 오리나무

해설

종자 성숙기가 7월인 수종
회양목, 벚나무

24 일반적으로 소나무의 암꽃 꽃눈이 분화하는 시기는?

① 4월경
② 6월경
③ 8월경
④ 10월경

해설

소나무, 해송의 암꽃 꽃눈 분화(화아분화)시기는 8월 하순부터 9월 상순이다.

25 조림의 기능 중 "수종 구성의 조절"에 대한 설명으로 옳은 것은?

① 유용수종의 도입은 인공식재료만 가능하다.
② 외지로부터 수종 도입은 고려대상이 아니다.
③ 유용수종을 남기고 원하지 않는 수종은 제거하는 일이다.
④ 주로 경제성 측면에서 수행하고 생물학적 측면은 고려대상이 아니다.

26 다음 중 곤충의 외분비샘에서 분비되는 대표적인 물질은?

① 침
② 페로몬
③ 유약호르몬
④ 알라타체호르몬

해설

외분비샘은 페로몬은 곤충이 냄새로 의사를 전달하는 신호물질로, 성페로몬은 배우자를 유인하거나 흥분시 킨다. 내분비샘은 호르몬을 생산하여 순환계로 방출 하는 데 쓰이는 분비구조이다.

28 두더지로 인한 피해형태에 대한 설명으로 가장 옳은 것은?

① 나무의 줄기 속을 파먹는다.
② 나무의 어린 새순을 잘라 먹는다.
③ 땅속의 큰 나무 뿌리를 잘라 먹는다.
④ 묘포에서 나무의 뿌리를 들어올려 말라 죽게 한다.

해설

땅속을 돌아다니면서 묘목을 쓰러뜨리고 뿌리를 다치 게 한다.

29 솔노랑잎벌의 가해형태에 대한 설명으로 옳은 것은?

① 주로 묵은 잎을 가해한다.
② 울폐된 임분에서 많이 발생한다.
③ 새순의 줄기에서 수액을 빨아 먹는다.
④ 봄에 부화한 유충이 새로 나온 잎을 갉아 먹 는다.

해설

연 1회 발생하며 주로 묵은 잎을 가해한다. 알로 솔잎 에서 월동한다.

30 소나무잎떨림병의 병원균이 월동하는 형태는?

① 자낭각   ② 소생자
③ 자낭포자   ④ 분생포자

해설

병원균은 땅 위에 떨어진 병든 잎에서 자낭포자 형태 로 월동한다.

31 비행하는 곤충을 채집하기 위해 사용하는 트랩 으로 옳지 않은 것은?

① 유아등   ② 수반트랩
③ 미끼트랩   ④ 끈끈이트랩

32 오동나무빗자루병의 매개충이 아닌 것은?

① 솔수염하늘소
② 담배장님노린재
③ 썩덩나무노린재
④ 오동나무매미충

해설

• 소나무재선충의 매개충은 솔수염하늘소이다.
• 오동나무빗자루병의 매개충 : 담배장님노린재, 오 동나무매미충, 썩덩나무노린재

33 병원균의 포자가 기주인 식물에 부착하여 발아 하는 것을 저지하거나 식물이 병원균에 대하여 저항성을 가지게 하는 약제로 옳은 것은?

① 보호살균제
② 직접살균제
③ 단백질형성저해제
④ 세포막형성저해제

해설

보호살균제
• 병균이 침입하기 전에 사용하여 예방적인 효과를 거 두기 위한 약제
• 식물이 병원균에 대하여 저항성을 가지게 하는 약제
• 종류 : 보르도액, 석회황합제, 구리분제 등

34 내화력이 강한 수종으로만 바르게 짝지은 것은?

① 은행나무, 녹나무
② 대왕송, 참죽나무
③ 가문비나무, 회양목
④ 동백나무, 구실잣밤나무

구분	내화력이 강한 수종	내화력이 약한 수종
침엽수	은행나무, 개비자나무, 대왕송, 분비나무, 낙엽송, 가문비나무	소나무, 해송, 삼나무, 편백
상록활엽수	아왜나무, 황벽나무, 동백나무, 사철나무	녹나무, 구실잣밤나무
낙엽활엽수	상수리나무, 굴참나무, 고로쇠나무, 피나무, 고광나무, 가중나무, 참나무	아까시나무, 벚나무

35 다음 중 수목병해의 자낭균류에 대한 설명으로 옳지 않은 것은?

① 곰팡이 중에서 가장 큰 분류군이다.
② 일반적으로 8개의 자낭포자를 형성한다.
③ 소나무혹병, 잣나무잎떨림병 등의 발병원인이다.
④ 무성세대는 분생포자, 유성세대는 자낭포자를 형성한다.

진균 수병
• 자낭균류 : 소나무잎떨림병, 리지나뿌리썩음병, 잣나무잎떨림병, 낙엽송가지끝마름병, 낙엽송잎떨림병, 밤나무줄기마름병, 벚나무빗자루병, 흰가루병, 그을음병
• 담자균류 : 소나무잎녹병, 소나무혹병, 잣나무털녹병, 향나무녹병, 포플러잎녹병, 아밀라리아뿌리썩음병

36 수목병해 원인 중 세균에 의한 수병으로 옳은 것은?

① 모잘록병 ② 그을음병
③ 흰가루병 ④ 뿌리혹병

세균(박테리아)
• 구균, 간균, 나선균, 사상균 등이 있으며 대부분의 식물 병원세균은 간상형(간균)이다.
• 상처 또는 자연개구부(기공, 수공, 피목, 밀선)를 통해 침입한다.

• 광학현미경으로 관찰이 가능하다.
• 수병 : 뿌리혹병, 밤나무눈마름병

37 개미와 진딧물의 관계나 식물과 화분매개충의 관계처럼 생물 간에 서로가 이득을 준다는 개념의 용어로 옳은 것은?

① 격리공생 ② 편리공생
③ 의태공생 ④ 상리공생

상리공생
다른 종류의 생물들이 서로 이익을 주고받으면서 살아가는 관계

38 대기오염물질로만 바르게 짝지은 것은?

① 수소, 염소, 중금속
② 황화수소, 분진, 질소산화물
③ 아황산가스, 불화수소, 질소
④ 암모니아, 이산화탄소, 에틸렌

아황산가스(SO_2), 불화수소(HF), 이산화질소(NO_2), 오존(O_3), PAN, 질소산화물, 분진, 황화수소 등

39 파이토플라스마에 의한 병해에 해당하는 것은?

① 뽕나무오갈병
② 벚나무빗자루병
③ 참나무시들음병
④ 밤나무줄기마름병

파이토플라스마 수병
오동나무빗자루병, 대추나무빗자루병, 뽕나무오갈병

40 버즘나무, 벚나무, 포플러류 가로수를 주로 가해하는 미국흰불나방의 월동형태는?

① 알 ② 유충
③ 성충 ④ 번데기

나무껍질 사이 또는 지피물 밑에서 고치를 짓고 번데기로 월동한다.

---

41 가선집재의 가공본줄로 사용하는 와이어로프의 최대장력이 2.5ton이다. 이 로프에 500kg의 벌목된 나무를 운반한다면 이 로프의 안전계수는 얼마인가?

① 0.05 ② 5
③ 200 ④ 1,250

안전계수
$$= \frac{\text{와이어로프의 절단하중(kg)}}{\text{와이어로프에 걸리는 최대장력(kg)}}$$
$$= \frac{2,500\text{kg}}{500\text{kg}} = 5$$

---

42 산림용 작업도구의 자루용 원목으로 적합하지 않은 것은?

① 탄력이 큰 나무
② 목질이 질긴 나무
③ 목질섬유가 긴 나무
④ 옹이가 있는 나무

자루용 목재의 섬유는 긴 방향으로 배열되어야 하며, 옹이나 갈라진 홈이 없고 썩지 않은 것이어야 한다.

---

43 백호의 장비규격 표시방법으로 옳은 것은?

① 차체의 길이(m)
② 차체의 무게(ton)
③ 표준견인력(ton)
④ 표준버킷용량(m³)

• 굴착용 기계로, 버킷을 밑으로 내려 앞쪽으로 긁어 올려 흙을 깎음
• 규격표시방법 : 표준버킷용량(m³)

---

44 벌목 및 집재작업 시 이용하는 도구로 옳지 않은 것은?

① 사피 ② 박피삽
③ 이식승 ④ 듀랄루민쐐기

이식승은 양묘사업용 소도구이다.

벌목작업 도구
톱, 도끼, 쐐기, 목재돌림대, 밀게, 갈고리, 박피기, 사피 등

---

45 기계톱의 대패형 톱날 연마방법으로 옳은 것은?

① 가슴각 : 60° 연마
② 가슴각 : 90° 연마
③ 창날각 : 40° 연마
④ 창날각 : 25° 연마

---

46 소형 윈치의 일반적인 사용목적으로 옳지 않은 것은?

① 대경재의 장거리 집재용
② 수라 설치를 위한 수라 견인용
③ 설치된 수라의 집재선까지의 횡집재용
④ 대형 집재장비의 집재선까지의 소집재용

• 원통형의 드럼에 와이어로프를 달아 통나무를 높은 곳으로 들어올리거나 끌어당기는 기계이다.
• 용도 : 소집재 및 간벌재 집재, 수라 설치를 위한 수라 견인용으로 사용한다.

---

47 휘발유와 윤활유의 혼합비가 50 : 1일 경우 휘발유 20리터에 필요한 윤활유는?

① 0.2리터 ② 0.4리터
③ 0.6리터 ④ 0.8리터

---

48 다음 중 2행정사이클기관에는 있으나 4행정기관에는 없는 것은?

① 밸브 ② 오일판
③ 소기공 ④ 푸시로드

●해설

톱날의 사각지점(12~3시 방향)의 사용금지 및 다른 작업자와 최소 10m 이상의 안전거리를 확보한다.

●해설

피스톤이 하강하면서 소기구(소기공)가 열리기 시작함에 따라 크랭크실에 흡입되어 있던 혼합가스는 소기구를 통해 연소실로 공급된다.

49 작업 후의 정비내용 중 틀린 것은?

① 혼합유를 사용하여 청소하면 더욱 효과적이다.

② 연료와 공기의 혼합비를 유지하기 위해 청소한다.

③ 일반적으로 1일 1회 이상 청소하고, 작업조건에 따라 수시로 청소한다.

④ 톱밥찌꺼기나 오물은 부드러운 솔을 맑은 휘발유나 경유에 묻혀 씻어 낸다.

●해설

혼합연료의 사용 이유

기계의 압축을 좋게 하고, 마모를 줄이며, 밀봉작용을 한다.

50 2행정 및 4행정기관의 특징으로 옳지 않은 것은 어느 것인가?

① 2행정기관은 크랭크의 1회전으로 1회씩 연소를 한다.

② 이론적으로 동일한 배기량일 경우 2행정기관이 4행정기관보다 출력이 높다.

③ 2행정기관은 하사점 부근에서 배기가스의 배출과 혼합가스의 흡입을 별도로 한다.

④ 4행정기관은 크랭크의 2회전으로 1회 연소하고, 흡기 → 압축 → 폭발팽창 → 배기의 4행정으로 진행된다.

●해설

• 피스톤 상승 시 압축행정 및 크랭크실로의 새로운 혼합가스 흡입작용을 한다.

• 피스톤 하강 시 압축된 혼합가스가 소기구를 통해 실린더로 유입된다.

51 예불기의 원형 톱날 사용 시 안전사고예방을 위해 사용이 금지된 부분은?

① 시계점 12~3시 방향

② 시계점 3~6시 방향

52 산림작업용 안전화가 갖추어야 할 조건으로 옳지 않은 것은?

① 철판으로 보호된 안전화코

② 미끄러짐을 막을 수 있는 바닥판

③ 땀의 배출을 최소화하는 고무재질

④ 발이 찔리지 않도록 되어 있는 특수보호 재료

●해설

산림작업용 안전화의 조건

• 철판으로 보호된 안전화코

• 미끄럼짐을 막을 수 있는 바닥판

• 발이 찔리지 않도록 되어있는 특수보호재료

• 물이 스며들지 않는 재료

53 혼합연료에 오일의 함유비가 높을 경우 나타나는 현상으로 옳지 않은 것은?

① 연료의 연소가 불충분하여 매연이 증가한다.

② 스파크플러그에 오일이 덮이게 된다.

③ 오일이 연소실에 쌓인다.

④ 엔진을 마모시킨다.

●해설

• 연료 대비 윤활유 부족 시

－엔진 내부에 기름칠이 적게 되어 엔진이 마모된다.

－피스톤, 실린더 및 엔진 각 부분이 눌러붙을 염려가 있다.

• 연료 대비 윤활유 과다 시

－점화플러그에 오일이 덮이며 연소실에 쌓인다.

－출력저하 또는 시동불량현상이 발생한다.

－연료의 연소가 불충분해 매연이 증가한다.

54 다음 중 체인톱날을 구성하는 부품의 명칭이 아닌 것은?

① 리벳　　　　　② 이음쇠

③ 전동쇠　　　　④ 스프로킷

스프로킷은 기계톱의 체인장력 조정나사가 움직여 주는 부품이다.

55 산림 작업도구에 대한 설명으로 옳지 않은 것은?

① 자루의 재료는 가볍고 열전도율이 높아야 한다.
② 도구의 크기와 형태는 작업자의 신체에 적합해야 한다.
③ 작업자의 힘이 최대한 도구 날 부분에 전달될 수 있어야 한다.
④ 도구의 날 부분은 작업목적에 효과적일 수 있도록 단단하고 날카로워야 한다.

●해설
자루의 재료는 가볍고 녹슬지 않으며 열전도율이 낮고 탄력이 있으며 견고해야 한다.

56 벌도된 나무의 가지치기와 조재작업을 하는 임업기계는?

① 포워더
② 프로세서
③ 스윙야더
④ 원목집게

●해설
프로세서
집재된 전목(벌도된 나무)의 가지치기와 조재작업 기능(벌도기능 없음)

57 산림작업에서 개인 안전복장 착용 시 준수사항으로 가장 옳지 않은 것은?

① 몸에 맞는 작업복을 입어야 한다.
② 안전화와 안전장갑을 착용한다.
③ 가지치기작업을 할 때는 얼굴보호망을 쓴다.
④ 작업복바지는 멜빵이 있는 바지는 입지 않는다.

58 기계의 성능을 판단할 때 필요한 조건으로 옳지 않은 것은?

① 취급방법 및 사용법이 간편
② 부품의 공급이 용이하고 가격이 저렴
③ 소음과 진동을 줄일 수 있도록 무거움
④ 연료비, 수리비, 유지비 등 경비가 적게 소요

●해설
체인톱의 구비조건 중요 ★☆☆
• 중량이 가볍고 소형이며 취급방법이 간편할 것
• 견고하고 가동률이 높으며 절삭능력이 좋을 것
• 소음과 진동이 적고 내구성이 높을 것
• 벌근(그루터기)의 높이를 되도록 낮게 절단할 수 있을 것
• 연료소비, 수리 및 유지비 등 경비가 적게 소요될 것
• 부품공급이 용이하고 가격이 저렴할 것

59 벌목한 나무를 기계톱으로 가지치기할 때 유의할 사항으로 가장 옳은 것은?

① 후진하면서 작업한다.
② 안내판이 짧은 기계톱을 사용한다.
③ 벌목한 나무를 몸과 기계톱 밖에 놓고 작업한다.
④ 작업자는 벌목한 나무와 멀리 떨어져 서서 작업한다.

●해설
• 안내판이 짧은 기계톱(경체인톱)을 사용한다.(안내판의 길이 30~40cm)
• 기계톱으로 가지치기할 때는 전진하면서 작업한다.

60 다음 중 조림 및 육림용 기계가 아닌 것은?

① 윈치
② 예불기
③ 체인톱
④ 동력지타기

●해설
소형 윈치
• 원통형의 드럼에 와이어로프를 달아 통나무를 높은 곳으로 들어올리거나 끌어당기는 기계이다.
• 용도 : 소집재 및 간벌재 집재, 수라 설치를 위한 수라 견인용으로 사용한다.

03 2014년 07월 20일 기출문제

01 우량한 종자의 채집을 목적으로 지정한 숲은?

① 산지림 ② 채종림
③ 종자림 ④ 우량림

●해설

채종림은 채종원과 달리 수형목을 선발하여 조성하는 것이 아니라 이미 조림되어 있는 임분 혹은 천연임분 중에서 형질이 우량한 종자를 채집할 목적으로 지정한 숲이다.

02 산림갱신을 위하여 대상지의 모든 나무를 일시에 베어 내는 작업법은?

① 개벌작업 ② 산벌작업
③ 모수작업 ④ 택벌작업

●해설

갱신하고자 하는 임지 위에 있는 임목을 일시에 벌채하고 그 자리에 인공식재나 파종 및 천연갱신으로 새로운 임분을 조성하는 방법이다. (우리나라에서 많이 실행)

03 다음이 설명하고 있는 줄기접방법으로 옳은 것은 어느 것인가?

[줄기접 시행순서]
1. 서로 독립적으로 자라고 있는 접수용 묘목과 대목용 묘목을 나란히 접근
2. 양쪽 묘목의 측면을 각각 칼로 도려냄
3. 도려낸 면을 서로 밀착시킨 상태에서 접목끈으로 단단히 묶음

① 절접 ② 할접
③ 기접 ④ 교접

●해설

기접은 뿌리가 있는 두 식물 줄기를 측면을 깎은 후에 양면을 합쳐서 접합하는 방법이다.

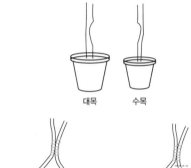

대목   수목

대목   접목 15일 후부터 수목(穗木)화분에는 물을 주지 않는다.

수목 줄기를 자르고 화분도 치운다.

대목(臺木)

04 낙엽이 쌓이고 분해된 성분으로 구성된 토양 단면층은?

① 표토층 ② 모재층
③ 심토층 ④ 유기물층

●해설

O층(유기물층)
• 산림토양 중 낙엽층으로, 떨어진 낙엽이 원형대로 쌓여 있는 곳
• A층 위의 유기물로 되어 있는 토양층
• 고유의 층으로 L층(낙엽층), F층(조부식층), H층(정부식층)으로 세분

05 임지보육상 비료목으로 적당한 수종은?

① 소나무 ② 잣나무
③ 오리나무 ④ 느티나무

정답 (01 ② 02 ① 03 ③ 04 ④ 05 ③

06 산성토양을 중화시키는 방법으로 가장 효과가 빠른 것은?

① 석회를 사용한다.
② NAA나 IBA를 사용한다.
③ 두엄을 많이 섞어 준다.
④ 토양미생물을 접종한다.

● 해설

pH 4.0 이하의 강산성토양은 탄산석회나 소석회를 넣어 토양산도를 높여 주어야 한다.

07 다음에서 설명하는 용어로 옳은 것은?

발아된 종자의 수를 전체 시료종자의 수로 나누어 백분율로 표시한다.

① 효율   ② 순량률
③ 발아율   ④ 종자율

● 해설

파종된 종자수에 대한 발아종자수의 비율(%)이다.

$$발아율(\%) = \frac{발아한\ 종자수}{발아시험용\ 종자수} \times 100$$

08 종자의 결실량이 많고 발아가 잘 되는 수종과 식재조림이 어려운 수종에 대하여 주로 실시하는 조림방법은?

① 소묘조림   ② 대묘조림
③ 용기조림   ④ 직파조림

● 해설

직파조림은 조림지에 종자를 직접 파종하여 임분을 조성하는 방법이다.

09 우리나라의 산림대에 대한 설명으로 옳은 것은?

① 온대림과 냉대림으로 구분된다.
② 온대림과 난대림으로 구분된다.
③ 난대림, 온대림, (아)한대림으로 구분된다.
④ 난대림, 온대림, 온대북부림으로 구분된다.

● 해설

우리나라의 수평적 산림대는 남쪽부터 난대림, 온대 남부림, 온대 중부림, 온대 북부림, (아)한대림이 존재한다.

10 곰솔에 관한 설명으로 옳지 않은 것은?

① 암수딴그루이다.
② 바닷바람에 강하다.
③ 근계는 심근성이고 측근의 발달이 왕성하다.
④ 양수수종이다.

● 해설

자웅동주 (암수한그루)	한 식물에 암수꽃이 같이 존재하는 것을 말한다.(소나무, 해송, 밤나무, 자작나무 등)
자웅이주 (암수딴그루)	서로 다른 식물에 암수꽃이 존재하는 것을 말한다.(은행, 소철, 버드나무 등)

11 한 나무에 암꽃과 수꽃이 달리는 암수한그루 수종은?

① 주목   ② 은행나무
③ 사시나무   ④ 상수리나무

● 해설

자웅동주(암수한그루)
한 식물에 암수꽃이 같이 존재하는 것을 말한다. (소나무, 해송(곰솔), 밤나무, 자작나무, 상수리나무 등)

12 접목을 할 때 접수와 대목의 가장 좋은 조건은?

① 접수와 대목이 모두 휴면상태일 때

② 접수와 대목이 모두 왕성하게 생리적 활동을 할 때

③ 접수는 휴면상태이고, 대목은 생리적 활동을 할 때

④ 접수는 생리적 활동을 하고, 대목은 휴면상태일 때

●**해설**

접목의 시기

• 대부분의 춘계 접목수종은 일평균기온이 15℃ 전후로 대목의 새 눈이 나오고 본엽이 2개가 되었을 때가 접목의 시기이다.

• 일반적으로 접수는 휴면상태이고 대목은 활동을 개시한 직후가 접목의 시기이다.

13 군상식재지 등 조림목의 특별한 보호가 필요한 경우 적용하는 풀베기방법으로 가장 적합한 것은?

① 줄베기　　　　② 전면베기

③ 둘레베기　　　　④ 대상베기

●**해설**

둘레베기(평예)

• 심은 나무의 둘레만을 깎아 내는 방법으로 바람과 동해에 대해 많은 보호가 필요할 때 적합하다.

• 군상식재 시 조림목을 보호하기 위해 1m의 지름으로 둥글게 깎아 내는 방법이다.

• 적용수종 : 호두나무

14 갱신기간에 제한이 없고 성숙임목만 선택하여 일부 벌채하는 것은?

① 왜림작업　　　　② 택벌작업

③ 산벌작업　　　　④ 맹아작업

●**해설**

구분	특징
산벌작업	몇 차례의 벌채로 전 임목이 제거되고 새 임분이 출현한다.
택벌작업	성숙한 일부 임목만을 국소적으로 골라 벌채한다.
왜림작업	연료재 생산을 위해 비교적 짧은 벌기령으로 개벌 후 맹아로 갱신한다.

15 다음 중 생가지치기로 인한 부후균의 위험성이 가장 높은 수종은?

① 소나무　　　　② 삼나무

③ 벚나무　　　　④ 일본잎갈나무

●**해설**

단풍나무·느릅나무·벚나무·물푸레나무 등은 상처의 유합이 잘 안 되고 썩기 쉬우므로 죽은 가지만 잘라 주고, 밀식으로 자연낙지를 유도한다.

16 윤벌기가 80년이고 벌채구역이 4개인 임지에서 회귀년의 기간으로 알맞은 것은?

① 20년　　　　② 25년

③ 30년　　　　④ 40년

●**해설**

윤벌기÷벌채구＝회귀년(보통 20～30년)

$$\therefore \frac{100}{5} = 20년$$

17 인공조림과 천연갱신의 설명으로 옳지 않은 것은?

① 천연갱신에는 오랜 시일이 필요하다.

② 인공조림은 기후, 풍토에 저항력이 강하다.

③ 천연갱신으로 숲을 이루기까지의 과정이 기술적으로 어렵다.

④ 천연갱신과 인공조림을 적절히 병행하면 조림성과를 높일 수 있다.

●**해설**

• 인공갱신은 경제적 가치가 있는 수종에 치중하는 경향이 있으므로 조림지의 기후, 풍토에 부적당한 수종을 선택했을 때는 그 생장이 나쁘거나 성림이 불가능하게 된다.

• 인공조림은 기후, 풍토에 저항력이 약하기 때문에, 식재수종의 생태적 특징이 조림지의 입지조건에 알맞아야 한다.

18 밤나무를 식재면적 1ha에 묘목 간 거리 5m로 정사각형 식재할 때 소요되는 묘목의 총 본수는?

① 400본   ② 500본

③ 1,200본   ④ 3,000본

●해설

정방형(정사각형) 식재

묘목 사이의 간격과 줄 사이의 간격이 동일한 일반적인 식재방법

$$\therefore \frac{10,000}{5^2} = 400(본)$$

19 음수갱신에 좋으며 예비벌, 하종벌, 후벌의 3단계로 모두 벌채되고 새로운 임분이 동령림으로 나타나는 작업종으로 옳은 것은?

① 저림작업   ② 택벌작업

③ 모수작업   ④ 산벌작업

●해설

천연하종갱신이 가장 안전한 작업방법으로, 갱신기간을 짧게 하면 동령림이 조성되고, 길게 하면 이령림이 성립된다.

20 종자를 미리 건조하여 밀봉저장할 때 다음 중 가장 적정한 함수율은?

① 상관없음   ② 약 5~10%

③ 약 11~15%   ④ 약 16~20%

●해설

밀봉(저온)저장법

• 진공상태로 밀봉시켜 저온(보통 4~7℃의 냉장고)에 저장하는 방법

• 가장 오랜 기간 동안 종자 저장 가능

• 함수율을 5~7% 이하로 유지

• 실리카겔 등의 건조제와 종자의 활력억제제인 황화칼륨을 종자 무게의 10% 정도 함께 넣어 저장하면 큰 효과가 있음

21 묘목의 뿌리가 2년생, 줄기가 1년인 삽목묘의 연령표기로 옳은 것은?

① 1−2묘   ② 2−1묘

③ 1/2묘   ④ 2/1묘

●해설

C 1/2묘

뿌리의 나이가 2년, 줄기의 나이가 1년된 대절묘이다.

22 곰솔 1−1묘의 지상부 무게가 27g, 지하부 무게가 9g일 때 T/R률은?

① 0.3   ② 3.0

③ 18.0   ④ 6.0

●해설

T/R률

• 지상부의 무게를 지하부의 무게로 나눈 값

• 일반적으로 3.0 정도가 우량한 묘목으로 평가받고 있다.

$$\therefore \frac{27}{9} = 3$$

23 일정한 규칙과 형태로 묘목을 식재하는 배식설계에 해당되지 않는 것은?

① 정방형 식재   ② 장방형 식재

③ 정육각형 식재   ④ 정삼각형 식재

●해설

정조식재법에는 정방형, 장방형, 정삼각형, 이중장방형 식재 등이 있다.

24 조림지에 침입한 수종 등 불필요한 나무 제거를 주목적으로 하는 작업으로 가장 적합한 것은?

① 산벌   ② 덩굴치기

③ 풀베기   ④ 어린나무 가꾸기

●해설

주로 조림목 이외의 침입수종을 제거하고, 아울러 조림목 중에서 자람과 형질이 매우 나쁜 것을 베어 주는 작업이 어린나무 가꾸기이다.

25 점파로 파종하는 수종으로 옳은 것은?

① 은행나무, 호두나무
② 주목, 아까시나무
③ 노간주나무, 옻나무
④ 전나무, 비자나무

●해설
• 일정한 간격을 두고 종자를 띄엄띄엄 뿌리는 방법
• 밤나무, 호두나무, 상수리나무, 은행나무 등과 같은 대립종자의 파종에 이용

26 곤충의 몸에 대한 설명으로 옳지 않은 것은?

① 기문은 몸의 양옆에 10쌍 내외가 있다.
② 곤충의 체벽은 표피, 진피층, 기저막으로 구성되어 있다.
③ 대부분의 곤충은 배에 각 1쌍씩 모두 6개의 다리를 가진다.
④ 부속지들이 마디로 되어 있고 몸 전체도 여러 마디로 이루어져 있다.

●해설
곤충의 다리
앞가슴, 가운데가슴, 뒷가슴에 1쌍씩 붙어 있으며, 다리는 보통 5마디로 되어 있다.

27 수정된 난핵이 분열하여 각각 개체로 발육하는 것으로서 1개의 수정난에서 여러 개의 유충이 나오는 곤충의 생식방법은 무엇인가?

① 단위생식　　　② 다배생식
③ 양성생식　　　④ 유생생식

●해설
• 다배생식은 난핵이 분열하여 다수의 개체가 되는 방법이다.
• 단성생식은 암컷 생식세포(배우자)가 수정을 하지 않고 배아가 형성되어 발달하는 것이다.

28 산림환경관리에 대한 설명으로 옳지 않은 것은?

① 천연림 내에서는 급격한 환경변화가 적다.
② 복층림의 하층목은 상층목보다 내음성 수종을 선택하여야 한다.
③ 혼효림은 구성수종이 다양하여 특정병해의 대면적 산림피해가 발생하기 쉽다.
④ 천연림은 성립과정에서 여러 가지 도태압을 겪어왔으므로 특정병해에 대한 저항성이 강하다.

●해설
혼효림은 여러 종류의 해충이 서식하기 때문에 세력을 서로 견제하며 천적의 종류도 다양하여 해충의 밀도가 높지 않다.

29 잣나무털녹병에 대한 설명으로 옳지 않은 것은?

① 송이풀 제거작업은 9월 이후 시행해야 효과적이다.
② 여름포자는 환경이 좋으면 여름 동안 계속 다른 송이풀에 전염한다.
③ 여름포자가 모두 소실되면 그 자리에 털 모양의 겨울포자퇴가 나타난다.
④ 중간기주에서 형성된 담자포자는 바람에 의하여 잣나무 잎에 날아가 기공을 통하여 침입한다.

●해설
잣나무털녹병 생활사
• 4~5월경 수피가 터지면서 오렌지색의 녹포자가 중간기주로 이동한다.
• 병든 나무와 중간기주를 지속적으로 제거한다.

30 볕데기현상의 원인은 무엇인가?

① 급격한 온도변화
② 급격한 토양 내 양분용탈
③ 대기 중 오존농도의 급격한 증가
④ 대기 중 황산화물의 급격한 감소

●해설
나무줄기가 강렬한 태양 직사광선을 받아 수피의 일부에 급격한 수분증발이 생겨 형성층이 고사하여, 그 부분의 수피가 말라 죽는 현상이다.

31 어린 묘가 땅 위에 나온 후 묘의 윗부분이 썩는 모잘록병의 병증을 무엇이라고 하는가?

① 수부형　　　　　② 근부형
③ 도복형　　　　　④ 지중부패형

● 해설

땅속부패형 (지중부패형)	파종된 종자가 땅속에서 발아하기 전후에 썩는다.
도복형	유묘의 지면 부위가 잘록하게 되어 쓰러지면서 썩는다.
수부형	묘목의 지상부인 떡잎, 어린줄기가 죽는다.
뿌리썩음형 (근부형)	묘목이 어느 정도 자라서 목질화가 된 여름 이후에 뿌리가 검은색으로 변하면서 죽는다.
줄기썩음형	줄기가 침해되어 윗부분이 죽는다.

32 솔나방 발생예찰(유충밀도조사)에 가장 적합한 시기는?

① 6월 중　　　　　② 8월 중
③ 10월 중　　　　④ 12월 중

● 해설

전년도 10월경의 유충밀도가 금년도 봄의 유충발생밀도를 결정한다.

33 솔잎혹파리는 일반적으로 1년에 몇 회 발생하는가?

① 1회　　　　　② 2회
③ 3회　　　　　④ 5회

● 해설

솔잎혹파리는 유충이 솔잎 기부에 들어가 벌레혹을 만들고 그 속에서 수목을 가해하는 해충이다.

34 대기오염에 의한 급성피해증상이 아닌 것은?

① 조기낙엽　　　　② 엽록괴사
③ 엽맥 간 괴사　　　④ 엽맥황화현상

● 해설

엽맥황화현상은 만성피해증상에 속한다.

35 아황산가스에 강한 수종만으로 올바르게 묶인 것은?

① 가시나무, 편백나무, 소나무
② 동백나무, 가시나무, 소나무
③ 동백나무, 전나무, 은행나무
④ 은행나무, 향나무, 가시나무

● 해설

아황산가스에 대해 감수성이 낮은 수종
은행나무, 무궁화, 향나무, 가시나무 등

36 향나무녹병균이 배나무를 중간숙주로 기생하여 오렌지색 별무늬가 나타나는 시기로 가장 옳은 것은?

① 3~4월　　　　　② 6~7월
③ 8~9월　　　　　④ 10~11월

● 해설

향나무녹병균의 배나무(중간숙주) 기생시기
5~7월

37 솔나방의 월동형태와 월동장소로 짝지어진 것 중 옳은 것은?

① 알-솔잎　　　　② 유충-솔잎
③ 알-낙엽 밑　　　④ 유충-낙엽 밑

● 해설

솔나방의 유충을 송충이라 하고, 유충이 잎을 갉아 먹는데, 피해를 심하게 받은 나무는 고사한다.

38 기상에 의한 피해 중 풍해의 예방법으로 옳지 않은 것은?

① 택벌법을 이용한다.
② 묘목식재 시 밀식조림한다.
③ 단순동령림의 조성을 피한다.
④ 벌채작업 시 순서를 풍향의 반대방향부터 실행한다.

묘목이 밀생하면 웃자라고 통풍이 불량하며 연약해지므로 묘목 간의 간격을 일정하게 유지하여 건전한 생육을 할 수 있는 공간을 만들어 주어야 한다.

39 성충으로 월동하는 것끼리 짝지어진 것은?

① 미국흰불나방, 소나무좀
② 소나무좀, 오리나무잎벌레
③ 잣나무넓적잎벌, 미국흰불나방
④ 오리나무잎벌레, 잣나무넓적잎벌

성충으로 월동하는 병해충
소나무좀, 오리나무잎벌레, 버즘나무방패벌레, 진달래방패벌레 등

40 기주교대를 하는 수목병이 아닌 것은?

① 포플러잎녹병
② 소나무혹병
③ 오동나무탄저병
④ 배나무붉은별무늬병

오동나무 탄저병
오동나무의 잎이 검게 썩는 곰팡이에 의한 병

41 도끼날의 종류별 연마각도(°)로 옳지 않은 것은 어느 것인가?

① 벌목용 : 9~12°
② 가지치기용 : 8~10°
③ 장작패기용(활엽수) : 30~35°
④ 장작패기용(침엽수) : 25~30°

아치형

| 8~10° 가지치기용 | 9~12° 벌목용 | 15° 침엽수용 (연한 나무용) | 30~35° 활엽수용 (단단한 나무용) |

42 기계톱 체인의 깊이제한부 역할은?

① 절삭폭을 조절한다.
② 절삭두께를 조절한다.
③ 절삭각도를 조절한다.
④ 절삭방향을 조정한다.

깊이제한부 중요 ★★☆
• 절삭깊이는 체인의 규격에 따라 다르지만 0.50~0.75mm 정도가 이상적
• 절삭된 톱밥을 밀어내는 등 절삭량 결정(절삭두께 조절)

43 다음 중 양묘용 장비로 사용되는 것이 아닌 것은?

① 지조결속기
② 중경제초기
③ 정지작업기
④ 단근굴취기

지조결속기는 가지치기 후 남은 가지를 묶어 주는 장비로 양묘용 장비가 아니다.

44 체인톱의 안내판 1개가 수명이 다하는 동안 체인은 보통 몇 개 사용할 수 있는가?

① 1/2개
② 2개
③ 3개
④ 4개

체인의 평균사용시간은 약 150시간, 안내판 평균사용시간은 450시간 정도이다.

45 다음 중 기계톱의 체인을 돌려 주는 동력전달장치는?

① 실린더   ② 플라이휠
③ 점화플러그   ④ 원심클러치

●해설

기계톱의 동력전달부분
원심클러치(원심분리형 클러치), 감속장치, 스프로킷 등

46 기계톱의 연료와 오일을 혼합할 때 휘발유가 15리터이면 오일의 적정 양은 얼마인가? (단, 오일은 특수오일이 아님)

① 0.06리터   ② 0.15리터
③ 0.6리터   ④ 1.5리터

●해설

배합비는 가솔린 : 윤활유 = 25 : 1
$25 : 1 = 15 : x$, $x = 0.6$

47 엔진이 시동되지 않을 경우 예상되는 원인이 아닌 것은?

① 오일탱크가 비어 있다.
② 연료탱크가 비어 있다.
③ 기화기 내 연료가 막혀 있다.
④ 플러그점화케이블에 결함이 있다.

●해설

오일탱크는 체인톱 회전 시 체인이 부드럽게 돌아가도록 하는 것으로 안내판과 관련이 있다.

48 기계톱의 최초 시동 시 초크를 닫지 않으면 어떤 현상 때문에 시동이 어렵게 되는가?

① 연료가 분사되지 않기 때문이다.
② 공기가 소량 유입하기 때문이다.
③ 기화기 내 연료가 막혀 있다.
④ 공기 내 연료비가 낮기 때문이다.

●해설

기계톱의 시동단계
• 초크판을 닫고 스로틀차단판을 열어 적은 양의 공기와 많은 양의 연료를 혼합하여 시동에 적합한 짙은 농도의 혼합가스를 만든다.
• 초크를 닫지 않으면 공기 내 연료비가 낮아 시동이 어려워진다.

49 기계톱 작업자를 위한 안전장치로 옳지 않은 것은?

① 스프로킷덮개
② 체인잡이볼트
③ 후방손잡이보호판
④ 스로틀레버차단판

●해설

스프로킷
• 체인을 걸어 톱날을 구동하는 톱니바퀴이다.
• 원심클러치로부터 동력을 받아 스프로킷이 톱체인을 회전시킨다.

50 기계톱 사용 시 오일함유비가 낮은 연료의 사용으로 나타나는 현상으로 옳은 것은?

① 검은 배기가스가 배출되고 엔진에 힘이 없다.
② 오일이 연소되어 퇴적물이 연소실에 쌓인다.
③ 엔진 내부에 기름칠이 적게 되어 엔진을 마모시킨다.
④ 스파크플러그에 오일막이 생겨 노킹이 발생할 수 있다.

●해설

연료 대비 윤활유 부족 시 현상
• 엔진 내부에 기름칠이 적게 되어 엔진이 마모된다.
• 피스톤, 실린더 및 엔진 각 부분이 눌러 붙을 염려가 있다.

51 다음 중 집재용 장비로만 묶인 것은?

① 윈치, 스키더
② 윈치, 프로세서
③ 타워야더, 하베스터
④ 모터그레이더, 스키더

- 소형 윈치
  - 비교적 지형이 험하거나 단거리에 흩어져 있는 적은 양의 통나무를 집재하는 데 사용한다.
  - 종류 : 지면끌기식, 아크형
- 스키더 : 벌채목을 그래플로 집거나 윈치로 끌어 견인하는 견인집재용 차량이다.

52 안전사고 예방준칙과 관계가 먼 것은?

① 작업의 중용을 지킬 것
② 율동적인 작업을 피할 것
③ 규칙적인 휴식을 취할 것
④ 혼자서는 작업하지 말 것

긴장하지 말고 부드럽고 율동적인 작업을 한다.

53 디젤기관과 비교했을 때 가솔린기관의 특성으로 옳지 않은 것은?

① 전기점화방식이다.
② 배기가스 온도가 낮다.
③ 무게가 가볍고 가격이 저렴하다.
④ 연료는 기화기에 의한 외부혼합방식이다.

보편적으로 가솔린기관보다 디젤기관의 열효율이 높기 때문에 팽창과정을 마친 후 생성된 디젤기관의 배기가스 온도가 가솔린기관보다 낮다.

54 무육톱의 삼각톱날 꼭지각은 몇 도(°)로 정비하여야 하는가?

① 25°
② 28°
③ 35°
④ 38°

삼각형 톱니
- 줄질은 안내판의 선과 평행하게 한다.
- 안내판 선의 각도는 침엽수 60°, 활엽수 70°이다.
- 꼭지각은 38° 정도가 되도록 한다.

55 기계톱의 동력은 어떤 힘에 의하여 스프로킷에 전달되는가?

① 반력
② 구심력
③ 중력과 마찰력
④ 원심력과 마찰력

기계톱의 동력전달

크랭크축 → 원심분리형 클러치 → 스프로킷 → 체인 회전

원심력과 마찰력

56 액셀레버를 잡아도 엔진이 가속되지 않을 때 예상되는 원인이 아닌 것은?

① 에어필터가 더럽다.
② 연료 내 오일의 혼합량이 적다.
③ 점화코일과 단류장치가 결함이 있다.
④ 기화기 조절이 잘못되었거나 결함이 있다.

②항은 엔진과열현상과 관련이 있다.

57 다음 중 작업도구와 능률에 관한 기술로 가장 거리가 먼 것은?

① 자루의 길이는 적당히 길수록 힘이 강해진다.
② 도구의 날 끝 각도가 클수록 나무가 잘 부서진다.
③ 도구는 가볍고 내려치는 속도가 빠를수록 힘이 세어진다.
④ 도구의 날은 날카로운 것이 땅을 잘 파거나 잘 자를 수 있다.

●해설

적당한 무게를 가져야 내려치는 속도를 빨리할 수 있어 큰 힘을 낼 수 있다.

58 특별한 경우를 제외하고 도끼를 사용하기에 가장 적합한 도끼자루의 길이는?

① 사용자 팔 길이
② 사용자 팔 길이의 2배
③ 사용자 팔 길이의 0.5배
④ 사용자 팔 길이의 1.5배

●해설

도구 손잡이의 길이는 작업자의 팔 길이 정도가 가장 적당하다.

59 4행정기관과 비교한 2행정기관의 특징으로 옳지 않은 것은?

① 중량이 가볍다.
② 저속운전이 용이하다.
③ 시동이 용이하고 바로 따뜻해진다.
④ 배기음이 높고 제작비가 저렴하다.

●해설

2행정기관의 엔진 작동원리
• 크랭크축 1회전마다 1회 폭발 회전이 용이하다.
• 동일배기량에 비해 출력이 크다.
• 고속 및 저속운전이 어렵다.
• 흡기시간이 짧고 점화가 어렵다.

60 트랙터를 이용한 집재 시 안전과 효율성을 고려했을 때 일반적으로 작업 가능한 최대경사도 (°)로 옳은 것은?

① $5 \sim 10°$ ② $15 \sim 20°$
③ $25 \sim 30°$ ④ $35 \sim 40°$

●해설

트랙터 집재기
• 평탄지나 완경사지에 집재기로 사용한다.

01 다음 중 종자 수득률이 가장 높은 수종은?

① 잣나무　　　　② 벚나무
③ 박달나무　　　④ 가래나무

해설

정선종자의 수득률(수율)
채취한 열매 중에서 정선하여 얻은 종자의 비율

수종	수득률	수종	수득률
호두나무	52.0	전나무	19.2
가래나무	50.9	잣나무	12.5
은행나무	28.5	향나무	12.4
자작나무	24.0	편백나무	11.4
박달나무	23.3	가문비나무	2.1

02 소립종자의 실중에 대한 설명으로 옳은 것은?

① 종자 1L의 4회 평균중량
② 종자 1,000립의 4회 평균중량
③ 종자 100립의 4회 평균중량 곱하기 10
④ 전체 시료종자중량 대비 각종 불순물을 제거한 종자의 중량 비율

해설

대립종자는 100립씩 4반복, 중립종자는 500립씩 4반복, 소립종자는 1,000립씩 4반복의 평균치를 산출

03 임지에 비료목을 식재하여 지력을 향상시킬 수 있는데 다음 중 비료목으로 적당한 수종은?

① 소나무　　　　② 전나무
③ 오리나무　　　④ 사시나무

해설

콩과수목	아까시나무, 자귀나무, 싸리나무류, 칡, 다릅나무 등
비콩과수목	오리나무류, 보리수나무류, 소귀나무

04 덩굴류 제거작업 시 약제사용에 대한 설명으로 옳은 것은?

① 작업시기는 덩굴류 휴지기인 1~2월에 한다.
② 칡 제거는 뿌리까지 죽일 수 있는 글라신액제가 좋다.
③ 약제처리 후 24시간 이내에 강우가 있을 때 흡수율이 높다.
④ 제초제는 살충제보다 독성이 적으므로 약제 취급에 주의를 기울일 필요가 없다.

해설

글라신액제
• 모든 임지의 덩굴성에 적용한다.
• 약액주입기나 면봉을 이용하여 주두부의 중심부에 삽입한다.

05 파종조림의 성과에 영향을 미치는 요인에 대한 설명으로 옳지 않은 것은?

① 발아한 어린 묘는 서리의 피해가 많다.
② 다른 곳보다 흙을 더 두껍게 덮어 줄 경우 수분조절이 어려워 건조피해를 입는다.
③ 발아하여 줄기가 약할 때 비가 와서 흙이 튀어 흙 옷을 만들면 그 묘목은 죽게 된다.
④ 우리나라의 봄 기후는 건조하기 쉬우므로 발아가 지연되면 파종조림은 실패하게 된다.

해설

씨를 뿌린 후에 흙을 덮는 작업인 복토의 두께는 종자 크기의 2~3배로 하며 소립종자는 체로 쳐서 덮는다.

06 묘포의 정지 및 작상에 있어서 가장 적합한 밭갈이 깊이는?

① 20cm 미만
② 20~30cm 정도
③ 30~50cm 정도
④ 50cm 이상

해설

묘포지 선정 이후, 포지를 늦은 가을에 갈아 두었다가 해빙 직후 깊이 20cm 정도 경운을 실시하며, 이때 토양 살충제와 토양살균제를 살포하여 토양을 소독해 준다.

07 임분을 띠모양으로 구획하고 각 띠를 순차적으로 개벌하여 갱신하는 방법은?

① 산벌작업
② 대상개벌작업
③ 군상개벌작업
④ 대면적개벌작업

해설

벌채 예정지를 띠모양으로 구획하고 교대로 두 번의 개벌에 의하여 갱신을 끝내는 방법이다.

08 묘상에서의 단근작업에 관한 설명으로 옳지 않은 것은?

① 주로 휴면기에 실시한다.
② 측근과 세근을 발달시킨다.
③ 묘목의 철 늦은 자람을 억제한다.
④ 단근의 깊이는 뿌리의 2/3 정도를 남기도록 한다.

해설

단근은 측근과 잔뿌리의 발육이 목적일 경우에는 5월 중순~7월 상순에 실시한다.

09 벌채방식이 간벌작업과 가장 비슷한 것은?

① 개벌작업
② 중림작업
③ 모수작업
④ 택벌작업

해설

택벌작업은 벌기, 벌채량, 벌채방법 및 벌채구역의 제한이 없고 성숙한 일부 임목만을 국소적으로 골라 벌채하는 방법이다.(간벌작업과 가장 비슷하다)

10 침엽수의 수형목 선발기준으로 옳지 않은 것은?

① 수관이 넓을 것
② 생장이 왕성할 것
③ 상층임관에 속할 것
④ 상당한 종자가 달릴 것

해설

수형목은 채종원 또는 채수포 조성에 필요한 접수 · 삽수 및 종자를 채취할 목적으로 수형과 형질이 우량하여 지정한 수목으로, 우수한 유전자형을 가진 임목이다. 침엽수의 수형목은 수관이 좁고 가지가 가늘며 한쪽으로 치우치지 않은 게 좋다.

11 묘포 설계면적에서 육묘지에 해당되지 않는 것은 어느 것인가?

① 재배지
② 방풍림
③ 일시휴한지
④ 묘상 간의 통로면적

해설

육묘지는 실제로 묘목이 재배되는 장소로 포지, 부속지, 제지로 구성된다.

용도별 소요면적 비율
• 육묘포지(육묘상의 면적) : 60~70%
• 관배수로, 부대시설, 방풍림 등 : 20%
• 기타 퇴비장 등 묘포경영을 위한 소요면적 : 10%

12 다음 중 모수작업에 대한 설명으로 옳은 것은?

① 양수수종의 갱신에 적당하다.
② 양수와 음수의 섞임을 조절할 수 있다.
③ ha당 남겨질 모수는 100본 이상으로 한다.
④ 현재의 수종을 다른 수종으로 바꾸고자 할 때 적당하다.

- 전 임목본수의 2~3%, 재적으로는 약 10%, 1ha당 약 15~30본이다.
- 모수작업은 소나무, 해송과 같은 양수에 적용하며, 종자가 무거워 비산력이 낮은 활엽수종(단풍나무류)은 더 많이 남겨야 한다.

13 산림토양 층위 중 빗물이 아래로 침전하면서 부식질, 점토, 철분, 알루미늄 성분 등을 용탈하여 내려가다가 집적해 놓은 토양층은?

① A층   ② B층
③ C층   ④ R층

B층
- A층으로부터 용탈되어 쌓인 층이다.
- 부식이 용탈층보다 적고, 갈색 또는 황갈색을 띤다.

14 다음 중 수목의 종자발아에 영향을 미치는 주요 환경인자로 가장 거리가 먼 것은?

① 수분   ② 공기
③ 토양   ④ 온도

15 묘목이 활착되지 못하는 주요 원인으로 옳지 않은 것은?

① T/R률이 낮을 때
② 건조한 임지에 심었을 때
③ 비료가 직접 뿌리에 닿았을 때
④ 적정 식재시기보다 늦어졌을 때

T/R률이 낮은 수목은 우량묘목의 조건이다.

16 산지에 묘목을 식재한 후 가장 먼저 해야 할 무육작업은?

① 제벌   ② 간벌
③ 풀베기   ④ 가지치기

풀베기의 목적
- 잡초목의 피압에 의한 조림목의 생장저해 방지 및 조림목의 안정된 환경 조성을 위해서이다.
- 잡초목에 의한 토양 중 양분 및 수분의 수탈 등을 막기 위하여 조림지의 임목이 일정한 크기에 이르렀을 때 매년 1~2회 잘라 주는 작업이다.

17 채종림의 지정기준으로 옳지 않은 것은?

① 벌채나 도남벌이 없었던 임분
② 보호관리 및 채종작업이 편리한 지역
③ 병충해가 없고 생태적 조건에 적응한 상태
④ 단위면적이 1ha 이상, 모수는 50본/ha 이상

채종림은 1단지 면적이 1ha 이상이고 모수는 300본/ha 이상인 산림이어야 한다.

18 다음 중 생가지치기를 할 때 상처부위의 부후 위험성이 가장 큰 수종은?

① 곰솔   ② 단풍나무
③ 리기다소나무   ④ 일본잎갈나무

단풍나무, 느릅나무, 벚나무, 물푸레나무 등은 상처의 유합이 잘 안 되고 썩기 쉬우므로 죽은 가지만 잘라 주고, 밀식으로 자연낙지를 유도한다.

19 선묘한 2년생 소나무 묘목의 속당 본수로 옳은 것은?

① 20본   ② 25본
③ 50본   ④ 100본

소나무 2년생 묘목의 곤포당 본수는 1,000본, 속수는 50본, 속당 본수는 20본이다.

20 우리나라 지각의 대부분을 이루고 있는 암석은?

① 석회암   ② 수성암

③ 변성암   ④ 화성암

● 해설

화성암은 우리나라 전 면적의 2/3를 차지하고 있다.

21 택벌림에서 가장 많은 본수의 경급은?

① 소경급   ② 중경급

③ 대경급   ④ 모두 동일함

● 해설

경급이란 입목을 흉고직경의 크기에 따라 나눈 것으로 소경급>중경급>대경급 순으로 많은 비중을 차지한다.

22 풀베기작업을 1년에 2회 실시하려 할 때 가장 알맞은 시기는?

① 1월과 3월   ② 3월과 5월

③ 6월과 8월   ④ 7월과 10월

● 해설

풀베기 시기 중요 ★☆☆

• 일반적으로 6~8월에 실시하며, 연 2회할 경우 6월(5~7월)과 8월(7~9월)에 작업한다.

• 9월 이후에는 실시하지 않는다.

23 어린나무 가꾸기작업 시 맹아력이 왕성한 활엽수종에 가장 적합한 작업방법은?

① 뿌리를 자른다.

② 큰 가지만 제거한다.

③ 뿌리목 부근에서 벌채한다.

④ 수간을 지상 1m 정도 높이에서 절단한다.

● 해설

제벌 대상지 및 시기 중요 ★★☆

• 대상지 : 조림 후 5~10년이 되고, 풀베기작업이 끝난 지 2~3년이 지나 조림목의 수관 경쟁과 생육 저해가 시작되는 곳

• 시기 : 6~9월(여름) 사이에 실시하는 것을 원칙으로 하되 늦어도 11월 말(초가을)까지는 완료한다.

• 간벌이 시작될 때까지 2~3회 제벌을 하는 것이 원칙이다.

24 다음 중 인공조림의 장점으로 옳지 않은 것은?

① 미입목지나 황폐지에 숲을 조성할 수 있다.

② 숲을 조성하는 데 기간이 짧고 임부관리가 용이하다.

③ 전체적으로 불량한 형질을 가진 임분의 개량에 적용 가능하다.

④ 오랜 세월을 지내는 동안 그곳의 환경에 적응하여 견디는 힘이 강하다.

● 해설

④항은 천연갱신의 장점이다.

25 10ha의 산림에 묘목을 2m 간격으로 정방형 식재하려면 최소 몇 주의 묘목이 필요한가?

① 2,500주   ② 5,000주

③ 25,000주   ④ 50,000주

● 해설

$$N = \frac{\text{조림지 면적}}{(\text{묘목사이의 거리})^2} = \frac{10,000}{(2)^2} = 25,000주$$

26 1년에 2~3회 발생하며 1, 2령기 유충은 밤 가시를 식해하다가 3령기 이후 성숙해지면 과육을 식해하는 해충은?

① 밤바구미   ② 밤나무혹벌

③ 복숭아명나방   ④ 솔알락명나방

● 해설

복숭아명나방

• 밤나무, 복숭아나무, 사과나무, 자두나무, 감나무 등의 종실을 가해하는 해충이다.

• 유충은 과실을 가해하며, 침입한 구멍으로 적갈색의 배설물과 즙액을 배출한다.

27 뽕나무오갈병의 병원균은?

① 균류   ② 선충

③ 바이러스   ④ 파이토플라스마

● 해설

오동나무빗자루병, 대추나무빗자루병, 뽕나무오갈병 등은 파이토플라스마에 의한 수병이다.

28 다음 중 알로 월동하는 해충은?

① 솔나방   ② 텐트나방

③ 버들재주나방   ④ 삼나무독나방

● 해설

연 1회 발생하며 나뭇가지에 가락지모양으로 알을 낳고 월동한다.

29 다음 중 기주교대를 하는 수목병에 해당하지 않는 것은?

① 포플러잎녹병

② 소나무재선충병

③ 잣나무털녹병

④ 사과나무 붉은별무늬병

● 해설

소나무재선충병

• 병환 : 병든 나무는 상처로부터 나오는 송진(수지)의 양이 감소하거나 정지한다.

• 발병환경 : 감염된 나무는 급속히 시들고 거의 100% 고사한다. (소나무의 AIDS)

30 충분히 자란 유충은 먹는 것을 중지하고 유충 때의 껍질을 벗고 번데기가 되는데, 이와 같은 현상을 무엇이라 하는가?

① 용화   ② 부화

③ 우화   ④ 약충

● 해설

부화	알껍질을 깨뜨리고 밖으로 나오는 현상이다.
유충의 성장	알에서 부화한 것을 유충 또는 약충이라 하며 이것들은 다른 생물에서 영양을 섭취하며 성장한다.

용화	충분히 자란 유충이 먹는 것을 중지하고 유충 때의 껍질을 벗고 번데기가 되는 과정이다. (유충 → 번데기)
우화	번데기를 탈피하여 성충이 되는 과정이다. (번데기 → 성충)

31 배나무를 기주교대하는 이종기생성병은?

① 향나무녹병   ② 소나무혹병

③ 전나무잎녹병   ④ 오리나무잎녹병

● 해설

향나무녹병 방제법

• 향나무 부근에 배나무, 사과나무 등 장미과 식물을 심지 않는다.

• 향나무와 배나무는 2km 이상 떨어져 식재한다.

32 다음 수목병해 중 바이러스에 의한 병은?

① 잣나무털녹병

② 벚나무빗자루병

③ 포플러모자이크병

④ 밤나무줄기마름병

● 해설

바이러스 중요 ★☆☆

• 일종의 핵단백질로 구성된 병원체로, 전자현미경으로만 관찰 가능하다.

• 인공배양 및 증식이 안 되며 살아 있는 세포 내에서만 증식이 가능하다.

• 진균이나 세균처럼 스스로 식물체에 감염을 일으키지 못하며, 매개생물이나 상처 부위를 통해서만 감염이 가능하다.

• 수병 : 포플러모자이크병, 아까시나무모자이크병 (매개충 : 복숭아혹진딧물)

33 다음 중 살충제의 제형에 따라 분류된 것은?

① 수화제   ② 훈증제

③ 유인제   ④ 소화중독제

●해설

수화제(WP)

물에 녹지 않는 주제를 점토광물 및 계면활성제 등과 혼합분쇄하여 고운가루로 만들어 물에 타서 쓸 수 있게 만든 농약제제이다.

34 아황산가스 대기오염에 의한 수목의 피해현상에 대한 설명으로 옳지 않은 것은?

① 바람이 없는 날에는 피해가 크다.
② 일반적으로 겨울보다 봄에 피해가 더 크다.
③ 대기 및 토양습도가 낮을 때 피해가 늘어난다.
④ 밤보다는 동화작용이 왕성한 낮에 피해가 심하다.

●해설

• 온도 : 식물은 5℃ 이하(겨울철)에서 아황산가스에 대한 저항성이 높아진다.
• 상대습도 : 습도가 높아지면 아황산가스에 대한 감수성은 높아진다.
• 광도 : 암흑에서는 아황산가스에 대한 저항성이 매우 크다.

35 다음 중 산불에 대한 내화력이 강한 수종은?

① 편백나무   ② 곰솔
③ 삼나무   ④ 은행나무

●해설

구분	내화력이 강한 수종	내화력이 약한 수종
침엽수	은행나무, 개비자나무, 대왕송, 분비나무, 낙엽송, 가문비나무	소나무, 해송, 삼나무, 편백
상록 활엽수	아왜나무, 황벽나무, 동백나무, 사철나무	녹나무, 구실잣밤나무
낙엽 활엽수	상수리나무, 굴참나무, 고로쇠나무, 피나무, 고광나무, 가중나무, 참나무	아까시나무, 벚나무

36 다음 중 제초제의 병뚜껑과 포장지 색으로 옳은 것은?

① 녹색   ② 황색
③ 분홍색   ④ 빨간색

●해설

• 살균제 : 분홍색   • 살충제 : 초록색
• 제초제 : 노랑색(황색)   • 전착제 : 흰색

37 대추나무빗자루병의 병원체 및 치료법으로 바르게 짝지은 것은?

① 재선충 – 살선충제
② 바이러스(Virus) – 침투성 살균제
③ 파이토플라스마(Phytoplasma) – 항생제
④ 녹병균(Gymnosporangium spp) – 침투성 살균제

●해설

파이토플라스마(마이코플라스마)

• 바이러스와 세균의 중간에 위치한 미생물로, 원형 또는 타원형이다.
• 감염식물의 체관부에만 존재하여 식물의 체관부를 흡즙하는 곤충류에 의해 매개된다.
• 테트라사이클린(tetracycline)계의 항생물질로 치료 가능하다.

38 성숙한 유충의 몸 길이가 가장 큰 해충은?

① 독나방   ② 박쥐나방
③ 매미나방   ④ 어스렝이나방

●해설

어스렝이나방 성충의 몸 길이는 45mm 정도이다.

39 볕데기에 대한 설명으로 옳지 않은 것은?

① 남서방향 임연부의 고립목에 피해가 나타나기 쉽다.
② 오동나무나 호두나무처럼 코르크층이 발달되지 않는 수종에서 자주 발생한다.
③ 강한 복사광선에 의해 건조된 수피의 상처 부위에 부후균이 침투하여 피해를 입는다.
④ 토양의 온도를 낮추기 위한 관수나 해가림 또는 짚을 이용한 토양피복 등의 처리를 하는 것이 좋다.

나무줄기가 강렬한 태양 직사광선을 받아 수피의 일부에 급격한 수분증발이 생겨 형성층이 고사하여, 그 부분의 수피가 말라 죽는 현상이다.

볕데기 예방대책
• 오동나무는 피소에 대한 해를 많이 받으며 서쪽 식재를 피한다.
• 가로수나 정원수는 해가림을 하고, 석회유나 점토칠, 짚이나 새끼 등으로 수목 수의를 감아 보호한다.

40 세균에 의해 발생하는 뿌리혹병에 관한 설명으로 옳은 것은?

① 방제법으로 석회 사용량을 줄인다.
② 건조할 때 알칼리성 토양에서 많이 발생한다.
③ 주로 뿌리에서 발생하며 가지에는 발생하지 않는다.
④ 병원균은 수목의 병환부에서는 월동하지 않고 토양 속에서만 월동한다.

●해설
• 침입경로 : 접목 부위, 삽목의 하단부, 뿌리의 절단면 등 상처 부위를 통해 침입한다.
• 병징 : 뿌리나 줄기의 땅 접촉부분에 많이 발생하며 처음에는 병환부가 비대하여 흰색을 띤다.
• 환경 : 고온다습한 알카리성 토양에서 많이 발생한다.

41 다음 중 냉각된 기계톱의 최초 시동 시 가장 먼저 조작하는 것은?

① 초크레버
② 스로틀레버
③ 액셀고정레버
④ 체인브레이크레버

●해설
시동을 쉽게 하기 위해 초크밸브를 닫아 혼합가스를 농후하게 조절하고 정상운전 시에는 개방한다.

42 가선집재에 사용되는 가공본줄의 최대장력은? (단, T=최대장력, W=가선의 전체중량, ϕ=최대장력계수 P=가공본줄에 걸리는 전체하중)

① $T = W \div P \times \phi$
② $T = W \times P \times \phi$
③ $T = (W - P) \times \phi$
④ $T = (W + P) \times \phi$

●해설
가공본줄의 최대장력은 (가선의 전체중량 + 가공본줄에 걸리는 전체하중) × 최대장력계수이다.

43 소집재작업이나 간벌재를 집재하는 데 가장 적절한 장비는?

① 스키더
② 타워야더
③ 소형 윈치
④ 트랙터 집재기

●해설
소형 윈치
• 비교적 지형이 험하거나 단거리에 흩어져 있는 적은 양의 통나무를 집재하는 데 사용한다.
• 소집재작업이나 간벌재를 집재하는 데 적절한 장비이다.
• 종류 : 지면끌기식, 야크형

44 삼각톱니 가는 방법에서 톱니젖힘의 설명으로 옳지 않은 것은?

① 젖힘의 크기는 0.2~0.5mm가 적당하다.
② 활엽수는 침엽수보다 많이 젖혀 주어야 한다.
③ 톱니젖힘은 나무와의 마찰을 줄이기 위하여 한다.
④ 톱니젖힘은 톱니 뿌리선으로부터 2/3 지점을 중심으로 하여 젖혀 준다.

●해설
침엽수는 활엽수에 비해 목섬유가 연하고 마찰이 크므로 많이 젖혀 준다.

45 다음 중 양묘작업 도구로 가장 적합한 것은?

① 이리톱
② 지렛대
③ 갈고리
④ 식혈봉

46 도끼자루 제작을 위한 재료에 대한 설명으로 옳은 것은?

① 탄력이 있고 질겨야 한다.
② 무겁고 보습력이 좋아야 한다.
③ 가볍고 섬유장이 짧아야 한다.
④ 일반적으로 느티나무는 적합하지 않다.

47 대패형 톱날의 창날각으로 가장 적합한 것은?

① 30°
② 35°
③ 40°
④ 45°

48 산림작업 시 안전사고예방을 위하여 지켜야 할 사항으로 옳지 않은 것은?

① 작업실행에 심사숙고 할 것
② 긴장하지 말고 부드럽게 할 것
③ 가급적 혼자 작업하여 능률을 높일 것
④ 휴식 직후에는 서서히 작업속도를 높일 것

49 집재장에서 통나무를 끌어내리는 데 가장 적합한 작업도구는?

① 삽
② 지게
③ 사피
④ 클램프

50 기계톱의 안내판 끝부분이 단단한 물체에 접촉하여 안내판이 작업자가 있는 뒤로 튀어 오르는 현상은?

① 킥백현상
② 댐핑현상
③ 브레이크현상
④ 오버히팅현상

51 윤활유가 구비해야 할 성질이 아닌 것은?

① 유성이 좋아야 한다.
② 점도가 적당해야 한다.
③ 부식성이 없어야 한다.
④ 온도에 의한 점도의 변화가 커야 한다.

52 기계톱의 출력표시로 사용되는 단위로 옳은 것은?

① HS ② HA
③ HO ④ HP

●해설
출력의 단위는 국제표준단위인 kW와 PS(미터마력, 프랑스마력), HP(영국마력) 등이 있다.

53 체인톱니의 피치(Pitch)는 무엇을 의미하는가?

① 리벳 3개의 간격을 2등분하여 표시한 것
② 리벳 3개의 간격을 4등분하여 표시한 것
③ 리벳 2개의 간격을 3등분하여 표시한 것
④ 리벳 2개의 간격을 4등분하여 표시한 것

●해설
• 톱체인의 규격은 피치로 표시하며, 스프로킷의 피치와 일치하여야 한다.
• 피치 : 서로 접하고 있는 3개의 리벳간격 길이의 1/2 길이

54 기계톱을 이용한 벌목작업에서 안전상 일반적으로 사용하지 않는 쐐기는?

① 철재쐐기 ② 목재쐐기
③ 알루미늄쐐기 ④ 플라스틱쐐기

●해설
쐐기
• 벌목의 방향 결정 및 톱이 끼지 않도록 하는 데 쓰이는 도구이다.
• 철제쐐기를 이용하여 기계톱으로 벌목할 때에는 안전사고에 유의하여야 한다.
• 종류 : 나무쐐기, 두랄루민쐐기, 라이싱거, 두랄벌도균열쐐기, 플라스틱쐐기, 합성물질쐐기 등

55 4행정 엔진과 비교할 때 2행정 엔진의 설명으로 옳은 것은?

① 무게가 가볍다.
② 배기음이 작다.

③ 휘발유와 오일 소비가 적다.
④ 동일 배기량일 때 출력이 적다.

●해설

항목	2행정기관
엔진의 작동 원리	• 크랭크축 1회전마다 1회 폭발 회전이 용이하다. • 동일 배기량에 비해 출력이 크다. • 고속 및 저속운전이 어렵다. • 흡기시간이 짧고 점화가 어렵다.
엔진의 구조	• 구조가 간단하다. • 무게가 가볍다. • 열효율이 낮고 과열되기 쉽다. • 배기가 불완정하고 배기음이 크다.

항목	4행정기관
엔진의 작동 원리	• 크랭크축 2회전마다 1회 폭발한다. • 회전이 어렵다. • 동일 배기량에 비해 출력이 적다. • 저속 및 고속의 넓은 범위 변화가 가능하다. • 점화가 쉽다.
엔진의 구조	• 구조가 복잡하다. • 무게가 무겁다. • 열효율이 높고 안정성이 좋다. • 배기가 안정하고 배기음이 적다.

56 기계톱에 사용하는 연료는 휘발유 20리터에 휘발유와 오일을 25 : 1의 비율로 혼합하려고 한다. 다음 중 오일의 양은 얼마인가?

① 0.4리터 ② 0.6리터
③ 0.8리터 ④ 1.0리터

57 4행정 사이클기관의 작동순서로 옳은 것은?

① 흡입 → 압축 → 배기 → 폭발
② 흡입 → 폭발 → 배기 → 압축
③ 흡입 → 배기 → 압축 → 폭발
④ 흡입 → 압축 → 폭발 → 배기

●해설
4행정 사이클기관
• 1사이클을 완료하기 위해 피스톤의 4행정은 2회 왕복운동이 필요한 기관
• 흡기 → 압축 → 폭발 → 배기의 1사이클을 4행정(크랭크축 2회전, 720°)으로 완결하는 기관

58 우리나라 여름철(±10~±14℃)에 기계톱 사용 시 혼합유 제조를 위한 윤활유 점도로 가장 알맞은 것은?

① SAE20   ② SAE20W
③ SAE30   ④ SAE10

59 벌목작업 시 다른 나무에 걸린 벌채목의 처리방법으로 옳지 않은 것은?

① 기계톱을 이용하여 토막 낸다.
② 견인기를 이용하여 뒤로 끌어낸다.
③ 경사면을 따라 조심스럽게 끌어낸다.
④ 방향전환지렛대를 이용하여 넘긴다.

● 해설
벌목 시 걸린 나무는 지렛대 등을 이용하여 제거하고 받치고 있는 나무는 베지 않으며 장력을 받고 있는 나무는 압력을 받게 되는 부위를 먼저 절단한다.

60 다음 중 벌도, 가지치기 및 조재작업 기능을 모두 가진 장비는?

① 포워더   ② 하베스터
③ 프로세서   ④ 스윙야더

● 해설

펠러번처	벌도와 모아 쌓기 기능
프로세서	집재된 전목(벌도된 나무)의 가지치기와 조재작업 기능(벌도기능 없음)
하베스터	• 벌도, 가지치기, 조재목마름질, 토막내기작업을 한 공정에 수행 기능 • 임 내에서는 벌목, 조재하는 장비로 포워드 등의 장비와 함께 사용

01 인공조림으로 갱신할 때 가장 용이한 작업종은?

① 개벌작업　　　　② 택벌작업
③ 산벌작업　　　　④ 모수작업

● 해설 ●

- 개벌 후에 성립되는 임분은 모두 동령림이며, 대개 단순일제림이다.
- 일제림 : 동일한 수종의 수관층이 거의 같은 높이로 이루어진 산림

02 산림 내 가지치기작업의 주된 목적은 무엇인가?

① 연료용재 생산　　② 우량목재 생산
③ 중간수입 목적　　④ 각종위해 방지

● 해설 ●

가지치기의 장점 중요 ★☆☆

- 마디없는 간재 및 우량목재를 생산한다.(가지치기의 가장 큰 목적)
- 신장생장을 촉진시킨다.
- 나이테 폭의 넓이를 조절하여 수간의 완만도를 높인다.
- 하층목에 수광량을 증가시켜 성장을 촉진시킨다.
- 임목 상호 간의 생존경쟁을 완화시킨다.
- 산림화재의 위험성이 줄어든다.

03 다음 그림은 참나무류 종자의 내부구조도이다. 어린뿌리는 어느 부분인가?

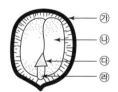

① ㉮　　　　　　② ㉯
③ ㉱　　　　　　④ ㉲

● 해설 ●

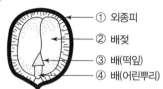

　① 외종피
　② 배젖
　③ 배(떡잎)
　④ 배(어린뿌리)

04 묘목의 가식에 대한 설명으로 옳지 않은 것은?

① 동해에 약한 유묘는 움가식을 한다.
② 뿌리부분을 부챗살 모양으로 열가식한다.
③ 선묘 결속된 묘목은 즉시 가식하여야 한다.
④ 지제부가 10cm가 되지 않도록 얕게 가식한다.

● 해설 ●

가식의 실제 중요 ★★★

- 묘목의 끝이 가을에는 남향으로, 봄에는 북향으로 45° 경사지게 한다.
- 지제부를 10cm 이상 깊이로 가식한다.
- 단기간 가식할 때는 다발째로, 장기간 가식할 때는 다발을 풀어서 뿌리 사이에 흙이 충분히 들어가도록 밟아 준다.
- 비가 올 때나 비가 온 이후에는 가식하지 않는다.
- 동해에 약한 수종은 움가식을 하며 낙엽 및 거적으로 피복하였다가 해빙이 되면 2～3회로 나누어 걷어 낸다.
- 가식지 주변에는 배수로를 설치한다.

05 산벌작업 중에서 후계목으로 키우고 싶지 않은 수종이나 불량목을 제거하고, 임관을 소개시켜 천연갱신에 적합한 임지상태를 만드는 작업을 무엇이라 하는가?

① 후벌　　　　　　② 종벌
③ 예비벌　　　　　④ 하종벌

예비벌

- 갱신준비단계의 벌채로, 모수로 부적합한 병충해목, 피압목, 폭목, 불량목 등을 제거하는 단계이다.
- 솎아베기가 잘된 임지(林地), 유령림단계에서 집약적으로 관리된 임분에서 생략이 가능하다.

06 중림작업에 대한 설명으로 옳은 것은?

① 각종 피해에 대한 저항력이 약하다.

② 하층목의 맹아 발생과 생장이 촉진된다.

③ 상층을 벌채하면 하층이 후계림으로 상층까지 자란다.

④ 상층과 하층은 동일수종인 것이 원칙이나 다른 수종으로 혼생시킬 수 있다.

중림작업

- 한 구역 안에서 용재생산을 목적으로 하는 교림작업과 연료재 생산을 목적으로 하는 왜림작업을 동시에 실시하는 작업이다.
- 작업방법은 상(상목)하(하목)로 나누어 2단 임형을 형성한다.

07 덩굴을 제거하기 위해 생장기인 5~9월에 살포하는 약제는?

① 글라신액제

② 만코제브수화제

③ 다이아지논유제

④ 클로란트라닐리프롤 입상수화제

글라신액제(근사미)

- 일반적인 덩굴류에 적용한다.
- 약액주입기로 대상 덩굴에 주입하거나, 약액에 침지시킨 면봉을 주두부에 삽입한다.

08 임목종자의 발아촉진방법에 해당하지 않는 것은?

① 환원법

② 침수처리법

③ 황산처리법

④ 고저온처리법

환원법(테르라졸륨에 의한 방법)

- 종자 내 산화효소가 살아 있는지 시약의 발색반응으로 알아보는 검사
- 휴면종자, 수확 직후의 종자, 발아시험기간이 긴 종자에 효과적인 방법
- 피나무, 주목, 향나무, 잣나무 등의 검사에 이용
- 종류 : 효소검출법, 테트라졸륨검사법

09 파종 후의 작업관리 중 삼나무 묘목의 뿌리끊기 작업시기로 가장 적합한 것은?

① 9월 중순

② 7월 중순

③ 5월 중순

④ 3월 중순

단근작업은 건강한 모를 생산하기 위해 묘목의 직근과 측근을 끊어 잔뿌리의 발달을 촉진시키는 작업이다. (활착률이 좋아짐)

10 조림목 외의 수종을 제거하고 조림목이라도 형질이 불량한 나무를 벌채하는 무육작업은?

① 풀베기

② 덩굴치기

③ 가지치기

④ 잡목 솎아베기

어린나무 가꾸기(잡목 솎아내기)

수목이 생장함에 따라 광선, 수분 및 양분 등의 경쟁이 심해지므로 이를 완화하기 위해 일부 수목을 베어 밀도를 낮추고 남은 수목의 생장을 촉진시키는 작업이다.

11 다음 중 임지의 지력 유지 및 증진방법으로 적합하지 않은 것은?

① 개벌작업을 한다.

② 흙의 침식을 방지한다.

③ 토양의 pH를 교정한다.

④ 지표의 유기물을 보호한다.

①항은 단점으로 임지를 황폐화시키기 쉽고, 지력을 저하시키며 표토유실이 있다.

12 피나무, 단풍나무, 느릅나무, 참나무류 등의 생육에 적당한 산림토양의 pH는?

① pH 3.5~4.0　　② pH 4.5~4.0
③ pH 5.5~6.0　　④ pH 6.5~7.0

●**해설**

토양산도는 침엽수의 경우 pH 5.0~6.5, 활엽수의 경우 pH 5.5~6.0이 적당하다.

13 풍치가 좋고 지속적으로 목재생산이 가능한 산림작업종은?

① 개벌작업　　② 택벌작업
③ 중림작업　　④ 모수작업

●**해설**

택벌작업
• 임지가 항상 나무로 덮여 있어 지력유지와 국토보전적 가치가 크다.
• 병해충에 대한 저항력이 매우 크다.
• 산림생태계의 안정을 유지하여 각종 위해를 줄여 주고 임목생육에 적절한 환경을 제공한다.(가장 건전한 생태계 유지)

14 묘목식재에 대한 설명으로 옳지 않은 것은?

① 묘목의 굴취시기는 식재하기 전이다.
② 묘목의 굴취는 비오는 날에 하면 좋다.
③ 캐낸 묘목의 건조를 막기 위하여 축축한 거적으로 덮는다.
④ 굴취 시 토양에 습기가 너무 많을 때는 어느 정도 마른 다음에 작업을 실시한다.

●**해설**

묘목의 굴취 적기 [중요 ★★☆]
• 대부분의 묘목은 봄에 굴취하나 낙엽수는 생장이 끝나고 낙엽이 완료된 후인 11~12월에 굴취한다.
• 포지에 어느 정도 습기가 있을 때 굴취작업을 한다.
• 굴취 시 땅에 너무 습기가 많을 때에는 어느 정도 마른 다음에 굴취한다.
• 묘목의 굴취는 바람이 없고, 흐리고, 서늘한 날이 좋다.
• 비바람이 심하거나 아침 이슬이 있는 날(새벽)은 작업을 피하는 것이 좋다.

• 굴취기는 예리한 것을 사용하며 뿌리에 상처를 주지 않도록 주의한다.
• 굴취된 묘목의 건조를 막기 위해 선묘 시까지 일시 가식한다.

15 천연갱신에 대한 설명으로 옳지 않은 것은?

① 갱신기간이 길다.
② 조림비용이 적게 든다.
③ 환경인자에 대한 저항력이 강하다.
④ 수종과 수령이 모두 동일하여 취급이 간편하다.

●**해설**

인공갱신은 인력에 의하여 갱신하는 방법으로 수종과 수령이 모두 동일해서 취급이 편리하다.

16 다음 중 두 번 판갈이한 3년생의 묘령을 나타낸 것은?

① 3-0묘　　② 2-1묘
③ 1-2묘　　④ 1-1-1묘

●**해설**

파종상에서 1년, 그 뒤 두 번 이식되어 각각 1년씩 지낸 3년생 묘목이다.

17 묘목과 묘목 사이의 거리가 1m, 열과 열 사이의 거리가 2.5m인 장방형 식재 시 1ha에 심게 되는 묘목본수는?

① 1,000본　　② 2,000본
③ 3,000본　　④ 4,000본

●**해설**

$$\frac{10,000}{1 \times 2.5} = 4,000본$$

18 조림목이 양수인 경우 조림지의 밑깎기방법으로 가장 적합한 것은?

① 줄깎기　　② 둘레깎기
③ 전면깎기　　④ 혼합깎기

> **해설**
> - 조림지 전면의 잡초목을 베어 내는 방법이다.
> - 임지가 비옥하거나 식재목이 광선을 많이 요구할 때 적용한다.
> - 소나무, 낙엽송, 강송, 삼나무, 편백나무 등 양수인 수종에 적합하다.

19 양묘 시 일반적으로 1년생을 이식하지 않는 수종은?

① 편백
② 소나무
③ 가시나무
④ 일본잎갈나무

> **해설**
> 가시나무, 잣나무, 전나무류, 가문비나무류는 1년생을 이식하지 않고 파종상에 거치한다.

20 다음 중 삽목이 잘 되는 수종으로만 짝지어진 것은?

① 개나리, 소나무
② 버드나무, 잣나무
③ 사철나무, 미루나무
④ 오동나무, 느티나무

> **해설**
> 삽목의 발근이 잘 되는 수종
> 버드나무류, 은행나무, 사철나무, 플라타너스, 포플러류, 개나리, 진달래, 주목, 측백나무, 화백, 향나무, 히말라야시다, 동백나무, 치자나무, 닥나무, 모과나무, 삼나무, 쥐똥나무, 무궁화 등

21 봄에 묘목을 가식할 때 묘목의 끝은 어느 방향으로 향하게 하여 경사지게 묻는가?

① 동쪽
② 서쪽
③ 북쪽
④ 남쪽

> **해설**
> 묘목의 끝이 가을에는 남향으로, 봄에는 북향으로 45° 경사지게 한다.

22 다음 중 꽃이 핀 다음 씨앗이 익을 때까지 걸리는 기간이 가장 짧은 것은?

① 향나무, 가문비나무
② 사시나무, 버드나무
③ 소나무, 상수리나무
④ 자작나무, 굴참나무

> **해설**
> 종자의 성숙시기(꽃 핀 직후)
> - 꽃 핀 직후에 종자 성숙(개화 후 3~4개월만에 열매 성숙)
> - 버드나무, 은백양, 황철나무, 떡느릅나무, 사시나무, 미루나무 등

23 모수작업에서 잔존모수로서 갖추어야 할 구비 조건으로 옳지 않은 것은?

① 형질이 우수해야 할 것
② 음수계통의 나무일 것
③ 풍해에 견딜 수 있고 병해가 없을 것
④ 결실연령에 도달하여 종자생산능력이 많은 나무일 것

> **해설**
> 모수작업
> - 전 임목본수의 2~3%, 재적으로는 약 10%, 1ha당 약 15~30본이다.
> - 모수작업은 소나무, 해송과 같은 양수에 적용되며, 종자가 무거워 비산력이 낮은 활엽수종(단풍나무류)은 더 많이 남겨야 한다.
> - 종자가 비교적 가벼워서 잘 날아갈 수 있는 수종에 가장 적합한 갱신작업이다.

24 비료목으로 적합하지 않은 수종은?

① 소나무
② 오리나무
③ 자귀나무
④ 보리수나무

> **해설**
>
> | 콩과수목 | 아까시나무, 자귀나무, 싸리나무류, 칡, 다릅나무 등 |
> |---|---|
> | 비콩과수목 | 오리나무류, 보리수나무류, 소귀나무 |

25 종자를 저장하는 방법 중 보습저장법이 아닌 것은?

① 냉습적법　　　　② 상온저장법
③ 노천매장법　　　　④ 보호저장법

해설

상온(실온)저장법
• 종자를 건조시킨 후 용기에 담아 0~10℃의 실온에서 보관하는 방법이다.
• 장기간 저장에는 적당하지 않다.

26 다음 중 상대적으로 가장 높은 온도의 발병조건을 요구하는 수병은?

① 잿빛곰팡이병
② 자줏빛날개무늬병
③ 리지나뿌리썩음병
④ 아밀라리아뿌리썩음병

해설

리지나뿌리썩음병
• 임지 내의 모닥불자리나 산불피해지에 많이 발생한다. (주로 침엽수에 발생)
• 고온에서 포자가 발아하여 뿌리를 가해한다.

27 오리나무잎벌레 유충이 가해한 수목의 피해형태로 옳은 것은?

① 잎맥만 가해하여 구멍이 뚫린다.
② 가지 끝을 가해하여 피해 입은 부위가 말라 죽는다.
③ 대부분 어린 새순을 갉아 먹어 수목의 생육을 방해한다.
④ 주로 잎의 잎살을 먹기 때문에 잎이 붉게 변색된다.

해설

• 성충과 유충이 동시에 오리나무잎을 식해한다.
• 유충은 잎살만 먹고 잎맥을 남겨 잎이 그물모양이 되며, 성충은 주맥만 남기고 잎을 갉아 먹는 해충이다.

28 알로 월동하는 해충끼리 짝지어진 것은?

① 솔나방, 참나무재주나방, 매미나방
② 집시나방, 텐트나방, 어스렝이나방
③ 미국흰불나방, 천막벌레나방, 복숭아명나방
④ 참나무재주나방, 어스렝이나방, 복숭아명나방

해설

알로 월동하는 해충
솔노랑잎벌, 집시나방, 미류재주나방, 어스렝이나방, 박쥐나방, 텐트나방 등

29 산불진화방법에 대한 설명으로 옳지 않은 것은?

① 불길이 약한 산불 초기는 화두부터 안전하게 진화한다.
② 직접, 간접법으로 끄기 어려울 때는 맞불을 놓아 끄기도 한다.
③ 물이 없을 경우 삽 등으로 토사를 끼얹는 간접소화법을 사용할 수 있다.
④ 불길이 강렬하면 소화선을 만든 후 화두의 불길이 약해지면 끄는 간접소화법을 쓴다.

해설

직접소화법
물이 없을 경우 삽 등으로 토사를 끼얹는 방법은 잔불 정리작업에 속한다.

30 잣나무털녹병의 중간기주는?

① 잔대　　　　② 송이풀
③ 향나무　　　　④ 황벽나무

해설

잣나무털녹병의 중간기주는 송이풀, 까치밥나무이다.

31 내화력이 강한 침엽수종으로만 올바르게 짝지어진 것은?

① 삼나무, 편백나무　　② 소나무, 곰솔
③ 삼나무, 분비나무　　④ 은행나무, 분비나무

구분	내화력이 강한 수종
침엽수	은행나무, 개비자나무, 대왕송, 분비나무, 낙엽송, 가문비나무 등
상록활엽수	아왜나무, 황벽나무, 동백나무, 사철나무 등
낙엽활엽수	상수리나무, 굴참나무, 고로쇠나무, 피나무, 고광나무, 가죽나무, 참나무 등

32 묘포에서 가장 피해가 심한 모잘록병의 발병원인은?

① 세균
② 균류
③ 바이러스
④ 파이토플라스마

● 해설

• Rhizoctonia균에 의한 모잘록병은 습한 토양에서 피해를 준다.
• Fusarium균에 의한 모잘록병은 건조한 토양에서 피해를 준다.

33 수병의 예방법 중 임업적(생태적) 방제법과 거리가 가장 먼 것은?

① 미래목 선정
② 혼효림 조성
③ 적지적수조림
④ 숲 가꾸기 실시

● 해설

미래목 선정은 도태간벌 시 우량목을 선정하는 방법으로, 수병의 예방법과는 관련이 없다.

34 농약의 사용목적 및 작용특성에 따른 분류에서 보조제가 아닌 것은?

① 유제
② 유화제
③ 협력제
④ 전착제

● 해설

• 유제는 농약 제제의 종류이다.
• 물에 녹지 않는 주제를 유기용매에 녹여 유화제를 첨가한 용액으로, 물에 희석하여 사용할 수 있게 만든 액체상태의 농약제제이다.

35 완전변태를 하지 않는 산림해충은?

① 소나무좀
② 솔잎혹파리
③ 오리나무잎벌레
④ 버즘나무방패벌레

● 해설

버즘나무방패벌레
• 외래해충으로 약충이 버즘나무류의 잎 뒷면에 모여 흡즙 및 가해한다.
• 심각한 피해를 주지는 않으나 잎의 변색으로 경관을 해친다.
• 연 2회 발생하며 9월 하순부터 수피 틈에서 성충으로 월동한다.

36 실을 토해 집을 짓고 낮에는 활동하지 않으며 주로 밤에 잎을 가해하는 해충은?

① 텐트나방
② 솔노랑잎벌
③ 어스렝이나방
④ 오리나무잎벌레

● 해설

텐트나방(천막벌레나방)
• 연 1회 발생하며 나뭇가지에 가락지모양으로 알을 낳고 월동한다.
• 유충은 실을 토해 집을 짓고 낮에는 활동하지 않으며 주로 밤에 잎을 가해한다.
• 버드나무, 살구나무 등을 가해한다.
• 성충 수컷은 황갈색을 띠고, 암컷은 담등색을 띤다.

37 낙엽송잎떨림병 방제에 주로 사용하는 약제는?

① 지오람수화제
② 만코제브수화제
③ 디플루벤주론수화제
④ 티아클로프리드 액상수화제

● 해설

낙엽송잎떨림병
• 병원 : 진균(자낭균류)
• 병징이 가장 뚜렷한 시기는 9월 중순경으로 대부분의 잎이 탈락한다.

38 저온에 의한 피해 중에서 수목 조직 내에 결빙이 일어나는 피해는?

① 한해 ② 습해
③ 동해 ④ 설해

> **해설**

동해(凍害)
식물체 조직 내에 결빙이 일어나 해를 입는 것

39 수목의 대기오염 피해를 줄이기 위한 방제법으로 옳지 않은 것은?

① 이령혼효림으로 유도
② 내연성 수종으로 조림
③ 택벌을 피하고 개벌로 전환
④ 석회질비료를 사용하여 양료 유실 방지

> **해설**

개벌작업은 대기오염의 피해를 더욱 증가시킨다. 따라서 개벌작업보다는 택벌작업으로 유도하는 것이 대기오염의 피해를 줄일 수 있는 방법이다.

40 해충의 밀도가 증가하거나 감소하는 경향을 알기 위해 충태별 사망수, 사망요인, 사망률 등의 항목으로 구성된 표는 무엇인가?

① 생명표 ② 생태표
③ 생식표 ④ 수명표

41 가선집재 기계를 이용하여 집재작업을 할 때 초커 설치 시 유의사항으로 옳은 것은?

① 가급적 대량 집적하도록 설치한다.
② 작업자 위치는 작업줄의 내각에 있어야 한다.
③ 측방집재선을 변경할 때에는 작업줄을 최대한 팽팽하게 하고 작업을 한다.
④ 작업원은 로딩블록을 원목이 있는 지점까지 유도하여 정지시킨 상태에서 설치를 한다.

42 임목수확작업의 기계화에 대한 설명으로 옳지 않은 것은?

① 기상 및 지형 등 자연조건에 따라 작업능률에 미치는 영향이 크다.
② 입목의 규격화가 불가능하므로 목적에 맞는 기계를 선택해야 한다.
③ 작업의 소규모화에 따라 다공정 기계장비보다 전문기계장비가 경제적이다.
④ 기계조작 작업원의 숙련정도에 따라 작업능률에 미치는 영향이 크다.

> **해설**

• 노동생산성의 향상 : 노동투입량과 생산량의 비율로 정의되며, 농촌노동력의 감소와 고령화 등으로 인한 산림작업 가용인력 확보난에 대한 대처방안이다.
• 생산비용의 절감 : 임업의 경영수익성을 확보하고 최소의 경비로 최대의 수익을 창출한다.
• 중노동으로부터의 해방 : 육체노동 감소로 노동조건이 질적으로 향상된다.

43 다음 (   ) 안에 들어갈 단어로 옳은 것은?

기계톱에 사용하는 오일은 여름철 상온(10~40℃)에서는 SAE (   )을 사용한다.

① 10W ② 20
③ 20W ④ 30

> **해설**

외기온도 10~40℃ : SAE30(우리나라 여름철 사용에 가장 알맞다.)

44 기계톱의 안전장치가 아닌 것은?

① 이음쇠 ② 핸드가드
③ 체인잡이 ④ 안전스로틀

> **해설**

• 체인톱의 안전장치 : 앞손·뒷손 보호판(핸드가드), 체인브레이크, 완충스파이크(지레발톱), 스로틀레버 차단판(안전스로틀레버), 손잡이(핸들), 체인잡이볼트, 체인덮개, 진동방지장치(방진고무), 소음지(머플러), 후방보호판

- 이음쇠(이음링크)는 톱날과 구동링크의 결합 역할을 한다.

---

45 실린더 속에서 가스가 압축되는 정도를 나타내는 압축비 공식은?

① (행정용적＋압축용적)/연소실용적
② (연소실용적＋행정용적)/연소실용적
③ (압축용적＋크랭크용적)/크랭크실용적
④ (연소실용적＋크랭크실용적)/행정용적

---

46 임업용 와이어로프의 용도 중 작업선의 안전계수기준은?

① 2.7 이상 ② 4.0 이상
③ 6.0 이상 ④ 7.5 이상

● 해설
- 가공본선 : 2.7
- 작업선(짐당김줄, 되돌림줄, 버팀줄, 고정줄) : 4.0
- 매달기선 : 6.0

---

47 손톱 톱니의 각 부분에 대한 설명으로 옳지 않은 것은?

① 톱니가슴 : 나무와의 마찰력을 감소시킨다.
② 톱니꼭지각 : 각이 작을수록 톱니가 약하다.
③ 톱니홈 : 톱밥이 임시로 머문 후 빠져 나가는 곳이다.
④ 톱니꼭지선 : 일정하지 않으면 톱질할 때 힘이 든다.

● 해설
톱니가슴
나무를 절단한다.

---

48 기계톱에 의한 벌목 · 조재작업 시 주의점으로 가장 부적합한 것은?

① 작업개시 전 작업용구 점검
② 벌목 후에 이동 시 엔진 가동상태로 이동

③ 벌도 시 만약의 경우에 대비하여 대피로를 미리 선정
④ 복장은 간편하며 몸을 보호할 수 있는 것으로 소음방지용 귀마개 착용

● 해설
기계톱 이동 시에는 엔진을 정지상태로 한 후 이동한다.

---

49 체인톱니에서 창날각이 30°, 가슴각이 80°, 지붕각이 60°인 것은?

① 끌형 톱날 ② L형 톱날
③ 반끌형 톱날 ④ 대패형 톱날

● 해설
끌형(치젤형)
- 톱날이 각이 져서 절삭저항이 작고 숙련자는 높은 능률을 올릴 수 있다.
- 각줄을 사용하여 톱니를 세워야 하므로 초보자는 사용할 수 없다.

---

50 기계톱의 사용 직전에 점검할 사항으로 일상점검(작업 전 점검)사항이 아닌 것은?

① 기계톱의 이물질 제거
② 점화플러그의 간격 조정
③ 기계톱의 외부, 기화기 등의 오물 제거
④ 체인브레이크 등 안전장치의 이상 유무

● 해설
주간점검 중요 ★☆☆
- 안내판 홈의 깊이와 넓이 및 스프로킷의 견고함 등을 점검한다.
- 체인을 휘발유나 석유로 깨끗하게 청소한 다음 윤활유에 넣어 보관한다.(기계톱 체인의 수명연장과 파손방지법)
- 점화플러그의 외부를 점검하고 간격을 조정한다. (0.4~0.5mm)
- 체인톱의 몸체를 압력공기나 솔을 이용하여 깨끗하게 청소한다.

51 조림목을 심는 구덩이를 파는 데 주로 사용하는 기계는?

① 예불기   ② 예혈기
③ 하예기   ④ 식혈기

해설
식혈기
조림목을 심을 구덩이를 파는 기계로 돌이 없고 토성이 양호한 지역에 사용 가능하다.

52 일반적으로 가솔린과 오일을 25 : 1로 혼합하여 연료로 사용하는 기계장비로 짝지어진 것은?

① 예불기, 타워야더
② 예불기, 아크야윈치
③ 파미윈치, 타워야더
④ 파미윈치, 아크야윈치

해설
예불기와 소형 윈치는 2행정기관이다.

53 고성능 임업기계로서 비교적 경사가 완만한 작업지에서 벌도, 가지치기, 조재작업을 한 공정으로 처리할 수 있는 것은?

① 슬러셔   ② 펠러번처
③ 프로세서   ④ 하베스터

해설
하베스터
• 경사가 완만한 작업지에서 벌도, 가지치기, 조재목 마름질, 토막내기작업을 한 공정에 수행 가능
• 임 내에서는 벌목, 조재하는 장비로 포워드 등의 장비와 함께 사용

54 4행정기관과 비교한 2행정기관의 특성으로 옳지 않은 것은?

① 시동이 용이   ② 배기음이 작음
③ 중량이 가벼움   ④ 토크변동이 적음

해설
2행정 사이클
• 실린더 내부의 폭발음이 작다.
• 배기가 불완전하고 배기음이 크다.

55 자동지타기를 이용한 작업에 대한 설명으로 옳지 않은 것은?

① 절단 가능한 가지의 최대직경에 유의한다.
② 우천 시 미끄러짐, 센서 이상 등의 문제점이 있다.
③ 나선형으로 올라가지 못하고 곧바로만 올라간다.
④ 승강용 바퀴 답압에 의해 수목에 상처가 발생하기도 한다.

해설
자동지타기(동력지타기)
• 옹이가 없는 우량한 원목을 생산한다.
• 가지가 가늘고 통직하게 잘 자란 나무에 적합하다.
• 나무의 수간을 나선형으로 오르내리며 가지치기하는 기계로 톱날이 부착되어 있다.

56 기계톱의 크랭크축에 연결하여 톱체인을 회전하도록 하는 것은?

① 체인   ② 안내판
③ 스프로킷   ④ 전방손잡이

해설
스프로킷
• 체인을 걸어 톱날을 구동하는 톱니바퀴이다.
• 원심클러치로부터 동력을 받아 스프로킷이 톱체인을 회전시킨다.

57 와이어로프의 교체기준이 아닌 것은?

① 킹크가 발생한 것
② 변화정도가 현저한 것
③ 직경의 감소가 공칭직경의 3%를 초과한 것
④ 와이어로프의 꼬임 사이의 소선수가 1/10 이상 절단된 것

와이어로프의 교체기준(폐기기준)
- 와이어로프의 소선이 10분의 1이상 절단된 것
- 마모에 의한 직경의 감소가 공칭직경의 7%를 초과하는 것
- 심하게 킹크가 발생한 것
- 현저하게 변형 또는 부식된 것

58 소형 윈치에 대한 설명으로 옳지 않은 것은?

① 리모콘 등으로 원격조정이 가능한 것도 있다.
② 가공본줄을 설치하여 단거리 상향집재에 이용하기도 한다.
③ 견인력은 약 5톤 내외이고 현장의 지주목에 고정하여 사용한다.
④ 작업자가 보행하면서 조작하는 것은 캐디형(caddy)이라고 한다.

소형 윈치
- 비교적 지형이 험하거나 단거리에 흩어져 있는 적은 양의 통나무를 집재하는 데 사용한다.
- 소집 : 소집재작업이나 간벌재를 집재하는 데 적절한 장비이다.
- 와이어로프를 포함한 전체 무게 : 75~80kg
- 종류 : 지면끌기식, 야크형

59 다음 중 벌목용 작업도구가 아닌 것은?

① 쐐기 　　　　② 밀대
③ 이식승 　　　④ 원목돌림대

이식승은 양묘사업용 소도구이다.

벌목작업 도구
톱, 도끼, 쐐기, 목재돌림대, 밀게, 갈고리, 박피기, 사피 등

60 기계톱작업 중 안내판의 끝부분이 단단한 물체와 접촉하여 체인의 반발력으로 튀어 오르는 현상은?

① 킥백현상 　　　② 킥인현상
③ 킥오프현상 　　④ 킥포워딩현상

안내판 끝의 체인 위쪽 부분이 단단한 물체와 접촉하여 체인의 반발력으로 작업자가 있는 뒤로 튀어 오르는 현상

킥백현상 예방법
- 안내판 끝단부, 체인 위쪽 부분이 물체와 접촉하는 것을 피한다.
- 안내판 끝단부, 체인 위쪽 부분으로 절단을 금지한다.
- 장력이 약해졌거나 마모된 체인은 사용을 금지한다.
- 톱체인을 날카롭게 연마한다.
- 어깨높이 이상으로 사용을 금지한다.
- 두 손으로 단단하게 잡고 사용한다.

01 산림토양층에서 가장 위층에 있는 것은?

① 표토층　　　　② 심토층
③ 모재층　　　　④ 유기물층

● 해설

유기물층(O층) → 표토층(용탈층)(A) → 집적층(B)
→ 모재층(C) → 모암층(D)

02 덩굴제거작업에 대한 설명으로 옳지 않은 것은?

① 물리적방법과 화학적 방법이 있다.
② 콩과식물은 디캄바액제를 살포한다.
③ 일반적인 덩굴류는 글라신액제로 처리한다.
④ 24시간 이내 강우가 예상될 경우 약제 필요
　량보다 1.5배 정도 더 사용한다.

● 해설

약제처리 후 24시간 이내에 강우가 예상될 경우 약제
처리를 중지한다.

03 묘목의 가식작업에 관한 설명으로 옳지 않은 것은?

① 장기간 가식할 때에는 다발째로 묻는다.
② 장기간 가식할 때에는 묘목을 바로 세운다.
③ 충분한 양의 흙으로 묻은 다음 관수(灌水)
　를 한다.
④ 일시적으로 뿌리를 묻어 건조 방지 및 생기
　회복을 위해 실시한다.

● 해설

단기간 가식할 때는 다발째로, 장기간 가식할 때는 다
발을 풀어서 뿌리 사이에 흙이 충분히 들어가도록 밟
아 준다.

04 묘목의 식혈식재(구덩이식재) 순서로 바르게 나
열한 것은?

a : 구덩이 파기	b : 다지기
c : 묘목 삽입	d : 지피물 제거
e : 지피물 피복	f : 흙 채우기

① d → a → c → f → b → e
② d → c → a → f → b → e
③ d → a → c → b → f → e
④ d → c → a → b → f → e

● 해설

지피물 제거 → 구덩이 파기 → 묘목 삽입 → 흙 채우기
→ 다지기 → 지피물 피복

05 다음 중 맹아갱신작업에 가장 유리한 수종은?

① 소나무　　　　② 전나무
③ 신갈나무　　　④ 은행나무

● 해설

• 측면맹아는 줄기 옆부분에서 돋아나는 것으로 세력
　이 강해서 갱신에 효과적이다.
• 가장 우수한 수종 : 아까시나무, 신갈나무, 물푸레
　나무, 당단풍나무 등

06 결실을 촉진시키는 방법으로 옳은 것은?

① 수목의 식재밀도를 높게 한다.
② 줄기의 껍질을 환상으로 박피한다.
③ 간벌이나 가지치기를 하지 않는다.
④ 차광망을 씌워 그늘을 만들어 준다.

환상박피

수목 등에서 줄기나 가지의 껍질을 3~6mm 정도 둥글게 벗겨내는 것으로, 환상박피는 수목이 가지고 있는 영양물질 및 수분, 무기양분 등의 이동경로를 제한함으로써 잎에서 생산된 동화물질이 뿌리로 이동하는 것을 박피한 상층부에 축적시켜 수목의 개화결실을 도모하는 것이다.

07 다음 중 내음성이 가장 강한 수종은?

① 밤나무   ② 사철나무
③ 오리나무   ④ 버드나무

극음수

나한백, 사철나무, 굴거리나무, 회양목, 주목, 개비자나무 등

08 실생묘 표시법에서 1 – 1묘란?

① 판갈이한 후 1년간 키운 1년생 묘목이다.
② 파종상에서만 1년 키운 1년생 묘목이다.
③ 판갈이를 하지 않고 1년 경과된 종자에서 나온 묘목이다.
④ 파종상에서 1년 보낸 다음, 판갈이하여 다시 1년이 지난 만 2년생 묘목으로 한 번 옮겨 심은 실생묘이다.

09 다음 중 결실주기가 가장 긴 수종은?

① 곰솔   ② 소나무
③ 전나무   ④ 일본잎갈나무

10 수확을 위한 벌채금지구역으로 옳지 않은 것은?

① 내화수림대로 조성 · 관리되는 지역
② 도로변 지역은 도로로부터 평균수고폭
③ 벌채구역과 벌채구역 사이 100m 폭의 잔존수림대

④ 생태통로 역할을 하는 8부 능선 이상부터 정상부, 다만 표고가 100m 미만인 지역은 제외

벌채구역과 벌채구역 사이 20m 폭의 잔존수림대는 수확을 위한 벌채금지구역이다.

11 조림목과 경쟁하는 목적 이외의 수종 및 형질불량목이나 폭목 등을 제거하여 원하는 수종의 조림목을 정상적으로 생장시키기 위해 수행하는 작업은?

① 풀베기   ② 간벌작업
③ 개벌작업   ④ 어린나무 가꾸기

어린나무 가꾸기 작업목적 중요 ★★★
• 임분 전체의 형질을 향상 및 치수의 생육 공간을 충분히 제공하기 위함이다.
• 제거 대상목으로는 폭목, 형질불량목, 밀생목, 침입수종 등이다.

12 리기다소나무 노지묘 1년생 묘목의 곤포당 본수는?

① 1,000본   ② 2,000본
③ 3,000본   ④ 4,000본

리기다소나무 1년생 묘목의 곤포당 본수는 2,000본이고 2년생은 1,000본이다.

13 종묘사업 실시요령의 종자품질기준에서 다음 중 발아율이 가장 높은 수종은?

① 곰솔   ② 주목
③ 전나무   ④ 비자나무

발아율이 높은 수종

종묘사업 실시요령에 의한 종자품질기준에서 발아율 80% 이상인 종자 : 곰솔 · 해송(92%), 테다소나무(90%), 소나무 · 떡갈나무(87%) 등

14 연료채취를 목적으로 벌기령을 짧게 하는 작업 종은?

① 중림작업　　　　② 택벌작업
③ 왜림작업　　　　④ 개벌작업

●해설

구분	개념
개벌작업	임목 전부를 일시에 벌채한다.
택벌작업	성숙한 일부 임목만을 국소적으로 골라 벌채한다.
왜림작업	연료재 생산을 위해 비교적 짧은 벌기령으로 개별 후 맹아로 갱신한다.
중림작업	용재의 교림과 연료재의 왜림을 동일 임지에 조성한다.

15 중림작업의 상층목 및 하층목에 대한 설명으로 옳지 않은 것은?

① 일반적으로 하층목은 비교적 내음력이 강한 수종이 유리하다.
② 하층목이 상층목의 생장을 방해하여 대경재 생산에 어려운 단점이 있다.
③ 상층목은 지하고가 높고 수관의 틈이 많은 참나무류 등의 양수종이 적합하다.
④ 상층목과 하층목은 동일 수종으로 주로 실시하나, 침엽수 상층목과 활엽수 하층목의 임분 구성을 중림으로 취급하는 경우도 있다.

●해설

구분	수종	임형	생산 목적	벌채 형식
상목	실생묘로 육성하는 침엽수종(소나무, 전나무, 낙엽송 등)	교림	용재	택벌형
하목	맹아로 갱신하는 활엽수종(참나무, 서어나무, 단풍나무, 아카시아나무 등)	왜림	연료재	짧은 윤벌기(20년)로 개벌

16 가지치기에 관한 설명으로 옳지 않은 것은?

① 포플러류는 역지(으뜸가지) 이하의 가지를 제거한다.
② 임목의 질적 개선으로 옹이가 없고 통직한 완만재 생산을 위한 육림작업이다.
③ 큰 생가지를 잘라도 위험성이 적은 수종은 물푸레나무, 단풍나무, 벚나무, 느릅나무 등이다.
④ 나무가 생리적으로 활동하고 있을 때 가지치기를 하면 껍질이 잘 벗겨지고 상처가 크게 된다.

●해설

단풍나무, 느릅나무, 벚나무, 물푸레나무 등은 상처의 유합이 잘 안 되고 썩기 쉬우므로 죽은 가지만 잘라 주고, 밀식으로 자연낙지를 유도한다.

17 다음의 표를 참고하여 아래 조건에 적합한 수종은?

```
[조건]
• 첫해에는 파종상에서 경과한다.
• 다음해에는 그대로 둔다.
• 3번째 봄에 판갈이 한다.
• 4번째 봄에 산에 심는다.
```

수종	1	2	3	4	5
소나무	○	−	△		
잣나무	○	−	×	△(−)	(△)
삼나무	○	×	△(×)	(−)	(△)
신갈나무	○	×	△		

○ : 파종, × : 판갈이, △ : 산출, − : 거치(남겨둠), ( ) : 대체안

① 소나무　　　　② 잣나무
③ 삼나무　　　　④ 신갈나무

●해설

표에 의하면 잣나무의 경우 첫해에는 파종상에서 경과하고, 다음해에는 그대로 두고, 3년째 봄에 판갈이 하여 4년째에 산에 심는 경과를 보이고 있다.

18 잔존시키는 임목의 성장 및 형질 향상을 위하여 임목 간의 경쟁을 완화시키는 작업은?

① 개벌작업 ② 간벌작업
③ 택벌자업 ④ 산벌작업

● 해설

수목이 생장함에 따라 광선, 수분 및 양분 등의 경쟁이 심해지므로 이를 완화하기 위해 일부 수목을 베어 밀도를 낮추고 남은 수목의 생장을 촉진시키는 작업이다.

19 3년생 잣나무를 관리하기 위해 풀베기작업 계획 수립 시 가장 적절하지 않은 것은?

① 모두베기를 한다.
② 5~8년간은 계속한다.
③ 5~7월 중에 실행한다.
④ 잡초가 무성한 곳은 한 해에 2번 실행한다.

● 해설

모두베기
• 조림지 전면의 잡초목을 베어 내는 방법이다.
• 임지가 비옥하거나 식재목이 광선을 많이 요구할 때 적용한다.
• 소나무, 낙엽송, 강송, 삼나무, 편백나무 등 양수인 수종에 적합하다.

20 나무를 굽게 하고 생장을 저하시키며 심한 경우 나무줄기를 부러뜨리는 기후인자는?

① 수분 ② 바람
③ 광선 ④ 온도

● 해설

폭풍
• 바람의 속도가 29m/sec 이상인 것으로 강우를 동반하기도 한다. (7~8월에 많이 발생)
• 방제방법 : 혼효식재하며 개벌은 소면적 대상으로 벌채하고 갱신은 폭풍의 반대방향으로 진행한다.

21 모수작업법을 이용한 산림갱신에서 모수의 조건으로 적합하지 않은 것은?

① 유전적 형질이 좋아야 한다.
② 우세목 중에서 고르도록 한다.
③ 종자를 많이 생산할 수 있어야 한다.
④ 바람에 대한 저항력은 고려대상이 아니다.

22 종자검사에 관한 설명으로 옳지 않은 것은?

① 실중이란 1리터에 대한 무게를 나타낸 것이다.
② 효율이란 발아율과 순량률의 곱으로 계산할 수 있다.
③ 발아율이란 일정한 수의 종자 중에서 발아력이 있는 것을 백분율로 표시한 것이다.
④ 순량률이란 일정한 양의 종자 중 협잡물을 제외한 종자량을 백분율로 표시한 것이다.

● 해설

• 실중이란 종자의 충실도를 무게로 파악하는 기준으로 순정종자 1,000립의 무게로서 g단위로 표시한다.
• 용적중이란 순종자 1L에 대한 무게를 그램(g) 단위로 표시한 것으로 씨뿌림량을 결정하는 중요한 인자이다.

23 2ha의 면적에 2m 간격으로 정방형으로 묘목을 식재하고자 할 때 소요 묘목본수는?

① 2,000본 ② 2,500본
③ 4,000본 ④ 5,000본

● 해설

$$\frac{20,000}{2^2} = 5,000$$

24 산벌작업의 순서로 옳은 것은?

① 예비벌 → 후벌 → 하종벌
② 하종벌 → 예비벌 → 후벌
③ 예비벌 → 하종벌 → 후벌
④ 하종벌 → 후벌 → 예비벌

천연하종갱신이 가장 안전한 작업방법으로 갱신기간을 짧게 하면 동령림이 조성되고, 길게 하면 이령림이 성립된다.

25 밤나무 종자의 정선방법으로 가장 좋은 것은?

① 입선법   ② 수선법
③ 풍선법   ④ 사선법

입선법
• 눈으로 보고 손으로 알맹이를 선별하는 방법
• 밤나무, 호두나무, 상수리나무, 칠엽수, 목련 등의 대립종자에 적용

26 솔잎혹파리에 대한 설명으로 옳지 않은 것은?

① 완전변태를 한다.
② 솔잎의 기부에서 즙액을 빨아 먹는다.
③ 1년에 2회 발생하며 알로 월동한다.
④ 기생성 천적으로 솔잎혹파리먹좀벌 등이 있다.

1년에 1회 발생하며 지피물 밑이나 땅속에서 월동한다.

27 다음 살충제 중에서 불임제의 작용특성을 가진 것은 어느 것인가?

① 비산석회   ② 알킬화제
③ 크레오소트   ④ 메틸브로마이드

불임제
정자나 난자의 생식력을 잃게 하는 약제이다.

28 잣이나 솔방울 등 침엽수의 구과를 가해하는 해충은?

① 솔나방   ② 솔박각시
③ 소나무좀   ④ 솔알락명나방

솔알락명나방
• 잣나무나 소나무류의 구과를 가해한다.(종실가해)
• 잣송이를 가해하여 잣수확을 감소시킨다.
• 연 1회 발생
  – 노숙유충의 형태로 땅속에서 월동
  – 어린 유충의 형태로 구과에서 월동

29 어스렝이나방에 대한 설명으로 옳지 않은 것은?

① 알로 월동한다.
② 1년에 1회 발생한다.
③ 유충이 열매를 가해한다.
④ 플라타너스, 호두나무 등을 가해한다.

어스렝이나방
• 1년에 1회 발생하며 알로 나무껍질 사이에서 월동한다.
• 어스렝이나방은 주광성이 강하므로 9~10월에 등화유살한다.
• 식엽성 해충이며, 플라타너스, 호두나무 등을 가해한다.
• 열매는 가해하지 않는다.

30 세균에 의한 병이 아닌 것은?

① 잎떨림병   ② 불마름병
③ 뿌리혹병   ④ 세균성 구멍병

잎떨림병은 진균에 의한 수병이다.

31 벚나무빗자루병의 방제법으로 옳지 않은 것은?

① 디페노코나졸 입상수화제를 살포한다.
② 옥시테트라사이클린 항생제를 수간주사한다.
③ 동절기에 병든 가지 밑부분을 잘라 소각한다.
④ 이미녹타딘트리스알베실레이트 수화제를 살포한다.

벚나무빗자루병은 진균(자낭균류)에 의한 수병이며, 옥시테트라사이클린은 파이토플라스마에 의한 수병 방제에 사용하는 항생제이다.

32 다음 살충제 중 가장 친환경적인 농약은?

① 비티수화제 ② 디프수화제
③ 메프수화제 ④ 베스트수화제

●해설
비티수화제는 생물적 방제에 사용하는 미생물농약이다.

33 피해목을 벌채한 후 약제 훈증처리의 방제가 필요한 수병은?

① 뽕나무오갈병 ② 잣나무털녹병
③ 소나무잎녹병 ④ 참나무시들음병

●해설
피해목을 벌목 후 밀봉하여 살충 및 살균제로 훈증한다.

34 저온에 의한 피해의 종류가 아닌 것은?

① 상한(Frost Harm)
② 상렬(Frost Crack)
③ 상해(Frost Injury)
④ 상주(Frost Heaving)

●해설
저온에 의한 피해
상해(서리해), 상렬, 상주(서릿발) 등

35 대기오염물질 중 아황산가스에 잘 견디는 수종만 나열한 것은?

① 전나무, 느릅나무
② 소나무, 사시나무
③ 단풍나무, 향나무
④ 오리나무, 자작나무

●해설
수목의 대기오염에 대한 내성
• 강한 수종 : 은행나무, 노간주나무, 비자나무, 벚나무, 사철나무, 동백나무, 단풍나무, 향나무 등
• 약한 수종 : 소나무, 전나무, 낙엽송, 밤나무, 느티나무, 느릅나무, 층층나무, 팽나무 등

36 미국흰불나방이나 텐트나방의 유충은 함께 모여 살면서 잎을 가해하는 습성이 있는데, 이를 이용하여 유충을 태워 죽이는 해충방제방법은?

① 경운법 ② 차단법
③ 소살법 ④ 유살법

●해설
소살법은 한곳에 떼지어 사는 군서해충을 태워 죽이는 방법이다.

37 바이러스에 의한 수목병으로 옳은 것은?

① 전나무잎녹병
② 밤나무줄기마름병
③ 대추나무빗자루병
④ 아까시나무모자이크병

●해설
바이러스에 의한 수병은 포플러모자이크병, 아까시나무모자이크병(매개충 : 복숭아혹진딧물)이 있다.

38 내화력이 강한 수종만 나열한 것은?

① 사철나무, 피나무
② 분비나무, 녹나무
③ 가문비나무, 삼나무
④ 사시나무, 아까시나무

●해설

구분	내화력이 강한 수종
침엽수	은행나무, 개비자나무, 대왕송, 분비나무, 낙엽송, 가문비나무 등
상록활엽수	아왜나무, 황벽나무, 동백나무, 사철나무 등
낙엽활엽수	상수리나무, 굴참나무, 고로쇠나무, 피나무, 고광나무, 가죽나무, 참나무 등

39 우리나라에서 발생하는 주요 소나무류 잎녹병균의 중간기주가 아닌 것은?

① 잔대 ② 현호색
③ 황벽나무 ④ 등골나물

- 소나무잎녹병의 중간기주에는 황벽나무, 참취, 잔대, 등골나무 등이 있다.
- 현호색은 포플러잎녹병의 중간기주이다.

40 선충에 대한 설명으로 옳지 않은 것은?

① 기생성 선충과 비기생성 선충이 있다.
② 대부분이 잎에 기생하며 잎의 즙액을 먹는다.
③ 선충에 의한 수목병은 뿌리썩이선충병과 소나무재선충병 등이 있다.
④ 기생 부위에 따라 내부기생, 외부기생, 반내부기생선충으로 나눌 수 있다.

● 해설

선충은 대부분 잎보다는 줄기에 기생한다.

41 2행정 내연기관에서 외부의 공기가 크랭크실로 유입되는 원리로 옳은 것은?

① 피스톤의 흡입력
② 기화기의 공기펌프
③ 크랭크축 운동의 원심력
④ 크랭크실과 외부와의 기압차

● 해설

피스톤 하강 시 압축된 혼합가스가 소기구를 통해 실린더로 유입된다. 공기유입원리는 크랭크실과 외부와의 기압차이다.
- 유입된 혼합가스가 연소된 혼합가스를 밀어낸다. (소기작용)
- 폭발(동력)행정 → 배기행정 → 소기작용으로 실행

42 기계톱에 사용하는 윤활유에 대한 설명으로 옳은 것은?

① 윤활유 SAE20W 중 W는 중량을 의미한다.
② 윤활유 SAE30 중 SAE는 국제자동차협회의 약자이다.
③ 윤활유의 점액도 표시는 사용외기온도로 구분된다.

④ 윤활유등급을 표시하는 번호가 높을수록 점도가 낮다.

● 해설

윤활유의 점액도 표시는 사용외기온도로 구분

저온(겨울)에 알맞은 점도의 윤활유	SAE5W, 10W 등
고온(여름)에 알맞은 점도의 윤활유	SAE30, 40, 50 등(최근시판용)

43 내연기관에서 연접봉(커넥팅로드)이란?

① 크랭크 양쪽으로 연결된 부분을 말한다.
② 엔진의 파손된 부분을 용접하는 봉이다.
③ 크랭크와 피스톤을 연결하는 역할을 한다.
④ 액셀레버와 기화기를 연결하는 부분이다.

44 기계톱의 에어필터를 청소하고자 할 때 가장 적합한 것은?

① 물
② 오일
③ 휘발유
④ 휘발유와 오일 혼합액

● 해설

에어필터의 청소
톱밥 찌꺼기나 오물은 휘발유. 석유, 비눗물 등을 이용하여 제거한다.(1일 1회 이상)

45 기계톱작업 중 소음이 발생하는데 이에 대한 방음대책으로 옳지 않은 것은?

① 작업시간 단축
② 방음용 귀마개 사용
③ 머플러(배기구) 개량
④ 안전복 및 안전화 착용

● 해설

안전복 및 안전화 착용은 산림작업의 개인안전에 속한다.

46 디젤기관의 특징이 아닌 것은?

① 압축열에 의한 자연발화방식이다.

② 연료는 윤활유와 함께 혼합하여 넣는다.

③ 진동 및 소음이 가솔린기관에 비해 크다.

④ 배기가스 온도가 가솔린기관에 비해 낮다.

●해설
디젤기관의 장단점

장점	단점
• 열소비율이 낮아 연료비가 저렴하다.	• 마력당 중량이 크고 제작비가 비싸다.
• 열효율이 높고 운전경비가 적게 든다.	• 소음 및 진동이 크다.
• 배기가스 온도가 낮다.	• 연료분사장치 등이 고급재료이고 정밀 가공이 필요하다.
• 이상연소가 짧고, 고장이 적다.	• 매연이 발생한다.
• 토크변동이 적고, 운전이 용이하다.	
• 인화점이 높아 화재 위험성이 적다.	

47 기계톱에서 깊이제한부의 주요 역할은?

① 톱날 보호   ② 절삭두께 조절

③ 톱날 연결 고정   ④ 톱날속도 조절

●해설
깊이제한부 중요 ★★☆
• 너무 높게 연마하면 절삭깊이가 얕아 절삭량이 적어지므로 작업효율이 떨어짐
• 절삭깊이는 체인의 규격에 따라 다르지만 0.50∼0.75mm 정도가 이상적
• 절삭된 톱밥을 밀어내는 등 절삭량 결정(절삭두께 조절)

48 예불기의 구성요소인 기어케이스 내 그리스(윤활유)의 교환은 얼마 사용 후 실시하는 것이 가장 효과적인가?

① 10시간   ② 20시간

③ 50시간   ④ 200시간

●해설
예불기의 구성요소인 기어케이스 내 그리스(윤활유)의 교환은 20시간마다 하는 게 좋다.

49 무육작업용 장비로 이용하기에 가장 부적합한 것은?

① 손도끼   ② 전정가위

③ 재래식 낫   ④ 가지치기톱

●해설
무육작업용 장비
• 재래식 낫, 스위스보육낫, 소형 전정가위, 무육용 이리톱, 가지치기톱
• 손도끼는 벌목용 작업도구이다.

50 산림용 기계톱에 사용하는 연료의 배합기준(휘발유 : 엔진오일)으로 가장 적합한 것은?

① 25 : 1   ② 4 : 1

③ 1 : 25   ④ 1 : 4

51 삼각톱니의 젖히기에 대한 설명으로 옳지 않은 것은?

① 침엽수는 활엽수보다 많이 젖혀 준다.

② 나무와의 마찰을 줄이기 위한 것이다.

③ 젖힘의 크기는 0.2∼0.5mm가 적당하다.

④ 톱니뿌리선으로부터 1/3 지점을 중심으로 젖혀 준다.

●해설
톱니젖힘은 톱니뿌리선으로부터 2/3 지점을 중심으로 한다.

52 임업용 기계톱의 엔진을 냉각하는 방식으로 주로 사용하는 것은?

① 공랭식   ② 수랭식

③ 호퍼식   ④ 라디에이터식

●해설

수랭식	실린더 주위에 물재킷을 설치하고 물을 순환시켜 냉각하는 방식
공랭식	• 실린더 외부에 공기와의 접촉면을 크게 하기 위해 많은 냉각핀을 두어 여기에 공기를 유입시켜 기관을 냉각시키는 방식 • 체인톱과 소형 가솔린기관에 사용 • 수랭식에 비해 냉각효율이 떨어짐

53 분해된 기계톱의 체인 및 안내판을 다시 결합할 때 제일 먼저 해야 될 사항은?

① 스프로킷에 체인이 잘 걸려 있는지 확인한다.
② 체인장력조정나사를 시계방향으로 돌려 체인장력을 조절한다.
③ 체인을 스프로킷에 걸고 안내판의 아래쪽 큰 구멍을 안내판 조정핀에 끼운다.
④ 체인장력조정나사를 시계 반대방향으로 돌려 장력조절핀을 안쪽으로 유도한다.

● 해설 ────────────
체인의 결합순서
• 체인장력조정나사를 시계 반대방향으로 돌려 장력조정핀을 안쪽으로 유도한다.
• 체인을 스프로킷에 걸고 안내판 아래의 큰 구멍을 안내판 조정핀에 끼운다.
• 조정핀의 정위치를 확인한 후 체인을 돌려 스프로킷에 체인이 잘 걸렸는지 확인한다.
• 안내판코를 당기면서 체인장력조정나사를 시계방향으로 돌려 체인장력을 조정한다.
• 체인이 안내판에 가볍게 붙을 때가 장력이 잘 조정된 상태이다.

54 다음 그림에서 벌목작업도구 중에서 쐐기는?

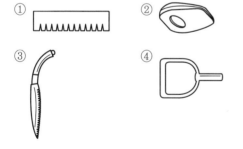

① ② ③ ④

55 벌도와 벌도목을 모아 쌓는 기능이 주목적으로 가지제거나 절단기능은 없는 임업기계는?

① 스키더   ② 펠러번처
③ 하베스터   ④ 프로세서

● 해설 ────────────
벌도와 벌도목을 모아 쌓기 기능

56 산림작업의 벌출공정 구성요소로 옳지 않은 것은?

① 조사   ② 벌목
③ 조재   ④ 집재

● 해설 ────────────
조사
임목을 벌도, 조재, 집재하여 산림 밖으로 반출하는 임목의 생산과정이다.

57 산림작업도구에 대한 설명으로 옳지 않은 것은 어느 것인가?

① 도구의 손잡이는 사용자의 손에 잘 맞아야 한다.
② 작업자의 힘이 최대한 도구의 날 부분에 전달될 수 있어야 한다.
③ 도구의 자루에 사용되는 재료는 열전도율이 높고 탄력이 좋아야 한다.
④ 도구의 날과 자루는 작업 시 발생하는 충격을 작업자에게 최소한으로 전달하는 재료여야 한다.

● 해설 ────────────
자루의 재료는 가볍고 녹슬지 않으며 열전도율이 낮고 탄력이 있으며 견고해야 한다.

58 산림용 기계톱의 구성요소인 소체인(Sawchain)의 톱날모양으로 옳지 않은 것은?

① 리벳형(Rivet)
② 안전형(Safety)
③ 치젤형(Chisel)
④ 치퍼형(Chipper)

● 해설 ────────────
체인톱의 종류
대패형(치퍼형), 반끌형(세미치젤형), 끌형(치젤형), 개량끌형(슈퍼치젤형)

59 산림작업 시 준수할 사항으로 옳지 않은 것은?

① 안전장비를 착용한다.

② 규칙적으로 휴식한다.

③ 가급적 혼자서 작업한다.

④ 서서히 작업속도를 높인다.

●해설

작업 시 보호장비를 갖추고 작업조는 2인 1조로 편성한다.

60 전문벌목용 기계톱의 일반적인 본체 수명은?

① 약 150시간   ② 약 450시간

③ 약 600시간   ④ 약 1,500시간

●해설

체인톱의 수명(엔진가동시간)은 약 1,500시간 정도이다.

07 2016년 01월 24일 기출문제

01 묘목의 굴취시기로 가장 좋지 않은 때는?

① 흐린 날
② 비 오는 날
③ 바람이 없는 날
④ 잎의 이슬이 마른 새벽

◉해설
바람이 심하거나 아침 이슬이 있는 날(새벽)은 작업을 피하는 것이 좋다.

02 동령림과 비교한 이령림의 장점으로 옳지 않은 것은?

① 산림경영상 산림조사 및 수확이 간편하다.
② 병충해 등 유해인자에 대한 저항력이 높다.
③ 시장의 목재경기에 따라 벌기조절에 융통성이 있다.
④ 숲의 공간구조가 복잡하여 생태적 측면에서는 바람직한 형태이다.

◉해설
이령림은 동령림에 비해 치수, 소경목, 중령목, 대경목 등 임관이 복잡하고 다층구조이므로 산림조사와 수확이 어렵다.

03 제벌작업에 대한 설명으로 옳지 않은 것은?

① 가급적 여름철에 실행한다.
② 낫, 톱, 도끼 등의 작업도구가 필요하다.
③ 침입수종과 불량목 등 잡목 솎아베기작업을 실시한다.
④ 간벌작업 실시 후 실행하는 작업단계로서 보육작업에서 가장 중요한 단계이다.

◉해설
간벌작업 대상지
조림 후 5~10년이 되고, 풀베기작업이 끝난 지 2~3년이 지나 조림목의 수관 경쟁과 생육 저해가 시작되는 곳이 재벌작업 대상지이다.

04 묘목을 단근할 때 나타나는 현상으로 옳은 것은?

① 주근 발달 촉진
② 활착률이 낮아짐
③ T/R률이 낮은 묘목 생산
④ 품질이 안 좋은 묘목 생산

◉해설
T/R률이 낮고 활착률이 높은 우량한 묘목을 생산한다.
※ T/R률 : 식물의 지하부 생장량(Root)에 대한 지상부 생장량(Tree/Top)의 비율

05 접목의 활착률이 가장 높은 것은?

① 대목과 접수 모두 휴면 중일 때
② 대목과 접수 모두 생리적 활동을 시작하였을 때
③ 대목은 생리적 활동을 시작하고 접수는 휴면 중일 때
④ 대목은 휴면 중이고 접수는 생리적 활동을 시작하였을 때

◉해설
일반적으로 접수는 휴면상태이고 대목은 활동을 개시한 직후가 접목의 활착률이 높은 시기이다.

06 산림 부식질의 기능으로서 옳지 않은 것은?

① 토양 가비중을 높인다.

② 토양입자를 단단히 결합한다.

③ 토양수분의 이동, 저장에 영향을 미친다.

④ 질소, 인산 같은 양분의 공급원으로 제공된다.

●해설

• 가비중 : 자연 상태의 일정한 부피의 토양을 채취하여 건조 후 토양의 전체 용적(부피)으로 나눈 값이다.

• 일반적으로 유기물(부식질)이 많은 토양은 통기성이 좋아 토양의 가비중이 낮다.

07 발아에 가장 오랜 시일이 필요한 수종은?

① 화백   ② 옻나무

③ 솔송나무   ④ 자작나무

●해설

수종별 발아시험기간

14일	사시나무, 느릅나무 등
21일	가문비나무, 편백나무, 화백, 아까시나무 등
28일	소나무, 해송, 낙엽송, 삼나무, 자작나무, 오리나무, 솔송나무 등
42일	전나무, 느티나무, 옻나무, 목련 등

08 종자의 과실이 시과(翅果)로 분류되는 수종은?

① 참나무   ② 소나무

③ 단풍나무   ④ 호두나무

●해설

시과

씨방의 벽이 늘어나 날개모양으로 달려 있는 열매

(단풍나무)

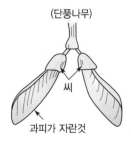

씨

과피가 자란것

09 참나무속에 속하며 우리나라 남쪽의 도서지방 등 따뜻한 곳에서 나는 상록성 수종은?

① 굴참나무   ② 신갈나무

③ 가시나무   ④ 너도밤나무

●해설

산림대	위도	연평균 기온	특징수종
난대림 (상록 활엽수)	35° (해안)	14℃ 이상	붉가시나무, 호랑가시, 동백나무, 구실잣밤나무, 생달나무, 가시나무, 아왜나무, 녹나무, 돈나무, 감탕나무, 사철나무, 식나무, 해송, 삼나무, 편백나무

10 종자의 저장과 발아촉진을 겸하는 방법은?

① 냉습적법   ② 노천매장법

③ 침수처리법   ④ 황산처리법

●해설

땅속 50~100cm 깊이에 모래와 섞어 묻어 종자를 저장하고, 종자의 후숙을 도와 발아를 촉진시키는 저장방법이다.(저장과 동시에 발아촉진)

11 수목의 측아생장을 억제하여 정아생장을 촉진시키는 호르몬은?

① 옥신   ② 에틸렌

③ 사이토키닌   ④ 아브시스산

12 가식작업에 대한 설명으로 옳지 않은 것은?

① 가급적 물이 잘 고이는 곳에 묻는다.

② 일시적으로 뿌리를 묻어 건조를 방지한다.

③ 낙엽수는 묘목 전체를 땅속에 묻어도 된다.

④ 조림지의 환경에 순응시키기 위해 실시한다.

●해설

가식의 장소 중요 ★☆☆

• 습기가 적당하며 서늘한 곳, 배수와 통기가 좋은 사양토 또는 식양토에 가식한다.

• 건조한 바람과 직사광선을 막을 수 있는 장소에 가식한다.

- 조림지의 근거리에 위치한 장소에 가식한다.
- 습지, 부식토, 유기질비료가 많은 땅은 피한다.

13 묘목의 연령을 표시할 때 1/2묘란?

① 6개월 된 삽목묘이다.

② 뿌리가 1년, 줄기가 2년된 묘목이다.

③ 1/1묘의 지상부를 자른 지 1년이 지난 묘이다.

④ 이식상에서 1년, 파종상에서 2년을 보낸 만 3년생의 묘목이다.

● 해설

뿌리의 나이가 2년, 줄기의 나이가 1년된 대절묘이다.

14 부숙마찰법으로 종자탈종이 가능한 수종은?

① 벚나무　　　　② 밤나무

③ 전나무　　　　④ 향나무

● 해설

부숙마찰법

- 부숙시킨 후에 과실과 모래를 섞어서 마찰하여 과피를 분리하는 방법이다.
- 적용수종 : 은행나무, 주목, 비자나무, 벚나무, 가래나무 등

15 결실을 촉진하기 위한 작업이 아닌 것은?

① 환상박피　　　　② 솎아베기

③ 단근처리　　　　④ 콜히친처리

● 해설

- 환상박피, 솎아베기, 단근처리 등의 방법은 지상부의 탄수화물 축적을 많게 하여 개화결실을 조장할 수 있다.
- 콜히친처리는 염색체를 배가(倍加)시키는 작용을 한다.

16 용재생산과 연료생산을 동시에 도모할 수 있으며, 하목은 짧은 윤벌기로 모두 베어지고 상목은 택벌식으로 벌채되는 작업종은?

① 택벌작업　　　　② 산벌작업

③ 중림작업　　　　④ 왜림작업

● 해설

교림	• 종자로 양성된 실생묘나 삽목묘로 이루어진 숲 • 용재생산 목표
왜림	• 줄기를 자른 그루터기에서 맹아가 생겨나 이루어진 숲 • 소경재나 연료재생산 목표
중림	• 용재생산의 교림작업과 연료재생산의 왜림작업을 함께 적용한 숲 • 상(상목), 하(하목)로 나누어 2단의 임형 형성

17 천연갱신의 장점으로 옳지 않은 것은?

① 임지를 보호한다.

② 생산된 목재가 대체로 균일하다.

③ 인공갱신에 비해 경비가 적게 든다.

④ 환경에 잘 적응된 수종으로 구성되어 있다.

● 해설

- 임지가 나출되는 일이 드물며 적당한 수종이 발생하고 또 혼효하기 때문에 지력유지에 적합하다.
- 임지의 기후와 토질에 가장 적합한 수종이 생육하게 되므로 인공단순림에 비하여 각종 위해에 대한 저항력이 크다.

18 우량묘목의 기준으로 옳지 않은 것은?

① 뿌리에 상처가 없는 것

② 뿌리의 발달이 충실한 것

③ 겨울눈이 충실하고 가지가 도장하지 않은 것

④ 뿌리에 비해 지상부의 발육이 월등히 좋은 것

● 해설

측근 또는 잔뿌리가 직근에 비하여 잘 발달되어야 한다. 묘목의 지상부와 지하부가 균형이 있고 다른 조건이 같다면 T/R률의 값이 적어야 한다.

19 특정임분의 야생동물군집보전을 위한 임분구성 관리방법으로 적절하지 못한 것은?

① 택벌사업

② 대면적 개벌사업

③ 혼효림 또는 복층림화

④ 침엽수인공림 내외에 활엽수의 도입

정답　13 ③　14 ①　15 ④　16 ③　17 ②　18 ④　19 ②

대면적 개벌사업은 일시에 임지가 노출되므로 산사태의 피해와 임지의 지력이 불량해지고, 야생동물의 서식처가 파괴된다.

20 모수작업법에 대한 설명으로 옳은 것은?

① 벌채가 집중되므로 경비가 많이 든다.
② 토양의 침식과 유실 우려가 거의 없다.
③ 종자가 비산능력을 갖추지 않은 수종도 가능하다.
④ 개벌작업보다 신생임분의 구성을 잘 조절할 수 있다.

성숙한 임분을 대상으로 벌채를 실시할 때 형질이 좋고 결실이 잘 되는 모수(어미나무)만을 남기고 그 외의 나무를 일시에 모두 베어 내는 방법이다.

21 도태간벌에 대한 설명으로 옳은 것은?

① 복층구조 유도가 힘들다.
② 간벌재 이용에 유리하다.
③ 간벌양식으로 볼 때 하층간벌에 속한다.
④ 장벌기 고급대경재생산에는 부적합하다.

도태간벌의 적용 대상지
• 우량대경재 이상을 목표생산재로 하는 산림
• 지위 "중" 이상으로 지력이 좋고, 임목의 생육상태가 양호한 산림
• 우세목의 평균수고가 10m 이상인 임분으로서 임령이 15년생 이상인 산림
• 어린나무 가꾸기 등 숲 가꾸기를 실행한 산림

22 수피에 코르크가 발달되고 잎의 뒷면에 백색성모가 많이 있는 수종은?

① 굴참나무   ② 갈참나무
③ 신갈나무   ④ 상수리나무

코르크층이 두꺼운 굴참나무, 상수리나무는 산불에 강하며 산불피해 후 맹아력도 강하다.

23 데라사키(寺崎)의 상층간벌에 속하는 것은?

① A종 간벌   ② B종 간벌
③ C종 간벌   ④ D종 간벌

D종 간벌은 3급목을 남기고 상층임관을 강하게 벌채한다.

24 파종량을 구하는 공식에서 득묘율이란?

① 일정 면적에서 묘목을 얻은 비율
② 솎아낸 묘목수에 대한 잔존묘목수의 비율
③ 발아한 묘목수에 대한 잔존묘목수의 비율
④ 파종된 종자입수에 대한 잔존묘목수의 비율

득묘율(잔존율)이란 파종상에서 단위면적당 일정한 규격에 도달한 묘목을 얻어낼 수 있는 본수의 비율이다.

25 나무아래심기(수하식재)에 대한 설명으로 옳지 않은 것은?

① 수하식재는 임 내의 미세환경을 개량하는 효과가 있다.
② 수하식재는 주임목의 불필요한 가지발생을 억제하는 효과도 있다.
③ 수하식재는 표토건조방지, 지력증진, 황폐와 유실방지 등을 목적으로 한다.
④ 수하식재용 수종으로는 양수수종으로 척박한 토양에 견디는 힘이 강한 것이 좋다.

하목식재(수하식재)
임분의 연령이 높아짐에 따라 임지를 보호하기 위해 주임목 아래에 비효와 내음성이 있는 나무를 식재한다.

26 잡초나 관목이 무성한 경우의 피해로서 적당하지 않은 것은?

① 지표를 건조하게 한다.
② 병충해의 중간기주 역할을 한다.
③ 양수수종의 어린나무 생장을 저해한다.
④ 임지를 갱신하려 할 때 방해요인이 된다.

해설

잡초나 관목이 무성할 경우 햇빛을 차단하여 임지가 건조해지는 것을 방지한다.

27 매미나방에 대한 설명으로 옳은 것은?

① 2,4-D액제를 사용하여 방제한다.
② 연간 2회 발생하며 유충으로 월동한다.
③ 침엽수, 활엽수를 가리지 않는 잡식성이다.
④ 암컷이 활발하게 날아다니며 수컷을 찾아다닌다.

해설

• 매미나방은 씹어 먹는 입을 가진 잡식성 해충으로 유충이 침엽수와 활엽수의 잎을 갉아 먹는다.
• 알은 나무의 줄기에 덩어리를 형성하며 비교적 낮은 위치에 300개 정도 낳는다.
• 유충은 5월 하순~6월 상순에 나뭇가지나 잎 사이에 거꾸로 매달린 채 번데기가 된다.

28 산림해충방제법 중 임업적 방제법에 속하는 것은 어느 것인가?

① 천적방사   ② 기생벌 이식
③ 내충성 수종 이용   ④ 병원미생물 이용

해설

• 내병성, 내충성 품종을 육성
• 그 지역에 알맞은 조림수종의 선택
• 호수대(방풍림) 설치, 제벌 및 간벌
• 단순림보다는 침엽수와 활엽수의 혼효림 조성

29 포플러잎녹병의 중간기주는?

① 오동나무   ② 오리나무
③ 졸참나무   ④ 일본잎갈나무

해설

포플러잎녹병의 중간기주는 낙엽송(일본잎갈나무)이다.

30 완전변태를 하는 해충에 속하는 것은?

① 솔거품벌레   ② 도토리거위벌레
③ 솔껍질깍지벌레   ④ 버즘나무방패벌레

해설

도토리거위벌레
• 도토리에 구멍을 뚫고 산란한 후, 가지를 주둥이로 잘라 땅 위에 떨어뜨린다.
• 부화 유충이 과육(구과)을 식해한다.(완전변태)
• 연 1~2회 발생하며, 노숙유충으로 땅속에서 흙집을 짓고 월동한다.

31 작은 나뭇가지에 다음 그림과 같은 모양으로 알을 낳는 해충은?

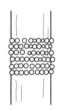

① 매미나방   ② 천막벌레나방
③ 미국흰불나방   ④ 복숭아심식나방

해설

천막벌레나방의 방제법
• 가지에 달려 월동 중인 알덩어리를 제거한다.
• 군서 중인 유충의 벌레집을 솜불방망이로 소각한다.

32 아황산가스에 의한 피해가 아닌 것은?

① 증산작용이 쇠퇴한다.
② 잎의 주변부와 엽맥 사이 조직이 괴사한다.
③ 소나무류에서는 침엽이 적갈색으로 변한다.
④ 어린잎의 엽맥과 주변부에 백화현상이나 황화현상을 일으킨다.

●해설

아황산가스에 의한 피해증상
- 광합성속도가 크게 감소하고 경엽이 퇴색한다.
- 소나무류에서는 침엽이 적갈색으로 변한다.
- 주로 성숙한 잎에 피해가 잘 나타나며 활엽수는 엽맥 간의 황화와 괴사를 일으킨다.

---

33 오동나무빗자루병의 병원체를 전파시키는 주요 매개곤충은?

① 응애   ② 진딧물
③ 나무이   ④ 담배장님노린재

●해설

오동나무빗자루병
- 매개충 : 담배장님노린재
- 방제법
  - 수목병해 중 병징은 있으나 표징이 전혀 없다.
  - 옥시테트라사이클린을 흉고직경에 수간주사한다.
  - 개충이 가장 많이 서식하는 7월 상순~9월 하순에 살충제를 살포한다.

---

34 파이토플라스마에 의한 수목병은?

① 뽕나무오갈병
② 벚나무빗자루병
③ 소나무잎떨림병
④ 아카시아모자이크병

●해설

파이토플라스마에 의한 수병은 오동나무빗자루병, 대나무빗자루병, 뽕나무오갈병 등이 있다.

---

35 땅속에서 월동하는 해충이 아닌 것은?

① 솔잎혹파리   ② 어스렝이나방
③ 잣나무넓적잎벌   ④ 오리나무잎벌레

●해설

어스렝이나방은 1년에 1회 발생하며 알로 수피(나무껍질) 사이에서 월동한다.

---

36 페니트로티온 50% 유제(비중 1.0)를 0.1%로 희석하여 ha당 1,000L를 살포하려고 할 때 이때 필요한 소요약량은?

① 500mL   ② 1,000mL
③ 2,000mL   ④ 2,500mL

●해설

$$소요약량 = \frac{단위면적당\ 사용량}{소요희석배수} \times 비중$$
$$= \frac{1,000 \times 0.1}{50} \times 1.0 = 2L$$

2L를 mL로 환산하면 2,000mL이다.

---

37 지상부의 접목 부위, 삽목의 하단부 등으로 병원균이 침입하고, 고온다습할 때 알칼리성 토양에서 주로 발생하는 것은?

① 탄저병   ② 뿌리혹병
③ 불마름병   ④ 리지나뿌리썩음병

●해설

뿌리혹병의 침입경로
접목 부위, 삽목의 하단부, 뿌리의 절단면 등 상처 부위를 통해 침입한다.
※ 방제법 : 병해충에 강한 건전한 묘목을 식재하고 석회 사용량을 줄인다.

---

38 포플러잎녹병의 증상으로 옳지 않은 것은?

① 병든 나무는 급속히 말라 죽는다.
② 초여름에는 잎 뒷면에 노란색 작은 돌기가 발생한다.
③ 초가을이 되면 잎 양면에 짙은 갈색의 겨울포자퇴가 형성된다.
④ 중간기주의 잎에 형성된 녹포자가 포플러로 날아와 여름포자퇴를 만든다.

●해설

포플러잎녹병의 특징
- 초여름 잎 뒷면에 오렌지색의 작은 가루덩이(여름포자)가 생기고 정상적인 나무보다 먼저 낙엽이 되어 나무의 생장이 크게 감소하나 급속히 말라 죽지는 않는다.

- 포플러에서 포플러로 직접 감염이 가능하다.
- 겨울에 낙엽송을 거치지 않아도 생활사가 완성 가능하다.
- 중간기주를 제거해도 완전한 방제가 안 된다.
- 잠복기간이 4~6일로 짧다.

39 솔나방이 주로 산란하는 곳은?

① 솔잎 사이
② 솔방울 속
③ 소나무 수피 틈
④ 소나무 뿌리 부근의 땅속

●해설

11월 이후에 5령충(4회 탈피)으로 지피물, 낙엽 밑이나 솔잎 사이에서 월동한다.

40 대추나무빗자루병의 방제에 효과적인 약제는?

① 베노밀수화제
② 아바멕틴유제
③ 아세타미프리드액제
④ 옥시테트라사이클린 수화제

●해설

옥시테트라사이클린을 흉고직경에 수간주사한다.

41 낙엽송잎벌에 대한 설명으로 옳지 않은 것은?

① 1년에 3회 발생한다.
② 어린 유충이 군서하며 잎을 가해한다.
③ 3령유충부터는 분산하여 잎을 가해한다.
④ 기존의 가지보다는 새로운 가지에서 나오는 짧은 잎을 식해한다.

●해설

- 낙엽송잎벌은 국지적으로 대발생하여 임분 전체가 잿빛으로 변한다.
- 3령부터 분산가해하며 신엽을 가해하지 않고 2년 이상 잎만 가해한다.

42 세균에 의한 수목병해는?

① 소나무잎녹병
② 낙엽송잎떨림병
③ 호두나무뿌리혹병
④ 밤나무줄기마름병

●해설

세균(박테리아)
- 구균, 간균, 나선균, 사상균 등이 있으며 대부분의 식물 병원세균은 간상형(간균)이다.
- 상처 또는 자연개구부(기공, 수공, 피목, 밀선)를 통해 침입한다.
- 광학현미경으로 관찰 가능하다.
- 수병 : 밤나무뿌리혹병, 호두나무뿌리혹병, 밤나무눈마름병

43 밤나무줄기마름병의 병원체가 침입하는 경로는 어느 것인가?

① 뿌리를 통한 침입
② 수피를 통한 침입
③ 잎의 기공을 통한 침입
④ 줄기의 상처를 통한 침입

●해설

상처 부위로 병원균이 침입하므로 병든 부분을 도려내어 도포제를 발라 준다.

44 곤충의 몸 밖으로 방출되어 같은 종끼리 통신을 하는 데 이용하는 물질은?

① 퀴논(Quinone)
② 호르몬(Hormone)
③ 테르펜(Terpenes)
④ 페로몬(Pheromone)

●해설

곤충이 냄새로 의사를 전달하는 신호물질로, 성페로몬은 배우자를 유인하거나 흥분시킨다.

45 유해가스에 예민한 수목은 피해를 받으면 비교적 선명한 증상을 나타내는 현상을 이용하여 대기오염의 해를 감정하는 방법은?

① 지표식물법   ② 혈청진단법
③ 표징진단법   ④ 코흐의 법칙

46 산림작업용 도구의 자루를 원목으로 제작하려 할 때 가장 부적합한 것은?

① 옹이가 있으면 더욱 단단해서 좋다.
② 목질섬유가 길고 탄성이 크며 질긴 나무가 좋다.
③ 일반적으로 가래나무 또는 물푸레나무 등이 적합하다.
④ 다듬어진 각목의 섬유방향은 긴 방향으로 배열되어야 한다.

해설

자루용 목재의 섬유는 긴 방향으로 배열되어야 하며, 옹이나 갈라진 홈이 없고 썩지 않은 것이어야 한다.

47 4기통 디젤엔진의 실린더 내경이 10cm, 행정이 4cm일 때 이 엔진의 총배기량은?

① 785cc   ② 1,256cc
③ 4,000cc   ④ 3,140cc

해설

엔진의 총배기량 $= \dfrac{\pi}{4} D^2 L N$

$$= \dfrac{\pi}{4} \times 10^2 \times 4 \times 4$$
$$= 0.785 \times 10^2 \times 4 \times 4$$
$$= 1,256 \text{cc}$$

여기서, D : 내경
L : 행정
N : 실린더수

48 기계톱에 연료를 혼합하여 사용하고 있다. 이에 대한 설명으로 옳지 않은 것은?

① 윤활유가 과다하면 출력저하나 시동불량의 현상이 나타난다.
② 윤활유로 인해 휘발유가 희석되기 때문에 기계톱에는 옥탄가가 높은 휘발유를 사용한다.
③ 휘발유에 대한 윤활유의 혼합비가 부족하면 피스톤, 실린더 및 엔진 각 부분이 눌어붙을 수 있다.
④ 휘발유와 윤활유를 20 : 1~25 : 1의 비율로 혼합하나 체인톱 전용 윤활유를 사용하는 경우 40 : 1로 혼합하기도 한다.

해설

행정기관의 연료사용 시 주의사항 중요 ★☆☆
• 반드시 혼합유를 사용하며, 휘발유와 오일의 혼합비는 25 : 1로 혼합하여 사용한다.
• 휘발유는 옥탄가가 낮은 보통 휘발유를 써야 한다.
• 이때 옥탄가가 높은 휘발유를 사용하면 사전점화 또는 고폭발 때문에 치명적인 기계손상을 준다.

49 가솔린엔진과 비교할 때 디젤엔진의 특징으로 옳지 않은 것은?

① 열효율이 높다.
② 토크변화가 작다.
③ 배기가스 온도가 높다.
④ 엔진 회전속도에 따른 연료공급이 자유롭다.

해설

종류	장점	단점
가솔린 기관	• 배기량당 출력의 차이가 없다. • 제작이 용이하고 제작비가 적게 든다. • 가속성이 좋고 운전이 정숙하다. • 무게가 가볍고, 가격이 저렴하다.	• 전기점화장치의 고장이 많이 발생한다. • 연료소비율이 높아 연료비가 비싸다. • 연료의 인화점이 낮아 화재의 위험성이 크다.

종류	장점	단점
디젤기관	• 열소비율이 낮아 연료비가 저렴하다. • 열효율이 높고 운전경비가 적게 든다. • 배기가스 온도가 낮다. • 이상 연소가 짧고, 고장이 적다. • 토크변동이 적고, 운전이 용이하다. • 인화점이 높아 화재 위험성이 적다.	• 마력당 중량이 크고 제작비가 비싸다. • 소음 및 진동이 크다. • 연료분사장치 등이 고급재료이고 정밀가공이 필요하다. • 매연이 발생한다.

50 기계톱의 연속조작시간으로 가장 적당한 것은?

① 10분 이내 ② 30분 이내
③ 45분 이내 ④ 1시간 이내

51 전목집재 후 집재장에서 가지치기 및 조재작업을 수행하기에 가장 적합한 장비는?

① 스키더 ② 포워더
③ 프로세서 ④ 펠러번처

52 가선집재용 장비가 아닌 것은?

① 타워야더
② 아크야윈치
③ 파르미트랙터
④ 나무운반미끄럼틀

● 해설
나무운반미끄럼틀(수라)은 중력을 이용한 집재방법이다.

53 대표적인 다공정 처리기계로서 벌도, 가지치기, 조재목다듬질, 토막내기작업을 모두 수행할 수 있는 기계는?

① 포워더 ② 펠러번처
③ 하베스터 ④ 프로세서

● 해설
임업기계의 종류 및 특징 [중요 ★☆☆]

종류	특징
트리펠러	벌도작업만 하는 기능
펠러번처	벌도와 벌도목을 모아 쌓기 기능
프로세서	집재된 전목(벌도된 나무)의 가지치기와 조재작업 기능(벌도기능 없음)
하베스터	• 경사가 완만한 작업지에서 벌도, 가지치기, 조재목마름질, 토막내기작업을 한 공정에 수행하는 기능 • 임 내에서는 벌목, 조재하는 장비로 포워드 등의 장비와 함께 사용

54 다음 그림과 같이 나무가 걸쳐 있을 때 압력부는 어느 위치인가?

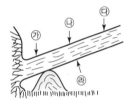

① ㉮ ② ㉯
③ ㉰ ④ ㉱

● 해설
벌목 시 걸린 나무는 지렛대 등을 이용하여 제거하고 받치고 있는 나무는 베지 않으며 장력을 받고 있는 나무는 압력을 받게 되는 부위를 먼저 절단한다.

55 집재용 도구로 적합하지 않은 것은?

① 로그잭 ② 피커룬
③ 캔트훅 ④ 파이크폴

● 해설
로그잭(Log Jack)은 조재작업이 편리하도록 원목을 지상에서 들어올린 상태를 유지시켜 주는 기구이다.

56 기계톱 체인의 수명 연장 및 파손 방지방법으로 가장 적합한 것은?

① 석유에 넣어 둔다.
② 윤활유에 넣어 둔다.
③ 가솔린에 넣어 둔다.
④ 그리스에 넣어 둔다.

●해설

체인을 휘발유나 석유로 깨끗하게 청소한 다음 윤활유에 넣어 보관한다.(기계톱 체인의 수명 연장과 파손방지법)

57 임업용 기계톱의 소체인 톱니의 피치 정의로 옳은 것은?

① 서로 접한 3개의 리벳간격을 2로 나눈 값
② 서로 접한 2개의 리벳간격을 3으로 나눈 값
③ 서로 접한 4개의 리벳간격을 3으로 나눈 값
④ 서로 접한 3개의 리벳간격을 4로 나눈 값

●해설

• 톱체인의 규격은 피치로 표시하며, 스프로킷의 피치와 일치하여야 한다.
• 피치 : 서로 접하고 있는 3개의 리벳간격 길이의 1/2 길이

58 예불기 캬뷰레터의 일반적인 청소주기는?

① 10시간　　　　② 20시간
③ 50시간　　　　④ 100시간

●해설

예불기 카뷰레터의 일반적인 청소주기는 100시간이다.

59 집재거리가 길어 스카이라인이 지면에 닿아 반송기의 주행이 곤란할 때 설치하는 장치는?

① 턴버클　　　　② 도르래
③ 힐블록　　　　④ 중간지지대

●해설

중간지지대
스카이라인을 이용한 가선집재 시 집재거리가 길어질 때는 삼각도르래를 이용하여 중간 중간에 중간지지대를 설치해야 한다.

60 예불기를 휴대형식으로 구분한 것으로 가장 거리가 먼 것은?

① 등짐식　　　　② 손잡이식
③ 허리걸이식　　④ 어깨걸이식

●해설

휴대형식에 의한 예불기 종류
어깨걸이식, 등짐식, 손잡이식

01 종자의 정선방법으로 풍선법을 적용하기 어려운 수종은?

① 밤나무 ② 소나무
③ 가문비나무 ④ 일본잎갈나무

● 해설
풍선법
• 선풍기의 바람을 이용하여 종자에 섞여 있는 종자날개, 잡물, 쭉정이 등을 제거하는 방법
• 소나무류, 가문비나무류, 낙엽송류, 자작나무에 적용
• 전나무, 삼나무, 밤나무에는 효과가 적음

02 덩굴식물을 제거하는 방법으로 옳지 않은 것은?

① 디캄바액제는 콩과식물에 적용한다.
② 인력으로 덩굴의 줄기를 제거하거나 뿌리를 굴취한다.
③ 글라신액제는 2~3월 또는 10~11월에 사용하는 것이 효과적이다.
④ 약제처리 후 24시간 이내에 강우가 예상될 경우 약제처리를 중지한다.

● 해설
글라신액제
덩굴류의 생장기인 5~9월에 처리하는 것이 효과적이다.

03 어린나무 가꾸기의 1차 작업시기로 가장 알맞은 것은?

① 풀베기가 끝난 3~5년 후
② 가지치기가 끝난 5~6년 후
③ 덩굴제거가 끝난 1~2년 후
④ 솎아베기가 끝난 6~9년 후

● 해설
대상지
조림 후 5~10년이 되고, 풀베기작업이 끝난 지 2~3년이 지나 조림목의 수관 경쟁과 생육 저해가 시작되는 곳

04 임목 간 식재밀도를 조절하기 위한 벌채방법에 속하는 것은?

① 간벌작업 ② 개벌작업
③ 산벌작업 ④ 중림작업

● 해설
간벌의 정의
소경목 단계에서 중경목 단계까지의 임분을 목적에 맞게 만들어 주기 위한 모든 벌체적 조정행위이다.

05 대목의 수피에 T자형으로 칼자국을 내고 그 안에 접아를 넣어 접목하는 방법은?

① 절접 ② 눈접
③ 설접 ④ 할접

● 해설
아접(눈접)
• 접수 대신에 눈을 대목의 껍질을 벗기고 끼워 붙이는 방법이다.
• 대목의 수피를 T자나 거꾸로 된 L자형으로 금을 낸 후 그 사이에 접아를 넣어 접목용 비닐테이프로 묶어 준다.

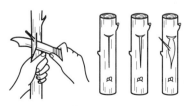

[아접 요령]

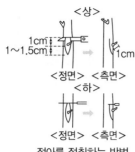

방패
모양의
접아

접아를 절취하는 방법

06 일정한 면적에 직사각형 식재를 할 때의 소요묘
목수 계산식은?

① 조림지면적/묘간거리

② 조림지면적/묘간거리^2

③ 조림지면적/(묘간거리^2×0.866)

④ 조림지면적/(묘간거리×줄 사이의 거리)

●해설

묘목 사이의 간격과 줄 사이의 간격을 서로 다르게 하
여 식재하는 방법이다.

07 용재생산 목적 수종으로 가장 거리가 먼 것은?

① 소나무 ② 느티나무

③ 자작나무 ④ 상수리나무

●해설

• 느티나무는 조경용 수종으로 수관을 넓게 뻗어 잘 자
라는 곳이 제한되어 있어 대면적 조림이 어렵다.

• 용재로 사용하기 위해서는 오랜 기간 잘 자라야 한다.

08 지력이 좋고 수분이 많아 잡초가 무성하고 기후
가 온난하며, 주로 소나무 조림지에 적합한 풀
베기방법은?

① 줄베기 ② 점베기

③ 모두베기 ④ 둘레베기

●해설

모두베기

• 조림지 전면의 잡초목을 베어 내는 방법이다.

• 임지가 비옥하거나 식재목이 광선을 많이 요구할 때
적용한다.

• 소나무, 낙엽송, 강송, 삼나무, 편백 등 양수인 수종에
적합하다.

09 종자의 발아력 조사에 쓰이는 약제는?

① 에틸렌 ② 지베렐린

③ 테트라졸륨 ④ 사이토키닌

●해설

30℃ 항온기 내에 광을 차단하고 24시간 후 착색반응
을 조사한다.

• 테룰루산소다 : 흑색이나 암갈색일 때 건전종자

• 테트라졸륨(TTC용액) : 적색 또는 분홍색일 때 건
전종자

10 늦은 가을철에 묘목가식을 할 때 묘목의 끝 방
향으로 가장 적합한 것은?

① 동쪽 ② 서쪽

③ 남쪽 ④ 북쪽

●해설

묘목의 끝이 가을에는 남향으로, 봄에는 북향으로 45°
경사지게 한다.

11 묘포상에서 해가림이 필요 없는 수종은?

① 전나무 ② 삼나무

③ 사시나무 ④ 가문비나무

●해설

해가림이 필요 없는 수종

소나무류, 해송, 상수리, 포플러류, 아까시나무, 사시
나무 등

12 파종상에서 2년, 그 뒤 판갈이상에서 1년을 지 낸 3년생 묘목의 표시방법은?

① 1−2묘
② 2−1묘
③ 0−3묘
④ 1−1−1묘

◉해설

2−1묘

파종상에서 2년, 이식되어 1년 지난 만 3년생 묘목이다.

13 어미나무를 비교적 많이 남겨서 천연갱신을 통 해 후계림을 조성하되 어미나무는 대경재생산 을 위해 그대로 두는 작업종은?

① 개벌작업
② 산벌작업
③ 택벌작업
④ 보잔목작업

◉해설

모수의 왕성한 생장을 다음 윤벌기까지 지속하여 우량 대경제를 생산하는 동시에 천연갱신을 진행하는 방법 이다.

14 그루터기에서 발생하는 맹아를 이용하여 후계 림을 만드는 작업을 무엇이라 하는가?

① 왜림작업
② 개벌작업
③ 산벌작업
④ 택벌작업

◉해설

왜림작업

주로 활엽수림에서 연료재생산을 목적으로 비교적 짧 은 벌기령으로 개벌하고 맹아로 갱신하는 방법이다.

15 데라사키식 간벌에 있어서 간벌량이 가장 적은 방식은?

① A종 간벌
② B종 간벌
③ C종 간벌
④ D종 간벌

◉해설

A종 간벌
• 4·5급목 전부를 벌채하고 주요 임목은 손을 대지 않는다.

• 임상을 깨끗이 정리하는 정도의 간벌에 불과하며 실 질적인 간벌수단이라 할 수 없다.

16 일본잎갈나무 1−1묘 산출 시 근원경의 표준규 격은?

① 3mm 이상
② 4mm 이상
③ 5mm 이상
④ 6mm 이상

◉해설

낙엽송 1−1묘 산출 시 근원경의 표준규격은 6mm 이 상이다.

17 지력을 향상시키기 위한 비료목으로 적당하지 않은 것은?

① 오리나무
② 갈참나무
③ 자귀나무
④ 소귀나무

◉해설

콩과수목	아까시나무, 자귀나무, 싸리나무류, 칡, 다 릅나무 등
비콩과수목	오리나무류, 보리수나무류, 소귀나무

18 묘목가식에 대한 설명으로 옳지 않은 것은?

① 동해에 약한 유묘는 움가식을 한다.
② 비가 올 때에는 가식하는 것을 피한다.
③ 선묘결속된 묘목은 즉시 가식하여야 한다.
④ 지제부는 낮게 묻어 이식이 편리하게 한다.

◉해설

묘목의 가식
• 묘목의 끝이 가을에는 남향으로, 봄에는 북향으로 45° 경사지게 한다.
• 지제부를 10cm 이상 깊이로 가식한다.
• 단기간 가식할 때는 다발째로, 장기간 가식할 때는 다발을 풀어서 뿌리 사이에 흙이 충분히 들어가도록 밟아 준다.

19 산벌작업 과정에서 모수로 부적합한 것을 선정하여 벌채하는 작업은?

① 종벌　　　　　② 후벌
③ 하종벌　　　　④ 예비벌

예비벌
갱신준비단계의 벌채로 모수로 부적합한 병충해목, 피압목, 폭목, 불량목 등을 제거하는 단계이다.

20 겉씨식물에 속하는 수종은?

① 밤나무　　　　② 은행나무
③ 가시나무　　　④ 신갈나무

●해설
침엽수종(겉씨식물)은 하나의 정핵과 하나의 난핵이 수정하여 n의 배유를 형성한다.(은행나무)

21 종자정선 후 바로 노천매장을 하는 수종은?

① 벗나무　　　　② 피나무
③ 전나무　　　　④ 삼나무

●해설
종자채취 직후 노천매장하는 수종(정선 후 곧 매장)
느티나무, 잣나무, 들메나무, 단풍나무, 벗나무류, 섬잣나무, 백송, 호두나무, 백합나무, 은행나무, 목련, 회양목 등

22 갱신 대상 조림지를 띠모양으로 나누어 순차적으로 개벌해 가면서 갱신하는 것으로, 3차례 이상에 걸쳐서 개벌하는 것은?

① 군상개벌법　　　② 대면적개벌법
③ 교호대상개벌법　④ 연속대상개벌법

●해설
연속대상개벌작업
• 대상개벌작업보다 띠의 수를 늘린 것으로 벌채와 갱신이 동시에 이루어진다.
• 1구역을 먼저 개벌하면 측방의 2, 3구역에 종자가 공급되어 갱신이 완료된다.

• 연속대상이 많을수록 갱신기간이 길어지나 후에는 동령림의 모습이 된다.
• 임지가 넓을 때 보통 3개의 벌채를 편성하고 이것을 세 번의 벌채로 갱신하는 작업이다.

23 개벌작업의 장점으로 옳지 않은 것은?

① 양수수종 갱신에 유리하다.
② 방법이 간단하여 경영이 용이하다.
③ 임지의 모든 수목이 제거되어 지력 유지에 용이하다.
④ 동령림이 형성되어 모든 숲 가꾸기 작업이 편하고 경제적이다.

24 매년 결실하는 수종은?

① 소나무　　　　② 오리나무
③ 자작나무　　　④ 아까시나무

●해설
해마다 결실하는 수종
버드나무류, 포플러류, 오리나무류

25 모수작업법에 대한 설명으로 옳지 않은 것은?

① 양수수종의 갱신에 유리하다.
② 작업방법이 용이하고 경제적이다.
③ 작업 후 낙엽층이 손상되지 않도록 주의한다.
④ 소나무의 갱신치수가 발생하면 풀베기를 해줘야 한다.

●해설
모수작업의 단점
• 임지가 노출되어 환경이 급변하기 때문에 갱신에 무리가 생길 수 있다.
• 잡초나 관목 등이 무성하고 표토의 보호가 완전하지 못하다.
• 산벌이나 택벌작업보다 미관이 좋지 않다.
• 종자가 가벼워 잘 날아갈 수 있는 수종에 적합하다.

26 파이토플라스마에 의해 발병하지 않는 것은?

① 뽕나무오갈병
② 벚나무빗자루병
③ 오동나무빗자루병
④ 대추나무빗자루병

●해설

벚나무빗자루병은 진균(자낭균)에 의한 수병이다.

27 소나무좀에 대한 설명으로 옳은 것은?

① 주로 건전한 나무를 가해한다.
② 월동 성충이 수피를 뚫고 들어가 알을 낳는다.
③ 1년 2회 발생하며 주로 봄과 가을에 활동한다.
④ 부화한 유충은 성충의 갱도와 평행하게 내수피를 섭식한다.

●해설

월동한 성충이 나무줄기나 가지의 껍질 밑에 구멍을 뚫고 들어가 형성층에 산란하면 부화한 유충이 식해하여 수목의 양분과 이동을 단절시켜 임목을 고사시키는 2차 해충이다.

28 잠복기간이 가장 짧은 수목병은?

① 소나무혹병   ② 잣나무털녹병
③ 포플러잎녹병   ④ 낙엽송잎떨림병

●해설

포플러잎녹병
잠복기간이 4~6일로 짧다.

29 밤나무혹벌의 번식형태로 옳은 것은?

① 단위생식   ② 유성생식
③ 다배생식   ④ 유성번식

●해설

밤나무혹벌(밤나무순혹벌) 중요 ★☆☆
• 밤나무 잎눈의 조직 내에 충영(벌레혹)을 만들고 유충으로 월동한다.

• 연 1회 발생하며 암컷만으로 번식하는 단성생식을 한다.
• 성충의 몸 길이는 3mm 내외로 광택이 있는 흑갈색이다.
• 저항성, 내충성, 내병성 등의 밤나무 품종으로 갱신하는 것이 방제에 효과적이다.
• 천적방제 : 중국긴꼬리좀벌, 남색긴꼬리좀벌

30 주제를 용제에 녹여 계면활성제를 유화제로 첨가하여 제재한 약제 종류는?

① 유제   ② 입제
③ 분제   ④ 수화제

●해설

유제
물에 녹지 않는 주제를 유기용매에 녹여 유화제를 첨가한 용액으로, 물에 희석하여 사용할 수 있게 만든 액체상태의 농약제제이다.

31 주풍(계속적이고 규칙적으로 부는 바람)에 의한 피해로 가장 거리가 먼 것은?

① 수형을 불량하게 한다.
② 임목의 생장량이 감소한다.
③ 침엽수는 상방편심생장을 하게 된다.
④ 기공이 폐쇄되어 광합성능력이 저하된다.

●해설

주풍
• 상풍이라고도 하며 10~15m/sec 정도로 한쪽으로만 부는 바람을 말한다.
• 임목은 주풍방향으로 구부러지며, 나무줄기 밑이 편심생장을 하여 타원형이다.
※ 침엽수는 상방편심, 활엽수는 하방편심

32 손이나 그물 등을 사용하여 해충을 직접 잡아 방제하는 것은?

① 포살법   ② 소살법
③ 직살법   ④ 수살법

> **해설**
>
> 포살법
> 해충의 알, 유충, 성충 등을 직접 손이나 기구를 이용하여 잡는 방법이다.

33 주로 묘목에 큰 피해를 주며 종자를 소독하여 방제하는 것은?

① 잣나무털녹병
② 두릅나무녹병
③ 밤나무줄기마름병
④ 오리나무갈색무늬병

> **해설**
>
> 오리나무갈색무늬병의 방제법
> • 묘포는 윤작하고 적기에 솎음질을 하며, 병든 낙엽은 모아서 태운다.
> • 병원균이 종자에 묻어 있는 경우가 많으므로 종자소독을 철저히 한다.
> • 보르도액을 2주 간격으로 7~8회 살포한다.

34 아황산가스에 대한 저항성이 가장 약한 수종은?

① 향나무
② 은행나무
③ 자작나무
④ 동백나무

> **해설**
>
> 아황산가스에 대한 저항성이 강한 수종
> 은행나무, 노간주나무, 비자나무, 벚나무, 사철나무, 동백나무, 단풍나무, 향나무 등

35 알로 월동하는 해충은?

① 독나방
② 매미나방
③ 미국흰불나방
④ 참나무재주나방

> **해설**
>
> • 매미나방은 씹어 먹는 입을 가진 잡식성 해충으로 유충이 침엽수와 활엽수의 잎을 갉아 먹는다.
> • 알로 월동하며, 나무의 줄기에 덩어리를 형성하며 비교적 낮은 위치에 300개 정도 낳는다.
> • 유충은 5월 하순~6월 상순에 나뭇가지나 잎 사이에 거꾸로 매달린 채 번데기가 된다.

36 우리나라에서 발생하는 상주(서릿발)에 대한 설명으로 옳은 것은?

① 가장 추운 1월 중순에 많이 발생한다.
② 중부지방보다 남부지방에 잘 발생한다.
③ 토양함수량이 90% 이상으로 많을 때 발생한다.
④ 비료를 주어 상주생성을 막을 수 있지만 질소비료는 효과가 가장 낮다.

> **해설**
>
> 상주(서릿발)
> • 지표면이 빙점 이하의 저온으로 냉각될 때 모관수가 얼고 이것이 반복되어 얼음기둥이 위로 점차 올라오게 되는 현상이다.
> • 수분을 많이 함유한 점토질토양에서 자주 발생한다.(사토, 사양토는 발생하지 않는다)
> • 뿌리가 얕은 천근성 수종의 치수가 서릿발 피해를 받기 쉽다.(심근성 치수는 안전하다)
> • 어린묘목은 토양수분의 변화로 뽑히게 된다.

37 가뭄이나 해충의 피해를 받아 약해진 나무에 잘 발생하는 병으로, 주로 신초의 침엽기부를 고사시키는 것은?

① 소나무혹병
② 소나무줄기녹병
③ 소나무재선충병
④ 소나무가지끝마름병해

> **해설**
>
> 소나무가지끝마름병은 주로 수세가 약한 나무의 당년생 가지에 많이 발생하며, 봄철 기온이 따뜻하고, 건조할 때, 강우가 잦거나 통풍이 불량할 때, 환경조건이 불량할 때 수세가 약해지면서 발생한다.

38 송이풀이나 까치밥나무와 기주교대를 하는 것은?

① 소나무혹병
② 소나무잎녹병
③ 잣나무털녹병
④ 배나무붉은별무늬병

잣나무털녹병의 중간기주는 송이풀이나 까치밥나무
이다.

---

39 솔잎혹파리에 대한 설명으로 옳지 않은 것은?

① 주로 1년에 1회 발생한다.

② 충영 속에서 번데기로 월동한다.

③ 1920년대 초반 일본에서 우리나라로 침입한
것으로 추정한다.

④ 생물학적 방제법으로 솔잎혹파리먹좀벌 등
기생성 천적을 이용하여 방제하기도 한다.

솔잎혹파리
• 알에서 깨어난 유충이 솔잎 밑부분에 벌레혹(충영)
을 만든다.
• 유충은 주로 비가 올 때 땅으로 떨어져 잠복하고 있
다가 지피물 밑이나 땅속에서 월동한다.(습한 곳에
서 왕성한 활동)

---

40 모잘록병의 방제법으로 옳지 않은 것은?

① 병이 심한 묘포지는 돌려짓기를 한다.

② 인산질비료를 많이 주어 묘목을 관리한다.

③ 묘상이 과습할 정도로 수분을 충분히 보충
한다.

④ 파종량을 적게 하고 복토가 너무 두껍지 않
게 한다.

모잘록병의 방제법
• 묘상의 과습을 피하고 통기성을 좋게 한다.
• 토양소독 및 종자소독을 한다.
• 질소질비료의 과용을 삼가고 인산질비료와 완숙퇴
비를 시용한다.
• 병든 묘목은 발견 즉시 뽑아 태우고 병이 심한 묘포
지는 윤작(돌려짓기)한다.
• 솎음질을 자주하여 생립본수(生立本數)를 조절한다.
• 싸이론훈증제, 클로로피크린 등 약제를 살포한다.

41 대추나무빗자루병의 방제를 위한 약제로 가장
적합한 것은?

① 피리다벤수화제

② 디플루벤주론수화제

③ 비티쿠르스타키수화제

④ 옥시테트라사이클린수화제

대추나무빗자루병의 방제법
• 옥시테트라사이클린을 흉고직경에 수간주사한다.
• 포기나누기묘(분주묘)는 감염되지 않은 나무에서만
채취한다.
• 매개충에 의한 감염을 막기 위해 살충제를 살포한다.
• 밀식을 하지 않는다.

---

42 해충방제이론 중 경제적 피해수준에 대한 설명
으로 옳은 것은?

① 해충에 의한 피해액과 방제비가 같은 수준
인 해충의 밀도를 말한다.

② 해충에 의한 피해액이 방제비보다 높은 때
의 해충의 밀도를 말한다.

③ 해충에 의한 피해액이 방제비보다 낮을 때
의 해충의 밀도를 말한다.

④ 해충에 의한 피해액과 무관하게 방제를 해
야 하는 해충의 밀도를 말한다.

경제적 피해(가해) 수준	• 경제적 피해가 나타나는 최저밀도이다. • 해충에 의한 피해액과 방제비가 같은 수준의 밀도이다.
경제적 피해(가해) 허용수준	• 경제적 피해수준에 달하는 것을 억제하기 위하여 직접 방제수단을 써야 하는 밀도수준을 말한다. • 방제를 시작해야 하는 밀도이다. • 방제수단을 쓸 수 있는 시간적 여유가 필요한다.

43 해충이 나무에서 내려올 때 줄기에 짚이나 가마니를 감아 해충이 파고들도록 하여 이것을 태워서 해충을 방제하는 방법은?

① 등화유살법
② 경운유살법
③ 잠복장소유살법
④ 번식장소유살법

●해설
잠복처유살법
월동이나 용화를 위한 잠복처로 유인하여 유살하는 방법이다.

44 외국에서 들어온 해충이 아닌 것은?

① 솔나방
② 밤나무혹벌
③ 미국흰불나방
④ 버즘나무방패벌레

●해설
솔나방의 유충을 송충이라 하고, 유충이 잎을 갉아 먹으며 피해를 심하게 받은 나무는 고사한다.

45 포플러잎녹병의 중간기주에 해당하는 것은?

① 잔대, 모싯대
② 쑥부쟁이, 참취
③ 소나무, 등골나무
④ 일본잎갈나무, 현호색

●해설
포플러잎녹병
• 병원 : 진균(담자균류)
• 기주 : 포플러(여름포자, 겨울포자, 소생자 형성)
• 중간기주 : 낙엽송, 현호색(녹병포자, 녹포자 형성)

46 산림작업용 도끼 날 형태 중에서 나무 속에 끼어 쉽게 무뎌지는 것은?

① 아치형
② 삼각형
③ 오각형
④ 무딘 둔각형

●해설
• 아치형이 되도록 연마한다.
• 도끼 날이 날카로운 삼각형이 되면 벌목 시 날이 나무 속에 끼어 쉽게 무뎌진다.

• 무딘 둔각형이면 나무가 잘 잘라지지 않고 튀어 오를 위험성이 있다.

47 체인톱작업 중 위험에 대비한 안전장치가 아닌 것은?

① 스프로킷
② 핸드가드
③ 체인잡이
④ 체인브레이크

●해설
체인톱의 안전장치 중요 ★★☆
• 앞손·뒷손 보호판(핸드가드), 체인브레이크, 완충스파이크(지레발톱), 스로틀레버차단판(안전스로틀레버), 손잡이(핸들), 체인잡이볼트, 체인덮개, 진동방지장치(방진고무), 소음지(머플러), 후방보호판
• 스프로킷
 - 체인을 걸어 톱날을 구동하는 톱니바퀴이다.
 - 원심클러치로부터 동력을 받아 스프로킷이 톱체인을 회전시킨다.

48 와이어로프로 고리를 만들 때 와이어로프 직경의 몇 배 이상으로 하는가?

① 10배
② 15배
③ 20배
④ 25배

●해설
와이어로프의 고리길이는 와이어로프 직경의 약 20배로 한다.

49 2행정 내연기관에 일정 비율의 오일을 섞어야 하는 이유로 가장 적당한 것은?

① 엔진 윤활을 위하여
② 조기점화를 막기 위하여
③ 연소를 빨리 시키기 위하여
④ 연료의 흡입을 빨리 하기 위하여

●해설
윤활유의 작용
청소작용, 냉각작용, 윤활작용 등

50 스카이라인을 집재기로 직접 견인하기 어려움에 따라 견인력을 높이기 위한 가선장비는?

① 샤클
② 힐블록
③ 반송기
④ 윈치드럼

●해설
힐블록(죔도르래)
집재가선에 사용하는 도르래 중 반송기에 매달려서 화물의 승강에 이용되는 도르래이다.

51 기계톱으로 가지치기를 할 때 지켜야 할 유의사항이 아닌 것은?

① 후진하면서 작업한다.
② 안내판이 짧은 기계톱을 사용한다.
③ 작업자는 벌목한 나무 가까이에 서서 작업한다.
④ 벌목한 나무를 몸과 체인톱 사이에 놓고 작업한다.

52 내연기관(4행정)에 부착되어 있는 캠축의 역할로 가장 적당한 것은?

① 오일의 순환 추진
② 피스톤의 상하운동
③ 연료의 유입량을 조절
④ 흡기공과 배기공을 열고 닫음

●해설
캠과 캠축
흡입밸브와 배기밸브에 연결되어 흡기공과 배기공을 열고 닫는 역할

53 손톱의 톱니 부분별 기능에 대한 설명으로 옳지 않은 것은?

① 톱니가슴 : 나무를 절단한다.
② 톱니홈 : 톱밥이 임시로 머문 후 빠져나가는 곳이다.

③ 톱니등 : 쐐기역할을 하며 크기가 클수록 톱니가 약하다.
④ 톱니꼭지선 : 일정하지 않으면 톱질할 때 힘이 많이 든다.

●해설
톱니등각
• 톱니 등이 목재를 문지르는 마찰작용과 관계가 깊다.
• 일반적으로 보통 5° 이상이다.

54 벌목용 작업도구로 이용하는 것은?

① 쐐기
② 이식판
③ 식혈봉
④ 양날괭이

●해설
벌목작업도구
톱, 도끼, 쐐기, 목재돌림대, 밀게, 갈고리, 박피기, 사피 등

55 기계톱의 연료통(또는 연료통덮개)에 있는 공기 구멍이 막혀 있으면 어떤 현상이 나타나는가?

① 연료가 새지 않아 운반 시 편리하다.
② 연료의 소모량을 많게 하여 연료비가 높게 된다.
③ 연료를 기화기로 공급하지 못해 엔진가동이 안 된다.
④ 가솔린과 오일이 분리되어 가솔린만 기화기로 들어간다.

●해설
공기가 공급되지 않으며 연료와의 혼합가스를 만들 수 없어 엔진작용이 안 된다.

56 농업용 트랙터를 임업용으로 활용 시 앞차축과 뒷차축의 하중비로 가장 적절한 것은?

① 50 : 50
② 40 : 60
③ 60 : 40
④ 30 : 70

농업용 트랙터는 일반평지에서 사용하기 때문에 하중비를 고려할 필요가 없지만, 임업용은 높은 산지를 이동하므로 추가작업기를 부착하여 앞차축과 뒷차축의 하중비를 6 : 4로 조정한다.

57 벌도목 운반이 주목적인 임업기계는?

① 지타기　　　　　② 포워더
③ 펠러번처　　　　④ 프로세서

●해설

포워더
• 집재할 통나무를 차체에 싣고 운반하는 장비로 주로 평지림에 적합하다.
• 경사지에서도 운재로를 이용하여 운반할 수 있다.
• 목재를 운반하는 단일공정을 수행한다.(운반이 주 목적)

58 체인톱의 점화플러그 정비주기로 옳은 것은?

① 일일정비　　　　② 주간정비
③ 월간정비　　　　④ 계절정비

●해설

주간점검 중요 ★☆☆
• 안내판 홈의 깊이와 넓이 및 스프로킷의 견고함 등을 점검한다.
• 체인을 휘발유나 석유로 깨끗하게 청소한 다음 윤활유에 넣어 보관한다.(기계톱 체인의 수명 연장과 파손방지법)
• 점화플러그의 외부를 점검하고 간격을 조정한다.(0.4~0.5mm)
• 체인톱의 몸체를 압력공기나 솔을 이용하여 깨끗하게 청소한다.
• 소음기 구멍과 실린더 배기구를 함께 청소한다.

59 벌목작업 시 안전사고예방을 위하여 지켜야 하는 사항으로 옳지 않은 것은?

① 벌목방향은 작업자의 안전 및 집재를 고려하여 결정한다.
② 도피로는 사전에 결정하고 방해물도 제거한다.

③ 벌목구역 안에는 반드시 작업자만 있어야 한다.
④ 조재작업 시 벌도목의 경사면 아래에서 작업을 한다.

●해설

벌도목이 경사면 아래로 떨어지므로 항상 경사지 위쪽에서 작업한다.

60 정원목 및 정원석 주위에 입목을 휘감은 풀들을 깎을 때 안심하고 사용가능한 예불기의 날 형태는?

① 회전날식　　　　② 왕복요동식
③ 직선왕복날식　　④ 나일론코드식

●해설

나일론 날은 연하면서 키 작은 잡초, 잔디 제거에 사용하며, 도로 및 자갈이 많은 장소에서 작업이 가능하다.

01 인공갱신과 비교한 천연갱신의 특징이 아닌 것은?

① 생산된 목재가 균일하다.
② 조림실패의 위험이 적다.
③ 숲 조성에 시간이 걸린다.
④ 생태계 구성원 보호에 유리하다.

◎해설

• 인공갱신은 경제적 가치가 있는 수종에 치중하는 경향이 있으므로 조림지의 기후, 풍토에 부적당한 수종을 선택했을 때는 그 생장이 나쁘거나 성림이 불가능하게 된다.
• 인공조림은 기후, 풍토에 저항력이 약하기 때문에, 식재수종은 생태적 특징이 조림지의 입지조건에 알맞아야 한다.

02 예비벌을 실시하는 주요 목적으로 거리가 먼 것은?

① 벌채목의 반출 용이
② 잔존목의 결실 촉진
③ 부식질의 분해 촉진
④ 어린나무 발생에 적합한 환경 조성

◎해설

예비벌
갱신준비단계의 벌채로 모수로 부적합한 병충해목, 피압목, 폭목, 불량목 등을 제거하는 단계이다.

03 소나무의 용기묘 생산에 대한 설명으로 옳지 않은 것은?

① 시비는 관수와 함께 실시한다.
② 겨울에는 생장을 하지 않으므로 관수하지 않는다.

③ 육묘용 비료는 하이포넥스(Hyponex)나 BS 그린을 사용한다.
④ 피트모스, 펄라이트, 질석을 1 : 1 : 1의 비율로 섞어 상토를 제조한다.

◎해설

• 겨울철을 제외하고는 활착률이 높아 연중조림이 가능하다.
• 시설 내부는 난방과 햇빛 때문에 수분증발량이 많아 수시로 관수해야 한다.

04 묘포지의 선정요건으로 거리가 먼 것은?

① 교통이 편리한 곳
② 양토나 사질양토로 관배수가 용이한 곳
③ 1~5° 정도의 경사지로 국부적 기상피해가 없는 곳
④ 토지의 물리적 성질보다 화학적 성질이 중요하므로 매우 비옥한 곳

◎해설

• 토질은 가급적 점토가 50% 미만인 사양토나 식양토로서 토심이 30cm 이상인 곳으로 한다.
• 화학적 성질보다는 물리적 성질이 중요하기 때문에 사질양토가 알맞다.

05 구과가 성숙한 후에 10년 이상이나 모수에 부착되어 있어 종자의 발아력이 상실되지 않고 산불이 나면 인편이 열리는 수종은?

① 편백   ② 소나무
③ 잣나무   ④ 방크스소나무

06 개화한 다음 해에 결실하는 수종으로만 짝지어진 것은?

① 소나무, 자작나무

② 전나무, 아까시나무

③ 오리나무, 버드나무

④ 삼나무, 가문비나무

●해설

격년마다 결실하는 수종

오동나무, 소나무류, 자작나무류, 아까시나무

07 침엽수의 가지치기방법으로서 적당한 것은?

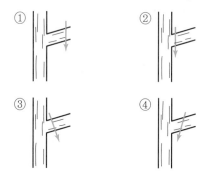

●해설

침엽수종 절단방법

가지치기톱을 이용하여 자르며 절단면이 줄기와 평행하게 절단한다.

08 수종별 무기양료의 요구도가 적은 것에서 큰 순서로 나열한 것은?

① 백합나무＜자작나무＜소나무

② 자작나무＜백합나무＜소나무

③ 소나무＜자작나무＜백합나무

④ 소나무＜백합나무＜자작나무

●해설

• 무기양료의 요구량이 낮은 수종 : 오리나무, 노간주나무, 소나무, 향나무, 아까시나무, 자작나무 등

• 무기양료의 요구량이 많은 수종 : 오동나무, 물푸레나무, 미루나무, 느티나무, 전나무, 밤나무, 참나무, 백합나무

• 활엽수가 침엽수보다 더 많은 영양소를 요구한다.

09 파종상에서 2년, 판갈이상에서 1년된 만 3년생 묘목의 표기방법은?

① 1－2묘　　② 2－1묘

③ 1－1－1묘　　④ 1－0－2묘

●해설

2－1묘

파종상에서 2년, 이식되어 1년 지낸 만 3년생 묘목이다.

10 미래목의 구비요건으로 틀린 것은?

① 피압을 받지 않은 상층의 우세목

② 나무줄기가 곧고 갈라지지 않은 것

③ 병충해 등 물리적인 피해가 없을 것

④ 주위 임목보다 월등히 수고가 높은 것

●해설

미래목의 선정

• 피압을 받지 않은 상층의 우세목으로 선정하며, 폭목은 제외한다.

• 나무줄기가 곧고 갈라지지 않았으며, 병해충 등 물리적 피해가 없어야 한다.

• 주위 임목보다 월등히 수고가 높을 필요는 없다.

11 종자의 발아시험기간이 가장 긴 수종들로 짝지어진 것은?

① 소나무, 삼나무

② 곰솔, 사시나무

③ 버드나무, 느릅나무

④ 일본잎갈나무, 가문비나무

●해설

수종별 발아시험기간

14일	사시나무, 느릅나무 등
21일	가문비나무, 편백나무, 화백, 아까시나무 등
28일	소나무, 해송, 낙엽송, 삼나무, 자작나무, 오리나무, 솔송나무 등
42일	전나무, 느티나무, 옻나무, 목련 등

12 T/R률에 대한 설명으로 틀린 것은?

① T/R률의 값이 클수록 좋은 묘목이다.

② 묘목의 지상부와 지하부의 중량비이다.

③ 질소질비료를 과용하면 T/R률의 값이 커진다.

④ 좋은 묘목은 지하부와 지상부가 균형 있게 발달해 있다.

●해설

T/R(Top/Root ratio)률

• 묘목의 지상부 무게를 뿌리의 무게로 나눈 값이다.

• T/R률이 적은 것이 큰 것보다 뿌리의 발달이 좋다.

• 일반적으로 값이 작아야 묘목이 충실하다.

• 우량한 묘목의 T/R률은 3.0 정도이다.

• T/R률 커지는 경우에는 토양 내 과수분, 일조부족, 석회부족, 질소다량시비 등이 있다.

13 모수작업의 모수본수보다 많은 모수를 수광생장을 촉진시켜 다음 벌기에 대경재를 생산하면서 갱신을 동시에 실시하는 방법은?

① 택벌작업 ② 중림작업

③ 개벌작업 ④ 보잔목작업

●해설

모수의 왕성한 생장을 다음 윤벌기까지 지속하여 우량 대경제를 생산하는 동시에 천연갱신을 진행하는 방법이다.

14 주로 뿌리를 이용하여 삽목하는 수종은?

① 삼나무 ② 동백나무

③ 오동나무 ④ 사철나무

●해설

오동나무는 주로 가을철에 뿌리를 캐서 땅속에 매장하였다가 다음해 봄에 뿌리삽목(근삽)을 이용한다.

15 숲아베기가 잘 된 임지, 유령림단계에서 집약적으로 관리된 임분에서 생략이 가능한 산벌작업과정은?

① 후벌 ② 종벌

③ 하종벌 ④ 예비벌

●해설

예비벌

• 갱신준비단계의 벌채로 모수로 부적합한 병충해목, 피압목, 폭목, 불량목 등을 제거하는 단계이다.

• 숲아베기가 잘 된 임지(林地), 유령림단계에서 집약적으로 관리된 임분에서는 생략이 가능하다.

16 소나무 종자의 무게가 45g이고 협잡물을 제거한 후의 무게가 43.2g일 때 순량률은?

① 43% ② 45%

③ 86% ④ 96%

●해설

$$순량률 = \frac{순정종자량(g)}{작업시료량(g)} \times 100$$

$$= \frac{43.2}{45} \times 100 = 96\%$$

17 왜림의 특징이 아닌 것은?

① 벌기가 길다.

② 수고가 낮다.

③ 맹아로 갱신된다.

④ 땔감생산용으로 알맞다.

●해설

주로 활엽수림에서 연료재생산을 목적으로 비교적 짧은 벌기령으로 개벌하고 맹아로 갱신하는 방법이다.

18 봄에 가식할 장소로서 옳지 않은 것은?

① 바람이 적은 곳

② 남향으로 양지바른 곳

③ 토양의 습도가 적절한 곳

④ 배수가 양호하고 그늘진 곳

●해설

묘목의 끝이 가을에는 남향으로, 봄에는 북향으로 45° 경사지게 한다.

19 간벌에 대한 설명으로 옳지 않은 것은?

① 지름생장을 촉진하고 숲을 건전하게 만든다.

② 빽빽한 밀도로 경쟁을 촉진시켜 나무의 형질을 좋게 한다.

③ 벌채가 되기 전에 나무를 솎아베어 중간수입을 얻을 수 있다.

④ 나무를 솎아벤 곳에 잡초가 무성하게 되어 표토의 유실을 막고 빗물을 오래 머무르게 하여 숲 땅이 비옥해진다.

● 해설
작업목적
• 임분 전체의 형질을 향상 및 치수의 생육 공간을 충분히 제공하기 위이다.
• 제거 대상목으로는 폭목, 형질불량목, 밀생목, 침입수종 등이다.
• 조림목이 임관을 형성한 뒤부터 간벌할 시기에 이르는 사이에 실시한다.
• 토양의 수분관리, 임(林) 내의 미세환경 등을 고려하여 하층식생은 보존한다.

20 채종림의 조성목적으로 가장 적합한 것은?

① 방풍림 조성

② 산사태 방지

③ 우량종자 생산

④ 휴양공간 조성

● 해설
채종림은 채종원과 달리 수형목을 선발하여 조성하는 것이 아니라 이미 조림되어 있는 임분 혹은 천연임분 중에서 형질이 우량한 종자를 채집할 목적으로 지정한 숲이다.

21 우리나라가 원산지인 수종은?

① 백송 ② 삼나무

③ 잣나무 ④ 연필향나무

● 해설
• 삼나무, 백송 : 일본
• 연필향나무 : 북아메리카

22 택벌작업의 특징으로 옳지 않은 것은?

① 보속적인 생산

② 산림경관 조성

③ 양수수종 갱신

④ 임지의 생산력 보전

● 해설
모수가 많아 치수의 보호효과가 크며, 특히 음수수종의 무거운 종자수종에 유리하다.(음수의 갱신에 적합)

23 다음 중 묘목을 1.8m×1.8m 정방향으로 식재할 때 1ha당 묘목의 본수로 가장 적당한 것은?

① 약 308본 ② 약 555본

③ 약 3,086본 ④ 약 5,555본

● 해설
$$\frac{10,000}{1.8^2} = 3,086.419\dots$$

24 파종상의 해가림시설을 제거하는 시기로 가장 적절한 것은?

① 5월 중순~6월 중순

② 7월 하순~8월 중순

③ 9월 중순~10월 상순

④ 10월 중순~11월 중순

● 해설
파종상의 해가림시설을 제거하는 가장 적절한 시기는 7월 하순~8월 중순이다.

25 순량률 80%, 발아율 90%인 종자의 효율은?

① 10% ② 72%

③ 89% ④ 90%

● 해설
$$효율(\%) = \frac{순량률 \times 발아율}{100}$$
$$= \frac{80 \times 90}{100} = 72\%$$

26 바이러스에 의하여 발병하는 것은?

① 청변병　　　　② 불마름병
③ 뿌리혹병　　　　④ 모자이크병

●해설

바이러스에 의한 수병 : 포플러모자이크병, 아까시
나무모자이크병(매개충 : 복숭아혹진딧물)

27 향나무를 중간기주로 하여 기주교대를 하는 병은?

① 잣나무털녹병
② 밤나무줄기마름병
③ 대추나무빗자루병
④ 배나무붉은별무늬병

●해설

향나무녹병(배나무붉은별무늬병) 중요 ★★★
• 병원 : 진균(담자균류)
• 기주 : 배나무, 꽃아그배나무, 사과나무, 모과나무
  (녹포자, 녹병포자)
• 중간기주 : 향나무류(겨울포자, 소생자)
• 생활사 : 4월경 향나무에 겨울(동)포자퇴 형성 →
  비로 인해 수분을 흡수하여 한천모양으로 부풀
  → 겨울포자가 발아하여 소생자 형성 → 바람에 의
  해 배나무로 옮겨져 녹병포자, 녹포자 형성(배나무
  에 기생하는 시기는 5~7월)

28 성충 및 유충 모두가 나무를 가해하는 것은?

① 솔나방　　　　② 솔잎혹파리
③ 미국흰불나방　　　④ 오리나무잎벌레

●해설

오리나무잎벌레
• 성충과 유충이 동시에 오리나무잎을 식해한다.
• 유충은 잎살만 먹고 잎맥을 남겨 잎이 그물모양이
  되며, 성충은 주맥만 남기고 잎을 갉아 먹는 해충이다.
• 연 1회 발생하며 성충으로 지피물 또는 흙속에서 월
  동한다.

29 묘포에서 지표면부분의 뿌리부분을 주로 가해
하는 곤충류는?

① 솜벌레과　　　　② 풍뎅이과
③ 혹파리과　　　　④ 유리나방과

●해설

• 유충기에는 뿌리를 가해하고 성충기에는 밤나무 등
  의 활엽수 잎을 가해
• 묘포에서 뿌리나 지 · 접근부를 주로 가해

30 곤충과 거미의 차이에 대한 설명으로 옳은 것은?

① 다리의 경우 곤충과 거미 모두 3쌍이다.
② 더듬이의 경우 곤충은 1쌍이고, 거미는 2쌍
  이다.
③ 날개의 경우 곤충은 보통 2쌍이고, 거미는 1쌍
  이거나 없다.
④ 곤충은 머리, 가슴, 배의 3부분이고, 거미는
  머리가슴, 배의 2부분으로 구분된다.

31 연 1회 발생하며 9월 하순에 유충이 월동하기
위해 나무에서 땅으로 떨어지는 해충은?

① 소나무좀　　　　② 솔잎혹파리
③ 미국흰불나방　　　④ 오리나무잎벌레

●해설

솔잎혹파리
유충은 주로 비가 올 때 땅으로 떨어져 잠복하고 있
다가 지피물 밑이나 땅속에서 월동한다.(습한 곳에서
왕성한 활동)

32 벚나무빗자루병의 병원체는?

① 세균　　　　② 자낭균
③ 바이러스　　　④ 파이토플라스마

●해설

진균(자낭균류)
• 초기에는 가지의 일부분이 혹모양으로 부풀어 커진다.
• 이곳에서 잔가지가 빗자루모양으로 총생한다.

33 다음 중 솔나방의 주요 가해 부위는?

① 소나무 잎   ② 소나무 뿌리

③ 소나무 줄기   ④ 소나무 종자

● 해설

솔나방의 유충을 송충이라 하고, 유충이 잎을 갉아 먹으며 피해를 심하게 받은 나무는 고사한다.

34 산불에 의한 피해 및 위험도에 대한 설명으로 옳지 않은 것은?

① 침엽수는 활엽수에 비해 피해가 심하다.

② 음수는 양수에 비해 산불위험도가 낮다.

③ 단순림과 동령림이 혼효림 또는 이령림보다 산불의 위험도가 낮다.

④ 낙엽활엽수 중에서 코르크층이 두꺼운 수피를 가진 수종은 산불에 강하다.

● 해설

단순림과 동령림이 혼효림 또는 이령림보다 산불의 위험도가 크다.

35 아바멕틴유제 1,000배액을 만들려면 물 18L에 몇 mL를 타야 하는가?

① 0.018   ② 1.8

③ 18   ④ 180

● 해설

$$소요약량 = \frac{단위면적당 사용량}{소요희석배수}$$

$$= \frac{18}{1,000} = 0.018L$$

(mL 단위환산하면 18mL)

36 진딧물의 화학적 방제법 중 천적보호에 유리한 방제약제로 가장 좋은 것은?

① 훈증제   ② 기피제

③ 접촉살충제   ④ 침투성 살충제

● 해설

• 식물의 일부분에 처리하면 전체에 퍼져 즙액을 빨아 먹는 흡즙성 해충을 살해하는 약제로 수간주사로 투여한다.

• 천적에 대한 피해가 없다.

• 깍지벌레류, 진딧물류 등에 효과적이다.

37 곤충이 생활하는 도중에 환경이 좋지 않으면 발육을 멈추고 좋은 환경이 될 때까지 임시적으로 정지하는 현상으로 정상으로 돌아오는 데 다소 시간이 걸리는 것은?

① 휴면   ② 이주

③ 탈피   ④ 휴지

● 해설

휴면

곤충이 생활하는 도중에 환경이 좋지 않으면 발육을 일시적으로 정지하는 것

38 균류, 병원균이 과습한 토양에서 묘목의 뿌리로 침입하여 발생하는 것은?

① 반점병   ② 탄저병

③ 모잘록병   ④ 불마름병

● 해설

모잘록병

• 과습한 토양 내 및 병든 식물체에서 월동한다.

• 병환 : 4월 초순~5월 중순 파종상에 발생하여 큰 피해를 준다.

• 조균에 의한 수병이다.

39 주로 나무의 상처 부위로 병원균이 침입하여 발병하는 것으로, 상처 부위에 올바른 외과수술을 해야 하며, 저항성 품종을 심어 방제하는 병은?

① 향나무녹병

② 소나무잎떨림병

③ 밤나무줄기마름병

④ 삼나무붉은마름병

밤나무줄기마름병

- 상처 부위로 병원균이 침입하므로 병든 부분을 도려 낸 후 도포제를 발라 준다.
- 질소질비료의 과용을 피한다.
- 동해나 피소로 상처가 발생하지 않도록 백색페인트 를 발라 준다.
- 병원체가 바람이나 곤충에 의해 전반되므로 해충을 구제한다.

40 이른봄에 수목의 발육이 시작된 후에 갑자기 내 린 서리에 의해 어린잎이 받는 피해는?

① 조상   ② 만상

③ 동상   ④ 춘상

조상 (早霜)	늦가을 휴면에 들어가기도 전에 급강한 기온에 의해 받게 되는 해(이른 서리의 해)
만상 (晩霜)	• 이른봄 식물이 활동을 개시하였다가 서리가 내려 피해를 받는 것(늦서리의 해) • 만상을 받기 쉬운 수종 : 낙엽송, 오리나무류, 자작나무류 등 추운 지방에서 더운 지방으로 옮겨 심은 수종
상륜 (霜輪)	수목이 만상으로 생장이 일시 정지되었다가 다시 자라나 1년에 2개의 나이테가 생기는 현상
동상 (凍傷)	겨울 동안 휴면상태에서 생긴 피해

41 농약의 물리적 형태에 따른 분류가 아닌 것은?

① 유제   ② 분제

③ 전착제   ④ 수화제

전착제는 보조제이다.

- 농약의 주성분을 병해충이나 식물체에 잘 전착시키 기 위한 약제이다.
- 약제의 확전성, 현수성, 고착성에 도움을 준다.

42 포플러류 잎의 뒷면에 초여름 오렌지색의 작은 가루덩이가 생기고, 정상적인 나무보다 먼저 낙엽이 지는 현상이 나타나는 병은?

① 잎녹병   ② 갈반병

③ 잎마름병   ④ 점무늬잎떨림병

초여름 잎 뒷면에 오렌지색의 작은 가루덩이(여름포 자)가 생기고 정상적인 잎보다 1~2개월 먼저 낙엽이 되어 나무의 생장이 크게 감소하나 급속히 말라 죽지 는 않는다.

43 솔나방의 발생예찰을 하기 위한 방법 중 가장 좋은 것은?

① 산란수를 조사한다.

② 번데기의 수를 조사한다.

③ 산란기의 기상상태를 조사한다.

④ 월동하기 전 유충의 밀도를 조사한다.

전년도 10월경의 유충밀도가 금년도 봄의 발생밀도를 결정한다.

44 농약의 독성에 대한 설명으로 옳지 않은 것은?

① 경구와 경피에 투여하여 시험한다.

② 농약의 독성은 중위치사량으로 표시한다.

③ LD_{50}은 시험동물의 50%가 죽는 농약의 양 을 뜻한다.

④ 농약의 독성은 [농약의 양(mg)/시험동물의 체적(m^3)]으로 표시한다.

- 농약의 독성을 표시하는 방법
  (예) "LD_{50}" → 시험동물의 50%가 죽는 농약의 양이 며 mg/kg으로 표시
- 농약의 독성은 반수치사량으로 표시한다.

45 잣나무털녹병균의 침입 부위는?

① 잎   ② 줄기

③ 종자   ④ 뿌리

바람에 의해 잣나무(잎의 기공)로 침입한다.

46 체인톱을 이용한 벌목작업의 기본원칙으로 옳지 않은 것은?

① 벌목작업 시 도피로를 정해 놓는다.
② 걸린 나무는 지렛대 등을 이용하여 넘긴다.
③ 벌목방향은 집재하기가 용이한 방향으로 한다.
④ 벌목영역은 벌도목을 중심으로 수고의 1.2배에 해당한다.

벌목영역은 벌채목을 중심으로 수고의 2배에 해당하는 영역이며, 이 구역 내에서는 작업에 참가하는 사람만 있어야 한다.

47 벌목방법의 순서로 옳은 것은?

① 벌목방향 설정 – 수구자르기 – 추구자르기 – 벌목
② 벌목방향 설정 – 추구자르기 – 수구자르기 – 벌목
③ 수구자르기 – 추구자르기 – 벌목방향 설정 – 벌목
④ 추구자르기 – 수구자르기 – 벌목방향 설정 – 벌목

벌목의 순서
벌도목 선정 → 벌도방향 결정 → 벌도목 주위 장애물 제거 → 방향베기(수구) → 따라베기(추구)

48 체인톱의 평균수명과 안내판의 평균수명으로 옳은 것은?

① 1,000시간, 300시간
② 1,500시간, 450시간
③ 2,000시간, 600시간
④ 2,500시간, 700시간

체인톱의 수명 중요 ★★★
• 체인톱의 수명(엔진 가동시간)은 약 1,500시간 정도
• 체인의 평균사용시간은 약 150시간, 안내판의 평균 사용시간은 450시간 정도

49 2사이클 가솔린엔진의 휘발유와 윤활유의 적정 혼합비는?

① 5 : 1   ② 1 : 5
③ 25 : 1   ④ 1 : 25

50 예불기의 톱이 회전하는 방향은?

① 시계방향   ② 좌우방향
③ 상하방향   ④ 반시계방향

예불기의 톱날은 좌측방향으로 회전하기 때문에 우측에서 좌측으로 작업하면 효과적이다.

51 체인톱의 체인오일을 급유하는 과정에서 묽은 윤활유를 사용하게 되었을 때 나타나는 가장 주된 현상은?

① 가이드바의 마모가 빨리된다.
② 엔진의 내부가 쉽게 마모된다.
③ 엔진이 과열되어 화재위험이 높다.
④ 체인톱날이 수축되어 회전속도가 감소한다.

체인톱의 윤활유(엔진오일, 체인오일)
• 안내판의 홈부분과 톱체인의 마찰을 줄이기 위하여 사용한다.
• 톱날 및 안내판의 수명과 직결된다.
• 묽은 윤활유 사용 시 가이드바의 마모가 빠르다.

52 엔진의 성능을 나타내는 것으로 1초 동안에 75kg의 중량을 1m 들어올리는 데 필요한 동력 단위를 의미하는 것은?

① 강도
② 토크
③ 마력
④ RPM

●해설
• 토크 : 크랭크축의 회전능력이 엔진의 회전력이며 단위는 kgf · m를 사용한다.
• 마력 : 1초 동안 75kg의 중량을 1m 들어올리는 데 필요한 동력단위이다.

53 예불기 날의 종류에 따른 예불기의 분류가 아닌 것은?

① 회전날식 예불기
② 로터리식 예불기
③ 왕복요동식 예불기
④ 나일론코드식 예불기

●해설
예불기 날의 종류
회전날개식, 왕복요동식, 나이론코드식 등

54 무육작업을 위한 도구로 가장 거리가 먼 것은?

① 쐐기
② 보육낫
③ 이리톱
④ 가지치기톱

●해설
쐐기는 벌목작업도구이다.

55 산림작업용 도끼의 날을 관리하는 방법으로 옳지 않은 것은?

① 아치형으로 연마하여야 한다.
② 날카로운 삼각형으로 연마하여야 한다.
③ 벌목용 도끼 날의 각도는 9~12°가 적당하다.
④ 가지치기용 도끼 날의 각도는 8~10°가 적당하다.

●해설
도끼날 관리방법
• 아치형이 되도록 연마한다.
• 도끼날이 날카로운 삼각형이 되면 벌목 시 날이 나무 속에 끼어 쉽게 무뎌진다.
• 무딘 둔각형이면 나무가 잘 잘라지지 않고 튀어 오를 위험성이 있다.

56 체인톱에 사용하는 연료인 혼합유를 제조하기 위해 휘발유와 함께 혼합하는 것은?

① 그리스
② 방청유
③ 엔진오일
④ 기어오일

57 활엽수 벌목작업 시 손톱의 삼각형 톱니날 젖힘 크기로 가장 적당한 것은?

① 0.1~0.2mm
② 0.2~0.3mm
③ 0.3~0.5mm
④ 0.5~0.6mm

●해설
삼각형 톱니
• 활엽수는 0.2~0.3mm, 침엽수는 0.3~0.5mm 정도로 젖혀 준다.
• 젖힘의 크기는 모든 톱니가 항상 같아야 한다.

58 4행정기관과 비교한 2행정기관의 특징으로 옳지 않은 것은?

① 연료소모량이 크다.
② 저속운전이 곤란하다.
③ 동일 배기량에 비해 출력이 작다.
④ 혼합연료 이외에 별도의 엔진오일을 주입하지 않아도 된다.

●해설
2행정기관
• 크랭크축 1회전마다 1회 폭발 회전이 용이하다.
• 동일 배기량에 비해 출력이 크다.
• 고속 및 저속운전이 어렵다.
• 흡기기간이 짧고 점화가 어렵다.

59 체인톱의 장기보관 시 처리하여야 할 사항으로
옳지 않은 것은?

① 연료와 오일을 비운다.
② 특수오일로 엔진을 보호한다.
③ 매월 10분 정도 가동시켜 건조한 방에 보관
한다.
④ 장력조정나사를 조정하여 체인을 항상 팽팽
하게 유지한다.

●해설

체인이 안내판에 가볍게 붙을 때가 장력이 잘 조정된
상태이다.

60 체인톱의 안전장치가 아닌 것은?

① 체인잡이
② 핸드가드
③ 방진고무
④ 체인장력조절장치

●해설

앞손 · 뒷손 보호판(핸드가드), 체인브레이크, 완충스
파이크(지레발톱), 스로틀레버차단판(안전스로틀레
버), 손잡이(핸들), 체인잡이볼트, 체인덮개, 진동방
지장치(방진고무), 소음지(머플러), 후방보호판

01 종자의 정선에서 풍선법을 적용하기 곤란한 수종은?

① 소나무   ② 낙엽송
③ 가문비나무   ④ 밤나무

●해설

방법	내용 및 적용수종
입선법	눈으로 보고 손으로 종자를 골라내는 방법이다.(밤나무, 가래나무, 호두나무(대립종자 선별에 적합)
풍선법	• 키, 선풍기의 바람을 이용하여 종자에 섞여 있는 종자날개, 잡물, 쭉정이 등 협착물을 제거하는 방법이다.(소나무류, 가문비나무류, 낙엽송류, 자작나무) • 전나무, 삼나무, 밤나무에는 효과가 적다.
사선법	종자보다 크거나 작은 체를 이용하여 종자를 정선하는 방법이다.
액체선법	• 수선법 : 물에 20~30시간 침수시켜 가라앉은 종자를 취하는 방법이다.(잣나무, 향나무, 주목나무, 도토리 등 대립종자에 적용) • 식염수선법 : 옻나무처럼 비중이 큰 종자의 선별에 이용하며 물 1L에 소금 280g을 넣은 비중 1.18의 액에서 선별한다.

02 데라사키 간벌형식 중 상층수관을 강하게 벌채하고 3급목을 남겨서 수간과 임상이 직사광선을 받지 않도록 하는 것은?

① A종   ② C종
③ D종   ④ E종

●해설

D종 간벌
3급목은 남기고 상층임관을 강하게 벌채한다.

03 묘목을 심을 때 뿌리를 잘라 주는 주된 목적은?

① 식재가 용이하다.
② 양분의 소모를 막는다.
③ 수분의 소모를 막는다.
④ 측근과 세근의 발달을 도모한다.

●해설

측근 또는 잔뿌리의 발달을 도모하는 것이 주된 목적이다.

04 임지와 임목의 건전한 생산성을 위한 생물적 임지보육작업으로 적합한 것은?

① 계단조림   ② 비료목식재
③ 임지경토   ④ 임지피복

●해설

임지의 생산력을 유지하기 위하여 보조적 또는 부수적으로 심어 주는 나무를 말한다.

05 파종상에서 1년간 키운 다음 이식하여 1년을 키운 후 다시 이식하여 1년을 더 키운 3년생 실생묘의 연령표기는?

① 1−2묘   ② 1−1−1묘
③ 1/2묘   ④ 1−2−1묘

●해설

① 1−2묘 : 파종상에서 1년, 이식되어 2년 지낸 만 3년생 묘목이다.
③ 1/2묘 : 뿌리의 나이가 2년, 줄기의 나이가 1년된 대절묘이다.
④ 1−2−1묘 : 파종상에서 1년, 이식 후 2년 키운 후 다시 이식하여 1년 더 키운 4년생 실생묘이다.

06 덩굴식물에 속하지 않는 것은?

① 칡   ② 머루
③ 다래   ④ 싸리

●해설

덩굴식물
• 칡, 다래, 등나무, 머루, 담쟁이덩굴, 노박덩굴, 으름덩굴 등
• 싸리는 낙엽관목이다.

07 임목종자의 품질검사에 대한 설명으로 틀린 것은?

① 순량률은 순정종자의 무게를 전체 시료종자의 무게로 나누어 백분율로 표기한다.
② 용적중은 10L의 종자무게를 kg단위로 표시한다.
③ 발아율은 발아한 종자의 수를 전체 시료종자의 수로 나누어 백분율로 표기한다.
④ 효율은 실제 득묘할 수 있는 효과를 예측하는 데 사용될 수 있는 종자의 사용가치를 말한다.

●해설

용적중
순종자 1L에 대한 무게를 g 단위로 표시한 것으로 씨뿌림량을 결정하는 중요한 인자이다.

08 수목의 종자번식과 비교한 무성번식의 특성에 관한 설명으로 틀린 것은?

① 종자번식에 비해 기술이 필요하다.
② 좋은 형질의 어미나무를 확보하여야 한다.
③ 접목묘는 개화결실이 늦어진다.
④ 실생묘에 비해 대량생산이 어렵다.

●해설

접목의 장점은 개화결실이 빠르다.

09 잣나무 종자의 발아촉진법으로 적합한 것은?

① 고온저장   ② 온상매장
③ 노천매장   ④ 건사저장

●해설

노천매장
• 땅속 50~100cm 깊이에 모래와 섞어 묻어 종자를 저장하고, 종자의 후숙을 도와 발아를 촉진시키는 저장방법이다.(저장과 동시에 발아촉진)
• 장기간의 노천매장으로 발아촉진되는 수종에는 은행나무, 잣나무, 벚나무, 단풍나무류, 백합나무, 느티나무 등이 있다.

10 다음의 특징을 갖는 작업종은?

• 임지가 노출되지 않고 항상 보호되며 표토의 유실이 없다.
• 음수갱신에 좋고 임지의 생산력이 높다.
• 미관상 가장 아름답다.
• 작업에 많은 기술을 요하고 매우 복잡하다.

① 산벌작업   ② 택벌작업
③ 모수작업   ④ 중림작업

11 일정한 면적에 직사각형 식재를 할 때, 묘목수의 계산은?

① 조림지면적/묘간거리
② 조림지면적/묘간거리^2
③ 조림지면적/(묘간거리^2×0.866)
④ 조림지면적/(묘간거리×줄사이거리)

●해설

묘간거리와 열간거리의 간격을 서로 다르게 하여 식재하는 방법이다.

12 종자의 품질검사에서 발아율이 60%이고, 순량률이 80%인 종자의 효율은?

① 13%   ② 20%
③ 48%   ④ 75%

$$효율(\%) = \frac{순량률 \times 발아율}{100}$$

$$= \frac{80 \times 60}{100} = 48\%$$

13 B종 간벌에 대한 설명으로 가장 옳은 것은?

① 4, 5급목을 전부 벌채하고 2급목 소수를 벌채하는 것

② 최하층의 4, 5급목 전부와 3급목의 일부, 그리고 2급목의 상당수를 벌채하는 것

③ 4, 5급목의 전부와 3급목의 대부분을 벌채하고 때에 따라서는 1급목의 일부를 벌채하는 것

④ 4, 5급목의 전부와 특히 1급목의 일부도 벌채하는 것

해설

B종 간벌(중도)

• 4급목과 5급목 전부 벌채와 3급목의 일부, 그리고 2급목의 상당수를 벌채한다.

• 3급목의 경쟁완화에 목적이 있다. (가장 일반적인 방법)

14 꽃의 구조 중 암꽃과 수꽃이 한 나무에 달리는 자웅동주에 해당하는 수종이 아닌 것은?

① 자작나무 ② 밤나무

③ 버드나무 ④ 호두나무

해설

자웅동주(암수한그루)

• 한 식물에 암수꽃이 같이 존재하는 것을 말한다.(소나무, 해송(곰솔), 밤나무, 자작나무, 상수리나무 등)

• 버드나무는 자웅이주이다.

15 파종상을 만든 후 모판을 롤러로 눌러 흙의 입자와 입자가 밀착되도록 다짐작업을 함으로써 얻을 수 있는 장점은?

① 해충의 발생을 억제한다.

② 새의 피해를 줄인다.

③ 땅속의 수분을 효과적으로 이용한다.

④ 병해의 발생을 줄인다.

해설

파종하고 복토하기 전이나 후에 종자 위를 눌러 주는 작업이다.

• 종자가 토양에 밀착되므로 지하수가 모관상승하여 종자에 흡수되어 발아가 조장된다.

• 땅속의 수분을 효과적으로 이용한다.

16 도태간벌의 특성에 대한 설명으로 맞는 것은?

① 간벌양식으로 볼 때 하층간벌에 속한다.

② 간벌재 이용에 유리하다.

③ 복층구조 유도가 힘들다.

④ 장벌기 고급대경재생산에는 부적합하다.

해설

도태간벌

• 벌채시기를 장기간으로 하여 미래목을 선정한 후, 이 나무를 방해하는 나무를 솎아내는 방법이다.

• 현재의 가장 우수한 나무인 미래목을 선발하여 관리하는 것을 핵심으로 한다.

17 채종림에 대한 설명으로 틀린 것은?

① 채종림은 전국 산림 중 우량임분을 골라 법적인 절차를 거쳐 지정한다.

② 지금 당장 필요한 우량종자를 확보하고자 잠정적으로 이용하는 임분이다.

③ 사유림에서는 채종림으로 지정받을 수 없다.

④ 채종림으로 지정되면 우량한 형질을 지닌 개체목을 잔존시키고 불량목을 제거한다.

해설

1단지의 면적이 1만㎡ 이상이고 모수가 1만㎡당 150본 이상인 산림 등 채종림의 지정기준에 적합하면 채종림으로 지정받을 수 있다.

18 왜림작업에 대한 설명으로 틀린 것은?

① 과거의 연료재나 신탄재가 필요했던 시절에 주로 사용되었다.

② 벌기가 짧아 적은 자본으로 경영할 수 있다.

③ 묘목의 식재부터 여러 단계를 모두 거쳐 생장이 왕성할 때 벌채한다.

④ 벌채는 생장정지기인 11월 이후부터 이듬해 2월 이전까지 실시한다.

● 해설

주로 활엽수림에서 연료재생산을 목적으로 비교적 짧은 벌기령으로 개벌하고 맹아로 갱신하는 방법이다. (연료림작업, 신탄림작업, 저림작업, 맹아갱신법)

19 유실수인 밤나무는 보통 1ha당 몇 본을 식재하는가?

① 400본   ② 800본

③ 1,200본   ④ 3,000본

● 해설

식재밀도는 일정한 면적에 어린 묘목을 얼마만큼 심을 것인가를 결정하는 것으로 ha당 본수로 나타낸다. 유실수인 밤나무는 400본을 기본본수로 하고 있다.

20 조림목이 양수인 경우 조림지의 밑깎기방법으로 가장 적합한 작업은?

① 둘레깎기   ② 전면깎기

③ 줄깎기   ④ 혼합깎기

● 해설

모두베기(전면깎기, 전예)

• 조림목만 남기고 임지의 해로운 주변 식물을 모두 베어 내는 방법이다.

• 임지가 비옥하거나 식재목이 많은 광선을 요구할 때 적용한다.

• 땅힘이 좋고 양수인 수종에 적합하다.

• 적용수종 : 소나무, 낙엽송, 강송, 삼나무, 편백나무 등

21 다음 중 천연림에 대한 설명으로 맞지 않는 것은?

① 수종이 다양하다.

② 나무의 크기가 일정하다.

③ 층위가 다양하다.

④ 원시림 또는 처녀림이라 한다.

● 해설

천연림은 혼효림이기 때문에 수종 및 크기가 다양하다.

22 연료림이나 작은 나무의 생산에 적당한 작업종은?

① 교림작업   ② 왜림작업

③ 중림작업   ④ 모수작업

● 해설

연료재생산을 위해 비교적 짧은 벌기령으로 개벌 후 맹아로 갱신한다.

23 내음력이 뛰어난 음수끼리만 짝지은 것은?

① 주목, 회양목   ② 회양목, 낙엽송

③ 소나무, 잣나무   ④ 주목, 소나무

● 해설

음수수종

주목, 전나무, 독일가문비나무, 호랑가시나무, 팔손이나무, 비자나무, 가시나무, 녹나무, 후박나무, 동백나무, 회양목, 광나무, 사철나무 등

24 우량대경재를 생산하기 위한 숲을 대상으로 미래목을 선발하여 우수한 나무의 자람을 촉진하는 간벌방법은?

① 상층간벌   ② 도태간벌

③ 기계적 간벌   ④ 택벌식 간벌

● 해설

• 벌채시기를 장기간으로 하여 미래목을 선정한 후, 이 나무를 방해하는 나무를 솎아 내는 방법이다.

• 현재의 가장 우수한 나무인 미래목을 선발하여 관리하는 것을 핵심으로 한다.

25 최근에 산불이 발생하면 임 내에 가연물이 많아 대형화되는 경우가 많다. 최근까지 조사한 산불원인 중 산불발생빈도가 가장 높은 것은?

① 어린이 불장난
② 성묘객의 실화
③ 입산자의 실화
④ 논밭두렁 소각

●해설

최근에는 가을철 산행인구 증가로 인해 입산자 실화, 담뱃불 실화가 봄철보다 20% 정도 급증하고 있다.

26 주풍에 의한 피해로서 가장 거리가 먼 것은?

① 임목의 생장량이 감소한다.
② 수형을 불량하게 한다.
③ 침엽수는 상방편심생장을 하게 된다.
④ 기공이 폐쇄되어 광합성능력이 저하된다.

●해설

주풍
• 항상 규칙적으로 풍속이 10~15m/sec 정도로 한쪽으로만 부는 바람을 말한다.
• 주풍을 받는 임연부(숲 가장자리)에 저항성이 큰 수종이 효과적이다.
  ※ 해안지역에서는 해송(곰솔)이 적당한 수종이다.
• 주풍의 피해로는 임목의 생장량이 감소하고 수형을 불량하게 한다.

27 임목종자의 품질검사항목에 해당하지 않는 것은 어느 것인가?

① 종자의 건조법
② 순량률
③ 발아율
④ 종자 1,000립의 중량

●해설

• 검사항목은 순량률, 용적중, 실중, L당 입수, kg당 입수, 수분, 발아율, 효율 등이 있다.
• 종자의 건조법은 채취한 열매나 구과에서 우량종자를 얻기 위한 방법이다.

28 미국흰불나방의 월동형태는?

① 성충
② 알
③ 유충
④ 번데기

●해설

5월 중순~6월 상순에 월동 번데기가 제1화기 성충으로 우화하고 600~700개의 알을 산란하며, 수명은 4~5일 정도이다.

29 아까시나무모자이크병의 매개충은?

① 복숭아혹진딧물
② 오동나무매미충
③ 마름무늬매미충
④ 솔잎혹파리

●해설

아까시나무모자이크병은 대목과 접목이 유착이 안 되었을 경우 복숭아혹진딧물이 월동에서 부화한 약충이 겨울기주 어린잎의 즙액을 흡즙하여 신초에도 피해를 준다.

30 살충제 중 훈증제로 쓰이는 약제는?

① 메틸브로마이드
② BT제
③ 비산연제
④ DDVP

●해설

• 약제를 가스상태로 만들어 해충을 죽이는 약제이다.
• 보통 밀폐가 가능한 곳에서 사용한다.
• 종류 : 메틸브로마이드, 클로로피크린 훈증제 등

31 풀베기에서 전면깎기에 대한 설명으로 틀린 것은?

① 조림목만 남겨 놓고 모든 잡초를 깎는다.
② 피압으로 수형이 나빠지기 쉬운 양수에 적용한다.
③ 우리나라 북부지방에서 주로 실시하는 방법이다.
④ 낙엽송, 소나무, 삼나무, 잣나무 등에 잘 적용한다.

모두베기(전면깎기, 전예)
• 조림목만 남기고 임지의 해로운 주변 식물을 모두 베어 내는 방법이다.
• 임지가 비옥하거나 식재목이 많은 광선을 요구할 때 적용한다.
• 땅힘이 좋고 양수인 수종에 적합하다.
• 적용수종 : 소나무, 낙엽송, 강송, 삼나무, 편백나무 등

32 다음 중 잠복기간이 가장 긴 수병은?

① 소나무재선충병　　② 잣나무털녹병
③ 포플러잎녹병　　　④ 낙엽송잎떨림병

●해설

잣나무털녹병
녹포자는 소생자가 침입한 후 2~3년 후에 형성된다.
(잠복기간이 가장 길다)

33 다음 중 수목에 가장 많은 병을 발생시키고 있는 병원체는?

① 균류　　　　　　② 세균
③ 파이토플라스마　④ 바이러스

●해설

생물성 병원에 의한 병은 진균에 의한 병이 가장 많고 그 다음으로 세균 및 바이러스에 의한 것이다.

34 산불위기의 경보구분과 발령기준에 대한 설명으로 틀린 것은?

① 관심 – 산불예방에 대한 관심이 필요한 경우 주의경보 발령기준에 미달
② 주의 – 산불위험지수 51 이상인 지역이 70% 이상
③ 경계 – 산불위험지수 61 이상인 지역이 80% 이상
④ 심각 – 산불위험지수 86 이상인 지역이 70% 이상

●해설

경계
산불위험지수 66 이상인 지역이 70% 이상

35 농약의 효력을 높이기 위해 사용하는 물질 중 농약에 섞어서 고착성, 확전성, 현수성을 높이는 데 사용하는 것은?

① 훈증제　　　　　② 불임제
③ 유인제　　　　　④ 전착제

●해설

구분	내용
전착제	• 농약의 주성분을 병해충이나 식물체에 잘 전착시키기 위한 약제이다. • 약제의 확전성, 현수성, 고착성을 높이는 데 도움을 준다.
증량제	주성분의 농도를 낮추기 위하여 첨가하는 약제이다.
용제	약제의 유효성분을 용해시키는 약제이다.
유화제	물속에서 유제를 균일하게 분산시키는 약제이다.(계면활성제)
협력제	유효성분의 살충력을 증진시키는 약제로 효력 증진제라고도 한다.

36 오리나무잎벌레에 대한 설명으로 틀린 것은?

① 지피물 밑이나 흙속에서 월동한다.
② 성충으로 월동한다.
③ 유충은 엽육을 먹으며 성장한다.
④ 1년에 2회 이상 발생한다.

●해설

오리나무잎벌레 　중요 ★★☆
• 연 1회 발생하며 성충으로 지피물 밑 또는 흙속에서 월동한다.
• 유충과 성충이 동시에 잎을 식해한다.

37 묘포에서 뿌리나 지 · 접근부를 주로 가해하는 곤충류는?

① 풍뎅이과　　　　② 유리나방과
③ 솜벌레과　　　　④ 혹파리과

●해설

풍뎅이과
• 유충기에는 뿌리를 가해하고 성충기에는 밤나무 등의 활엽수 잎을 가해
• 묘포에서 뿌리나 지 · 접근부를 주로 가해

38 다음 중 담자균류에 의한 수병은?

① 소나무혹병
② 밤나무줄기마름병
③ 그을음병
④ 오동나무탄저병

●해설
• 자낭균류 : 밤나무줄기마름병, 그을음병
• 불완전균류 : 오동나무탄저병

39 솔잎혹파리의 방제를 위하여 수간주사를 할 때 사용하는 약제는?

① 포스팜
② 스미치온
③ 메타시톡스
④ 다찌가렌

●해설
솔잎혹파리방제용 수간주사약제
포스팜액제(50%)

40 포플러잎녹병의 중간숙주는?

① 향나무
② 송이풀
③ 일본잎갈나무
④ 까치밥나무

●해설
포플러잎녹병의 중간숙주
낙엽송(일본잎갈나무)

41 노동강도의 경중(輕重)은 에너지대사율로 표시하는데 다음 중 표시방법으로 옳은 것은?

① GNP
② MRA
③ PPM
④ RMR

●해설
에너지대사율(RMR)은 산소호흡량을 측정하여 에너지의 소모량을 표시하는 방법으로 노동대사율이라고도 한다.

42 체인톱의 부품에 해당하지 않는 것은?

① 스프로킷
② 안내판
③ 피치
④ 스로틀레버 차단판

●해설
• 피치란 체인톱의 체인규격이다.
• 서로 접하고 있는 3개 리벳간격 길이의 1/2 길이이다.

43 체인톱의 톱니가 잘 세워지지 않은 것을 사용했을 때 발생할 수 있는 문제점으로 가장 거리가 먼 것은?

① 절단효율 저하
② 진동발생
③ 톱체인 마모 또는 파손
④ 엔진파손

●해설
톱날이 잘 세워지지 않은 것을 사용하였을 때 문제점
• 톱질이 힘듦, 진동발생, 절단면 불규칙, 절단효율(능률)저하, 톱체인의 마모와 파손
• 엔진파손과는 관련이 없으며 연료대비 윤활유 부족 시 엔진은 마모된다.

44 다음은 예불기의 구성장치 중 어느 것에 대한 설명인가?

> 주입되는 공기의 먼지, 오염된 공기를 여과용 천에 통과시켜 맑고 깨끗한 공기로 만들어 배출하는 장치이다. 이것이 막히면 엔진의 힘이 줄고 연료소모량이 많아지며 시동이 어려워진다.

① 액셀레버
② 연료탱크
③ 공기필터덮개
④ 공기여과장치

●해설
예불기의 힘이 떨어지고 연료의 소모량이 많으면 공기여과장치를 청소하거나 교체해야 한다.

45 체인톱날의 종류에 따른 각 부분의 연마각도로 옳은 것은?

① 반끌형 : 가슴각 80°
② 끌형 : 가슴각 80°
③ 반끌형 : 창날각 30°
④ 끌형 : 창날각 35°

●해설

구분	대패형 톱날	반끌형 톱날	끌형 톱날
창날각	35°	35°	30°
가슴각	90°	85°	80°

46 플라스틱수라에 대한 설명으로 틀린 것은?

① 플라스틱수라의 최소종단경사는 15~20%가 되어야 한다.
② 집재지 가까이에서의 경사는 30%가 안전하다.
③ 수라를 설치하기 위한 첫 단계로 집재선을 표시한다.
④ 수라 설치 시 집재선 양쪽 옆의 나무나 잘린 나무 그루터기에 로프를 이용하여 팽팽하게 잡아당겨 잘 묶어 놓는다.

●해설

수라의 각도는 처음에는 급하게, 중간지대는 약간 완만하게, 마지막의 집재기 가까이에서는 수평으로 설치한다.

47 엔진에서 피스톤이 상부에 있을 때를 상사점(TDC)이라 하고, 최하부로 내려갔을 때를 하사점(BDC)라 한다. TDC와 BDC 사이는 무엇이라 하는가?

① 연소실   ② 행정
③ 실린더   ④ 피스톤

●해설

상사점(TDC)	피스톤이 최상부에 있을 때
하사점(BDC)	피스톤이 최하부에 내려갔을 때
행정	상사점과 하사점 사이의 피스톤 작동거리

피스톤이 1행정운동을 하는 동안 크랭크축은 180° 회전한다.

48 도끼와 자루를 연결하였을 때 그림과 같이 도끼의 일부에 공기가 통과할 수 있는 공간이 있을 시 어떤 결과가 나타나는가?

① 자루 빼기가 힘들다.
② 자루의 사용이 효율적이다.
③ 자루가 빠질 위험이 높다.
④ 특별한 영향이 없다.

●해설

도끼와 자루를 연결할 때는 연결 부위에 공간이 생기지 않도록 견고하게 연결해야 한다.

49 측척의 용도로 옳은 것은?

① 벌도목의 방향전환에 사용하는 도구이다.
② 침엽수의 박피를 위한 도구이다.
③ 벌채목을 규격재로 자를 때 표시하는 도구이다.
④ 산악지대 벌목지에서 사용하는 도구로서 방향전환 및 끌어내기를 동시에 할 수 있는 도구이다.

●해설

[측척]

50 4행정기관에서 1사이클을 완료하기 위하여 크랭크축은 몇 회전하는가?

① 4   ② 3
③ 2   ④ 1

1사이클을 완료하기 위해 피스톤의 4행정은 2회 왕복 운동이 필요하다.

51 다음 중 가선집재작업의 순서로 가장 알맞은 것은?

① 벌목조재 → 가선집재 → 조재 → 집적작업 → 수요처(제재소)

② 가선집재 → 벌목조재 → 조재 → 집적작업 → 수요처(제재소)

③ 집적작업 → 조재 → 가선집재 → 벌목조재 → 수요처(제재소)

④ 벌목조재 → 가선집재 → 집적작업 → 조재 → 수요처(제재소)

52 소경재의 임분작업을 위한 이리톱 톱날갈기의 가장 적당한 가슴각은 얼마인가?

① 침엽수는 60°, 활엽수는 60°이다.

② 침엽수는 60°, 활엽수는 70°이다.

③ 침엽수는 70°, 활엽수는 70°이다.

④ 침엽수는 70°, 활엽수는 60°이다.

이리형 톱니
• 날을 갈기 어렵지만 절단능력이 우수하다.
• 톱니가슴각은 침엽수는 60°, 활엽수는 70°(75°)가 되도록 한다.
• 톱니등각은 35°, 톱니꼭지각은 56~60°가 되도록 한다.

53 경사지에서의 벌목작업방법으로 올바르게 설명된 것은?

① 벌목할 나무가 미끄러질 위험이 있는 곳에서는 산정방향과 비스듬히 벌목한다.

② 조재작업 시에는 가능한 한 벌목할 나무의 산정 반대방향에 서서 작업한다.

③ 작업자들이 경사지 상하에 서서 작업한다.

④ 작업장 아래에 도로가 있을 경우에는 경찰에 접수만 하고 작업한다.

54 내연기관에 속하지 않는 것은?

① 디젤기관   ② 가솔린기관

③ 로켓기관   ④ 증기기관

내연기관	• 기관 내부에서 연료를 연소시켜 에너지를 얻는 기관이다. • 종류 : 가솔린기관, 가스기관, 석유기관, 디젤기관, 선박기관, 로켓기관 등
외연기관	• 기관 외부에서 연료를 연소시켜 에너지를 얻는 기관이다. • 종류 : 증기기관

55 소경재의 벌목방법에서 벌목방향으로 20° 정도 경사를 두어 벌목하는 방법은?

① 비스듬히 절단하는 방법

② 간이수구로 절단하는 방법

③ 수구 및 추구에 의한 절단방법

④ 지렛대를 이용한 방법

소경재는 비스듬히 절단하는 방법으로 20° 경사로 절단한다.

56 체인톱의 일상점검 내용이 아닌 것은?

① 나사류의 느슨함, 외관상태의 점검 및 수리

② 적정한 체인오일 토출량 확인

③ 점화플러그 전극의 간격 조정

④ 체인의 장력조절

주간점검
점화플러그의 외부를 점검하고 간격을 조정한다.
(0.4~0.5mm)

57 기계톱에서 톱니의 1피치(인치)는 어떻게 표시하는가?

① 2개의 리벳 간의 간격을 3으로 나눈 것
② 3개의 리벳 간의 간격을 2로 나눈 것
③ 5개의 리벳 간의 간격을 3으로 나눈 것
④ 3개의 리벳 간의 간격을 5로 나눈 것

58 체인톱 2행정기관의 연료 혼합비로 맞는 것은?

① 휘발유 25 : 등유 1
② 휘발유 25 : 오일 1
③ 휘발유 10 : 등유 1
④ 휘발유 10 : 오일 1

59 다음 중 산림작업이 어려운 이유가 아닌 것은?

① 비, 바람 등과 같은 기상조건에 영향을 덜 받는다.
② 산림 작업도구 및 기계 자체가 위험성을 내포하고 있다.
③ 독사, 독충, 구르는 돌 등에 의한 피해를 받기 쉽다.
④ 산악지의 장애물과 경사로 인해 미끄러지기 쉽다.

●해설
강풍, 폭우, 폭설 등 악천후로 인하여 작업상의 위험이 예상될 때에는 작업을 중지한다.

60 기계톱의 연료배합 시 휘발유 20L에 필요한 엔진오일의 양은?

① 0.2L   ② 0.4L
③ 0.6L   ④ 0.8L

●해설
$25 : 1 = 20 : x, x = 0.8$

01 조림목의 식재열을 따라 약 90~100cm 폭으로 잡초목을 제거하는 풀베기작업은?

① 모두베기   ② 줄베기

③ 둘레베기   ④ 잡초베기

●해설

줄베기

조림목의 식재열을 따라 약 90~100cm 폭으로 잘라 내므로 모두베기에 비하여 경비와 노력이 절약된다.

02 무육작업이라고 할 수 없는 것은?

① 풀베기   ② 솎아베기(간벌)

③ 가지치기   ④ 갱신

●해설

• 무육이란 어린 조림목이 자라서 갱신기(벌기)에 이르는 사이 주임목의 자람을 돕고 임지의 생산능력을 높이기 위해 실시하는 육림작업이다.
• 무육작업으로는 풀베기, 가지치기, 제벌(잡목 솎아내기), 간벌(솎아베기) 등이 있다.
• 갱신이란 산림을 조성하여 이것을 목적에 따라 보육하고 벌기에 달하면 벌채하여 이용한다.

03 숲 가꾸기에서 가지치기를 하는 가장 큰 목적은?

① 중간수입을 얻는다.

② 연료(땔감)를 수확한다.

③ 마디가 없는 우량목재를 생산한다.

④ 생장을 촉진한다.

●해설

마디없는 간재 및 우량목재생산(가지치기의 가장 큰 목적)

04 발아기간을 단축하기 위하여 씨 뿌리기 전 발아 촉진방법으로 틀린 것은?

① X선분석법   ② 종피파상법

③ 침수처리법   ④ 노천매장법

●해설

X선분석법

• 종자를 X선으로 촬영하여 내부형태와 파손, 해충의 피해상태, 쭉정이 등을 확인하는 방법이다.
• 충실한 종자는 하얗게, 죽은 종자는 검게 나타난다.

05 산벌작업의 특성에 대한 설명으로 가장 옳은 것은?

① 약간 음수성을 띤 수종에 알맞은 작업종이고 갱신이 짧다.

② 약간 음수성을 띤 수종에 알맞은 작업종이고 갱신이 비교적 오래 걸린다.

③ 약간 양수성을 띤 수종에 알맞은 작업종이고 갱신이 비교적 오래 걸린다.

④ 약간 양수성을 띤 수종에 알맞은 작업종이고 갱신이 짧다.

●해설

산벌작업은 약간 음수성을 띤 수종에 알맞은 작업종이고 모든 것이 천연갱신에 의하여 진행될 경우 갱신이 비교적 오래 걸린다.

06 모수작업 시 남겨 둘 모수로 적합하지 않은 것은?

① 바람에 저항력이 강한 수목

② 결실연령에 도달한 수목

③ 형질이 우수한 수목

④ 천근성인 수목

●해설
모수작업은 소나무, 해송과 같이 심근성이며 양수인 수종에 적용한다.

07 노천매장법 중 파종하기 한 달쯤 전에 매장하는 것이 발아촉진에 도움을 주는 수종은?

① 백합나무   ② 측백나무
③ 옻나무   ④ 가래나무

●해설
토양 동결이 풀린 후(파종 한달 전 매장)
소나무, 해송, 낙엽송, 가문비나무, 전나무, 측백나무, 리기다소나무, 뱅크스소나무, 삼나무, 편백나무, 무궁화 등

08 택벌림의 장점으로 볼 수 없는 것은?

① 면적이 작은 숲에서 보속생산을 하는 데 적당하다.
② 임지와 어린나무가 보호를 받는다.
③ 숲의 심미적 가치가 높다.
④ 양수의 갱신에 적합하다.

●해설
임관이 항상 울폐한 상태에 있으므로 임지가 보호되고 치수도 보호를 받으며, 특히 음수수종의 무거운 종자 수종에 유리하다.

09 다음 중 정선종자의 수율이 가장 높은 수종은?

① 가문비나무   ② 소나무
③ 편백   ④ 전나무

●해설
① 가문비나무 – 2.1%   ② 소나무 – 2.7%
③ 편백 – 11.4%   ④ 전나무 – 19.2%

10 모수작업법에 대한 설명으로 옳은 것은?

① 임지를 정비해줌으로써 노출된 임지의 갱신이 이루어질 수 있다.
② 벌채가 집중되므로 경비가 많이 든다.

③ 종자가 비산능력을 갖추지 않은 수종도 가능하다.
④ 토양의 침식과 유실 우려가 거의 없다.

●해설
모수작업은 성숙한 임분을 대상으로 벌채를 실시할 때 형질이 좋고 결실이 잘 되는 모수(어미나무)만을 남기고 그 외의 나무를 일시에 모두 베어 내는 방법이다.

11 다음 중 조림지의 풀베기를 실시하는 시기로 가장 적합한 것은?

① 3~5월   ② 6~8월
③ 9~11월   ④ 12~2월

●해설
풀베기 시기 중요 ★★★
• 일반적으로 6~8월에 실시하며, 연 2회할 경우 6월 (5~7월)과 8월(7~9월)에 작업한다.
• 9월 이후에는 수종의 성장이 끝나므로 풀베기는 실시하지 않는다.

12 조림지의 숲 가꾸기 순서로 옳은 것은?

① 풀베기 → 제벌 → 간벌
② 풀베기 → 간벌 → 제벌
③ 제벌 → 풀베기 → 간벌
④ 제벌 → 간벌 → 풀베기

●해설
무육작업순서
풀베기 → 덩굴치기 → 제벌(잡목 솎아내기) → 가지치기 → 간벌(솎아베기)

13 2ha의 임야에 밤나무를 4m 간격으로 정방형 식재를 하려면 얼마의 밤나무 묘목이 필요한가?

① 250본   ② 750본
③ 1,250본   ④ 2,250본

●해설
$$\frac{20,000}{4^2} = 1,250본$$

14 전체 나무 중 우량목과 불량목의 비율이 어느 정도 되어야만 그 임분은 좋은 채종림이라 할 수 있는가?

① 우량목 30% 이상, 불량목 15% 이하
② 우량목 40% 이상, 불량목 15% 이하
③ 우량목 50% 이상, 불량목 20% 이하
④ 우량목 70% 이상, 불량목 20% 이하

● 해설
선발 시 우량목이 전 수목의 50% 이상, 불량목이 20% 이하인 구성비가 좋은 채종림이 될 수 있다.

15 발근촉진제로 쓰이는 식물성 호르몬제는?

① 지베렐린
② AMO - 1618
③ 나프탈렌아세트산(NAA)
④ 수산화나트륨

● 해설
발근촉진제 중요 ★★☆
• 인돌젖산(인돌부틸산, IBA), 인돌초산(인돌아세트산, IAA), 나프탈렌초산(나프탈렌아세트산, NAA), 루톤 등
• 특히 IBA는 발근효과가 높아 많이 사용한다.

16 다음 중 산벌작업의 주된 목적은?

① 천연갱신
② 임지 건조방지
③ 보속적 수확
④ 임목무육

● 해설
• 산벌작업은 천연하종갱신이 가장 안전한 작업종으로 갱신된 숲은 동령림으로 취급한다.
• 천연하종갱신이 가장 안전한 작업방법으로 갱신기간을 짧게 하면 동령림이 조성되고, 길게 하면 이령림이 성립된다.

17 다음 중 교목(또는 고목)에 해당하는 수종은?

① 개나리
② 회양목
③ 소나무
④ 반송

● 해설
교목
• 높이 10m 이상의 곧은 줄기가 있고 줄기와 가지의 구별이 명확하며 키가 큰 나무를 말한다.
• ①, ②, ④항은 관목이다.

18 일반적인 간벌순서로 옳은 것은?

① 간벌목 선정 → 답사 → 벌도 → 뒷손질
② 답사 → 간벌목 선정 → 벌도 → 뒷손질
③ 답사 → 간벌목 선정 → 뒷손질 → 벌도
④ 간벌목 선정 → 뒷손질 → 답사 → 벌도

19 선천적 유전형질에 의해서 삽수의 발근이 대단히 어려운 수종은?

① 향나무
② 밤나무
③ 사철나무
④ 동백나무

● 해설
발근이 잘 되지 않는 수종
소나무, 해송, 잣나무, 전나무, 오리나무, 참나무류, 아까시나무, 느티나무, 백합나무, 섬잣나무, 가시나무류, 비파나무, 단풍나무, 옻나무, 감나무, 밤나무, 호두나무, 벚나무, 자귀나무, 복숭아나무, 사과나무 등

20 가식에 관한 설명으로 맞는 것은?

① 가을철 가식 때에는 묘목의 끝이 남쪽으로 향하도록 한다.
② 단기간 가식할 때에는 다발을 풀어 가식한다.
③ 한풍해가 우려될 때에는 묘목 끝을 바람과 같은 방향으로 누인다.
④ 가식하는 장소는 햇빛이 많이 들어야 한다.

● 해설
묘목의 가식방법
묘목의 끝이 가을에는 남향으로, 봄에는 북향을 향하도록 한다.

21 풀베기를 끝낸 후 조림지에서 칡이나 머루 등의 식물을 제거하는 작업은?

① 간벌   ② 제벌

③ 가지치기   ④ 덩굴치기

● 해설
덩굴제거의 시기
- 생장기인 5~9월 중 덩굴식물이 뿌리 속의 저장양분을 소모한 7월경이 적당하다.
- 덩굴식물 : 칡, 다래, 등나무, 머루, 담쟁이덩굴, 노박덩굴, 으름덩굴 등

22 제벌을 설명한 것 중 틀린 것은?

① 조림지의 경우 쓸모없는 침입수종을 제거한다.
② 임분 전체의 형질을 향상시키는 데 목적이 있다.
③ 수관 간의 경쟁이 시작되는 시점에 실시한다.
④ 임상을 정비하여 불량목과 불량품종을 다 제거하여 간벌작업이 필요 없게 된다.

● 해설
제벌작업의 목적
- 임분 전체의 형질 향상 및 치수의 생육공간을 충분히 제공하기 위함이다.
- 조림목의 임관 형성 후부터 간벌할 시기 사이에 실시한다.
- 토양의 수분관리, 임(林) 내의 미세환경 등을 고려하여 하층식생은 보존한다.

23 다음 중 가지치기의 단점으로 틀린 것은?

① 나무의 성장이 줄어들 수 있다.
② 부정아가 발생한다.
③ 작업상 노무문제가 있다.
④ 무절재를 생산한다.

● 해설
가지치기의 장점 중요 ★★☆
- 마디없는 좋은 목재를 얻을 수 있다.(우량목재 생산에 큰 목적)
- 하목의 수광량을 증가시켜 성장을 촉진시킨다.
- 하목을 보호하고 생장을 촉진시킨다.
- 임목 상호 간의 부분적 생존경쟁을 완화시킨다.

- 나이테 폭의 넓이를 조절하여 수간의 완만도를 높인다.
- 산화(山火)의 위험성을 경감시킨다.

24 소나무 천연림의 나이가 어릴 때 보육의 궁극적인 목표는?

① 우량용재생산   ② 땔감, 표고용재

③ 송이생산   ④ 휴양 풍치림

● 해설
천연림 보육은 미래목의 선정과 우량대경재생산을 목적으로 하고 있다.

25 접목을 할 때 접수와 대목의 가장 좋은 조건은?

① 접수와 대목이 모두 휴면상태일 때
② 접수와 대목이 모두 왕성하게 생리적 활동을 할 때
③ 접수는 휴면상태이고, 대목은 생리적 활동을 시작할 때
④ 접수는 생리적 활동을 시작하고, 대목은 휴면상태일 때

● 해설
접목의 시기
- 대부분의 춘계 접목수종은 일평균기온이 15℃ 전후로 대목의 새 눈이 나오고 본엽이 2개가 되었을 때가 접목의 시기이다.
- 일반적으로 접수는 휴면상태이고 대목은 활동을 개시한 직후가 접목의 시기이다.

26 솔나방의 방제방법으로 틀린 것은?

① 4월 중순~6월 중순과 9월 상순~10월 하순에 유충이 솔잎을 가해할 때 약제를 살포한다.
② 6월 하순부터 7월 중순 고치 속의 번데기를 집게로 따서 소각한다.
③ 솔나방의 기생성 천적이 발생할 수 있도록 가급적 단순림을 조성한다.
④ 성충 활동기에 피해 임지에 수온등을 설치한다.

정답   21 ④   22 ④   23 ④   24 ①   25 ③   26 ③

솔나방 방제법
- 유충을 포살하거나 접촉성 살충제인 페니트로티온 수화제를 살포한다.
- 성충을 유아등으로 유살하거나 잠복소를 설치하여 월동 유충을 방제한다.
- 유아등을 이용한 구제적기는 7월 하순~8월 중순이다.
- 솔나방의 기생성 천적이 발생할 수 있도록 가급적 혼효림을 조성한다.
- 천적 : 송충알좀벌, 고치벌, 맵시벌

27 녹병균에 의한 수병은 중간기주를 거쳐야 병이 전염된다. 다음 수종 중 소나무잎녹병의 중간기주는?

① 오리나무   ② 포플러
③ 황벽나무   ④ 사과나무

수병명	기주식물	
	녹병포자 · 녹포자세대(본기주)	여름포자 · 겨울포자세대(중간기주)
소나무잎녹병	소나무	황벽나무, 참취, 잔대
잣나무털녹병	잣나무	송이풀, 까치밥나무
소나무혹병	소나무	졸참나무, 신갈나무

28 산불이 났을 때 수목이 견디는 힘은 수종에 따라 다르다. 다음 중 내화력이 강한 수종만으로 나열한 것은?

① 은행나무, 아왜나무, 녹나무
② 분비나무, 소나무, 가시나무
③ 아까시나무, 고로쇠나무, 사철나무
④ 가문비나무, 굴거리나무, 참나무

구분	내화력이 강한 수종
침엽수	은행나무, 개비자나무, 대왕송, 분비나무, 낙엽송, 가문비나무 등
상록활엽수	아왜나무, 황벽나무, 동백나무, 사철나무, 굴거리나무 등
낙엽활엽수	상수리나무, 굴참나무, 고로쇠나무, 피나무, 고광나무, 가죽나무, 참나무 등

29 살충제의 보조제에 대한 설명으로 틀린 것은?

① 협력제는 주제(主劑)의 살충력을 증진시키는 약제이다.
② 증량제는 주약제의 농도를 높이기 위하여 사용하는 약제이다.
③ 유화제는 유체의 유화성을 높이기 위하여 사용하는 물질이다.
④ 전착제는 해충의 표면에 살포액이 잘 부착되도록 사용하는 약제이다.

증량제
주성분의 농도를 낮추기 위하여 첨가하는 약제이다.

30 다음 중 볕데기의 피해를 가장 많이 받는 수종은?

① 오동나무   ② 소나무
③ 낙엽송   ④ 상수리나무

오동나무는 피소에 대한 해를 많이 받으며 서쪽 식재를 피한다.

31 마름무늬매미충이 매개하지 않는 병은?

① 대추나무빗자루병   ② 뽕나무오갈병
③ 오동나무빗자루병   ④ 붉나무빗자루병

① 대추나무빗자루병 : 마름무늬매미충
② 뽕나무오갈병 : 마름무늬매미충
③ 오동나무빗자루병 : 담배장님노린재
④ 붉나무빗자루병 : 마름무늬매미충

32 임업적인 방법으로 피해를 예방하는 것은?

① 혼효림 조성   ② 페로몬 이용
③ 식물검역제도   ④ 천적방사

임업적 방제법
• 내병성, 내충성 품종을 육성한다.
• 그 지역에 알맞은 조림수종을 선택한다.
• 방풍림을 설치하고 제벌 및 간벌을 실시한다.
• 단순림보다는 침엽수와 활엽수의 혼효림을 조성한다.

33 산림화재의 위험도를 좌우하는 직접적인 요인이 아닌 것은?

① 가연성 지피물의 종류와 양
② 가연성 지피물의 건조도
③ 산림화재의 교육과 계몽
④ 수지의 유무

③항은 관련이 없다.

34 수목의 가지에 기생하며 생육을 저해하고 종자는 새가 옮기는 것은?

① 바이러스   ② 세균
③ 재선충   ④ 겨우살이

겨우살이 수병의 특징
• 수목의 가지에 뿌리를 박아 기생하며, 양분과 수분을 흡수한다.
• 잎은 다육질(혁질)로 약용으로도 쓰인다.
• 종자는 새가 옮긴다.

35 다음 중 잎을 가해하지 않는 해충은?

① 솔나방   ② 미국흰불나방
③ 복숭아명나방   ④ 오리나무잎벌레

식엽성	솔나방, 집시나방, 미국흰불나방, 텐트나방, 오리나무잎벌레, 잣나무넓적잎벌, 어스렝이나방, 참나무재주나방, 솔노랑잎벌 등
종실가해	밤마구미, 솔알락명나방, 도토리거위벌레, 복숭아명나방

36 담자균류에 의한 수병이 아닌 것은?

① 잣나무털녹병
② 전나무빗자루병
③ 낙엽송가지끝마름병
④ 소나무혹병

낙엽송가지끝마름병
자낭균류

37 다음 중 살충제의 부작용에 대한 설명으로 틀린 것은?

① 천적류는 접촉제보다 소화중독제의 영향을 특히 많이 받는다.
② 살충제 약해는 강우 전후에 발생하기 쉽다.
③ 같은 살충제를 오랫동안 사용하면 저항성 해충군이 출현한다.
④ 진딧물류나 응애류의 경우 살충제를 사용한 후 해충밀도가 급격히 증가할 수도 있다.

접촉제는 해충에 약제가 직접 또는 간접적으로 닿아 약제가 기문의 피부를 통하여 몸속으로 들어가 신경계통, 세포조직에 독작용을 일으키며 천적류의 피해가 크다.

38 다음 중 염풍 또는 조풍에 저항성이 가장 강한 수종은?

① 곰솔   ② 벗나무
③ 삼나무   ④ 편백

임목의 내염성 정도

구분	수종
바람에 강한 나무	소나무, 해송, 참나무류, 느티나무류
바람에 약한 나무	삼나무, 편백, 포플러, 사시나무, 자작나무

39 항생물질 살균제가 아닌 것은?

① 석회황합제
② 스트렙토마이신
③ 옥시테트라사이클린
④ 폴리옥신비

●해설

보호살균제
• 병균이 침입하기 전에 사용하여 예방적인 효과를 거두기 위한 약제이다.
• 식물이 병원균에 대하여 저항성을 가지게 하는 약제이다.
• 종류 : 보르도액, 석회황합제, 구리분제

40 다음 중 곰팡이에 의하여 발생하는 병은?

① 오동나무빗자루병
② 벚나무빗자루병
③ 대추나무빗자루병
④ 붉나무빗자루병

41 체인톱날 연마 시 깊이제한부를 너무 낮게 연마했을 때 나타나는 현상으로 틀린 것은?

① 톱밥이 정상으로 나오며 절단이 잘 된다.
② 톱밥이 두꺼우며 톱날에 심한 부하가 걸린다.
③ 안내판과 톱니발의 마모가 심해 수명이 단축된다.
④ 체인이 절단되면서 사고가 날 수 있다.

●해설

너무 낮게(깊게) 연마하면 절삭깊이가 깊어져 톱날에 심한 부하가 걸린다.

42 내연기관의 동력전달장치가 아닌 것은?

① 커네팅로드(Connecting Rod)
② 플라이휠(Fly Wheel)
③ 크랭크축(Crankshaft)
④ 밸브개폐장치

●해설

밸브개폐장치는 행정과정 중 혼합가스를 연소실로 흡입하고 폭발 후 연소가스를 외부로 배출시키는 실린더와 외부와의 연결역할을 하는 장치이다. 내연기관의 동력전달장치하고는 관련이 없다.

43 벌목작업 시 안전작업방법으로 설명이 올바른 것은 어느 것인가?

① 작업도구들은 벌목방향으로 치우고 도피 시 방해가 되지 않도록 한다.
② 벌목영역은 벌채목을 중심으로 수고의 3배이다.
③ 벌목구역은 벌채목이 넘어가는 구역이다.
④ 벌목영역에는 사람이 아무도 없어야 한다.

●해설

벌목영역은 벌채목을 중심으로 수고의 2배에 해당하는 영역이며, 이 구역 내에서는 작업에 참가하는 사람만 있어야 한다.(벌목영역 : 벌채목이 넘어가는 구역)

44 가선집재장비 중 Koller K-300의 상향 최대집재거리로 옳은 것은?

① 300m
② 400m
③ 500m
④ 600m

●해설

이동식 타워야더
• 트랙터나 트럭 등에 타워(철기둥)와 가선집재장치를 탑재한다.
• 이동·설치가 용이하며 임도가 적고 지형이 급경사인 지역에 적합하다.
• 콜러집재기 K-300의 상향 최대집재거리는 300m이다.

45 임목집재용 기계 중 활로에 의한 집재 시 활로 구조에 따른 수라의 종류로 틀린 것은?

① 흙수라
② 석수라
③ 나무수라
④ 플라스틱수라

해설
- 벌채지의 비탈면에 자연적·인공적으로 설치한 홈통 모양의 골 위에 목재 자체 무게로 활주시켜 집재하는 방식을 "수라"라고 한다.
- 수라의 종류 : 흙수라(토수라), 나무수라(목수라), 플라스틱수라 등

46 산림작업 시 안전사고의 발생원인과 거리가 먼 것은?

① 안일한 생각으로 태만히 작업을 할 때
② 과로하거나 과중한 작업을 수행할 때
③ 계획 없이 일을 서둘러 할 때
④ 기술능력을 최대한 발휘할 때

47 일반적으로 예불기는 연료를 시간당 몇 리터(L)를 소모하는 것으로 보고 준비하는 것이 좋은가?

① 0.5L
② 2L
③ 5L
④ 10L

해설
연료는 시간당 약 0.5L 정도 소모하므로 적당량을 주입한다.

48 벌목한 나무를 체인톱으로 가지치기 시 유의사항으로 틀린 것은?

① 안내판이 짧은 경체인톱을 사용한다.
② 작업자는 벌목한 나무와 최대한 멀리 떨어져 작업한다.
③ 안전한 자세로 서서 작업한다.
④ 체인톱은 자연스럽게 움직여야 한다.

해설
체인톱 가지치기 시 유의사항 (무육작업)
- 안내판이 짧은 기계톱(경체인톱)을 사용한다. (안내판 길이 30~40cm)
- 작업자는 벌목할 나무에 가까이에 서서 작업한다.
- 벌목한 나무를 몸과 체인톱 사이에 놓고 가까이에 서서 작업한다.
- 톱은 몸체와 가급적 가까이 밀착하고 무릎을 약간 구부린다.
- 안전한 자세로 서서 작업한다.
- 체인톱을 자연스럽게 움직인다.
- 오른발은 후방손잡이 뒤에 오도록 하고 왼발은 뒤로 빼내어 안내판으로부터 멀리 떨어져 있도록 한다.
- 장력을 받고 있는 가지는 압력을 받고 있는 부분을 먼저 절단한 후 장력부분을 제거한다.

49 기계톱의 일일정비대상이 아닌 것은?

① 에어필터(공기청정기) 청소
② 안내판 손질
③ 휘발유와 오일의 혼합
④ 스파크플러그의 전극간격 조정

해설
주간점검
점화플러그의 외부를 점검하고 간격을 조정한다. (0.4~0.5mm)

50 안전사고예방 기본대책에서 예방효과가 큰 순서로 올바르게 나열한 것은?

① 위험으로부터 멀리 떨어짐 → 개인안전보호 → 위험제거 → 위험고정
② 위험고정 → 개인안전보호 → 위험제거 → 위험으로부터 멀리 떨어짐
③ 개인안전보호 → 위험고정 → 위험제거 → 위험으로부터 멀리 떨어짐
④ 위험제거 → 위험으로부터 멀리 떨어짐 → 위험고정 → 개인안전보호

51 라이싱거듀랄은 무엇에 사용하는 도구인가?

① 땅 위에 쓰러져 있는 벌도목의 방향전환도구이다.

② 벌도방향의 위치선정을 위한 쐐기의 일종이다.

③ 원형 기계톱 사용 시 기계톱이 목재 사이에 끼었을 때 사용하는 쐐기의 일종이다.

④ 자루가 짧은 침엽수 박피기의 일종이다.

> **해설**
> 원형 기계톱 사용 시 톱날이 목재에 끼었을 때 사용한다.

52 예불기작업 시 유의사항으로 틀린 것은?

① 작업 전에 기계의 가동점검을 실시한다.

② 발끝에 톱날이 접촉되지 않도록 한다.

③ 주변에 사람이 있는지 확인하고 엔진을 시동한다.

④ 작업원 간 상호 3m 이상 떨어져 작업한다.

> **해설**
> 톱날의 사각지점(12~3시 방향)의 사용금지 및 다른 작업자와 최소 10m 이상의 안전거리를 확보한다.

53 트랙터의 주행장치에 의한 분류 중 크롤러 바퀴의 장점이 아닌 것은?

① 견인력이 크고 접지면적이 커서 연약지반, 험한 지형에서도 주행성이 양호하다.

② 무게가 가볍고 고속주행이 가능하여 기동성이 있다.

③ 회전반지름이 작다.

④ 중심이 낮아 경사지에서의 작업성과 등판력이 우수하다.

> **해설**
> 궤도형은 무게가 무겁고 주행속도가 늦으며 기동성이 떨어진다.

54 우리나라의 임업기계화 작업을 위한 제약인자가 아닌 것은?

① 험준한 지형조건

② 풍부한 전문기능인

③ 기계화 사업의 경험부족

④ 영세한 경영규모

> **해설**
> 우리나라 임업기계화의 가장 큰 제약점은 임업기계 전문기능인의 부족이다.

55 다음 중 임목수확작업의 순서를 바르게 나타낸 것은?

① 벌목 → 조재 → 운재 → 집재

② 벌목 → 운재 → 조재 → 집재

③ 벌목 → 조재 → 집재 → 운재

④ 벌목 → 운재 → 집재 → 조재

> **해설**
> 임목수확작업은 임목을 벌목하여 일정 규격의 원목으로 조재하고, 이 원목을 임도에 집재한 후 시장이나, 펄프공장, 제재소 등으로 운반하는 작업까지를 말한다.

56 내연기관의 분류 중 4행정기관의 작동순서로 알맞은 것은?

① 흡입 – 압축 – 폭발 – 배기

② 압축 – 폭발 – 흡입 – 배기

③ 배기 – 압축 – 폭발 – 흡입

④ 폭발 – 배기 – 흡입 – 압축

> **해설**
> **4행정기관**
> 흡기 – 압축 – 폭발 – 배기의 1사이클을 4행정(크랭크축 2회전, 720°)으로 완결하는 기관

57 다음 중 도끼자루로 가장 적합한 나무는?

① 잣나무   ② 소나무

③ 물푸레나무   ④ 백합나무

자루용으로 알맞은 수종은 탄력이 좋고 목질섬유가 길며 질긴 활엽수가 적당하다.(박달나무, 들메나무, 물푸레나무, 단풍나무, 느티나무, 가시나무, 호두나무, 참나무류 등)

하베스터
• 대표적인 다공정 처리기계로서 벌도, 가지치기, 조재목다듬질, 토막내기 작업을 모두 수행하는 기능
• 조재된 원목을 임 내부터 임지저장목장까지 운반할 수 있는 포워드 등의 장비와 함께 사용한다.

58 다음 그림에서 톱니의 명칭이 잘못된 것은?

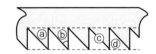

① ⓐ 톱니가슴   ② ⓑ 톱니꼭지각
③ ⓒ 톱니등   ④ ⓓ 톱니꼭지선

④ 톱니홈(톱밥집)

59 다음 중 산림작업을 위한 개인안전방비로 가장 거리가 먼 것은?

① 안전화   ② 안전헬멧
③ 구급낭   ④ 안전장갑

• 머리보호 : 안전헬멧, 귀마개, 얼굴보호망
• 손 : 안전장갑
• 다리와 발 : 무릎보호대와 안전화
• 몸통 보호 : 안전복

60 다음 설명에 해당하는 임업기계는?

> • 벌도, 가지치기, 작동, 집적의 4가지 기능가운데 최소벌도, 가지치기 기능을 가진 기계의 총칭이며, 특히 벌도·칩핑기능을 가진 기계도 포함된다.
> • 작동용 전달장치는 Single Grip형과 Two Grip형이 있다.

① 펠러번처   ② 프로세서
③ 포워더   ④ 하베스터

01 은행나무, 잣나무, 벚나무, 느티나무, 단풍나무 등의 발아촉진법으로 가장 적당한 것은?

① 종자정선이 끝나고 바로 노천매장을 한다.
② 씨뿌리기 한 달 전에 노천매장을 한다.
③ 보호저장을 한다.
④ 습적법으로 한다.

● 해설

노천매장법
• 가을에 채집한 종자를 깊이 50~100cm로 구덩이를 파고 모래와 함께 혼합하여 햇빛이 잘 들고 배수가 양호한 노지에 묻어 두는 방법이다.
• 겨울에는 눈이나 빗물이 그대로 스며들 수 있는 장소가 적당하다.
• 저장과 동시에 발아를 촉진시키는 방법이다.

02 종자의 품질을 결정하는 데 있어 소립종자의 실중(實重)을 알맞게 설명한 것은?

① 종자 10립의 무게이다.
② 종자 100립의 무게이다.
③ 종자 1,000립의 무게이다.
④ 종자 5,000립의 무게이다.

03 비교적 짧은 기간 동안에 몇 차례로 나누어 베어 내고 마지막에 모든 나무를 벌채하여 숲을 조성하는 방식으로, 갱신된 숲은 동령림으로 취급하는 작업방식은?

① 산벌작업   ② 모수작업
③ 택벌작업   ④ 왜림작업

● 해설

구분	특징
개벌작업	임목 전부를 일시에 벌채한다.
모수작업	모수만을 남기고, 그 외의 임목을 모두 벌채한다.(대표 : 단풍나무류, 소나무)
산벌작업	몇 차례의 벌채로 전 임목이 제거되고 새 임분이 출현한다.
택벌작업	성숙한 일부 임목만을 국소적으로 골라 벌채한다.
왜림작업	연료재생산을 위해 비교적 짧은 벌기령으로 개벌 후 맹아로 갱신한다.
중림작업	용재의 교림과 연료재의 왜림을 동일임지에 조성한다.

04 갱신하고자 하는 임지 위에 있는 임목을 일시에 벌채하고 새로운 임분을 조성시키는 방법은?

① 개벌작업   ② 모수작업
③ 택벌작업   ④ 산벌작업

05 다음 그림에서 제벌작업 시 제거해야 할 나무로만 옳게 나열한 것은?

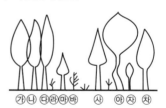

① 가, 마   ② 라, 마
③ 사, 자   ④ 나, 아

06 바다에서 불어오는 바람은 염분이 있어 식물에 해를 준다. 이러한 해풍을 막기 위해 조성하는 숲은?

① 방풍림　　　　　② 풍치림
③ 사구림　　　　　④ 보안림

●해설
해안가에 해풍을 막기 위해 조성하는 숲

07 다음 수종 중 암수가 딴그루인 것은?

① 은행나무　　　　② 삼나무
③ 신갈나무　　　　④ 소나무

●해설
자웅이주(암수딴그루)
서로 다른 식물에 암수꽃이 존재하는 것을 말한다.(은행나무, 소철, 버드나무 등)

08 종자를 채취하는 즉시 파종하여야 하는 것은?

① 소나무　　　　　② 일본잎갈나무
③ 칠엽수　　　　　④ 포플러류

●해설
종자 채취 직후 파종(정선 후 곧 매장)
느티나무, 잣나무, 들메나무, 단풍나무, 벚나무류, 섬잣나무, 백송, 호두나무, 백합나무, 은행나무, 목련, 회양목, 가래나무, 포플러 등

09 묘목의 판갈이 또는 산출 시 단근작업을 하는 가장 큰 이유는?

① 지상부의 생장촉진을 위하여
② 양분 소모를 적게 하기 위하여
③ 수분의 소모를 억제하기 위하여
④ 가는 뿌리(세근)의 발달을 촉진하기 위하여

●해설
건강한 묘를 생산하기 위해 묘목의 직근과 측근을 끊어 잔뿌리의 발달을 촉진시키는 작업이다.(활착률이 좋아짐)

10 채종림의 조성목적으로 가장 적합한 것은?

① 방풍림 조성　　　② 우량종자 생산
③ 사방사업　　　　④ 자연보호

●해설
채종림은 채종원과 달리 수형목을 선발하여 조성하는 것이 아니라 이미 조림되어 있는 임분 혹은 천연임분 중에서 형질이 우량한 종자를 채집할 목적으로 지정한 숲이다.

11 다음 중 가지치기방법으로 옳은 것은?

① 가지치기는 수종 및 경영목적에 따라 결정되어야 한다.
② 가지치기 시기는 수목의 생장이 왕성한 여름에 실시한다.
③ 활엽수는 지융부를 제거한다.
④ 절단부가 융합이 늦어도 관계없으므로 굵은 가지는 제거해도 된다.

●해설
우량한 목재를 생산할 목적으로 가지의 일부분을 계획적으로 끊어 주는 것을 말한다.

12 용기묘(Pot Seeding)에 대한 설명으로 틀린 것은?

① 제초작업이 생략될 수 있다.
② 묘포의 적지조건, 식재시기 등이 큰 문제가 되지 않는다.
③ 묘목의 생산비용이 많이 들고 관수시설이 필요하다.
④ 운반이 용이하여 운반비용이 매우 적게 든다.

●해설
용기묘의 단점
• 일반묘에 비하여 묘목 운반과 식재에 많은 비용이 소요된다.
• 조림지에 대한 적응도가 낮아 조림에 실패할 우려가 있다.
• 관리가 복잡하다.

13 상층수관을 강하게 벌채하고 3급목을 남겨서 수간과 임상이 직사광선을 받지 않도록 하는 간벌형식은?

① A종 간벌
② B종 간벌
③ C종 간벌
④ D종 간벌

● 해설

D종 간벌
3급목은 남기고 상층임관을 강하게 벌채한다.

14 다음 중 무배유종자는?

① 밤나무
② 물푸레나무
③ 소나무
④ 잎갈나무

● 해설

저장양분이 자엽에 저장되어 있고 배는 유아, 배축, 유근의 세 부분으로 형성되어 있다.(밤나무, 호두나무, 자작나무)

15 산림용 고형복합비료의 함량비율(질소 : 인산 : 칼륨)로 가장 적합한 것은?

① 1 : 3 : 4
② 3 : 4 : 1
③ 2 : 2 : 2
④ 3 : 1 : 4

● 해설

산림용 고형복합비료의 함량비율(질소 : 인산 : 칼륨)은 3 : 4 : 1이다.

16 다음 설명에 해당하는 벌채방법은?

숲을 띠모양으로 나누고 순차적으로 개벌해 나가면서 갱신을 끝내는 방법으로, 이때 띠모양의 구역을 교대로 벌채하여 두 번 만에 모두 개벌하는 것

① 연속대상개벌작업
② 군상개벌작업
③ 대상택벌작업
④ 교호대상개벌작업

● 해설

교호대상개벌작업 중요 ★★☆
• 임지를 띠 모양의 작업단위로 구획하고 교대로 두 번의 개벌에 의하여 갱신을 끝내는 방법이다.

• 1차 벌채가 끝나고 그곳의 갱신은 남아 있는 측방임분으로부터 종자가 떨어지거나 인공조림으로 되기도 한다.

• 2차 벌채면의 갱신은 현존 임목의 결실연도에 벌채하지 않고서는 개벌에 의한 천연갱신이 어렵기 때문에 벌채결실연도에 맞추어서 인공조림을 실시한다.

17 묘포구획설계 시에 시설부지, 주·부도 및 보도를 제외한 묘목을 양성하는 포지는 전체면적의 몇 %가 적합한가?

① 20~30%
② 40~50%
③ 60~70%
④ 80~90%

● 해설

육묘지(포지)
• 현재 묘목이 재배되고 있는 재배지, 휴한지 등의 면적을 합친 것이다.
• 묘목을 양성하기 위한 포지는 전체면적의 60~70%가 적당하다.

18 인공갱신에 비하여 천연갱신의 장점이 아닌 것은?

① 생산되는 목재가 균일하며 작업이 단순하다.
② 자연환경의 보존 및 생태계 유지측면에서 유리하다.
③ 성숙한 나무로부터 종자가 떨어져서 숲이 조성된다.
④ 보안림, 국립공원 또는 풍치를 위한 숲은 주로 천연갱신에 의한다.

19 묘목식재 시 유의사항으로 적합하지 않은 것은?

① 구덩이 속에 지피물, 낙엽 등이 유입되지 않도록 한다.
② 뿌리나 수간 등이 굽지 않도록 한다.
③ 비탈진 곳에서의 표토부위는 경사지게 한다.
④ 너무 깊거나 얕게 식재되지 않도록 한다.

식재방법 및 유의사항

- 겉흙과 속흙을 분리하여 모아 놓고 겉흙을 5~6cm 정도 먼저 넣는다.
- 뿌리를 잘 펴서 곧게 세우고 겉흙부터 구덩이의 2/3가 되게 채운 후 묘목을 살며시 위로 잡아 당기면서 밟는다.
- 나머지 흙을 모아 주위 지면보다 약간 높게 정리한 후 수분의 증발을 막기 위하여 낙엽이나 풀 등으로 멀칭한다.
- 건조하거나 바람이 강한 곳에서는 약간 깊게 심는다.
- 비탈진 곳에 심을 때는 흙을 수평이 되게 덮는다.

 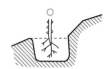

비탈진 곳에 심을 때는 덮은 흙이 비탈지지 않게 하고 수평으로 한다.

20 다음 중 묘령의 표시가 맞는 것은?

① 1-1묘 : 발아한 후 파종상에서 1년을 지낸 1년생 묘
② 1/1묘 : 파종상에서 6개월, 그 후 판갈이하여 6개월을 지낸 만 1년생 묘
③ 2-1-1묘 : 파종상에서 2년, 그 후 판갈이하여 1년씩 두 번 상체된 묘
④ 1/2묘 : 뿌리의 나이가 1년, 줄기의 나이가 2년인 삽목묘

- 1-1묘 : 파종상에서 1년, 이식되어 1년을 지낸 만 2년생 묘목이다.
- 1/1묘 : 파종상에서 1년, 이식되어 1년 지낸 만 2년생 묘목이다.
- 1/2묘 : 뿌리의 나이가 2년, 줄기의 나이가 1년된 대절묘이다.

21 다음 중 삽목의 발근이 어려운 수종은?

① 사철나무   ② 아까시나무
③ 동백나무   ④ 주목

발근이 잘 되지 않는 수종
소나무, 해송, 잣나무, 전나무, 오리나무, 참나무류, 아까시나무, 느티나무, 백합나무, 섬잣나무, 가시나무류, 비파나무, 단풍나무, 옻나무, 감나무, 밤나무, 호두나무, 벚나무, 자귀나무, 복숭아나무, 사과나무 등

22 산벌작업에서의 갱신기간으로 옳은 것은?

① 예비벌부터 하종벌까지
② 하종벌부터 후벌까지
③ 후벌부터 하종벌까지
④ 수광벌부터 종벌까지

23 한상(寒傷)에 대한 설명으로 옳은 것은?

① 식물체의 조직 내에 결빙현상은 발생하지 않지만 저온으로 인해 생리적으로 장애를 받는 것이다.
② 온대식물이 피해를 받기 가장 쉽다.
③ 저온으로 인해 식물체 조직 내에 결빙현상이 발생하여 식물체를 죽게 한다.
④ 한겨울밤 수액이 저온으로 인해 얼면서 부피가 증가할 때 수간이 갈라지는 현상이다.

한상(寒傷)
식물체의 세포 내에 결빙현상은 일어나지 않으나, 한랭으로 생활기능에 장해를 받는 것이다. 즉, 임목이 0℃ 이상의 낮은 기온에서 피해를 입는다.

24 조림용 장려수종은 장기수, 속성수, 유실수 등으로 구분하는데, 그 중 특성에 따라 오랜 기간 자라서 큰 목재를 생산하는 장기수로 적합한 것은?

① 잣나무   ② 현사시나무
③ 오동나무   ④ 밤나무

장기수 (15종)	강송, 해송, 잣나무, 전나무, 낙엽송, 삼나무, 편백, 리기테다소나무, 스트로브잣나무, 버지 니아소나무, 참나무류, 느티나무, 자작나무류, 물푸레나무, 루브라참나무 등
속성수 (5종)	이태리포플러, 수원포플러, 현사시나무, 양황 철나무, 오동나무 등
유실수 (2종)	호두나무, 밤나무 등

25 한해의 피해를 경감하는 방법으로 옳은 것은?

① 낙엽과 기타 지피물을 제거한다.

② 묘목을 얕게 심는다.

③ 평년보다 파종 등 육묘작업을 늦게 한다.

④ 관수가 불가능할 때에는 해가림, 흙깔기 등
을 한다.

한해예방대책

• 묘포 : 파종 후 짚으로 덮어 수분의 증발을 방지하
고, 해가림을 설치한다.

• 임목 : 식재 시 깊게 묻고, 지피물을 보호하며, 경사
지에 수평구를 설치한다.

26 다음 수병 중 자낭균에 의해 발생하지 않는 것은?

① 그을음병   ② 탄저병

③ 흰가루병   ④ 모잘록병

조균류, 불완전균류

모잘록병, 밤나무잉크병

27 수병과 중간기주와의 연결이 옳게 된 것은?

① 소나무혹병 – 참나무

② 잣나무털녹병 – 낙엽송

③ 포플러잎녹병 – 송이풀

④ 소나무류잎녹병 – 등골나무

② 잣나무털녹병 – 송이풀, 까치밥나무

③ 포플러잎녹병 – 낙엽송

④ 소나무류잎녹병 – 황벽나무, 참취, 잔대

28 산림화재에 대한 설명으로 틀린 것은?

① 지표화는 지표에 쌓여 있는 낙엽과 지피물·
지상관목층·갱신치수 등이 불에 타는 화재
이다.

② 수관화는 나무의 수관에 불이 붙어서 수관
에서 수관으로 번져 타는 불을 말한다.

③ 지중화는 낙엽층의 분해가 더딘 고산지대에
서 많이 나며, 국토의 약 70%가 산악지역인
우리나라에서 특히 흔하게 나타나고, 피해
도 크다.

④ 수관화는 나무의 줄기가 타는 불이며, 지표
화로부터 연소되는 경우가 많다.

지중화

• 한랭한 고산지대나 낙엽이 분해되지 못하고 깊게 쌓
여 있는 고위도지방 등에서 발생한다.

• 지하의 이탄질 또는 연소하기 쉬운 유기퇴적물이 연
소하는 불로 한번 불이 붙으면 오랫동안 연소한다.

• 우리나라에서는 거의 발생하지 않는다.

29 다음 중 25%의 살균제 100cc를 0.05%액으로
희석하는 데 소요되는 물의 양(cc)은?

① 39,900   ② 49,900

③ 59,900   ④ 69,900

$$\text{희석할 물의 양} = \text{원액의 용량} \times \left(\frac{\text{원액의 농도}}{\text{희석할 농도}} - 1 \right)$$
$$\times \text{원액의 비중}$$
$$= 100 \times \left(\frac{25}{0.05} - 1 \right) = 49,900$$

30 겨울철 저온에 의한 나무의 피해가 가장 큰 상해 발생 지형은?

① 계곡이 아닌 햇볕이 잘 드는 곳
② 바람이 잘 통하는 평탄한 곳
③ 북풍을 막아주는 남향의 지형
④ 사면을 따라 오목하게 들어간 곳

●해설
상해
습기가 많은 저지대, 계곡 사이, 분지 등이 피해가 크다.

31 주로 잎을 가해하는 식엽성 해충으로 짝지어진 것은?

① 솔나방, 천막벌레나방
② 흰불나방, 소나무좀
③ 오리나무잎벌레, 밤나무혹벌
④ 잎말이나방, 도토리거위벌레

●해설
식엽성
솔나방, 집시나방, 미국흰불나방, 텐트나방, 오리나무잎벌레, 잣나무넓적잎벌, 어스렝이나방, 참나무재주나방, 솔노랑잎벌 등

32 살충제 중 해충의 입을 통해 체내로 들어가 중독작용을 일으키는 약제는?

① 접촉제   ② 훈증제
③ 침투성 살충제   ④ 소화중독제

●해설
소화중독제
• 저작구형(씹어 먹는 입)을 가진 나비류 유충, 메뚜기류 등 식엽성 해충에 효과적이다.
• 해충의 입을 통하여 소화관 내에 들어가 중독작용을 일으킨다.
• 약제 : 비산납

33 다음이 설명하는 해충으로 옳은 것은?

> 암컷 성충의 몸 길이는 2~2.5mm이고, 몸 색깔은 황색에서 황갈색이며, 유충이 솔잎의 기부에서 즙액을 빨아 먹어 피해가 3~4년 계속되면 나무가 말라 죽는다. 솔나방과 반대로 울창하고 습기가 많은 산림에 크게 발생한다. 1년에 1회 발생하며 유충으로 지피물 밑이나 흙속에서 월동한다.

① 소나무좀
② 솔잎깍지벌레
③ 솔잎혹파리
④ 소나무가루깍지벌레

●해설

5월 중순 ~7월 상순	• 몸 길이 2mm 내외인 성충이 우화한다. • 우화하여 솔잎 사이에 평균 6개씩 총 110개 정도의 알을 낳고 1~2일만에 죽는다.(5월 하순~6월 상순 우화최성기)
6월 하순 ~10월 하순	• 알에서 깨어난 유충이 솔잎 밑부분에 벌레혹(충영)을 만든다. • 솔잎의 기부에서 즙액을 흡즙하며 성숙한다.
9월 하순 ~익년 1월	유충은 주로 비가 올 때 땅으로 떨어져 잠복하고 있다가 지피물 밑이나 땅속에서 월동한다.(습한 곳에서 왕성한 활동)

34 산림화재 후에 임목에 가장 큰 피해를 주는 산림해충은?

① 솔나방   ② 소나무좀벌레
③ 오리나무잎벌레   ④ 넓적다리잎벌

●해설
소나무좀벌레
• 1년에 1회 발생하며, 수피 속에서 월동한 성충이 형성충에 산란하면 부화한 유충이 수피의 밑을 식재하여 수목의 양분 이동을 단절시켜 임목을 고사시키는 2차 해충이다.
• 산불에 의해 완전히 죽지 않았더라도 피해임목에 2차적인 산림피해를 준다.

35 산불에 관한 설명 중 틀린 것은?

① 일반적으로 침엽수는 활엽수에 비해 피해가 심하다.
② 교림은 왜림보다 피해가 적다.
③ 혼효림은 단순림보다 피해가 적다.
④ 유령림보다는 노령림의 피해가 크다.

> **해설**
>
> 왜림은 교림보다 피해가 적다.

36 모잘록병의 방제법이 아닌 것은?

① 묘상이 과습하지 않도록 주의하고, 햇볕을 잘 쬐도록 한다.
② 파종량을 적게 하고 복토가 너무 두껍지 않게 한다.
③ 인산질비료를 적게 주어 묘목을 튼튼히 한다.
④ 병이 심한 묘포지는 돌려짓기를 한다.

> **해설**
>
> 질소질비료의 과용을 삼가고 인산질비료와 완숙퇴비를 사용한다.

37 수관화가 발생하기 쉬운 상대습도(관계습도)는?

① 25% 이하
② 30∼40%
③ 50∼60%
④ 70%

> **해설**
>
> 수관화 발생은 상대습도(관계습도)가 25% 이하일 때 잘 발생한다.

38 진딧물이나 깍지벌레 등이 수목에 기생한 후 그 분비물 위에 번식하여 나무의 잎, 가지, 줄기가 검게 보이는 병은?

① 흰가루병
② 그을음병
③ 줄기마름병
④ 잎떨림병

> **해설**
>
> **그을음병**
> • 진딧물, 깍지벌레 등 흡즙성 해충이 기생하였던 나무에서 흔히 볼 수 있다.
> • 잎, 가지, 줄기, 과실 등이 그을음을 발라 놓은 것처럼 검게 보인다.

39 옥시테트라사이클린수화제를 수간에 주입하여 치료하는 수병은?

① 포플러모자이크병
② 대추나무빗자루병
③ 근두암종병
④ 잣나무털녹병

> **해설**
>
> 옥시테트라사이클린을 흉고직경에 수간주사한다.

40 묘포의 모잘록병(입고병) 방제대책으로 볼 수 없는 것은?

① 밀식과 이어짓기를 피한다.
② 토양과 씨앗을 소독한 후 파종한다.
③ 모판이 습하지 않도록 배수를 양호하게 한다.
④ 시비를 자주하고, 일회 시비량을 많이 한다.

> **해설**
>
> **모잘록병의 방제법** 중요 ★★☆
> • 묘상의 과습을 피하고 배수와 통풍에 주의하며, 햇볕이 잘 들도록 한다.
> • 토양소독 및 종자소독을 한다.
> • 질소질비료의 과용을 삼가고 인산질비료와 완숙퇴비를 사용한다.
> • 병든 묘목은 발견 즉시 뽑아 태우고 병이 심한 묘포지는 윤작(돌려짓기)한다.
> • 파종량을 적게 하여 과밀하지 않도록 한다.
> • 복토를 너무 두껍지 않게 한다.
> • 싸이론훈증제, 클로로피크린 등 약제를 살포한다.

41 4행정기관과 비교한 2행정기관의 설명으로 틀린 것은?

① 구조가 간단하다.
② 무게가 가볍다.
③ 오일소비가 적다.
④ 폭발음이 적다.

● 해설
가솔린과 윤활유 소비가 많다.

42 다음 중 기계톱에 사용하는 연료에 대한 설명으로 틀린 것은?

① 기계톱은 2행정기관이므로 혼합유를 사용한다.
② 급유할 때에는 연료를 잘 흔들어 섞어 준 뒤에 급유해야 한다.
③ 옥탄가가 높은 휘발유가 시동이 잘 걸리고 출력이 높아 편리하다.
④ 불법 제조된 휘발유를 사용하면 오일막 또는 연료호스가 녹고 연료통 내막을 부식시킨다.

● 해설
옥탄가가 높은 휘발유를 사용하면 사전점화 또는 고폭발 때문에 치명적인 기계손상을 준다.

43 체인톱을 항상 양호한 상태로 유지하기 위해서는 작업 전과 작업 후에 반드시 기계를 점검하고 청소를 해야 한다. 체인톱의 청소항목에 해당하지 않는 것은?

① 기계 외부의 흙, 톱밥 등 제거
② 에어클리너의 청소
③ 엔진 내부 및 연료통의 청소
④ 톱체인의 청소와 톱니세우기

● 해설
③항은 체인톱의 분기점검에 속한다.

44 벌목작업기술에서 수평절단기술과 거리가 먼 것은 어느 것인가?

① 아래로 절단하는 기분으로 왼손 손잡이를 약간 들어 준다.
② 왼손은 손잡이를 왼쪽으로 잡아 준다.
③ 왼손을 축으로 하여 오른손으로 돌린다.

④ 지렛대발톱을 축으로 하여 뒷손잡이를 사용한다.

● 해설
왼손을 축으로 하여 오른손을 약 15° 정도 아래로 한다.

45 소경재벌목을 위해 비스듬히 절단할 때는 수구를 만들지 않는 경우 벌목방향으로 몇 도 정도 경사를 두어 바로 벌채하는가?

① 20°   ② 30°
③ 40°   ④ 50°

● 해설
비스듬히 절단할 때는 수구를 만들지 않고 벌목방향으로 20° 정도 경사를 두어 바로 벌채한다.

46 임도가 적고 지형이 급경사지인 지역의 집재작업에 가장 적합한 집재기는?

① 포워더   ② 타워야더
③ 트랙터   ④ 펠러번처

● 해설
타워야더는 경사가 급한 산악림에서의 집재작업이 가능하다.

47 기계톱의 엔진 과열현상이 일어날 수 있는 원인으로 가장 거리가 먼 것은?

① 사용연료의 부적합
② 점화플러그의 불량
③ 냉각팬의 먼지흡착
④ 클러치의 측면마모

● 해설
엔진 과열현상
• 기화기 조절이 잘못되어 있다.
• 연료 내에 오일 혼합량이 적다.
• 점화코일과 단류장치에 결함이 있다.
• 냉각팬의 먼지흡측 및 사용연료의 부적합 등이 있다.

48 일반적으로 도끼자루 제작에 가장 적합한 수종으로만 묶인 것은?

① 소나무, 호두나무, 느티나무
② 호두나무, 가래나무, 물푸레나무
③ 가래나무, 물푸레나무, 전나무
④ 물푸레나무, 소나무, 전나무

●해설
• 도끼자루로 가장 적합한 수종은 활엽수이다.(호두나무, 가래나무, 물푸레나무, 참나무 등)
• 무늬가 아름답고 재질이 단단하며 치밀하여 기구재, 가구제로 많이 쓰인다.

49 톱니를 갈 때 약간 둔하게 갈아야 톱의 수명도 길어지고 작업능률도 높아지는 벌목지는?

① 소나무벌목지　　② 포플러류벌목지
③ 잣나무벌목지　　④ 참나무류벌목지

●해설
강도가 높은 활엽수종은 톱니를 약간 둔하게 갈아 준다. 포플러도 활엽수이지만 목질이 연한 특징이 있다.

50 무육작업 시 사용하는 임업용 톱의 톱니관리방법 중 톱니젖힘은 톱니뿌리선으로부터 어느 지점을 중심으로 젖혀야 하는가?

① 1/3 지점　　② 1/4 지점
③ 1/5 지점　　④ 2/3 지점

●해설
톱니젖힘은 톱니뿌리선으로부터 2/3 지점을 중심으로 한다.

51 산림작업을 위한 안전사고 예방수칙으로 올바른 것은?

① 긴장하고 경직되게 할 것
② 비정규적으로 휴식할 것
③ 휴식 직후는 최고로 작업속도를 높일 것
④ 몸 전체를 고르게 움직여 작업할 것

●해설
• 긴장하지 말고 부드럽고 율동적인 작업을 한다.
• 규칙적으로 휴식하고 휴식 후 서서히 작업속도를 올린다.

52 톱니젖히기에 대한 설명으로 틀린 것은?

① 나무와의 마찰을 줄이기 위해서 한다.
② 활엽수는 침엽수보다 많이 젖혀 준다.
③ 톱니뿌리선으로부터 2/3 지점을 중심으로 하여 젖혀 준다.
④ 젖힘의 크기는 0.2~0.5mm가 적당하다.

●해설
침엽수는 활엽수에 비해 목섬유가 연하고 마찰이 크므로 많이 젖혀 준다.

53 체인톱날 연마용 줄의 선택으로 적합한 것은?

① 줄의 지름이 1/10 상부날 아래로 내려오는 것
② 줄의 지름이 1/10 상부날 위로 올라오는 것
③ 줄의 지름이 상부날과 수평인 것
④ 줄의 지름이 5/10 정도 상부날 아래로 내려오는 것

●해설
보통 줄 직경의 1/10 정도를 톱날 위로 나오게 하여 줄질

[줄질 구조]

54 기계톱을 이용한 벌도목 가지치기 시 유의사항으로 옳지 않은 것은?

① 톱은 몸체와 가급적 가까이 밀착시키고 무릎을 약간 구부린다.
② 오른발은 후방손잡이 뒤에 오도록 하고 왼발은 뒤로 빼내어 안내판으로부터 멀리 떨어져 있도록 한다.
③ 가지는 가급적 안내판의 끝쪽인 안내판코를 이용하여 절단한다.
④ 장력을 받고 있는 가지는 조금씩 절단하여 장력을 제거한 후 작업한다.

반력(킥백)현상

안내판 끝의 체인 위쪽 부분이 단단한 물체와 접촉하여 체인의 반발력으로 작업자가 있는 뒤로 튀어 오르는 현상이다.

55 다음 중 안전사고의 발생원인으로 틀린 것은?

① 작업의 중용을 지킬 때
② 과로하거나 과중한 작업을 수행할 때
③ 실없는 자부심과 자만심이 발동할 때
④ 안일한 생각으로 태만히 작업을 수행할 때

안전사고는 작업자의 잘못된 행동으로 발생하기 때문에 서두르지 말고 침착하게 심사숙고하여 작업한다.

56 예불기작업 시 작업자 상호 간의 최소안전거리는 몇 m 이상이 적합한가?

① 4m   ② 6m
③ 8m   ④ 10m

톱날의 사각지점(12~3시 방향)의 사용금지 및 다른 작업자와 최소 10m 이상의 안전거리를 확보한다.

57 전문벌목용 체인톱의 일반적인 본체수명으로 옳은 것은?

① 500시간 정도   ② 1,000시간 정도
③ 1,500시간 정도   ④ 2,000시간 정도

체인톱의 수명 중요 ★★★
• 체인톱의 수명(엔진 가동시간)은 약 1,500시간
• 체인의 평균사용시간은 약 150시간, 안내판 평균사용시간은 450시간
• 엔진은 1분에 약 6,000~9,000회까지 고속회전하며 톱체인도 초당 약 15m의 속도로 안내판 주위를 회전한다.

58 예불기에 의한 작업 시 톱날의 위치는 지상으로부터 어느 정도의 높이가 가장 적합한가?

① 1~5cm   ② 5~10cm
③ 10~20cm   ④ 20~30cm

예불기의 톱날은 지상으로부터 10~20cm의 높이에 위치하는 것이 적당하다.

59 다음 중 체인톱의 구비조건이 아닌 것은?

① 중량이 가볍고 소형이며 취급방법이 간편할 것
② 소음과 진동이 적고 내구성이 높을 것
③ 연료소비, 수리유지비 등 경비가 적게 들어갈 것
④ 벌근의 높이를 높게 절단할 수 있을 것

60 예불기 사용 시 올바른 자세와 작업방법이 아닌 것은?

① 돌발적인 사고예방을 위하여 안전모, 안면보호망, 귀마개 등을 사용하여야 한다.
② 예불기를 멘 상태의 바른 자세는 예불기 톱날의 위치가 지상으로부터 10~20cm에 위치하는 것이 좋다.
③ 1년생 잡초 제거작업 시 작업의 폭은 1.5m가 적당하다.
④ 항상 오른쪽 발을 앞으로 하고 전진할 때는 왼쪽 발을 먼저 앞으로 이동시킨다.

01 숲의 작업종 중 모수작업에 의하여 조성되는 후계림은 어떤 형태인가?

① 이령림　　　　② 노령림
③ 동령림　　　　④ 다층림

●해설
모수작업에 의해 나타나는 산림은 동령림(일제림)이다.

02 잡목 솎아내기방법으로 잘못 설명한 것은?

① 천연생의 불필요한 나무를 제거한다.
② 조림목 중에서 형질이 불량한 나무를 제거한다.
③ 형질이 우량한 자생 참나무, 자작나무, 피나무도 제거한다.
④ 우량목이 없거나 덩굴식물로 덮여 있으면 모두 베어 내고 인공조림한다.

●해설
제거 대상목으로는 폭목, 형질불량목, 밀생목, 침입수종 등이다.

03 인공림에 비하여 천연림이 유리한 점은?

① 수종갱신이 용이하다.
② 생태적으로 안전하다.
③ 생육이 고르고 안전하다.
④ 벌기를 앞당길 수 있다.

●해설
자연적으로 이루어진 천연림은 생태적으로 안전하다.

04 다음 중 식재밀도에 대한 설명으로 옳지 않은 것은?

① 밀식조림이란 1ha당 5,000주 이상 식재한 것을 뜻한다.
② 소나무는 밀식하면 수고와 지하고가 높아진다.
③ 일반적으로 양수는 밀식하고 음수는 소식한다.
④ 지력이 다소 낮은 곳에서는 밀식하여 지력유지를 위해 노력하는 것이 좋다.

●해설

구분	밀식	소식
경영목표	소경재 생산	대경재 생산
지리적 조건	교통이 편리한 곳	교통이 불편한 곳
토양의 비옥도	비옥도가 낮은 토양	비옥도가 높은 토양
광조건	음수	양수

05 택벌작업에서 벌채목을 정할 때 생태적 측면에서 가장 중점을 두어야 할 사항은?

① 우량목의 생산
② 간벌과 가지치기
③ 대경목을 중심으로 벌채
④ 숲의 보호와 무육

●해설
산림생태계의 안정을 유지하여 각종 위해를 줄여 주고 임목생육에 적절한 환경을 제공한다.(가장 건전한 생태계 유지)

06 임목을 생산, 벌채하고, 이용하며 또 그곳에 새로운 숲을 조성하는 작업체계를 기술적으로 무엇이라 하는가?

① 무육작업　　　　② 산림작업종
③ 제벌작업　　　　④ 임목개량

> **◉해설**
> • 산림을 조성하여 이것을 목적에 따라 보육하고 벌기에 달하면 벌채하여 이용한다.
> • 임분의 조성, 무육, 수확, 갱신 등의 일관된 산림작업체계를 산림작업종이라고 한다.

07 일반적인 낙엽활엽수를 봄에 접목하고자 한다. 접수를 접목하기 2~4주일 전에 따서 2주 정도 저장할 때 가장 적합한 온도는?

① −5℃ 정도　　　② 5℃ 정도
③ 15℃ 정도　　　④ 20℃ 정도

> **◉해설**
> 낙엽활엽수를 접목하고자 할 때 적합한 온도는 5~10℃이다.

08 바닷가에 주로 심는 나무로서 적합한 것은?

① 곰솔　　　　　　② 소나무
③ 잣나무　　　　　④ 낙엽송

> **◉해설**
> 곰솔은 주풍을 막아 주고 염분에도 저항성 강한 수종으로 바닷가에 식재하면 효과적이다.

09 우리나라 토성구분에 대한 설명으로 잘못된 것은?

① 사질토 : 모래를 50% 이상 함유
② 양질사토 : 미사와 점토를 25% 정도 함유
③ 양질점토 : 점토를 45~65% 정도 함유
④ 점토 : 점토를 65% 이상 함유

> **◉해설**
> 사질토는 대부분이 모래인 토양을 말하며, 모래를 12.5% 이하로 함유하고 있다.

10 산벌작업의 순서로 옳은 것은?

① 후벌 → 예비벌 → 하종벌
② 하종벌 → 후벌 → 예비벌
③ 하종벌 → 예비벌 → 후벌
④ 예비벌 → 하종벌 → 후벌

> **◉해설**
> 산벌작업
> 비교적 짧은 갱신기간 중 몇 차례의 갱신벌채로서 전임목을 제거 및 이용하는 동시에 그곳에 새 임분을 출현시키는 방법이다.

11 이듬해 춘기까지 저장하기 어려운 수종으로, 종자의 발아력이 상실되지 않도록 7월에 채종하면 즉시 파종해야 하는 수종은?

① 버드나무　　　　② 벚나무
③ 회양목　　　　　④ 잣나무

> **◉해설**
> 여름에 성숙하는 사시나무, 회양목 등의 종자는 여름을 지나는 동안 발아력을 상실하기 때문에 채취하여 바로 파종해야 한다.

12 교림작업과 왜림작업을 혼합한 갱신작업으로 동일임지에서 건축재(일반용재)와 신탄재를 동시에 생산하는 것을 목적으로 하는 작업종은?

① 산벌작업　　　　② 택벌작업
③ 모수작업　　　　④ 중림작업

> **◉해설**

개벌작업	임목 전부를 일시에 벌채한다.
모수작업	모수만을 남기고, 그 외의 임목을 모두 벌채한다.(대표 : 단풍나무류, 소나무)
산벌작업	몇 차례의 벌채로 전 임목을 제거하여 새 임분이 출현한다.

택벌작업	성숙한 일부 임목만을 국소적으로 골라 벌채한다.
왜림작업	연료재생산을 위해 비교적 짧은 벌기령으로 개벌 후 맹아로 갱신한다.
중림작업	용재의 교림과 연료재의 왜림을 동일임지에 조성한다.

13 다음 중 삽목 시 발근이 잘 되는 수종으로만 짝지어진 것은?

① 이팝나무, 소나무
② 포플러류, 사철나무
③ 두릅나무, 백합나무
④ 물푸레나무, 오리나무

●해설

발근이 잘 되는 수종

버드나무류, 은행나무, 사철나무, 미루나무, 플라타너스, 포플러류, 개나리, 진달래, 주목, 측백나무, 화백, 향나무, 히말라야시다, 동백나무, 치자나무, 닥나무, 모과나무, 삼나무, 쥐똥나무, 무궁화, 덩굴사철나무 등

14 제벌작업은 임목의 생리상 어느 계절에 하는 것이 가장 좋은가?

① 초봄
② 여름
③ 늦가을
④ 겨울

●해설

6~9월(여름) 사이에 실시하는 것을 원칙으로 하되 늦어도 11월말(초가을)까지는 완료한다.

15 조림을 위한 우량묘목의 구비조건이 아닌 것은?

① 발육이 완전하고 조직이 충실한 것
② 가지가 사방으로 고루 뻗어 발달한 것
③ 묘목이 약간 웃자란 것
④ 측근과 세근의 발달양이 많을 것

●해설

측근 또는 잔뿌리의 발달이 직근에 비하여 잘 되어야 한다.

16 낙엽송(묘령 2년)의 곤포당 본수는?

① 100
② 200
③ 500
④ 1,000

●해설

수종	곤포당		곤포당 속수	속당 본수
	묘령	본수		
낙엽송	2	500	25	20

17 치수무육(어린나무 가꾸기)작업의 가장 큰 목적은 어느 것인가?

① 목재를 생산하여 수익을 얻기 위함이다.
② 숲을 보기 좋게 하기 위함이다.
③ 산불피해를 줄이기 위함이다.
④ 불량목을 제거하여 치수의 생육공간을 충분히 제공하기 위함이다.

●해설

임분 전체의 형질을 향상 및 치수의 생육공간을 충분히 제공하기 위함이다.

18 다음 수종 중 측면맹아력이 가장 강한 수종은?

① 잣나무
② 아까시나무
③ 낙엽송
④ 소나무

●해설

측면맹아(근주맹아)
• 줄기 옆부분에서 돋아나는 것으로 세력이 강해서 갱신에 효과적이다.
• 가장 우수한 수종 : 아까시나무, 신갈나무, 물푸레나무, 당단풍나무 등

19 다음 중 묘령의 표시에 대한 설명이 맞지 않는 것은?

① 2-0묘 : 상체된 일이 없는 2년생 묘
② 1-1묘 : 파종상에서 1년이 경과한 후 한 번 상체되어 1년이 지난 묘
③ 1/2묘 : 삽목 후 반년(6개월)이 경과한 묘
④ 1/1묘 : 뿌리의 나이가 1년, 줄기의 나이가 1년인 묘

●해설

C 1/2묘

뿌리의 나이가 2년, 줄기의 나이가 1년된 대절묘이다.

20 다음 중 개벌작업의 장점에 해당하는 것은?

① 재해에 대한 저항성이 증대된다.

② 지력유지 및 치수보호상 유리하다.

③ 풍치유지 및 수원함양기능이 증대된다.

④ 생산재의 품질이 균일하고 벌목작업이 단순하다.

●해설

비슷한 크기의 목재를 일시에 많이 수확하므로 경제적으로 유리하다.

21 채집된 종자를 건조시킬 때 음지건조를 시켜야 하는 수목종자로 바르게 짝지어진 것은?

① 소나무류, 해송   ② 낙엽송, 전나무

③ 참나무류, 편백   ④ 회양목, 소나무류

●해설

반음(음지)건조법

• 햇볕에 약한 종자를 통풍이 잘 되는 옥내 또는 음지에 얇게 펴서 건조하는 방법이다.

• 적용수종 : 밤나무, 오리나무류, 포플러류, 편백나무, 참나무류 등

22 산벌작업 중 어린나무의 높이가 1~2m 가량이 되면 후계목의 생육을 촉진시키기 위해 상층에 있는 나무를 모조리 베어 버리는 작업은?

① 예비벌   ② 하종벌

③ 수광벌   ④ 후벌

●해설

후벌

• 어린나무의 높이가 1~2m가량 되면 보호를 위해 남겨 두었던 모수를 벌채하는 단계이다.

• 후벌은 대략 하종벌 후 3~5년 후에 실시하며 1회로 끝나기도 하지만 수회에 걸쳐 실시하기도 한다.

• 후벌의 첫 벌채는 수광벌, 마지막 벌채는 종벌이다. (가장 굵고 형질 좋은 수목은 종벌까지 남음)

23 질소의 함유량이 20%인 비료가 있다. 이 비료를 80g 주었을 때 질소성분량으로는 몇 g을 준 셈이 되는가?

① 8g   ② 16g

③ 20g   ④ 80g

●해설

80g×0.2=16g

24 우리나라 산지에서 수목에 가장 피해를 많이 주는 덩굴식물은?

① 머루덩굴   ② 칡덩굴

③ 다래덩굴   ④ 담쟁이덩굴

25 토양의 단면도를 보았을 때 위쪽에서 아래쪽으로의 순서가 맞게 배열된 것은?

① 표토층 → 모재층 → 심토층 → 유기물층

② 표토층 → 유기물층 → 심토층 → 모재층

③ 유기물층 → 표토층 → 심토층 → 모재층

④ 유기물층 → 표토층 → 모재층 → 심토층

●해설

유기물층(O층) → 표토층(용탈층) → 집적층(심토층) → 모재층(기층) → 모암층(기암)

26 유충과 성충이 모두 잎을 식해하는 해충은?

① 오리나무잎벌레   ② 솔나방

③ 미국흰불나방   ④ 매미나방

●해설

오리나무잎벌레

• 연 1회 발생하며 성충으로 지피물 밑 또는 흙속에서 월동한다.

• 유충과 성충이 동시에 잎을 식해한다.

- 유충은 잎살만 먹고 잎맥을 남겨 잎이 그물모양이 되며, 성충은 주맥만 남기고 잎을 갉아 먹는 해충이다.

27 다음 그림과 같이 작은 나뭇가지에 가락지모양으로 알을 낳는 해충은?

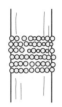

① 집시나방
② 어스렝이나방
③ 미국흰불나방
④ 천막벌레나방

●해설

텐트나방(천막벌레나방)
- 연 1회 발생하며 나뭇가지에 가락지모양으로 알을 낳고 월동한다.
- 유충은 실을 토해 집을 짓고 낮에는 활동하지 않으며 주로 밤에 잎을 가해한다.
- 방제법
  - 가지에 달려 월동 중인 알덩어리를 제거한다.
  - 군서 중인 유충의 벌레집을 솜불방망이로 소각한다.

28 다음은 선충에 대한 설명이다. 틀린 것은?

① 대체로 실같이 가늘고 긴 모양을 하고 있다.
② 식물기생선충은 몸 길이가 평균 1mm 내외이다.
③ 주로 식물의 뿌리를 뜯어 먹어 가해한다.
④ 선충에 의한 수병으로는 침엽수 묘목의 뿌리썩이선충병이 있다.

●해설

나무의 조직 내에 있는 수분과 양분의 이동통로를 막아 나무를 죽게 한다.

29 바이러스 감염에 의한 목본식물의 대표적인 병징은?

① 혹
② 모자이크
③ 탈락
④ 총생

●해설

바이러스
- 인공배양 및 증식이 안 되며 살아 있는 세포 내에서만 증식이 가능하다.
- 세균처럼 스스로 식물체에 감염을 일으키지 못하며, 매개생물이나 상처 부위를 통해서만 감염이 가능하다.
- 수병 : 포플러모자이크병, 아까시나무모자이크병 (매개충 : 복숭아혹진딧물)

30 토양 중에서 수분이 부족하여 생기는 피해는?

① 볕데기
② 상해
③ 한해
④ 열사

●해설

한해(가뭄해)
기온이 높고 햇빛이 강한 여름철에 토양의 수분이 결핍되어 일어나는 현상으로 토양의 수분 부족으로 인해 원형질 분리현상이 일어나 고사한다.

31 수목의 종실을 가해하는 해충은?

① 대벌레
② 솔알락명나방
③ 솔수염하늘소
④ 느티나무벼룩바구미

●해설

솔알락명나방
- 잣나무나 소나무류의 구과를 가해한다.(종실가해)
- 잣송이를 가해하여 잣수확을 감소시킨다.
- 연 1회 발생
  - 노숙유충의 형태로 땅속에서 월동
  - 어린 유충의 형태로 구과에서 월동

32 밤나무흰가루병을 방제하는 방법으로 옳지 않은 것은?

① 가을에 병든 낙엽과 가지를 제거하여 불태운다.
② 묘포의 환경이 너무 습하지 않도록 주의한다.
③ 봄 새 눈이 나오기 전에 석회유황합제 등의 약제를 뿌린다.
④ 한여름 고온 시 석회유황합제를 살포한다.

●해설
• 봄에 새 눈이 나오기 전에 석회유황합제를 살포한다.
• 여름에는 만코지수화제, 지오판수화제 등을 살포한다.

33 다음 해충 중 소나무의 새순에 기생하며 양분을 빨아 먹음으로써 수세를 약화시켜 새로운 순을 말라 죽이는 것은?

① 소나무좀
② 박쥐나방
③ 향나무하늘소
④ 소나무가루깍지벌레

●해설
소나무가루깍지벌레는 신초나 가지에서 수액을 빨아 먹는 흡즙성 해충으로 밀도가 높아지면 신초가 잘 자라지 않고 잎이 퇴색하여 수세가 약해진다.

34 다음 중 밤나무혹벌을 방제하는 방법 중 가장 효과적인 것은?

① 내병성 품종을 식재한다.
② 천적을 보호한다.
③ 살충제를 수시 살포한다.
④ 실생묘를 식재한다.

●해설
저항성, 내충성, 내병성 등의 품종으로 갱신하는 것이 방제에 효과적이다.

35 도시의 공원이나 가로수에 나타나는 수목피해의 원인으로 틀린 것은?

① 토양 경화
② 호흡불량
③ 뿌리 조임
④ 자연유기물비료의 과다공급

●해설
자연유기물비료의 과다공급은 토양의 유기물 함량을 높임으로써 미생물의 활동이 활발해져 수목생장에 도움을 준다.

36 응애만 죽일 수 있는 약제를 무엇이라 하는가?

① 살충제   ② 살균제
③ 살비제   ④ 살서제

●해설
살비제
주로 식물에 붙은 응애류를 선택적으로 죽이는 데 사용되는 약제이다.

37 알에서 부화한 곤충이 유충과 번데기를 거쳐 성충으로 발달하는 과정에서 겪는 형태적 변화를 무엇이라 하는가?

① 우화   ② 변태
③ 휴면   ④ 생식

●해설

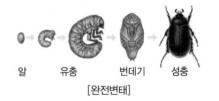

알   유충   번데기   성충
[완전변태]

38 솔나방이 주로 산란하는 곳은?

① 솔잎 사이
② 솔방울 속
③ 소나무 수피 틈
④ 소나무 뿌리 부근 땅속

솔나방

11월 이후 5령충(4회 탈피)으로 지피물 밑이나 솔잎 사이에서 월동한다.

39 다음 피해증상 중 공기오염 피해(아황산가스) 증상을 바르게 설명한 것은?

① 잎에 둥근 무늬가 생기고 갈색으로 변한다.

② 잎의 뒷면이 흰가루를 뿌린 것 같이 보이고 색깔은 변하지 않는다.

③ 잎의 가장자리와 엽맥 사이에 암녹색의 괴사 반점이 나타난다.

④ 잎에 그을음이 붙어 있는 것 같이 검게 변한다.

주로 잎 피해가 잘 나타나며 황화와 괴사를 일으킨다.

40 산림해충이 여름철의 밤에 불빛을 보면 모여드는 성질을 이용하여 방제하는 방법은?

① 차단법
② 식이유살법
③ 잠복소유살법
④ 등화유살법

등화(등불)유살

• 여름철 밤에 유아등을 이용하여 유살하는 방법

• 고온다습하고 흐리며 바람이 없을 때 효과적

※ 유아등 : 주광성 해충을 등불로 이용하여 구제하는 장치

41 산림작업용 도끼를 손질할 때 날카로운 삼각형으로 연마하지 않고 아치형으로 연마하는 이유로 가장 적합한 것은?

① 도끼날이 목재에 끼는 것을 막기 위하여

② 연마하기가 쉽기 때문에

③ 도끼날의 마모를 줄이기 위하여

④ 마찰을 줄이기 위하여

도끼날이 목재에 끼는 것을 막기 위하여 아치형으로 연마한다.

42 일반적으로 벌도목의 가지치기작업 시 기계톱의 안내판 길이로 적합한 것은?

① 30~40cm
② 50~60cm
③ 60~70cm
④ 70~80cm

벌도목 가지치기용 기계톱의 안내판 길이는 30~40cm이다.

43 산림작업도구인 각식재용 양날괭이에 대한 설명으로 틀린 것은?

① 형태에 따라 타원형과 네모형으로 나눈다.

② 도끼날 부분은 나무를 자르는 것으로만 사용한다.

③ 타원형은 자갈이 섞이고 지중에 뿌리가 있는 곳에서 사용한다.

④ 네모형은 땅이 무르고 자갈이 없으며 잡초가 많은 곳에서 사용한다.

각식재용 양날괭이

형태에 따라 타원형과 네모형으로 구분되며 한쪽 날은 괭이로서 땅을 벌리는 데 사용하고 다른 한쪽 날은 도끼로서 땅을 가르는 데 사용한다.

• 타원형 : 자갈과 뿌리가 있는 곳에 적합

• 네모형 : 자갈이 없고 잡초가 많은 곳에 적합

44 산림무육도구와 거리가 먼 것은?

① 재래식 낫
② 전정가위
③ 이리톱
④ 쐐기

쐐기는 벌목의 방향 결정 및 톱이 끼지 않도록 하는 데 쓰이는 도구이다.

45 다음 그림에서 소경재 벌목작업의 간이수구에 의한 절단방법으로 가장 적합한 것은?

①
수구
추구

②
수구
추구

③
추구
수구

④
수구
추구

●해설
간이수구 절단방법
벌근직경의 1/3 ~ 2/5 정도로서 정상적인 수구보다 다소 깊게 자르고, 상하면의 각은 따로 없으며 추구방향에서는 줄기와 직각방향으로 자른다.

46 일반 상황하에서의 벌목작업과정으로 순서가 올바른 것은?

① 작업도구 정돈 → 정확한 벌목방향 결정 → 주위정리 → 추구만들기 → 수구만들기
② 작업도구 정돈 → 주위정리 → 정확한 벌목방향 결정 → 수구만들기 → 추구만들기
③ 작업도구 정돈 → 정확한 벌목방향 결정 → 수구만들기 → 추구만들기 → 주위정리
④ 작업도구 정돈 → 정확한 벌목방향 결정 → 주위정리 → 수구만들기 → 추구만들기

●해설
벌목의 순서
벌도목 선정 → 벌도방향 결정 → 벌도목 주위 장애물 제거 → 방향베기(수구) → 따라베기(추구)

47 나무를 벌목할 때 사용하는 도구만으로 나열한 것은?

① 보육낫, 쐐기, 목재돌림대, 지렛대
② 쐐기, 목재돌림대, 지렛대, 도끼, 사피
③ 목재돌림대, 지렛대, 도끼, 가지치기톱
④ 지렛대, 도끼, 재래식 괭이, 손톱

●해설

벌목용 작업도구	도끼, 체인톱, 쐐기, 목재돌림대(지렛대), 밀게, 갈고리, 박피기, 사피 등
다공정 임업기계	프로세서, 펠러번처, 하베스터 등

48 다음 (   ) 안에 적당한 값을 순서대로 나열한 것은?

> 기계톱의 체인규격은 피치(Pitch)로 표시하는데, 이는 서로 접하여 있는 (   )개의 리벳간격을 (   )로 나눈 값을 나타낸다.

① 1, 2
② 3, 2
③ 2, 4
④ 4, 2

●해설
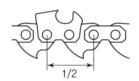
1/2
[톱체인의 규격]

서로 접하고 있는 3개 리벳간격 길이의 1/2 길이

49 현장에서 사용하고 있는 동력가지치기톱(PS50)의 작업방법 중 잘못된 것은?

① 작업자와 가지치기 봉과의 각도가 최소한 70°를 유지하여야 한다.
② 가지치기작업은 아래쪽에서 위쪽방향으로 실시한다.
③ 큰 가지는 반드시 아래쪽에서 1/3 정도를 먼저 작업한 후 위에서 아래로 안전하게 작업한다.
④ 큰 가지나 긴 가지는 한 번에 자르게 되면 톱날이 끼게 되므로 끝에서부터 3단계로 나누어 자른다.

●해설
가지치기작업은 위쪽에서 아래쪽 방향으로 실시한다.

50 다음 기계 중 벌도와 가지치기가 가능한 장비는?

① 펠러번처　　　② 하베스터

③ 프로세서　　　④ 포워더

하베스터
* 대표적인 다공정 처리기계로서 벌도, 가지치기, 조재목다듬질, 토막내기작업을 모두 수행하는 기능이 있다.
* 조재된 원목을 임 내부터 임지저장목장까지 운반할 수 있는 포워드 등의 장비와 함께 사용한다.

51 벌목작업 시 고려할 사항이 아닌 것은?

① 벌목방향을 정확히 하여야 한다.

② 안전사고를 예방하기 위한 준칙을 철저히 지켜야 한다.

③ 잔존목의 이용재적이 많이 나오도록 한다.

④ 주변 입목의 피해를 가능한 감소시켜야 한다.

잔존목의 이용재적이 적게 나오도록 한다.

52 산림작업도구의 능률에 대한 설명으로 틀린 것은?

① 자루의 길이는 적당히 길수록 힘이 세어진다.

② 도구날의 끝각도가 작을수록 나무가 잘 빠개진다.

③ 도구는 적당한 무게를 가져야 힘이 세어진다.

④ 자루가 너무 길면 정확한 작업이 어렵다.

도구날의 끝각도가 적당히 클수록 나무가 잘 빠개진다.

53 기계톱날의 구성요소 중 목재의 절삭두께에 영향을 주는 것은?

① 창날각　　　② 지붕각

③ 전동쇠　　　④ 깊이제한부

깊이제한부
* 절삭된 톱밥을 밀어내는 등 절삭량(절삭두께 조절)을 결정한다.
* 너무 높게 연마하면 절삭깊이가 얇아 절삭량이 적어지므로 작업효율이 떨어진다.

54 일반적으로 많이 사용하는 체인톱 연료에 대한 설명으로 옳은 것은?

① 연료는 휘발유 10L에 엔진오일 0.4L를 혼합하여 사용한다.

② 옥탄가가 높은 휘발유를 사용한다.

③ 작업도중 연료 보충은 엔진가동상태로 혼합한다.

④ 연료통을 흔들지 않고 기계톱에 급유한다.

2행정 가솔린엔진의 휘발유와 윤활유의 혼합비율은 25 : 1 정도가 적당하다.

55 산림무육작업 시 준수하여야 할 유의사항으로 틀린 것은?

① 단독작업을 하되 동료와 가시권, 가청권 내에서 작업한다.

② 기계작업 시에는 수동작업과 기계작업을 교대로 한다.

③ 안전장비를 착용한다.

④ 작업로를 설치하지 않고 분산하여 작업한다.

작업로를 만들어 임분을 구획한다.

56 아크야윈치(썰매형 윈치)의 집재작업 시 올바른 작업준비사항은?

① 작업노선 중앙에 지주목이 있도록 노선을 정리

② 작업노선은 경사를 따라 좌우로 설치

③ 작업노선상에 있는 그루터기는 30cm 이하로 정리

④ 기계를 고정시키는 말뚝설치

아크야윈치는 작업노선을 따라 세로로 설치하며 그루터기는 바닥까지 정리해야 한다. 또한 기계는 주변의 나무에 고정시킨다.

57 와이어로프의 꼬임과 스트랜드의 꼬임방향이 같은 방향으로 된 것은?

① 보통꼬임   ② 교차꼬임
③ 랭꼬임   ④ 랭보통꼬임

보통꼬임	와이어(소선)와 스트랜드의 꼬임방향이 반대
랭꼬임	와이어(소선)와 스트랜드의 꼬임방향이 동일

58 발전의 원리 중 플라이휠에 부착되어 있는 영구자석과 코일이 감겨있는 철심과의 전극간격은?

① 0.2mm   ② 0.5mm
③ 1.0mm   ④ 1.2mm

59 다음은 벌목작업 시 지켜야할 사항이다. 틀린 것은?

① 벌목방향은 나무가 안전하게 넘어가고 집재하기 용이한 방향으로 정한다.
② 도피로는 상황에 따라 나무가 넘어가는 방향에 따라 임의로 정한다.
③ 벌목구역은 벌채목을 중심으로 수고의 2배에 해당하는 영역이며, 이 구역에는 벌목자만 있어야 한다.
④ 작업자가 일에 익숙하지 못했거나 또는 비탈진 곳에서 작업을 할 때는 벌채면 높이표시를 하여 둔다.

미리 대피장소를 정하고, 작업도구들은 벌목 반대방향으로 치우며 나무뿌리, 덩굴 등의 장해물을 미리 제거하여 대피할 때 방해되지 않도록 준비한다.

60 벌목 중 나무에 걸린 나무의 방향전환이나 벌도목을 돌릴 때 사용하는 작업도구는?

① 쐐기   ② 식혈봉
③ 박피삽   ④ 지렛대

벌목 중 나무에 걸려 있는 벌도목과 땅 위에 있는 벌도목의 방향을 돌리는 데 사용한다.

01 우량묘목 생산기준에서 T/R률은 무엇인가?

① 묘목의 무게이다.

② 묘목의 지상부 무게를 뿌리부의 무게로 나눈 값이다.

③ 묘목의 뿌리부 무게를 지상부의 무게로 나눈 값이다.

④ 묘목의 지상부의 무게에서 뿌리부의 무게를 뺀 값이다.

●해설
T/R(Top/Root ratio)률
• 묘목의 지상부 무게를 뿌리의 무게로 나눈 값이다.
• T/R률이 적은 것이 큰 것보다 뿌리의 발달이 좋다.
• 일반적으로 값이 작아야 묘목이 충실하다.
• 우량한 묘목의 T/R률은 3.0 정도이다.
• 토양 내에 수분이 많거나 일조 부족, 석회 사용 부족 등의 경우에는 지상부에 비해 지하부의 생육이 나빠져 T/R률이 커진다.

02 산벌작업에서 임지의 종자가 충분히 결실한 해에 종자가 완전히 성숙한 후 벌채하여 지면에 종자를 다량 낙하시켜 일제히 발아시키기 위한 벌채작업은?

① 예비벌   ② 하종벌
③ 후벌   ④ 종벌

●해설
하종벌
• 종자가 결실이 되어 충분히 성숙하였을 때 벌채하여 종자의 낙하를 돕는 단계이다.(치수의 발생을 위한 단계)
• 1회의 벌채로 목적을 달성하는 것이 바람직하나 치수가 발생하지 않을 경우에는 한 번 더 벌채를 할 수 있다.

03 침엽수의 가지를 제거하는 가장 좋은 방법은?

① 가지밑살의 끝부분에서 자른다.

② 가지가 뻗은 방향에 직각이 되게 자른다.

③ 수간에 오목한 자국이 생기게 자른다.

④ 수간에 바짝 붙여 수간축에 평행하도록 자른다.

●해설
침엽수종의 가지절단방법
가지치기톱을 사용하여 자르며 절단면을 수간에 바짝 붙여 수간축에 평행하도록 자른다.

a. 침엽수   b. 활엽수
[가지치기 절단방법]

04 모수작업에 관한 설명으로 옳지 않은 것은?

① 갱신에 필요한 종자공급보다 갱신된 어린나무의 보호를 위한 작업이다.

② 남겨질 모수는 전체나무의 수에 비해 극히 적은 일부에 지나지 않는다.

③ 모수는 결실이 양호한 성숙목을 선정한다.

④ 양수의 갱신에 적합하다.

●해설
• 성숙한 임분을 대상으로 벌채를 실시할 때 모수가 될 임목을 산생(한 그루씩 흩어져 있음)시키거나 군생(몇 그루씩 무더기로 남김)으로 남겨 두어 갱신이 필요한 종자를 공급하게 하고 그 외의 나무를 일시에 모두 베어 내는 방법이다.

- 개벌작업의 변법으로 어미나무를 남겨 종자공급에 이용하고 갱신이 완료된 후 벌채에 이용하는 작업이다.

05 종자의 성숙기가 6~7월인 수종은?

① 소나무   ② 층층나무
③ 자작나무   ④ 벚나무

●해설

① 소나무 – 9월   ② 층층나무 – 9월
③ 자작나무 – 9월

06 묘목의 특수식재 중 천근성이며 직근이 빈약하고 측근이 잘 발달된 가문비나무 등과 같은 수종의 어린 노지묘를 식재할 때 사용하는 방법은?

① 봉우리식재   ② 치식
③ 용기묘식재   ④ 대묘식재

●해설

- 심을 구덩이 바닥 가운데 좋은 흙을 모아 원추형의 봉우리를 만듦 → 묘목의 뿌리를 고루 펴서 얹고 그 뒤 다시 좋은 흙으로 뿌리를 덮음 → 그 뒤에 일반식재법에 따라 심음
- 적용수종 : 천근성이며 직근이 빈약하고 측근이 잘 발달된 수목에 알맞다.

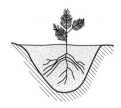

[봉우리 식재 요령]

07 다음 중 우량묘의 조건으로 틀린 것은?

① 발육이 왕성하고 신초의 발달이 양호한 것
② 우량한 유전성을 지닌 것
③ 측근과 세근이 잘 발달한 것
④ 침엽수종의 묘에 있어서는 줄기가 곧고 측아가 정아보다 우세한 것

●해설

우량묘목이 갖추어야 할 조건
- 묘목을 생산한 종자의 유전적 형질이 우수해야 한다.
- 조림지의 입지조건과 같은 환경에서 양묘된 것이어야 한다.
- 발육이 왕성하고 신초의 발달이 양호해야 한다.
- 줄기, 가지 및 잎이 정상적으로 자라 편재하지 않아야 한다.
- 묘목의 가지가 균형있게 뻗고 정아가 우세한 것이 좋다.
- 뿌리가 비교적 짧고 잔뿌리(세근)가 발달하여 근계가 충실해야 한다.

08 묘목의 관리 중 솎기작업의 설명으로 틀린 것은?

① 낙엽송, 삼나무, 편백나무 등은 2~3회 솎기작업을 한다.
② 소나무류, 전나무류 등은 1~2회 나누어 실시한다.
③ 솎기시기는 본엽이 나온 때와 8월 하순경에 실시한다.
④ 솎기작업을 한 후에는 관수할 필요가 없다.

●해설

솎기작업을 한 이후에는 관수를 해야 한다.

09 리기다소나무 1년생 묘목의 곤포당 본수는?

① 1,000본   ② 2,000본
③ 3,000본   ④ 4,000본

●해설

수종	곤포당		곤포당 속수	속당 본수
	묘령	본수		
리기다소나무	1	2,000	100	20

10 묘목의 뿌리가 2년생, 줄기가 1년생인 삽목묘의 연령표기로 바르게 나타낸 것은?

① 2-1묘   ② 1-2묘
③ 1/2묘   ④ 2/1묘

○ 해설

C 1/2묘
뿌리의 나이가 2년, 줄기의 나이가 1년 된 삽목묘이
다.[대절묘]

11 숲 가꾸기와 관련된 설명으로 옳은 것은?

① 풀베기는 대개 9월 이후에도 실시한다.
② 풀베기는 조림목의 수고가 50cm 이상이 되
   도록 한다.
③ 제벌은 겨울철에 실시하는 것이 좋다.
④ 덩굴치기에 있어서 칡의 제거는 줄기절단보
   다는 약제처리가 효과적이다.

○ 해설

우리나라에서 수목에 가장 큰 피해를 주는 칡은 어릴 때
캐내는 것이 가장 효과적이지만 쉽지 않으므로 칡 채취
기, 칡뿌리 절단기 등을 활용하여 뿌리를 채취한다.

12 씨앗을 건조시킬 때 음지에 건조해야 하는 수
종은?

① 소나무   ② 밤나무
③ 전나무   ④ 낙엽송

○ 해설

반음(음지) 건조법
• 햇볕에 약한 종자를 통풍이 잘 되는 옥내 또는 음지
  에 얇게 펴서 건조하는 방법이다.
• 적용수종 : 밤나무, 오리나무류, 포플러류, 편백나
  무, 참나무류 등

13 종자의 성숙시기가 5월인 수종은?

① 피나무   ② 소나무
③ 가래나무   ④ 버드나무

○ 해설

① 피나무 – 10월
② 소나무 – 9월
③ 가래나무 – 9월

14 다음 중 조림목의 보육을 위한 풀베기방법으로
볼 수 없는 것은?

① 모두베기   ② 둘레베기
③ 골라베기   ④ 줄베기

○ 해설

풀베기방법
모두베기(전면깍기), 줄베기(조예), 둘레베기 등

15 다음 중 결실을 촉진시키는 방법으로 옳은
것은?

① 질소질비료의 비율을 높여 시비한다.
② 줄기의 껍질을 환상으로 박피한다.
③ 수목의 식재밀도를 높게 한다.
④ 차광망을 씌워 그늘을 만들어 준다.

○ 해설

환상박피
수목 등에서 줄기나 가지의 껍질을 3~6mm 정도 둥
글게 벗겨내는 것이다. 수목이 가지고 있는 영양물질
및 수분, 무기양분 등의 이동경로를 제한함으로써 잎
에서 생산된 동화물질이 뿌리로 이동하는 것을 박피한
상층부에 축적시켜 수목의 개화결실을 도모한다.

16 대목이 비교적 굵고 접수가 가늘 때 적용하는
접목법은?

① 박접   ② 절접
③ 복접   ④ 할접

○ 해설

할접(쪼개접)
• 대목을 절단면의 직각방향으로 쪼개고 쐐기모양으
  로 깎은 접수를 삽입한다.
• 대목이 비교적 굵고 접수가 가늘 때 적용한다.
• 소나무류, 낙엽활엽수에 적용한다.

[할접 요령]

17 예비벌 → 하종벌 → 후벌의 순서로 시행하는 작업종은?

① 왜림작업
② 중림작업
③ 산벌작업
④ 모수림작업

●해설
산벌작업은 갱신준비를 위한 예비벌, 치수의 발생을 완성하는 하종벌, 치수의 발육을 촉진하는 후벌, 후벌의 마지막인 종벌 등이 있다.

18 다음 중 임지의 보호방법으로 옳지 않은 것은?

① 비료목을 식재한다.
② 황폐한 임지는 등고선방향으로 수평구를 설치한다.
③ 임지 표면의 낙엽과 가지를 모두 제거한다.
④ 균근균을 배양하여 임지에 공급한다.

●해설
임지 표면의 낙엽과 가지를 모두 제거하면 임지의 성질이 불량해지고 폭우 등으로 토양유실이 일어난다. 또한, 각종 미생물의 활력이 저하된다.

19 다음 중 콩과식물의 비료목이 아닌 것은?

① 다릅나무, 싸리류
② 칡, 아까시나무
③ 붉나무, 누리장나무
④ 자귀나무, 아까시나무

●해설

구분	내용
콩과수목 (Rhizobium속)	아까시나무, 자귀나무, 싸리나무류, 칡, 다릅나무 등
비콩과수목 (Frankia속)	오리나무류, 보리수나무류, 소귀나무

20 묘포구획 설계 시에 시설부지, 주·부도 및 보도를 제외한 묘목을 양성하는 포지는 전체면적의 몇 %가 적합한가?

① 30~40%
② 40~50%
③ 50~60%
④ 60~70%

●해설
용도별 소요면적 비율
• 육묘포지(육묘상의 면적) : 60~70%
• 관배수로·부대시설·방풍림 등 : 20%
• 기타 퇴비장 등 묘포경영을 위한 소요면적 : 10%

21 완만재를 생산할 수 있을 뿐만 아니라 수간의 직경생장을 증대시키기 위한 육림작업은?

① 풀베기
② 어린나무 가꾸기
③ 덩굴제거
④ 가지치기

●해설
가지치기의 목적
• 마디없는 간재 및 우량목재 생산(가지치기의 가장 큰 목적)
• 신장생장을 촉진시킨다.
• 나이테 폭의 넓이를 조절하여 수간의 완만도를 높인다.

22 다음 중 택벌림에 대한 설명으로 틀린 것은?

① 병해와 충해에 대한 저항력이 높다.
② 음수의 갱신에는 부적당하다.
③ 임관이 항상 울폐한 상태에 있으므로 임지와 어린나무가 보호를 받는다.
④ 숲의 심미적 가치가 좋다.

●해설
음수수종의 무거운 종자수종에 유리하다.

23 대면적 개벌법에 의한 갱신 시 소나무의 종자비산거리로 옳은 것은?

① 모수수고의 1~3배
② 모수수고의 3~5배
③ 모수수고의 4~6배
④ 모수수고의 5~7배

주요 수종별 종자의 비산거리
• 자작나무류, 느릅나무 : 모수수고의 4~8배
• 소나무, 해송, 오리나무류 : 모수수고의 3~5배
• 단풍나무류, 물푸레나무류 : 모수수고의 2~3배

---

24 화학적 방제법 중 독성분이 해충의 입을 통하여 소화관 내에 들어가 중독작용을 일으켜 사망시키는 약제는?

① 접촉살충제　　　　② 훈연제
③ 소화중독제　　　　④ 침투성 살충제

해설

소화중독제
• 저작구형(씹어 먹는 입)을 가진 나비류 유충, 메뚜기류 등 식엽성 해충에 효과적이다.
• 해충의 입을 통하여 소화관 내에 들어가 중독작용을 일으킨다.
• 약제 : 비산납

---

25 수목과 광선에 대한 설명으로 틀린 것은?

① 수종에 따라 광선의 요구도에 차이가 있는 것은 아니다.
② 광선은 임목의 생장에 절대적으로 필요하다.
③ 소나무와 같은 수종을 양수라 한다.
④ 전나무와 같은 수종을 음수라 한다.

해설

수종에 따라 광선의 요구도는 차이가 있다.

---

26 1ha의 임지에 줄 사이가 2m인 정삼각형 식재를 한다면 필요한 묘목본수는 얼마인가?

① 약 2,887본　　　　② 약 3,887본
③ 약 1,587본　　　　④ 약 2,587본

해설

정삼각형 식재
• 정삼각형의 꼭짓점에 심는 것으로 묘목 사이의 간격이 동일하다.

• 정방형 식재에 비해 묘목 1본이 차지하는 면적은 86.6% 감소한다.
• 식재할 묘목본수는 15.5% 증가한다.

$$N = \frac{A}{a^2 \times 0.866} = 1.155 \times \frac{A}{a^2}$$
$$= \frac{10,000}{2^2 \times 0.866} = 2,886.836 \cdots \ [2,887본]$$

---

27 파이토플라스마(Phytoplasma)에 의한 병이 아닌 것은?

① 벚나무빗자루병
② 뽕나무오갈병
③ 오동나무빗자루병
④ 대추나무빗자루병

해설

• 벚나무빗자루병 : 진균
• 파이토플라스마의 수병 : 오동나무빗자루병, 대추나무빗자루병, 뽕나무오갈병 등

---

28 산불발생이 가장 많은 시기는?

① 3~5월　　　　② 6~8월
③ 9~11월　　　　④ 12~2월

해설

우리나라에서 산불이 가장 많이 발생하는 시기는 관계습도가 가장 낮은 3~5월의 건조 시에 산불이 가장 많이 일어난다.

---

29 칡과 같은 만경류를 제거하는 방법으로 잘못된 것은?

① 글라신액제 처리시기는 칡의 경우 농번기를 피하여 겨울 또는 봄에 실시한다.
② 글라신액제의 원액을 흡수시킨 면봉을 칡머리 부분에 송곳으로 구멍을 뚫고 삽입한다.
③ 글라신액제와 물을 1 : 1로 혼합한 액을 주입기로 주입한다.
④ 만경류의 경우 되도록 어릴 때 제거하는 것이 효과적이다.

덩굴제거의 적기
생장기인 5~9월 중 덩굴식물이 뿌리 속의 저장양분을 소모한 7월경이 적당하다.

30 소나무혹병의 중간기주는?

① 송이풀   ② 참취
③ 황벽나무   ④ 졸참나무

해설

수병명	기주식물	
	녹병포자 · 녹포자세대(본기주)	여름포자 · 겨울포자세대(중간기주)
소나무혹병	소나무	졸참나무, 신갈나무

31 피해목을 벌채한 후 약제훈증처리의 방제가 필요한 수병은?

① 뽕나무오갈병   ② 대추나무빗자루병
③ 잣나무털녹병   ④ 참나무시들음병

해설

참나무시들음병의 방제법
매개충이 우화하기 전인 4월 말까지 피해목을 벌목한 후 밀봉하여 살충 및 살균제로 방제한다.

32 다음 중 보르도액의 조제절차로 틀린 것은?

① 원료로 사용되는 황산구리는 순도 98.5% 이상, 생석회는 순도 90% 이상을 사용하여야 좋은 보르도액을 만들 수 있다.
② 보르도액의 조제 시 황산구리는 양철통을 사용한다.
③ 필요한 물의 80~90%의 물에 황산구리를 녹여 묽은 황산구리액을 만든다.
④ 생석회는 소량의 물로 소화(消和, Slaking)시킨 다음 필요한 물의 10~20%의 물에 넣어 석회유를 만든다.

해설

황산동액과 석회유를 따로 다른 나무통에 넣은 후 석회유에 황산동액을 부어 혼합한다.

33 해충의 직접적인 구제방법 중 기계적 방제법에 속하지 않는 것은?

① 포살법   ② 소살법
③ 유살법   ④ 냉각법

해설

냉각법은 물리적 방제법이다.

34 다음 중 비생물적 병원(病原)인 것은?

① 선충   ② 진균
③ 공장폐수   ④ 파이토플라스마

해설

비생물적 병원
수분의 결핍 및 과다, 온도, 광, 대기오염, 부적절한 환경요인 등

35 묘포장에서 많이 발생하는 모잘록병의 방제법으로 적합하지 않은 것은?

① 토양소독 및 종자소독을 한다.
② 돌려짓기를 한다.
③ 질소질비료를 많이 준다.
④ 솎음질을 자주하여 생립본수(生立本數)를 조절한다.

해설

질소질비료의 과용을 삼가고 인산질비료와 완숙퇴비를 시용한다.

36 살충기작에 의한 살충제의 분류방법 중 나프탈렌, 크레오스트 등이 속하는 것은?

① 유인제   ② 기피제
③ 용제   ④ 증량제

기피제

해충이 모이는 것을 막기 위해 사용하는 약제이다.(나프탈렌, 크레오소트)

37 유아등으로 등화유살할 수 있는 해충은?

① 오리나무잎벌레　② 솔잎혹파리
③ 밤나무혹벌　④ 어스렝이나방

어스렝이나방

- 어스렝이나방은 주광성이 강하므로 9~10월에 등화유살한다.
- 식엽성 해충이다.

38 다음 해충 중 수피 틈이나 지피물 밑에서 제5령 유충으로 월동하는 것은?

① 솔나방　② 매미나방
③ 어스렝이나방　④ 버들재주나방

구분	내용
7월 하순~8월 중순	성충이 우화하여 500개 내외의 알을 낳고 7~9일 정도 살고 죽는다.
8월 상순~11월 상순	부화한 유충이 솔잎을 가해한다.(전식피해)
11월 이후	5령충(4회 탈피)으로 지피물 밑이나 솔잎 사이에서 월동한다.

39 농약의 형태에 대한 영문표기 중 "EC"가 뜻하는 것은?

① 액제　② 유제
③ 수화제　④ 입제

농약의 형태와 영문표기

- 유제 – (EC)　　　• 액제 – (SL)
- 수화제 – (WP)　• 분제 – (DP)
- 입제 – (GR)

40 1988년 부산에서 처음 발견된 소나무재선충에 대한 설명으로 틀린 것은?

① 매개충은 솔수염하늘소이다.
② 피해고사목은 벌채 후 매개충의 번식처를 없애기 위하여 임지 외로 반출한다.
③ 소나무재선충은 매개충의 후식 상처를 통하여 수체 내로 이동해 들어간다.
④ 매개충의 유충은 자라서 터널 끝에 번데기방(용실, 蛹室)을 만들고 그 안에서 번데기가 된다.

소나무재선충의 방제법

- 고사목은 벌채하여 외부반출을 금지하며 소각하거나 메탐소디움액제 등으로 훈증처리한다.
- 매개충의 먹이나무를 설치하여 우화 전 소각한다.
- 살충제를 뿌려 하늘소류를 구제한다.
- 예방약제인 아바멕틴유제 또는 에마멕틴벤조에이트유제를 12~2월에 수간주사한다.
- 4~5월에 포스티아제이트액제를 토양에 관주한다.

41 체인톱니의 깊이제한부가 높게 연마되면 어떠한 현상이 발생하는가?

① 작업시간이 짧아진다.
② 기계의 수명에는 하등 관계가 없다.
③ 인체에는 아무런 영향을 주지 않는다.
④ 절삭량이 적어진다.

너무 높게 연마하면 절삭깊이가 얇아 절삭량이 적어지므로 작업효율이 떨어진다.

42 초보자가 사용하기 편리하고 모래 등이 많은 도로변의 가로수 정리용으로 적합한 체인톱 톱날의 종류는?

① 끌형 톱날　② 대패형 톱날
③ 반끌형 톱날　④ L형 톱날

대패형(치퍼형)

- 톱날의 모양이 둥글고 절삭저항이 크지만 톱니의 마멸이 적다.
- 원형줄로 톱니세우기가 손쉬어 비교적 안전하므로 초보자가 사용하기 쉽다.
- 가로수와 같이 모래나 흙이 묻어 있는 나무를 벌목할 때 많이 이용한다.

43 기계톱의 기화기 벤투리관으로 유입된 연료량은 무엇에 의해 조정될 수 있는가?

① 저속조정나사와 노즐

② 지뢰쇠와 연료유입조정 니들밸브

③ 고속조정나사와 공전조정나사

④ 배출밸브막과 펌프막

벤투리관으로 유입된 연료량은 고속조절나사와 공전조절(조정)나사 등이 조절한다.

44 삼각톱니 연마 시 삼각날 꼭지각은 어느 정도가 적합한가?

① 30°

② 38°

③ 45°

④ 50°

삼각형 톱니

- 날을 갈기 쉽지만 절단능력이 떨어진다.
- (가) 줄질은 안내판의 선과 평행하게 한다.
- (나) 안내판의 각도는 침엽수가 60°, 활엽수가 70°이다.
- (다) 꼭지각은 38° 정도가 되도록 한다.
- 삼각형 톱니의 연마 준비물은 마름모줄, 원형 연마석, 톱니젖힘쇠 등이 있다.

45 가선집재의 장점에 대한 설명으로 틀린 것은?

① 다른 집재방법보다 지형조건의 영향을 적게 받는다.

② 임지 및 잔존임분의 피해를 최소화할 수 있다.

③ 트랙터 집재에 비해 집재작업에 필요한 에너지가 적게 소요된다.

④ 다른 집재방법보다 작업원에 대한 기술적 요구도 낮다.

가선집재의 단점

가선의 가설과 해체에 높은 기술력과 시간이 요구된다.

46 2행정기관의 특징이 아닌 것은?

① 동일 배기량에 비해 출력이 크다.

② 저속운전이 용이하다.

③ 흡입시간이 짧고 기동(시동)이 곤란하다.

④ 점화가 어렵다.

2행정 사이클	4행정 사이클
• 크랭크축 1회전마다 1회 폭발한다.	• 크랭크축 2회전마다 1회 폭발한다.
• 동일 배기량에 비해 출력이 크다.	• 동일 배기량에 비해 출력이 작다.
• 고속 및 저속운전이 어렵다.	• 고속 및 저속운전이 가능하다.
• 흡기시간이 짧고 점화가 어렵다.	• 흡입시간이 길고 점화가 쉽다.

47 다음 중 조림용 도구에 대한 설명으로 틀린 것은?

① 각식재용 양날괭이 – 형태에 따라 타원형과 네모형으로 구분되며 한쪽 날은 괭이로서 땅을 벌리는 데 사용하고 다른 한쪽 날은 도끼로서 땅을 가르는 데 사용한다.

② 사식쟁이 괭이 – 경사지, 평지 등에 사용하고 대묘보다 소묘의 사식에 적합하다.

③ 손도끼 – 조림용 묘목의 긴 뿌리 단근작업에 이용하며, 짧은 시간에 많은 뿌리를 자를 수 있다.

④ 재래식 괭이 – 규격품으로 오래전부터 사용되어 오던 작업도구로 산림작업에서 풀베기, 단근 등에 이용한다.

●해설
재래식 괭이
식재지의 뿌리를 끊고, 흙을 부드럽게 한다.(대부분 수공업제품)

48 예불기작업 시 작업자의 준수사항으로 틀린 것은?

① 작업을 침착하게 진행하여야 한다.
② 항상 전진 또는 좌우이동은 천천히 하여야 한다.
③ 소경재는 90°로 절단하여야 한다.
④ 톱날은 항상 연마되어 있어야 하며 예비날을 휴대한다.

●해설
소경재는 비스듬히 절단하는 방법으로 20° 경사로 절단한다.

49 다음 그림은 체인톱의 구조이다. 번호㉯ 스파이크(지레발톱)에 대한 설명으로 올바른 것은?

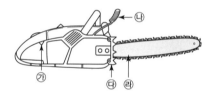

① 벌도목 가지치기 시 균형을 잡아 준다.
② 기계톱을 조종하는 앞손잡이다.
③ 나무를 절삭하며, 보통 안전용 체인덮개로 보호한다.
④ 정확히 작업을 할 수 있도록 지지역할 및 완충과 받침대 역할을 한다.

●해설
스파이크(지레발톱) 중요 ★★☆
• 벌목할 나무에 스파이크를 박아 톱을 안정시키고, 톱니모양의 돌기로 정확한 작업을 할 수 있도록 체인톱을 지지하고 튕김을 방지
• 진동이 적고 용이한 작업 가능
• 정확한 작업을 할 수 있도록 지지 및 완충과 지레받침대 역할

50 내연기관에서 연접봉의 역할은?

① 크랭크와 피스톤을 연결하는 역할을 한다.
② 엔진의 파손된 부분을 용접하는 봉이다.
③ 크랭크 양쪽으로 연결된 부분을 말한다.
④ 액셀레버와 기화기를 연결하는 부분이다.

●해설
커넥팅로드(연접봉)
피스톤과 크랭크축을 연결하는 역할을 한다.

51 2행정기관은 크랭크축이 1회전할 때마다 몇 회 폭발하는가?

① 1회　　　　② 2회
③ 3회　　　　④ 4회

●해설
2행정기관
• 1사이클을 완료하기 위해 피스톤의 2행정 1왕복운동이 필요한 기관
• 흡기 – 압축 – 폭발 – 배기의 1사이클을 2행정(크랭크축 1회전, 360°)으로 완결하는 기관

52 체인톱의 배기가스가 검고, 엔진에 힘이 없다. 어떠한 경우에 이러한 결함이 생기는가?

① 기화기 조절이 잘못되었다.
② 연료 내 오일 혼합량이 적다.
③ 플러그에서 조기점화가 되기 때문이다.
④ 안내판으로 통하는 오일구멍이 막혔다.

●해설
기화기 속에 먼지가 쌓이거나 조절이 잘못되어서 발생한다.

53 다음 중 반끌형 톱날의 연마각도로 맞는 것은?

① 창날각 : 35°　　② 가슴각 : 60°
③ 지붕각 : 85°　　④ 수직각 : 45°

●해설
반끌형 톱날의 연마각도
• 창날각 : 35°　　　• 가슴각 : 85°
• 지붕각 : 60°

정답　48 ③　49 ④　50 ①　51 ①　52 ①　53 ①

54 산림작업으로 인한 피로의 회복방법 중 적합하지 않은 것은?

① 휴식과 숙면을 취할 것
② 충분한 영양을 섭취할 것
③ 산책 및 가벼운 체조를 실시할 것
④ 스트레스 해소를 위하여 수영, 축구, 격투기 등의 운동을 할 것

> ●해설
> 스트레스 해소를 위하여 수영, 축구, 격투기 등의 운동을 하는 것은 적합하지 않다.

55 구입비가 30,000,000원인 트랙터의 매년 일정액의 감가상각비를 구하면? (단, 잔존가격은 취득원가의 10%이고 상각률은 0.2이며, 정액법을 이용하여 계산한다.)

① 1,000,000원
② 2,500,000원
③ 4,500,000원
④ 5,400,000원

> ●해설
> 감가상각비＝(취득원가－잔존가격) × 상각률
> (30,000,000－3,000,000) × 0.2＝5,400,000

56 다음 중 체인톱의 안전장치에 속하지 않는 것은?

① 자동체인브레이크
② 안전스로틀
③ 핸드가드
④ 에어필터

> ●해설
> 에어필터
> 흡입되는 공기에서 이물질을 걸러내 깨끗한 공기를 엔진으로 유입시키는 역할을 하는 필터이다.

57 2행정 내연기관에서 외부의 공기가 크랭크실로 유입되는 원리는?

① 피스톤의 흡입력
② 기화기의 공기펌프
③ 크랭크실과 외부와의 기압차
④ 크랭크축의 원운동

> ●해설
> 피스톤 상승 시 압축행정 및 크랭크실로의 새로운 혼합가스 흡입은 크랭크실과 외부와의 기압차로 작용한다.

58 2행정 내연기관에서 연료에 오일을 첨가시키는 가장 큰 이유는?

① 정화를 쉽게 하기 위하여
② 엔진 내부에 윤활작용을 시키기 위하여
③ 엔진회전을 저속으로 하기 위하여
④ 체인의 마모를 줄이기 위하여

59 체인톱의 주간정비사항으로만 조합된 것은?

① 스파크플러그 청소 및 간극 조정
② 기화기연료막 점검 및 엔진오일펌프 청소
③ 시동줄 및 시동스프링 점검
④ 연료통 및 여과기 청소

> ●해설
> 주간점검(정비)
> 점화플러그의 외부를 점검하고 간격을 조정한다.(0.4~0.5mm)

60 예불기 사용 시 올바른 자세와 작업방법이 아닌 것은?

① 돌발적인 사고예방을 위하여 안전모, 안면보호망, 귀마개 등을 사용하여야 한다.
② 예불기를 멘 상태의 바른 자세는 예불기 톱날의 위치가 지상으로부터 10~20cm에 위치하는 것이 좋다.
③ 1년생 잡초제거 작업 시 작업의 폭은 1.5m가 적당하다.
④ 항상 오른쪽 발을 앞으로 하고 전진할 때는 왼쪽 발을 먼저 앞으로 이동시킨다.

> ●해설
> 어깨걸이식 예불기를 메고 손을 떼었을 때, 지상에서 날까지의 높이는 10~20cm를 유지하고 톱날의 각도는 5~10°를 유지한다.

01 종자채집 시기와 수종이 알맞게 짝지어진 것은?

① 2월 – 소나무
② 4월 – 섬잣나무
③ 7월 – 벚나무
④ 9월 – 떡느릅나무

●해설

종자채집 시기와 수종

월	수종
5	버드나무류, 미루나무, 양버들, 황철나무, 사시나무
6	떡느릅나무, 시무나무, 비술나무, 벚나무
7	회양목, 벚나무
8	스트로브잣나무, 향나무, 섬잣나무, 귀룽나무, 노간주나무
9	소나무, 주목나무, 낙엽송, 구상나무, 분비나무, 종비나무, 가문비나무, 향나무
10	소나무, 잣나무, 낙엽송, 리기다소나무, 해송, 구상나무, 삼나무, 편백나무, 전나무
11	동백나무, 회화나무

02 종자수득률이 가장 높은 것은?

① 잣나무
② 향나무
③ 박달나무
④ 호두나무

●해설

종자수득률 순서

수종	수득률
호두나무	52.0
박달나무	23.3
잣나무	12.5
향나무	12.4

03 소나무를 상목(上木)으로 하였을 때 가장 적당한 하목용 수목은?

① 상수리나무, 오리나무
② 전나무, 떡갈나무
③ 리기다소나무, 물푸레나무
④ 느티나무, 단풍나무

●해설

하목식재(수하식재)
• 임분의 연령이 높아짐에 따라 임지를 보호하기 위해 주임목 아래에 비효와 내음성이 있는 나무를 식재한다.
• 적용수종 : 상수리나무, 오리나무류, 단풍나무류, 아까시나무

04 다음 중 사방조림 수종은?

① 잣나무
② 낙엽송
③ 아까시나무
④ 오동나무

●해설

• 황폐된 산지를 식생(植生)으로 피복하여 토양을 보존하고 지력을 유지, 증진할 목적으로 실시하는 파종, 식재, 삽목조림 등이 있다.
• 적용수종 : 아까시나무, 오리나무

05 수하(樹下) 식재에 관한 설명 중 틀린 것은?

① 수하 식재용 수종으로는 양수 수종으로 척박 토양에 견디는 힘이 강한 것이 좋다.
② 수하 식재는 표토 건조 방지, 지력 증진, 황폐와 유실 방지 등을 목적으로 한다.
③ 수하 식재는 주임목의 불필요한 가지 발생을 억제하는 효과도 있다.
④ 수하 식재는 임내의 미세환경을 개량하는 효과가 있다.

● 해설

임분의 연령이 높아짐에 따라 임지를 보호하기 위해 주 임목 아래에 비효와 내음성이 있는 나무를 식재한다.

06 다음 종자의 저장과 관련된 내용 중 틀린 것은?

① 종자를 탈각한 후 그 품질을 감정하고 저장한다.
② 종자의 품질은 발아율과 효율로 표시한다.
③ 발아율이란 일정한 수의 종자 중에서 발아력이 있는 것을 백분율로 표시한 것이다.
④ 순량률이란 일정한 양의 종자 중 협잡물을 제외한 종자량을 백분율로 표시한 것이다.

● 해설

효율은 실제 득묘할 수 있는 효과를 예측하기 위해서 순량률에 발아율을 곱한 것으로 종자의 사용가치를 나타내는 것이다.

07 식재 시 비료를 가장 많이 주어야 하는 나무는?

① 낙엽송
② 오리나무
③ 삼나무
④ 오동나무

● 해설

수종별 무기양분 요구도

무기양분 요구도	적용수종
비옥지(많음)	오동나무, 느티나무, 전나무, 미루나무, 밤나무류, 물푸레나무류, 참나무류 등
중간	낙엽송, 잣나무, 버드나무류 등
척박지(적음)	소나무, 해송, 향나무, 오리나무, 아까시나무, 자작나무류, 삼나무 등

08 묘목을 심을 때 뿌리를 잘라 주는 주목적은?

① 식재가 용이하다.
② 측근과 세근의 발달을 도모한다.
③ 수분의 소모를 막는다.
④ 양분의 소모를 막는다.

● 해설

• 건강한 뿌리 발달을 위해 묘목의 직근과 측근을 끊어 잔뿌리의 발달을 촉진시키는 작업이다.
• 작업은 5월 중순~7월 상순에 실시하며, 단근의 길이는 뿌리의 2/3 정도 남기도록 한다.

09 다음 중 무배유 종자는?

① 밤나무
② 물푸레나무
③ 소나무
④ 잎갈나무

● 해설

무배유종자

자엽(떡잎)에 양분이 축적되어 있으며 배만 있고 배유는 없다. (밤나무, 호두나무, 자작나무)

10 수목 종자 중 단백질, 지방이 주성분인 종자의 탈각은 어떻게 하는 것이 적합한가?

① 양달건조하여 탈각한다.
② 응달건조하여 탈각한다.
③ 부숙법으로 탈각한다.
④ 유궤법으로 탈각한다.

● 해설

양광(양달)건조법

• 햇볕이 잘 드는 곳에 구과를 멍석 위에 펴 널고, 2~3회씩 뒤집어 건조시키는 방법이다.
• 구과의 인편이 벌어지면 그 안의 종자가 60~70% 탈종될 때까지 건조시킨다.
• 회양목은 과피가 터지면서 종자가 날아갈 경우를 대비해 좁은 망으로 덮어 준다.
• 적용수종 : 소나무, 해송, 낙엽송, 전나무, 회양목 등

11 다음 중 풀베기를 할 수 있는 가장 적당한 시기는?

① 3~5월
② 6~8월
③ 9~11월
④ 12~2월

풀베기 시기

• 일반적으로 6~8월에 실시하며, 연 2회할 경우 6월 (5~7월)에서 8월(7~9월)에 작업한다.
• 9월 이후에는 수종의 성장이 끝나므로 풀베기는 실시하지 않는다.

12 파종상에서 그대로 2년을 지낸 실생 묘목의 연령 표시법이 옳은 것은?

① 1-1묘 ② 2-0묘
③ 0-2묘 ④ 2-1-1묘

구분	내용
1-0묘	상체된 적이 없는 1년생 실생묘이다.
1-1묘	• 파종상에서 1년, 이식되어 1년을 지낸 만 2년생 묘목이다. • 낙엽송 1-1묘 산출 시 근원경의 표준규격은 6mm 이상이다.
2-0묘	이식된 적이 없는 만 2년생 묘목이다.
2-1묘	파종상에서 2년, 이식되어 1년을 지낸 만 3년생 묘목이다.
2-1-1묘	파종상에서 2년, 그 뒤 두 번 이식되어 각각 1년씩 지낸 4년생 묘목이다.

13 수풀을 띠모양으로 구획하고, 교대로 두 번의 개벌에 의해 갱신은 끝내는 방법은?

① 대상 개벌작업 ② 연속 대상 개벌작업
③ 군상개벌작업 ④ 모수작업

교호 대상 개벌작업

• 임지를 띠 모양의 작업단위로 구획하고 교대로 두 번의 개벌에 의하여 갱신을 끝내는 방법이다.
• 1차 벌채가 끝나고 그곳의 갱신은 남아 있는 측방임분으로부터 종자가 떨어지거나 인공조림으로 되기도 한다.
• 2차 벌채면의 갱신은 현존 임목의 결실연도에 벌채하지 않고서는 개벌에 의한 천연갱신이 어렵기 때문에 벌채결실연도에 맞추어서 인공조림을 실시한다.
• 1차와 2차 벌채의 간격은 5~10년으로 갱신 완료 후 동령림이 형성된다.

14 밤나무를 식재면적 1ha에 묘목 간 거리 5m로 정사각형 식재를 하고자 한다. 총 소요 묘목 본수는?

① 400본 ② 500본
③ 1,200본 ④ 3,000본

$$N = \frac{A}{a^2}$$

여기서, N : 식재할 묘목의 수, A : 조림지 면적
a : 묘목 사이의 거리(줄 사이의 거리)

1ha=10,000m²이므로 $\frac{10,000}{25} = 400$본

15 택벌작업에서 벌채목을 정할 때 생태적 측면에서 가장 중점을 두어야 할 사항은?

① 우량목의 생산
② 간벌과 가지치기
③ 대경목을 중심으로 벌채
④ 숲의 보호와 무육

한 임분을 구성하고 있는 임목 중 성숙한 일부 임목만을 선택적으로 골라 벌채하는 작업법으로 갱신기간이 정해져 있지 않으며 숲의 보호와 무육에 중점을 두고 있다.

16 비료목으로 적합하지 않은 수종은?

① 오리나무류 ② 자귀나무
③ 소나무 ④ 보리수나무

비료목이란 임지의 생산력을 유지하기 위하여 보조적 또는 부수적으로 심어 주는 나무를 말한다.

질소를 고정하는 비료목

구분	내용
콩과수목 (Rhizobium속)	아까시나무, 자귀나무, 싸리나무류, 칡, 다릅나무 등
비콩과수목 (Frankia속)	오리나무류, 보리수나무류, 소귀나무

17 묘목의 가식에 관한 내용을 가장 바르게 설명한 것은?

① 가식장소는 배수가 잘 되는 건조한 곳을 선정한다.

② 가식은 대부분 이랑을 파서 비스듬히 한 후 흙으로 묘목 전부를 덮고 단단히 밟아준다.

③ 장기간 가식 시 다발을 풀어 가식하고 단기간 가식 시는 다발째로 가식한다.

④ 묘목의 끝이 가을에는 북쪽, 봄에는 남쪽으로 향하도록 묻는다.

● 해설

가식의 실제

• 묘목의 끝이 가을에는 남향으로, 봄에는 북향으로 45° 경사지게 한다.

• 지제부를 10cm 이상 깊이로 가식한다.

• 단기간 가식할 때는 다발째로, 장기간 가식할 때는 다발을 풀어서 뿌리 사이에 흙이 충분히 들어가도록 밟아 준다.

• 비가 올 때나 비가 온 이후에는 가식하지 않는다.

• 동해에 약한 수종은 움가식을 하며 낙엽 및 거적으로 피복하였다가 해빙이 되면 2~3회로 나누어 걷어 낸다.

• 가식지 주변에는 배수로를 설치한다.

18 토양의 단면도를 보았을 때 위쪽에서 아래쪽으로의 순서가 맞게 배열된 것은?

① 표토층 - 모재층 - 심토층 - 유기물층

② 표토층 - 유기물층 - 심토층 - 모재층

③ 유기물층 - 표토층 - 심토층 - 모재층

④ 유기물층 - 표토층 - 모재층 - 심토층

● 해설

수직적 토양단면
유기물층(O층) → 표토층(용탈층)(A) → 집적층(B) → 모재층(C) → 모암층(D)

19 다음 중 삽목이 잘 되는 수종끼리만 짝지어진 것은?

① 버드나무, 잣나무

② 개나리, 소나무

③ 오동나무, 느티나무

④ 사철나무, 미루나무

● 해설

삽목은 줄기, 잎, 뿌리 등 식물의 영양기관 일부분을 분리한 다음 발근시켜 하나의 개체로 만드는 무성번식방법이다.

구분	수종
발근이 잘 되는 수종	버드나무류, 은행나무, 사철나무, 미루나무, 플라타너스, 포플러류, 개나리, 진달래, 주목, 측백나무, 화백, 향나무, 히말라야시다, 동백나무, 치자나무, 닥나무, 모과나무, 삼나무, 쥐똥나무, 무궁화, 덩굴사철나무 등
발근이 잘 되지 않는 수종	소나무, 해송, 잣나무, 전나무, 오리나무, 참나무류, 아까시나무, 느티나무, 백합나무, 섬잣나무, 가시나무류, 비파나무, 단풍나무, 옻나무, 감나무, 밤나무, 호두나무, 벚나무, 자귀나무, 복숭아나무, 사과나무 등

20 개벌작업의 장점에 해당되지 않는 것은?

① 미관상 가장 아름다운 수풀이 된다.

② 성숙한 임목의 숲에 적용할 수 있는 가장 간편한 방법이다.

③ 벌채작업이 한 지역에 집중되므로 작업이 경제적으로 진행될 수 있다.

④ 현재의 수종을 다른 수종으로 변경하고자 할 때 적절한 방법이다.

● 해설

개벌작업은 갱신하고자 하는 임지 위에 있는 임목을 일시에 벌채하고 그 자리에 묘목식재나 파종 및 천연갱신으로 새로운 후계림을 조성하는 방법이다. ①은 개벌작업과 관련이 없다.

21 씨앗이 싹트는 데 필요한 조건이 아닌 것은?

① 온도

② 산소

③ 수분

④ 토양

22 다음 중 소나무에 주로 이용되는 접목법은 무엇인가?

① 절접법   ② 박접법
③ 할접법   ④ 설접법

해설

할접(쪼개접)
• 대목을 절단면의 직각방향으로 쪼개고 쐐기모양으로 깎은 접수를 삽입한다.
• 대목이 비교적 굵고 접수가 가늘 때 적용한다.
• 소나무류, 낙엽활엽수에 적용한다.

23 다음 중 은행나무, 잣나무, 백합나무, 벚나무, 느티나무, 단풍나무류 등의 발아촉진법으로 가장 적당한 것은?

① 장기간 노천매장을 한다.
② 씨뿌리기 한 달 전에 노천매장을 한다.
③ 보호 저장을 한다.
④ 습적법으로 한다.

해설

노천매장
• 땅속 50~100cm 깊이에 모래와 섞어 묻어 종자를 저장하고, 종자의 후숙을 도와 발아를 촉진시키는 저장방법이다.(저장과 동시에 발아촉진)
• 장기간의 노천매장으로 발아촉진되는 수종에는 은행나무, 잣나무, 벚나무, 단풍나무류, 백합나무, 느티나무 등이 있다.

24 묘목의 식재순서를 바르게 나열한 것은?

① 지피물 제거 → 구덩이 파기 → 묘목 삽입 → 흙 채우기 → 다지기
② 구덩이 파기 → 흙 채우기 → 묘목 삽입 → 다지기
③ 지피물 제거 → 구덩이 파기 → 흙 채우기 → 묘목 삽입 → 다지기
④ 구덩이 파기 → 묘목 삽입 → 다지기 → 흙 채우기

해설

묘목의 식재방법 및 유의사항
• 겉흙과 속흙을 분리하여 모아 놓고 겉흙을 5~6cm 정도 먼저 넣는다.
• 뿌리를 잘 펴서 곧게 세우고 겉흙부터 구덩이의 2/3가 되게 채운 후 묘목을 살며시 위로 잡아 당기면서 밟는다.
• 나머지 흙을 모아 주위 지면보다 약간 높게 정리한 후 수분의 증발을 막기 위하여 낙엽이나 풀 등으로 멀칭한다.
• 건조하거나 바람이 강한 곳에서는 약간 깊게 심는다.
• 비탈진 곳에 심을 때는 흙을 수평이 되게 덮는다

25 다음 중 산벌작업의 장점인 것은?

① 벌채 대상목이 흩어져 있어서 작업이 다소 복잡하다.
② 천연갱신으로만 진행될 때에는 갱신기간이 길어진다.
③ 음수의 갱신에 잘 적용될 수 있다.
④ 일시에 모두 갱신을 하므로 경제적이다.

해설

산벌의 특성
• 산벌작업은 천연하종갱신이 가장 안전한 작업종으로 갱신된 숲은 동령림으로 취급된다.
• 천연하종갱신이 가장 안전한 작업방법으로 갱신기간을 짧게 하면 동령림이 조성되고, 길게 하면 이령림이 성립된다.
• 적용수종
  - 음수의 갱신이 잘 적용되며, 갱신이 비교적 오래 걸린다.
  - 극양수 이외의 양수도 갱신이 가능하다

26 포플러 잎 뒷면에 초여름 오렌지색의 작은 가루덩이가 생기고 정상적인 나무보다 먼저 낙엽이 지는 현상을 나타내는 나무의 병은?

① 포플러잎녹병
② 포플러갈반병
③ 포플러점무늬잎떨림병
④ 포플러잎마름병

27 모잘록병의 방제법이 틀린 것은?
① 모판을 배수와 통풍이 잘 되게 하고 밀식을 삼간다.
② 질소질 비료를 많이 주어 묘목을 튼튼하게 기른다.
③ 토양소독 및 종자소독을 한다.
④ 발병했을 때에는 묘목을 제거하고, 그 자리에 토양 살균제를 관주한다.

28 솔나방의 월동형태와 월동장소로 짝지어진 것 중 옳은 것은?
① 알 – 낙엽밑
② 유충 – 솔잎
③ 유충 – 낙엽밑
④ 번데기 – 나무껍질

29 향나무녹병균의 겨울포자가 발아한 그림이다. A는 무엇인가?

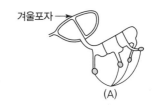

① 녹포자
② 담자포자(소생자)
③ 자낭포자
④ 여름포자

30 다음 중 보르도액을 만드는 데 사용되는 약품들로 옳은 것은?
① 황산구리와 석회질소
② 황산구리와 생석회
③ 황산구리와 유황합제
④ 황산구리와 탄산소다

31 곤충은 생활하는 도중에 환경이 좋지 않으면 발육을 일시적으로 정지한다. 이것을 가리키는 말로 옳은 것은?
① 휴면
② 이주
③ 탈피
④ 변태

32 잣나무넓적잎벌의 월동 형태는?

① 유충　　　　　　② 번데기
③ 알　　　　　　　④ 성충

> **해설**
> 연 1회 발생하며 7월 중순~8월 하순 이후 노숙유충이 땅속으로 들어가 월동한다.

33 다음 중 진딧물과 루비깍지벌레의 구제에 가장 효과적인 약제는?

① 만코지수화제　　② 메치온 유제
③ 다조메 입제　　　④ 디코폴 유제

34 밤 열매에 피해를 주며 1년에 2회 발생하고 성충 최성기에 침투성 살충제로 방제하면 효과가 큰 해충은?

① 복숭아명나방　　② 밤나무순혹벌
③ 밤나방　　　　　④ 밤바구미

> **해설**
> 복숭아명나방
>
> | 구분 | 내용 |
> | --- | --- |
> | 4월 | • 2령기 유충은 밤가시를 식해하다가 3령기 이후 성숙해지면 과육을 식해한다.
• 월동한 유충이 활동하기 시작한다. |
> | 6월 | 제1화기 성충이 우화하여 복숭아, 사과나무 과실에 산란하여 유충이 과실을 먹고 자란다. |
> | 7월 하순~
8월 상순 | 제2화기 성충이 우화하여 밤나무, 감나무 종실에 산란하여 유충이 과실을 먹고 자란다. |
> | 겨울 | 지피물이나 수피의 고치 속에서 유충으로 월동한다. |

35 농약 사용 시의 일반적인 주의사항과 거리가 먼 것은?

① 사용하는 물은 깨끗한 우물물이나 수돗물을 사용한다.
② 유제(乳劑)와 수화제(水和劑)는 가능한 한 혼합하여 사용한다.
③ 바람을 등지고 뿌린다.
④ 한사람이 2시간 이상 뿌리지 않도록 한다.

36 식물병원균 중 불완전균류에 대한 설명으로 옳은 것은?

① 자낭 속에 자낭포자를 8개 갖고 있다.
② 유성세대(有性世代)로 알려져 있는 균류이다.
③ 무성세대(無性世代)만으로 분류된 균류이다.
④ 버섯종류를 총칭한다.

> **해설**
> 불완전균류의 특징
> • 격막이 있고 무성생식(분생포자)만으로 세대를 이류는 균류
> • 유성생식 세대가 알려져 있지 않아 편의상 분류된 균류

37 대추나무빗자루병의 병원균은 무엇인가?

① 바이러스　　　　② 세균
③ 파이토플라스마　④ 진균

> **해설**
> 파이토플라스마
> • 감염식물의 체관부에만 존재하여 식물의 체관부를 흡즙하는 곤충류에 의해 매개된다.
> • 수병 : 오동나무빗자루병, 대추나무빗자루병, 뽕나무오갈병 등

38 해충을 방제하기 위하여 수목에 잠복소를 설치하였다가 해충이 활동하기 전에 모아서 소각하는 방법을 (　　) 방제라고 한다. (　) 안에 적합한 내용은?

① 생물적　　　　② 육림학적
③ 화학적　　　　④ 기계적

●해설
기계적 방제법
경운법, 포살법, 차단법, 터는법, 소살법, 유살법 등

39 바람의 피해를 막기 위한 방풍림에 대한 설명으로 가장 거리가 먼 것은?

① 방풍림의 너비는 10~20m를 보통으로 한다.
② 바람이 불어오는 쪽으로 수고의 30배까지 방풍효과가 있다.
③ 바람이 부는 방향으로는 수고의 15~20배까지 방풍효과가 있다.
④ 수종은 심근성이고 가지가 밀생하며, 생장이 빠른 것이 좋다.

●해설
방풍림 조성
• 심근성 수종을 10~20m의 폭으로 풍향에 직간인 띠 모양으로 길게 조성한다.
• 바람이 부는 방향으로는 수고의 15~20배까지 방풍효과가 있다.
• 수종은 심근성이고 가지가 밀생하며, 생장이 빠른 것이 좋다.

40 산불 발생의 설명으로 틀린 것은?

① 활엽수보다 침엽수에서 산불이 일어나기 쉽다.
② 양수는 음수에 비하여 산불의 위험성이 많다.
③ 단순림과 동령림이 혼효림과 이령림보다 산불이 발생하기 어렵다.
④ 3~5월의 건조 시에 산불이 가장 많이 일어난다.

●해설
단순림과 동령림이 혼효림과 이령림보다 산불이 발생하기 쉽다.

41 디젤기관의 연료분사장치에서 연료의 분사량을 조절하는 것은?

① 연료여과기　　　　② 연료분사노즐
③ 연료분사펌프　　　④ 연료공급펌프

●해설
디젤엔진에는 연료를 분사하기 위한 연료분사펌프와 연료분사노즐이 필요하며 가솔린 엔진에는 필요없다.

42 예불기는 누계사용시간이 얼마일 때마다 그리스(윤활유)를 교환해야 하는가?

① 200시간　　　　② 50시간
③ 20시간　　　　④ 1시간

●해설
예불기의 구성요소인 기어케이스 내 그리스(윤활유)는 20시간마다 교체하는 것이 좋다.

43 소형 벌목 보조용 도구이다. 그림과 그 명칭이 바르게 된 것은?

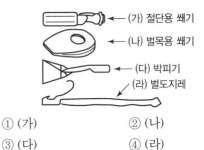

① (가)　　　　② (나)
③ (다)　　　　④ (라)

●해설
(가) 벌목용 쐐기, (나) 절단용 쐐기, (라) 목재방향전환용 지렛대

44 체인톱에 사용하는 연료의 배합기준으로 맞는 것은?

① 휘발유 25 : 엔진오일 1
② 휘발유 20 : 엔진오일 1
③ 휘발유 1 : 엔진오일 25
④ 휘발유 1 : 엔진오일 20

45 다음 중 벌목 작업 시 고려할 사항이 아닌 것은?

① 벌목방향을 정확히 하여야 한다.
② 안전사고 준칙을 철저히 지켜야 한다.
③ 잔존목의 이용재적이 많이 나오도록 한다.
④ 주변 입목의 피해를 가능한 한 감소시켜야 한다.

🔵 **해설**

잔존목의 이용재적이 적게 나오도록 한다.

46 체인톱의 대패형 톱날 연마 중 옳은 것은?

① 가슴각을 60도로 연마하였다.
② 가슴각을 90도로 연마하였다.
③ 창날각을 40도로 연마하였다.
④ 창날각을 25도로 연마하였다.

🔵 **해설**

톱체인의 연마각도

구분	대패형 톱날	반끌형 톱날	끌형 톱날
창날각	35°	35°	30°
가슴각	90°	85°	80°
지붕각	60°	60°	60°
연마방법	수평	수평에서 위로 10° 상향	

47 체인톱에 사용하는 2행정기관의 특징으로 틀린 것은?

① 동일배기량에 비해 출력이 크다.
② 일반적으로 배기와 흡입밸브가 없으며 소기공이 있고 연료에 오일을 섞어 사용한다.
③ 크랭크축 1회전마다 1회 폭발한다.
④ 무게가 매우 무겁고 기계음이 크다.

🔵 **해설**

2행정기관의 엔진 특징
• 구조가 간단하다.
• 조정이 용이하고 무게가 가볍다.
• 열효율이 낮고 과열되기 쉽다.
• 배기가 불완전하고 배기음이 크다.

48 다음 중 임업기계용 체인톱 점화플러그의 전극 간격으로 가장 적합한 것은?

① 0.4~0.5mm
② 1.0~1.2mm
③ 1.5~1.7mm
④ 2.0~2.5mm

🔵 **해설**

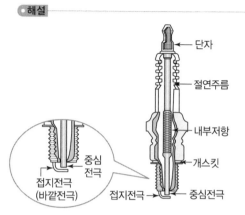

단자
절연주름
내부저항
개스킷
중심전극
접지전극
중심전극
접지전극(바깥전극)

[점화플러그의 구조]

49 분해된 체인톱 체인(Chain) 및 안내판(Guide-bar)을 다시 결합할 때 가장 먼저 해야 할 사항은?

① 체인과 안내판을 스프로킷에 건다.
② 체인의 조정나사를 돌려 조정한다.
③ 안내판 덮개조임나사를 손으로 조여 준다.
④ 체인장력조정나사를 시계 반대방향으로 돌린다.

🔵 **해설**

체인의 결합순서
• 제일 먼저 체인장력조정나사를 시계 반대방향으로 돌린다.
• 체인을 스프로킷에 걸고 안내판 아래의 큰 구멍을 안내판 조정핀에 끼운다.
• 스프로킷에 체인이 잘 걸렸는지 확인한다.
• 안내판코를 본체 쪽으로 당기면서 체인장력조정나사를 시계방향으로 돌려 체인장력을 조정한다.
• 체인이 안내판에 가볍게 붙을 때가 장력이 잘 조정된 상태이다.

50 도구의 날을 가는 요령을 설명한 것으로 틀린 것은?

① 도끼의 날은 침엽수용을 활엽수용보다 더 둔하게 갈아준다.

② 도끼의 날은 활엽수용을 침엽수용보다 더 둔하게 갈아준다.

③ 톱의 날은 활엽수용을 침엽수용보다 더 둔하게 갈아준다.

④ 톱니의 젖힘은 침엽수용을 활엽수용보다 더 넓게 젖혀준다.

● 해설

활엽수용 도끼 날은 침엽수용보다 더 둔하게 갈아 준다.

51 괭이날과 괭이자루와의 각도는 몇 도인가?

① 70°   ② 80°

③ 85°   ④ 90°

● 해설

60°~70°

[사식재용 괭이]

52 다음 그림의 도구는 무슨 용도로 쓰이는가?

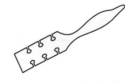

① 톱날갈기   ② 톱날의 각도측정

③ 톱니 젖힘   ④ 톱니 꼭지선 조정

53 예불기의 톱 회전 방향은?

① 시계 방향

② 시계 반대방향

③ 방향이 일정하지 않다.

④ 작업자 중심방향

● 해설

예불기의 톱날은 좌측방향으로 회전하기 때문에 우측에서 좌측으로 실시한다.

54 안내판 홈이 닳아져서 홈의 간격이 체인 연결쇠 (그림의 a)의 두께보다 클 경우에 체인톱 작동 시 압력을 가하면 어떻게 되는가?

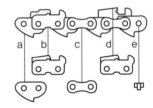

① 체인이 가동되지 않고 정지한다.

② 절삭률이 높아져 기계 효율이 높아진다.

③ 절삭 방향이 삐뚤어질 위험이 높다.

④ 연료 소모량이 높아진다.

● 해설

톱날을 잘못 연마했을 경우 발생할 수 있는 현상

• 톱날의 길이가 같지 않을 경우 : 톱이 심하게 튀거나 부하가 걸리며 안내판의 작용이 어렵다.

• 안내판 홈이 닳아 홈의 간격이 체인연결쇠(이음링크)의 두께보다 클 경우 : 절삭방향이 삐뚤어 나갈 위험이 높다.

• 깊이제한부에 높이차가 있을 경우 : 한쪽 날만이 절삭능력을 가지고 있기 때문에 체인이 기울고 절단력이 떨어진다.

55 다음 중 도끼자루 제작에 가장 적합한 수종으로 묶인 것은?

① 소나무, 호두나무, 가래나무

② 호두나무, 가래나무, 물푸레나무

③ 가래나무, 물푸레나무, 전나무

④ 물푸레나무, 소나무, 전나무

56 우리나라 여름철에 체인톱 사용 시 혼합유 제조를 위한 윤활유 점액도가 가장 알맞은 것은?

① SAE 20   ② SAE 30

③ SAE 20W   ④ SAE 30W

> ● 해설
>
> | 외기온도 | 종류 |
> |---|---|
> | 저온(겨울)에 알맞은 점도의 윤활유 | SAE 5W, 10W, 30W |
> | 고온(여름)에 알맞은 점도의 윤활유 | SAE 30, 40, 50 |

57 손톱의 톱니 높이가 아래 그림과 같이 모두 같지 않을 경우 어떤 현상이 나타나는가?

꼭지선

① 톱이 목재 사이에 낀다.

② 잡아당기고 미는 데 힘이 든다.

③ 잡아당기고 밀기가 용이하다.

④ 톱의 수명이 단축된다.

> ● 해설
>
> **톱니 꼭지선**
> 톱니의 높이가 일정하지 않으면 톱질할 때 힘이 많이 든다.

58 체인톱 체인의 일시보관 시 어떻게 하면 체인 수명을 연장하고 파손을 예방할 수 있는가?

① 가솔린통에 넣어 둔다.

② 석유통에 넣어둔다.

③ 오일(윤활유)통에 넣어둔다.

④ 구리스통에 넣어둔다.

> ● 해설
>
> **체인톱의 일시보관**
> • 체인을 휘발유나 석유로 깨끗하게 청소한 다음 윤활유에 넣어 보관한다.
> • 기계톱체인의 수명연장과 파손방지예방을 위해서이다.

59 2행정기관에만 있는 것은?

① 배기공   ② 흡기공

③ 소기공   ④ 대기공

> ● 해설
>
> 피스톤이 하강하면서 소기구(소기공)가 열리기 시작함에 따라 크랭크실에 흡입되어 있던 혼합가스는 소기구를 통해 연소실로 공급된다.

60 식재작업 시 유의할 사항으로 틀린 것은?

① 식재괭이 자루가 안전한지 확인한다.

② 경사지에서는 상하로 서서 작업한다.

③ 작업자 간의 안전거리를 유지한다.

④ 안전장비를 착용한다.

> ● 해설
>
> 벌채사면의 구획은 종방향으로 하고 동일 벌채사면의 상하 동시작업은 금지한다.

01 소철과 은행나무의 공통점으로 옳은 것은?

① 속씨식물

② 자웅이주

③ 낙엽침엽교목

④ 우리나라 자생식물

● 해설

자웅동주 (암수 한 그루)	한 식물에 암수꽃이 같이 존재한다. 예 소나무, 밤나무, 자작나무 등
자웅이주 (암수 딴 그루)	서로 다른 식물에 암수꽃이 존재한다. 예 은행나무, 소철, 버드나무 등

02 종자 성숙기(채취시기)가 알맞게 짝지어진 것은?

① 5월 – 미루나무

② 6월 – 버드나무류

③ 7월 – 회양목

④ 11월 – 소나무

● 해설

주요 수종의 종자 성숙기(채취시기)

월	수종
5	버드나무류, 미루나무, 양버들, 황철나무, 사시나무
6	떡느릅나무, 시무나무, 비술나무, 벚나무
7	회양목, 벚나무
8	스트로브잣나무, 향나무, 섬잣나무, 귀룽나무, 노간주나무
9	소나무, 주목나무, 낙엽송, 구상나무, 분비나무, 종비나무, 가문비나무, 향나무
10	소나무, 잣나무, 낙엽송, 리기다소나무, 해송, 구상나무, 삼나무, 편백나무, 전나무
11	동백나무, 회화나무

03 고온에 의한 피해 중 피소(볕데기)에 피해를 덜 받는 수종은?

① 오동나무

② 상수리나무

③ 호두나무

④ 가문비나부

● 해설

피소 피해수종

• 흉고직경 15~20cm 이상의 수종과 서쪽 및 남서쪽에 위치하는 임목에 피해가 많다.

• 굴참나무, 상수리나무 등은 수피가 거칠고 코르크 등이 많이 발달하여 피해를 덜 받는 수종이다.

• 피해수종 : 수피가 평활하고 코르크층이 발달하지 않은 오동나무, 후박나무, 호두나무, 가문비나무 등의 수종에 피해가 심하다.

04 다음 중 종자 수득률(수율)이 가장 높은 것은?

① 잣나무

② 향나무

③ 가래나무

④ 해송

● 해설

수종	수득률	수종	수득률
호두나무	52.0	잣나무	12.5
가래나무	50.9	향나무	12.4
은행나무	28.5	편백나무	11.4
자작나무	24.0	가문비나무	2.1
박달나무	23.3	소나무	2.7
전나무	19.2	해송	2.4

05 다음 중 보습저장법의 종류가 아닌 것은 ?

① 보호저장법

② 노천매장법

③ 상온저장법

④ 냉습저장법

● 해설

보습저장법

종자가 발아력을 상실하지 않도록 일정한 습도를 유지한 채로 저장하는 방법으로 노천매장법, 보호저장법, 냉습적법 등이 있으며, 상온저장법은 건조저장법이다.

정답 01 ② 02 ③ 03 ② 04 ③ 05 ③

06 항온발아기에 종자를 넣어 발아시키는 최적의 온도는?

① 30∼35℃   ② 17∼23℃
③ 23∼25℃   ④ 25∼30℃

- 일정한 최적온도를 유지하는 항온발아기(정온기)에 종자를 넣고 발아력을 시험하는 방법이다.
- 항온기의 온도는 23∼25℃가 최적이다.

07 테트라졸륨(T.T.C) 1% 수용액에 절단한 종자를 처리하였을 때 죽은 종자는 어떤 색으로 변하는가?

① 백색   ② 변화가 없다.
③ 붉은색   ④ 청색

테트라졸륨에 의한 방법
- 종자의 발아력 검사를 위해 테트라졸륨(T.T.C용액) 0.1∼1%의 수용액을 여과지 등에 적셔 깔고 적출된 배를 담아 처리한다.
- 생활력이 있는 종자는 붉은색을 띠며 죽은 조직에는 변화가 없다.
- 휴면종자, 수확 직후의 종자, 발아시험기간이 긴 종자에 효과적인 방법이다.

08 다음 중 격년마다 결실하는 수종은?

① 소나무류   ② 오리나무류
③ 전나무   ④ 낙엽송

주요 수종들의 결실주기

결실주기	적용수종
해마다 결실	버드나무류, 포플러류, 오리나무류
격년마다 결실	오동나무, 소나무류, 자작나무류, 아까시나무, 해송
2∼3년 주기로 결실	참나무류, 느티나무, 들메나무, 편백나무, 삼나무
3∼4년 주기로 결실	가문비나무, 전나무, 녹나무,
5년 이상 주기로 결실	너도밤나무, 낙엽송(일본잎갈나무)

09 소나무 종자의 효율이 70%, 1g당 종자립수가 100개, 가을이 되어 1m²에 남길 묘목의 수는 500그루, 잔존율은 0.3으로 할 때 m²당 파종량 (g)은?

① 23.8g   ② 25.8g
③ 28.8g   ④ 30.8g

$$W = \frac{A \times S}{D \times P \times G \times L}$$

$$= \frac{500}{100 \times 0.7 \times 0.3} = 23.809g$$

10 일반적으로 조파(줄뿌림)로 파종하는 수종은?

① 향나무, 신갈나무
② 가래나무, 전나무
③ 느티나무, 아까시나무
④ 해송, 은행나무

파종방법

종류	파종방법
산파 (흩어뿌림)	• 소독이 끝난 종자를 깨끗한 모래와 약간 혼합하여 묘판에 고루 뿌리는 방법 • 소나무류, 낙엽송, 오리나무류, 자작나무류 등과 같은 세립종자에 적합
조파 (줄뿌림)	• 골을 만들고 종자를 줄지어 뿌리는 방법 • 느티나무, 옻나무, 싸리나무, 아까시나무 등과 같은 보통종자에 적합
점파 (점뿌림)	• 일직선으로 1립씩 일정한 간격을 두고 종자를 뿌리는 방법 • 밤나무, 호두나무, 상수리나무, 은행나무 등과 같은 대립종자에 적합
상파 (모아뿌림)	파종할 종자를 한 장소에 군상으로 모아서 뿌리는 방법

11 다음 중 판갈이 목적에 대한 설명 중 틀린 것은?

① 땅이 비옥할수록 밀식한다.
② 양수는 음수보다 소식한다.
③ 묘목이 클수록 소식한다.
④ 지엽이 옆으로 확장할수록 소식한다.

판갈이의 밀도
• 묘목이 클수록 소식한다.
• 지엽이 옆으로 확장할수록 소식한다.
• 양수는 음수보다 소식한다.
• 땅이 비옥할수록 소식한다.
• 판갈이상에 거치할 때 소식한다.
• 소식수종 : 삼나무, 편백나무
• 밀식수종 : 소나무, 해송

12 묘목을 심을 때 뿌리를 잘라 주는 주목적은?

① 식재가 용이하다.
② 양분의 소모를 막는다.
③ 수분의 소모를 막는다.
④ 측근과 세근의 발달을 도모한다.

건강한 뿌리 발달을 위해 묘목의 직근과 측근을 끊어 잔뿌리의 발달을 촉진시키는 작업이다.

13 다음 중 접목의 특징으로 틀린 것은?

① 대목과 접수는 각각의 특성을 그대로 유지하기 때문에 대목의 성질(병해충과 저항성)은 접수에 영향을 준다.
② 뿌리로 이용되는 것을 대목이라 하고 아랫부분으로 이용되는 것을 접수라고 한다.
③ 서로 다른 식물의 조직을 붙여 물과 양분 통로를 연결해 하나의 식물체로 만드는 것을 말한다.
④ 대목과 접수의 친화력은 식물계통상 같은 종 다른 품종인 동종이품종(同種異品種) 간이 가장 크다.

뿌리로 이용되는 것을 대목이라 하고 윗부분으로 이용되는 것을 접수라고 한다.

14 삽목묘 발근에 영향을 미치는 인자가 아닌 것은?

① 모수의 생육환경조건
② 모수의 연령
③ 수종의 유전성
④ 삽수의 양분조건

삽목의 발근에 영향을 미치는 인자
모수의 유전성, 모수의 연령, 삽목상의 온도, 삽수의 양분조건 등

15 지면의 수분증발을 억제하기 위해서 해가림이 필요한 수종은?

① 소나무류   ② 해송
③ 전나무   ④ 상수리나무

해가림의 필요유무에 따른 수종

구분	내용
해가림이 필요한 수목	가문비나무, 전나무, 잣나무, 주목, 낙엽송 등의 음수(대부분의 침엽수)
해가림이 필요 없는 수목	소나무류, 해송, 상수리나무, 포플러류, 아까시나무, 사시나무 등

16 묘목의 가식에 관한 내용을 가장 바르게 설명한 것은?

① 가식은 대부분 이랑을 파서 비스듬히 한 후 흙으로 묘목 전부를 덮고 단단히 밟아 준다.
② 장기간 가식 시 다발을 풀어 가식하고 단기간 가식 시에는 다발째로 가식한다.
③ 묘목의 끝이 가을에는 북쪽, 봄에는 남쪽으로 향하도록 묻는다.
④ 가식장소는 배수가 잘 되는 건조한 곳을 선정한다.

묘목의 가식방법
• 지제부가 10cm 이상 깊게 묻히도록 가식한다.

- 묘목의 가지 끝이 가을에는 남향으로, 봄에는 북향을 향하도록 45° 경사지게 누여서 가식한다.
- 단기간에 가식할 때는 다발째로, 장기간에 가식할 때는 다발을 풀어서 뿌리 사이에 흙이 충분히 들어가도록 밟아 준다.
- 비가 올 때나 비가 온 이후에는 가식하지 않는다.
- 동해에 약한 수종은 움가식을 하며 낙엽 및 거적으로 피복하였다가 해빙이 되면 2~3회로 나누어 걷어 낸다.

17 다음 중 정방형(정사각형) 식재에 대한 설명으로 맞는 것은?

① 묘간 거리와 열간 거리의 간격이 동일한 일반적인 식재방법이다.
② 정삼각형의 꼭짓점에 심는 것으로 묘목 사이의 간격이 동일하다.
③ 묘간 거리와 열간 거리의 간격을 서로 다르게 하여 식재하는 방법이다.
④ 정방형식재에 비해 묘목 1본이 차지하는 면적은 86.6% 감소한다.

◉해설
②, ④ 정삼각형 식재
③ 장방형(직사각형) 식재

18 다음 중 택벌작업의 단점으로 틀린 것은?

① 양수수종 적용이 곤란하다.
② 작업에 고도의 기술을 요하고 경영내용이 복잡하다.
③ 벌채비용이 많이 들고, 일시의 벌채량이 적어 경제적으로 비효율적이다.
④ 병해충에 대한 저항력이 매우 크다.

◉해설
④는 택벌작업의 장점이다.

19 비콩과식물의 비료목으로 가장 적당한 나무는?

① 다릅나무
② 아까시나무
③ 오리나무류
④ 싸리나무류

◉해설
질소를 고정하는 비료목

구분	내용
콩과수목 (Rhizobium속)	아까시나무, 자귀나무, 싸리나무류, 칡, 다릅나무 등
비콩과수목 (Frankia속)	오리나무류, 보리수나무류, 소귀나무

- 근류균(뿌리혹박테리아) : 콩과식물의 뿌리에 기생하며 공중질소를 고정하여 기생식물과 공생한다.

20 다음 중 풀베기를 할 수 있는 가장 적당한 시기는?

① 6~8월
② 12~2월
③ 3~5월
④ 9~11월

◉해설
- 일반적으로 6~8월에 실시하며, 연 2회할 경우 6월(5~7월)에서 8월(7~9월)에 작업한다.
- 9월 이후에는 수종의 성장이 끝나므로 풀베기는 실시하지 않는다.

21 덩굴을 제거하기 위해 생장기인 5~9월에 살포하는 약제는?

① 다이아지논유제
② 만코제브수화제
③ 클로란트라닐리프롤 입상수화제
④ 근사미(글라신액제)

◉해설
글라신액제(근사미)
- 일반적인 덩굴류에 적용한다.
- 약액주입기로 대상 덩굴에 주입하거나, 약액에 침지시킨 면봉을 주두부에 삽입한다.
- 비선택성 제초제이다.

22 제벌 대상지 작업방법으로 틀린 것은?

① 제거 대상목으로는 형질불량목, 밀생목, 침입목, 가해목, 폭목, 유해수종, 덩굴류 등이 있다.
② 조림목 외의 수종을 제거하고 조림목이라도 형질이 불량한 나무는 벌채하지 않는다.
③ 흉고직경 약 6cm 이상의 우세목이 임분 내에서 50% 이상 다수 분포될 때까지 벌채한다.
④ 조림 후 5~10년이 경과하고, 풀베기(밑깎기) 작업이 끝난 지 2~3년이 경과한 조림목의 수관 경쟁과 생육 저해가 시작될 때 벌채한다.

● 해설
조림목 외의 수종을 제거하고 조림목이라도 형질이 불량한 나무는 벌채한다.

23 다음 중 가지치기의 장점이 아닌 것은?

① 하목을 보호하고 생장을 촉진시킨다.
② 마디 없는 좋은 목재를 얻을 수 있다
③ 하목의 수광량을 증가시켜 성장을 촉진시킨다.
④ 줄기에서 부정아가 발생하여 해를 주는 경우가 있다.

● 해설
④는 가지치기의 단점이다.

24 다음 중 간벌효과가 아닌 것은?

① 임목을 건전하게 발육시켜 여러 가지 해에 대한 저항력을 높인다.
② 벌채가 되기 전에 나무를 솎아 베어 중간수입을 얻을 수 없다.
③ 지력을 증진 및 숲을 건강하게 만든다.
④ 임목의 생육을 촉진하고 생산될 목재의 재적생장과 형질을 좋게 한다.

● 해설
벌채가 되기 전에 나무를 솎아 베어 중간수입을 얻을 수 있다.

25 왜림작업의 경영을 설명한 것 중 옳지 않은 것은?

① 땔감이나 소형재를 생산하기에 알맞다.
② 벌기가 짧아 적은 자본으로 경영할 수 있다.
③ 벌채점을 지상 1m 정도 높게 하는 것이 좋다.
④ 벌채시기는 근부에 많은 양분이 저장된 늦가을부터 초봄 사이에 실시한다.

● 해설
그루터기의 높이가 되도록 낮은 곳을 벌채한다.

26 공중습도와 산불 발생 위험도와의 관계에서 산불이 대단히 발생하기 쉬운 습도는?

① 40~50%   ② 30% 이하
③ 60% 이상   ④ 50%~60%

● 해설
공중습도에 따른 산불발생 위험도

공중습도	산불발생 위험도
60% 이상	산불이 거의 발생하지 않는다.
50~60%	산불이 발생하나 연소진행이 더디다.
40~50%	산불이 발생하기 쉽고 연소진행이 빠르다.
30% 이하	산불이 매우 발생하기 쉽고 진화가 어렵다.

27 대기오염 방제 중 임업적 방제법에 대한 설명으로 틀린 것은?

① 토양관리에 힘써야 하며, 특히 석회질비료를 주어야 한다.
② 연해의 염려가 있는 곳에서는 교림보다는 중림 또는 왜림으로 조림한다.
③ 내연성이 강하고, 여러 번 이식을 한 대묘를 조림한다.
④ 한번에 넓은 면적을 개발하고 침엽수 위주로 조림한다.

● 해설
한번에 넓은 면적을 개발하는 것을 피하고, 침엽수와 활엽수를 혼식한다.

28 다음주 진균(사상균)의 종류가 아닌 것은?

① 불완전균류 　　② 바이러스
③ 담자균류 　　　④ 조균류

● 해설

진균의 분류

격막의 유무, 포자의 종류와 생성방법에 따라 구분한다.

종류	특징
조균류	격막이 없고, 다핵이 존재
자낭균류	• 격막이 있고, 균류 중 가장 많은 종 • 무성생식(불완전세대)으로 분생포자를, 유성생식(완전세대)으로 자낭포자를 생성 • 수병 : 그을음병, 흰가루병, 잎떨림병, 탄저병 등
담자균류	• 격막이 있고 유성생식하여 담자포자를 만드는 균 • 수병 : 녹병균(녹병포자, 녹포자, 여름포자, 겨울포자, 담자포자)
불완전균류	• 격막이 있고 무성생식(분생포자)만으로 세대를 이루는 균류 • 유성생식 세대가 알려져 있지 않아 편의상 분류된 균류

29 잣나무 털녹병의 중간기주에 해당하는 것은?

① 등골나무 　　　② 향나무
③ 오리나무 　　　④ 까치밥나무

● 해설

병해충의 중간기주
• 잣나무 털녹병 : 송이풀과 까치밥나무
• 포플러 잎녹병 : 낙엽송
• 배나무 적성병 : 향나무
• 소나무 혹병 : 참나무류

30 모잘록병의 방제법이 아닌 것은?

① 토양소독 및 종자소독을 한다.
② 질소질 비료의 과용을 삼가고 인산질 비료와 미성숙된 퇴비를 사용한다.
③ 싸이론훈증제, 클로로피크린 등 약제를 살포한다.

④ 파종량을 적게 하여 과밀하지 않도록 한다.

● 해설

질소질 비료의 과용을 삼가고 인산질 비료와 완숙퇴비를 사용한다.

31 진딧물은 어떤 번식을 하는가?

① 단위생식 　　　② 다배생식
③ 유생생식 　　　④ 유성생식

● 해설

단성(단위)생식
미수정란으로도 개체가 발생하는 것(벌, 진딧물, 물벼룩 등)

32 다음 중 소나무재선충의 전반에 중요한 역할을 하는 곤충은?

① 북방수염하늘소 　② 노린재
③ 혹파리류 　　　　④ 진딧물

● 해설

소나무재선충의 매개충은 북방수염하늘소, 솔수염하늘소이다.

33 밤나무줄기마름병의 전파에 가장 중요한 역할을 하는 것은?

① 바람 　　　　　② 밤나무 순혹벌
③ 종자 　　　　　④ 토양

● 해설

밤나무줄기마름병은 바람이나 곤충에 의해 전파되어 다른 나무의 상처부위로 침입한다.

34 개미와 진딧물의 관계나 식물과 화분매개충의 관계처럼 생물 간에 서로가 이득을 준다는 개념의 용어로 옳은 것은?

① 격리공생 　　　② 편리공생
③ 의태공생 　　　④ 상리공생

상리공생
다른 종류의 생물들이 서로 이익을 주고받으면서 살아가는 관계

35 다음 중 비생물적 병원(病原)인 것은?

① 선충   ② 진균
③ 공장폐수   ④ 파이토플라스마

비생물적 병원
수분의 결핍 및 과다, 온도, 광, 대기오염, 부적절한 환경요인 등

36 가해방법에 따른 해충의 분류 중 잎을 갉아 먹는 해충은?

① 진딧물   ② 솔나방
③ 응애   ④ 밤나방

잎을 갉아 먹는 해충(식엽성)
솔나방, 흰불나방, 노랑쐐기나방, 버들재주나방 등

37 후약충이 주로 겨울철에 가해하며 전북, 전남, 경남지역 해안가의 해송림에 큰 피해를 주고 있는 해충은?

① 솔나방   ② 솔껍질깍지벌레
③ 소나무좀   ④ 솔잎혹파리

솔껍질깍지벌레
• 11월~익년 3월에는 후약충(제2령 약충)의 형태로 월동하며 가장 많은 피해를 준다.
• 후약충은 기온이 낮아지는 겨울에 왕성한 활동을 한다.
• 전북, 전남, 경남지역 해안가의 해송림에 큰 피해를 준다.

38 소나무좀의 생활사를 기술한 것 중 옳은 것은?

① 유충은 2회 탈피하며 유충기간은 약 20일이다.
② 1년에 1~3회 발생하며 암컷은 불완전변태를 한다.
③ 부화유충은 잎, 줄기에 붙어 즙액을 빨아 먹는다.
④ 부화한 애벌레가 쇠약목에 침입하여 갱도를 만든다.

소나무좀

피해	• 유충이 쇠약목에 구멍을 뚫어 수분과 양분의 이동을 막아 말려 죽인다. • 성충은 새 가지에 구멍을 뚫어 말려 죽인다. • 인근지역에 소나무 벌채지나 원목 집재한 장소가 있으면 피해가 증가한다.
방제법	수세가 약한 나무를 미리 제거하고 벌채목의 껍질을 벗겨 번식처를 제거한다.
생활사	유충은 2회 탈피하며 유충기간은 약 20일이다.

39 완전변태를 하는 해충에 속하는 것은?

① 솔거품벌레
② 도토리거위벌레
③ 솔껍질깍지벌레
④ 버즘나무방패벌레

도토리거위벌레
• 도토리에 구멍을 뚫고 산란한 후, 가지를 주둥이로 잘라 땅 위에 떨어뜨린다.
• 부화 유충이 과육(구과)을 식해한다. (완전변태)
• 연 1~2회 발생하며, 노숙유충으로 땅속에서 흙집을 짓고 월동한다.

40 솔잎혹파리에 대한 설명으로 옳지 않은 것은?

① 주로 1년에 1회 발생한다.
② 충영 속에서 번데기로 월동한다.
③ 1920년대 초반 일본에서 우리나라로 침입한 것으로 추정한다.

④ 생물학적 방제법으로 솔잎혹파리먹좀벌 등 기생성 천적을 이용하여 방제하기도 한다.

●해설

솔잎혹파리
- 알에서 깨어난 유충이 솔잎 밑부분에 벌레혹(충영)을 만든다.
- 유충은 주로 비가 올 때 땅으로 떨어져 잠복하고 있다가 지피물 밑이나 땅속에서 월동한다.(습한 곳에서 왕성한 활동)

41 다음 중 자동지타기를 사용하여 가지치기하는 임목으로 적합한 것은?

① 가지가 가늘고 통직하게 잘 자란 나무이다.
② 가지가 굵고 수간이 구불구불한 나무이다.
③ 가지가 가늘고 수간이 쌍갈래로 자란 나무이다.
④ 나무의 수간을 평행으로 오르내리며 가지치기하는 기계로 톱날이 부착되어 있다.

●해설

- 옹이가 없는 우량한 원목을 생산한다.
- 가지가 가늘고 통직하게 잘 자란 나무에 적합하다.
- 나무의 수간을 나선형으로 오르내리며 가지치기하는 기계로 톱날이 부착되어 있다.

42 가지치기용 도끼날의 각도는?

① 6~8°
② 8~10°
③ 9~12°
④ 12~15°

●해설

- 가지치기용과 벌목용 도끼날의 각도

가지치기용	8~10°
벌목용	9~12°

- 장작패기용 도끼

침엽수용	15°	연한 나무용
활엽수용	30~35°	단단한 나무용

43 다음 중 원형 기계톱 사용 시 기계톱이 목재 사이에 끼었을 때 사용하는 것은?

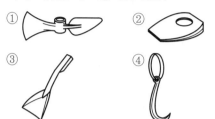

① ② ③ ④

●해설

쐐기는 벌도방향의 결정과 안전작업을 위하여 사용된다.

44 통나무를 찍어서 운반하는 끌개로 우리나라 작업자의 체형에 적합도구는?

① 사피
② 박피기
③ 갈고리
④ 트리펠러

●해설

② 박피기 : 벌도된 나무의 껍질을 제거하는 데 사용한다.
③ 갈고리 : 벌도목의 방향전환 갈고리와 전달해 놓은 원목을 운반하는 데 사용하는 운반갈고리가 있다.
④ 트리펠러 : 벌도작업만 하는 임업기계이다.

45 조재된 원목을 임 내부터 임지저장목장까지 운반할 수 있는 임업기계로 옳은 것은?

① 하베스트
② 포워드
③ 트리펠러
④ 프로세서

●해설

임업기계 종류 및 특징

종류	특징
트리펠러	벌도작업만 하는 기능이 있다.
펠러번처	벌도와 벌도목을 모아 쌓기 기능이 있다.
프로세서	집재된 전목(벌도된 나무)의 가지치기와 조재작업 기능(벌도기능 없음)이 있다.
하베스터	• 대표적인 다공정 처리기계로서 벌도, 가지치기, 조재목 다듬질, 토막내기 작업을 모두 수행하는 기능 • 조재된 원목을 임 내부터 임지저장목장까지 운반할 수 있는 포워드 등의 장비와 함께 사용한다.

46 가선집재의 장점에 대한 설명 중 틀린 것은?

① 다른 집재방법보다 지형조건의 영향을 적게 받는다.

② 임지 및 잔존임분에 피해를 최소화할 수 있다.

③ 가선의 가설과 해체에 높은 기술력과 시간이 요구된다.

④ 다른 집재방법보다 작업원에 대한 기술적 요구도가 낮다.

● 해설

가선집재의 장단점
• 장점 : 작업자의 노력 경감, 임지의 피해를 최소화한다.
• 단점 : 가선의 가설과 해체에 높은 기술력과 시간이 요구된다.

47 다음 중 임업분야의 2행정기관용 연료로 가장 적합한 것은?

① 석유   ② 경유

③ 휘발유   ④ 벙커시유

● 해설

체인톱과 예불기 등 2행정기관의 연료로 휘발유(가솔린)와 오일의 혼합비는 25 : 1로 사용한다.

48 내연기관의 동력전달장치가 아닌 것은?

① 케넥팅로드(Connecting Rod)

② 플라이휠(Fly Wheel)

③ 크랭크축(Crankshaft)

④ 밸브개폐장치

● 해설

종류	특징
커넥팅로드 (연접봉)	피스톤과 크랭크축을 연결하는 역할을 한다.
크랭크축	피스톤의 왕복운동을 크랭크축의 회전운동으로 상호변환시키는 역할을 한다.
플라이휠	크랭크축의 회전력(회전속도)을 균일하게 한다.

밸브개폐장치는 행정과정 중 혼합가스를 연소실로 흡입하고 폭발 후 연소가스를 외부로 배출시키는 실린더와 외부와의 연결역할을 하는 장치이다. 내연기관의 동력전달장치와는 관련이 없다.

49 2행정 사이클기관의 엔진구조에 대한 설명 중 틀린 것은?

① 조정이 용이하고 무게가 가볍다.

② 열효율이 낮고 과열되기 쉽다.

③ 배기가 불완전하고 배기음이 크다.

④ 구조가 복잡하다.

● 해설

구분	2행정 사이클	4행정 사이클
엔진의 구조	• 구조가 간단하다. • 조정이 용이하고 무게가 가볍다. • 열효율이 낮고 과열되기 쉽다. • 배기가 불완전하고 배기음이 크다.	• 구조가 복잡하다. • 조정이 복잡하고 무게가 무겁다. • 열효율이 높고 안정성이 좋다. • 배기가 안정하고 배기음이 작다.

50 다음 중 냉각된 기계톱의 최초 시동 시 가장 먼저 조작하는 것은?

① 초크레버   ② 스로틀레버

③ 액셀고정레버   ④ 체인브레이크레버

● 해설

시동을 쉽게 하기 위해 초크밸브를 닫아 혼합가스를 농후하게 조절하고 정상운전 시에는 개방한다.

51 일의 단위인 마력의 크기는 얼마인가?

① 60kg-m/sec   ② 70kg-m/sec

③ 75kg-m/sec   ④ 80kg-m/sec

● 해설

마력
• 엔진의 출력을 표시하는 단위로 토크×rpm(분당엔진 크랭크축의 회전수)이다.
• 1초 동안에 75kg의 중량을 1m 들어올리는 데 필요한 동력단위이다.

52 다음 중 체인톱의 수명(엔진가동시간)은 약 몇 시간인가?

① 800시간 ② 1,500시간
③ 1,000시간 ④ 1,700시간

●해설
체인톱 사용시간
• 체인톱의 수명(엔진가동시간)은 약 1,500시간 정도 이다.
• 체인의 평균사용시간은 150시간이며 안내판의 평균사용시간은 450시간 정도이다.
• 엔진은 1분에 약 6,000~9,000회까지 고속회전하고 톱체인도 초당 약 15m의 속도로 안내판 주위를 회전한다.

53 체인톱날의 연마방법으로 틀린 것은?

① 보통 줄 직경의 1/10 정도를 톱날 위로 나오게 하여 줄질을 한다.
② 대패형은 수평으로, 반끌형과 끌형은 수평에서 위로 15° 정도 상향으로 줄질을 한다.
③ 줄질은 적게 자주 한다.
④ 체인톱날에 맞는 줄을 선택한다.

●해설
체인톱날의 연마방법
• 양쪽 손을 이용하여 한쪽방향으로 줄은 끝에서 끝까지 밀면서 줄질을 한다.
• 보통 줄 직경의 1/10 정도를 톱날 위로 나오게 하여 줄질을 한다.
• 대패형은 수평으로, 반끌형과 끌형은 수평에서 위로 10° 정도 상향으로 줄질을 한다.
• 체인톱날에 맞는 줄을 선택한다.
• 줄질은 적게 자주 한다.
• 체인톱날 연마도구에는 평줄, 원형줄, 깊이제한척 등이 있다.
• 톱날의 길이가 일정하도록 연마한다.
• 깊이제한부를 연마한다.

54 기계톱의 일일정비 및 점검사항에 해당하지 않는 것은?

① 안내판의 손질
② 에어필터(공기청정기)의 청소
③ 연료필터의 청소
④ 안전장치의 작동여부를 확인

●해설
③은 분기점검(계절점검)으로 연료통 및 연료필터(여과기)를 깨끗한 휘발유로 씻어 낸다.

55 기계톱 체인에 오일이 적게 공급될 때 예상되는 고장원인으로 옳지 않은 것은?

① 기화기 조절이 잘못된 경우
② 흡수호스 또는 전기도선에 결함이 있는 경우
③ 흡입통풍관의 필터가 작동하지 않은 경우
④ 오일펌프가 잘못되어 공기가 들어간 경우

●해설
체인에 오일이 적게 공급될 경우
• 안내판으로 가는 오일구멍이 막혀 있는 경우
• 오일펌프에 공기가 들어간 경우
• 오일펌프의 작동이 불량한 경우
• 흡입통풍관의 필터가 작동하지 않은 경우
• 흡수급수 또는 전기도선에 결함이 있는 경우

①은 체인톱의 엔진과열현상이다.

56 소경재벌목을 위해 비스듬히 절단할 때는 수구를 만들지 않는 경우 벌목방향으로 몇 도 정도 경사를 두어 바로 벌채하는가?

① 20° ② 30°
③ 40° ④ 50°

●해설
비스듬히 절단하는 방법
수구를 만들지 않고 벌목방향으로 20° 정도 경사를 두어 바로 벌채하는 방법이다.

57 이리형톱니에서 침엽수의 톱니가슴각은 몇 도인가?

① 50°   ② 60°
③ 70°   ④ 80°

● 해설

이리형 톱니
- 날을 갈기 어렵지만 절단능력이 우수하다.
- 톱니가슴각은 침엽수 60°, 활엽수 70°(75°)가 되도록 한다.
- 톱니등각은 35°, 톱니꼭지각은 56~60°가 되도록 한다.

58 산림작업의 안전사고 예방수칙으로 옳지 않은 것은 어느 것인가?

① 몸 전체를 고르게 움직이며 작업할 것
② 긴장하지 말고 부드럽게 작업에 임할 것
③ 작업복은 작업종과 일기에 따라 착용할 것
④ 안전사고예방을 위하여 가능한 혼자 작업할 것

● 해설

혼자 작업하지 말고 2인 이상 작업을 하며, 가시ㆍ가청권 내에서 작업한다.

59 윤활유가 구비해야 할 성질이 아닌 것은?

① 유성이 좋아야 한다.
② 점도가 적당해야 한다.
③ 부식성이 없어야 한다.
④ 온도에 의한 점도의 변화가 커야 한다.

● 해설

윤활유의 조건
- 점도지수가 높아야 한다. (적당한 점도를 가질 때)
- 점도가 너무 낮으면 유막이 파괴되고, 너무 높으면 동력이 손실된다.
- 점도지수가 높은 윤활유는 온도에 따른 점도변화가 작다.

60 페니트로티온 45% 유제 원액 100cc를 0.05%로 희석하여 살포액을 만들려고 할 때 필요한 물의 양은 몇 cc인가?(단, 유제의 비중은 1.00이다.)

① 69,900cc   ② 79,900cc
③ 89,900cc   ④ 99,900cc

● 해설

$$물의 \ 양 = 원액량 \times \frac{사용할 \ 농도}{원액농도}$$

$$= 100 \times \frac{45}{0.05} = 90,000cc \fallingdotseq 89,900cc$$

APPENDIX

02

산림과 관련된 용어의 순화

CONTENTS

01 산림청 법률용어

순화대상용어	순화된 용어	순화대상용어	순화된 용어
간벌(間伐)	솎아베기	수실(樹實)	나무열매
감염목(感染木)	병든 나무	수원함양림(水源涵養林)	수원함양보호구역
고사목(枯死木)	죽은 나무	수종(樹種)	나무종류
국산재(國産材)	국산목재	수하식재(樹下植栽)	나무아래심기
도벌(盜伐)	몰래베기	수형목(秀型木)	우량개체나무
독림가(篤林家)	우수산림경영인	식재(植栽)	나무심기
모수(母樹)	어미나무	영림단(營林團)	산림경영단
방화선(防火線)	산불진화선	요존국유림(要存國有林)	보전국유림
벌채(伐採)	나무베기	용기묘(容器苗)	용기 묘목
보안림(保安林)	산림보호구역	운재로(運材路)	나무운반길
분수림(分收林)	수익분배산림	육림(育林)	숲 가꾸기
불요존국유림(不要存國有林)	준보전국유림	임령(林齡)	숲 나이
수간(樹幹)	나무줄기	임황(林況)	숲 현황
수고(樹高)	나무높이	지황(地況)	토지 현황
수관(樹冠)	나무갓	집재(集材)	나무쌓기
수령(樹齡)	나무나이	표주(標柱)	(경계)푯말
수목(樹木)	나무	혼효림(混淆林)	혼합림
매취사업(買取事業)	매매사업	초본류(草本類)	풀종류
물매	기울기, 경사	본수(本數)	그루수
산림경영관리사(山林經營管理舍)	산림경영관리건물	산불계도(山火啓導)	산불예방활동
상승사면(上昇斜面)	오르막비탈면	하강사면(下降斜面)	내리막비탈면
시방서(示方書)	설명서	암석지(巖石地)	바위지역
예찰(豫察)	미리살펴보기	옹벽(擁壁)	축대벽
임목(林木)	숲의 나무	임종(林種)	숲 종류
차폐림(遮蔽林)	가림막숲	천연하종(天然下種)	자연씨뿌리기
한해(旱害)	가뭄피해		

02 사용빈도가 많은 산림행정용어

순화대상용어	순화된 용어	순화대상용어	순화된 용어
가식(假植)	임시심기	선묘(選苗)	묘목 고르기
간인(間引)	솎아내기	설해목(雪害木)	눈 피해목
간장(幹長)	줄기길이	소경목(小徑木)	작은지름나무
간재적(幹材積)	줄기부피	소경재(小徑材)	작은지름원목
강도간벌(强度間伐)	강한 솎아베기	속성수(速成樹)	빨리 자라는 나무
개벌(皆伐)	모두베기	수간주사(樹幹注射)	나무주사
개식(改植)	다시심기	수라(修羅)	나무운반 미끄럼틀
개엽기(開葉期)	잎피는 시기	수렵지(狩獵地)	사냥터
개화기(開花期)	꽃피는 시기	수목표찰(樹木標札)	나무이름표
결실기(結實期)	열매 맺는 시기	수익간벌(收益間伐)	수익 솎아베기
경급(徑級)	나무지름크기	수피(樹皮)	나무껍질
공동목(空洞木)	속 빈 나무	수형(樹型)	나무모양
관목(灌木)	작은키나무	신초(新梢)	새순
교목(喬木)	큰키나무	신탄림(薪炭林)	연료림
극인(極印)	검사도장, 허가도장	약도간벌(弱度間伐)	약한 솎아베기
근맹아(根萌牙)	뿌리움	양수(陽樹)	양지나무
근원경(根元俓)	밑동지름	역지(力枝)	가장 굵은 가지
근장(根長)	뿌리길이	연륜폭(年輪幅)	나이테 너비
근주맹아(根株萌芽)	뿌리움	열식간벌(列式間伐)	줄 솎아베기
노령림(老齡林)	늙은나무숲	영림(營林)	산림경영
단근이식(斷根移植)	뿌리끊어심기	영림계획(營林計劃)	산림경영계획
대경목(大徑木)	큰지름나무	영림기술자(營林技術者)	산림경영기술자
대경재(大徑材)	큰지름원목	예불기(刈拂機)	풀깎는 기계
대묘(大苗)	큰 묘목	예비간벌(豫備間伐)	미리 솎아베기
대벌(帶伐)	줄베기	울폐도(鬱閉度)	(숲이)우거진 정도
대절(帶切)	줄기자르기	원구(元口)	밑동부리
도복목(倒伏木)	쓰러진 나무	유령림(幼齡林)	어린나무숲
도장지(徒長枝)	웃자란 가지	윤척(輪尺)	나무지름 측정자

순화대상용어	순화된 용어	순화대상용어	순화된 용어
도태간벌(淘汰間伐)	불량나무 솎아베기	음수(陰樹)	음지나무
동령림(同齡林)	같은 나이 숲	이령림(異齡林)	다른 나이 숲
만경류(蔓莖類)	덩굴류	임간(林間)	숲속, 숲 안
말구(末口)	끝동부리	임간수련장(林間修練場)	숲속수련장
맹아(萌芽)	움	임내(林內)	숲 안, 숲속
맹아갱신(萌芽更新)	움갈이	임목생장량(林木生長量)	나무생장량
목상(木商)	원목판매상	임연부(林緣部)	숲 가장자리
목재집재기(木材集材機)	목재수집장비	임지시비(林地施肥)	숲에 거름주기
목질계바이오매스	산림바이오매스	장뇌(長腦)	산양삼
묘포(苗圃)	묘목 밭	장령림(壯齡林)	어른나무 숲
무육(撫育)	가꾸기	재적(材積)	나무부피
반지(返地)	(토지)반환	전간재(全幹材)	긴 통나무, 긴 원목
벌구(伐區)	나무베기구역	종피(種皮)	종자껍질
벌근(伐根)	그루터기	중경목(中徑木)	중간 지름나무
보식(補植)	보충심기	중경재(中徑材)	중간 지름원목
부후목(腐朽木)	썩은 나무	지엽(枝葉)	가지와 잎
산록부(山麓部)	산기슭	지조(枝條)	가지
산복부(山腹部)	산허리	천연림보육(天然林保育)	천연림 가꾸기
산업비림(産業備林)	산업용 비축림	치수(稚樹)	어린나무
산정(山頂)	산꼭대기	치수무육(稚樹撫育)	어린나무 가꾸기
산화경방기간(山火警防期間)	산불조심기간	택벌(擇伐)	골라베기
산화경방탑(山火警防塔)	산불감시탑	하예(下刈)	풀베기
삽목(揷木)	꺾꽂이	화목(火木)	땔나무
생장추(生長錐)	나이테측정기	후계목(後繼木)	차세대나무
석력지(石礫地)	자갈땅	후동목(後棟木)	자투리나무
선목(選木)	나무 고르기	흉고직경(胸高直徑)	가슴높이지름
간맹아(幹萌芽)	줄기움	개재목(介在木)	낀나무
쌍간목(雙幹木)	쌍줄기나무	잔존목(殘存木)	남은 나무
지주목(支柱木)	버팀목	검척(檢尺)	자로 재기
군식(群植)	모아심기	극인타기(極印打記)	검사도장찍기
동아(冬芽)	겨울눈	맹지(盲地)	길 없는 땅
목본류(木本類)	나무종류	무육간벌(撫育間伐)	숲 가꾸기용 솎아베기
벌목(伐木)	나무베기	비오톱(Biotop)	소생물권
삼림(森林)	산림	삽수(揷穗)	꺾꽂이순
접수(椄穗)	접순	연기매각(年期賣却)	연차별 매각

순화대상용어	순화된 용어	순화대상용어	순화된 용어
엽면시비(葉面施肥)	잎거름주기	우드칩(Wood Chip)	나뭇조각
이목(餌木)	먹이나무	임관(林冠)	숲지붕
임지비배(林地肥培)	숲 거름주기	후계림(後繼林)	후계숲
환상박피(環狀剝皮)	돌려 벗기기	FGIS(Forest Geographic Information System)	산림지리정보시스템

03 의미에 맞게 쉽게 풀어서 사용 – 법률용어

순화대상용어	순화된 용어
지장목(支障木)	(작업에)지장을 주는 나무, (생육에)지장을 주는 나무
수관(樹冠)	나무갓
수령(樹齡)	나무나이
수종갱신(樹種更新)	나무종류 바꾸기, 나무종류갈이
수간(樹幹)	나무줄기
벌기령(伐期齡)	벌채시기에 도달한 나무나이
감염목(感染木)	병든 나무
영림단(營林團)	산림경영단
방화선(防火線)	산불진화선
입목(立木)	서 있는 나무
입목벌채(立木伐採)	서 있는 나무베기
임상(林相)	숲 모양, 숲 모습, 숲 형태
임황(林況)	숲 현황
임령(林齡)	숲 나이
고사목(枯死木)	죽은 나무
굴취(掘取)	캐냄(캐기), 파냄(파기)
지황(地況)	토지 현황

의미에 맞게 쉽게 풀어서 사용 – 행정용어

순화대상용어	순화된 용어
벌목조재(伐木造材)	나무베고 자르기
수목굴취(樹木掘取)	나무캐냄(캐기), 나무파냄(파기)
실생묘(實生苗)	종자를 파종하여 기른 묘목

산림기능사 필기

발행일	2022. 1. 10.	초판 발행
	2024. 1. 10.	개정 1판1쇄

저 자 | 정용민
발행인 | 정용수
발행처 | 예문사

주 소 | 경기도 파주시 직지길 460(출판도시) 도서출판 예문사
T E L | 031) 955-0550
F A X | 031) 955-0660
등록번호 | 11-76호

정가 : 25,000원

ISBN 978-89-274-5192-1 13520